现代农业生产实用技术问答、规程与创新

袁建生　申占保　叶举中　主编

中国农业出版社

《现代农业生产实用技术问答、规程与创新》
编 委 会 名 单

主　编　袁建生　申占保　叶举中

副主编　郭松朝　王　伟　宋建军　张　志　马松欣
刘建辉　李玉强　俞建勋　梁亚超　郭小红
郭利娟　田香伟　李新华　尚大朋　艾晓凯
杨明喜　陈丰年　何彦华　蒋素颍　刘会娟
李长青　杨军建　张凯远　王　静　邢旭飞
黄新山　王志红　岳晓军　袁建永

编　委　王　汀　雷　珂　苗小红　徐绍峰　王爱国
王晓鸽　任浩磊　梁　勇　芦东明　袁培民
卢　晋　沈康乐　吴志萍　阎保平

前言

FOREWORD

习近平总书记多次强调："科技兴则民族兴，科技强则国家强"。我国是一个农业大国，农业一直是国民经济的命脉，农业的发展与否直接关系着社会的稳定与发展。而科技兴农则是我国农业长久发展、粮食生产能力稳步提高，农民持续增收的永恒主题。

河南省许昌市作为中原经济区的核心区，市委、市政府历来高度重视"三农"工作。市七次党代会提出了把建设现代农业强市列入今后五年着力建设的"四个强市"目标之一；2017年3月16日，《中共许昌市委、许昌市人民政府关于建设现代农业强市的实施意见》（以下简称《实施意见》）正式印发。《实施意见》认真落实了党中央、国务院及省委、省政府决策部署，明确了建设现代农业强市的发展目标和主要任务，充分体现了市委、市政府对"三农"工作的高度重视。《实施意见》提出了要大力实施农业综合生产能力提升工程、实施农业质量效益提升工程、实施都市生态休闲农业提升工程、实施一、二、三产业融合发展工程、实施农业改革开放工程等农业五大工程，其中多处提到了科技兴农战略。

许昌市农业技术推广站是隶属于许昌市农业局的财政全供、公益一类正科级事业单位。担负着全市作物栽培、土壤肥料技术工作和肥料管理工作。负责新技术、新品种的引进、试验、示范和推广，承担着农业技术宣传、培训、指导和咨询服务等业务工作。多年来，我们在引进、吸收、创新、推广农业生产新技术、新模式方面做出了不懈努力，并积累了不少实践经验。但在实际工作中，我们发现一些农民朋友、农业新型经营主体及部分基层农业科技人员对一些技术一知半解，掌握不准，直接影响了技术本身的推广及增产效应。

为了帮助广大农民朋友、农业新型经营主体、基层农业科技工作者更为直接地弄懂、领会透生产上遇到的疑问和难题，许昌市农业技术推广站成立专题专家组，专家组在站长、推广研究员申占保及副站长、高级农艺师袁建生的带领下，立足于河南省及许昌地区农业实际，面向全国，归纳总结出与现代农业生产关系紧密、常用且实用的技术问题，以问答的形式汇编成书。书中前半部分涉及作物栽培、耕作学、土壤肥料、水肥一体化、植物保护、农产品质量安全等方面技术问答，后半部分为农作物技术规程、技术应用模式及作物配套、实用新技术。书中所涉内容是以归纳当地农业生产中积累的宝贵经验为基础，同时广泛吸收、归纳国内外其他地方的最新研究成果、成功经验和创新做法，本着先进性与实用性，科学性与通俗性相结合的原则，将关键创新技术与成熟技术措施有机结合，总结出一系列适合基层推广、适应当地需求的疑难技术问答、配套主推技术和绿色高产高效技术应用模式，力求使读者学得懂，用得上，见实效。

此书自2014年2月着手起草至今历时3年半时间，编著人员付出诸多辛勤汗水。编著期间得到了河南农业大学、河南省农业科学院、河南省农业技术推广总站、河南省土肥站、河南农业职业学院等相关院校及部门领导、专家的大力支持。编写内容得到平顶山市农业技术推广站、商丘市农业技术推广站、驻马店市驿城区农业局、商丘市农场管理站、河南省种畜场、三门峡市陕州区农业畜牧局、许昌市农科所、许昌市农业信息中心、许昌市种子管理站、许昌市建安区农业技术推广中心、许昌市魏都区农业技术推广服务中心、许昌市建安区种子管理站、许昌市农村能源管理工作站、许昌市农业广播电视学校襄城县分校、临颍县农林局、禹州市农林局、禹州市农业技术推广中心、襄城县农业局、襄城县植保植检站、襄城县农业技术推广中心、鄢陵县农业技术推广中心等单位同志的参与和支持，在此一致表示感谢！许昌农科种业有限公司作为许昌市农业技术推广站的新品种新技术试验示范推广基地，对相关技术的推广应用起到了示范带动作用，在此表示感谢！

该书既可用于农学、植保、土肥、园艺、农产品质量安全、农村能源等专业的农业科技人员培训宣传指导用书，亦可作为广大农民朋友及种植大户、家庭农场、农民专业合作社、农业龙头企业等新型农业经营主体发展现代农业、科学种植参考用书。由于编辑本书时间仓促，难免出现疏漏和不足之处，恳请广大读者批评指正，多提宝贵意见！

编　者

2017年8月

CONTENTS

目录

土壤肥料

水肥一体化

植物保护

农产品质量安全

技 术 规 程 篇

实 践 创 新 篇

技术问答篇

作物栽培

1. 小麦种子萌发的三个过程是什么？

答：小麦种子萌发可分为吸水膨胀、物质转化和形态变化三个过程。

2. 什么叫小麦的春化阶段？

答：萌动种子胚的生长点或绿色幼苗的生长点，除要求一定的综合条件外，还必须通过一个以低温为主导因素的影响时期，才能抽穗结实。这段低温影响时期，叫作小麦的春化阶段，又称感温阶段。根据小麦春化阶段要求低温的程度与持续时间的长短，可将小麦划分为3种类型，即冬性品种、半冬性品种、春性品种。

3. 河南省小麦分蘖消长过程有什么特点？

答：河南小麦的消长过程有其共同特点，一般表现为“两个盛期，一个高峰，越冬不停，集中消亡”。

“两个盛期”指在小麦一生中有两个分蘖旺盛时期。在中北部地区，一个盛期是在10月底到12月上中旬。一般年份这一阶段长出的分蘖占总分蘖的70%左右，另一个分蘖盛期则在翌年的2月中、下旬到3月上中旬，分蘖数占总分蘖数的20%左右。越冬阶段增长较少。南部第一个盛期在11月中旬至12月中、下旬；第二个盛期在翌年的2月到3月上旬，但在群体过大或人工控制条件下以及干旱丘陵麦田、平原旱薄地，年后分蘖盛期也可能不出现。

“一个高峰”指分蘖累计高峰数值通常出现在翌年2月下旬或3月上中旬，即起身期。此时，分蘖处于不增不减状态，并持续一段时间，所以这个高峰又称平顶高峰。分蘖高峰出现的迟早与品种有关，同时受播期、土壤肥力、播种量及栽培管理措施的影响。如河南中、北部的水肥地，在适时播种、合理密植的条件下，有时分蘖高峰提早到冬前或翌年2月中、下旬出现，但在晚播低密度的条件下，分蘖高峰期可推迟到3月中、下旬。由此可见，分蘖高峰出现的早晚，可通过栽培措施进行调节。

“越冬不停”指越冬期间，分蘖继续发生，中、北部地区1月平均气温一般在0℃左右，仅在个别冷冬年份温度较低，一般年份小麦在越冬期间（12月下旬到翌年2月上、中旬），随着主茎、大蘖长出叶片，还有新蘖发生。据新乡、郑州、洛阳等地多年观察，越冬期主茎可增长一个叶片并滋生相应分蘖，暖冬年则增长更多。一般认为小麦分蘖的最低日平均温度为2～3℃，低于此温度时，停止分蘖。但在河南省多处观察结果，在日平均温度为0～－3℃情况下，由于一日内温度时有回升，分蘖仍不停。

“集中消亡”指无效分蘖消亡的时间比较集中。一般新生分蘖到起身期不再增加，群体达到最大，此后，由于小麦植株代谢中心的转移及蘖位的差别，分蘖开始出现两极分化，小分蘖逐渐衰亡，变为无效蘖，早生的低位大分蘖易发育成穗，成为有效蘖。分蘖消亡表现出“迟到早退”的特点，即晚出现的分蘖先衰亡。无效分蘖的死亡从拔节后延续到孕穗前后（4月中下旬），氮肥供应过多，会推迟两极分化，造成田间郁蔽。在生产实践中，拔节期间既要保证有足够的水肥供应，提高成穗率，又要防止水肥过大，推迟两极分化。分蘖消亡从外部看，有的刚长一点就停止，形成“叭口状”空心蘖；有的则是新叶先枯黄，然后基部叶片由下向上迅速枯黄，但最早枯死的部分还是幼穗。在一株上无效分蘖的消亡顺序一般是由上而下，由外向内，即出现晚的高位蘖先消亡，然后是中位蘖消亡。通常认为高位蘖的新叶停止伸长，形成“空心蘖”时，即标志着分蘖已停止，开始两极分化。因此掌握小麦拔节前后两极分化的特点，根据苗情及时采取管理措施，有助于提高分蘖成穗。同一品种不同播期，分蘖增长有明显差别，但消亡时期差别不大。

4. 小麦足墒播种的标准是什么？

答：小麦足墒播种的标准是：黏土含水率20%左右，壤土在18%左右，沙土在16%左右，墒情不足时，要浇好底墒水，可采用在秋作物收获前带棵浇水，或整地前浇生茬水，或耕后浇踏墒水。

5. 河南省小麦生长发育特点是什么？

答：由于河南省在小麦生长期间，秋季气温适宜，光照充足，冬季气候温和，春季气温回升快，入夏温度较高等生态特点，形成河南省小麦生长“两长一短”的特点，即小麦全生育期长，幼穗分化期长，籽粒灌浆期短。

6. 小麦有哪些温光反应特性，南北之间互相引种会出现什么问题？

答：小麦具有感光性、感温性，是低温长日照作物。北方的品种引至南方，生育期延长，往往表现为迟抽穗，甚至不能抽穗；南方品种引到北方，生育期变短，往往表现为早抽穗，易于遭受冻害。

7. 后期影响小麦籽粒生长的环境因素有哪些？

答：（1）温度。小麦籽粒形成和灌浆的最适温度为20～22℃，高于25℃和低于12℃均不利于灌浆，在适温范围内随温度升高，灌浆强度增大，但高于25℃以上时，会促进茎叶早衰，显著缩短灌浆持续时间，粒重降低。黄淮冬麦区小麦生育后期常受到干热风危害，造成青枯逼熟，粒重下降。在灌浆期间温度适宜，昼夜温差大，有利于增加粒重。

（2）光照。光照不足影响光合作用，并阻碍光合产物向籽粒中转移。籽粒形成期光照不足减少胚乳细胞数目，灌浆期光照不足降低灌浆强度，影响胚乳细胞充实，均会导致粒重下降。群体过大，中、下部叶片受光不足也影响粒重的提高。

（3）土壤水分。籽粒生长期适宜的土壤水分为田间持水量的70%左右，过多过少均影响根、叶功能，不利灌浆。一般应在籽粒形成的灌浆前保持较充足的水分供给，但在灌浆后期维持土壤有效水分的下限，可加速茎叶储藏物质向籽粒运转，促进正常落黄，有利于提高粒重。

（4）矿质营养。后期适当的氮素供给，有利于维持叶片光合功能。但氮素过多，会过分加强叶的合成作用，抑制水解作用，影响有机养分向籽粒输送，造成贪青晚熟，降低粒重。磷、钾营养充足可促进物质转化，提高籽粒灌浆强度，因此后期根外喷施磷、钾肥有利于增加粒重。

8. 影响小麦冬前形成壮苗的因素有哪些？

答：（1）品种：冬性强的品种春化阶段时间长，分蘖多；春性强的品种分蘖较少。

（2）积温：出苗后至越冬前，每出生一片叶约需65～80℃的积温。要保证冬前形成壮苗（按6叶1心计算），需0℃以上积温为570～650℃。晚播小麦积温不足，叶数少，分蘖也少。越冬前积温＜350℃，一般年份冬前不会发生分蘖，群众俗称“一根针”；11月中下旬日平均温度低于3℃播种的小麦，冬前一般不出土，群众俗称“土里捂”。

（3）地力和水肥条件：地力高、氮磷丰富、土壤含水量在70%～80%时有利于分蘖。单株营养面积合理、肥料充足尤其是氮磷配合施用，能促进分蘖发生，利于形成壮苗。生产上，水肥常常是分蘖多少的主要制约因素，往往可通过调节水肥来达到促、控分蘖的目的。

（4）播种密度和深度：冬小麦宜稀播，播种深度3～5厘米。播种过密，植株拥挤，争光旺长，分蘖少。播种深度超过5厘米，分蘖就要受到制约；超过7厘米则苗弱，冬前很难有分蘖或者分蘖晚而少。在上述因素中，积温的影响作用最强。

9. 什么是小麦冻害？小麦冻害如何分级？

答：小麦冻害是指正在发育中的小麦遭受0℃以下低温，使小麦的细胞组织因冰冻而受害的现象。小麦冻害一般可分为四级。一级冻害为轻微冻害，主要表现为上部2～3片叶的叶尖或不足1/2叶片受冻发黄；二级冻害主要表现为叶片一半以上受冻枯黄，但冻后仍能很快恢复正常；三级冻害主要表现为植株叶片的2/3或全部受冻变黄，叶尖枯萎，后青枯，短时间难于恢复，有时伴有茎秆壁破裂；四级冻害为严重冻害，主要表现为30%以上的主茎和大分蘖受冻，已经拔节的，茎秆部分冻裂，幼穗失水萎蔫甚至死亡。

10. 小麦冻害的种类有哪些？

答：小麦冻害依发生时间早晚分为：冬季冻害和春季冻害。

（1）冬季冻害。是指小麦在越冬期间，由于遭受寒潮降温引起的冻害。寒潮是指在24小时内温度下降10℃以上，最低温度在5℃以下。冬季冻害多为一、二、三级冻害，受冻部位主要是叶片和分蘖。

（2）春季冻害。是指小麦在春季遭受寒潮降温或霜冻而引起的冻害。春季冻害按受冻时间早晚，又分为早春冻害和晚霜冻害。生产上以晚霜冻害发生较多、受害较重。①早春冻害，又称倒春寒：是指过了“立春”后，小麦进入返青拔节这段时间，此时气候已逐渐转暖，又突然来寒潮，导致温度骤降，地表温度由零上突降至零下所发生的霜冻危害，故称为倒春寒。因早春冻害主要发生在返青期，所以早春冻害又称为返青期冻害；②晚霜冻害：是指小麦在拔节期间由于气温突降而引起的冻害。晚霜霜冻又分为平流霜冻、辐射霜冻、混合霜冻三种。

11. 小麦春季冻害的特点有哪些？

答：（1）春季冻害多为三、四级冻害。受冻部位多是主茎、大分蘖和幼穗，有时伴有叶片轻度干枯。

（2）幼穗受冻死亡的顺序为先主茎，后大蘖。

（3）春季冻害，在多数情况下，外部症状表现不明显。只有特别严重的冻害，才能从外观上能看出来。

（4）幼穗受冻的形态特征是：受冻幼穗穗轴呈绿白色，小穗乳白色，排列松弛、失水萎蔫；以后随着时间推移，受冻幼穗逐渐黄化后死亡。

12. 造成小麦冻害的因素有哪些？

答：（1）播种过早，阶段发育提前的小麦受冻较重，适期播种的小麦冻害发生较轻。

（2）种植质量及播量影响冻害程度。整地质量差、播种量偏大、麦苗瘦弱的田块冻害发生重。

（3）施肥量过大且氮肥一次性作基肥施用，肥嫩旺长的田块，冻害较重。

（4）采取镇压等控旺措施，喷施植物防冻剂效果明显，冻害较轻，没采取控旺措施的田块冻害发生重，特别是冬前拔节的田块冻害普遍较重。

13. 小麦冻害的预防与应变管理技术措施有哪些?

答：（1）返青至起身期，在2月下旬至3月中旬要以促为主，及早划锄铲除杂草提高地温，每亩追施5～10千克尿素。及时喷施植物防冻剂或者立即追肥浇水，促使受冻小麦叶片恢复生机，防治病害，促进生长发育，早发新孽，多成穗，成大穗。

（2）起身拔节期，喷施植物防冻剂调节生长，防止春季倒春寒造成小麦冻害。如果拔节期发生晚霜冻害，应适当加大追肥量，亩补施尿素10～15千克，及早挽救损失，提高粒重。

（3）加强冻害麦田的病虫害防治。小麦遭受冻害后，植株体内抵抗病虫危害能力明显下降，因此要注意加强病虫害的防治。返青后是纹枯病、全蚀病、根腐病等根茎部病害侵染扩展高峰期，也是麦蜘蛛、地下害虫的为害盛期。防治根部病害可选用三唑酮、适乐时、立克锈、烯唑醇等对水75～100千克喷麦茎基部，间隔10～15天再喷一次。防治麦蜘蛛可用20%扫螨净、1.8%虫螨克、1.8%阿维菌素2 500～3 000倍液喷防。以上病虫混合发生的，可采用以上药剂混合喷雾防治。拔节至抽穗扬花期是锈病、白粉病、赤霉病、吸浆虫高发期，防治锈病、白粉病可用三唑酮、烯唑醇、戊唑醇、丙环唑等对水50千克喷雾防治；预防赤霉病可在抽穗扬花期，若天气预报有3天以上连阴雨天气，应立即用50%多菌灵粉剂100克/亩*，对水50千克喷防。吸浆虫可用50%辛硫磷或40%甲基异柳磷乳油200毫升对水5千克喷在20千克细沙土或细炉灰渣上拌成毒土顺垄洒在地表，然后结合浇水进行防治。灌浆期是穗蚜、吸浆虫、锈病、白粉病、叶枯病高发期，穗蚜可用蚜灭克、吡虫啉、高效氯氰菊酯、1.8%阿维菌素、敌畏·氧乐乳油等对水喷防。吸浆虫防治：在小麦露脸到扬花前当田间手扒麦垄见到1～2头成虫时，可用4.5%高效氯氰菊酯、毒死蜱、氧化乐果或敌敌畏1 000倍液喷防，选择无风天上午9时前或下午4时后进行，连喷2～3次。

14. 深耕对小麦生长发育的利好有哪些?

答：（1）可以打破犁底层，使得土壤疏松，利于根系下扎，扩大根系的吸收范围，使根系生长良好，数量多。

---

* 亩为非法定计量单位，1亩=1/15公顷。——编者注

（2）可以改善土壤理化性状，增加土壤的孔隙度，形成土壤水库，有效蓄积雨水，避免产生地面径流。

（3）可以熟化土壤，使耕层增厚而疏松，结构良好，通气性强，使土壤中水、肥、气、热相互协调。

（4）可以掩埋作物秸秆和肥料，清除作物残茬杂草，消灭寄生在土壤中或残茬上的病虫，减轻土传病虫害的发生。

（5）利于种子发芽、出苗，小麦生长呈现根深苗壮，利于地上部茎叶和分蘖生长，使得小麦冬前分蘖增加，反过来促进次生根进一步增多，利于形成冬前壮苗。

（6）“深耕加一寸，顶上一遍粪”，深耕相当于施400～500千克有机肥的作用，且积极效应可延续2～3年。

（7）可以提高小麦抗旱抗寒能力。深耕后，小麦根系下扎得更深，小麦种子根可入土1～1.3米，最深的可达2米，可以吸收土壤深层水分和养分；小麦次生根主要分布在近地面耕层里，深耕打破犁底层后，扎得更深，向下分布范围更广，根系既深又发达，同时小麦根的数量（种子根和次生根）增加，抗旱抗寒能力就越强。

（8）深耕一次，壮两季。小麦播前深耕，不但利于小麦生长（一般亩增产10%以上），也利于秋作物生长，对全年夏秋两季作物增产增收都很有好处。深耕与足墒结合，可实现根深苗壮；奠定丰收基础。

15. 小麦根的组成部分有哪些？其主要作用有什么？

答：小麦的根是由胚根和节根组成的。胚根也叫做种子根、初生根，通常有3～5条，最多可达7条。大粒种子胚根多，小粒种子胚根少。当第1片绿叶出现以后，就不再生新的胚根了。节根也叫小麦的永久根、次生根。当麦苗生出2～3片绿叶的时候，节根就从茎基部分蘖节的节上长出来。小麦的分蘖多，次生根也多。种子根可入土100～130厘米，最深的可达2米。次生根一般在20厘米深的土层里，约占60%。根可以从土壤中吸取水分和养分，并运送到茎叶中，进行有机物质的合成和转化，源源不断地供给小麦生长发育的需要。深耕后打破了犁底层，利于根系下扎。根系入土越深，抗旱抗寒能力就越强。

16. 什么是小麦前氮后移技术？其增产机理是什么？

答：（1）小麦高产优质栽培前氮后移技术是适用于高产田的强筋小麦和中筋小麦，高产、优质、高效相结合，生态效应好的一套新创栽培技术。其技术内容是：在高产田栽培、亩施纯氮总量相等的条件下，以底追比例调整、春季追氮时期后移、适宜的氮素施用量为核心，改变传统底施化肥“一炮轰”或前重后轻、冬春追肥偏早的习惯，调整一部分氮素化肥在春季追施，底、追比例调整在7∶3～5∶5之间，春季追肥时间后移至起身拔节期或孕穗期，建立起具有高产潜力的合理群体结构和产量结构，提高生育后期的根系活力和叶片功能，从而达到延缓衰老，提高粒重，实现产量和品质双提高的一种农艺措施。

（2）增产机理：小麦对氮的吸收有两个高峰，一个在年前分蘖盛期，占总吸收量的13%左右，另一个在年后拔节至孕穗期，占总吸收量的37%左右。对磷、钾的吸收高峰都在拔节以后，到开花期达到最大值。氮肥后移后，可以有效地控制无效分蘖过多增生，提高分蘖成穗率，塑造旗叶和倒2叶健挺的株型，使单位土地面积容纳较多穗数；促进单株个体健壮，有利于小穗小花发育，增加穗粒数；建立开花后光合产物积累多、向籽粒分配比例大的合理群体结构；促进根系下扎，提高土壤深层根系比重和生育后期的根系活力，有利于延缓衰老，提高粒重；显著提高籽粒产量和籽粒中蛋白质含量，提高产量和品质。

17. 小麦春季病虫防治重点是什么?

答：重点防治“五病四虫”，即纹枯病、白粉病、锈病、赤霉病、全蚀病；蚜虫、吸浆虫和红蜘蛛、孢囊线虫。

18. 小麦“五病四虫”防治方法有哪些?

答：（1）全蚀病防治：用全蚀净拌种防治。

（2）纹枯病防治：A：农业防治措施：选用抗病、耐病品种；合理施肥；适期晚播，合理密植；合理浇水。B：化学防治措施：播种时用3%敌萎丹、15%三唑酮、2%立克秀等包衣或拌种；苗期或返青拔节期利用12.5%烯唑醇2 000倍、25%敌力脱2 000倍、15%三唑酮等喷雾。

（3）白粉病防治：播种时利用三唑类杀菌剂拌种或种子包衣；春季发病初期，可用12.5%烯唑醇2 000倍或其他三唑类杀菌剂喷雾防治。

（4）锈病防治：用粉锈宁等三唑类杀菌剂拌种，控制秋苗发病，减少越冬菌源数量。春季防治，可在抽穗前后，田间普遍率达5%～10%时喷洒15%三唑酮1 000倍、12.5%烯唑醇2 000倍、25%敌力脱2 000倍等杀菌剂进行防治。

（5）赤霉病防治：齐穗期至盛花期利用50%多菌灵可湿粉800倍液喷雾防治。

（6）蚜虫防治：可用10%吡虫啉药剂10～15克喷雾防治。

（7）红蜘蛛防治：发生初期利用20%哒螨灵1 500倍、15%扫螨净1 500倍或1.8%齐螨素4 000倍液等化学杀螨剂喷雾防治。

(8) 吸浆虫防治：播种前用辛硫磷处理土壤防治幼虫，孕穗期可撒施辛硫磷毒土防治幼虫和蛹，抽穗开花期用吡虫啉或高效氯氰菊酯加敌敌畏乳喷雾防治成虫。

(9) 孢囊线虫防治：亩用5%涕灭威（神农丹）颗粒剂或灭线灵进行土壤处理。

另外，杀菌剂和杀虫剂混合使用，病虫兼治。减少田间操作环节，如烯唑醇可湿性粉剂即可防治白粉病、锈病，也可兼治纹枯病、叶枯病等，吡虫啉可湿性粉剂、高效溴氰菊酯、高效氯氰菊酯等药剂即能防治小麦蚜虫、吸浆虫，也可兼治麦叶蜂。

19. 小麦高产栽培技术要点有哪些?

答：(1) 持续培肥地力，奠定高产栽培基础。

(2) 选择适宜的高产优良品种，不偏听偏信。

(3) 及时腾茬，秸秆还田。

(4) 深耕耙实，高标准整地。

(5) 巧施底肥，科学施肥。

(6) 适期适量播种、药剂拌种，足墒浅播，浇好底墒水，播深寸至寸半，确保一播全苗。反对大播量，杜绝欠墒播种。

(7) 推广冬前化学除草，浇好越冬水。

(8) 因苗制宜，搞好春季管理，重点推广氮肥后移，建立符合高产要求的群体结构。

(9) 采取综合措施，防治好整个生育期病虫害。抓播期（地下虫）、返青期（纹枯病、红蜘蛛）、灌浆期（蚜虫）三个关键。

(10) 搞好一喷“三防”，防早衰，适时收获。

20. 小麦旺长的原因有哪些?

答：(1) 气候因素。温度偏高是造成小麦旺长的主要原因。

(2) 播期过早、播量过大进一步加剧了小麦的旺长现象。播期过早、播量过大，造成基本苗过多，在高肥水条件下，叶蘖生长旺盛，分蘖多，群体容易失控，造成群体过大。

21. 小麦旺长的危害有哪些?

答：麦旺长极易带来四大危害：

(1) 无谓消耗水分和养分。因为小麦拔节前主要是营养生长阶段，拔节后的生殖生长阶段是产量形成的关键时期。在土壤养分一定的情况下，营养生长消耗的养分多，则供给生殖生长的养分就少。

（2）容易产生冻害。旺长麦苗细胞内糖分及各种有机营养浓度低，尤其是幼穗分化进入二棱期以后，抗冻能力明显减弱，极易遭受冬季冻害和倒春寒危害，轻者枯叶死蘖，重者冻死幼穗。

（3）容易诱发病害。旺长麦田通风透光条件差，田间湿度大。加之在秋冬气温较高的条件下，病虫越冬基数大，因此极易爆发纹枯病、白粉病、根腐病等。

（4）不抗倒。因为群体通风透光不好，植株嫩弱，基部节间长，茎壁薄，干物质积累少，而地下根系发育差，次生根条数少，入土浅。如春季雨水较多或中后期遇暴风雨，根倒和茎倒将同时发生，损失惨重。因此，充分认识小麦旺长所带来的严重后果，了解掌握小麦旺长的原因，采取措施，控制小麦旺长，尽量避免和减轻灾害所造成的损失十分重要。

22. 控制小麦旺长的措施有哪些？

答：（1）适期播种，避免过早播种。适期播种是小麦控旺防冻、高产稳产的关键措施。若播种过早，苗期气温偏高，麦苗生长快，冬前易徒长，形成旺苗，不仅消耗了大量的土壤养分，而且植株体内积累养分少，抗冻力较弱，冬季易遭受冻害，死苗严重。近年来冬前气温普遍偏高，所以在适播期内适时播种，可以有效地控制小麦冬前旺长。

（2）划锄镇压、深耘断根。越冬前或返青期可划锄镇压。镇压和划锄可以抑制叶片和叶鞘生长，控制分蘖过多增生，同时可以破碎坷垃，弥合裂缝，保温保墒，促进根系发育。划锄可以切断部分根系，减少植株吸收养分，抑制地上部分生长。深耘断根是控制旺长的传统措施，对减少无效分蘖，改善群体结构，具有明显效果。

（3）肥水管理。对壮苗、旺苗及有旺长趋势的麦田，一般不浇冬水或延迟浇冬水。春季返青和起身均不进行追肥浇水，把追肥浇水时间推迟到拔节后，可以减少无效分蘖，提高分蘖成穗率，促穗大粒多。

（4）化学控制。目前生产上使用的主要是多效唑和壮丰安。壮丰安具有抗倒伏、抑旺长，改善后期植株养分状况，提高小麦对低温、干旱等逆境的抵抗力，增加千粒重等重要功能。研究表明，喷施壮丰安后小麦生长后期表现为穗大、粒多、粒重、抗倒伏。对旺长或有旺长趋势的麦田可于冬前或返青期每亩喷施壮丰安50毫升对水25～30千克，可改善单株生长发育状况，降低基三节长度，增加茎秆弹性和硬度，增产效果显著。

23. 小麦的倒伏类型及防止倒伏的措施有哪些？

答：倒伏有根倒与茎倒两种。根倒主要由于土壤耕层浅薄，结构不良，播种太浅或露根麦，或土壤水分过多，根系发育差等原因造成；茎倒是由于氮肥过多，氮、磷、钾比例失调，追肥时期不当，或基本苗过多，群体过大通风透光条件差，以致基部节间过长，机械组织发育不良等因素所致。倒伏一般发生于小麦乳熟期，小麦在灌浆期间，由于茎秆贮存物质向籽粒输送，削弱了茎秆强度，这是小麦在乳熟期易倒伏的内部生理原因。预防倒伏的主要措施是选用耐肥、矮秆、抗倒的高产品种；合理安排基本苗数，提高整地、播种质量；根据苗情，合理运用肥水等促控措施，使个体健壮、群体结构合理；如发现旺长及早采用镇压、培土、深中耕等措施，达到控叶控蘖蹲节；对高产田可使用多效唑、稀效唑、矮苗壮等预防倒伏。

24. 什么是小麦“干热风”？

答：干热风是在小麦扬花灌浆期出现的一种高温低湿并伴有一定风力的灾害性天气，是小麦主产区的主要农业气象灾害，危害的地区主要在黄、淮、海流域和新疆一带。

河南麦区干热风害多发生于4月中下旬至6月初之间，即从小麦开花至灌浆结束。若发生在开花期，有可能出现开花高峰期转移、花期缩短、小花败育率增加；若发生在灌浆期，可使灌浆期缩短、灌浆量减少、芒角增大或植株失水严重，造成茎叶青枯逼熟等现象。

25. 干热风的发生原因是什么？

答：（1）小麦生育后期，遇有高温、干旱和强风力天气，三种因素叠加在一起，是发生干热风害的主要原因。

（2）在小麦生育后期，遇有2～5天的气温高于32℃，相对湿度低于30%，风速每秒大于2～3米的天气时，就可能发生干热风危害，常造成小麦蒸发量增大，体内水分失衡，籽粒灌浆受抑或不能灌浆，使小麦提早枯熟。使收获期提早7～10天。

26. 干热风是如何分级的？

答：（1）轻度干热风：14时气温≥30℃，大气相对湿度≤30%，风速≥3米/秒，持续时间2天以上。

（2）中度干热风：14时气温≥33℃，大气相对湿度≤25%，风速≥3米/秒，持续时间2天以上。

（3）重度干热风：14时气温≥35℃，大气相对湿度≤20%，风速≥3米/秒，持续时间3天以上。

27. 干热风造成小麦损失（减产）多大幅度?

答；轻度干热风一般损失5%～10%；中度干热风一般损失10%～20%；重度干热风一般损失20%以上，严重地块可达30%以上或超过50%。

28. 抵御干热风危害的措施有哪些?

答：(1) 增施有机肥和磷肥，适当控制氮肥用量，合理平衡施肥，不仅能保证供给植株所需养分，而且对改良土壤结构，蓄水保墒，抗旱防御干热风起着很大作用。

(2) 加深耕作层，熟化土壤，使根系深扎，增强抗干热风能力。

(3) 选用抗逆性强、耐高温的早熟品种。据有关试验表明，一般情况下，高中秆品种比短秆品种抗干热风能力强、长芒品种比无芒或顶芒品种抗干热风能力强，穗下茎长的品种比穗下茎短的品种抗逆性强。

(4) 采取抗旱剂拌种。

(5) 适时播种，培育壮苗，提高植株抗旱能力，促小麦早抽穗。

(6) 合理运筹肥水，促使植株健壮发育，提高植株抗逆能力。

(7) 适时浇好灌浆水、麦黄水，补充蒸腾掉的水分，并可做到以水调肥，改善麦田小气候，延长灌浆时间，使小麦正常成熟。

(8) 喷施叶面肥、抗旱剂或化学调节剂。在小麦拔节至抽穗扬花期，喷洒6%～10%的草木灰浸提液1～2次，每次每亩50～60千克；孕穗至灌浆期喷洒磷酸二氢钾1～2次，每亩用50～220克，对水50～60千克；也可喷洒抗旱剂1号，每亩50克，先对水少量，待充分溶解后再加水50～60千克；小麦拔节至灌浆期间喷洒叶面肥，隔10天1次，连续喷洒两次，可提高小麦抗旱、抗干热风能力。

29. 小麦品质的概念及其分类?

答：小麦籽粒品质是指小麦籽粒对某种特定最终用途的适合性，亦指其对制造某种面食品要求的满足程度，是衡量小麦质量好坏的依据。一般认为，小麦籽粒品质可分为形态品质、营养品质、加工品质、食味品质、安全与卫生品质五个部分。

30. 优质麦的概念是什么?

答：优质麦是指营养品质和加工品质均能达到较高水平的小麦。营养品质包括：碳水化合物、蛋白质、脂肪、矿物质以及维生素等营养物质的化学成分和含量。加工品质包括磨粉品质、面粉品质、面团品质、烘烤品质和蒸煮品质等。

31. 强筋小麦、中筋小麦和弱筋小麦是如何划分的？代表品种有哪些？

答：(1) 强筋小麦。是指角质率大于70%，胚乳的硬度较大，蛋白质含量较高，面粉的筋力强，面团稳定时间较长，适合制作面包，也可用于配制中强筋力专用粉的小麦。强筋小麦品种主要有郑麦7698、郑麦9023、豫麦34、新麦26、郑麦366、西农979等。

(2) 中筋小麦。是指胚乳半硬质，蛋白质含量中等，面粉筋力适中，面团稳定时间中等，适用于制作面条、馒头等食品的小麦。中筋小麦品种主要有豫麦49、矮抗58、周麦22等。

(3) 弱筋小麦。是指胚乳角质率小于30%，蛋白质含量较低，面粉筋力较弱，面团稳定时间较短，适用于制作饼干、糕点等食品的小麦。弱筋小麦品种主要有豫麦50、郑麦004等。

32. 叶面喷氮对强筋小麦品质有什么影响？

答：小麦从苗期到腊熟前都能吸收叶面喷施的氮素营养，但不同生育期所吸收的氮素对小麦生长有不同的影响。一般认为，小麦生长前期叶面喷氮有利分蘖，提高成穗率，增加穗数和穗粒数，从而提高产量，而在生长后期叶面喷氮则明显增加粒重，同时提高了籽粒蛋白质含量，并能改善加工品质。在不同时期进行叶面喷氮，提高籽粒蛋白质含量的效果不尽相同。其中以半仁至乳熟末期喷氮的效果较好。叶面喷氮用尿素和硫酸铵都可以，但很多试验表明在喷施总氮量相同的情况下，喷施尿素溶液（0.5%～1%）比硫酸铵溶液对提高籽粒蛋白质含量的作用更大，要慎用磷酸二氢钾。叶面喷氮对球蛋白和谷蛋白的含量、小麦磨粉品质、面筋和沉降值、改善加工品质以及湿面筋和干面筋含量提高都有较大影响，并可以显著改善面团理化性状。

33. 浇灌对优质强筋小麦品质有什么影响？

答：据后期干旱对小麦品质影响的试验结果分析，后期适度干旱条件下所形成的籽粒中蛋白质和干面筋含量均高于浇水处理，蛋白质含量高0.7～1.0个百分点，干面筋含量高0.9～3.9个百分点，而淀粉的含量则相反。干旱严重影响了淀粉的合成与积累。干旱处理的淀粉含量比浇水处理的少1.7～4.3个百分点。籽粒中淀粉含量的减少，相应提高了蛋白质的含量。

需要特别注意的是，成熟前15天不能灌溉。国内外大量研究表明：在正常年份，蛋白质含量随着灌水次数的增多而递减；在欠水年份，适当灌水可提高产量和蛋白质含量；在生育后期，特别是临近成熟期，灌溉使品质降低，角质率下降。

34. 优质强筋小麦的栽培关键技术要点有哪些？

答：优质强筋小麦的栽培技术总体上与高产栽培技术基本近似，需要注意的几点：

（1）选用好的优质强筋小麦品种；

（2）选择在较高肥力水平的壤土或黏土地种植；

（3）降低播种量，采用精量、半精量播种技术；

（4）适当增加氮肥使用量，并“前氮后移”；籽粒半仁后推荐叶面喷施0.5%～1%尿素溶液；

（5）控磷，适量增钾；

（6）不使用三唑酮（粉锈宁）防治病害，改用多菌灵或其他药剂；

（7）后期宜适度干旱，成熟前15天不灌溉。

35. 小麦与花生套种的栽培技术要点是什么？

答：（1）品种选择。小麦品种应选中早熟、株型紧凑的高产品种，花生选较耐阴、中早熟大果型品种。小麦选用中早熟品种可以早腾茬，减少与花生的共生期，以利花生的生长发育，株型紧凑，透光好，利于花生生长。选大果型花生品种可以充分发挥其增产潜力，利于夺高产。

（2）适时播种。麦收前20～30天，视土壤墒情适时播种，以小麦与花生共生期不超过15天为宜。

（3）麦收护苗。小麦收获时，注意不要伤花生苗。

（4）麦收后及时加强管理。小麦收获后要及时灭茬，及时中耕除草和追肥浇水，促进花生生长。

（5）套种模式。①麦播前预留行套种模式。方法有二：一是大沟套种，一般水浇地采用大沟套种方式，即沟距0.7～0.8米，沟深0.1米，沟底宽0.2米，沟底种2行小麦，沟背上套种2行花生。二是小沟套种花生，沟距0.5米，沟深0.1米，沟底宽0.2米，沟底播种2行小麦，垄背种1行花生。适于中等肥力，无水浇条件地块。方法是穴距点种花生，花生品种可选用生育期稍长的中熟或中晚熟高产品种，如豫花7号、豫花8号、豫花15号、豫花16号等。②麦播前未预留行套种模式。方法有二：一是等行距套种法，行距40厘米，即每隔2垄小麦套种一行花生，穴距16～20厘米，每亩8 000～10 000穴，每穴双粒，合每亩16 000～20 000株；二是宽窄行套种法，即在小麦行间隔一垄小麦并行套种两行花生，然后再隔3垄小麦并行套种两行花生，这样宽行距 0.6 米，窄行距 0.2 米，平均行距仍为 0.4 米。穴距仍为 16～20 厘米，每亩 8 000～10 000 穴，每穴双粒，合每亩 16 000～20 000 株。点种时，每点种一穴，用脚将点种穴轻轻踏实。

36. 小麦套种朝天椒技术要点有哪些?

答：(1) 品种选择。小麦选早熟高产品种，辣椒选抗病，中早熟、高产、耐涝品种。如子弹头、三樱椒、新一代、日本原种朝天椒等。

(2) 移栽时间。5 月上中旬套种于麦垄、苗龄 60～70 天，做到苗到不等时，时到不等苗。

(3) 种植密度。一般地力亩植 5 000 穴，一穴双株，10 000 株，薄地 6 000穴，12 000 株。

(4) 收麦后及时管理。做到四早，即早灭茬培土、早追肥、早浇水和早防病治虫。

(5) 套种模式。“3－2”式。即 3 行小麦套种 2 行辣椒。小麦播种时按带宽 90 厘米起垄做畦，垄宽 30 厘米，垄高 15～20 厘米，畦中间种植小麦 3 行，行距 15～20 厘米，占地 30～40 厘米，留空挡 50～60 厘米，垄上靠两边移栽朝天椒 2 行，行距 30～40 厘米，穴距 20～25 厘米，每穴 2 株，两行错开成三角形状定植。每亩辣椒 6 000 穴（12 000 株）左右，一般可亩产小麦 450 千克左右，辣椒 350 千克以上。“4－2”式。即 4 行小麦套种 2 行辣椒。小麦播种时按带宽 100～105 厘米起垄做畦，垄宽 30 厘米，垄高 15～20 厘米，畦中间用窄耧种植小麦 4 行，行距 15 厘米，占地 45 厘米，留空挡 55～60 厘米，垄上靠两边移栽朝天椒 2 行，行距 30～40 厘米，穴距 20～25 厘米，每穴 2 株，两行错开成三角形状定植。每亩辣椒 5 000 穴（10 000 株）左右，一般可亩产小麦 450～500 千克，辣椒 300 千克以上。

37. 麦垄套种红薯栽培技术要点有哪些?

答：在小麦行间进行扦插，用带尖的木棍或铁棍扎一个眼，插一棵苗，再用脚踏实。如果采用中长蔓红薯品种，如豫薯 7 号、豫薯 8 号、豫薯 12 号、豫薯 13 号、徐薯 18 等，每亩 3 000～3 500 株，行距 60 厘米，即每隔 3 垄小麦套种一行红薯，株距 25～33 厘米。如果采用短蔓红薯品种，如豫薯 5 号、豫薯 6 号，每亩密度 4 000～4 500 株，红薯行距 40 厘米，即每隔 2 垄小麦套栽一行红薯，株距 20～26 厘米。红薯苗套栽前，最好用多菌灵 500 倍液浸一下，以防黑胫病发生，同时也可加入红薯膨大素溶液浸苗，以促进早发增产。一般情况下，采取麦垄套载的红薯比麦后栽植亩增产 350～700 千克鲜薯，增产幅度可达 30%以上。

38. 生产上常用小麦品种有哪些?

答:(1)周麦22。半冬性,中熟,幼苗半匍匐,叶长卷、叶色深绿,分蘖力中等,成穗率中等。株高80厘米左右,灌浆较快。穗近长方形,穗较大,均匀,结实性较好,长芒,白壳,白粒,籽粒半角质,饱满度较好,黑胚率中等。平均亩穗数36.5万穗,穗粒数36.0粒,千粒重45.4克。苗期长势壮,冬季抗寒性较好,抗倒春寒能力中等,抗倒伏能力强。

(2)矮抗58。特征特性:该品种属半冬性中熟品种。幼苗匍匐,冬季叶色淡绿,分蘖多,抗冻性强,春季生长稳健,蘖多秆壮,叶色浓绿。株高70厘米左右,高抗倒伏,饱满度好。产量三要素协调,亩成穗45万左右,穗粒数38~40粒,千粒重42~45克。高抗白粉病、条锈病、叶枯病,中抗纹枯病,根系活力强,成熟落黄好。

(3)周麦16。半冬性,中熟,苗半直立,分蘖力中等。株高70厘米,株型紧凑,旗叶上举,抗倒性较好。穗层整齐,穗纺锤形,长芒,白壳,白粒,籽粒半角质。成穗率较高,平均亩穗数37万穗,穗粒数30粒,千粒重46克。苗期生长健壮,抗寒性较好,耐倒春寒能力稍偏弱。耐湿性好,耐后期高温,熟相好。

(4)豫麦49-198。半冬性品种,生育期227天。幼苗生长健壮,叶色深绿,分蘖成穗率高,抗寒性好;株型紧凑,长相清秀,株高75厘米;旗叶半直立,稍卷曲,根系活力强,耐旱;穗层整齐,通风透光好,灌浆速度快;黑胚率低。亩成穗数45.0万,穗粒数34.3粒,千粒重40.9克。

(5)许农5号。半冬性,中晚熟,幼苗半直立,叶色深绿,分蘖力中等,成穗率中等。株高88厘米左右,株型较紧凑,茎秆蜡质重,旗叶宽短、上冲,穗下节长,穗层不整齐,长相清秀。穗纺锤形,平均亩成穗34.9万穗,穗粒数37.0粒,千粒重45.9克。苗期长势中等,抗寒性中等偏弱。春季起身拔节早,两极分化快,苗脚利落,倒春寒冻害偏重。有一定耐旱能力,熟相一般。抗倒伏能力中等。

(6)许科1号。半冬性,中晚熟,株高88厘米左右,株型稍松散,旗叶短宽、上冲、深绿色,茎秆粗壮。穗层厚,穗大穗匀,码密,结实性好。穗纺锤形,两年区试平均亩穗数36.8万穗,穗粒数37.0粒,千粒重45.8克。冬季抗寒性一般,耐倒春寒能力一般。抗倒性较好。后期较耐高温,叶功能好,耐热性较好,成熟落黄好。

(7)04中36。该品种属弱春性,中早熟,半矮秆,抗锈,抗倒,超高产品种。幼苗半直立,生长健壮,叶色绿,株型紧凑,耐寒性较好。成穗数较多,穗长方形,长芒,白壳,白粒,籽粒长圆形,饱满,大小均匀,半角质。

分蘖力强，成穗数多，春季起身快，拔节早，穗层整齐。株高适中（70 厘米），茎秆弹性好，抗倒伏；后期灌浆快，落黄好。

（8）众麦 1 号。属半冬性，适播期长、苗期长势旺，分蘖力强。矮秆、大穗。株高 75 厘米左右。抗寒性好：该品种属半冬性，适播期长、苗期长势旺，产量三要素（单位面积穗数、每穗粒数和千粒重）协调，分蘖力强，单株成穗多，群体自身调节能力强，穗大粒饱，一般成穗 40 万/亩，穗粒数 38～44 粒，千粒重 41～44 克。

（9）周麦 18。半冬性，势壮，抗冬、春寒害。株高 80 厘米左右，秆硬，高抗倒伏。超高产。分蘖力中等而成穗高，叶片半上冲，穗长方形，结实性好，产量三要素协调（亩成穗 40 万左右，穗粒数 35～38 粒，千粒重 50 克左右），耐旱节水。根系发达且活力强，耐旱性突出，水分利用率高。抗性突出。抗干热风，耐渍，耐后期高温，活秆成熟，熟相好；抗病性强，高抗叶锈病，中抗条锈、白粉、叶枯、纹枯病，耐赤霉病。

（10）众麦 2 号。春性多穗型中早熟品种，生育期 219 天，幼苗半直立，苗期生长健壮，抗寒性中等；起身拔节慢，抽穗晚；分蘖力强，亩成穗数多；株型较松散，长相清秀，株高 69 厘米，较抗倒伏；旗叶短宽直立，干尖较明显，后期不耐高温，成熟落黄一般；穗层整齐，穗纺锤形，大穗，码密，结实性好，产量三要素为：亩成穗数 40 万左右，穗粒数 35 粒左右，千粒重 35 克左右。

（11）豫农 035。半冬性，中晚熟。幼苗半匍匐，叶短宽、叶色深绿，分蘖力强，成穗率中等。株高 88 厘米左右，株型松散，旗叶平展，叶色深，穗层不整齐，穗中等大，结实性一般，粒数少，穗下节长，中后期长相清秀。穗纺锤形，长芒，白壳，白粒，籽粒角质，卵圆形，饱满度较好，黑胚率中等，外观商品性好。平均亩穗数 39.1 万穗、穗粒数 30.1 粒，千粒重 46.4 克。

（12）郑麦 366。半冬性多穗型强筋小麦品种，全生育期 230 天。幼苗半匍匐，叶色深绿，苗期长势旺，抗寒性较好，幼苗起身快，分蘖力中等，成穗率较高，株型紧凑，株高 70 厘米左右，叶片宽短上举，抗倒性好；穗层整齐，落黄一般，后期有早衰现象；长方形穗，大穗中粒，籽粒角质；产量三要素为：亩成穗 40 万个左右，穗粒数 38 粒左右，千粒重 36 克左右。

（13）西农 979。为半冬性（或弱冬性），生长健壮，抗寒耐冻性好，分蘖力较强，成穗率高，株型适中偏紧，叶片上倾，株型结构好；穗型中等偏大，产量三因素协调，亩产超千斤的产量因素构成为：亩穗数 40 万～45 万穗，穗粒数 38～40 粒，千粒重 42～45 克。

（14）周麦 23。属弱春性中熟品种，全生育期 220 天，幼苗半直立，长势较强，抗寒能力强，分蘖力强，成穗率一般；春季起身拔节晚，抽穗较迟；株高 87 厘米，株型半紧凑，旗叶上举，茎秆有弹性，较抗倒伏；后期根系活力强，耐高温，成熟落黄好；长方形大穗，穗层整齐，穗粒数多，白粒，籽粒角质，较饱满。平均亩成穗数 30.5 万，穗粒数 45.9 粒，千粒重 44.7 克。

（15）豫教 5 号。该品种属半冬性、矮秆、重穗型、中熟，冬季抗寒性较好，起身拔节期生长稳健，株高适中（75 厘米上下）；穗较大、均匀，小穗排列较密，籽粒白色半角质，饱满度较好，黑胚率低，外观商品性好；产量三要素协调，适应性强，稳产性好，高产潜力大。超高产攻关田亩穗数 58.15 万，穗粒数 33.6 粒，千粒重 45 克，亩产 746.7 千克。

（16）泛麦 8 号。属半冬性中熟品种，全生育期 228 天，比对照豫麦 49 晚熟 1 天。幼苗匍匐，抗寒性一般，分蘖成穗率高；起身拔节慢，抽穗晚；株高 73 厘米，较抗倒伏；株型略松散，叶片较大，穗层整齐，穗子大、均匀，成熟落黄好；纺锤形穗，长芒、白粒，籽粒半角质，饱满。平均亩成穗数 39.5 万，穗粒数 37.4 粒，千粒重 43.5 克。

（17）百农 160。属半冬性多穗型中晚熟品系，全生育期 230 天，比对照豫麦 49 晚熟 1 天。幼苗半匍匐，苗势壮，抗冬寒性较强，抗倒春寒性一般；起身拔节迟，抽穗略迟，分蘖力一般，成穗率高；植株高 72 厘米，抗倒性好；株型紧凑，旗叶上举，穗层整齐，穗下节短，穗小码密，灌浆速度快，耐后期高温能力较弱，落黄一般；穗纺锤形，长芒、白壳、白粒，籽粒角质，饱满度好，容重高。产量三要素：亩穗数 38.5 万，穗粒数 34.6 粒，千粒重 42.3 克。

（18）漯麦 4-168。属半冬性大穗型中熟品系，生育期 225 天，与对照漯麦 4 号熟期相同。幼苗半直立，叶色深绿，抗寒性较好，春季起身快，分蘖力强，亩成穗较多；株高 82 厘米，茎秆粗壮，较抗倒伏；植株半紧凑，长相清秀，成熟落黄好；长方形穗，大穗、长芒、白粒，粉质，小穗排列密，千粒重高。产量三要素为：亩穗数 41.72 万，穗粒数 36.22 粒，千粒重 43.34 克。

（19）新麦 26 号。幼苗半匍匐，长势旺，叶色浓绿，抗寒性好。分蘖力较强，成穗率高，株高 75 厘米左右，抗倒伏能力强。株型较紧凑，旗叶短宽、平展，株行间通风透光性好，穗多穗匀，结实性好。产量三要素协调，平均亩成穗 43 万，穗粒数 35.3 粒，千粒重 45 克。纺锤穗、长芒、白粒，籽粒角质、均匀、饱满，外观商品性好。抗旱抗逆性强，高低温逆转对其影响较小，叶功能好，熟相佳。

（20）洛旱 6 号。半冬性，中熟，成熟期比对照洛旱 2 号晚 1 天。幼苗半匍匐，长势健壮，分蘖力中等，起身早，两极分化快，抽穗扬花早，成穗率较高。株高 80 厘米左右，株型紧凑，茎秆蜡质，成株期叶片上举，叶色深绿，旗叶宽大，穗层整齐。穗长方形，长芒，白壳，白粒，角质，饱满度较好，黑胚率 3.5%。平均亩穗数 33.3 万穗，穗粒数 32.3 粒，千粒重 43.8 克。茎秆粗壮，抗倒性较好。抗旱性鉴定：抗旱性中等。接种抗病性鉴定：中感黄矮病，中感至高感叶锈病、秆锈病，高感条锈病、白粉病。

（21）国麦 0319（汝麦 0319）。属半冬性多穗型中早熟品种，全生育期 225 天，与对照豫麦 49 熟期相同。幼苗半直立，叶片长宽，苗势较健壮，分蘖成穗率中等，春季起身拔节快，抽穗较早；株高 78 厘米，株型半紧凑，叶片上举，植株蜡质重，茎秆弹性好，较抗倒伏；穗纺锤形，穗层整齐，小穗排列密；穗粒数较多，耐后期高温，籽粒灌浆快，落黄熟相好；长芒、白粒，籽粒半角质，饱满。平均亩穗数 35 万，每穗粒数 39.2 粒，千粒重 46.4 克。中抗条锈病、叶锈病、叶枯病，中感纹枯病，高感白粉病。

39. 百农矮抗 58 配套栽培技术有哪些？

答：百农矮抗 58 是新近培育的半冬性中熟小麦良种，亩穗数较多，并具有耐寒、多抗、广适、高产、稳产等突出优点，2005 年通过国家审定（审定编号：国审麦 2005008）。为了充分发挥该小麦良种的品种优势，河南科技学院小麦中心连续两年对该品种进行了播期、播量、施肥量等试验研究，并对其品种特征特性进行了观察分析。

（1）特征特性。百农矮抗 58 幼苗匍匐，冬季叶色淡绿，叶短上冲，分蘖力强。春季生长稳健，蘖多秆壮，叶色浓绿。株型半松散，叶片半披，株高 70～75 厘米。穗纺锤形，长芒、白壳、白粒，籽粒短卵形、半角质、黑胚率低，商品性好。后期叶功能好，根系活力强，耐高温、耐阴雨、耐湿害，抗干热风，籽粒灌浆充分，成熟落黄好。2005 年 5 月下旬，温度高达 37℃，许多品种青干，造成大幅减产，百农矮抗 58 不仅没有减产，还比对照平均增产 50～75千克/亩。

①高产优势。百农矮抗 58 平均亩穗数 40.5 万穗，穗粒数 32.4 粒，千粒重 43.9 克，亩产 530～570 千克，属高产品种。2003—2004 年参加国家黄淮南片区试（冬水 B 组），平均亩产 574 千克，较对照（豫麦 49 号）增产 5.36％，达极显著标准，居第 2 位。2004—2005 年参加国家黄淮区试（冬水 B 组），平均亩产 532.68 千克，比对照（豫麦 49 号）增产 7.66％，达极显著水平，居第 1 位。

②抗寒优势。苗期长势壮，抗寒性好，在－16℃条件下不受冻害。经过三年的试验、示范，百农矮抗 58 没有受到任何冻害，是老百姓首选的抗冻品种。

③抗倒优势。百农矮抗 58 茎秆坚韧，弹性好，强抗倒伏。2004 年 5 月，在新乡、漯河试验，示范点雨后大风，其他品种均有倒伏发生，唯有百农矮抗 58 不倒；2005 年 5 月底，在陕西泾阳刮起了八级大风，百农矮抗 58 仍然没有

倒伏，实收产量600千克/亩。说明百农矮抗58亩产600千克遇八级大风不倒。

④抗病优势。2003—2005年经中国农科院植物保护研究所两年接种抗病鉴定，百农矮抗58表现高抗条锈（1－5R）、白粉病（1－2R）、秆锈病（10R），中感纹枯病（45MS），高感叶锈病（90S）、赤霉病（3.38MS）。田间自然鉴定，中抗叶枯病。

⑤品质优势。2003—2004年经农业部谷物品质监督检验测试中心测试，百农矮抗58（样品编号，区040014）容重811克/升，蛋白质14.48%，湿面筋30.7%，沉降值29.9毫升，吸水率60.8%，形成时间3.3分钟，稳定时间4.0分钟，最大抗延阻力212E.U.，拉伸面积40平方厘米。

（2）高产栽培要点。

①适宜早播密植。百农矮抗58为半冬性矮秆、多穗型品种，抗寒性极强，在9月底早播亦无冻害，适宜早播密植。播期试验结果表明，百农矮抗58在10月30日前播种，其产量变化较小，以10月10日播种的产量为最高；在10月30日以后播种的产量明显下降。从高产角度看，最适宜播期为10月上中旬，最佳播期为10月10日前后。

播量试验表明，百农矮抗58播量弹性大，不同播量对产量的影响不明显。亩基本苗从14万～21万，分蘖成穗数基本相同，亩产徘徊在491～505千克之间。这说明百农矮抗58自身的调节能力强，不同基本苗都能获得较高的产量。但亩基本苗为20万时，产量最高；亩基本苗为10万时亩穗数最少，穗粒数较多，产量最低。随着播量的增加，亩基本苗和亩穗数相应提高，但穗粒数有所下降。故亩产500千克以上产量水平，亩基本苗以15万～20万为适宜播量，18万～20万基本苗为最佳。同时，在出苗后应检查麦苗均匀程度，及时进行催芽补种和疏密补稀。

②适宜高中肥田种植。百农矮抗58株高偏低，比较适宜在高肥田和中肥田种植。多施种肥、适当追肥是夺取高产的基础。从施肥试验（纯氮量分别设为0、4、8、12、16、20、24、28、32千克/亩，肥料在拔节期和抽穗期分别按70%和30%的比例施用）表明，随着氮肥施用量的增加，产量也在增加，当施氮量为28千克/亩时产量达到最高，随后略有下降。氮肥施用量在20～28千克/亩之间时，其产量明显高于其他几种不同肥力水平。施肥试验表明，种植百农矮抗58氮肥施用量以20～28千克/亩为适宜用量。同时，在12月冬灌后应及时划锄，破除板结，松土保墒；同时浇好返青拔节水和抽穗扬花水。

③注意病虫害防治。百农矮抗58高抗条锈病、秆锈病、白粉病。病虫害防治重点是蚜虫、叶锈病与赤霉病。在抽穗前后喷氧化乐果或其他药剂防治蚜虫，灌浆期喷粉锈宁等预防叶锈病与赤霉病。

40. 许农5号配套栽培技术有哪些?

答：许农5号是许昌市农科所于1994年以周麦8846作母本、周麦9号作父本杂交而成的多抗广适、优质中筋型小麦品种。2005年通过河南省审定，审定编号：豫审麦2005005；2007年通过国家审定，审定编号：国审麦2007010。品种权公告号：CNA20050598.X。

（1）特征特性。该品种属半冬性中熟品种，生育期224天，株高80～85厘米。幼苗半直立，深绿色，分蘖力较强，生长健壮，抗寒性好。株型适中，叶片直立，旗叶较小，成穗率中等。茎秆富有弹性，抗倒伏力强。长方穗，穗大，结实性好，长芒，半角质，商品性好。每亩成穗36万～40万穗，穗粒数40～43粒，千粒重46～50克。叶片功能期长，灌浆快，落黄好，抗干热风，耐旱。高抗条锈病、叶枯病，中抗白粉病和纹枯病。

（2）产量表现。2003—2004年度参加河南省冬水Ⅰ组区试，平均每亩产量达619.4千克，比对照豫麦49号增产5.43%，达极显著水平，居13个参试品种第2位。2004—2005年度参加冬水Ⅰ组区试9点汇总，9点增产，平均每亩产量508.9千克，比对照品种豫麦49号增产9.18%，达极显著水平，居14个参试品种第1位；同年度，该品种参加河南省小麦品种高肥冬水Ⅰ组生产试验，11点汇总，11点增产，平均499.2千克/亩，比对照品种豫麦49号增产7.6%，居7个参试品种的第1位。2005—2006年度参加国家黄淮南片冬水组B组区域试验，平均每亩产量547.15千克，较对照豫麦49号及新麦18增产均达极显著水平；2006—2007年度参加国家黄淮南片冬水组B组生产试验，13点汇总12点增产，平均每亩产量528.2千克，较对照新麦18增产6.8%，居第2位。

（3）品质。根据农业部农产品质量监督检验测试中心（郑州，2004年）测试，粗蛋白含量13.76%，湿面筋含量27.1%，降落值299秒，沉降值24.5毫升，稳定时间3分钟，达到中筋小麦标准。

（4）突出优点。

①产量高。许农5号参加河南省小麦新品种预备试验、小麦冬水Ⅰ组区试和生产试验产量均居第1位；参加国家黄淮南片冬水组生产试验，居第2位，比对照增产均达到极显著水平。

②适应性强。2003—2005年河南省水地小麦良种区域试验，适应度达100%；2005—2007年国家黄淮南片冬水组试验，适应度达100%。

③稳产性好，产量三因素协调，自我调节能力强。2003—2007年四年河南省水地小麦及国家良种区域试验产量稳定性分析，变异系数为3.19%，概率值0.003，灌浆速度快，穗下节长，千粒重稳定；该品种根系发达，叶片、

茎秆的蜡质层厚，耐旱能力强；抗倒伏强，每年在许昌、周口等地安排60多个示范点，均表现出抗倒伏的突出优点。

（5）栽培要点。许农5号高产稳产、多抗广适，适宜在黄淮麦区的河南省、安徽北部、江苏北部、陕西关中地区中高肥力地块种植。其配套栽培技术如下：

秋收后及早整地蓄墒，深耕细耙，耕深25～30厘米，整地要求上虚下实，无明显坷垃。一般每亩施农家肥3 000～4 000千克，尿素15～18千克，磷酸二铵25～30千克，配合适量的钾肥作底肥。追肥应本着氮肥后移的原则，在3月中旬每亩追施尿素7～10千克，并可在灌浆初期叶面喷施速效氮肥，既有利于高产，又有利于品质提高。该品种属半冬性小麦品种，适于早、中茬种植，适播期10月8—15日。在适播期内，一般每亩播量7～8千克，晚播可适当增加播量。为提高播种质量，应采用机播，播种深浅一致，播深3～5厘米。播前进行种子包衣或药剂拌种，同时播后镇压，确保苗全苗壮。在12月中、下旬进行冬灌平抑地温，促蘖增根；拔节期浇水追肥，促进个体健壮生长。4月中下旬或5月上旬，每亩用40%的氧化乐果80～100毫升加20%三唑酮或粉锈宁60～70毫升对水混合喷雾，防治锈病和蚜虫；小麦扬花初期如遇雨，每亩用40%多菌灵胶悬剂80～100克对水40～50千克，均匀喷雾于小麦穗部，可预防赤霉病发生。腊熟末期至完熟期及时收获，确保丰产丰收。

41. 周麦18号配套栽培技术有哪些?

答：周麦18号是河南省周口市农业科学院选育的半冬性、高产稳产、节水耐旱、多抗广适、优质中筋小麦新品种，3年参加8组省和国家区试产量连获8个第一，区试最高产量684.2千克/亩。2004年通过河南省审定，2005年8月通过国家审定。2003年获得第三届全国农业科技博览会金奖，2004年获得国家新品种权保护。

（1）亲本来源。其亲本组合为内乡185/周麦9号。母本内乡185突出特点为春性、大穗、早熟、抗锈性好，但不抗寒、感叶枯病重；其父本周麦9号曾为半冬性种植面积最大的品种之一，获得国家科技进步二等奖和世界知识产权组织杰出发明者金奖，其突出特点为半冬性、高产稳产性好、矮秆较抗倒、株型稍紧、穗数较多、适应范围广，但穗偏小、感条中29号新小种。内乡185、周麦9号分别含有苏联、罗、墨、德、丹、美、日、意8个国家种质的血缘，含我国豫、鲁、陕、川4个省份小麦血缘。周麦18号祖代的7个血缘亲本内乡82C6、绵阳8427、内乡182、百农791、豫麦2号、鲁麦1号和偃师4号来源于洛夫林10号、NPFP、Alohdros、高加索、山前麦和牛朱特、丹麦1号等国外优异种质与中国小麦多次杂交改良的后代。所以说周麦18号的双亲系优点多、缺点少、性状互补且遗传基础丰富、遗传背景广泛、亲缘关系差异大的冬春类型杂交，这就为把高产、稳产、多抗、广适等诸多优点集于一体奠定了良好基础。

（2）主要优良特性。

①高产性。河南、安徽省区试、生产试验结果2002—2003年参加河南省超高产区试，7处汇总，点点增产，平均每亩产量561.7千克，较对照增产8.96%，居试验第1位，达极显著。2003—2004年参加省高冬Ⅱ组区试，9点汇总，点点增产，平均每亩产量581.4千克，最高产量682.4千克（郑州），较对照豫麦49增产6.13%，达极显著水平，居第1位。同年参加河南省旱薄地区试，平均每亩产量349.36千克，比对照豫麦2号增产6.74%，达极显著水平，居第1位。2003—2004年参加河南省生产试验，7点汇总，点点增产，平均每亩产量526.1千克，平均较对照豫麦49号增产9.2%，居13个参试品种第1位。2004年参加安徽省区试，平均每亩产量535.6千克，较对照皖麦38增产6.64%，达极显著水平，居第1位。国家黄淮南片区试和生产试验结果2003—2004年参加国家黄淮南片冬水A组区试，15点汇总，点点增产，其中11个点获第1位，3个点获第2位，平均每亩产量574.5千克，最高产量680.83千克（安徽省涡阳），平均比对照豫麦49号增产6.14%，达极显著水平，居10个参试品种的第1位。2004—2005年度参加黄淮南片冬水A组区试，16点汇总，点点增产，平均每亩产量535.16千克，比对照豫麦49号增产10.29%，达极显著水平，居12个参试品种的第1位。2004—2005年度参加国家黄淮南片生产试验，14点汇总，点点增产，平均每亩产量505.6千克，比对照豫麦49号增产10.24%，居第1位。综合3年河南、安徽、国家黄淮南片区试和生产试验等8组汇总结果，周麦18号在80点（次）试验中均点点增产，取得8个第1位，并且较对照品种增产均达极显著水平。产量构成分析：分蘖力中等，成穗率50%左右，每亩成穗37万～40万。穗层整齐，长方形穗，穗大穗匀，结实性好，穗粒数35～37粒。灌浆速度快、强度高。籽粒半角质，千粒重45～50克，均匀饱满，容重高，黑胚率较低，外观商品性好。产量三要素协调，产量潜力大。

②稳产性、适应性分析。周麦18号3年在5个省80点（次）试验中均点点增产，取得8组（次）第1位，并且较对照品种增产均达极显著水平，说明在不同年份间、地区间稳产性、广适性均好。据国家黄淮南片区试主持单位两年对区试参试品种稳定性（产量均值一变异系数CV）和适应度分析：2003—2004年度周麦18号均值变异系数（CV）和适应度分别为10.2%、100%，2004—2005年度均值变异系数（CV）和适应度分别为12.17%、100%。表明周麦18号在不同环境中的变化小、稳定性好，同时高产性好、广适性好。

③抗逆性、抗病性。经抗病性鉴定单位中国农科院植保所2005年接种抗病性鉴定：周麦18号中抗条锈病和纹枯病，中感白粉病和赤霉病，慢叶锈病，高抗秆锈病。综合抗病性较好，全面优于对照品种，是目前抗病性较好的小麦新品种之一。抗倒性：株高适中（80厘米），秆质硬，茎秆弹性较好，区试主持单位田间自然鉴定抗倒性为2级，高抗倒伏。抗寒性：幼苗半直立、健壮、叶细长，浅绿色，抗冬、春寒害，特别对倒春寒抗性较强。抗旱性：根系发达，水分利用率高，中后期耐旱性强，节水性较好。据旱地区试主持单位鉴定，抗旱指数为0.873 2，比旱地对照增产6.74%。抗干热风，耐后期高温，后期叶功能好，根系活力强，源强、库足、流畅，成熟落黄好。

④品质。2005年度国家黄淮南片区试抽混合样送农业部谷物品质监督检验测试中心化验，品质测定结果为：容重795克/升、蛋白质（干基）14.68%、湿面筋31.8%、沉降值29.9毫升、吸水率58.6%、形成时间3.2分钟、稳定时间3.2分钟、最大抗延阻力192E.U.、拉伸面积44平方厘米，品质达优质中筋小麦标准。

（3）配套栽培技术。周麦18号播期为10月8—25日，每亩播量为6～10千克。早播按下限，晚播按上限。亩冬前适宜群体60万～80万，春季最高群体80万～90万，成穗数37万～42万。适合河南省中北部及黄淮南片早中茬、高肥水地种植，也适合旱肥地、沙土质种植。

①平衡施肥。有机肥与无机肥相结合，氮磷钾与微肥相结合。全生育期每亩施肥量为：纯氮12～14千克、磷（P_2O_5）6～10千克、钾（K_2O）5～7千克、硫和锌肥均为3千克。磷、钾肥和微肥一次性底施，氮肥底肥与追肥的比例为7∶3。氮肥追肥期：晚弱麦田应于返青、起身期追肥，早播壮苗麦田拔节期追肥，群体大麦田拔节后期追肥。

②灌水。遇旱适时浇好底墒水、越冬水、孕穗水和灌浆水，特别注重浇好底墒水和孕穗、灌浆水，做到足墒播种和孕穗、灌浆期的需水保证。

③病虫害防治。地下害虫防治：对地下害虫蝼蛄、蛴螬、金针虫及吸浆虫的蛹，应土壤处理和药剂拌种双管齐下，才能达到良好效果。土壤处理：每亩用3%甲基异柳林颗粒剂1.5～2千克拌细土20千克，拌均匀后，边撒边犁，翻入土中。药剂拌种：可用甲胺磷杀虫剂和禾果利或适乐时杀菌剂，杀虫剂按药∶水∶种为1∶50∶500比例拌种，杀菌剂根据说明书用量使用。早春纹枯病防治：应在返青至拔节前喷药1～2次防治纹枯病，药剂可用20%三唑酮100毫升或125%禾果利15克对水40千克/亩，对准茎基部喷雾，防效较好。中后期一喷三防根据病虫害发生情况，一般应在4月中旬至5月上旬喷雾防治锈病、赤霉病和穗蚜2次。每亩防治锈病可用20%三唑酮100毫升，防治蚜虫用乐斯本25～30毫升或吡虫啉30～40克；为促进灌浆提高粒重，可叶面喷

施磷酸二氢钾200克。以上3种类型药剂可以混用，减少用工。在小麦扬花期若天气预报有2天以上的连阴雨天气，应在雨前或雨后及时喷施40%多菌灵100克/亩防治赤霉病。

此外，对于吸浆虫发生区，在做好虫情测报的基础上，应做好成虫期防治。在小麦抽穗率达70%～80%（成虫出土初期）施药，每亩可用20%杀灭菊酯20～25毫升或40%氧化乐果乳油100毫升对水15～20千克，于下午5时以后喷雾进行防治，如施药后24小时内遇雨，要进行补治。

42. 许科1号配套栽培技术有哪些？

答：许科1号由河南许科种业有限公司选育而成，审定编号：2007001。

（1）特征特性。属半冬性中晚熟小麦品种，生育期231天。幼苗半直立，苗壮，抗寒性强，返青起身快，分蘖能力强，成穗率一般。株高85厘米，茎秆粗壮，较抗倒伏。株型半紧凑，旗叶上举，穗层整齐。穗长方形，小穗排列较密，穗粒数较多，籽粒饱满，容重高，成熟落黄好。亩穗数32.5万，穗粒数45.1粒，千粒重45.8克。中抗白粉病、条锈病、叶枯病，中感叶锈病、纹枯病。

（2）产量结果。2006—2007年参加河南省小麦品种冬水Ⅱ组区域试验，平均亩产551.4千克，比对照豫麦48增产11.8%，居14个参试品种第一位。2006—2007年参加河南小麦品种冬水Ⅰ组生产实验，平均亩产541千克，比对照豫麦49增产7.1%，居6个参试品种第一位。

（3）栽培要点。适宜在豫中地区早中茬中高肥力地块种植。10月5—25日播种。高肥力地块亩播量7～8千克；中低肥力地块可适当增加播量。若延期播种，以每推迟3天增加0.5千克播量为宜。要施足底肥，一般每亩施尿素20千克、磷酸二铵25千克、硫酸钾15千克，或亩施三元复合肥50千克。春节前后每亩追施尿素7～10千克。拔节前进行化学除草，并适当化控，以降低株高。春季注意防治纹枯病，灌浆期喷施磷酸二氢钾，后期结合天气情况及时防治叶锈病和蚜虫。

43. 豫麦49－198配套栽培技术有哪些？

答：（1）特征特性。半冬性品种，生育期227天。幼苗生长健壮、叶色深绿、分蘖成穗率高、抗寒性较好；株型紧凑，长相清秀，株高75厘米；旗叶半直立，稍卷曲，根系活力强，耐旱性较好；穗层整齐、通风透光好、灌浆速度快；籽粒饱满、半角质、容重高、黑胚率低。产量三要素为：亩成穗数45.0万，穗粒数34.3粒，千粒重40.9克。与豫麦49相比，在产量、抗病性方面有所改良。

(2) 产量表现。2004—2005年度全省10点性状改良对比试验，平均亩产497.6千克，比豫麦49增产4.52%。2006年6月5日科技部组织专家对粮食丰产科技工程15亩豫麦49-198超高产攻关田实打验收。平均亩产717.2千克，创我国三大主产冬麦区单产新纪录。陕西省2006—2007年度关中灌区小麦新品种生产试验，亩产478.4千克，比对照小偃22增产11.2%，亩净增产48.3千克。

(3) 品质分析。农业部农产品质量监督检测测试中心（郑州）品质分析：容量882克/升，精蛋白（干基）14.03%，湿面筋31.2%，降落值367秒，稳定时间2.4分钟，口感与西农88、绵阳25相同。

(4) 抗病鉴定。经河南农科院植保所田间鉴定：高抗叶枯病、中抗条锈病、中感白粉病、叶锈病、赤霉病、纹枯病，与豫麦49相比纹枯病和叶枯病的抗性有明显提高。

(5) 栽培要点。播量播期：高水肥地亩条播4～7千克，中水肥地亩条播5～8千克；10月15—30日。田间管理：施底肥氮磷钾合理配比，追肥在两极化中后期根据苗期进行、并结合浇水，纹枯病防治应在11月下旬和返青期用粉锈宁、井冈霉素混合喷打基部防治："一喷三防"应在扬花初期和5月上旬进行。

44. 周麦22号配套栽培技术有哪些?

答：(1) 特征特性。半冬性，中熟，比对照豫麦49号晚熟1天。幼苗半匍匐，叶长卷、叶色深绿，分蘖力中等，成穗率中等。株高80厘米左右，株型较紧凑，穗层较整齐，旗叶短小上举，植株蜡质厚，株行间透光较好，长相清秀，灌浆较快。穗近长方形，穗较大，均匀，结实性较好，长芒，白壳，白粒，籽粒半角质，饱满度较好，黑胚率中等。平均亩穗数36.5万穗，穗粒数36.0粒，千粒重45.4克。苗期长势壮，冬季抗寒性较好，抗倒春寒能力中等。春季起身拔节迟，两极分化快，抽穗迟。耐后期高温，耐旱性较好，熟相较好。茎秆弹性好，抗倒伏能力强。

(2) 抗病性鉴定。高抗条锈病，抗叶锈病，中感白粉病、纹枯病，高感赤霉病、秆锈病。

(3) 区试田间表现。轻感叶枯病，旗叶略干尖。

(4) 产量表现。2005—2006年度参加黄淮冬麦区南片冬水组品种区域试验，平均亩产543.3千克，比对照1新麦18增产4.4%，比对照2豫麦49号增产4.92%；2006—2007年度续试，平均亩产549.2千克，比对照新麦18增产5.7%。2006—2007年度生产试验，平均亩产546.8千克，比对照新麦18增产10%。

（5）栽培技术要点。适宜播期10月上中旬，每亩适宜基本苗10万～14万苗。注意防治赤霉病。

45. 玉米适期早播为什么能增产？

答：①可延长玉米生长期，积累更多营养物质，满足雌雄穗分化形成以及籽粒的需要，促进果穗充分发育，种子充实饱满，提高产量。

②可减轻病虫危害。适期早播可以在地下害虫发生以前发芽出苗，至虫害严重时，苗已长大，增强了抵抗力。

③可增强抗倒伏能力。适期早播可使幼苗在低温和干旱环境条件下经过锻炼，地上部生长缓慢而根系发达，为后期植株生长健壮打下基础。

④可避过不良气候。

46. 玉米空秆倒伏的原因是什么？

答：空秆的发生除遗传原因外，与果穗发育时期玉米体内缺乏碳糖等有机营养有关，如水肥不足、弱晚苗、病虫害、密度过大等都会造成玉米空秆；玉米倒伏有茎倒、根倒和茎折断3种，茎倒是茎秆过细、植株过高及暴风雨造成；根倒是根系发育不良，灌水及雨水过多，遇风引起的倒伏；茎折断是抽雄前生长过快、茎秆组织幼嫩及病虫害，遇风而折断。

47. 为什么说玉米是高产作物？

答：玉米是高产作物，这是由它的生理特点决定的。玉米是C4作物，它比一般作物多1个二氧化碳的吸收和运转过程，能更多的利用空气中低浓度的二氧化碳。光合效率高。

48. 玉米合理密植的原则是什么？

答：①根据杂交种特性确定密度：植株高大，叶片数多且较平展，群体透光性差的平展叶型杂交种，如农大108等，密度宜稀；植株较矮，叶片上冲，株型紧凑，群体通风透光好的紧凑型杂交种，如郑单958等，适宜密植。

②根据土壤肥力和施肥水平确定密度：土壤肥沃，施肥量又多时，可以适当密些；如果土壤肥力较低，施肥量又少，则不能满足植株对养分的要求，种植过密时会出现植株营养不良，空秆增多，植株早衰，秃顶重，产量低。因此，应掌握“肥地宜密，薄地宜稀”的原则。

③根据水浇条件确定密度：玉米是需水较多的作物，密度增加后，需水量增多。因此，灌溉条件好的地方，玉米密度可适当密些；干旱和水浇条件差的，应适当稀些。

④根据当地气候和土质条件确定密度：气温较低，昼夜温差较大的地区，种植密度可适当大一点；气温较高，昼夜温差小的地区，种植密度应小一点。玉米根系发达，需要氧气较多，透水透气性较好的砂壤土，比黏土地种植的密度可以稍大一点，每亩可多300～500株。另外，精种细管、玉米群体整齐度高的，比粗种粗管的，可适当密些。

49. 玉米涝害减产的原因及防御措施是什么？

答：玉米涝害减产的主要原因：

①抑制玉米的生长发育，尤其是抑制根的生长。

②削弱根系的吸收能力。

③降低土壤中有效养分的含量。

④土壤中有毒物质积累等。因此，必须采取防御措施：一是排灌沟渠配套；二是调整播期，力争早播，使其对涝害的敏感期尽量赶在雨季开始之前；三是在涝害发生后及时追施速效性氮肥，促使恢复。

50. 玉米缺素有哪些症状？

答：①缺氮：植株下部老叶从叶尖沿叶脉呈“V”形变黄，植株矮小、瘦弱。

②缺磷：植株下部老叶从叶尖沿叶缘变紫色，尤其幼苗容易出现。

③缺钾：植株下部老叶从叶尖沿叶缘呈焦枯状（金镶边）。

④缺钙：（玉米一般不缺钙），心叶抽出困难或不伸展，叶尖黏合，植株黄绿色或矮化。

⑤缺镁：幼苗上部叶片黄色，脉间黄绿相间条纹。

⑥缺硫：矮化。心叶黄化如缺氮。

⑦缺锌：出土后两周内，心叶先出现淡色条纹，沿中脉两侧出现“白”带。

⑧缺铁：幼叶脉间淡绿或黄色。

⑨缺铜：幼叶一出即变黄。

⑩缺锰：（一般少有缺锰），叶上黄绿相间条纹。

⑪缺硼：（一般少有缺硼），幼叶脉间白色斑点，变成白色条纹。

⑫缺钼：老叶从叶尖沿叶缘枯死，缺钼叶卷曲。

51. 河南常见玉米病害有哪些？症状表现分别是什么？

答：①玉米大斑病：主要危害玉米叶片，长棱形，中宽两端渐细、黄褐或灰色。

②玉米小斑病：纺锥型或不规则，黄褐色、斑中灰色、边缘褐色，T 小种侵染叶鞘、苞叶、穗。

③丝黑穗病：是苗期侵入的系统侵染性病害。一般在穗期表现出典型症状，主要为害果穗和雄穗。A：雌穗受害：多数病株果实较短，基部粗顶端尖，近似球形，不吐花丝，除苞叶外，整个果穗变成一个大的黑粉包。初期苞叶一般不破裂，散出黑粉。黑粉一般黏结成块，不易飞散，内部夹杂有丝状寄主维管束组织，丝黑穗因此而得名。有些品种幼苗心叶牛鞭状，有些病株前期异常，节短株矮，茎基膨大，如笋，叶丛生，稍硬上举。也有少数病株，受害果穗失去原有形，果穗的颖片因受病菌刺激而过渡生长成管状长刺，长刺的基部略粗，顶端稍细，中央空松，长短不一，自穗基部向上丛生，整个果穗畸形，成刺头状。长刺状物基部有的产生少量黑粉，多数则无，没有明显的黑丝。B：雄穗受害：多数情况是病穗仍保持原来的穗形，仅个别小穗受害变成黑粉包。花器变形，不能形成雄蕊，颖片因受病菌刺激变为畸形，呈多叶状。雄花基部膨大，内有黑粉。也有个别整穗受害变成一个大黑粉包的，症状特征是以主梗为基础膨大成黑粉包，外面包被白膜，白膜破裂后散出黑粉。黑粉常黏结成块，不易分散。

④黑粉病：玉米 4～5 叶即发病，叶缘有小瘤，茎叶扭曲畸形，穗呈灰色，内有黑粉，叶上也呈灰色，茎基也有小瘤物。局部寄生性，孢子在土壤、病残体中越冬。

⑤青枯病：即茎基腐病，玉米乳熟期出现症状，玉米叶突然枯死，从发病到全株叶枯死需 5～7 天，有的 3 天左右，初期呈水浸状，很快失水凋萎变青灰色枯死，顶端叶先发病，后下部叶发病，茎基呈水浸状，后变褐变软腐烂，失水萎缩，易皱裂和倒折，茎中干缩中空。重株果穗下垂。病株根系发褐发软腐烂，内部呈紫色。

⑥矮花叶病：即叶条纹病，黄绿条纹相间，出苗 7 叶易感病，发病早、重病株枯死，损失 90%～100%，全生育期均能感病，苗期发病危害最重，出穗后轻，病菌最初侵染心叶基部，细脉间出现椭圆行退绿小斑点，断续排列，呈典型的条点花叶状，渐至全叶，形成明显黄绿相间退绿条纹，叶脉呈绿色。该病以蚜虫传毒为主，越冬寄主是多年生禾本科杂草。

⑦粗缩病：病株叶浓绿，节间缩短，植株矮化称“君子兰”，重病不抽雄或无粉，雌穗小、畸形，轻病植株雄穗易抽出，而花粉少、花药少，得病早的病重，5～6 叶发病，初期叶脉间透明退绿虚线小点，以后叶背脉上出现长短不等蜡泪状白色突起，叫脉瘤。由灰飞虱传染，寄主为禾本科植物。

⑧纹枯病：发病初期，茎基部叶鞘病斑椭圆或不规则形，斑中部淡褐色，边缘暗褐色，后多斑汇合包围叶鞘，后期由于叶鞘腐烂，叶色枯死。

⑨褐斑病：病斑圆形或近圆形，初为黄白小点，后变褐或紫褐，稍隆起，有时合并为大斑，中脉上病斑大，斑多集于叶片和叶鞘连接处。

⑩锈病：南方重于北方，叶片正反面散生或聚生，近圆形褐色夏孢子堆，后为黑色冬孢子堆，重病叶枯死。

⑪弯孢霉叶斑病：又称黄斑病。全生育期各叶均可感病，高峰期 8 月中下旬，高温高湿易发病（25～30℃），抽雄易感病，初为退绿，水渍状小点，后扩为卵圆、椭圆形，中白周褐色。

⑫疯顶病（丛顶病、霜霉病）：该病由霜霉病菌入侵。苗期病株淡绿色，株高 20～30 厘米时过度分蘖，抽雄后雄穗小花变为变态小叶，雌穗不抽丝，苞叶尖变为变态小叶。

⑬空气污染毒害：主要有臭氧、二氧化硫、氟化物、氯气等。其中氟化物毒害症状是沿叶缘到叶尖出现褪绿斑点，叶脉间出现小的不规则的褪绿斑并连续成褪绿条带。

52. 河南玉米产量的主要限制因素有哪些？

答：①优质专用品种少，布局不合理，高产抗逆稳产品种缺乏；良种与良法不配套；品种单一化与多乱杂并存；不同品质品种混种混收，商品质量一致性差。

②土壤理化性状差，耕作技术落后：土壤耕层浅，容重高。耕层仅 15～20 厘米。0～20 厘米土层容重 1.43 克/立方厘米，20～40 厘米土层容重 1.57 克/立方厘米。大大高于适宜容重 1.2～1.3 克/立方厘米。根系分布浅，生长空间小。土壤渗水性差，储水能力低，易旱易涝；土壤肥力低，养分不平衡，氮素含量高，磷、钾及微量元素含量低。

③夏玉米播种质量差，缺苗断垄严重。机械麦收、玉米机播大面积应用后，玉米播种质量普遍下降，突出表现：缺苗断垄，整齐度降低。平均缺苗 21.5%，整齐度下降 30%左右。原因：机械麦收所留残茬影响播种质量；免耕硬茬机播深浅不一；小麦与玉米种植方式不配套。土壤墒情差。

④水肥投入不合理，肥料利用率低。肥料以氮肥为主，磷钾及微肥施用少，施入养分不平衡。氮肥利用率低，部分地区引起环境污染。水分灌溉不及时，尤其是忽略后期灌水。

⑤管理粗放，成本高，效益低。传统的精耕细作管理逐渐丧失，新型的现代玉米生产技术体系尚未建立。玉米管理日益粗放。技术到位率逐步降低：分次施肥被一炮轰所代替；化肥深施变成了表面撒施；丰产水变成了救命水；定苗晚甚至不定苗。

⑥灾害发生频繁，玉米稳产性差。病虫害、旱涝、阴雨寡照、风雹等灾

害时有发生。初夏旱、伏旱、花期阴雨是主要自然灾害，病虫害发生日趋严重。1986年因旱灾河南玉米平均减产31%，2003年因花期阴雨平均减产37%。2006年因青枯病造成黄河南部地区玉米大面积倒伏。2009年大雨加上强风导致大面积倒伏。从历史和今后长期发展看，干旱对玉米的影响将日趋严重。

⑦玉米收获偏早。一般比正常成熟提早收获7～10天，减产10%左右。

53. 玉米主要病虫害防治方法有哪些?

答：①粗缩病。在玉米苗期选用50%抗蚜威可湿性粉剂3 000～5 000倍液，或10%吡虫啉1 500倍液喷雾，防治蚜虫、灰飞虱，以预防粗缩病的发生。

②锈病。发病初期用25%粉锈宁可湿性粉剂1 000～1 500倍液，或者用50%多菌灵可湿性粉剂500～1 000倍液喷雾防治。

③黏虫、蓟马。黏虫可用灭幼脲、辛硫磷乳油等喷雾防治，蓟马可用5%吡虫啉乳油2 000～3 000倍喷雾防治。

④玉米螟。在小口期（第9～10叶展开），用1.5%辛硫磷颗粒剂0.25千克，掺细沙7.5千克，混匀后撒入心叶，每株1.5～2克。有条件的地方，当田间百株卵块达3～4块时释放松毛虫赤眼蜂，防治玉米螟幼虫。也可以在玉米螟成虫盛发期用黑光灯诱杀。

⑤地下害虫。用90%敌百虫0.5千克对水2.5～5千克，拌50千克麦麸，或用1千克辛硫磷加水5～10千克，拌30千克细土中制成毒饵，于傍晚在植株周围每亩撒施毒饵2.5～5千克，防治蝼蛄、地老虎等地下害虫。

54. 夏玉米播种环节需要注意哪些方面?

答：①选择综合抗逆性好适于机收的优良品种。玉米品种的抗逆性包括抗倒性、耐密性、抗病性、抗旱性等。河南省夏玉米生长的大部分时间正值雨季，如抗病性差，遇到连续阴雨等不利条件，就有可能造成病害蔓延，即使能得到及时防治，也会增加成本、降低种植效益，严重时还会造成较大幅度减产。近年来，在玉米生长期内时常出现高温干旱天气，选择抗旱性品种可以减少浇灌次数。近年来，豫中地区综合抗性较好的玉米品种有伟科702、登海605、郑单958、滑玉12等。近年来，在玉米生长期内时常出现高温干旱天气，选择抗旱性品种可以减少浇灌次数。目前市场上的玉米大部分不适于机收，种粮大户种植玉米必须考虑机收，要选择生育期短、不倒伏、脱水快的品种。

②搞好种子处理。播种前对种子进行精选，去除小粒、秕粒、病虫粒，提

高种子整齐度，保证出苗整齐度。播前3～5天进行晒种，以提高种子在播种后的吸水和萌芽速率，促进幼苗健壮生长。在病虫害发生较重的地区，可有针对性地采用包衣种子加以预防和防治。种子未包衣的，用5.4%吡·戊玉米种衣剂进行包衣；或用40%甲基异柳磷按种子量的2%、用2%戊唑醇按种子量的0.2%拌种，可以有效控制苗期灰飞虱、蚜虫、粗缩病、黑穗病、纹枯病和地下害虫等。

③贴茬早播。“春争日，夏争时”，小麦收获后，秸秆覆田，采用灭茬、播种、施肥一体的机械一次完成播种、施肥工作，宽窄行种植。

④浇“蒙头水”。夏玉米生长的大部分时间处于雨季，正常年份，一般在贴茬播种后，只要浇好蒙头出苗水，即可满足玉米苗期对水的需要了，在整个玉米苗期不再浇水。因为苗期玉米需要蹲苗，轻微干旱有利于玉米根系生长发育，能提高其抗旱性。

55. 夏玉米化学除草如何开展?

答：夏玉米化学除草可在苗前或苗后进行，苗前除草剂可用莠去津类胶悬剂和乙草胺乳油（或异丙甲草胺），在播后苗前进行土壤喷雾。苗后除草剂，在3～5叶期选用4%烟嘧磺隆悬浮剂（玉农乐）；在7～8叶期可选用灭生性除草剂20%百草枯水剂定向喷雾。

玉米除草剂的选用一定要根据除草剂品种对玉米叶片数量的要求（时间间隔是比较严格的，一般产品说明书上有，有的是2～5叶期，有的是4叶前，有的是6叶前），在玉米喷施除草剂适期内要搭配好，前期用什么除草剂，中期用什么除草剂，6～8叶后用什么除草剂。

喷施除草剂要提前搞好机械喷幅试验，既不重喷，也不漏喷，以避免出现除草剂药害。另外，还要关注天气预报，干旱、高温情况下，喷施除草剂要慎重；喷施苗后除草剂的地块，前7天、后7天不能喷施有机磷或者氨基甲酸酯类杀虫剂，更不允许将这两类杀虫剂与苗后除草剂放在一起实现所谓的既除草又杀虫。

56. 高油玉米的品质特性有哪些?

答：高油玉米是一种籽粒含油量比普通玉米高50%以上的玉米类型。普通玉米的含油量一般4%～5%，而高油玉米含油量高达7%～10%，有的可达20%左右。玉米油的主要成分为脂肪酸甘油酯。此外，还含有少量的磷脂、糖脂、甾醇、游离氨基酸、脂溶性维生素A、D、E等。不饱和脂肪酸是其脂肪酸甘油酯的主要成分，占其总量的80%以上。

玉米的油分85%左右集中在籽粒的胚中，玉米胚的蛋白质含量比胚乳高1

倍，赖氨酸和色氨酸含量比胚乳高2～3倍，而且高油玉米胚的蛋白质也比胚乳的玉米醇溶蛋白品质好。因此，高油玉米和普通玉米相比，具有高能、高蛋白、高赖氨酸、高色氨酸和高维生素A、维生素E等优点。作为粮食，高油玉米不仅产热值高，而且营养品质也有很大改善，适口性也好。作为配合饲料，则能提高饲料效率。用来加工，可比普通玉米增值1/3左右。

57. 高油玉米的栽培要点有哪些？

答：（1）选择优良品种。选用含油量高，农艺性状好，生育期适宜的抗病、高产、优质杂交种，如农大高油115、高油202、高油298、美国高油F1等。

（2）适期早播。高油玉米生育期较长，籽粒灌浆较慢，中、后期温度偏低，不利于高油玉米正常成熟，影响产量和品质。因此，适期早播是延长生长季节，实现高产的关键措施之一。

（3）合理密植。高油玉米植株一般较高大，适宜密度应低于紧凑型普通玉米，高于平展型普通玉米，即4 000～4 300株/亩。

（4）合理施肥。为使植株生长健壮、提高粒重和含油量，要增施氮、磷、钾肥，最好与锌肥配合使用。施肥方法遵循“一底二追”的原则。每亩施有机肥1 000～2 000千克，氮素8～10千克，五氧化二磷8千克，氧化钾10千克，硫酸锌15～30千克；苗期每亩追尿素4～5千克；穗肥每亩施尿素20～25千克。

（5）化学调控。高油玉米植株偏高，通常高达2.5～2.8米，防倒伏是种植高油玉米的关键措施之一。玉米苗期注意使用玉米健壮素等生长调节剂控制株高防倒伏。

（6）及时防治玉米螟等病虫害。

（7）适时收获与安全储藏。以收获籽粒榨油为主的玉米在完熟期，籽粒“乳线”消失时收获。以收获玉米作青贮饲料的，可在乳熟期收获。高油玉米不耐贮藏，易生虫变质，水分要降至13%以下，温度要低于28℃以下贮藏，贮藏期间要多观察，勤管理。

58. 糯玉米的品质特性有哪些？

答：糯玉米淀粉比普通玉米淀粉易消化，蛋白质含量比普通玉米高3%～6%，赖氨酸、色氨酸含量较高，在淀粉水解酶的作用下，其消化率可达85%，而普通玉米的消化率仅为69%。鲜食糯玉米的籽粒黏软清香、皮薄无渣、内容物多，一般总含糖量为7%～9%，干物质含量达33%～58%，并含有大量的维生素E、维生素B_1、维生素B_2、维生素C、肌醇、胆碱、烟碱和矿质元素，比甜玉米含有更丰富的营养物质和更好的适口性。

59. 糯玉米的栽培要点有哪些？

答：（1）选用良种。糯玉米品种较多，品种类型的选择上要注意市场习惯要求，且注意早、中、晚熟品种搭配，以延长供给时间，满足市场和加工厂的需要。河南省一般选用郑黑糯 1 号、郑黑糯 2 号、郑白糯、苏玉糯等。

（2）隔离种植。糯质玉米基因属于胚乳性状的隐性突变体。当糯玉米和普通玉米或其他类型玉米混交时，会因串粉而产生花粉直感现象，致使当代所结的种子失去糯性，变成普通玉米品质。因此，种植糯玉米时，必须隔离种植。空间隔离要求糯玉米田块周围 200 米不同期种植其他类型玉米。如果空间隔离有困难，也可利用高秆作物、围墙等自然屏障隔离。另外，也可利用花期隔离法，将糯玉米与其他玉米分期播种，使开花期相隔 15 天以上。

（3）分期播种。为了满足市场需要，作加工原料的，可进行春播、夏播和秋播，作鲜果穗煮食的，应该尽量能赶在水果淡季或较早地供给市场，这样可获得较高的经济效益。因此，糯玉米种植应根据市场需求，遵循分期播种、前伸后延、均衡上市的原则安排播期。

（4）合理密植。糯玉米的种植密度安排不仅要考虑高产要求，更重要的是要考虑其商品价值。种植密度与品种和用途有关。高秆、大穗品种宜稀，适于采收嫩玉米。如果是低秆、小穗紧凑品种，种植宜密，这样可确保果穗大小均匀一致，增加商品性，提高鲜果穗产量。

（5）肥水管理。糯玉米的施肥应坚持增施有机肥，均衡施用氮、磷、钾肥，早施前期肥的原则。有机肥作基施施用，追肥应以速效肥为主，追肥数量应根据不同品种和土壤肥力而定。一般每亩施纯氮 20～25 千克，五氧化二磷 10 千克，氧化钾 15～20 千克。磷、钾肥早施，速效氮采取前轻后重两次施肥法。糯玉米的需水特性与普通玉米相似。苗期可适当控水蹲苗，土壤水分应保持在田间持水量的 60％～65％，拔节后，土壤水分应保持在田间持水量的 75％～80％。

（6）病虫害防治。糯玉米的茎秆和果穗养分含量均高于普通玉米，故更容易遭受各种病虫害，而果穗的商品率是决定糯玉米经济效益的关键因素，因此必须注意及时防治病虫害。糯玉米作为直接食用品，必须严格控制化学农药的施用，要采用生物防治及综合防治措施。

（7）适期采收。不同的品种最适采收期有差别，主要由“食味”来决定，最佳食味期为最适采收期。一般春播灌浆期气温在 30℃左右，采收期以授粉后 25～28 天为宜，秋播灌浆期气温 20℃左右，采收期以授粉后 35 天左右为宜。用于磨面的籽粒，要待完全成熟后收获；利用鲜果穗的，要在乳熟末或蜡熟初期采收。过早采收糯性不够，过迟采收缺乏鲜香甜味，只有在最适采收期采收的才表现出籽粒嫩、皮薄、渣滓少、味香甜、口感好。

60. 优质蛋白玉米的品质特性有哪些?

答：优质蛋白玉米，又称高赖氨酸玉米或高营养玉米，是指蛋白质组分中富含赖氨酸的特殊类型。一般来说，普通玉米的赖氨酸含量仅为0.20%，色氨酸为0.06%，而优质蛋白玉米分别达到0.48%和0.13%，比普通玉米提高1倍以上。另外，优质蛋白玉米籽粒中组氨酸、精氨酸、天门冬氨酸、甘氨酸、蛋氨酸等的含量略有增加，使氨基酸在种类、数量上更为平衡，提高了优质蛋白玉米的利用价值。优质蛋白玉米作为饲料的营养价值也很高。研究表明，用优质蛋白玉米养猪，猪平均日增重250克以上，比用普通玉米养猪提高29.7%～124.2%，饲料报酬率提高了30%。用优质蛋白玉米养鸡，鸡平均日增重比用普通玉米喂养提高14.1%～76.3%，产蛋量提高13.3%～30.0%。

61. 优质蛋白玉米的栽培要点有哪些?

答：(1) 品种选择。应选择与生产上推广应用的普通玉米品种保持相近的产量水平、生产适应性和农艺性状。

(2) 隔离种植。优质蛋白玉米是由隐性单基因转育的，如接受普通玉米花粉，其赖氨酸的含量就会变成与普通玉米一样。因此，生产上凡是种优质蛋白玉米的地块，应与普通玉米隔开，防止串粉，这是保证优质蛋白玉米质量的关键措施。隔离的方式可采用空间隔离、时间隔离或自然屏障隔离。为了便于隔离，最好是连片种植。

(3) 提高播种质量。因为目前的优质蛋白玉米多为软质或半硬质胚乳，种子顶土能力比普通玉米差。播种前应精选种子，除去破碎粒、小粒。播种期的确定一般应掌握在当地日平均气温稳定通过12℃时。因为种子发芽进行呼吸作用和酶活动时都需要氧气，优质蛋白玉米种子内含油量较多，呼吸作用强，对氧的需求量较高，若土壤水分过多，或土壤板结，或播种过深，都会影响氧气的供给，而不利发芽。因此，播前要精细整地，做到耕层土壤疏松；上虚下实，播种深度不宜过探，以3～5厘米为宜，土壤湿度不宜过大；保证出苗迅速、出苗率高、出苗整齐，以利于培育壮苗。

(4) 田间管理。优质蛋白玉米田间管理的主攻目标是：促苗早发，苗齐、苗壮，穗大、粒多。主要措施为：适时中耕、追肥和灌溉。套种玉米由于幼苗受欺，苗期生长瘦弱，麦收后抢时管理至关重要。追肥分苗肥、拔节肥、穗粒肥3次施用。施肥时应注意氮、磷、钾肥配合，并根据土壤水分状况及时灌溉。

(5) 及时防治病虫。苗期应注意防治地下害虫，做到不缺苗断垄。大喇叭口期注意防治玉米螟。要及时排出田间积水，为防病创造良好条件。玉米纹枯病发生时，应在发病初期及时剥除基部感病叶鞘，有条件的地方亦可用井冈霉素液喷洒，可使病情明显减轻。

(6) 收获与贮藏。优质蛋白玉米成熟时，果穗籽粒含水量略高于普通玉米，且质地疏松，因此要注意及时收获、晾晒，果穗基本晒干后，即可脱粒，脱粒后再晒，直至水分降到13%左右时，才可入仓贮藏。在贮藏期间，由于优质蛋白玉米适口性好，易遭受虫、鼠为害，要经常检查、翻晒，做好防治工作。

62. 生产上常用的玉米优质专用新品种有哪些?

答：(1) 浚单 20。河南省浚县农科所选育，2003 年通过国家审定，审定编号国审玉 2003054。株型紧凑，夏播生育期 97 天。株高 240 厘米，穗位 105 厘米；果穗筒型，粗大，穗长 17 厘米，穗粗 5.1 厘米，穗行数 16～18 行，行粒数 38 粒，结实性好，不秃尖，轴细；黄粒，半马齿型，出籽率 90.4%，千粒重 320 克。籽粒蛋白质 10.20%，粗脂肪 4.69%，粗淀粉 70.33%，容重 758 克/升，品质达普通玉米 1 等级国标，饲料玉米 1 等级国标。高抗矮花叶病，抗小斑病、瘤黑粉病、弯孢菌叶斑病，中抗茎腐病、玉米螟。适宜河南省及黄淮海夏玉米区推广种植，一般肥力地块密度 3 500～3 800 株/亩，高肥力地块密度 3 800～4 200 株/亩，一般亩产 650～700 千克。

(2) 郑单 958。河南省农科院选育，2000 年通过国家审定，审定编号国审玉 2000009。株型紧凑，叶片上冲，夏播生育期 100～105 天。株高 250 厘米，穗位 110 厘米；果穗筒型，穗长 16.9 厘米，穗粗 4.8 厘米，穗行 14～16，行粒数 36，结实性好，轴细；黄粒，半马齿，出籽率 90%，千粒重 350～440 克。籽粒蛋白质 9.78%，粗脂肪 4.45%，粗淀粉 73.36%，容重 766 克/升，品质达普通玉米 1 等级国标，饲料玉米 2 等级国标，高淀粉玉米 3 等部标。中抗小斑病、矮花叶病，感茎腐病、瘤黑粉病、弯孢菌叶斑病，感玉米螟。适宜河南省及黄淮海夏玉米区推广种植，种植密度 4 000～4 500 株/亩，一般亩产 650～700 千克。

(3) 伟科 702。郑州伟科作物育种科技有限公司、河南金苑种业有限公司选育，品种来源：WK858×WK798－2。省级审定情况：2010 年内蒙古自治区、2011 年河南省、2012 年河北省农作物品种审定委员会审定；2012 年 12 月 24 日通过国家三大玉米主产区审定，审定编号：国审玉 2012010。特征特性：夏播生育期 97～101 天。株型紧凑，叶片数 20～21 片，株高 246～269 厘米，穗位高 106～112 厘米；叶色绿，叶鞘浅紫，第一叶匙形；雄穗分枝 6～

12个，雄穗颖片绿色，花药黄，花丝浅红；果穗筒型，穗长17.5～18.0厘米，穗粗4.9～5.2厘米，穗行数14～16行，行粒数33.7～36.4粒，穗轴白色；籽粒黄色，半马齿型，千粒重334.7～335.8克，出籽率89.0%～89.8%。高抗大斑病（1级）、矮花叶病（0.0%），抗小斑病（3级），中抗茎腐病（24.4%）、瘤黑粉病（7.7%），高感弯孢菌叶斑病（9级），感玉米螟（7级）。粗蛋白质10.5%，粗脂肪3.99%，粗淀粉74.7%，赖氨酸0.314%，容重741克/升。籽粒品质达到普通玉米1等级国标；淀粉发酵工业用玉米2等级国标；饲料用玉米1等级国标；高淀粉玉米2等级部标。2008年参加河南省玉米区试（4 000株/亩三组），10点汇总，全部增产，平均亩产611.9千克，比对照郑单958增产4.9%，差异不显著，居17个参试品种第2位；2009年续试（4 000株/亩三组），10点汇总，全部增产，平均亩产605.5千克，比对照郑单958增产11.9%，差异极显著，居19个参试品种第1位。综合两年试验结果：平均亩产608.7千克，比对照郑单958增产8.2%，增产点比率为100%。2010年省玉米生产试验（4 000株/亩BI组），13点汇总，全部增产，平均亩产584.2千克，比对照郑单958增产9.6%，居10个参试品种第2位。

（4）浚单22。河南省浚县农科所选育，2004年通过河南省审定，审定编号豫审玉2004012。株型紧凑，夏播生育期103天。株高258.1厘米，穗位高112.8厘米左右；果穗筒型，结实好，穗长17.6厘米，穗粗5.1厘米，穗行数15.9，行粒38，穗轴白色；籽粒黄色，半马齿型，千粒重340～360克，出籽率90%。籽粒蛋白质10.48%，粗脂肪4.44%，粗淀粉72.33%，容重751克/升，品质达普通玉米1等级国标，饲料玉米1等级国标。抗小斑病、弯孢菌叶斑病、矮花叶病，中抗茎腐病，感瘤黑粉病。适宜在河南各地夏播种植，中肥地3 300～3 500株/亩，高肥地3 500～3 800株/亩，一般亩产650千克，种子包衣防治瘤黑粉病。

（5）蠡玉16。河北石家庄蠡玉科技有限公司选育，2003年通过河北省审定，审定编号冀审玉2003001，2006年通过河南省引种批准，引种编号为豫引玉2006022。株型半紧凑，夏播生育期99天。株高253厘米，穗位高110厘米；穗长17厘米，穗粗5厘米，穗行数14～16，行粒数33.7，秃尖轻，白轴；黄粒，半马齿型，千粒重323.7克，出籽率88.3%。籽粒蛋白质含量8.7%，粗脂肪含量3.72%，粗淀粉含量75.24%，赖氨酸0.26%。高抗矮花叶病，抗大斑病、小斑病，中抗黑粉病，感玉米螟。适宜河南省各地夏播种植，适宜密度3 500株/亩左右，一般亩产550～600千克。

（6）中科11。北京中科华泰科技有限公司、河南科泰种业有限公司选育，2006年通过国家审定，审定编号国审玉2006034。株型紧凑，夏播生育期

98.6 天；株高 250 厘米，穗位高 110 厘米；花丝浅红色，果穗筒型，穗长 16.8 厘米，穗行数 14～16 行，穗轴白色；籽粒黄色、半马齿型，千粒重 316 克，出籽率 89%。籽粒蛋白质 8.24%，粗脂肪 4.17%，粗淀粉 75.86%，容重 736 克/升，品质达普通玉米 1 等级国标，饲料玉米 2 等级国标，接近高淀粉玉米 1 等部标。高抗矮花叶病，抗茎腐病，中抗小斑病、瘤黑粉病、玉米螟，感弯孢菌叶斑病。适宜河南省各地夏播种植，适宜密度 3 800～4 200 株/亩，一般亩产 600 千克。

（7）浚单 18。河南省浚县农科所选育，2002 年河南省审定，审定编号豫审玉 2002004。株型紧凑，夏播生育期 98 天；株高 250 厘米，穗位 110 厘米；果穗筒型，穗长 16.3 厘米，穗粗 4.9 厘米，穗行数 16，行粒数 38，结实好，不秃尖，轴细；黄粒，半硬粒型，千粒重 320～360 克，出籽率 90.1%。籽粒蛋白质 10.45%，粗脂肪 5.14%，粗淀粉 72.45%，容重 765 克/升，品质达普通玉米 1 等级国标，饲料玉米 1 等级国标，高淀粉玉米 3 等部标。高抗茎腐病，抗小斑病、矮花叶病、玉米螟，中抗弯孢菌叶斑病，感瘤黑粉病。适宜河南省及黄淮海夏玉米区推广种植，适宜密度在 3 500～3 800 株/亩，一般亩产 650～700 千克。

（8）中科 4 号。河南省中科华泰玉米研究所、北京中科华泰科技有限公司、河南科泰种业有限公司联合选育，2004 年通过河南省审定，审定编号豫审玉 2004006。株型半紧凑，夏播生育期 99 天。株高 270 厘米，穗位 105 厘米；果穗中间型，穗长 19 厘米，穗行数 14～16 行，行粒数 36，穗轴白色；偏硬粒型，黄白粒，千粒重 350 克左右，出籽率 84%。籽粒蛋白质 10.54%，粗脂肪 4.07%，粗淀粉 72.38%，容重 764 克/升，品质达普通玉米 1 等级国标，饲料玉米 1 等级国标，高淀粉玉米 3 等部标。高抗小斑病、弯孢菌叶斑病、瘤黑粉病、矮花叶病，中抗玉米螟，感茎腐病。适合河南省各地夏播种植，每亩适宜密度 3 000～3 500 株，一般亩产 600 千克左右，苗期注意适当蹲苗。

（9）浚单 26。河南省浚县农科选育，2005 年通过河南省审定，审定编号豫审玉 2005006。株型紧凑，夏播生育期 98 天。幼苗叶鞘浅紫色，叶色深绿、窄上举；穗上部叶片有卷曲，单株叶片数为 19～20 片，株高 245 厘米左右，穗位高 105 厘米左右；果穗筒型，穗柄短，穗长 16.0 厘米左右，穗粗 5.0 厘米左右，秃尖轻，结实性好，穗行数 16，行粒数 34～35，白轴；籽粒黄色，半硬粒型，千粒重 330 克左右，出籽率 89%。籽粒粗蛋白 9.89%，粗脂肪 4.50%，粗淀粉 70.80%，赖氨酸 0.30%，容重 768 克/升。抗大小斑病、矮花叶病，中抗茎腐病，感弯孢菌叶斑病、瘤黑粉，高感玉米螟。适宜河南省各地夏播种植，夏播每亩适宜密度 4 000 株左右，一般亩产 600～650 千克。

（10）先玉335。铁岭先锋种子研究有限公司选育，2004年通过国家和河南省审定，审定编号国审玉2004017、豫审玉2004014。株型半紧凑，夏播生育期102天。株高285厘米，穗位高100厘米；果穗筒型，穗长18厘米，穗行数14～16，行粒数34，红轴；黄粒，半马齿，千粒重339.1克，出籽率86.8%。籽粒蛋白质10.00%，粗脂肪3.96%，粗淀粉74.14%，赖氨酸0.31%，容重760克/升，品质达普通玉米1等级国标，饲料玉米1等级国标。高抗茎腐病，抗大斑病、弯孢菌叶斑病、瘤黑粉病、矮花叶病，中抗小斑病，感玉米螟。适宜河南省及黄淮海夏玉米区种植，适宜密度3 500～4 500株/亩左右，一般亩产600千克左右。

（11）蠡玉35。河北石家庄蠡玉科技有限公司选育，2007年通过河南省审定，审定编号豫审玉2007014。株型紧凑，夏播生育期95天。株高250厘米，穗位高110厘米；穗长17.5厘米，穗粗5厘米，穗行数14～16，行粒数35，白轴；黄粒，半马齿型，千粒重315克，出籽率89%。籽粒蛋白质10.3%，粗脂肪4.33%，粗淀粉74.01%，赖氨酸0.30%，品质达普通玉米1等级国标，饲料玉米1等级国标，高淀粉玉米2级国标。高抗矮花叶病、茎腐病，抗大斑病、小斑病、弯孢菌叶斑病，中抗黑粉病，感玉米螟。适宜河南省各地夏播种植，适宜密度4 000～4 500株/亩左右，一般亩产550～600千克。

（12）滑丰9号。河南滑丰种业科技有限公司选育，2006年通过河南省审定，审定编号豫审玉2006014。株型紧凑，夏播生育期99天；株高258厘米，穗位高116厘米；果穗筒型，穗长17.3厘米，穗粗5.1厘米，穗行数15.4行，行粒数34.7，白轴；籽粒黄色，半马齿，千粒重329.4克，出籽率90.2%。籽粒蛋白质9.26%，粗脂肪4.51%，粗淀粉73.05%，容重737克/升，品质达普通玉米1等级国标，饲料玉米2等级国标，高淀粉玉米3等部标。高抗茎腐病，中抗小斑病、矮花叶病，感瘤黑粉病、弯孢菌叶斑病、玉米螟。适宜河南省各地夏播种植，适宜密度4 000株/亩，一般亩产600～650千克。

（13）滑玉11。河南滑丰种业科技有限公司选育，2007年通过河南省审定，审定编号豫审玉2007001。株型紧凑，夏播生育期98天，幼苗叶鞘浅紫色；株高250厘米，穗位高105厘米；果穗圆筒-中间型，穗长16厘米，穗粗5厘米，穗行数16，行粒数35，白轴；黄粒，半马齿型，千粒重310克，出籽率88%。籽粒粗蛋白10.41%，粗脂肪4.50%，粗淀粉72.45%，赖氨酸0.31%，容重734克/升。抗小斑病，中抗大斑病、瘤黑粉病、矮花叶病，感弯孢菌叶斑病、茎腐病，感玉米螟。适宜河南省各地夏播种植，适宜密度3 800～4 000株/亩左右，一般亩产600～650千克。

63. 郑单958配套栽培技术有哪些?

答：郑单958是堵纯信教授育成的高产、稳产、多抗玉米新品种，是河南省农业科学院粮食作物研究所以郑58为母本、昌7－2为父本杂交育成的中早熟玉米单交种。先后通过山东、河南、河北三省和国家审定，并被农业部定为重点推广品种。自2004年以来成为我国玉米种植面积最大的品种，并连续入选和被农业部发布为主导品种。该品种耐密植、适应性好，实现了高产与稳产的结合，并且制种产量高，深受农民、企业和基层农业主管部门青睐，推广面积持续快速增长。

(1) 特征特性。幼苗叶鞘紫色，叶色淡绿，叶片上冲，穗上叶叶尖下披，株型紧凑，耐密性好。夏播生育期103天左右，株高250厘米左右，穗位111厘米左右，穗长17.3厘米，穗行数14～16行，穗粒数565.8粒，千粒重329.1克/升，果穗筒形，穗轴白色，籽粒黄色，偏马齿型，抗病性较好。

(2) 产量表现。1998—1999年参加了国家玉米杂交种黄淮海片区域试验，两年产量均居第一位，比对照鲁玉16号增产11.57％。

(3) 突出优点。①高产、稳产：1998年、1999年两年全国夏玉米区试均居第一位，比对照品种增产28.9％、15.5％。经多点调查，郑单958比一般品种每亩可多收玉米75～150千克。郑单958穗子均匀，轴细，粒深，不秃尖，无空秆，年间差异非常小，稳产性好。②抗倒、抗病：郑单958根系发达，株高穗位适中，抗倒性强；活秆成熟，经1999年抗病鉴定表明，该品种高抗矮花叶病毒、黑粉病，抗大小斑病。③品质优良：该品种籽粒含粗蛋白8.47％、粗淀粉73.42％、粗脂肪3.92％，赖氨酸0.37％；为优质饲料原料。④综合农艺性状好：黄淮海地区夏播生育期96天左右，株高240厘米，穗位100厘米左右，叶色浅绿，叶片窄而上冲，果穗长20厘米，穗行数14～16行，行粒数37粒，千粒重330克，出籽率高达88％～90％。⑤适应性广：该品种抗性好，结实件好，耐干旱，耐高温，非常适合我国夏玉米区种植。

(4) 栽培要点。抢茬播种，一般每亩密度在4 000～5 000株，大喇叭口期，应重施粒肥，注意防治玉米螟。5月下旬麦垄点种或6月上旬麦收后足墒直播；密度每亩在3 500株，中上等水肥地密度为每亩4 000株，高水肥地密度每亩4 500株为宜；苗期发育较慢，注意增施磷钾肥提苗，重施拔节肥；大喇叭口期防治玉米螟。适宜范围：郑单958适宜于黄淮海夏玉米区各省5月下旬麦垄套种或6月上旬麦后足墒早播，以及南方和北方部分中早熟春玉米区种植。

64. 浚单 20 配套栽培技术有哪些？

答：浚单 20 系河南省浚县农科所选育的早熟高产玉米杂交种。

(1) 基本特征特性。该品种株型紧凑、清秀，叶片上冲，活秆成熟，株高 240 厘米左右，穗位高 106 厘米左右，夏播穗长 16.8 厘米，春播穗长 19.5 厘米，穗行数 16 行。综合抗性好，高抗矮花叶病，抗小斑病，中抗茎腐病、弯孢菌叶斑病，还抗玉米螟。并且结实性好，没有秃尖，果穗筒形，均匀一致；穗轴白色，籽粒黄色，品质好，商品价值高。千粒重 350 克左右，出籽率可达 90%以上，容重 758 克/升。经试验示范，该品种产量高，稳产性好，抗玉米多种病害，活秆成熟。夏播生育期 97 天左右。适合广大地区夏玉米麦垄套种和麦后直播。

(2) 产量表现。该品种 2000 年参加国家黄淮夏玉米预备试验，平均亩产达 584.55 千克，比对照掖单 19 增产 20%以上，居 58 个参试品种第二位，2001 年参加国家黄淮海夏玉米区域试验，平均亩产 629.5 千克，比对照种农大 108 增产 10%以上，达极度显著水平，居第一位。2002 年参加国家黄淮海夏玉米区域试验，平均亩产 595.92 千克，比对照种农大 108 增产 7%以上，达极度显著水平，仍居第一位，同年参加国家黄淮海夏玉米区域试验，平均亩产 599.87 千克，比对照种农大 108 增产 10%以上，又居第一位。经示范种植，一般亩产 600～700 千克，2002 年经省市专家验收，高产攻关亩平均亩产 925.6 千克，特别是 2003 年大灾之年平均亩产仍达 589.5 千克，尽显三连冠本色，深受群众欢迎。近几年更是不断增产，大面积生产一般亩产可达 700 千克左右，高产栽培条件下，亩产可达到 1 000 千克。

(3) 栽培技术要点。适期早播：夏播 5 月下旬至 6 月上中旬期间播种。合理密植：一般肥力田块适宜密度为 4 000 株每亩，高肥地块为 5 000 株每亩。合理施肥：以氮肥为主，注意配合增施磷、钾肥，施好基肥，轻施种肥，重施攻穗肥，酌情加施攻粒肥，于拔节期和大喇叭期分两次追施为宜，并浇好大喇叭口期至灌浆期的丰产水。加强中后期管理：在中后期注意防治大斑病、黑粉病的病虫害。适当延迟收获期：苞叶发黄后，可适时晚收，一般可推迟 7 天左右收获，相比产量可增加百分之五到十。适宜种植地区：适合河南、河北、山东、陕西、江苏、安徽、天津、山西运城等广大地区夏玉米麦垄套种和麦后直播，内蒙古在大于等于 10℃活动积温 3 000℃以上的地区也可以播种。

65. 浚单 26 配套栽培技术有哪些？

答：浚单 20 是河南省浚县农科所选育高产玉米杂交种。该品种幼苗拱土能力强，根系发达，生长健壮，株型紧凑、清秀，穗位适中、整齐，活棵成熟。夏播生育期96天，株高241厘米，穗位高106厘米。果实筒形，均匀一致，结实性好，黄粒。品质好，商品价值高。

（1）种子处理。播种前，通过晒种、浸种和药剂拌种等方法，增加种子生活力，提高发芽势和发芽率，并可减轻病虫害发生，达到苗早、苗齐、苗壮的目的。①晒种：播种前选择晴天，摊在干燥向阳的土场（切忌在水泥地）上，连续暴晒2～3天，并注意翻动，使种子晒均匀，可提高出苗率。②浸种：播种前用冷水浸种12小时，或用温水（水温55～57℃）浸种6～10小时。③药剂拌种：防治地下害虫可用50%辛硫磷乳油拌种，药、水、种子的配比为1：（40～50）：（500～600）；或用40%甲基异柳磷乳油拌种，药、水、种的配比为1：（30～40）：400。用玉米种衣剂拌种既防病又治虫，可优先选用。

（2）适期播种。该品种进行麦田套种，不仅可以延长生长期，而且由于播种早，气温低，苗期生长慢，基部节间短而粗，提高了抗倒性。套种田一般在麦收前7～10天左右。过早，小麦、玉米的共生期长，苗期病虫害严重；过晚，产量受到影响。为了一播全苗，要足墒下种，可播前造墒，亦可播后浇水。如无条件套种，夏直播田，必须早字当头，力争早播，越早越好，一旦小麦成熟，集中力量抢收抢种。

提高群体整齐度必须严把播种质量5关：一是适当增加播量（3～4千克/亩）；二是采用玉米播种耧，既能深浅一致，又能保证密度；三是施用种肥；四是足墒播种，最好是播种后浇跟种水；五是规格播种，把握种植密度是提高产量的关键技术。适宜种植密度在4 000～4 500株。行距一般为宽行75厘米左右，窄行40厘米，株距25厘米左右。

（3）田间管理。

①麦收后早管。具体应突出“五早”。即：早喷药防治病虫害。玉米粗缩病的敏感期是在苗期3～5片叶，应在玉米3叶前喷药防治；早中耕灭茬，灭茬后再喷除草剂；早追苗肥；遇旱早浇水；早间定苗。间苗时要采取“死尺活苗”的方法，即在缺苗断垄的一端留双株或叁株，不宜补种或补栽。定苗时应做到“四去四留”，即去弱苗、留壮苗，去大小苗、留齐苗，去病苗、留健苗，去混杂苗、留纯苗。

②中耕除草。中耕2～3次。第1次在定苗时进行。以促根下扎，茎秆粗壮，起蹲苗作用。第2次在拔节前进行。第3次在拔节至小喇叭口期进行，结合培土防倒伏、雨后必锄，破除板结杂草。

③追肥。每生产50千克籽粒需从土壤中吸收纯氮1.25千克。纯磷0.6千克，钾为1.15千克。每亩产500～700千克，需施优质农家肥2 000千克，饼肥40～50千克；标氮20～30千克，过磷酸钙30～50千克，硫酸钾15～20千克，结合翻耕作基肥。麦田套种，在出苗后穴施或结合中耕施入。对高产田应

"前轻后重"即前期追肥量占总追肥量的20%～30%，后期追肥量占70%～80%。肥力不高的田块，追肥要"前重后轻"，第1次追肥量占总量的60%，第2次占40%。两次追肥时间分别为第1次拔节肥（攻秆肥），宜在6片展开叶时；第2次是追攻穗肥（大喇叭口期），10～12片展开叶时。

④防旱防涝。夏玉米需水较多，但也怕涝。特别是苗期和灌浆成熟期，耐涝能力差，要及时排水。在抽雄前10～15天，是需水关键时期，此时是雌、雄穗进入分化小穗和小花阶段，缺水果穗抽不出来，使空秆增多。此期遇干旱要及时灌水，在灌浆期遇旱也要灌水，确保籽粒饱满。

⑤病虫害防治。经河北省农林科学院植保所两年接种鉴定，浚单20高抗矮花叶病，抗小斑病，抗玉米螟，中抗茎腐病、弯孢菌叶斑病，感大斑病、黑粉病。必须注意防治大斑病、黑粉病、茎腐病等病虫害。

（4）适时收获。一般当苞叶干枯松散，籽粒变硬发亮，乳线消失，基部出现黑色层时，即为完熟期，此时收获产量最高。生产上若不影响正常种麦，应尽量晚收。如果急需腾茬，尚未成熟的地块，亦可带穗收获，收后丛簇，促其后熟，提高千粒重。

66. 中科11号配套栽培技术有哪些？

答：（1）特征特性。在黄淮海地区出苗至成熟98.6天，比对照郑单958晚熟0.6天，比农大108早熟4天，需有效积温2 650℃左右。幼苗叶鞘紫色，叶片绿色，叶缘紫红色，雄穗分枝密，花药浅紫色，颖壳绿色。株型紧凑，叶片宽大上冲，株高250厘米，穗位高110厘米，成株叶片数19～21片。花丝浅红色，果穗筒型，穗长16.8厘米，穗行数14～16行，穗轴白色，籽粒黄色、半马齿型，百粒重31.6克。

经河北省农林科学院植物保护研究所两年接种鉴定，高抗矮花叶病，抗茎腐病，中抗大斑病、小斑病、瘤黑粉病和玉米螟，感弯孢菌叶斑病。经农业部谷物品质监督检验测试中心（北京）测定，籽粒容重736克/升，粗蛋白含量8.24%，粗脂肪含量4.17%，粗淀粉含量75.86%，赖氨酸含量0.32%。

（2）产量表现。2004—2005年参加黄淮海夏玉米品种区域试验，42点次增产，6点次减产，两年区域试验平均亩产608.4千克，比对照增产10.0%。2005年生产试验，平均亩产564.3千克，比当地对照增产10.1%。

（3）栽培技术要点。

①合理密植。中科11号属中大穗品种，密度弹性比较大，每亩种植3 800～4 500株左右。

②科学施肥。A. 玉米苗期每亩浅施复合肥（氮＋磷＋钾＞45%）25千克，用作基肥，促根壮苗；B. 大喇叭口期每亩开沟深施尿素25千克，促穗大

粒多；C. 籽粒灌浆期每亩施尿素 10～15 千克，保证后期灌浆饱满，增加粒重。为了便于广大农民朋友掌握施肥时间，通俗易懂的总结为“一次施肥尺把高”“二次施肥正齐腰”“三次施肥露毛毛”。

③抓好病虫防治。A. 玉米锈病的防治：a. 症状：叶片、穗子出现突起的黄白色、淡黄色斑点，后期为黄褐色乃至红褐色，类似铁锈色；发病严重的植株下部叶片干枯。b. 发病原因：玉米锈病是由病菌引起，高温、地势低洼、种植密度大、通风透气差、偏施或多施氮肥是发病的主要原因。c. 防治方法：合理施肥，氮肥、磷肥、钾肥相结合；合理种植密度，密度过大易发病；发病初期可用 25%粉锈宁可湿性粉剂 1 000～1 500 倍液、50%多菌灵可湿性粉剂 500～1 000 倍液、20%萎锈灵乳油 400 倍液、97%敌锈纳原药 250 倍液等喷雾。B. 玉米粗缩病的发生与防治：a. 症状：病株生长受到控制，节间粗肿缩短，严重矮化、丛生，像君子兰一样。b. 发病原因：该病主要经灰飞虱叮咬蜘蛛传播。重发区一般在 4、5 月份种植的玉米易发病。c. 防治技术：对该病的防治应坚持以农业防治为主，化学防治为辅的综合防治策略。其核心是控制毒源，压低虫源，使玉米对粗缩病毒的敏感生育期避开灰飞虱成虫传毒盛期，从而避开危害。错期播种，错开灰飞虱传毒高峰期。根据该病发病规律，玉米幼苗期最感病。重发区春播种植时间应选择在 4 月中下旬以前，夏播种植应该推迟到 6 月上中旬以后。清除杂草，控制毒源，拔除病株，加强田间管理。化学防治，选用包衣种子；苗期喷药杀虫，可选用 10%吡虫啉等均匀喷药应周到；在玉米粗缩病发病初期，也可选用 20%病毒 A 可湿性粉剂 1.5%植病灵乳油进行防治。

67. 大豆有哪几个生育时期？

答：大豆的一生划分为六个生育时期：

（1）萌发期，自种子萌发到幼苗出土。

（2）幼苗期，自幼苗出土到花芽开始分化。

（3）花芽分化期，自花芽开始分化到始花。

（4）开花期，自开花始到开花终。

（5）结荚鼓粒期，自终花到黄叶。

（6）成熟期。前三个时期是营养生长期，第四个时期是营养生长和生殖生长并进期，后两个时期是生殖生长期。

68. 夏大豆生长对环境条件的要求有哪些？

答：（1）光照。大豆是短日照作物，同时也是对日照长度反应极为敏感的作物。大豆生长要求较长的黑暗和较短的光照时间。具备这种条件就能提早开花，否则生育期变长。大豆是喜光作物，光饱和点一般在3万～4万勒克斯。光饱和点随通风状况而变化。光补偿点为2 500～3 600勒克斯。也受通气量的影响。

（2）温度。大豆是喜温作物，夏季气温平均在24～26℃左右对大豆生长发育最适宜。大豆不耐高温，超过40℃，坐荚率减少57%～71%。大豆抵抗低温能力不如小麦、油菜。地温稳定在10℃以上时开始萌芽，低于14℃，生长停滞。大豆的补偿能力较强，苗期只要子叶未死，霜冻过后，子叶节还会出现分枝。大豆抗寒力弱，成熟期植株死亡的临界温度是－3℃。≥10℃的活动积温：晚熟品种3 200℃以上，早熟品种1 600℃左右。

（3）水分。大豆一生需水较多，发芽时，土壤含水量为田间持水量的50%～60%。开荚结荚期对水分最敏感，如果此期出现干旱易引起减产。

（4）矿质元素。大豆是需矿质营养数量多、种类全的作物。据试验，亩产100千克需氮（N）7～10千克，磷（P_2O_5）1.5千克，钾（K_2O）2.5千克，除大量元素外，对锌、硼、钼等微量元素反应也比较敏感。缺锌会使大豆植株生长缓慢，同时会影响对磷元素的摄取，降低植株体内磷的浓度，直接影响大豆的产量和品质；缺硼时，大豆生长发育受到抑制，将降低产量和含油量；钼是大豆氮元素代谢的必要营养元素，并参与大豆固氮的过程，大豆缺钼时叶片发生失绿现象，有时生长点末端死亡。微量元素中对钼的需求量较多，所以大豆在开花结荚期喷施钼肥效果好。

（5）土壤。大豆对土壤要求不太严格，对肥力要求不严，各类土壤均可种植。一般要求耕层浓厚，土壤容重1.3～1.5克/平方厘米以下，土壤空隙度48%以上，有机质含量13克/千克以上，全氮0.6克/千克以上，碱解氮60～80毫克/千克以上，速效磷29～35毫克/千克；速效钾800毫克/千克以上。大豆耐酸性不如水稻、小麦等作物，耐碱性不如高粱、谷子、棉花等作物。最适宜的土壤pH为6.8～7.5，高于9.6或低于3.5，大豆均不能生长。pH低于6.0常缺钼，不利于根瘤菌繁殖发育，pH高于7.5的土壤往往缺铁、锰。

（6）耕作。大豆不耐连作，连续多年重茬或迎茬种植会导致产量不断下降。在黄淮地区只要连续2年以上夏季种植大豆就会造成减产。

连作减产原因：土壤养分的非均衡消耗，土壤中水解氮和速效钾明显减少，锌、硼成倍降低，土壤酶活性下降，病虫害加重，大豆根系分泌的毒素积累，土壤的理化性质恶化等。因此大豆种植尽可能实现轮作倒茬，避免夏季大豆连作或连续多年迎茬种植。

69. 大豆根瘤固氮规律及影响因素是什么？

答：根瘤菌侵入根的内皮层形成根瘤。根瘤菌在根瘤中变成类菌体。根瘤内部呈红色时开始具有固氮能力，类菌体具有固氮酶。根瘤固氮规律是：

（1）根瘤菌通过固氮酶的作用，把空气中的游离态氮（NH_2）转化合成为化合态氮（氨分子 NH_3）的过程，称为根瘤固氮。

（2）出苗 1 周后结瘤，出苗后 2～3 周开始固氮，开花期后迅速增长，开花至籽粒形成阶段固氮最多，约占总量的 80%。

（3）每亩根瘤菌共生固氮 6.45 千克，占大豆需氮量的 59.64%。固定的氮可供大豆一生需氮量的 1/2～3/4（有资料说为 20%～30%）。

根瘤固氮的影响因素有：

（1）植株生长发育状况：植株生长健壮，结瘤多，固氮量高。

（2）光照与温度：光照不足固氮作用减弱。最适温度为 25℃左右。

（3）水分与养分：最适为最大持水量的 60%～80%。氮素抑制，磷钾促进。钼、硼、钴、镁有促进作用。

（4）植物生长调节剂：叶面喷施油菜素内酯（BR），可提高根瘤固氮活性。

70. 提高根瘤固氮能力的措施有哪些？

答：（1）增施有机肥、磷钾肥：施有机肥 4 000 千克，大豆根瘤菌数量可增加 1.5～2.0 倍。

（2）调整土壤酸碱度：适宜中性或微酸性环境。

（3）施用根瘤菌：每亩用 25～40 克根瘤菌拌种。

（4）加强田间管理：及时中耕、灌水、排涝。

（5）合理补施微肥：早中期喷洒 1%～2%钼酸铵或硼砂水溶液，能增产 10%以上。

71. 夏大豆播种要注意哪几个方面？

答：（1）选择生育期 90～110 天的优良品种，如豫豆 22、豫豆 26、豫豆 10、豫豆 19、豫豆 25、豫豆 29 号等。并要求籽粒饱满，无虫口、纯度高，发芽率在 80%以上。

（2）抢时早播。“麦茬无早豆”，早播一般增产 10%～30%，夏大豆产量随着播种期的推迟而递减。河南省夏大豆一般在 6 月上中旬播种。

（3）采用适宜的播种方式。黄淮流域夏大豆地区广泛使用条耧播，一般在小麦收获后，土壤水分充足时、用耧条播，将开沟、播种、覆土每个环节结合在一起，有利于抢时抢墒。大豆机械条播已由单一条播逐步发展到精量点播。机械条播有利于抢时抢墒播种，做到播种适期、下子均匀、覆土深浅一致，利于苗全、苗匀、苗壮。但机播时整地要求质量较高，否则不能保证播种质量。

人工点播在质地疏松的沙性较重的土壤条件下经常采用，特别是套种时应用此法更多。

（4）确保播种质量。播种量要适宜，一般每亩播 3～4 千克。播种覆土深浅对播种质量影响较大，一般以 3～5 厘米为宜。

72. 夏大豆的合理密植的原则是什么？

答：大豆合理密植应掌握以下原则："株型紧凑的以及早熟品种宜密，株型松散的品种以及中、晚熟品种密度宜稀；肥地，施肥量大，宜稀；薄地，施肥量少，宜密；播种期早，宜稀。播种期晚，宜密。"一般中等肥力，适期播种地块，极早熟或早熟品种每亩以 2.0 万株左右为宜，中熟品种每亩留苗 1.6 万～1.8 万株，晚熟品种每亩留苗 1.2 万～1.6 万株。

73. 夏大豆为何要施肥？施肥时应注意哪些方面？

答：大豆可以通过根瘤菌固氮，但只能满足大豆生长发育的 1/2～3/4。前期，当子叶所含的氮素已耗尽，而根瘤菌的固氮作用尚未充分发挥的一段时间内，会暂时出现幼苗的"氮素饥饿"。大豆开花期间是需氮量最多的时期，此期根瘤菌固氮能力虽然很强，但也难满足需要。大豆鼓粒期间，根瘤菌活动能力已衰弱，也会出现缺氮现象，这些时期都要从土壤中吸收氮素。大豆整个生育期都要求较高的磷营养水平，需钾量也较多。施肥时应注意以下几点：

（1）基肥。夏大豆播种时间紧迫，大多数地区很少施用基肥，如果劳力充足或机械化水平高，并具有灌溉条件的地区，一般每亩施有机肥 1 000～3 000 千克；或再加施过磷酸钙 20～30 千克，将肥料撒施于地表，然后进行浅耕或圆盘耙耙地后播种。

（2）种肥。种肥是在大豆播种时施用的肥料。种肥可供给大豆幼苗生长期所需要的养料，在耕作条件不可能施用基肥或缺乏肥料的情况下，施用效果更明显。种肥多用优质有机肥和速效氮、磷、钾肥，一般每亩有机肥用量 100～200 千克，每亩纯氮的用量不超过 1.5 千克（约折尿素 3.2 千克），磷肥（P_2O_5）不超过 1.8 千克（约折过磷酸钙 12.5 千克）。

（3）追肥。夏大豆很少施用基肥，追肥对夺取高产极为重要。夏大豆开花期是生长发育最旺盛的阶段。当土壤中有效养分不足时，追施速效肥料，增产显著。追肥时期和方法应根据植株的长势和土壤肥力情况灵活掌握。大豆苗瘦弱，土壤瘠薄，追肥时期应当提前。苗期已追肥的地块，开花期植株仍缺肥，可及时补追一次。如豆苗生长健壮，叶面积系数过大，土壤碱解氮含量在 80 毫克/千克以上，初花期就不必追氮。追肥数量（以尿素计）以每亩 10～15 千克为宜，薄地弱苗可适当增加一些。追肥以沟施为宜。施肥最好结合灌溉，以促使其及时发挥肥效。

（4）磷肥宜作夏大豆基肥施用。如果“板茬”播种，基肥无法施用，土壤又严重缺磷时，苗期可开沟增施磷肥。追施磷肥数量（以过磷酸钙计），一般是每亩225千克左右。磷在土壤中移动范围小，易为土壤所固定，必须施于地下耕层内，以用耧串或开沟施肥为佳。钾肥应早追，以幼苗至初花期为宜。每亩可追硫酸钾7.5～10千克，开沟施于地下耕层内。

此外，夏大豆结荚期进行根外追肥，效果也不错。

74. 夏大豆的田间管理技术要点有哪些？

答：（1）补苗与间苗。夏大豆播种以后，要及时检查，发现漏种、虫害和缺苗，要及时补种。间苗之前，应先进行移苗补栽。夏大豆移栽可在第一片真叶出现至两片复叶出现之间进行，断垄在30厘米以内者，可在断垄的两端留双株，以补救缺苗的不足。间苗是保证苗匀和苗壮，实现合理密植的有效措施，间苗的时间宜早不宜迟。为防止因地下害虫造成的缺苗过多，夏大豆间苗的时间以第一复叶出现时为宜。

（2）中耕与培土。中耕与培土可以防旱保墒、疏松土壤、消灭杂草等，为大豆生长发育创造一个良好的环境条件，从而提高单位面积产量。夏大豆的中耕和培土是结合进行的，统称为锄地。夏大豆苗期锄地宜早不宜迟。一般夏大豆生育期间锄地2～3次。第一次锄地可在苗高6～10厘米时及早进行，第二次应在苗高16～18厘米时进行，第三次锄地要在开花前结束。与小麦套种或间种的大豆，麦收后应及时锄地。每次灌水之后，要立即进行锄地，以防土壤板结和水分蒸发。

（3）夏大豆灌溉和排水。土壤水分是决定灌溉的主要依据。夏大豆在不同的生育时期，其适宜的土壤含水量分别为：苗期15%～16%；分枝期17.3%左右；开花结荚期18.5%左右；鼓粒期17.3%～18.5%。土壤含水量低于适宜数值，即需灌溉。我国夏大豆旺盛生长季节正值雨季，低洼地区易形成局部内涝，应注意排水。

（4）杂草防治。结合中耕进行人工铲除杂草或采用机耙除草。机耙除草有苗前耙和苗后耙两种。苗前耙地应在夏大豆播种后立即进行。苗后耙应在一对单叶展开后，株高10厘米左右时进行，耙地方向与大豆行向垂直或斜向，耙深3～5厘米。阴天地湿、地面水平、土壤黏重、苗脆或麦茬多，不宜耙地。化学除草剂主要有氟乐灵、利谷隆、拉索和苯达松。

（5）生长调节剂的应用。生长调节剂是一种促进或抑制生长发育，协调各器官平衡的生长激素。夏大豆上常用的有多效唑、2,3,4-三碘苯甲酸、矮壮素（2-氯乙基三甲基氯化铵）、增产灵（4-碘苯氯乙酸）等。其中2,3,5-三碘苯甲酸可抑制夏大豆生长发育，在植株有徒长趋势时施用，一般可增产5%～15%。多效唑有促进果枝及花荚形成和增产效果。矮壮素能抑制大豆徒长，防止倒伏，对增强抗病、抗旱、抗涝能力有一定作用。增产灵能防止花荚脱落、增荚、增粒、增重，一般增产3%～5%。

(6) 收获和贮藏。大豆适时收获是实现丰产丰收的最后一个关键性措施。大豆的适宜收获期，因收获方法而不同。人工收获应在黄熟末期进行，机械收获应在完熟期进行。大豆储藏时含水量应降到12%以下，贮藏温度应保持在2～10℃。

75. 生产上常用的优质大豆品种有哪些？栽培要点是什么？

答：(1) 中黄13。

①品种简介：中国农科院作物研究所选育，2001年通过国家审定，审定编号国审豆2001008。有限结荚习性，生育期106天。株型收敛，株高70厘米，主茎节数14～16节，结荚高度10～13厘米，有限分枝3～5个；种皮黄色，强光泽，圆粒，褐脐，百粒重25克；粗蛋白质含量43.8%，粗脂肪含量21.3%；中抗孢囊线虫和根腐病。适宜在河南中东部夏播种植，平均亩产200千克。

②栽培要点：6月上、中旬播种，每亩播种量4千克，亩留苗1.5万～1.7万株；行距40～50厘米，株距10～13厘米。根据土壤肥力来调节，肥地宜稀，瘦地宜密。亩施有机肥2 000～3 000千克，最好在前茬施进或播前施进。每亩施磷酸二铵10～15千克，钾肥5千克。开花前后，注意防治蚜虫。整个生育期注意防治病虫害。注意前期锄草，后期及时拔大草。本品种属大粒型，在出苗及鼓粒期需要充足水分，应及时灌溉。

(2) 周豆12号。

①品种简介：周口市农科所选育，2004年通过河南审定，审定编号豫审豆2004002。有限结荚习性，生育期105天。叶形椭圆型，株型紧凑，株高75～80厘米，主茎节数14～16个，分枝3～4个；节间长度4～5厘米；开紫色花，荚皮茸毛灰色，荚熟黄褐色，单株有效荚43～45个，每荚粒数2～3个；籽粒近圆形，黄色，脐肾形，脐色浅褐色，百粒重25克；粗脂肪含量22.81%，蛋白质含量40.06%，属高油大豆品种。抗花叶病毒病，紫斑粒率0.7%，褐斑粒率0.45%，抗倒性好，成熟时落叶性好。适宜在河南省各地中等以上肥力地块种植，一般亩产200千克。

②栽培要点：适宜播期6月5—25日，亩播量5～6千克。亩留苗密度1.6万株/亩左右，适宜行距40厘米，株距10厘米左右。早间苗、定苗，早中耕除草，防止苗荒、草荒，及时防治食叶性害虫，全生育期治虫2～3次。

后期遇旱浇水一次，增产效果明显。

（3）豫豆 29 号。

①品种简介：河南省农科院棉花油料作物所选育，2003 年通过国家审定，审定编号国审豆 2003031。有限结荚习性，生育期 109 天。株型收敛，株高 81 厘米，紫花，灰毛，圆叶；种皮黄色，强光泽，椭圆粒，浅褐脐，百粒重 20.06 克；粗蛋白质含量 42.8%，粗脂肪含量 20.34%；抗倒、抗病性好。适宜在河南中部和北部夏播种植，平均亩产 180 千克。

②栽培要点：6 月上、中旬播种，每亩播种量 4 千克，亩留苗 1.2 万～1.5 万株为宜；行距 40～50 厘米，株距 10～13 厘米；在结荚期、鼓粒期遇旱浇水，可增加结荚数，提高粒重。

（4）商豆 1099。

①品种简介：商丘市农科所选育，2002 年通过河南审定，审定编号豫审豆 2002002。有限结荚习性，生育期 107 天。株型紧凑，株高 71.5 厘米左右；叶圆形，中等大小，紫花，棕毛；分枝 1.3 个，单株荚 47.2 个，每荚粒数 2.2 个，成熟荚褐色；籽粒扁圆，种皮黄色，有光泽，脐褐色，百粒重 15.3 克；粗蛋白质含量 42.34%，粗脂肪含量 20.8%；抗大豆花叶病、紫斑病和褐斑病。河南省各地均可种植，平均亩产 190 千克。

②栽培要点：6 月上中旬播种，亩播量 4 千克，密度 1.2 万～1.5 万株/亩，不可重茬。出苗后要及时间苗、定苗，封垄前中耕锄草 2～3 遍。分枝期追施二铵 20 千克/亩左右，花荚期遇旱浇水，注意防治病虫害。

（5）郑 92116。

①品种简介：河南省农科院棉油所选育，2001 年通过河南审定，审定编号豫审豆 2001001。有限结荚习性，生育期 102 天。叶圆形，株型紧凑，株高 72 厘米，分枝 2.6 个；开紫色花，荚皮茸毛灰色，荚熟黄褐色，单株有效荚 43 个，每荚粒数 2～3 个；籽粒圆形，黄色，脐褐色，百粒重 19.8 克；脂肪含量 17.3%，蛋白质含量 48.41%，属高蛋白大豆品种。抗花叶病毒病、紫斑病，抗倒性好，成熟时落叶性好。适宜在河南省各地中等以上肥力地块种植，一般亩产 200 千克。

②栽培要点：夏播适宜播期为 6 月上、中旬，每亩播量 4～5 千克，行距 0.4 米，株距 0.13 米，亩密度 1.2 万株左右。一般施底肥磷酸铵 20 千克、尿素 3～4 千克、氯化钾 6～7 千克。未施底肥的可在开花前追肥，一般每亩追施磷酸铵 7～10 千克、尿素 1.5～2 千克、氯化钾 3～4 千克。在西南山区春播适期为 4 月中旬至 5 月下旬，亩播量 4～5 千克，行距 0.4 米，株距 0.1 米，亩保苗 1.5 万株左右。

（6）平豆 2 号。

①品种简介：平顶山农科所选育，2007年河南省审定，审定编号豫审豆2007002。有限结荚习性，全生育期95天。叶长卵圆形，叶小，浅绿，灰毛；株高80厘米左右，分枝数3～4个，主茎节数16个；白花，荚深褐色，结荚性强，每荚3、4粒；单株粒数128粒左右，籽粒中等，园粒，种皮黄色，微光，脐色浅，百粒重18.2克；成熟落叶性好。粗蛋白含量41.17%，粗脂肪含量20.86%。中抗大豆花叶病毒病、紫斑病。适宜河南省大豆产区种植，一般亩产200千克左右。

②栽培要点：该品种夏播适播期为6月上中旬，在特殊年份，播期推迟到6月底7月初仍能获得较好收成。每亩播量4千克左右，足墒下种，力争一播全苗。出苗后及时间定苗，每亩留苗1.2万株左右。

③注意氮磷钾配合施肥。一般亩施底肥磷酸一铵20千克，尿素3～4千克，氯化钾6～7千克；未施底肥可在7月中旬开花前追肥，一般亩追磷酸一铵7～10千克，尿素7～10千克，氯化钾3～4千克。

④加强田间管理，消灭草荒，及时防治病虫害。遇旱浇水，遇涝排水，特别注重结荚鼓粒期遇旱浇水，以增多结荚数，提高荚粒数和粒重。

⑤适时收获，保证丰产丰收，提高效益。当大豆茎秆呈草黄色，摇动有响声，有10%～20%的叶片尚未落尽时，是人工收获适收期；当豆叶基本落尽，籽粒归圆时，是机收适收期。

（7）濮豆6018。

①品种简介：濮阳市农科所选育，2004年通过河南审定，审定编号：豫审豆2004003。有限结荚习性，生育期104天。叶圆形，株高82.8厘米，主茎节16.9节，分枝3.5个；单株有效结荚50.6个，荚深褐色，每荚2～3粒，黄粒，粒椭圆形，脐浅褐色，千粒重258克；籽粒粗蛋白质含量43.20%，粗脂肪含量21.25%；根系发达，抗旱，耐涝性强，成熟时不裂荚；抗大豆花叶病毒病，紫斑病0.1%，褐斑病0.2%。适宜在河南省各地夏播种植，一般亩产200千克。

②栽培要点：播期：6月上中旬，麦垄套种适宜在麦收前7～10天播种。密度：亩留苗1.2万～1.5万株，高肥水地块宜稀，低肥水地块宜密。麦垄套种每亩5 000穴，每穴留苗2～3株。田间管理：有旺长趋势的田块，用150毫克/千克多效唑进行化控。

（8）许豆3号。

①品种简介：许昌市农科所，2003年通过河南省审定，审定编号豫审豆2003001。有限结荚习性，生育期99～107天。叶形椭圆，叶色浓绿；株型紧凑，株高75～85厘米，分枝2～3个，荚皮茸毛灰色，荚熟色灰色，每荚粒数2～3个；粒形圆，粒色黄色，脐形长椭，脐色淡褐色，百粒重19.1克；粗蛋

白含量42.1%，粗脂肪含量19.76%；抗花叶病毒病、灰斑病、紫斑病和炭疽病，抗大豆食心虫。适宜在河南省各地种植，平均亩产200千克。

②栽培要点：适播期6月上旬，每亩播量4～5千克，每亩留苗1.0万～1.3万株为宜，要求麦收后足墒下种，生长期中耕除草2～3遍，及时防治病虫草害，花荚期、鼓粒期遇旱要及时浇水，以提高粒重。

（9）驻豆5号。

①品种简介：驻马店市农科所选育，2006年通过河南审定，审定编号豫审豆2006002。有限结荚习性，全生育期106天。株型紧凑，株高80.2厘米，有效分枝数3.0个，主茎节数16.2个；荚灰褐色，单株有效荚数49.3个，单株粒数107.7粒；籽粒椭圆形，百粒重21.1克；粗蛋白质含量42.3%，粗脂肪含量20.2%；抗花叶、紫斑、褐斑病，成熟落叶性好，不裂荚。适宜河南省各地推广种植，平均亩产180千克。

②栽培要点：播期和播量：6月上中旬为适播期，最好在6月15日前足墒播种，亩播量5～6千克。种植密度：宽窄行种植，平均行距0.4米，株距0.13～0.15米；出苗后及时间定苗，留苗密度1.20万株/亩左右。田间管理：科学施肥，亩施尿素4～5千克，磷酸一铵20～25千克，氯化钾8～10千克，肥力较高地块可适当少施尿素；开花结荚期遇旱及时浇水；及时防治病虫害。

（10）泛豆5号。

①品种简介：河南黄泛区地神种业农科所选育，2008年河南省审定，审定编号豫审豆2008002。有限结荚习性，生育期107天。株型紧凑，株高82.9厘米，主茎节数15.1个，有效分枝数2.1个；叶卵圆形，色深绿，棕毛，紫花，荚淡褐色；圆粒，籽粒偏小，种皮黄色，微光，脐色深，单株有效荚数61个，百粒重16.5克；粗蛋白质含量38.78%，粗脂肪含量20.29%。中抗大豆花叶病毒病，紫斑率、褐斑率低。适宜河南省大豆产区种植，一般亩产200千克左右。

②栽培要点：播期和播量：适宜播期6月5—25日，亩播量5～6千克。种植密度：适宜行距40厘米，株距10厘米左右，每亩留苗1.6万株左右。田间管理：分枝期至初花期前可视苗情追施磷酸二铵15千克左右，也可叶面喷肥；及时防治食叶性害虫，全生育期治虫2～3次。

（11）许豆6号。

①品种简介：许昌市农科所选育，审定编号：豫审豆2009002。有限结荚习性，生育期113天。株高92.9厘米，有效分枝2.1个，主茎节数17.2个；叶卵圆形，深绿色，紫花，灰毛，灰褐色荚；单株有效荚数45.9个，单株粒数95.9粒；籽粒圆形，种皮黄色，脐褐色，百粒重18.6克；紫斑率1.6%，褐斑率0.7%。2008年南京农业大学国家大豆改良中心接种鉴定：大豆花叶病

毒病 SC3 中抗，大豆花叶病毒病 SC7 中感。2008 年农业部农产品质量监督检验测试中心（郑州）品质分析：蛋白质（干基）41.31%，脂肪（干基）21.08%。该大豆新品种适合河南省大豆产区种植，属中早熟高油大豆新品种。

②栽培要点：播期和播量：适宜播期 6 月 1—15 日，亩播量 4～5 千克。种植密度：适宜行距 40 厘米，株距 13 厘米左右，留苗密度 1.1 万～1.3 万株/亩左右。田间管理：3 片真叶时间、定苗。播前底施磷肥，花荚期追施氮肥，鼓粒期喷施微肥。生长期中耕除草 2～3 遍，及时防治病、虫、草害。花荚期、鼓粒期遇旱要及时浇水，以提高粒重。适时收获。

76. 甘薯的繁殖特点是什么？

答：甘薯属于短日照作物，在我国北纬 23°以南一般品种能自然开花，经昆虫传粉天然杂交后可获得种子。由于甘薯是异花授粉作物，异质性很强，遗传物质基础复杂，用种子繁殖的后代群体分离现象严重，性状很不一致，不能保持原有品种的优良特性，故有性繁殖方法只在杂交育种时应用。

甘薯的无性繁殖法是利用营养器官繁殖，其遗传性状稳定，能保持原有品种的特性。甘薯的营养器官，如块根、茎蔓、拐子，甚至带叶柄的叶子，再生能力都很强，都可以用作繁殖。生产上多用块根育苗繁殖，或剪取薯蔓栽插繁殖。

77. 甘薯的苗床管理要点有哪些？

答：苗床管理要掌握前期以催为主，中期催炼结合，后期以炼为主的原则。

（1）排种到出苗的前期阶段。排种到出苗约经历 10 天左右，应以高温催芽为主。火炕当床温升到 30℃时开始排种，排种后床温逐渐上升到 35℃左右。保持 4 天后床温下降到 31℃左右。排种前苗床浇透底水，在出芽前不再浇水，如发现种薯周围干旱或扎根较少时可浇一次小水以利出苗。幼芽拱土时可浇一次透水。出苗前气温较低，要把塑料薄膜封严，下午 4 点左右盖草帘保温。刚顶土的幼芽中午日烈时可遮光，早晨、傍晚弱光晒床，当叶色变绿时全日晒苗。在床温过高时可打开气眼或薄膜两头通风降温降湿。

（2）出苗后到炼苗前的中期阶段。平温长苗，催炼结合。出苗后床温应降至 28℃左右，苗高约 10 厘米时生长速度加快，床温降至 25℃左右，注意揭帘晒苗和逐渐揭膜炼苗。中午前后膜内气温超过 35℃时要通风降温，防止烈日高温烤苗。夜间应盖草帘保温。中期阶段需适当增加浇水量，使床土保持湿润。浇水后晾苗 1～2 小时再盖薄膜。

（3）采苗前 3 天左右到采苗的后期阶段。以炼为主。在采苗前 3 天左右浇一次透水，以后停止浇水进行炼苗。床温逐渐下降到 22～20℃，使大苗得到锻炼。小苗继续生长。夜间可不盖草帘，并逐渐揭膜炼苗。天气突变时应注意保温。

（4）采苗和采苗后的管理。当苗高 20 厘米左右，苗龄 30 天左右，经过炼苗后及时拔苗。拔苗的当天不要浇水，第二天浇大水，结合浇水每平方米追施尿素 50 克左右。拔苗后又转入以催为主。注意保温促苗生长，3～5 天后即可炼苗。

78. 甘薯烂床原因及防止方法是什么?

答：发生烂床的原因主要是病害。种薯带有黑斑病、软腐病、茎线虫病等病菌，在苗床上发病、传染，造成烂床；或种薯受生理性病害影响，如受冷害、涝害、伤热、缺氧等。

（1）床面上出现点片的少量烂薯。可能原因是：①种薯收刨过晚，部分种薯受到霜打头。②种薯在窖门口受到冻害或个别地方窖顶滴水，受了湿害。③温汤浸种种薯受热不匀，进烟口处温度过高烫坏部分薯种，或水温过高烫坏种薯。④种薯碰伤过重，感染病害。如发生点片烂床，可扒出烂薯补植，也可将四周种薯排稀些。

（2）局部烂床。原因是：①火炕的高温点温度超过 40℃，种薯基部先烂。②温汤浸种温度过高，时间过长，或将开水泼在种薯上。③温汤浸种后的种薯受冻或畦在温度很低的苗床上。④局部积水受涝等。发生局部烂床时可把坏薯扒掉，换上新沙和用 500 倍 50%托布津浸种 10 分钟重畦新种。

（3）大面积烂床。主要原因是：①整个火炕床温过高，水分过多，发现晚，时间长。②排种后将塑料薄膜直接盖在沙面上，封闭过严，温度高，时间长，种薯窒息死亡而烂床。其现象是苗床中间先烂。四周不烂或烂得很轻。防止措施是控制好温度和水分，盖膜时留有一定空间避免种薯窒息。出现问题后应及时更换种薯，以免延误农时。

79. 甘薯的需肥量规律和施肥注意事项有哪些?

答：（1）甘薯产量高，根系发达，吸肥力强，平均每生产 500 千克鲜甘薯需从土壤中吸收纯氮 1.86 千克，磷（P_2O_5）0.86 千克，钾（K_2O）3.74 千克。其中以钾最多、氮次之，磷最少。氮、磷、钾比例约为 2∶1∶4。从单位面积需肥量看，每亩产 2 500 千克鲜甘薯需从土壤中吸收纯氮 9.28 千克，磷（P_2O_5）4.28 千克，钾（K_2O）18.70 千克。

（2）甘薯施肥应掌握以农家肥料为主，化肥为辅，基肥为主，追肥为辅的原则。一般每亩产鲜薯 1 500～2 000 千克，需基施土杂肥 2 000～2 500 千克；

每亩产鲜薯2 500～3 500千克，需基施土杂肥4 000～5 000千克；每亩产鲜薯4 000～5 000千克，需施土杂肥7 500～10 000千克，还需施过磷酸钙25～40千克，钾肥25～40千克。宜采用深层施与分层施相结合、粗肥深施与细肥浅施相结合、迟效肥料与速效肥料相结合的方法，将基肥主要施在30厘米左右的土层内。追肥应根据土壤肥力、基肥用量和甘薯生长情况而定。追肥以前期为主，后期少追或不追，进入9月份后一般不再追肥。追肥方法：封垄前于垄半坡偏下开沟追肥，并将肥料严密覆盖。中后期追肥主要采用根外追肥。

80. 甘薯栽秧应注意哪些方面?

答：(1) 栽插时间。甘薯无明显的成熟期，在适宜温度条件下早栽的生长期较长，积温较多，同化物质的积累随之增多，块根膨大早、薯块大、产量高。春甘薯的栽插适期以5～10厘米地温稳定在15℃、气温稳定在18℃以上栽插为宜，一般可在4月底5月初栽插。夏甘薯应抢时间早栽，争取在“夏至”前栽完。

(2) 合理密植。一般肥地宜稀，瘠地宜密。当前生产上还要注意增加密度，春甘薯中等肥力的平原地每亩4 000～4 500株，山丘旱薄地4 500～5 000株。夏甘薯应适当增加密度，每亩可增至5 000～6 000株。

(3) 栽秧方法与质量。甘薯栽植方法因秧苗长短、栽插时间、土壤墒情等不同而异。常用方法有直栽法、斜栽法、水平栽插法、船底式栽法和压藤插法。甘薯栽插应选无病壮苗，从苗床拔出的秧苗可以将基部进行药剂处理，并将大小苗分级栽插，提高田间生长整齐度。栽秧深度以8～10厘米为宜，黏土或土壤含水量多的可稍浅，反之稍深。顶芽露出地面约3～4厘米。为了提高栽插质量，提倡深斜栽，放大窝，浇足水，延长耗水时间，严封窝。夏甘薯采用大密度采苗圃育苗，强调栽蔓子头。

81. 甘薯常见栽插方法分别有哪些?

答：甘薯栽插方法较多，主要有以下5种栽插法，一般以水平栽插法为佳。

(1) 水平栽插法：苗长20～30厘米，栽苗入土各节分布在土面下5厘米左右深的浅土层。此法结薯条件基本一致，各节位大多能生根结薯，很少空节，结薯较多且均匀，适合水肥条件较好的地块，各地大面积高产田多采用此法。但其抗旱性较差，如遇高温干旱、土壤瘠薄等不良环境条件，则容易出现缺株或弱苗。此外，由于结薯数多，难于保证各个薯块都有充足营养，导致小薯多而影响产量。如是生产食用鲜薯，则小薯多反而好销。

(2) 斜插法：适于短苗栽插，苗长15～20厘米，栽苗入土10厘米左右，地上留苗 5～10 厘米，薯苗斜度为 45°左右。特点是栽插简单，薯苗入土的上层节位结薯较多且大，下层节位结薯较少且小，结薯大小不太均匀。优点是抗旱性较好，成活率高，单株结薯少而集中，适宜山地和缺水源的旱地。可通过适当密植，加强肥水管理，争取薯大而获得高产。

（3）船底形栽插法：苗的基部在浅土层内的 2～3 厘米，中部各节略深，在 4～6 厘米土层内。适于土质肥沃、土层深厚、水肥条件好的地块。由于入土节位多，具备水平插法和斜插法的优点。缺点是入土较深的节位，如管理不当或土质黏重等原因，易成空节不结薯，所以，注意中部节位不可插得过深，沙地可深些，黏土地应浅些。

（4）直栽法：多用短苗直插土中，入土 2～4 个节位。优点是大薯率高，抗旱，缓苗快，适于山坡地和干旱瘠薄的地块。缺点是结薯数量少，应以密植保证产量。

（5）压藤插法：将去顶的薯苗，全部压在土中，薯叶露出地表，栽好后，用土压实后浇水。优点是由于插前去尖，破坏了顶端优势，可使插条腋芽早发，节节萌芽分枝和生根结薯，由于茎多叶多，促进薯多薯大，而且不易徒长。缺点是抗旱性能差，费工，只宜小面积种植。

82. 甘薯栽插注意事项有哪些?

答：（1）浅栽。由于土壤疏松、通气性良好、昼夜温差大的土层最有利于薯块的形成与膨大，因此，栽插时薯苗入土部位宜浅不宜深，在保证成活的前提下宜实行浅栽。浅栽深度在土壤湿润条件下以 5～7 厘米为宜，在旱地深栽也不宜超过 8 厘米。

（2）阳光强烈且地旱的条件下，要注意如果过浅栽插，因地表干燥和蒸腾作用强烈，薯苗难长根，茎叶易枯干，导致缺苗，应考虑适当深栽等措施。增加薯苗入土节数。这有利于薯苗多发根，易成活，结薯多，产量高。入土节数应与栽插深浅相结合，入土节位要埋在利于块根形成的土层为好，因此以使用 20～25 厘米的短苗栽插为好，入土节数一般为 4～6 个。栽后保持薯苗直立。直立的薯苗茎叶不与地表接触，避免栽后因地表高温造成灼伤，从而形成弱苗或枯死苗。

（3）干旱季节可用埋叶法栽插。埋土时，要将尽可能多的叶片埋入土中，埋叶法成活率高，返苗早，有利增产，由于甘薯的叶面积较大，通常需要较多的水分供其生长，特别是薯苗栽插后对水分需求较高。此时如果将大部分叶片暴露在土壤表面，在强烈的阳光照射下需要大量的水分供其生理调节，但刚栽插的薯苗没有根系，仅靠埋入土中的茎部难以吸收足够的水分，结果造成叶片与茎尖争水，茎尖呈现萎蔫状态，返苗期向后推迟，严重时造成薯苗枯死。而将大部分叶片埋入湿土中可有效地解决薯苗的供水问题，叶片不仅不失水，还可从土壤中吸收水，保证茎尖能够尽快返青生长。

83. 甘薯田间管理要点有哪些？

（1）前期。甘薯从栽秧到封垄前为生长前期，田间管理的主攻方向是保全苗，促茎叶早发、早发枝、早结薯，以促为主但不能肥水过猛造成中期茎叶徒长。夏甘薯也应以促为主，注意及早管理。

①及时补苗，保全苗。

②早锄地除草：秧苗返青后即可开始中耕，并结合中耕除草。

③早追提苗肥：土壤贫瘠和施肥不足的田地应早追速效肥料，一般每亩追施尿素10～15千克。

④及时浇水：土壤湿度以田间持水量70%为宜，持水量低于60%时须进行灌水。

⑤防治虫害。

（2）中期。甘薯从封垄到回秧前为中期。田间管理的主攻方向是高产田以控为主，即要控制茎叶徒长，促使块根迅速膨大，一般田既要促茎叶生长，又要促块根膨大，主要措施：

①排水防涝。

②保护茎叶提蔓不翻蔓。

③防治害虫。

（3）后期。甘薯生长后期是从回秧到收获。田间管理主要是防止茎叶早衰，延长叶片寿命，促使茎叶养分向块根运转，以加速块根的膨大。主要措施是根外喷肥，叶片落黄较快的以氮肥为主，每亩施尿素5～8千克；地上部生长较旺的以磷钾肥为主，每亩喷洒0.2%磷酸二氢钾100千克。遇旱要适当浇水，遇涝要及时排水。

84. 什么是甘薯脱毒技术？其栽培技术要点是什么？

答：脱毒甘薯指的是经过脱毒技术处理后得到的，并经过严格的病毒检测确认不带有某种或某些病毒的甘薯及其在无蚜虫和无病原土上繁育的后代。脱毒薯不改变品种种性，其与相同品种普通薯苗相比，具有萌芽性好、长势旺、结薯早、膨大快、产量高的特点，对栽培条件的要求略有不同。

（1）加深耕层：耕层深度以25～30厘米为宜。

（2）施肥：脱毒薯长势旺盛，应少施氮肥，相应的增施磷钾肥和有机肥。

（3）合理密植：脱毒薯栽插密度与相同品种普通薯应基本一致或略少。

（4）化调化控：脱毒甘薯长势旺盛，容易徒长，可在团棵期和封垄期，每亩用15%多效唑80克对水70千克各喷一次。

(5) 病虫防治：脱毒薯只是不带病毒的甘薯，抗病性与普通甘薯基本相同，其病虫害防治与普通甘薯也应相同。

(6) 及时更换品种：脱毒甘薯在大田种植2～3年后，即受病毒感染而与普通薯无异，应及时更换新的脱毒良种。

85. 甘薯贮藏期烂窖原因是什么?

答：甘薯贮藏期烂窖的主要原因是冷害、病害、缺氧、湿害和干害等。

(1) 冷害。收获过晚，或收获后不能当天入窖，在窖外受冷害；或贮藏期间窖温偏低，保温不良造成腐烂。

(2) 病害。甘薯贮藏期间的主要病害有软腐病、黑斑病和茎线虫病，其次为镰刀菌干腐病、青霉病等。发病原因是薯块感染病菌、拐子带菌或病窖传染等。

(3) 湿害和干害。贮藏初期气温较高，薯块呼吸旺盛，薯堆内水气上升，遇冷后凝结成水珠，浸湿表层薯块。或因下雨过多，地下水位上升，薯块受淹。窖内湿度过低薯块受干害后也易发生腐烂。为了防止湿害或干害，窖内湿度应保持在85%～90%，并注意排水防涝。

(4) 缺氧。甘薯贮藏初期窖内氧气消耗较多，如果封窖口过早或贮藏过满，致使窖内CO_2浓度过高，会发生缺氧烂窖。

86. 甘薯贮藏技术要点有哪些?

答：(1) 选择适宜窖型。①高温处理的大屋窖；②发悬大窖：A. 半非字形发悬大窖；B. 非字形发悬大窖；C. 井窖。

(2) 贮藏期间的管理。甘薯贮藏期内要有适宜的温度、湿度和空气，其中温度是主要的方面。在管理上应掌握前期通风降温，中期保温防寒，后期使窖温平稳。①前期以通风降温散湿为主；②中期以保温防寒为主；③后期以稳定窖温加强通风换气为主。

87. 甘薯常见病虫害及防治方法有哪些?

答 (1) 甘薯黑斑病。①培育无病壮苗。A. 用无病床土育苗；用52～54℃温水恒温浸种薯10分钟；B. 在苗床上35～37℃高温催芽3天；C. 苗床上采苗用高剪苗。②薯种贮藏及育苗时分别用50%多菌灵500倍液或70%甲基托布津500～700倍液浸种或栽植时浸苗基部10分钟。

(2) 甘薯茎线虫病。①用52～54℃恒温水浸种10分钟，可杀死死薯块皮层内的茎线充。②病区育苗时，用50%辛硫磷300～500倍液泼浇苗床；病区大田栽植时，每亩用50%辛硫磷500克，对入1 000千克浇苗水中，均匀浇入窝中，随后封严。

（3）甘薯根腐病。根腐病防治至今尚无有效药剂，只能采用下列农业防治措施：①选用抗病品种；②培育壮苗，适时早栽；③深翻改土，增施净肥；④轮作换茬；⑤清洁田园，清除病薯残体；⑥建立无病留种田。

（4）甘薯天蛾、斜纹夜蛾、甘薯潜叶蛾。①农业防治措施：对甘薯天蛾结合冬耕拾除杀蛹、利用物理方法诱杀成虫。对斜纹夜蛾在发蛾盛期摘除寄主卵块用物理方法诱杀成虫。对甘薯潜叶蛾及时清沟排水，降低湿度，减轻虫害发生。②药剂防治措施：每亩用90%敌百虫1 000倍液，或50%辛硫磷1 000倍液或用2.5%溴氰菊酯（敌杀死）2 000倍液，或10%氯氰菊酯（灭百可）2 000倍液喷雾，以上药交替使用。

（5）地下害虫（蝼蛄、蛴螬、金针虫、地老虎）防治措施。用50%辛硫磷乳油1 000倍液灌根，或亩用50%辛硫磷1 000毫升拌细土100千克，犁地时均匀撒入犁沟防治。

88. 甘薯收获应注意什么？

答：在地温降至15℃以下时，甘薯应适时收获。河南省一般在10月中、下旬（地温12~15℃）开始收获，贮藏鲜薯与种薯于“霜降”前收完。务必防止收获过晚，发生冷害腐烂造成损失。当地温降至18℃以下，淀粉就停止积累，因此，淀粉加工用薯，在地温降至10～18℃时，即可收获加工。

89. 生产上常用的优质花生品种有哪些？其栽培要点有哪些？

（1）远杂9102。

①品种简介：河南省农科院棉油所选育，2002年通过河南省审定，审定编号豫审花2002002。珍珠豆型，夏播生育期100天左右。直立疏枝，主茎高30～25厘米，侧枝长34～38厘米，总分枝8～10条，结果枝5～7条；荚果茧形，果嘴钝，网纹细深；籽仁桃形，粉红色种皮，有光泽，百仁重66克，出仁率73.8%。粗脂肪含量57.4%，粗蛋白含量24.15%，油酸含量41.1%，亚油酸含量37.2%。高抗花生青枯病，抗花生叶斑病、锈病、网斑病和病毒病。适宜河南花生区夏播种植，一般亩产荚果240千克，籽仁180千克。每亩1.2万～1.4万穴。

②栽培要点：播期：6月10日左右。密度：每亩120 000～14 000穴，每穴两粒。田间管理：播种前施足底肥，生育前期及时中耕，花针期切忌干旱，生育后期注意养根护叶，及时收获。

（2）豫花15。

①品种简介：河南省农科院棉油所选育，2000 年通过河南省审定。中间型品种，生育期 115 天左右。直立疏枝，一般主茎高 48.9 厘米，侧枝长 53 厘米，总分枝 8 条，结果枝 7 条；荚果普通型，果嘴锐，网纹细深，百果重 225.8 克；籽仁粉红色、椭圆形，百仁重 90.1 克，出仁率 70.3%；饱果率高，商品性好，休眠期稍短。粗蛋白质含量 26.7%，粗脂肪含量 54.77%，油酸含量 44.1%，亚油酸含量 37.5%。高抗网斑病、枯萎病，抗叶斑病、锈病，耐病毒病。适宜河南省各地种植，一般亩产荚果 300～600 千克，籽仁 200～260 千克。

②栽培要点：春播花生在 4 月下旬或 5 月上旬播种。密度 1 万～1.1 万穴/亩，每穴 2 粒，高肥水条件下 0.9 万穴/亩。加强田间管理，注意苗期病虫害防治；中期应看苗管理，促控结合，高产田块要谨防旺长倒伏（一般在盛花后期每亩喷施 50～100 毫升/千升的多效唑溶液 40～50 千克）；后期注意养根护叶，及时通过叶面喷肥补充营养，并加强叶部病害防治；成熟后及时收获，谨防田间发芽。

（3）濮花 17。

①品种简介：河南省濮阳市农科所选育，2002 年通过河南省审定，审定编号豫审花 2002005。珍珠豆型，生育期 105 天左右。直立疏枝，主茎高 34.4 厘米，侧枝长 39.5 厘米，总分枝 6.4 条，结果枝 4.8 条；荚果为茧型，饱果率高，壳薄整齐，双仁果多；籽仁桃形，粉红色，色泽鲜艳，百仁重 64.9 克，出仁率 74.0%。粗蛋白含量 29.7%，粗脂肪含量 51.7%，油酸含量 35.56%，亚油酸含量 40.52%。中抗花生锈病、叶斑病和网斑病。适合河南省各花生区夏播种植，一般亩产荚果 240 千克，籽仁 180 千克。

②栽培要点：一般在 6 月 10 日前播种，要施足底肥，足墒播种，争取一播全苗。水肥地每亩 1.0 万～1.2 万穴，每穴 2 粒，旱薄地要加大密度，每亩不低于 1.2 万穴，高水肥地每亩不超过 1.0 万穴。田间管理以促为主，促控结合，早中耕灭茬、追肥，促苗早发。高产田块在中后期要抓好化控措施，防止旺长倒伏，后期及时根外追肥、补充营养，注意防治叶部病害，促进荚果发育充实。

（4）郑农花 7 号。

①品种简介：郑州市农林科学研究所选育，2007 年通过河南省审定，审定编号豫审花 2007003。中间型品种，全生育期 125 天左右。直立疏枝，主茎高 47.5 厘米，侧枝长 50.75 厘米，总分枝 8.9 条，结果枝 6.3 条；荚果普通型，果嘴锐，果大、长，网纹粗、较深，缩缢明显，百果重 224.1 克；籽仁椭圆形，粉红色，内种皮白色带有黄斑，百仁重 90.1 克，出仁率 68.6%。籽仁蛋白质含量 22.23%，粗脂肪含量 56.34%，油酸含量 39.4%，亚油酸含量

38.0%。感网斑病、叶斑病，中抗病毒病。适宜全省春播或麦套种植，一般亩产荚果280千克，籽仁197千克。

②栽培要点。播期：春播花生4月20日至5月10日左右，麦套花生5月20日左右。麦套花生遇雨要抢墒播种。密度：春播9 000～10 000穴/亩，麦套10 000穴/亩，每穴2粒。田间管理：春播地膜花生在出苗后要及时扣膜覆土；麦套花生以促为主，早施追苗肥，促苗早发。初花期亩追尿素10千克，过磷酸钙25～30千克，硫酸钾10千克；花期结合培土迎针，亩施石膏粉20～30千克，提高饱果率；盛花期和下针结荚期，遇旱及时浇水，以利荚果膨大；高产地块出现株高超过40厘米徒长现象，可喷施多效唑，防止旺长倒伏。

③病虫害防治：苗期蚜虫可用50%氧化乐果1 000倍液进行叶面喷施。地下害虫蛴螬、金针虫发生严重的地块，除在耕作上进行轮作倒茬外，在培土迎针时用5%辛硫磷颗粒剂，每亩10千克，与细土拌匀顺垄撒在植株附近，撒后中耕培土。

(5) 豫花9326。

①品种简介。河南省农科院经济作物研究所选育，2007年通过河南省审定，审定编号豫审花2007005。中间型品种，生育期130天左右。直立疏枝，叶片浓绿色、椭圆形、较大；连续开花，株高39.6厘米，侧枝长42.9厘米，总分枝8～9条，结果枝7～8条，单株结果数10～20个；荚果为普通型，果嘴锐，网纹粗深，百果重213.1克；籽仁椭圆型、粉红色，百仁重88克，出仁率70%左右。籽仁蛋白质22.65%，粗脂肪56.67%，油酸36.6%，亚油酸38.3%。抗网斑、叶斑、病毒病，高抗锈病。适宜全省各地种植，一般亩产荚果280千克，籽仁190千克。

②栽培要点。播期：麦垄套种5月20日左右；春播在4月下旬或5月上旬。密度：10 000穴/亩左右，每穴两粒，高肥水地可种植9 000/亩穴左右，旱薄地可增加到11 000穴/亩左右。看苗管理，促控结合：麦收后要及时中耕灭茬，早追肥（每亩尿素15千克），促苗早发；高产田块要抓好化控措施，在盛花后期或植株长到35厘米以上时喷施100毫克/千克的多效唑，防旺长倒伏；后期应注意旱浇涝排，适时进行根外追肥，补充营养，促进果实发育充实。

(6) 开农49。

①品种简介。开封市农林科学研究所选育，2007年通过河南省审定，审定编号豫审花2007006。中间型品种，生育期128天。直立疏枝，叶深绿色、椭圆形，主茎高44.2厘米，侧枝长49.7厘米，总分枝8.8条，结果枝6.3条，单株饱果数8.5个；荚果普通型，缩缢浅，果嘴微锐，网纹细、浅，果皮薄且坚韧，百果重191.03克；籽仁为椭圆型，粉红色，内种皮橘黄色，百仁

重 74.8 克，出仁率 70.4%。籽仁蛋白质含量 22.99%，粗脂肪含量 53.64%，油酸含量 46.8%，亚油酸含量 32.1%。中抗网斑病、叶斑病，高抗病毒病。适宜全省各地春播、麦套及夏直播种植，一般亩产荚果 280 千克，籽仁 200 千克。

②栽培要点。播种：夏直播种植应在 6 月 10 日左右播种，10 000～11 000 穴/亩，每穴 2 粒；麦垄套种应于 5 月 15—20 日（麦收前 10～15 天）播种，9 000～10 000穴/亩，每穴 2 粒；春播应在 4 月中下旬播种，每亩 8 500～9 500穴/亩，每穴 2 粒。施肥和浇水：基肥以农家肥和氮、磷、钾复合肥为主，辅以微量元素肥料。初花期可酌情追施尿素或硝酸磷肥 10～15 千克/亩。苗期一般不浇水，花针期、结荚期干旱时及时浇水。防治虫害：花生生育期间，应注意防治蚜虫、棉铃虫、蛴螬等害虫危害。

（7）豫花 9414。

①品种简介。河南省农科学院棉油所选育，2005 年通过河南省审定，审定编号豫审花 2005004。特用大果类型，全生育期 126 天左右。直立疏枝，主茎高 35～44 厘米，侧枝长 38～47 厘米，总分枝 9.0 条，结果枝 6～8 条，单株结果数十个；荚果普通型，缩缢浅，果嘴钝，百果重 250 克；籽仁椭圆形，种皮粉红色，百仁重 105 克，出仁率 68.4%。粗蛋白质含量 24.78%，粗脂肪含量 50.97%，油酸含量 35.5%，亚油酸含量 37.4%。高抗病毒病，中抗叶斑病、网斑病。适宜河南各地春、夏播种植，一般亩产荚果 240 千克，籽仁 170 千克。

②栽培要点。春播在 4 月下旬或 5 月上旬，麦垄套种在 5 月中旬。每亩 10 000 穴左右，每穴两粒，高肥水地每亩可种植 9 000 穴左右，旱薄地每亩可增加到 11 000 穴左右。麦垄套种花生，麦收后要及时中耕灭茬，早追肥（每亩尿素 15 千克），促苗早发；中期，高产田块要抓好化控措施，在盛花后期或植株长到 40 厘米左右时喷施 100 毫克/千克的多效唑，防旺长倒伏；后期应注意旱浇涝排，适时进行根外追肥，补充营养，促进果实发育充实。

（8）开农 53。

①品种简介。开封市农林科学研究院、中国农科院油料作物研究所选育，2008 年通过审定，审定编号豫审花 2008001。夏播生育期 114 天。直立疏枝，主茎高 44.1 厘米，侧枝长 47.4 厘米，总分枝 7.8 条，结果枝 6.0 条，单株饱果数 9.1 个；叶片淡绿色、椭圆形；荚果普通型，果嘴稍锐，网纹细、浅，缩缢浅，百果重 165.2 克，饱果率 75.7%；籽仁椭圆形、粉红色，百仁重 66.1 克，出仁率 70.7%。蛋白质含量 24.9%，粗脂肪含量 52.6%，油酸含量 47.3%，亚油酸含量 32.8%。高抗锈病，抗网斑、病毒、根腐病，感叶斑病。适宜河南省各地麦套及夏直播种植，亩产荚果 280 千克，籽仁 200 千克。

②栽培要点。播期和密度：夏直播种植应在 6 月 10 前播种，麦套种植应于麦收前 15～20 天播种；每亩 11 000 穴，每穴 2 粒。田间管理：前期应培育壮苗，加强苗期管理，苗期可酌情追施尿素 10～15 千克，结荚期干旱及时浇水；盛花期前后可酌情控制旺长，同时加强蚜虫、棉铃虫等害虫的防治；及时收获。

（9）漯花 6 号。

①品种简介。漯河市农科院选育，2008 年通过审定，审定编号豫审花 2008004。中间型品种，夏播全生育期 114 天。疏枝直立，主茎高 40.6 厘米，侧枝长 44.0 厘米，总分枝数 8.3 条，结果枝数 6.0 条，单株饱果数 10.3 个；叶片长椭圆形、浓绿大；荚果为普通型，果嘴钝，网纹粗、浅，缩缢浅，百果重 156.3 克，饱果率 76.4%；籽仁椭圆形、粉红色，百仁重 62.2 克，出仁率 68.8%。蛋白质含量 25.2%，粗脂肪含量 49.8%，油酸含量 46.0%，亚油酸含量 31.9%。高抗锈病，抗网斑、根腐病，感叶斑、病毒病。适宜河南省各地夏直播种植。

②栽培要点。播期和密度：6 月 10 日前播种；每亩密度 12 000 穴，每穴两粒。田间管理：播种前施足底肥，亩施有机肥 4 000 千克以上，复合肥 40～50 千克。

（10）商研 9658。

①品种简介。商丘市农林科学研究所选育，2008 年通过河南省审定，审定编号豫审花 2008007。中间型品种，生育期 125 天。直立疏枝，主茎高 48.5 厘米，侧枝长 54.1 厘米，总分枝数 9.2 条，结果枝 6.3 条，单株饱果数 8 个；叶椭圆形，叶色淡绿，叶片中等大小；荚果普通型，果嘴微锐，缩缢稍深，百果重 207.8 克；籽仁椭圆形、粉红色，种皮表面光滑，百仁重 84.7 克，出仁率 69.7%。蛋白质含量 25.7%，脂肪含量 50.4%，油酸含量 49.2%，亚油酸含量 28.0%。中抗网斑病、叶斑病、病毒病。适宜河南省各地麦垄套种及夏直播、麦套种植，亩产荚果 280 千克，籽仁 200 千克。

②栽培要点。适期播种：商研 9658 适合麦套种植和春播。麦套种植适宜播期为 5 月 15—25 日之间，露地春播适宜播期为 5 月上旬，春播地膜覆盖可在 4 月上、中旬播种。合理密植：麦套种植适宜种植密度为 10 000 穴/亩左右，春播适宜密度为 9 000 穴/亩。科学配方施肥：春播高产地块一般亩底施优质有机肥 10 000 千克，尿素 12 千克或碳酸氢氨 30～35 千克，过磷酸钙 25 千克，硫酸钾 10～15 千克；麦套种植在重施小麦底肥的基础上，于花生苗期追施尿素 10 千克，以促苗早发和根瘤菌的形成，花针期结合中耕或培土，在土壤结果层施入过磷酸钙 20～30 千克，以满足荚果膨大和充实对磷、钙营养的需要，荚果膨大期可喷洒 0.2%～0.4%的磷酸二氢钾溶液，养根护叶。治

虫控旺长：注重防治地下害虫蛴螬和苗期蚜虫、叶螨的危害；商研 9658 综合抗病性好，正常年份生长期间可不喷药防病。高产地块当主茎高度超过 50 厘米，有徒长趋势时，可用烯效唑有效成分 3～4 克加水 30 千克叶面喷洒，控制旺长防倒伏。

90. 花生合理密植的总体要求是什么?

答：花生合理密植的密度范围一般应掌握在结果期封行为宜，合理密植的花生长相总的要求是“肥地不倒秧，薄地能封行”。一般生产条件下，珍珠豆型花生种植密度为 $27\times10^4\sim33\times10^4$/公顷；普通型花生为 $16.5\times10^4\sim21\times10^4$/公顷。在生育期长，植株高大，分枝性强、蔓生型品种，以及高温多雨、土壤肥沃、管理水平高的条件下应适当稀植。反之则密一些。

91. 花生合理密植的种植方式是什么?

答：(1) 平播：土层深厚且不易涝的田块可以采用，但不如起垄种植的产量高。平播简单省工，可随意调节行距，充分利用地力，保墒好，目前应用普遍；缺点是在排水不良条件下易渍涝，烂果较多。

(2) 垄种：便于灌排，畦面上土层疏松，通气好，地面受光面积大，春季升温快，在春季保墒好的情况下，苗壮、烂种轻。起垄种植花生清株彻底、省工，中耕时不易埋苗、压蔓，培土恢复垄形后，有利于通风透光，土壤昼夜温差大，荚果发育好。缺点是起垄要求行距稍大，一般行距小于 46.2 厘米很难成垄；大于 46.2 厘米难保密度。因此在肥力较高，密度较低或排水不良的易涝地上起垄种植比较适宜。

(3) 高畦种植：适于不易渗水的低洼易涝地和丘陵地采用。一般畦宽 1.2～2米，沟宽 30 厘米左右，沟深 17～20 厘米。然后把畦整平，可以平种，也可以起垄种植。

(4) 原则：确定花生行、穴距的原则是既要充分利用地力光能，又要便于行间、株间通风透光。为便于田间中耕，一般行距不应小于 25～35 厘米；在肥力高的田块，中后期通风透光的矛盾较大，在缩小密度的同时，应适当放宽行距（或宽窄行），但穴距一般不小于 16.5 厘米。日前花生行距一般 33～53 厘米。350～400 千克的高产田，行距多为 46～52.8 厘米，少数为 59.4 厘米。

(5) 播种方式：花生的播种方式有双粒条播、单粒条播、小丛穴播、宽窄行、宽行窄株等。一般每穴播种 2～3 粒，播种深度以 16～17 厘米为宜，地膜栽培播种深度为 3 厘米，先播种后覆膜方式，出苗开膜孔后要在孔周围盖一把土；先覆膜后播种方式，则在播后在膜孔上盖土压实。

92. 花生夏直播矮化增密增产技术要点是什么？

答：（1）技术特点。通过提早喷施植物生长抑制剂，可以较早抑制花生地上部营养体过快生长，促进地下部生殖体发育；同时适当增加密度，弥补了夏直播花生生育期短、单株生产力低的不足，增加饱果率，提高经济系数、荚果产量和籽仁品质。

（2）方法步骤。夏花生种植密度为12 000～13 500穴/亩，每穴2粒种子；花生植株高度为25～30厘米时，喷施植物生长抑制剂，连喷2～3次，每次间隔7～10天；收获时，花生植株高度为30～35厘米。

技术问答篇

耕 作 学

93. 什么是耕作学和耕作制度?

答：耕作学是研究建立合理耕作制度的理论及其技术体系的一门综合性应用科学。耕作制度，也称农作制度，是指一个地区或生产单位，在特定的自然和社会条件下农作物的种植制度以及与之相适应的养地制度的综合技术体系。它包括种植制度与养地制度两部分，以种植制度为中心，养地制度为基础。种植制度是指一个地区或生产单位的作物组成、配置、熟制与种植方式的综合。养地制度是与种植制度相适应的以提高土地生产力为中心的一系列技术措施，包括农田基本建设、土壤培肥与施肥、水分供求平衡、土壤耕作以及农田保护等。

94. 建立合理耕作制度的原则是什么?

答：合理耕作制度的建立应遵循自然规律和经济规律，以农、林、牧协调发展为前提，以农田作物种植制度为中心，以用地与养地结合为根本，通过科学的组织生产，实现农田作物持续增产，逐步达到稳产、高产、低成本、高效率的要求，为农业全面发展奠定基础。建立合理耕作制度应体现以下几项原则：利用农业资源，提高光能利用率；用地养地结合，提高土地生产率；保证社会需要，提高经济效益。

95. 研究和制定合理耕作制度的目的是什么?

答：(1) 提高土地与其他资源利用率，增加农作物产量，满足社会需要；(2) 增加农民经济收入，促进农村综合经济发展，增加劳动就业率；(3) 持续提高土地生产力，保护并改善资源环境。

96. 深耕的技术原理和作用是什么?

答：深耕是土壤耕作的重要内容之一，是农业生产中经常运用的重要技术措施。深耕（确切说是深耕翻）就是利用机械的作用，加深耕层，疏松土壤，增加土壤的孔隙度，形成土壤水库，增强雨水渗入速度和数量，避免产生地面径流，打破犁底层，熟化土壤，使耕层厚而疏松，结构良好，通气性强，土壤中水、肥、气、热相互协调，利于种子发芽，作物根系生长好，数量多；可以掩埋有机肥料，清除残茬杂草，消灭寄生在土壤中或残茬上的病虫。

97. 深耕的技术规范有哪些内容?

答:(1) 把握好土壤适耕性。土壤适耕性以土壤含水量表示,以土壤含水量15%~20%为宜;

(2) 耕深一般大于25厘米;

(3) 减少开闭垅,闭垅高度应小于10厘米,开垅宽度应小于35厘米,深度小于10厘米;

(4) 实际耕幅与犁耕幅一致,避免漏耕,重耕;

(5) 立垡、回垡率小于3%;

(6) 耕深稳定性,植被覆盖率、碎土率应符合设计标准。

(7) 作业质量要求:

耕地质量应达到:深、平、透、直、齐、无、小七字要求:

深:达到规定深度、深浅一致;

平:地表平坦、犁底平稳;

透:开墒无生埂,翻垡碎土好;

直:开墒要直,耕幅一致,耕得整齐;

齐:犁到头,耕到边,地头、地边整齐;

无:无重耕、漏耕,无斜子、三角、无“桃形”;

小:墒沟小、伏脊小。

98. 整地的质量标准要求有哪些?

答:在整地质量上,要力争达到“早、深、净、透、实、平、细、足”的标准要求。“早”是指及早整地,前茬作物收获一块整地一块;“深”是适当加深耕层,深度以25~30厘米为宜;“净”是及早灭茬,并拾净根茬;“透”是犁深犁透,不漏耕漏耙;“实”是指表层不板结,下层不翘空,上虚下实;“平”是地面平坦,有利于灌排水;“细”是翻平扣严,耙深、耙细、耙匀,无明暗坷垃;“足”是保证底墒充足。在此基础上,打畦起埂,实行高标准园田化种植。

99. 深耕整地要点和注意事项有哪些?

答:(1) 深耕时间应与当地雨季的来临相吻合,一般应在当地雨季开始之前进行,以便容易接纳雨水。

(2) 耕深应掌握在适宜为度,应随土壤特性、微生物活动、作物根系分布规律及养分状况来确定,一般的以打破犁底层为宜,一般25~30厘米。耕翻过深会造成土壤保墒能力减弱,影响种子发芽和幼苗生长;有机肥被埋压在深土层，肥效利用晚；生土被翻到地面上，对幼苗生长不利。

（3）做好作业前的准备工作。机具必须合理配套，正确安装，正式作业前必须进行试运转和试作业；耕层浅的土地，要逐年加深耕层；深耕的同时应配合施用有机肥，以利于培肥地力；休闲地在耕翻后应及时耙耱、镇压；一般2～3年深耕一次。

（4）适用机具。深耕翻一般使用铧式犁，常用的有：1L－330悬挂中型三铧犁，1LQ－425轻型悬挂四铧犁、液压翻转四铧犁和五铧犁等。

100. 秸秆还田的概念是什么？

答：秸秆还田是把不宜直接作饲料的秸秆（玉米秸秆、小麦秸秆等）直接或堆积腐熟后施入土壤中的一种方法。

101. 秸秆还田的作用是什么？

答：秸秆还田具有促进土壤有机质及氮、磷、钾等含量的增加；提高土壤水分的保蓄能力；改善植株性状，提高作物产量；改善土壤性状，增加团粒结构等优点。如，玉米秸秆还田，秸秆还田增肥增产作用显著，一般可增产5%～10%。

102. 秸秆还田的方式有哪些？

答：秸秆还田一般分为堆沤还田、过腹还田、秸秆直接还田、焚烧还田等方式。

（1）堆沤还田。①堆沤还田的概念。是将作物秸秆制成堆肥、沤肥等，作物秸秆发酵后施入土壤。②堆沤还田的方式和注意事项。有病的植物秸秆带有病菌，直接还田时会传染病害，可采取高温堆制，以杀灭病菌。作物秸秆要用粉碎机粉碎或用铡草机切碎，一般长度以1～3厘米为宜，粉碎后的秸秆湿透水，秸秆的含水量在70%左右，然后混入适量的已腐熟的有机肥，拌均匀后堆成堆，上面用泥浆或塑料布盖严密封即可。过15天左右，堆沤过程即可结束。秸秆的腐熟标志为秸秆变成褐色或黑褐色，湿时用手握之柔软有弹性，干时很脆容易破碎。腐熟堆沤肥料可直接施入田块。

（2）过腹还田。过腹还田就是把秸秆作为饲料，在动物腹中经消化吸收一部分营养，像糖类、蛋白质、纤维素等营养物质转化为肉、奶等被人们食用外，其余变成粪便，施入土壤，培肥地力。这种方式最科学，最具有生态性，且无副作用，最应该提倡推广。但目前过腹还田推广的深度、广度远远不够，各地应因地制宜、因势利导加以推广。

（3）直接还田。采取直接还田的方式比较简单，方便、快捷、省工。还田数量较多，一般采用直接还田的方式比较普遍。

103. 秸秆直接还田的意义及可行性有哪些?

（1）意义。据20世纪80年代全国土壤普查901个县的统计，全国肥沃高产田仅占22.6%，中低产田占77.4%。从养分角度看，普遍缺氮、缺磷土壤占59.1%，缺钾土壤占22.9%，土壤有机质低于0.65%的耕地占10.6%。加之我国化肥生产氮、磷、钾比例严重失调，我国北方土壤缺磷，南方土壤缺钾的现象十分严重，磷钾供应不足明显降低了氮肥肥效。实践证明秸秆还田能有效增加土壤有机质含量，改良土壤，培肥地力，特别对缓解我国氮、磷、钾比例失调的矛盾，弥补磷、钾化肥不足有十分重要意义。据试验，实行秸秆还田一般都能增产10%以上。坚持常年秸秆还田，不但在培肥阶段有明显的增产作用，而且后效十分明显，有持续增产作用。因此，秸秆还田是保持和提高土壤肥力，使农业稳产、高产、高效，走可持续发展道路的重要途径。

（2）可行性。秸秆还田虽然有诸多好处，但在某些地方还推不开，除了传统习惯的影响外，主要是为了省事，所以不少地方还出现焚烧秸秆现象。秸秆还田还需要解决一些实际问题。

①秸秆的C/N比值较高，一般在60∶1。高的C/N比值，使秸秆在土壤中分解缓慢，微生物在作用作物秸秆时还需吸收一定的氮素营养自身，造成与作物争氮，影响苗期生长，进而影响到后期产量的提高。

②秸秆还田不当。包括还田数量过大，土壤水分不适，粉碎程度不够，翻压质量不好，容易影响播种质量，进而影响到种子出苗及苗期生长。

③机械化程度不高，缺少秸秆还田配套机具。

但是随着我国工业的发展和科学技术的进步，上述这些问题都可以得到妥善的解决。

①首先是我国氮素化肥工业的发展，氮肥用量大幅增加，完全可以用氮素化肥来调节秸秆的C/N比值，使之达到既有利秸秆的分解，又有利作物苗期的生长。

②我国农民在秸秆还田方面有可靠的技术依托。中国农科院土肥所等单位曾对影响秸秆还田的各种因素，包括秸秆还田的适宜方式、时间、数量、施氮量、粉碎程度、翻压深度、土壤水分和防治病虫害等进行了深入研究，制定了秸秆直接还田技术规程。

③我国农业机械化的迅速发展，现有大、中型拖拉机的动力及收割机、粉碎机、播种机及各种犁等配套机具，其技术性能已经能够达到秸秆还田的要求，为秸秆直接还田提供了机构保证。

④我国粮食产量增加，秸秆也相应增加，燃料结构改变，用秸秆作燃料正

日渐减少，大量富余的秸秆为秸秆直接还田提供物质保证。

综上所述，我国进行大面积推广秸秆还田的条件已经成熟，秸秆直接还田是完全可行的。

104. 秸秆直接还田的增产机理是什么？

答：（1）还田为土壤微生物的生长繁殖提供了丰富的营养和能量，使微生物数量猛增，在高肥土上约增加 50%，在瘦土上更明显，约增加 2 倍。由于土壤中微生物数量的增加，土壤的呼吸强度亦大大增加，在肥沃土壤上秸秆还田后 CO_2 释放量增加 8.3%～43.7%，在瘦瘠土壤上增加 81.5%～117.8%。秸秆还田也提高了土壤的酶活性，碱性磷酸酶、转化酶、脲酶、过氧化氢酶都有不同程度的增加。

（2）秸秆还田改善了土壤理化性状。经两年秸秆还田后土壤有机质提高 0.1%～0.27%，容重下降 0.032～0.062 克/立方厘米，土壤总孔隙度增加 1.25%～2.04%。全氮、速效磷虽然略有提高，分别提高 0.002%～0.009% 和 0.4～5.3 毫克/千克，但是速效钾提高很大，增加 8.3～105.1 毫克/千克，平均比不还田处理提高 38.8 毫克/千克，相当于 1 亩地多施 5.8 千克钾（相当于 1 亩地多施 10.9 千克氯化钾）。秸秆钾很容易分解释放并被作物吸收利用，所以秸秆还田对改良土壤、平衡土壤养分，特别对补充土壤钾素的不足有重要意义。

（3）秸秆还田有优化农田生态环境的效果，其中以覆盖还田效果最为显著。覆盖秸秆，冬天 5 厘米地温提高 0.5～0.2℃，夏天高温季节降低 25～35℃，土壤水分提高 32%～45%，杂草减少 40.6%～24.9%。

105. 秸秆直接还田的方式有哪些？

答：秸秆直接还田分为翻压还田和覆盖还田两种。

（1）翻压还田。①翻压还田的方法。是在作物收获后，将作物秸秆在下茬作物播种或移栽前翻入土中。目前这种方式在生产上应用较多；②翻压还田的优点。能把秸秆的营养物质充分的保留在土壤里；③翻压还田的不足与应对措施。A. 由于秸秆还田量过大或不均匀易发生土壤微生物（即秸秆转化的微生物）与作物幼苗争夺养分的矛盾，甚至出现黄苗、死苗、减产等现象。所以秸秆粉碎翻压还田量以每亩不超过 500 千克为宜，否则，会影响秸秆在土壤中的分解速度及作物产量。因此在秸秆直接还田时，一般还应适当增施一些氮肥（还田数量大的，可多增施一些氮肥），缺磷的补施磷肥。B. 秸秆翻压还田后，使土壤变得过松，孔隙大小比例不均、大孔隙过多，导致跑风，土壤与种子不能紧密接触，影响种子发芽生长，使小麦扎根不牢，甚至出现吊根。我们应该采取的措施是适时灌水，或用石磙碾压，使土壤与种子接触紧密，能够正常发芽。或者是加大粉碎细度，最好达到3.5厘米以下，但这样就会增加能耗，加大成本。C. 易发生病虫害。秸秆中的虫卵、带菌体等一些病虫害，在秸秆直接粉碎过程中无法杀死，还田后留在土壤里，病虫害直接发生或者越冬来年发生。因此，对秸秆还田的地块，应加强病虫害的观测与防范。对严重发生病虫害的秸秆不易还田。一般来说，小麦条锈病、赤霉病、白粉病及玉米的黑死病、黑粉病的秸秆不能直接还田。对这些有病害的作物秸秆应堆肥腐熟后再施入田间，以避免病虫害的蔓延。

（2）覆盖还田。①覆盖还田的方法。秸秆粉碎后直接覆盖在土壤表面。②覆盖还田的优点。可以减少土壤水分的蒸发，达到保墒的目的，腐烂后增加土壤有机质。③覆盖还田的不足。给灌溉带来不便，造成水资源的浪费，严重影响播种。这种形式只适合机械化点播，但目前缺乏此类点播设备，这种方式有时也适宜干旱地区及北方地区，进行小面积的人工整株倒茬覆盖。

106. 秸秆直接还田的注意事项有哪些？

答：（1）还田的数量。无论是秸秆覆盖还田或是翻压还田，都要考虑秸秆还田的数量。如果秸秆数量过多，不利于秸秆的腐烂和矿化，甚至影响出苗或幼苗的生长，导致作物减产。过少达不到应有的目的。一般在较瘠薄的土壤，施肥量不足的情况下，秸秆还田的数量不宜过多，每亩应控制秸秆数量不超过300千克（干重）；在较肥沃的土壤，施肥充足的条件下，每亩控制秸秆数量不超过500千克（干重）。若超过上述控制限度，当秸秆还田量大时（如高产密植玉米田），应增加氮肥施用量，提早还田期。

（2）配合施用氮、磷肥。新鲜的秸秆碳、氮比大，施入田地时，会出现微生物与作物争肥现象。秸秆在腐熟的过程中，会消耗土壤中的氮素等速效养分。因此，在秸秆还田的同时，要配合施用碳酸氢铵、尿素、过磷酸钙等肥料，补充土壤中的速效养分。

（3）翻埋时期。一般在作物收获后立即翻耕入土，避免因秸秆被晒干而影响腐熟速度。

（4）施入适量石灰。新鲜秸秆在腐熟过程中会产生各种有机酸，对作物根系有毒害作用。因此，在酸性和透气性差的土壤中进行秸秆还田时，应施入适量的石灰，中和产生的有机酸。施用数量以30～40千克/亩为宜，以防中毒和促进秸秆腐解。

107. 秸秆焚烧还田对农业生产有什么危害?

答：秸秆经焚烧，有效成分变成废气排入空中，大量能源被浪费，剩下的钾、钙、无机盐及微量元素可以被植物利用，并且在燃烧过程中杀死了虫卵、病原体及草籽。但是焚烧造成资源浪费、环境污染、生态破坏，同时影响交通及百姓生活，已成为一大公害。我们不提倡这种方式，相反，应采取坚决措施禁止焚烧秸秆现象。

108. 深耕在秸秆还田技术中的重要作用是什么?

答：(1) 秸秆还田后未进行深耕的危害。①作物秸秆被浅埋于地表易与麦苗争水，造成干旱。对于秋种来说，还田的秸秆在腐败过程中会消耗一定水分，如遇连续干旱天气，土壤水分含量较低时，会加剧土壤浅层水分减少，造成与麦苗争水，会严重影响小麦出苗和苗期生长，表现出麦田群体不足、长势弱小等旱灾现象。②秸秆浅埋更利于病虫害过冬。病虫害的卵、孢子多产于作物秸秆上，浅埋形成的疏松空间，为虫卵、孢子提供了相对温湿度适宜、有氧的环境，利于其过冬。

(2) 深耕在秸秆还田技术中的作用。如果秸秆还田后进行深耕，就可起到为作物根系蓄水保墒、形成不利于病虫害过冬的环境的作用。因此，深耕是秸秆还田技术体系中非常重要的一环。当我们在指导群众秸秆还田时，必须提醒群众待秸秆还田后进行一次深耕，才能起到实现丰收高产目的。

109. 什么是光能利用率? 农田实际光能利用率远低于其理论值原因是什么?

答：光能利用率是指在一定的时期内，单位土地面积上光合作用产物所含的化学潜能，占同期投射到该土地面积上的太阳辐射能量之比率。实际农业生产中作物的光能利用率远小于其理论值。农田实际光能利用率远低于其理论值的主要原因是：第一，光合面积或叶面积指数较小；第二，光合时间未能充分利用；第三，其他环境因素的影响使作物光合作用的效率不高。

110. 作物布局的含义是什么? 与生产结构的主要区别是什么?

答：作物布局是指一个地区或生产单位作物结构与配置的总称。作物结构指作物种类、品种、面积等，即解决种什么？种多少？作物配置指作物在区域或田地上的分布，即解决种在哪里的问题。

作物布局与生产结构的主要区别：生产结构主要为农、林、牧、副、渔五业、加工业的种类与比例；而作物布局主要是农作物（牧草、菜、瓜等），还要涉及林（同为第一性生产，又有农林间作等）。作物布局的时间可长可短，短的可为一年或一个生长季节，长的可几年、十几年，为作物布局规划。

111. 作物布局的原则是什么？

答：作物布局的原则简单说就是需要与可能的原则，需要是前提，可能是基础，并且经济效益可行。

（1）人的需要是前提。这是人类从事作物生产的目的，不能单纯用自然生态平衡观点来研究。且人类的需要是多种多样的。

（2）作物的生态适应性是基础。不同作物的生态适应性不同，反映作物生态适应性的两个重要理论是忍性理论和耐性理论。作物生态适应性："指的是农作物的生物学特性及其对生态条件的要求与当地实际外界环境相适应的程度"。作物在不适宜地区不能种植，凡是适应性强的作物，产量高而稳，省力投资少，经济效益高，因此应选择适应性强的种植。

（3）社会经济、科学技术因素是重要条件。承认作物生态适应性是作物布局的基础，并不意味着一切要服从于自然。在自然生态系统里，植物生态适应性决定了植物的分布，因为那里没有任何物质投入，没有生产条件、科学技术、政策等种种人为干预。在农业生态系统中情况就大不相同，社会经济与科学技术因素对作物布局有着重大的影响。当然，这种影响不能脱离生态适应性的基础。

112. 结构调整的一般规律是什么？

答：第一步先调整种植业内部结构，在满足需要的基础上，增加高收益或高价值作物的比重，如经济作物、果树、蔬菜、药材等。第二步是在种植业发展并有了饲料、资金等基础上，调整农业内部结构，增加畜牧业、水产业比重，同时积极发展农产品加工业；第三步是有了较多的资金、劳力、技术储备以后，进一步调整一、二、三产业结构，减少农业产值比重，增加工业、商业产值比重。

113. 在自然生态环境中，对作物布局起决定性的因素是什么？

答：在大范围内，首先决定于气候因素热量、水分及光照等，尤其是热量和水分；其次是土地，即地貌、土壤等。在小生产范围内（村、户），气候差异一般很小，影响作物布局的主要自然因素是土壤、肥力、地形、地下水等土地因素。

114. 作物布局中应注意处理哪几个关系？

答：(1) 作物布局的稳定性与变动性。影响作物布局的因素是多种多样的，根据其因素本身变化的难易情况可分三类：不变因素、短期内变动少的因素、易变因素。在这些因素的影响下，作物布局必然是在相对稳定基础上处于不断变化与调整中，要注意的是随着作物布局的改变，要调整农业系统中主环节间的平衡。

(2) 作物布局的多样性与专业性。多样性的优点：①有利于合理利用多样化的资源条件。同一生产单位往往不会只有一种土壤地形。②可以增加生产和收入的稳定性，减少风险。作物多样性稳定，使系统生产力也稳定。③满足各方需要，保障自给（特别在自给经济条件下）。④有利于全年均匀使用劳力。

多样性的缺点：面面俱到，难以提高技术和现代化水平，商品率低，扩大再生产慢。

专业化的好处：①充分利用本地区自然资源的长处，获得高产，提高商品率，促进商品与加工业发展。②有利于提高技术水平，使关键性技术措施在短时间内，保质保量完成，特别是技术性强时。如棉花治虫、整枝、烟草烘烤加工、新技术易于试验研究。③有利于提高机械效率，特别是专业机械。如花生摘果机等。

(3) 用地和养地关系。作物布局时要注意作物与土地的用养（供求）关系，以有利于实现用地养地相结合。

115. 如何确定作物结构？

答：从需要出发，根据各种作物生态经济适宜区的情况，种在最适区、适宜（次适宜）区，同时要考虑进行复种、合理间套种、轮作连作的可能，全面平衡、确定。包括：

(1) 种植业在农业中的比重。

(2) 粮、经、饲比例。在粮食稳定增长前提下，饲料、蔬菜、果树面积将增加。

(3) 主导作物和辅助作物比例。需要量大，生态适应性较好的作物是主导作物，需要量少，面积小的为辅助作物，明确主导作物是解决当地粮食或经济作物收入的主要途径，不忽视辅助作物是有利于各方面的需要。

(4) 禾谷类与豆类的比例。豆类比例减少，除不能满足人畜对蛋白质的需要外，对维持地力也不利，应该保持一定的比例。

(5) 春播、秋播与夏播作物比例。即复种、间套作等问题。确定作物结构后，进一步将其配置到各种类型土地上——即种植区划（进一步进行空间配置)。

116. 进行可行性鉴定依据的原则是什么?

答:(1) 自然资源是否得到合理利用与保护。
(2) 是否满足各方需要。
(3) 经济收入是否增加。
(4) 水、肥、劳力、资金是否平衡。
(5) 市场、交通、政策、贸易等方面可行性。
(6) 科学技术的可行性。
(7) 是否促进农林牧、农工商的发展。

117. 什么是复种?复种方法有多少种?如何表示?

答:复种是指在同一块田地上一年内接连种植二季或二季以上作物的种植方式。复种方法有多种,可在上茬作物收获后,直接播种下茬作物,也可在上茬作物收获前,将下茬作物套种在其株、行间(套作)。此外,还可以用移栽、再生作等方法实现复种。根据一年内在同一田上种植作物的季数,把一年种植二季作物称为一年二熟,如冬小麦—夏玉米(符号“—”表示年内复种);种植三季作物称为一年三熟,如绿肥(小麦或油菜)—早稻—晚稻;两年内种植三季作物,称为两年三熟,如春玉米→冬小麦—夏甘薯(符号“→”表示年间作物接茬播种)。耕地复种程度的高低,通常用复种指数来表示,即全年总收获面积占耕地面积的百分比。套作是复种的一种方式,计入复种指数,而间作混作则不计。

118. 什么是熟制?

答:熟制是一年种植作物的季数。如一年三熟、一年二熟、两年三熟、一年一熟、五年四熟等都称为熟制,其中对播种面积大于耕地面积的熟制,如前三种,又统称为多熟制。

119. 什么是多熟种植?

答:多熟种植是在一年内,于同一田地上前后或同时种植两种或两种以上作物,指时间和空间上的种植集约化。它包括复种、套作(如小麦生长后期,在小麦行中间套种玉米,以“小麦/玉米”表示),也包括间作(如玉米行间种植大豆,以“玉米//大豆”表示)和混作(如小麦与豌豆混合播种。以“小麦×豌豆”表示)。以上都称为多熟种植。

120. 什么是休闲?

答：休闲是指耕地在可种作物的季节只耕不种或不耕不种的方式。农业生产中，耕地进行休闲，其目的主要是使耕地短暂休息，减少水分、养分的消耗，并蓄积雨水，消灭杂草，促进土壤潜在养分转化，为以后作物创造良好的土壤条件。在休闲期间，自然生长的植物还田，还有助于培肥地力。

121. 什么是撂荒?

答：撂荒是指荒地开垦种植几年后，较长期弃而不种，待地力恢复再行垦殖的一种土地利用方式。生产实践中，当休闲年限在两年以上并占到整个轮作周期的 2/3 以上时，称为撂荒。

122. 复种的意义是什么?

答：(1) 复种是农业增产的重要途径。提高土地生产力的途径有三：一是扩大耕种面积；二是提高各种作物单产；三是合理种植多种作物，提高单位面积的年产量。

(2) 复种是我国耕作制度的重要特点。

(3) 复种是世界农业发展的趋势。

123. 复种的效益原理是什么?

答：(1) 延长光合时间，发挥农业资源增产潜力。

①光能利用率的提高。在其他资源条件许可的情况下，将适合不同季节生长的作物，合理组合进行复种，挖掘光合时间利用的潜力，增加年光能利用率是作物增产的有效途径。但是，延长光合时间必须与叶面积系数统一考虑，才有利于提高产量。

②提高热量资源的利用。热量是作物进行光合作用的动能，复种延长了光合时间，作物必然增加了热量积累。

③水资源的充分利用。我国降水量的地带分布、季节分配大致与热量一致，降水量与热量都是由北向南递增，而作物生长的温暖季节，也正是降水量较多的时期，基本上是水热与作物生产同季，使水资源得到充分利用。

(2) 有利于扩大土壤碳素循环，促进农田物质循环。与一年一熟相比，复种对地力利用的时间长、强度大，得到的生物产量较高，而随着地上部分被收获带出农田的养分也较多。但是复种在多消耗养分的同时，遗留在田间的根茬量增多，而且豆科作物生物固氮的机会增多，特别是随收获物所带走的地上部分，通过“沤肥”“过腹还田”等各种途径，直接、间接归还土壤的潜在输入量增大，可使有机肥源增多。如果在复种的同时，能够做到：将人类不能直接利用的各种生物产量，通过多条途径尽多地以有机肥料的形式还田；以提高了的用地水平带动养地水平，除增施有机肥外，注意相应增施各种无机肥料，促进生物固氮，使农田物质的输入与支出平衡或输入大于支出。这样，复种就可以起到扩大土壤碳循环和促进农田物质循环的作用，使土地越种越肥。

（3）促进农业的全面发展。我国人均耕地少，复种增加了作物的播种面积，增加了作物的种植种类，能有效地解决粮、经、饲、果、菜、药、肥等作物间争地矛盾。

（4）有利于稳产。我国是季风气候，旱涝灾害较频繁。复种有利于产量互补，“夏粮损失秋粮补”，增强全年产量的稳定性。缓坡地上的复种还可增加地面覆盖，减轻水土流失。

（5）提高经济效益。一般情况下，复种提高，种植的作物增多，单位面积投入的物质、成本都要增加，但因年单产的提高，纯收入还是增加的。

124. 什么是单作、间作、混作、套作、立体种植？它们有何不同？

答：单作是指在同一块田地上种植一种作物的种植方式，也称为纯种、清种、净种或平作。这种方式作物单一，群体结构单一，全田作物对环境条件要求一致，生育比较一致，便于田间统一种植、管理与机械化作业。

间作是指在同一田地上于同一生长期内，分行或分带相间种植两种或两种以上作物的种植方式。所谓分带是指间作作物成多行或占一定幅度的相间种植，形成带状，构成带状间作。如2行玉米间作4行菜花等。间作因为成行或成带种植，可以实行分别管理。特别是带状间作，较便于机械化或半机械化作业，与分行间作相比能够提高劳动生产率，农作物与多年生木本作物（植物）相间种植，也称为间作，有人称为多层作。采用以农作物为主的间作，称为农林间作；以林（果）业为主，间作农作物，称为林（果）农间作。

间作与单作不同，间作是不同作物在田间构成人工复合群体，个体之间既有种内关系又有种间关系。间作时，不论间作的作物有几种，皆不增计复种面积。间作的作物播种期、收获期相同或不相同，但作物共处期长，其中，至少有一种作物的共处期超过其全生育期的一半。间作是集约利用空间的种植方式。

混作是在同一块田地上，同期混合种植两种或两种以上作物的种植方式，也称为混种。混作与间作都是于同一生长期内由两种或两种以上的作物在田间构成复合群体，是集约利用空间的种植方式，也不增计复种面积。混作在田间一般是无规则分布，可同时撒播，或在同行内混合、间隔播种，或一种作物成行种植，另一种作物撒播于其行内或行间。混作田间分布不规则，不便分别管理，并且要求混种的作物的生态适应性要比较一致。

套作在前季作物生长后期的株行间，播种或移栽后季作物的种植方式，也称为套种，串种。如小麦生长后期每隔 3～4 行小麦播种一行玉米。对比单作它不仅能阶段性地充分利用空间，更重要的是能延长后作物对生长季节的利用，提高复种指数，提高年总产量。它主要是一种集约利用时间的种植方式。

套种与间作都有作物共处期，所不同处，套作的作物共处期较短，每种作物的共处期都不超过其全生育期的一半。它们的特点是，即利用不同作物（或物种）共处期的相互关系，又利用和发挥前后季作物种间的有利关系。

立体种植在同一农田上，两种或两种以上的作物（包括木本）从平面、时间上、多层次地利用空间的种植方式。立体种养在同一块田地上，作物与食用微生物、农业动物或鱼类分层利用空间种植和养殖的结构。

125. 间套作在实现农业现代化中的意义有哪些？

答：（1）高产。试验研究和生产实践证明，合理的间、混、套作对比单作，具有促进增产高产的优越性。间、混、套作构成的复合群体在一定程度上弥补了单作的不足，能较充分地利用资源，充分利用多余劳力，扩大物质投入，与现代科学技术相结合，实行劳动密集、科技密集的集约生产，在有限的耕地上，显著提高单位面积土地生产力。

国际上采用土地当量比来反映间、混、套作的土地利用效益。土地当量比即为了获得与间、混、套作中各个作物同等的产量，所需各种作物单作面积之比的总和。例如玉米间作大豆，产量分别为 5 236.5 千克/公顷和 852 千克/公顷，单作玉米与单作大豆产量分别为 5 575.5 千克/公顷和 1 129.5 千克/公顷。其土地当量比 1.693。土地当量比＞1，表示间、混、套作有利。＞1 的幅度越高，增产效益越大。

（2）高效。合理的间、混、套作能够利用和发挥作物之间的有利关系，可能以较少的经济投入换取较多的产品输出。

（3）稳产保收，生态效益好。合理的间、混、套作能够利用复合群体内作物的不同特性，增强对灾害天气的抗逆能力。

（4）协调作物争地的矛盾。间、混、套作运用得当，安排得好，在一定程度上可以调节粮食作物与棉、油、烟、菜、药、绿肥、饲料等作物以及果林之间的矛盾，甚至陆地作物与水生农用动植物争夺空间的矛盾，从而起到促进多种作物全面发展，推动农业生产向更深层次发展的作用。

（5）促进商品化生产。间、混、套作能在同一地块土地面积上，提供社会、市场以多样化的农副产品，属于生产多产品的种植技术，适合发展商品化生产的需要。特别在适度规模经营情况下，这一功能更加明显。

126. 间套作发展应注意什么问题？

答：(1) 因地制宜，科学规划，积极发展。

(2) 协调好与粮食和主导作物生产的关系。

(3) 科学增加投入，实现高投入、高产出、高效益。

(4) 重视商品生产，产销对路，提高经济效益。

(5) 处理好农机农艺结合的问题。

(6) 加强间套作的理论研究与配套育种工作。

(7) 重视新理论、新技术的应用。

127. 什么是换茬、轮作、连茬、连作、复种连作？

答：换茬是在同一块地上，一种作物收获后换种另一种作物。轮作是在同一块地上，按既定顺序轮换种植不同作物的种植方式叫轮作。换茬与轮作不同，换茬只是强调前后茬作物的不同，而轮作则有一定的期限，并且在轮作周期内，作物的轮换按着相对固定的顺序进行。连茬是同一块地上，前后茬为同一作物，生产上又常称“重茬”。

连作是在同一块地上连年种植相同的作物。复种连作是在多熟条件下，同一种复种方式连年种植。

128. 轮作换茬有什么作用？

答：轮作换茬作用的实质，就是充分利用了作物—土壤—作物的有利关系，具体体现在：

(1) 减轻土壤传染的病虫害。①换种非寄主作物，使土壤中的病原菌得不到寄主而被逐渐削减或消灭。②轮作利用不同作物形成不同区系的土壤微生物和不同的土壤理化环境，来遏制病原菌的生存与发展。③轮作协调土壤水分养分供应，改善作物营养，使植株生长健壮，抗病性提高。

生产中要提高轮作防病的效果，应注意做到：①轮作防病的年限要适宜。轮作防病年限长短的主要依据是病原菌在缺少寄主条件下于土壤中可能存活的年限。②感染相同病虫害的作物避免轮作防病。

(2) 防除、减轻某些杂草危害。①通过换茬，使寄生性杂草得不到寄主而死亡。如大豆菟丝子、向日葵列当、瓜列当等；②轮换种植不同类型的作物，农田生态环境发生变化，使许多生态适应性和形态与作物相近的伴生性杂草得到抑制和防除，避免农田形成杂草优势群落而严重危害作物。如水稻稗草、谷莠子、大豆苍耳等。

(3) 协调利用土壤养分和水分。轮作换茬本身具有用养结合的特征。不同作物由于其生物学特性不同，自土壤中吸收各种养分的数量和比例差异较大。不同作物根系的吸收能力不同，表现出不同的耐瘠性。不同作物根系分布深浅有异，能协调利用不同深层土壤中的养分。有些作物还可通过根系分泌物来活化土壤中内一些难溶性养分，增强土壤养分的有效性。生产中将养分吸收特性和根系生长特性不同的作物合理轮作，有利于协调利用土壤中的养分，防止对土壤养分的片面消耗。不同作物不仅对土壤养分的吸收利用特性不同，对土壤水分的要求亦大不相同。将需水规律有异的作物合理轮作，亦有利于经济有效地利用土壤水分资源，对土壤水分起到协调利用的效果。

(4) 调节、改善土壤的理化性状。合理轮作调节、改善土壤的理化性状，主要是通过：①调节土壤的有机质含量；②作物的生物学特性对土壤理化性状的直接作用；③与轮作中不同作物相适应的农艺管理措施对土壤理化性状的影响。

129. 生产上忌连作的作物和耐连作的作物主要有哪些？

答：忌连作的作物：亚麻、红麻、甜菜和西瓜等；耐短期连作的作物：茄科的烟草、马铃薯、茄子、辣椒等；豆科的大豆、豌豆、蚕豆、菜豆等；菊科的向日葵；还有麻类的大麻、黄麻等。耐连作的作物：麦类作物、玉米、水稻、棉花、高粱、甘蔗、圆葱等。

技术问答篇

土 壤 肥 料

130. 土壤矿物有哪些元素组成？

答：土壤矿物的元素组成主要有氧、硅、铝、铁、钙、镁、钛、钾、钠、磷、硫以及一些微量元素等。据统计，氧和硅是地壳中含量最多的元素，分别占47%和29%，铁、铝次之，四种相加共占88.7%。

131. 土壤微生物的作用是什么？

答：(1) 分解有机质，释放养分；分解农药等对环境有害的有机物质。

(2) 分解矿物质。

(3) 固定大气氮素，增加土壤氮素养分。

(4) 利用磷、钾细菌制成生物肥料，施入土壤，促进土壤磷、钾的释放。

(5) 合成土壤腐殖质，培肥土壤。

(6) 分泌大量的酶，促进土壤养分的转化。

(7) 其代谢产物刺激作物生长，抑制某些病原菌活动。

132. 有机质来源、含量及组成有哪些？

答：微生物是土壤有机质的最初来源。在风化和成土过程中，微生物最早出现于母质中。随着生物的进化和成土过程的发展，动、植物残体成为土壤有机质的基本来源。自然土壤经耕作等人为影响，有机质的来源还包括根茬、施入土壤的各种有机肥、工农业和生活废水、废渣、微生物制剂、有机农药等。

有机质的含量与气候、植被、地形、土壤类型、耕作措施关系密切。不同的土壤，有机质含量不同。泥炭土、一些森林土壤有机质高达20%或30%以上，而一些砂质土壤不足0.5%。河南耕地土壤有机质一般在1%左右。豫南水稻土含量较高、豫东平原和豫北旱地土壤含量较低、豫西山地自然土壤有机质含量较高。土壤有机质的主要元素组成是碳、氧、氢、氮，分别占52%～58%、34%～39%、3.3%～4.8% 、3.7%～4.1%，其次是磷、硫，碳/氮比大约10左右。主要的化合物组成是类木质素和蛋白质，其次是半纤维素、纤维素及可溶性化合物。

腐殖质是除未分解和半分解动植物残体及微生物体以外的有机物质的总称。它是在微生物分解有机质过程中，重新合成的一类在成分和结构上都比较复杂的，具有特殊性质的高分子含氮有机化合物。腐殖质由非腐殖物质（碳水化合物、蛋白质、氨基糖、氨基酸、有机酸等）和腐殖物质（多醌、多酚类聚合而成的含芳香环结构的高分子有机化合物）组成，通常占有机质的90%以上，腐殖物质是有机质的主体，占有机质的60%～80%。

133. 土壤有机质的转化与影响因素有哪些？

答：有机质的转化有矿化过程和腐殖质化过程。矿化过程是指土壤有机质在生物酶的作用下发生氧化反应，最终释放出CO_2、H_2O和能量的过程。土壤有机质的矿化速度用矿化率表示。它是指土壤中年消耗的有机质占土壤有机质总量的百分数。自然土壤的矿化率小于1%，耕作土壤在2%～5%。

有机质的腐殖质化过程是指各种有机化合物通过微生物的合成或在原植物组织中的聚合，转变为组成和结构上比原有机物更为复杂的新的有机化合物的过程。用腐殖质化系数表示有机质转化成腐殖质的数量。是指在一定周期内，单位重量（干重）的新鲜有机物质加入土壤后所形成腐殖质的重量（干重）。

微生物在土壤有机质分解和转化中作用重大，影响微生物活动及生理作用的因素都将影响有机质的分解与转化。影响因素主要是温度、土壤水分和通气状况、植物残体的特性和土壤特性（pH等）。

134. 土壤有机质的作用是什么？

答：（1）提供作物需要的养分。土壤有机质不仅是一种稳定而长效的氮素物质，而且几乎含有植物所需的各种营养。资料表明，我国土壤表土中大约80%以上的氮、20%～76%的磷等物质以有机态存在，土壤有机质在矿化过程中，不断的释放出大量营养元素、中量营养元素和微量营养元素，不断为作物提供养分。同时，土壤有机质分解合成中，产生多种有机酸和腐殖酸，能加速矿物风化，并使难溶性养分有效化。

（2）改善土壤肥力特性。①由于土壤有机质疏松多孔，又是亲水胶体，能吸持大量水分子，明显增强土壤的保水性；腐殖质带有正负两种电荷，有较强的吸附阴（NO^-）、阳离子（K^+、NH^+、Ca^{2+}、Mg^{2+}）的能力，提高了保肥性；腐殖质又是一种含有多酸性功能团的弱酸，其盐类具有两性胶体的作用，有很强的缓冲酸碱变化的能力；②改良土壤结构。在砂质土壤上，能增加砂土的黏结性，促进团粒结构的形成；在黏质土壤上黏粒被有机质包被后，形成散碎的团粒，松软而不再结块，从而改善土壤耕性、透水吸水性、通气性等；③有利于改善土壤热状况，腐殖质是一种深色物质，在相同日照下易吸热升温。

（3）促进土壤微生物的活动和作物的生理活性。土壤微生物的生命活动离不开土壤有机质。因为土壤微生物所需的能量和营养物质均直接和间接来自土壤有机质，土壤微生物的生物量随土壤有机质含量的增加呈上升趋势；腐植酸盐能提高细胞渗透压，增加抗旱性。能提高过氧化氢酶的活性，加速种子萌发和养分吸收。还能增强作物的呼吸作用，提高细胞膜透性，增加营养吸收能力。

（4）减少重金属和农药污染。土壤腐殖质含有多种功能基，对重金属有较强的络合和富集能力，形成溶于水的络合物，易随降雨与灌溉水排出土体，从而降低和消除重金属的污染。腐殖质能对某些残留在土壤中的农药等有机污染物有强烈的亲和力，可溶性腐殖质能向地下水迁移。腐殖物质还能作为还原剂而改变农药的结构，一些残存农药与腐殖质结合后使其降低毒性或使毒性消失。

135. 土壤耕性是什么？

答：土壤耕性是指土壤对耕作的综合反映，包括耕作的难易、耕作质量和宜耕期的长短。土壤宜耕性是指土壤适于耕作的性能。土壤耕性一般表现在以下三个方面：耕作难易程度，是指土壤在耕作时对农机具产生阻力的大小，它决定了人力、物力和机械动力的消耗，直接影响机器的耗油量、损耗以及劳动效率；耕作质量好坏，是指耕后土壤表现的状态及其对作物生育产生的影响；宜耕期长短。一般来说。沙质土和结构良好的壤质土易耕作，结构不良的黏质土耕作难。沙质土适耕期长，壤质土次之，黏质土最短。

136. 土壤黏结性、土壤黏着性、土壤的可塑性是什么？

答：土壤黏结性是指土粒与土粒之间由于分子引力而相互黏结在一起的性质。由于土壤具有黏结性，使其具有抵抗外力破碎的能力，也是土壤耕作时产生阻力的主要原因之一。

土壤黏着性是指土壤在一定含水量的情况下，土粒黏着外物表面的性能。土粒黏着性是水分子和土粒之间的分子引力，以及水分和外物接触表面所产生的分子引力所引起。

土壤的可塑性是指土壤在一定含水量范围内，可被外力任意改变成各种形状，当外力解除和土壤干燥后，仍能保持其变形的性能。

137. 土壤含水量的表示方法有哪些？

答：（1）土壤质量含水量。指土壤中水分的质量与干土质量的比值。由于同一地区重力加速度相同，所以又称重量含水量。

$$\text{土壤重量含水量（\%）}=\frac{\text{湿土重}-\text{烘干土重}}{\text{烘干土重}}\times 100$$

（2）土壤容积含水量。即单位土壤总容积中水分所占的容积百分数。

$$\text{土壤容积含水量（\%）} = \frac{\text{土壤水容积}}{\text{土壤总容积}} \times 100 = \text{土壤重量含水量（\%）} \times \text{土壤容重}$$

（3）相对含水量。指土壤含水量占田间持水量的百分数。

$$\text{土壤相对含水量（\%）} = \frac{\text{土壤含水量}}{\text{田间持水量}} \times 100$$

（4）土壤贮水量。即一定面积和厚度土壤中含水的绝对数量。主要有两种表达方式：

a. 水深。指一定面积在一定厚度土壤中所含水量相当于相同面积水层的厚度，通常用毫米表示。

水层厚度（毫米）＝土层厚度（毫米）×土壤容积含水量（%）

b. 绝对水体积（容量）。指一定面积一定厚度土壤中所含水量的体积。

水的体积（立方米/亩）＝667（立方米）×水层厚度（毫米）× 1/1 000

或水的体积（立方米/公顷）＝10×水层厚度（毫米）

138. 土壤墒情的表示法有哪些？

答：旱作区农民常把土壤水分状况简称为墒情。根据土壤湿润程度、土色深浅和可塑与否等，将土壤墒情分为五种。一是汪水，指大雨或灌水后，土壤过湿而土表汪水，其含水量在田间持水量以上。二是黑墒，土壤含水量丰富，约为田间持水量的75%以上，土色发暗，手拢土容易成团（砂土除外），手上有湿印和凉感。三是黄墒，含水量约为田间持水量的50%～70%，土色发黄，手拢土成团，自由落地时约有一半散开，手上稍有湿痕，微有凉感。四是灰墒，含水量约为田间持水量的一半以下，手拢土不成团，易散开。五是干土，指风干土，含水量在萎蔫系数以下。

139. 土壤含水量测定技术有哪些？

答：土壤含水量的测定方法有五种：一是经典烘干法，国际上仍沿用的标准方法；二是快速烘干法，包括红外、微波烘干法、酒精燃烧法；三是中子法；四是电阻法；五是TDR法（时域反射仪），是20世纪80年代初发展起来的一种测试方法，TDR系统类似一个雷达系统，在同一地点可同时快速、直接、方便、准确监测土壤水、盐状况，在国内外已广泛应用。

140. 什么叫土壤水分常数？

答：土壤中某种水分类型的最大含量，随土壤性质而定，是一个比较固定的数值，故称水分常数。

141. 什么被称为吸湿系数、凋萎系数?

答:吸湿水的最大含量称为吸湿系数,也称最大吸湿量。吸湿水的含量受空气相对湿度的影响,因此测定吸湿系数是在空气相对湿度98%(或99%)条件下,让土壤充分吸湿(通常为一周时间),达到稳定后在105~110℃条件下烘干测定得到吸湿系数。

土壤质地越黏重,吸湿系数越大,如下表所示。

土壤	紫色土	黄壤	潮土	砂土
质地	黏土	重壤	中壤	砂土
吸湿系数(%)	7.53	4.11	2.52	0.8

植物永久凋萎时的土壤含水量称为凋萎系数。土壤凋萎系数的大小,通常用吸湿系数的1.5~2.0倍来衡量。质地越黏重,凋萎系数越大。

142. 什么叫田间持水量、毛管持水量、饱和持水量?

答:(1)田间持水量。是毛管悬着水达最大量时的土壤含水量。它是反映土壤保水能力大小的一个指标。计算土壤灌溉水量时以田间持水量为指标,既节约用水,又避免超过田间持水量的水分作为重力水下渗后抬高地下水位。

(2)毛管持水量。是指毛管上升水达最大量时的土壤含水量。毛管上升水与地下水有联系,受地下水压的影响,因此毛管持水量通常大于田间持水量。毛管持水量是计算土壤毛管孔隙度的依据。

(3)饱和持水量。土壤孔隙全部充满水时的含水量称为饱和持水量。

143. 什么叫土壤保肥性和供肥性?

答:土壤保肥性是指土壤吸持各种离子、分子、气体和粗悬浮物质的能力。土壤供肥性是指土壤在作物整个生育期内,持续不断地供应作物生长发育所必需的各种速效养分的能力和特性。

144. 什么是土壤酸碱性?

答:土壤酸碱性是指土壤溶液的反应,它表征土壤溶液中 H^+ 浓度和 OH^- 浓度比例。土壤酸碱性是土壤形成过程和熟化过程的良好指标,对土壤肥力有多方面的影响,而高等植物和土壤微生物对土壤酸碱度也有一定的要求。

145. 土壤酸碱性对土壤养分和作物生长的影响有哪些?

答:(1)土壤酸碱性对土壤养分的影响:土壤中的有机态养分要经过微生物参与活动,才能转化为速效养分以供植物吸收,而适合大多数微生物生长发育的土壤酸碱度为微弱酸性至弱碱性,因此土壤养分的有效性一般以 pH 6~8 的范围内有效性最高。

(2)土壤酸碱性对作物生长的影响:不同的栽培作物适应不同的 pH 范围。土壤酸碱反应的调节:施用有机肥,释放 CO_2 增加土壤中 $CaCO_3$,降低 pH;施用硫、硫化铁、废硫酸、$FeSO_4$;施用生理酸性肥料;碱土施用石膏、硅酸钙。

146. 影响土壤氧化还原电位的因素有哪些?

答:与酸碱反应一样,土壤的氧化还原反应也是发生在土壤溶液中的一项重要反应,土壤的氧化还原性对养分在土壤剖面中的移动和分异,养分的生物有效性,污染物质的缓冲性能等方面都有深刻的影响,水稻土因干湿交替频繁,土壤的氧化还原反应显得特别活跃。

影响土壤氧化还原电位的因素:土壤的通气性;土壤中易分解的有机质;土壤中易氧化物质或易还原物质;植物根系的代谢作用。

147. 河南省主要土壤类型有什么?

答:依据河南省第二次土壤普查分类系统,全省土壤共分为 7 个土纲,11 个亚纲,17 个土类,44 个亚类,131 个土属和 441 个土种。其中,土壤面积以潮土最大,占全省的 30.3%,潮土用于农业的系数很高;以下依次是褐土、粗骨土、黄褐土、砂姜黑土和水稻土。17 个土类为黄棕壤、黄褐土、棕壤、褐土、红黏土、新积土、风砂土、紫色土、石质土、粗骨土、砂姜黑土、山地草甸土、潮土、沼泽土、盐土、碱土和水稻土。其主要土壤类型有黄棕壤、黄褐土、褐土、粗骨土、砂姜黑土、潮土、水稻土等。

148. 河南省土壤有机质含量和分布情况?

答:土壤肥力的高低,在很大程度上取决于有机质的含量,它不但是植物和土壤微生物所需营养元素的源泉,而且又是影响土壤理化性质的主要因素。全省土壤有机质含量平均为 15.98 克/千克,变异系数为 32.0%。从有机质分布来看,有机质含量小于 10 克/千克的占到测试样本数量的 9.77%,含量在 10~20 克/千克的占到 72.45%,含量在 20~30 克/千克的占到 16.23%,含量大于 30 克/千克的占到 1.56%。其含量分布总趋势是:有机质含量以豫西地区最高，其次是豫北、豫南、豫东地区，以豫中地区最低。

149. 河南省土壤氮素含量和分布情况？

答：土壤全氮是植物营养三要素之一，全氮含量是土壤肥力高低的重要指标。全省土壤全氮含量平均为0.96克/千克，变异系数为26.81%。从全氮分布来看，含量小于0.5克/千克的占到测试样本数量的2.98%，含量在0.5～1克/千克的占到59.27%，含量在1～1.5克/千克的占到34.58%，含量大于1.5克/千克的占到3.17%。土壤全氮含量以豫北、豫西较高，分别为0.99克/千克、1.00克/千克，高于全省平均水平，变异系数为29.83%、25.81%，其次是豫南、豫东平均含量分别为0.97克/千克、0.96克/千克，与全省平均水平基本一致，变异系数分别为23.59%、24.09%，而豫中平均含量最低为0.89克/千克，明显低于全省平均水平0.96克/千克，变异系数为25.40%。

150. 河南省土壤磷素含量和分布情况？

答：土壤磷素含量也是土壤肥力的主要指标之一。全省土壤速效磷平均值为17.37毫克/千克，变异系数为74.75%。从速效磷的分布来看，以10～20毫克/千克所占样本数的比例最高为41.46%，其次是含量在5～10毫克/千克为24.4%，含量在20～30毫克/千克占到5.96%，含量在40～50毫克/千克占到2.81%，含量小于5毫克/千克所占样本数的比例为6.47%，含量大于50毫克/千克所占样本数的比例为3.3%。土壤速效磷含量以豫北、豫南、豫东较高，分别为18.65毫克/千克、17.69毫克/千克、17.79毫克/千克，高于全省平均水平，变异系数为74.35%、72.28%、57.73%；豫西、豫中较低，其平均含量分别为15.60毫克/千克、16.43毫克/千克，低于全省平均水平，变异系数为81.26%、86.10%。

151. 河南省土壤钾素含量和分布情况？

答：全省土壤速效钾平均值为121.91毫克/千克，变异系数为42.70%。从速效钾的分布来看，速效钾含量以50～100毫克/千克所占样本数的比例最高为36.25%，其次是含量在100～150毫克/千克为33.98%，含量在150～200毫克/千克占到17.20%，含量在200～250毫克/千克占到6.24%，含量小于50毫克/千克所占样本数的比例为3.93%，含量大于250毫克/千克所占样本数的比例为2.41%。土壤速效钾平均含量以豫西、豫北、豫东较高，高于全省平均含量，分别为153.24毫克/千克、127.97毫克/千克、126.22毫克/千克，变异系数分别为32.06%、42.85%、40.49%；豫南、豫中含量较低，低于全省平均水平，分别为107.7%、110.6%，变异系数分别为

44.7%、39.54%。

152. 河南省土壤有效微量元素含量和分布情况？

答：对95个县，9万多个土壤样品分析表明，全省土壤微量元素锌、硼、铜、铁、锰、钼平均含量分别为1.38毫克/千克、0.64毫克/千克、1.49毫克/千克、11.23毫克/千克、16.47毫克/千克、0.15毫克/千克。全省缺有效微量元素锌、硼、铁、锰、钼的面积占整个土壤面积分别为10%、40%、10%、20%、73%。不同土壤类型、不同地貌、不同区域微量元素含量不一。

153. 河南省土壤pH含量和分布情况？

答：对土壤pH测定表明，全省pH平均为7.53，变异系数为11.13%。从pH分布来看，pH以7～8和8～9占比例较高，分别占到样本数的36.61%和35.30%，其次是6～7，占到测试样本数量的21.03%，pH为5～6占到6.62%，pH小于5占到0.42%。

154. 河南省土壤资源存在的主要问题是什么？

答：(1) 耕地数量锐减、质量下降，人地矛盾突出。

(2) 耕地质量区域差异大，中低产田比重高。

(3) 土地侵蚀污染严重，导致生态环境恶化。

155. 土壤质量的概念是什么？

答：关于土壤质量的定义，简要地说，就是土壤在生态系统界面内维持生产，保障环境质量，促进动物与人类健康行为的能力。

156. 河南省土壤质量评价概况？

答：以土种为参评单元，把已获得的参评土种的各调查数据和分析数值按照参评项目划分的级别对号入座。而后按参评因素中各个参评项目最高级别得分之和除以参评土种各参评项目的得分之和，然后乘以参评因素的权重数得出该土种某参评因素的得分值。最后把参评土种各个参评因素得分值相加之和作为划分该土种质量等级的依据。根据河南省耕地土壤的实际情况可划分出9个等级。根据上述土壤质量评价方法，对全省135个耕地土壤的土种进行了较全面的评价，参评土种占全省428个土种的31.5%，面积为755.47万公顷，占全省总耕地面积的86.6%。按照农业部《全国耕地类型区耕地地力分等定级划分》(NY/T 309—1996) 标准为依据，河南省一等地243.08万亩，占总耕地的2.25%；二等地1 625.94万亩，占总耕地的15.05%；三等地1 995.42

万亩，占总耕地的18.47%；四等地2 988.27万亩，占总耕地的27.66%；五等地1 471.45万亩，占总耕地的13.62%；六等地1 809.60万亩，占总耕地的16.75%；七等地442.94万亩，占总耕地的4.10%；八等地以下237.68万亩，占总耕地的2.20%。一、二、三等三个等级耕地3 864.44万亩，占总耕地的35.77%；四等及以下等级耕地6 939.16万亩，占总耕地的64.23%，其中六等以下等级合计2 479.43万亩，占总耕地面积的22.95%。以四等耕地面积最大，占总耕地面积的27.66%。

157. 什么是耕地地力评价？

答：耕地地力评价是指根据耕地所在地的气候、地形地貌、成土母质、土壤理化性状、农田基础设施等要素相互作用表现出来的综合特征，评价耕地潜在生物生产力高低的过程。地力是指在当前管理水平下，由土壤本身特性、自然背景条件和基础设施水平等要素综合构成的耕地生产能力。

158. 耕地地力评价步骤有哪些？

答：(1) 评价单元赋值。根据各评价因子的空间分布图或属性数据库，将各评价因子数据赋值给评价单元。对点位分布图，采用插值的方法将其转换为栅格图，再与评价单元图叠加，通过加权统计给评价单元赋值；对矢量分布图（如土壤质地分布图），将其直接与评价单元图叠加，通过加权统计、属性提取，给评价单元赋值；对线形图（如等高线图），使用数字高程模型，形成坡度图、坡向图等，再与评价单元图叠加，通过加权统计给评价单元赋值。

(2) 确定各评价因子的权重。采用特尔斐法与层次分析法相结合的方法确定各评价因子权重。

(3) 确定各评价因子的隶属度。对定性数据采用特尔斐法直接给出相应的隶属度；对定量数据采用特尔斐法与隶属函数法结合的方法确定各评价因子的隶属函数，将各评价因子的值代入隶属函数，计算相应的隶属度。

(4) 计算耕地地力综合指数。采用累加法计算每个评价单元的综合地力指数。

$$IFI = \sum (F_i \times C_i)$$

式中：IFI ——耕地地力综合指数（Integrated Fertility Index）；

F_i—— 第 i 个评价因子的隶属度；

C_i—— 第 i 个评价因子的组合权重。

(5) 地力等级划分与成果图件输出。根据综合地力指数分布，采用累积曲线法或等距离法确定分级方案，划分地力等级，绘制耕地地力等级图。

(6) 归入全国耕地地力等级体系。依据《全国耕地类型区、耕地地力等级划分》(NY/T 309—1996)，归纳整理各级耕地地力要素主要指标，形成与粮食生产能力相对应的地力等级，并将各等级耕地归入全国耕地地力等级体系。

(7) 划分中低产田类型。依据《全国中低产田类型划分与改良技术规范》(NY/T 310—1996)，分析评价单元耕地土壤主导障碍因素，划分并确定中低产田类型、面积和主要分布区域。

159. 河南省中低产田类型有什么？

答：(1) 干旱灌溉型。由于降水量不足或季节分配不合理，缺少必要的调蓄工程。以及由于地形、土壤原因造成的保水蓄水能力缺陷等原因，在作物生长季节不能满足正常水分需要，同时又具备水资源开发条件，可以通过发展灌溉加以改造的耕地。可以发展为水浇地的旱地，提高水源保证率，增强抗旱能力。其主导障碍因素为干旱缺水，改良方向为提高水资源开发潜力、引水蓄水工程及现有田间工程配套情况等。

(2) 渍涝排水型。河湖水库沿岸、堤坝水渠外侧、天然汇水盆地等，由于季节性洪水泛滥及局部地形低洼，造成常年或季节性渍涝，排水不畅的旱耕地，以及土质黏重，耕作制度不当引起滞水潜育现象，需加以改造的水害性稻田。其主导障碍因素为土壤渍涝、土壤潜育化、渍涝程度和积水，改良方向为兴修农田工程，以排水脱潜、消除洪渍。

(3) 盐碱耕地型。由于耕地可溶性盐含量和碱化度超过限量、影响作物正常生长的多种盐碱化耕地。其主导障碍因素为土壤盐渍化，以及与其相关的地形条件、地下水临界深度、含盐量、碱化度、pH 等。

(4) 坡地梯改型。通过修筑梯田梯埂等田间水保工程加以改良治理的坡耕地。其他不宜或不需修筑梯田、梯埂，只需通过耕作与生物措施治理或退耕还林还牧的缓坡、陡坡耕地，列入瘠薄培肥型与农业结构调整范围。坡地梯改型的主导障碍因素为土壤侵蚀，以及与其相关的地形、地面坡度、土体厚度、土体构型与物质组成、耕作熟化层厚度等。

(5) 沙化耕地型。黄淮海平原黄河故道、老黄泛区沙化耕地（不包括局部小面积质地过沙的耕地）。其主导障碍因素为风蚀沙化，以及与其相关的地形起伏、水资源开发潜力、植被覆盖率、土体构型、引水放淤与引水灌溉条件等。

(6) 障碍层次型。土壤剖面构型上有严重缺陷的耕地，如土体过薄、剖面1米左右内有沙漏、砾石、黏盘、铁子、铁盘、砂姜等障碍层次。障碍程度包括障碍层物质组成、厚度、出现部位等。

(7) 瘠薄培肥型。受气候、地形等难以改变的大环境（干旱、无水源）影响，以及距离居民点远，施肥不足，土壤结构不良，养分含量低，产量低于当地高产农田，当前又无见效快、大幅度提高产量的治本性措施（如发展灌溉），只能通过长期培肥加以逐步改良的耕地。如山地丘陵雨养型梯田、坡耕地，很多产量中等黄土型旱耕地。

（8）失衡补素型。由于土壤本身缺乏某一种或几种营养元素，使养分供应失调，导致产量低于当地高产田的耕地。其主导障碍因素为养分失衡；改造方向为测土配方施肥，并辅以相应的耕作、水利措施等。

160. 河南省中低产田存在的主要问题和改良措施是什么？

答：（1）水土流失与干旱严重。这是山地、丘陵区土壤的主要问题，特别是低山丘陵与黄土丘陵区这个问题尤为突出，棕壤、黄棕壤、黄褐土、褐土、红黏土、紫色土、石质土、粗骨土等土壤类型普遍存在，只是轻重程度不同而异，估计面积约占全省土壤面积的40%。必须全面规划，综合治理，因地制宜，以小流域为单位，自上而下，沟坡兼治，生物措施与工程措施并举，特别强调生物措施，才能充分发挥山、丘土壤的增产潜力，才能彻底改变山丘地区的生态环境与生产面貌。

（2）地形低洼、涝渍危害。河南省容易发生涝渍的土壤主要有砂姜黑土、盐碱土、水稻土中的潜育型水稻土、潮土中地形低洼的土壤、新积土等，估计约占全省土壤面积的20%。解决涝渍危害的主要途径有：加强山区水保工程，特别是生物措施，拦截山洪，减弱径流，兴建山区水库与洼地蓄洪，蓄纳洪水，兴利除涝。结合农田基本建设，使沟、渠、路、林、田、井配套，旱能灌，涝能排，彻底改变农田生态面貌。

（3）风沙、盐碱严重。风沙、盐碱是豫东北黄河故道地区土壤的主要问题。今后改造沙碱土壤的主要途径应当是：大力营造防护林带、农田林网，农林果牧间作，在林木的防护下，建立果、牧业基地，引黄放淤，引黄种稻，改良沙碱土，疏浚河道，健全田间排水工程，排除地面积水，打井抗旱，开采地下水，既发展灌溉，又可降低地下水位，有效控制盐碱土的发展，发展耐沙碱作物，如花生、西瓜、棉花及沙打旺、紫花苜蓿、田菁等。

（4）土质黏重、耕层浅薄。河南省土质黏重的土壤有黄褐土、砂姜黑土、红黏土，潮土中的淤土、在下蜀黄土上发育的各种水稻土等，估计约有4 000多万亩，约占全省土壤与耕地面积的30%以上。解决这个问题的主要途径有：加深耕层，广辟各种有机肥源，大搞有机肥的基本建设，作到人有厕所，猪羊有圈，牛马有铺，积肥有沤坑，而且使积肥与能源利用结合起来，建设生态村，采取作物高留茬，作物秸秆覆盖地面，高温积肥等，使秸秆归还土壤。尽量利用作物秸秆、油饼，大力发展畜牧业，使秸秆“过腹还田”，增产肉、蛋、奶、皮毛等畜产品，改良土质，种植绿肥牧草，结合发展畜牧业，增加土壤中的有机质含量，达到改良土质过黏的目的。

（5）土壤养分失调、地力瘠薄。现在河南省土壤养分状况总的概念是有机质与氮素缺乏，磷素较缺，钾素含量中等，微量元素中的硼、锌、钼均甚缺乏。为了改变目前地力瘠薄养分失调的状况，应当采取以下途径：大力开辟有机肥源，增施有机肥料，提高土壤有机质含量，调节土壤理化性质。根据地力状况、作物需肥特点、产量指标，进行合理配方施肥，满足作物需要。

161. 什么是土地退化和土壤退化？

答：土地退化应该是指人类对土地的不合理开发利用而导致土地质量下降乃至荒芜的过程。其主要内容包括森林的破坏及衰亡、草地退化、水资源恶化与土壤退化。土地退化的直接后果是：①直接破坏陆地生态系统的平衡及其生产力；②破坏自然景观及人类生存环境；③通过水分和能量的平衡与循环的交替演化诱发区域乃至全球的土被破坏、水系萎缩、森林衰亡和气候变化，因而与全球变化有更密切的关系。

土壤退化是土地退化中最集中的表观、最基础而最重要的，且具有生态环境连锁效应的退化现象。土壤退化即是在自然环境的基础上，因人类开发利用不当而加速的土壤质量和生产力下降的现象和过程。土壤退化的标志是对农业而言的土壤肥力和生产力的下降及对环境来说的土壤质量的下降。

162. 土壤污染的概念是什么？

答：对土壤污染有不同的看法。一种看法认为：由于人类的活动向土壤添加有害物质，此时土壤即受到了污染。此定义的关键是存在有可鉴别的人为添加污染物，可视为“绝对性”定义。另一种是以特定的参照数据来加以判断的，如以土壤背景值加二倍标准差为临界值，如超过此值，则认为该土壤已被污染，可视为“相对性”定义。第三种定义是不但要看含量的增加，还要看后果，即当加入土壤的污染物超过土壤的自净能力，或污染物在土壤中积累量超过土壤基准量，而给生态系统造成了危害，此时才能被称为污染，这可视为“相对性”定义。显然，在现阶段采用第三种定义更具有实际意义。

土壤污染指进入土壤的有机物、无机盐、能源物质等导致土壤质量的变化，可能影响土壤的正常使用，或危及人类健康和生态环境。土壤污染不但直接表现于土壤生产力的下降，而且也通过以土壤为起点的土壤、植物、动物、人体之间的链，使某些微量和超微量的有害污染物在农产品中富集起来，其浓度可以成千上万倍地增加，从而会对植物和人类产生严重的危害。

163. 土壤污染的主要物质及其来源是什么？

土壤中污染物的来源具有多源性，其输入途径除地质异常外，主要是工业“三废”，即废气、废水、废渣，以及化肥农药、城市污泥、垃圾，偶尔还有原子武器散落的放射性微粒等。一些主要污染物及来源见下表。

土壤污染的主要物质及其来源表

	污染物	主要来源
无机污染物	砷	含砷农药，硫酸，化肥，医药，玻璃等工业废水
	镉	冶炼，电镀，染料等工业废水，含镉废气，肥料杂质
	铜	冶炼，铜制品生产等废水，含铜农药
	铬	冶炼，电镀，制革，印染等工业废水
	汞	制碱，汞化物生产等工业废水，含汞农药，金属汞蒸气
	铅	颜料，冶炼等工业废水，汽油防爆剂燃烧排气，农药
	锌	冶炼，镀锌，炼油，染料工业废水
	镍	冶炼，电镀，炼油，染料工业废水
	氟	氟硅酸钠，磷肥及磷肥生产等工业废水，肥料污染
	盐碱	纸浆，纤维，化学工业等废水
	酸	硫酸，石油化工业，酸洗，电镀等工业废水
有机污染物	酚类	炼油，合成苯酚，橡胶，化肥农药生产等工业废水
	氰化物	电镀，冶金，印染工业废水，肥料
	3，4-苯并芘，苯丙烯醛等	石油，炼焦等工业废水
	石油	石油开采，炼油厂，输油管道漏油
	有机农药	农业生产及使用
	多氯联苯类	人工合成晶及生产工业废气废水
	有机悬浮物及含氮物质	城市污水，食品，纤维，纸浆业废水

164. 重金属污染物的危害有哪些？

答：重金属主要包括汞、镉、铅、铬及类金属砷等生物毒性显著的元素，以及有一定毒性的锌、铜、钴、镍、锡等。重金属元素的来源主要是土壤中固有、肥料、灌溉水投入以及工业“三废”污染。由于重金属在环境中的移动性差，不能或不易被生物体分解转化后排出体外，只能沿食物链逐级传递，在生物体内浓缩放大，当累计到较高含量时就会对生物体产生毒性效应。因此重金属元素的污染问题不容忽视，必须从避免和减少有毒重金属元素进入农产品方面控制重金属的危害。

165. 有机污染物的危害有哪些?

答：土壤中有机污染物主要有有机农药、三氯乙醛（酸）、矿物油类、表面活性剂、废塑料制品，以及工矿企业排放的含有机质的三废。有机污染物危害一是其残留影响植物的生长发育，二是污染土壤和地下水。

以废塑料制品为例：近年来，城市垃圾组分中废塑料剧增，各类农用塑料薄膜作为大棚、地膜覆盖物被广泛应用，使土壤中废塑料制品残留率明显增加。

主要表现是：

（1）有些塑料制品（如聚氯乙烯类塑料）的添加剂中含有毒成分，接触种子或幼苗后，抑制萌发，灼伤芽苗。

（2）塑料残片阻断水分运动，降低孔隙率，不利于空气的循环、交换。

（3）土壤物理性能不良导致作物扎根困难，吸肥、吸水性能降低而减产。

166. 固体废物与放射性污染物危害有哪些?

答：固体废物对农业环境特别是城市近郊土壤具有更大的潜在威胁。按其来源不同，可分为工业固体废物、农业固体废物、放射性固体废物和城市垃圾四类。

（1）工业固体废物。工业固体废物就是从工矿企业生产过程中排放出来的废物，又叫废渣。工业废弃物成分复杂，含有重金属、有毒元素和致癌物质，如处理不当，不但大量侵占农田，而且长期堆积，破坏绿化植被，有时严重污染土壤。

（2）城市垃圾和有机肥。有机肥料中成分复杂，或多或少都会有重金属组分。这是因为畜禽饲料的添加剂，人畜（禽）用的各种药剂，包装及日用品（如电池等）的金属材料的污染，垃圾和污泥中都含有较高的重金属。堆肥制造过程不仅使有机物料脱水，酸度变化还可使重金属活化。因此，必须对有机堆肥和污泥堆肥产品的重金属含量进行检测，并制定相应标准。

垃圾和畜禽排泄物为原料的有机堆肥的成分复杂且不稳定，除了有丰富的营养成分外，有机有毒物和重金属等有害组分也不少，而且变异很大。有机堆肥产品市场抽样检测结果表明有3%～41%产品的Cr、Cu、Ni等重金属超过控制标准，有 5%～9%产品的 Cd 超过控制标准。

167. 土壤污染的预防措施有哪些?

答：(1) 执行国家有关污染物的排放标准。要严格执行国家有关部门颁发的有关污染物管理标准，如《农药登记规定》《农药安全使用规定》《肥料登记管理办法》《工业、“三废”排放试行标准》《农用灌溉水质标准》《生活饮用水质标准》《征收排污费暂行办法》以及国家部门关于“污泥施用质量标准”，并加强对污水灌溉与土地处理系统，固体废弃物的土地处理管理。

(2) 建立土壤污染监测、预测与评价系统。以土壤环境标准或基准和土壤环境容量为依据，定期对辖区土壤环境质量进行监测。加强土壤污染物总浓度的控制与管理。在开发建设项目实施前，对项目建设、投产后土壤可能受污染的状况和程度进行预测和评价。必须分析影响土壤中污染物的累积因素和污染趋势，建立土壤污染物累积模型和土壤容量模型，预测控制土壤污染或减缓土壤污染对策和措施。

(3) 发展清洁生产。发展清洁生产工艺，加强“三废”治理，有效地消除、削减控制重金属污染源。所谓清洁生产工艺是不断地、全面地采用环境保护战略，以降低生产过程和产品对人类和环境的危害，从原料到产品最终处理的全过程中减少“三废”的排放量，以减轻对环境的影响。

168. 重金属污染土壤的治理措施有哪些?

答：土壤中重金属的显著化学行为是不移动性、累积性，具有不可逆性的特点。因此，对受重金属污染土壤的治理要根据污染程度的轻重进行改良。从降低重金属的活性，减小它的生物有效性入手，加强土、水管理。

(1) 通过农田的水分调控，调节水田土壤 Eh 值来控制土壤重金属的毒性。

(2) 施用石灰、有机物质等改良剂：重金属的毒性与土壤 pH 关系密切。施用石灰使土壤 pH 升高，许多重金属，如 Cd、Cu、Hg、Zn、Pb 等在 pH>7 的碱性土壤中，则形成氢氧化物沉淀，降低了毒性。

(3) 客土、换土法：对于严重污染土壤采用客土或换土是一种切实有效的方法。但此法的代价较高，对大面积治理难以推广。

(4) 生物修复：对污染严重的土壤，尤其是那些矿山土壤的治理，在复垦前，采用超积累植物的生物修复技术是一个可能的方法。例如，羊齿类、铁角蕨属植物，对土壤镉的吸收率可达 10%，连种几年，可降低土壤镉的含量。

169. 有机物（农药）污染土壤的防治措施有哪些？

答：对于有机物、农药污染的土壤，除合理施用农药、采用病虫害综合防治，改进农药剂型等以预防为主的系列技术措施外，对污染土壤的治理应从加速土壤中农药的降解（生物降解）入手。

170. 设施农业的概念及特点是什么？

答：设施农业是在不适宜生物生长发育的环境条件下，通过建立结构设施，在充分利用自然环境条件的基础上，人为地创造生物生长发育的生境条件，实现高产、高效的现代化农业生产方式。广义的设施农业包括设施种植和设施养殖。实际上设施农业就是利用农业工程手段，通过现代设施实现部分人工控制环境的种植业和养殖业。狭义的设施农业仅指设施种植业即植物的设施栽培，通常所说的设施农业一般指狭义的设施农业。

我国设施农业的特点则在于适合中国国情的简易节能日光温室和塑料大棚的发明和大面积推广应用。设施农业（installation agriculture），是集生物工程、农业工程、环境工程为一体的多部门、多学科的系统工程，是在外界环境条件不适的季节通过设施及环境调节，为作物生长提供适宜的生长环境，使其在最经济的生长空间内，获得最高的产量、品质和经济效益的一种高效农业。以高技术、高投入、高产出为特征的设施农业不仅代表现代农业的发展方向，而且设施农业发展的程度已经成为衡量一个国家或地区农业现代化水平的重要标志之一。总之，设施农业是依靠现代科学技术形成的高技术产业，是农业实现规模化、商品化、现代化的集中体现，也是农业高产、优质、高效的有效措施。

171. 设施内土壤环境的特点是什么？

答：主要表现在：土壤微生物活动旺盛，有机质含量高且分解较快；土壤淋溶作用小，养分残留量高，易发生土壤次生盐渍化；大多数设施土壤养分供应不平衡，普遍表现为“氮过剩、磷富积、钾缺乏”；土壤连作栽培现象普遍，易发生土壤连作障碍；土壤酸化；适宜的环境条件有利于病原菌和害虫的繁殖，很难根治。

172. 设施土壤存在的障碍问题有哪些？

答：①设施土壤板结；②设施土壤次生盐渍化；③设施土壤酸化；④设施土壤微生物区与土壤酶失衡；⑤设施土壤重金属的累积与控制；⑥设施土壤根结线虫为害。

173. 设施土壤改良措施有哪些?

答：针对设施栽培中土壤环境恶化的原因，应采取相应的改良措施，主要有以下几个方面：

（1）实行轮作。在设施栽培中，实行几种作物或种植模式轮作，可减轻病虫害的发生，均衡利用土壤肥力，提高产量。轮作时，避免由于栽培品种单一连作而造成土壤中养分失衡，植物残体及根系分泌物产生的自毒现象，对保持土壤肥力、减轻病虫害极为有利。轮作前后茬作物应具备以下特点：一是吸收的养分不同；二是互不传染病虫害；三是能改良土壤结构；并且还应注意对土壤酸碱度的影响，考虑前茬作物对杂草的抑制作用。

（2）土壤消毒。温室内出现土壤病虫害难以灭绝，可在播种或移栽前2～3天，用点燃硫磺粉密闭熏蒸灭菌或地表喷施广谱性杀虫剂、杀菌剂，然后耕翻、整地的方法。

（3）科学施肥。是降低土壤中盐离子浓度升高和积累的主要措施。施肥要求是：首先，进行土壤分析，根据土壤中养分盈缺和种植作物的种类来确定施肥的种类、比例、用量；其次，增施粗有机肥料，施用精有机肥料，配施微生物肥料，注意控制用量和减少化肥用量；另外，在施用化肥时要多次、少量；要避免施用同一种化肥，特别是含氯或硫化物等副成分的肥料。坚持多年施用有机肥，增加土壤中有机质含量，增强微生物活力；根据所种作物，施用微量元素肥料；根据实际情况，结合施用二氧化碳气肥。提倡施用碱性或生理碱性肥料。适施少量石灰，控制氮肥用量、调整酸度。

（4）调节灌溉方式。采用微喷、滴灌、渗灌等灌溉方式，节水同时有效降低土壤表层蒸发强度，减缓土壤因大量水分上升而导致的地表层盐分过多积累。

（5）以水洗盐或以作物除盐。以水洗盐：根据“盐随水来、盐随水去”盐离子在土壤中的运动规律。在农闲季节，揭掉棚室覆盖物，使设施内的土壤接受自然降水的淋洗。在作物生长期内，若发现土壤溶液浓度高时，可增加灌水次数和灌水量，使耕作层中的盐离子随水分下渗到土壤深层；也可将未下渗的水分排到棚室外，达到“以水洗盐”的目的。以作物除盐：在夏季种植禾本科作物（如玉米），可把土壤中无机态氮转化为植物体内的有机态氮，从而降低土壤溶液的浓度。

（6）更换设施内的土壤或更换设施地点。对容易移动的农业设施（如塑料大棚）每种植3～4年更换一次地块、移动和搭建新大棚；对不易更换地点的设施（如温室），每隔4～5年应将设施内耕作层20～30厘米的土壤与肥沃农田的耕作层土壤更换一次，以达到降低设施内土壤中含盐量的目的。

174. 土壤培肥的基本措施有哪些?

答：①增施有机肥料，培育土壤肥力；②发展旱作农业，建设灌溉农业；③合理轮作倒茬，用地养地结合；④合理耕作改土，加速土熟化；⑤防止土壤侵蚀，保护土壤资源。

175. 土地的特性有哪些?

答：(1) 土地是自然产物，在人类社会出现之前，土地已经客观存在，即在人类出现之后，人类也不可能创造土地，土地的产生和存在是不以人的意志为转移的，人类只能通过技术的改进来提高土地的利用率和生产率。

(2) 土地面积的有限性。土地总面积由地球大小所决定。它是一个恒定常数，即不会增加，也不会减少，人们只能提高土地的利用率。但随着地球人口的增加，人均土地越来越少，土地资源变得越来越宝贵，所以必须切实珍惜和合理利用每寸土地，充分和高效利用每一寸土地，在有限土地上生产出更多的物质，满足人们物质和文化的需求。

(3) 土地利用永续性。土地只有利用合理、管理完善，才会年复一年利用下去。自 300 万年前人类出现之后，人类就生活在这个地球上，依赖于土地而生存，一直延续至今。如果利用不当，土地就会退化，以至丧失利用价值。合理利用，土地就能不断得到改良，土地生产力就会不断提高。

(4) 土地空间位置的固定性。一块土地是地球表面某个特定区域，它有一定形状和大小，但不能移动，其组成部分如土壤可以搬迁。但土地这一自然经济综合体却不能移动。这块土地有其特定的经济、交通和地理区位，周围的地理环境条件决定了这块固定土地的利用方式及其经济价值。

(5) 土地属性的两重性。一方面土地是自然资源，是由地貌、土壤、水文、植被、岩石等自然要素组成的自然综合体；另一方面，经过利用的土地又凝结着人类劳动结果，是一种资产，是重要的生产资料，同时又是生产关系的客体，对土地的所有、占有、使用、收益是一切财富的源泉。土地利用既是把土地当做资源来利用，又是把土地当做资产来利用。

(6) 土地的生态学特点。土地既是生态系统的载体，又是生态系统的构成部分。人们利用土地，如符合生态规律，就能产生积极作用，如农田防护林修建，可以改善土地微气候环境，提高作物产量。反之，陡坡耕种，会造成水土流失，使土地退化。所以必须以生态学原理和思想来指导组织土地利用。

176. 土地利用过程的三个基本要素和四个环节是什么?

答：土地利用过程的三个基本要素：土地、劳动和资本。土地利用过程中的四个环节：土地开发、利用、治理和保护。

177. 什么是土地利用规划？

答：土地利用规划是对一定区域内未来土地利用超前性的计划和安排，是依据区域社会经济发展和土地的自然历史特性在时空上进行土地资源分配和合理组织土地利用的综合经济技术措施。

178. 我国土地利用现状及存在问题有哪些？

答：由于人口的增长和经济发展对土地的占用，我国人均耕地面积从中华人民共和国成立初期的0.18公顷大幅度下降到现在的0.11公顷。我国占世界不足9%的耕地养活占世界近21%的人口，虽然在这方面我国已做出了很大成绩，但也应看到，现在土地利用中存在许多不容忽视的问题：

（1）人均土地面积及人均耕地面积均较小。

（2）非农业用地迅速增加。

（3）后备土地资源不够。

（4）水土资源分布不平衡。

（5）不能利用的土地面积大。

（6）中低产田多。

（7）林地利用率低。

（8）土地开始受到污染，退化严重。

179. 什么是基本农田、基本农田保护区、基本农田保护区规划？

答：基本农田是指“按照一定时期人口和社会经济发展对农产品的需求，依据土地利用总体规划确定的不得占用的耕地”；或定义为从战略高度出发在一定历史时期内，为满足国民经济持续、稳定发展，社会安定和人口增加对耕地的需求，而必须确保的农田。它不仅包括成片高产农田，还包括必须保护的，或已列入治理改造计划的中低产田。

基本农田保护区，是指对基本农田实行特殊保护，并且对基本农田明确保护级别、期限、位置、范围、面积，并以行政、经济、法律等综合管理手段实施保护的地区。基本农田保护条例规定的基本农田保护区是指对基本农田实行特殊保护而依据土地利用总体规划和依照法定程序确定的特定保护区域。划定基本农田保护区是保护基本农田的重要手段。

基本农田保护区规划是土地利用总体规划的专项规划，是为了满足人口增长和国民经济发展的需要，对耕地进行宏观控制与微观管理切实保护耕地，稳定耕地面积巩固农业基础地位，深化土地管理的一项重要措施。它是根据人口增长和国民经济发展对耕地的需求，定性、定量、定位的逐地块落实到乡、村，并通过法律、经济、行政、技术等措施，加以限制和保护的一项综合性科学管理土地的方法。基本农田保护规划的核心是对基本保护区内农田实行特殊保护。其内容包括基本农田保护方案和保护区划定、落实规划方案、制定保护措施。

180. 基本农田保护区规划的意义是什么？

答：（1）开展基本农田保护区规划，是稳定和发展农业、缓解人多地少矛盾的一项根本性措施。

（2）开展基本农田保护区规划，是协调用地矛盾的主要措施之一。

（3）开展基本农田保护区规划，为合理利用土地提供科学指导。

（4）编制基本农田保护区规划为日常土地管理提供依据，使广大干部群众认清土地国情，提高节约用地、合理用地的自觉性。

181. 农用地分等定级的目的是什么？

答：一是为贯彻落实《中华人民共和国土地管理法》，对农用地进行科学合理统一严格管理，提高农用地管理水平提供依据；二是为科学量化农用地数量、质量和分布，实施区域耕地占补平衡制度和基本农田保护制度提供依据；三是为理顺土地价格体系，培育完善土地市场，促进土地资产合理配置，开展土地整理，土地征用补偿，农村集体土地使用权流转等工作提供依据；四是为实行农业税制革，公平合理配赋征收农业税提供依据。

182. 什么是农用地分等定级？

答：农用地分等、定级的工作对象是现有农用地和宜农未利用地。农用地分等定级就是依据一定的标准与方法将具有不同质量或生产力水平的农用地分类为不同的等与级，以反映它们的差别。农用地等别是依据构成土地质量稳定的自然条件和经济条件，在全国范围内进行的农用地质量综合评定。

183. 为什么要进行分等定级？

答：农用地等别划分侧重于反映因农用地潜在的（或理论的）区域自然质量、平均利用水平和平均效益水平不同，而造成的农用地生产力水平差异。

184. 农用地分等定级的原则是什么？

答：农用地分等定级的原则：综合分析原则、分层控制原则、主导因素原则、土地收益差异原则以及定量分析与定性分析相结合原则。

185. 土地复垦的概念是什么?

答：土地复垦是指对生产建设活动和自然灾害损毁的土地，采取整治措施，使其达到可供利用状态的活动。例如，在生产建设过程中，因挖损、塌陷、压占等原因造成的土地破坏，采取整治措施，使其恢复到可供利用状态的活动。其广义定义是指对被破坏或退化土地的再生利用及其生态系统恢复的综合性技术过程；狭义定义是专指对工矿业用地的再生利用和生态系统的恢复。

186. 土地复垦规划的程序有哪些?

答：①勘测和综合调查；②适宜性评价；③复垦规划；④实施。

187. 土地复垦规划的原则有哪些?

答：①因地制宜；②系统工程，统筹考虑；③土地复垦规划与土地利用规划相结合；④复垦规划与土地整理相结合。

188. 土地复垦技术分别有哪些?

答：(1) 砖瓦窑取土坑的复垦。蓄水作为水塘或鱼塘；垫平复种植物或压实作为建筑基地。充填物可用无毒无害的固体废弃物，如粉煤灰、矿山废渣、建筑垃圾等。复垦后用于种植作物，需覆盖 50 厘米以上厚度的土壤；如作绿化地，覆土厚度可小一些。取土坑充填后作为建筑地基需要经过一段时期的沉降，并经过压实或夯实后，才可以开槽施工。

(2) 煤矿塌陷区的复垦。分为充填复垦和非充填复垦两种。充填复垦的物料有煤矸石、坑口电厂的粉煤灰以及矿区的生活垃圾和建筑垃圾等。由于一般矿区固体废弃物只能充填大约 1/4 的塌陷区，因此，常用的还是非充填复垦技术，通过蓄水将其用于水产养殖或作为矿山城市公园水域。

(3) 煤矸石堆场的复垦。复垦可以采取两种途径，一是清除煤矸石后复垦土地，二是在煤矸石堆上植树造林。清除煤矸石不仅可以对空出土地复垦，而且还可以利用煤矸石充填塌陷地。在煤矸石堆上覆土造林，可以为矿山城市增添绿地，特别是在平原上可以增添人工山水景色。

(4) 城市垃圾场的复垦。城市垃圾场复垦有两个步骤，首先是清除垃圾，然后是复垦垃圾堆占的土地。清除垃圾要找到垃圾填埋地，并且要避免污染地下水。垃圾填埋地一般选在地下径流的下游，最好是封闭洼地；用黏土衬底填埋坑，以防污物渗入地下水。垃圾填埋地可以覆土后用以植树造林，甚至可以复垦为农田。

(5) 污染地的复垦。要将污染的土挖走，填上新土，要避免二次污染；或通过栽植抗污染的树种，使植物吸收毒素和微生物逐渐降解毒素。

（6）建筑地基的复垦。旧建筑地基可以直接用于建设，在建筑用地审批中，要充分利用闲置的旧地基。要复垦为农用地，必须先将上部夯实板结的土壤取走，然后复上肥沃松软的新土。也可以采用分垅深翻的措施，并通过灌水冻融松土。土层深度至少应达到50厘米，以满足根系的生长要求。

189. 植物营养临界期的概念是什么？

答：在作物生长过程中，有一个时期，对某种养分要求的绝对数量不多，但很迫切，这种养分缺乏和过多时，对作物生长发育造成的损失，即使在以后补施肥料也很难纠正和弥补。此时期称为植物营养临界期。

190. 作物营养最大效率期概念是什么？

答：作物营养最大效率期是指作物需要养分的绝对数量和相对数量都大，吸收速度快，肥料的作用最大，增产效率最高的时期，它与植物临界期均是施肥的关键时期。植物营养最大效率期，大多是在生长中期。此时植物生长旺盛，从外部形态看，生长迅速，对施肥的反应最明显。例如玉米氮素最大效率期在喇叭口至抽雄初期，小麦在拔节至抽穗，油菜在花期等。在制订施肥方案时，既要考虑到作物的关键营养时期，又要考虑到各个阶段的特点，才能满足作物不同生育阶段对养分的吸收。

191. 养分归还学说的内容是什么？

答：1840年，德国农业化学学李比希（J. V. liebig）提出了养分归还学说。其主要内容是植物以各种不同方式不断地从土壤中吸取它生活所必需的矿质养分，每次收获，必然要从土壤中带走一些养分。这样土壤中这些养分就会越来越少，从而变得贫瘠。采取轮作倒茬只能减缓土壤中养分物质的贫竭或是较协调地利用土壤中现有的养分，但不能彻底解决养分贫竭的问题。为了保持土壤肥沃就必须把植物取走的矿质养分和氮素以肥料形式全部归还给土壤。否则，土壤迟早会变得十分贫瘠，甚至寸草不生。

192. 最小养分律的内容是什么？

答：李比希创立的最小养分律的中心内容是：植物为了生长发育，需要吸收各种养分，但是决定和限制作物产量的却是土壤中那个相对含量最小的有效养分，产量的高低在一定限度内随这种养分的多少而增减变化。最小养分律指出了作物生产过程中施肥应该解决的主要矛盾，是合理施肥的主要原理之一。

193. 报酬递减律的内容是什么？

答：18世纪后期，法国古典经济学家杜尔格（A. R. J. Turgot）在对大量科学实验进行归纳总结的基础上，提出了报酬递减律。当以肥料和作物产量为研究对象，得出了肥料报酬递减律。其基本内容为：即在其他技术、措施等相对稳定的条件下，在一定施肥范围内，作物产量随着施肥量的增加而增加。但当超过一定施肥量时，作物的产量随施肥量的增加而下降。肥料报酬递减律对指导科学施肥具有重要的意义。

194. 因子综合作用律的内容是什么？

答：作物的生长发育与水分、光照、养料、温度、空气、作物品种、耕作等因素密切相关。各种因子之间相互联系，共同作用决定作物产量。如果其中任何一个因素与其他因素失去平衡，就会阻碍植物正常生长，最终影响产量。因此，合理施肥不能只注意养分的种类及其数量，还要考虑影响作物生育和发挥肥效的其他因素，与其他农艺措施配合，才能做到用最少的肥料投入，获取最大的经济效益。

195. 平衡施肥的概念是什么？

答：综合应用现代科技成果，根据作物需肥、土壤供肥和近年的化肥肥效，在施用有机肥料的基础上，产前提出氮磷钾、中微量元素适宜用量和比例以及相应的施肥技术。它包括配方和施肥两个程序。配方是在田间调查、土壤养分测试、数据分析处理基础上，根据作物营养特性、产量水平、灌溉方式等，提出施肥种类、数量、比例。施肥是配方的执行，在肥料用量确定之后，根据作物营养阶段理论，合理安排作物基肥和追肥比例，施用时间和施用方法。在八九十年代该项技术被称为配方施肥、测土施肥、测土配方施肥等，以后通称为平衡施肥。

196. 什么是肥料利用率？测定肥料利用率的方法有哪些？

答：肥料利用率是指当季作物从所施肥料中吸收的养分占施入肥料养分总量的百分数。

目前，测定肥料利用率的方法有两种：

（1）同位素肥料示踪法。将有一定丰度的15N化学氮肥或一定放射性强度的32P化学磷肥或86Rb化合物（代替钾肥）施入土壤，到成熟后分析测定农作物所吸收利用的15N、32P、86Rb量，就可计算出该肥料的利用率。

（2）田间差减法。利用施肥区农作物吸收的养分量减去不施肥区农作物吸收的养分量，其差值视为肥料供应的养分量，再被所用肥料养分量去除，其商数就是肥料利用率。

$$肥料利用率（\%）=\frac{施肥区农作物吸收养分量(千克/亩)-缺素区农作物吸收养分量(千克/亩)}{肥料施用量(千克/亩)\times 肥料中养分含量(\%)}\times 100\%$$

197. 植物缺氮的外部特征有哪些？常见作物缺氮症状是什么？

答：当植物叶片出现淡绿色或黄色时，即表示植物有可能缺氮。植物缺氮时，由于蛋白质合成受阻，导致蛋白质和酶的数量下降；又因叶绿体结构遭破坏，叶绿素合成减少而使叶片黄化。这些变化致使植株生长过程延缓。

苗期：由于细胞分裂减慢，苗期植株生产受阻而显得矮小，植株生长受阻而显得矮小、瘦弱，叶片薄而小。禾本科作物表现为分蘖少，茎秆细长；双子叶作物则表现为分枝少。

后期：若继续缺氮，禾本科作物表现为穗短小，穗粒数少，籽粒不饱满，并易出现早衰。氮素是可以再利用的元素，许多作物在缺氮时，自身将衰老叶片中的蛋白质分解，释放出氮素并运往新生叶片中供其利用。因此，作物缺氮的显著特征是植株下部叶片首先褪绿黄化，然后逐渐向上部叶片扩展。常见作物缺氮症状如下：

小麦：叶片短、窄，茎部叶片叶色先发黄，植株瘦小，直立，分蘖少，穗粒少而小。根细而长，根量少。

玉米：植株矮小，生长缓慢，叶片由下而上失绿发黄，症状从叶尖沿中脉向基部发展先黄后枯，成“V”形。

油菜：植株矮小瘦弱，分枝少，叶片小而苍老，叶色从幼叶至老叶依次均匀失绿，由淡绿到淡绿带黄，再到淡红带黄，根特别细长。

大豆：叶片出现青铜色斑块，渐变黄而干枯，生长缓慢，基部叶首先脱落，茎瘦长，植株生长缓慢显得矮小、瘦弱。花、荚稀少，根瘤少，发育差。

198. 植物缺磷的外部特征有哪些？常见作物缺磷症状是什么？

答：作物缺磷时细胞分裂迟缓，新细胞难以形成，同时也影响细胞伸长。所以从外形上看：生长延缓、植株矮小、分枝或分蘖减少；在缺素初期叶片常呈暗绿色；结实状况很差。因为磷的再利用程度较高，在植物缺磷时老叶中的磷可运往新生叶片中再被利用。因此，作物缺磷的症状常首先出现在老叶上。

缺磷的植物株因体内碳水化合物代谢受阻，有糖分积累，从而易形成花青素（糖苷）。许多一年生植物的茎常出现典型的紫红色症状。常见作物缺磷症状如下：

小麦（大麦）：植株瘦小，分蘖少，叶色深绿略带紫，叶鞘上紫色特别显著，症状从叶尖向基部，从老叶向幼叶发展，抗寒力差。越冬易死苗。

玉米：从幼苗开始，在叶尖部分沿着叶缘向叶鞘发展呈深绿带紫红色，逐渐扩大到整个叶片，症状从下部叶片转向上部叶片发展，甚至全株紫红色，严重缺磷叶片从叶尖开始枯萎呈褐色，花丝抽出延迟，雌穗发育不完全，弯曲畸形，果穗结粒差。

大豆：植株瘦小，叶色浓绿，叶片狭而尖，向上直立，开花后叶片出现棕色斑点，种子细小，严重缺磷时，茎及叶片变暗红，根瘤发育受影响。

油菜：植株瘦小，出叶迟，上部叶片暗绿色，基部叶片呈紫红色或暗紫色，有时叶片边缘出现紫色斑点或斑块，易受冻害，分枝少，延迟开花和成熟。

199. 植物缺钾的外部特征有哪些？常见作物缺钾症状是什么？

答：由于钾在植物体内流动性很强，能从成熟叶和茎中流向幼嫩组织进行再分配，因此植物生长早期，不易观察到缺钾症状。缺钾症状通常在植物生长发育中、后期才表现出来。严重缺钾时，植株首先在植株下部老叶上出现失绿并逐渐坏死，叶片暗绿，无光泽。双子叶植物叶脉间先失绿，沿叶缘开始出现黄化或有褐色斑点或条纹，并逐渐向叶脉间蔓延，最后发展为坏死组织；单子叶植物叶尖先黄化，随后逐渐坏死。

植物缺钾时，根系生长明显停滞，细根和根毛生长很差，易出现根腐病。缺钾的维管束木质化程度低，厚壁组织不发达，常表现出组织柔弱易倒伏。常见作物缺钾症状如下：

小麦：植株呈蓝绿色，叶软弱下披，上、中、下部叶片的叶尖及边缘枯黄，老叶焦枯。茎秆细小，早衰，易倒伏。

玉米：叶片与茎节的长度比例失调，叶片显得长，茎秆短，老叶尖端及边缘褐色焦枯，茎秆细小而柔弱，易倒伏。

大豆：苗期缺钾，叶片小，叶色暗绿，缺乏光泽。中后期缺钾，老叶尖端和边缘失绿变黄，叶脉间凸起，皱缩，叶片前端向下卷曲，有时叶柄变棕褐色，根系老化早衰。

油菜：叶片的尖端和边缘开始黄化，沿脉间失绿。有褐色斑块或局部白色干枯组织。严重缺钾时，叶肉组织呈明显的“灼烧状”，叶缘出现焦枯，随之凋萎，有的茎秆表面呈现褐色条斑，病斑继续发展，使整个植株枯萎死亡。

200. 植物缺硫的外部特征有哪些？常见作物缺硫症状是什么？

答：植物缺硫时蛋白质合成受阻导致失绿症，其外观与缺氮相似，但发生部位有所不同。缺硫症状往往先出现于幼叶，而缺氮症状则先出现于老叶。缺硫时幼芽先变黄，心叶失绿黄化，茎细弱，根细长而不分枝，开花结果推迟，果实减少。常见作物缺硫症状如下：

水稻：返青慢，不分蘖或少分蘖，植株瘦矮，叶片薄，幼叶呈淡绿色或黄绿色，叶尖有水浸状的圆形褐色斑点，叶尖焦枯。根系呈暗褐色，白根少，生育期延迟。

油菜：缺硫的初始症状为植株呈现淡绿色，幼叶色泽较老叶浅，以后叶片逐渐出现紫红色斑块，叶缘向上卷曲，开花结荚延迟，花、荚色淡。

大豆：新叶淡绿色到黄色，失绿色泽均一，生育后期老龄叶片也发黄失绿，叶片出现棕色斑点，植株细弱，根系瘦长，根瘤发育不良。

201. 植物缺钙的外部特征有哪些？常见作物缺钙症状是什么？

答：植物缺钙时生长受阻，节间较短，因而一般较正常的植株矮小，而且组织柔软。缺钙植株的顶芽、侧芽、根尖等分生组织首先出现缺症状，易腐烂死亡，幼叶卷曲畸形，叶缘开始变黄并逐渐坏死。常见作物缺钙症状如下：

小麦：生长点及茎的尖端死亡，植株矮小或簇生状，幼叶往往不能展开。已长出的叶片也常出现缺绿现象。根系短，分枝多，根尖分泌透明黏液，似球形黏附在根尖。

玉米：植株矮，叶缘有时呈白色锯齿状不规则破裂，茎顶端呈弯钩状，新叶分泌透明胶汁，使相近两叶尖端粘连在一起，不能正常伸展，老叶尖端也出现棕色焦枯。

大豆：叶片卷曲，老叶上会发生许多灰白色的小斑点，叶脉变为棕色，叶柄软弱，下垂。不久即枯萎死亡。茎顶端弯钩状卷曲，新生幼叶不能伸展，易枯死。

番茄：上部叶片变黄，下部叶片保持绿色，生长受阻，组织软弱，顶芽常死亡。幼叶面积减小，容易变成褐色而死亡。近顶部茎也常出现枯斑，根粗短，势枝多，花少、脱落多，顶花特别容易脱落，果实易发生顶端腐烂病。

202. 植物缺镁的外部特征有哪些？常见作物缺镁症状是什么？

答：植物缺镁时，其突出表现是叶绿素含量下降，并出现失绿症。由于镁在韧皮部的移动性较强，缺镁症状常常首先表现在老呈上，如果得不到补充，则逐渐发展到新叶。缺镁时，植株矮小，生长缓慢。双子叶植物叶脉间失绿，并逐渐由淡绿色转变为黄色或白色，还会出现大小不一的褐色或紫红色斑点或条纹；严重缺镁时，整叶片出现坏死现象。禾本科作物缺镁时，叶基部叶绿素积累出现暗绿色斑点，其余部分呈淡黄色；严重缺镁时，叶片褪色有条纹，特别典型的是在叶尖出现坏死斑点。常见作物缺镁症状如下：

小麦：叶片脉间出现黄色条纹，心叶挺直，下部叶片下垂，老叶与新叶之间夹角大，有时下部叶缘出现不规则的褐色焦枯。

玉米：下部叶片脉间出现淡黄色条纹，后变为白色条纹，极度缺乏时脉间组织干枯死亡，呈紫红色的花斑叶，而新叶变淡。

油菜：苗期子叶背面及边缘首先呈现紫红色斑块，中后期，下部叶片近叶缘的脉间出现失绿，逐渐向内扩展，失绿部分由淡绿转为黄绿再转为紫红色，植株生长受阻。

大豆：生长前期叶片脉间失绿变为深黄色，并带有一些棕色小斑点，但叶基及叶脉附近则保持绿色。生长后期缺镁，叶缘向下卷曲，边缘向内逐渐变黄，以致整个叶片橘黄或紫红色。

203. 植物缺铁的外部特征有哪些？常见作物缺铁症状是什么？

答：植物缺铁的典型症状是顶端和幼叶失绿黄白化，甚至白化，叶脉颜色深于叶肉，色界清晰。双子叶植物形成网纹花叶，单子叶植物形成黄绿相间的条花叶。常见作物缺铁症状如下：

玉米：幼叶脉间失绿呈条纹状。中、下部叶片为黄绿色条纹，老叶绿色。严重时整个新叶失绿发白，失绿部分色泽均一，一般不出现坏死斑点。

大豆：上部叶片脉间黄化，叶脉仍保持绿色，并有轻度卷曲，严重缺乏时整个新叶失绿呈白色。极度缺乏时，叶缘附近出现许多褐色斑点状坏死组织。

苹果：新梢顶端的叶片变为黄白色，严重时，叶片边缘逐渐地干枯变褐而死亡，新梢也有“梢枯”现象。

204. 植物缺锰的外部特征有哪些？常见作物缺锰症状是什么？

答：植物缺锰一般表现为叶片失绿并产生黄褐色或赤褐色斑点，但叶脉仍为绿色，有时叶片发皱卷曲甚至凋萎。常见作物缺锰症状如下：

小麦和大麦：叶片柔软下披，新叶脉间条纹状失绿，由黄绿色到黄色，叶脉仍为绿色。有时叶片呈浅绿色，黄色条纹扩大成褐色斑点，叶尖出现焦枯，严重时，大麦叶片出现坏死斑点。

玉米：叶片柔软下披，新叶脉间出现与叶脉平行的黄绿色条纹状。根纤细，长而白。

大豆：新叶变成淡绿色到黄色，叶脉保持明显的绿色，严重时老叶叶面不平滑、皱缩，出现枯焦的褐色斑点，容易早落。

205. 植物缺锌的外部特征有哪些？常见作物缺锌症状是什么？

答：植物缺锌的共同特点是：植株矮小，叶小畸形，叶片失绿或白化，并常有有规则的斑点。常见作物缺锌症状如下：

玉米：苗期新叶脉间失绿，特别是叶基部 2/3 处明显发白。称之“白苗病”。中、上部叶片脉间出现黄色条纹，并逐渐呈半透明状，坏死，也有时沿条纹开裂。叶缘也可能出现焦枯。中后期继续缺锌，老叶脉间失绿，在叶缘和主脉之间形成较宽的黄色带状区，严重时变褐，坏死。生长受阻，节间缩短。果穗缺粒秃尖。

棉花：从第一片真叶开始，幼叶就出现青铜色，脉间失绿，叶片增厚，发脆，边缘向上卷曲，节间短。植株小而成丛生状，生育期推迟。

大豆：植株生长缓慢，叶片呈柠檬黄色，中肋两侧出现褐色斑点。

苹果：顶芽迟发，下部侧芽先萌发，嫩枝长期不长，叶片狭小呈簇生状。严重时新梢由上而下枯死。果小，色不正，品质差。

206. 植物缺硼的外部特征有哪些？常见作物缺硼症状是什么？

答：植物缺硼时，会出现以下症状：

(1) 茎尖生长点受抑，甚至枯萎、死亡。

(2) 老叶增厚变脆，无光泽。新叶皱缩、卷曲、失绿，叶柄短而粗。

(3) 根尖伸长停止，呈褐色，侧根加密，根颈以下膨大，似萝卜根。

(4) 蕾花脱落，花少而小，花粉粒畸形，生活力弱，结实率低。油菜“花而不实”、棉花“蕾而不花”、芹菜“茎折病”、苹果“缩果病”等是典型的缺硼症状。常见作物缺硼症状如下：

小麦：在营养生长期很少有明显症状，主要出现在开花期，雄蕊发育不良，花药瘦小，空秕不开裂，不散粉，花粉少或畸形，有时无花粉。子房横向膨大，颖壳前期不闭合，后期枯萎。生育期推迟，有时边抽穗边分蘖。叶鞘有时呈紫褐色。

玉米：上部叶片脉间组织变薄，呈白色透明的条纹状。生长点生长受抑制，雄穗抽不出，雄花显著退化变小以至萎缩。果穗退化、畸形，顶端籽粒空秕。

油菜：心叶卷曲，叶肉增厚。下部叶片的叶缘和脉间呈现紫红色斑块，渐变为黄褐色而枯萎，生长点死亡。茎和叶柄开裂，茎髓部褐色坏死，木质部发育不良，根茎外部组织肿胀肥大，但脆弱易碎。花、蕾易脱落，雌蕊柱头突出，主花序萎缩，侧花序丛生。开花期延长，但不易结实。

大豆：顶端枯萎，叶片粗糙增厚皱缩。生长明显受阻，矮缩。主根顶端死亡，侧根多而短，僵直短茬，根瘤发育不正常。不开花或开花不正常，结荚少而畸形。

苹果：有顶枯和丛生现象，顶枯后下部侧枝萌发出很多小而厚，脆的小叶，形成“簇叶”，花期发育不良，花粉管生长慢，不能受精。大量落花。果实内出现斑块，并形成缩果病，“软心”或干斑。

207. 植物缺钼的外部特征有哪些？常见作物缺钼症状是什么？

答：植物缺钼的共同特征是叶片出现黄色或橙色大小不一的斑点；叶缘向上卷曲呈杯状；叶片发育不全。常见作物缺钼症状如下：

大麦：在一般情况下，禾本科作物不易出现缺钼症状，在严重缺钼情况下，表现为：茎软弱，叶丛淡绿，叶尖和叶缘呈现灰色，开花延迟，谷粒生长受抑制。

油菜：叶片凋萎或焦枯，通常呈螺旋状扭曲。老叶变厚，植株丛生。

大豆：植株矮小，叶色褪淡，叶片上出现很多细小的灰褐色斑点，叶片增厚发皱，向下卷曲，根瘤发育不良。

208. 植物缺铜的外部特征有哪些？常见作物缺铜症状是什么？

答：植物缺铜一般表现为顶端枯萎，节间缩短，叶尖发白，叶片变窄变薄、扭曲，繁殖器官发育受阻，结实率低。常见作物缺铜症状如下：

禾本科作物植株丛生，顶端逐渐发白，症状从叶尖开始，严重时不抽穗或穗萎缩变形，结实率降低，籽粒不饱满，甚至不实。

豆类作物新叶失绿、卷曲，老时枯萎，易出现坏死斑点，但不失绿。蚕豆花由鲜艳的红褐色变为白色。

果树缺铜时发生枯梢，树皮上出现水泡状皮疹。严重时发生顶梢枯死，称枝枯病。

209. 什么是有机肥料？其主要包括什么类型？

答：有机肥料又称农家肥料，主要来源于植物、动物，施于土壤以提供作物养分为主要功效的含碳物料。有机肥具有养分全、肥效长、成本低、来源广等特点。施用有机肥既能提供作物需要的部分养分，又可培肥土壤。有机肥按其来源、特性、积制方法、还田途径，可分为粪尿肥类、堆沤肥类、秸秆类、绿肥、饼肥及糟渣肥、土杂肥、腐殖酸类等七大类肥料。

210. 有机肥和无机肥的特点是什么？

答：有机肥料含有丰富的有机物和各种营养元素，具有数量大、来源广、养分全面、施用污染少等优点，但也存在脏、臭、不卫生、养分含量低、肥效慢、体积大、使用不方便等缺点。无机肥料即化学肥料，是工厂化学合成或加工精制的肥料，它的特点恰好与有机肥相反，具有养分含量高、肥效快、使用方便等优点，但也存在养分单一、肥效短、制造成本高、污染环境等不足。

211. 氮肥的种类有哪些？它们的成分、性质、特点与施用技术要点有哪些？

答：氮肥分为铵态氮、硝态氮、酰胺态氮三大类，它们的成分、性质、特点与施用技术要点见下表。

氮肥的主要成分、性质与施用技术要点表

肥料种类	肥料名称	化学成分	含氮量（N%）	性质和特点	施用技术要点
铵态氮肥	液氮	NH_3	82	沸点很低，极易挥发，在常温、常压下为气体，在17～20个大气压时为液体	需用施肥机械施用，施用深度20厘米左右为宜。需耐高压的贮器用于运输、贮存
	碳酸氢铵	NH_4HCO_3	16.5～17.5	白色晶体，化学性质不稳定；易溶于水、吸湿性强，易分解、挥发，有强烈的氨味；湿度越大，温度越高，分解越快	贮存时要防潮、低温、密闭。施用时应深施（10厘米左右）覆土，作基肥、追肥均可，但不可作种肥
	硫酸铵	$(NH_4)_2SO_4$	20～21	吸湿性小，是生理酸性肥料。易溶于水，作物易吸收	宜作种肥，作基肥、追肥亦可。施于石灰性土壤也应深施覆土，防止挥发。酸性土壤长期施用时，应配合施用有机肥或石灰
	氯化铵	NH_4Cl	24～25	吸湿性小，是生理酸性肥料。易溶于水，作物易吸收	可作基肥和追肥，但不宜作种肥。盐碱地和对氯敏感的作物不宜施用。施于水田的效果比硫酸铵好

（续）

肥料种类	肥料名称	化学成分	含氮量（N%）	性质和特点	施用技术要点
硝态氮肥	硝酸钠	$NaNO_3$	15～16	吸湿性强，是生理碱性肥料。易溶于水，作物易吸收。贮存时应防潮	适用于中性和酸性土，一般作追肥用，在干旱地区可作基肥。不宜作种肥，水田施用效果差，盐碱地不宜施用
	硝酸钙	$Ca(NO_3)_2$	13～15	为钙质肥料，有改善土壤结构的作用。吸湿性强，是生理碱性肥料。贮存时应防潮	适用于各类土壤和各种作物，但不宜作种肥，不宜在水田施用，一般作追肥效果好
	硝酸铵	NH_4NO_3	34～35	吸湿性强，易结块，是生理中性肥料，无副成分。成分中有铵态氮素，但性质、特征属硝态氮肥类型。具有助燃性和爆炸性	适用于各类土壤和各种作物，施用时应及时覆土。但因吸湿性强不宜作种肥和在水田施用。注意防潮，不要和易燃物一起存放，严禁与金属物质接触。结块硝铵不能击打
酰胺态氮肥	尿素	$CO(NH_2)_2$	46	有一定的吸湿性，长期施用对土壤无不良影响。在土壤中转化与土壤肥沃程度、湿度、温度等条件有关，温度高时转化快。在寒冷的季节转化慢	适用于各类土壤和各种作物。适宜作基肥、追肥，是根外追肥最为理想的肥料。作种肥时不能与种子直接接触

212. 磷肥的种类有哪些？它们的成分、性质、特点与施用技术要点有哪些？

答：磷肥分为水溶性磷、弱酸溶性磷和难溶性磷三大类，它们的成分、性质、特点与施用技术要点如下表所示。

磷肥的主要成分、性质与施用技术要点表

肥料种类	肥料名称	主要成分	含磷量 (P_2O_5%)	性质和特点	施用技术要点
水溶性磷肥	过磷酸钙（又称普钙）	$Ca(H_2PO_4)_2 \cdot H_2O$	12～18	粉状，灰白色，有吸湿性和腐蚀性，稍有酸味。大部分易溶于水，呈酸性反应。肥料中含40%～50%的 $CaSO_4 \cdot 2H_2O$，不溶于水	可作基肥、种肥，尤以苗期效果好。如需作追肥，必须开沟深施于根层（根系附近）。适用于中性或碱性土壤，在酸性土上应配合施用石灰或有机肥料。也可作根外追肥
	重过磷酸钙	$Ca(H_2PO_4)_2 \cdot H_2O$	36～52	灰白色粉状或颗粒，有吸湿性，易溶于水。重过磷酸钙中不含石膏，无副成分，磷的含量相当于普通过磷酸钙的两倍或三倍，所以又称为双料或三料过磷酸钙	适用于各类土壤和各种作物。作基肥、种肥均可。施用方法与普通过磷酸钙相同，但应减少施用量
弱酸溶性磷肥	钙镁磷肥	$a\text{-}Ca_3(PO_4)_2$ CaO、MgO、SiO_4 等	14～18	灰绿色粉末，不溶于水，不吸湿，不结块，便于运输和贮藏，呈碱性反应，所含磷酸能溶于弱酸。在土壤中移动性小，不流失。副成分含有钙、镁、硅	适用于酸性土壤，一般作基肥用。用于蘸秧根，拌稻种，效果明显。在石灰性缺镁、钙的土壤上施用有效果。但效果不如普钙
	脱氟磷肥	$a\text{-}Ca_3(PO_4)_2$	20～30	深灰色粉末，不吸湿，不结块，化学性质与钙镁磷肥相似。磷的含量随矿石质量而定。含钙、镁、硅等副成分	可作基肥。对各种作物均有效果，在酸性土上其效果高于普通过磷酸钙、钙镁磷肥和磷矿粉
难溶性磷肥	磷矿粉	$Ca_3(PO_4)_3OH$ 或 $Ca_5(PO_4)_3 \cdot F$	>14（总 P_2O_5）	呈灰、棕、褐等色，形状似土，不吸湿，不结块。有的磷矿粉有光泽	适合在酸性土上作基肥，撒施并结合耕翻。有后效，连续施用几年后，可每隔3～5年施一次

（续）

肥料种类	肥料名称	主要成分	含磷量 (P_2O_5%)	性质和特点	施用技术要点
难溶性磷肥	骨粉	$Ca_3(PO_4)_2$	22～33	灰白色粉末，不吸湿，含有1%～3%的氮素	可作基肥，适合于酸性土壤。在华北地区也应与有机肥料共同堆沤后施用。肥效比磷矿粉高。水田施用易产生漂浮现象，效果不好，应事先进行发酵

213. 钾肥的种类有哪些？它们的成分、性质、特点与施用技术要点有哪些？

答：钾肥分为速效性钾肥与缓效性钾肥，其成分、性质、特点与施用技术要点如下表所示。

钾肥的主要成分、性质与施用技术要点表

肥料名称	化学成分	含钾量 (K_2O%)	性质和特点	施用技术要点
硫酸钾	K_2SO_4	48～52	白色或淡黄色晶体，易溶于水，作物易吸收利用，吸湿性弱，是生理酸性肥料	适用于各种作物，尤其是烟草、亚麻、葡萄、马铃薯及茶等。作基肥或追肥应适当深施，集中施用。追肥宜早施，早期追施效果比晚期追肥好
氯化钾	KCl	50～60	白色或粉红色晶体，易溶于水，作物易吸收利用，吸湿性弱，是生理酸性肥料	与硫酸钾基本相同，但对氯敏感的作物不宜施用。不宜施于盐碱、涝洼地
草木灰	主要为 K_2CO_3、K_2SO_4、K_2SiO_3 等	5～10	是含钾较多的农家肥。主要成分能溶于水，呈碱性反应。除含钾外，还有磷及多种微量元素	适用于各种土壤和作物，可作基肥或追肥，应开沟施入。为了防止氨的挥发，不可和人粪尿或铵态氮肥混用

214. 什么是复混肥料（复合肥料）？其产品的成分、性质与施用要点有哪些？

答：复混肥料（复合肥料）是指氮、磷、钾三种养分中，至少有两种养分标明量由化学方法和（或）掺混方法制成的肥料。主要复混肥料产品的成分、性质与施用要点如下表所示。

复混肥料（复合肥料）成分、性质与施用要点表

肥料种类	肥料名称	主要化学成分	养分含量（%）$N-P_2O_5-K_2O$	物理性状	施用要点
氮磷二元复合肥料	氨化过磷酸钙	$NH_4H_2PO_4$ $CaHPO_4$ $(NH_4)_2SO_4$	2-3～13-15～0	吸湿性较小	与过磷酸钙施用方法基本相同，氮磷比例为1∶6，应适当补施氮肥
	硝酸磷肥	$CaHPO_4$ $NH_4H_2PO_4$ NH_4NO_3	26-13-0	灰色颗粒，水溶性。吸湿性强，易结块	宜做旱作基肥、追肥和种肥施用。用作种肥条施或穴施，不能与种子接触，以免烧苗。水田不宜施用
	磷酸铵	$NH_4H_2PO_4$ $(NH_4)_2HPO_4$	N∶12～18 P_2O_5∶46～52	有吸湿性，湿热条件下，铵易挥发	含磷量比氮高。应注意补充氮素。适用于各类土壤和各种作物，可做基肥。如做追肥宜早施。做种肥时，不能与种子直接接触，且用量要少
磷钾二元复合肥料	磷酸二氢钾	KH_2PO_4	0-52-34	吸湿性较小	价格昂贵，目前多用于根外追肥或浸种，喷施浓度为0.1%～0.3%，浸种浓度为0.2%
氮钾二元复合肥料	硝酸钾	KNO_3	13-0-46	吸湿性小，不易结块。氮钾比例为1∶3.5，是以钾为主的复合肥料	宜用作喜钾、对氯敏感作物的追肥。水田不宜施用。多用作生长后期补钾的根外追肥，浓度为0.6%～1.0%
氮磷钾三元复合肥料	硝磷铵	$CaHPO_4$ NH_4NO_3 KNO_3	10-10-10	有吸湿性，应注意防潮	目前多作为经济作物（如烟草）的专用肥料
	氮磷钾复混肥	$CO(NH_2)_2$ $(NH_4)_2HPO_4$ K_2SO_4	15-15-15或根据需要调整配方	灰白色颗粒，吸湿性小	应作基肥施用，不足的氮素可用单质氮肥以追肥方式补充

215. 什么是微生物肥料?

答：微生物肥料是指一类含有活性微生物的特定制品，应用于农业生产中，能够获得特定的肥料效应，在这种效应的产生中，制品中活微生物起关键作用。菌剂是指一类含有活微生物的特定制品。它是以微生物生命活动的过程和产物来改善作物营养条件，发挥土壤潜在肥力，刺激作物生长发育，抵抗病菌危害，从而提高作物产量和品质。它不像一般的肥料那样直接给植物提供养料物质。

216. 微生物肥料的作用有哪些?

答：微生物菌剂的作用主要是与营养元素的来源和有效性有关，或与作物吸收营养、水分和抗病有关，概括起来有以下几个方面：

（1）增进土壤肥力。

（2）制造和协助农作物吸收营养。

（3）增强植物抗病和抗旱能力。

除了这三种直接作用外，应用微生物菌剂还有一些间接的好处。一是可以节约能源，降低生产成本。与化学肥料相比，在生产时所消耗的能源要少得多。二是使用微生物菌剂不仅用量少，而且由于其本身的无毒无害特点，没有污染环境的问题。

217. 微生物肥料的种类与剂型有哪些?

答：按制品中特定的微生物种类分为细菌肥料（根瘤菌肥料、固氮菌肥料）、放线菌肥料（如抗生菌类）、真菌类肥料（如菌根真菌）等；按其作用机理分为根瘤菌肥料、固氮菌肥料、磷细菌肥料、硅酸盐细菌肥料；按其制品内含有的微生物种类分为单纯微生物肥料、复合（或复混）微生物肥料。

微生物肥料的剂型有五种：①固体粉状草炭剂型：利用草炭作为微生物的载体；②液体剂型：用微生物的发酵液直接分装；③颗粒剂型；④冻干剂型：将发酵液浓缩或不浓缩，加入适量保护剂，真空冷冻干燥而成；⑤干粉剂型：用吸附剂制成的干菌粉。

218. 什么是缓控释肥? 其特点有哪些?

答：缓控释肥是指能缓慢释放或有限制的释放其养分，供应作物生长所需的肥料。分为缓释肥、控释肥。按包膜溶解方式分为四类：

（1）微溶于水的合成有机含氮化合物，如尿醛缩合物、草酰胺等。

（2）微水溶性或柠檬酸溶性的合成无机肥料，如部分酸化磷肥、钙镁磷肥及二价金属磷酸铵钾盐等。

（3）加工过的天然有机肥料，氨化腐殖酸肥料、干燥的活性污泥等。

（4）包膜型、包裹型、包囊型肥料，如包硫尿素、聚合物包膜肥料、肥料包裹肥料等。国际上一般把前三种称为缓释肥，第四种称为控释肥。

控（缓）释肥料的特点：减少肥料淋溶和径流损失，减少肥料在土壤中的化学和生物固定，减少氮肥以 NH_3 的形式挥发损失和以反硝化作用的损失，提高化肥利用率；控（缓）释肥能按照作物需要的速度和浓度提供养分；减少化肥用量，减轻环境污染；省工省时，降低作业强度。但肥料价格普遍高于普通肥料，苗期肥效缓慢，大田作物上推广有一定难度。

219. 控（缓）释肥料的种类、性质及施用技术有哪些？

答：（1）合成缓溶性缓释肥料。含氮、磷、钾合成微溶性缓释肥料有许多种。含磷化合物有磷酸氢钙、脱氟磷肥、钙镁磷肥、磷酸铵镁、偏磷酸钙等；含钾化合物有偏磷酸钾、聚磷酸钾、焦磷酸钙钾等。氮肥由于不稳定、易挥发损失氮素，缓释氮肥是研发的重点。

合成缓溶性缓释氮肥：①脲甲醛，为白色颗粒或粉末状的无臭固体，吸湿性很小，含氮36%～38%。施入土壤后，靠微生物分解，最后分解为甲醛和尿素；②丁烯叉二脲（脲乙醛），含氮28%～32%，白色微溶粉末，不吸湿。最后分解为尿素和β-羟基丁酸，无残毒。特别适宜于果树、蔬菜、草坪、马铃薯、禾本科作物；③异丁叉二脲，含氮32.1%，不吸湿，最后分解产物氮素被作物吸收，其余易分解，无残毒。适用于草坪、牧草和观赏植物。上述肥料用于农作物，在苗期均需配施速效性氮肥。

（2）包膜（包裹）缓控释肥料。①包硫尿素：含氮量36%～37%，在一定温度条件下，7天氮素溶出率在20%～30%之间。②聚合物包膜肥料：聚合物包膜肥料种类较多，绝大多数是专利技术。最早由美国研制，已形成世界最著名的商品品牌（Osmocote），典型组成有：14-14-14、19-6-12等养分组分，养分释放期在3～4个月；18-5-11养分组分的最长养分释放期为12～14个月。③肥料包裹肥料：以尿素颗粒或水溶性肥料等为核心，以钙镁磷肥、钾肥或磷矿粉、微肥、加上黏结剂或以微溶性二价金属磷酸铵铝盐为包裹层，形成肥包肥的控释肥料。由郑州工大院研发，已获国家专利，是环境友好型肥料。④基质包膜肥料：基质一般是生物可降解的表面包裹剂。

220. 什么是测土配方施肥？

答：测土配方施肥是以土壤测试和肥料田间试验为基础，根据作物需肥规律、土壤供肥性能和肥料效应，在合理施用有机肥料的基础上，提出氮、磷、钾及中、微量元素等肥料的施用数量、施肥时期和施用方法。通俗地讲就是在农业科技人员指导下科学施用配方肥。测土配方施肥技术的核心是调节和解决作物需肥与土壤供肥之间的矛盾，同时有针对性地补充作物所需的营养元素，作物缺什么元素就补充什么元素，需要多少补多少，实现各种养分平衡供应，满足作物的需要，达到提高肥料利用率和减少用量，提高作物产量，改善农产品品质，节省劳力，达到节支增收的目的。

221. 测土配方施肥技术的原理是什么?

答：测土配方施肥是以养分归还（补偿）学说、最小养分律、同等重要律、不可代替律、肥料效应报酬递减律和因子综合作用律等为理论依据，以确定不同养分的施肥总量和配比为主要内容。为了充分发挥肥料的最大增产效益，施肥必须与选用良种、肥水管理、种植密度、耕作制度和气候变化等影响肥效的诸因素结合，形成一套完整的施肥技术体系。

（1）养分归还（补偿）学说。作物产量的形成有40%～80%的养分来自土壤，但不能把土壤看作一个取之不尽、用之不竭的“养分库”。为保证土壤有足够的养分供应容量和强度，保持土壤养分的携出与输入间的平衡，必须通过施肥这一措施来实现。依靠施肥，可以把被作物吸收的养分“归还”土壤，确保土壤肥力。

（2）最小养分律。作物生长发育需要吸收各种养分，但严重影响作物生长，限制作物产量的是土壤中那种相对含量最小的养分因素，也就是最缺的那种养分（最小养分）。如果忽视这个最小养分，即使继续增加其他养分，作物产量也难以再提高。只有增加最小养分的量，产量才能相应提高。经济合理的施肥方案，是将作物所缺的各种养分同时按作物所需比例相应提高，作物才会高产。

（3）同等重要律。对农作物来讲，不论大量元素或微量元素，都是同样重要缺一不可的，即使缺少某一种微量元素，尽管它的需要量很少，仍会影响某种生理功能而导致减产。如玉米缺锌导致植株矮小而出现花白苗，水稻苗期缺锌造成僵苗，棉花缺硼使得蕾而不花。微量元素与大量元素同等重要，不能因为需要量少而忽略。

（4）不可替代律。作物需要的各营养元素，在作物体内都有一定功效，相互之间不能替代。如缺磷不能用氮代替，缺钾不能用氮、磷配合代替。缺少什么营养元素，就必须施用含有该元素的肥料进行补充。

（5）报酬递减律。从一定土地上所得的报酬，随着向该土地投入的劳动和资本量的增大而有所增加，但达到一定水平后，随着投入的单位劳动和资本量的增加，报酬的增加却在逐渐减少。当施肥量超过适量时，如再增加施肥量，不仅不能增加产量，反而会造成减少。

（6）因子综合作用律。作物产量高低是由影响作物生长发育诸因子综合作用的结果，但其中必有一个起主导作用的限制因子，产量在一定程度上受该限制因子的制约。为了充分发挥肥料的增产作用和提高肥料的经济效益，一方面，施肥措施必须与其他农业技术措施密切配合，发挥生产体系的综合功能；另一方面，各种养分之间的配合施用，也是提高肥效不可忽视的问题。

222. 测土配方施肥应遵循哪些原则？

答：测土配方施肥主要有三条原则：

一是有机与无机相结合。实施配方施肥必须以有机肥料为基础。土壤有机质是土壤肥沃程度的重要指标。增施有机肥料可以增加土壤有机质含量，改善土壤理化生物性状，提高土壤保水保肥能力，增强土壤微生物的活性，促进化肥利用率的提高。因此，必须坚持多种形式的有机肥料投入，才能够培肥地力，实现农业可持续发展。

二是大量、中量、微量元素配合。各种营养元素的配合是配方施肥的重要内容，随着产量的不断提高，在耕地高度集约利用的情况下，必须进一步强调氮、磷、钾肥的相互配合，并补充必要的中、微量元素，才能获得高产稳产。

三是用地与养地相结合，投入与产出相平衡。要使作物—土壤—肥料形成物质和能量的良性循环，必须坚持用养结合，投入产出相平衡。破坏或消耗了土壤肥力，就意味着降低了农业再生产的能力。

223. 测土配方施肥的基本方法有哪些？

答：基于田块的肥料配方设计，首先要确定氮、磷、钾养分的用量，然后确定相应的肥料组合，通过提供配方肥料或发放配肥通知单，推荐指导农民使用。肥料用量的确定方法，主要包括土壤与植株测试推荐施肥方法、肥料效应函数法、土壤养分丰缺指标法和养分平衡法。

（1）土壤、植株测试推荐施肥方法。该技术综合了目标产量法、养分丰缺指标法和作物营养诊断法的优点。对于大田作物，在综合考虑有机肥、作物秸秆应用和管理措施的基础上，根据氮磷钾和中微量元素养分的不同特征，采取不同的养分优化调控与管理策略。其中，氮素推荐根据土壤供氮状况和作物需氮量，进行实时动态监测和精确调控，包括基肥和追肥的调控；磷钾肥通过土壤测试和养分平衡进行监控；中微量元素采用因缺补缺的矫正施肥策略。该技术包括氮素实时监控、磷钾养分恒量监控和中微量元素养分矫正施肥技术。

（2）肥料效应函数法。根据“3414”方案田间试验结果建立当地主要作物的肥料效应函数，直接获得某一区域、某种作物的氮、磷、钾肥料的最佳施用量，为肥料配方和施肥推荐提供依据。

（3）土壤养分丰缺指标法。通过土壤养分测试结果和田间肥效试验结果，建立不同作物、不同区域的土壤养分丰缺指标，提供肥料配方。土壤养分丰缺指标田间试验也可采用“3414”部分实施方案，收获后计算产量，用缺素区产量占全肥区产量百分数，即相对产量的高低来表达土壤养分的丰缺情况。相对产量低于50％的土壤养分为极低；50％～75％的为低；75％～95％的为中；大于95％的为高，从而确定出适用于某一区域、某种作物的土壤养分丰缺指标及对应的施用肥料数量。对该区域其他田块，通过土壤养分测定，就可以了解土壤养分的丰缺状况，提出相应的推荐施肥量。

（4）养分平衡法。根据作物目标产量需肥量与土壤供肥量之差估算目标产量的施肥量，通过施肥补足土壤供应不足的那部分养分。

施肥量的计算公式为：$$施肥量=\frac{目标产量所需养分总量-土壤肥量}{肥量中养分含量肥料\times 当季利用率}$$

养分平衡法涉及目标产量、作物需肥量、土壤供肥量、肥料利用率和肥料中有效养分含量五大参数。土壤供肥量即为“3414”方案中处理1的作物养分吸收量。目标产量确定后因土壤供肥量的确定方法不同，形成了地力差减法和土壤有效养分校正系数法两种。地力差减法是根据作物目标产量与基础产量之差来计算施肥量的一种方法。土壤有效养分校正系数法是通过测定土壤有效养分含量来计算施肥量。

224. 实施测土配方施肥有哪些步骤?

答：测土配方施肥技术包括“测土、配方、配肥、供应、施肥指导”五个核心环节、九项重点内容。

（1）田间试验。田间试验是获得各种作物最佳施肥量、施肥时期、施肥方法的根本途径，也是筛选、验证土壤养分测试技术、建立施肥指标体系的基本环节。通过田间试验，掌握各个施肥单元不同作物优化施肥量，基、追肥分配比例，施肥时期和施肥方法；摸清土壤养分校正系数、土壤供肥量、农作物需肥参数和肥料利用率等基本参数；构建作物施肥模型，为施肥分区和肥料配方提供依据。

（2）土壤测试。土壤测试是制定肥料配方的重要依据之一，随着我国种植业结构的不断调整，高产作物品种不断涌现，施肥结构和数量发生了很大的变化，土壤养分库也发生了明显改变。通过开展土壤氮、磷、钾及中、微量元素养分测试，了解土壤供肥能力状况。

（3）配方设计。肥料配方设计是测土配方施肥工作的核心。通过总结田间试验、土壤养分数据等，划分不同区域施肥分区；同时，根据气候、地貌、土壤、耕作制度等相似性和差异性，结合专家经验，提出不同作物的施肥配方。

（4）校正试验。为保证肥料配方的准确性，最大限度地减少配方肥料批量生产和大面积应用的风险，在每个施肥分区单元设置配方施肥、农户习惯施肥、空白施肥 3 个处理，以当地主要作物及其主栽品种为研究对象，对比配方施肥的增产效果，校验施肥参数，验证并完善肥料配方，改进测土配方施肥技术参数。

（5）配方加工。配方落实到农户。田间是提高和普及测土配方施肥技术的最关键环节。目前不同地区有不同的模式，其中最主要的也是最具有市场前景的运作模式就是市场化运作、工厂化加工、网络化经营。这种模式适应我国农村农民科技素质低、土地经营规模小、技物分离的现状。

（6）示范推广。为促进测土配方施肥技术能够落实到田间，既要解决测土配方施肥技术市场化运作的难题，又要让广大农民亲眼看到实际效果，这是限制测土配方施肥技术推广的“瓶颈”。建立测土配方施肥示范区，为农民创建示范窗，树立样板，全面展示测土配方施肥技术效果，是推广前要做的工作。推广“一袋子肥”模式，将测土配方施肥技术物化成产品，也有利于打破技术推广“最后一公里”的“坚冰”。

（7）宣传培训。测土配方施肥技术宣传培训是提高农民科学施肥意识，普及技术的重要手段。农民是测土配方施肥技术的最终使用者，迫切需要向农民传授科学施肥方法和模式；同时还要加强对各级技术人员、肥料生产企业、肥料经销商的系统培训，逐步建立技术人员和肥料商持证上岗制度。

（8）效果评价。农民是测土配方施肥技术的最终执行者和落实者，也是最终受益者。检验测土配方施肥的实际效果，及时获得农民的反馈信息，不断完善管理体系、技术体系和服务体系。同时，为科学地评价测土配方施肥的实际效果，必须对一定的区域进行动态调查。

（9）技术创新。技术创新是保证测土配方施肥工作长效性的科技支撑。重点开展田间试验方法、土壤养分测试技术、肥料配制方法、数据处理方法等方面的创新研究工作，不断提升测土配方施肥技术水平。

225. 推广测土配方施肥技术有何意义？

答：测土配方施肥不同于一般的“项目”或“工程”，是一项长期的、基础的工作，是直接关系到农作物稳定增产、农民收入稳步增加、生态环境不断改善的一项日常性工作。测土配方施肥工作不仅仅是一项简单的技术工作，它是由一系列理论、方法、技术、推广模式等组成的体系，只有社会各有关方面都积极参与，各司其职，各尽其能，才能真正推进测土配方施肥工作的开展。农业技术推广体系单位要负责测土、配方、施肥指导等核心环节，建立技术推广平台；测土配肥试验站、肥料生产企业、肥料销售商等搞好配方肥料生产和供应服务，建立良好的生产和营销机制；科研教学单位要重点解决限制性技术或难题，不断提升和完善测土配方施肥技术。

226. 目前测土配方施肥现状如何？

答：从20世纪80年代开始示范推广测土配方施肥以来，经过大量的试验、示范及推广，形成了日趋成熟和完善的“测土—配方—生产—供肥—技术指导”全方位一条龙系列化服务体系，取得了显著的经济、社会及生态效益。但由于人们普遍认为“老技术年年描，缺乏新意和创意”，最近几年投入越来越少，缺乏推广力度和资金支持，使该项技术推广进度缓慢。施肥结构不合理，施肥中“三重三轻”（重氮磷肥轻钾肥、重化肥轻有机肥、重大量元素肥轻微肥）现象在较大范围内突出，导致化肥利用率和贡献率逐年降低。

227. 测土配方施肥如何实现增产和增效？

答：测土配方施肥是一项先进的科学技术，在生产中应用，可以实现增产增效的作用。

（1）通过调肥增产增效。在不增加化肥投资的前提下，调整化肥 N：P_2O_5：K_2O 的比例，起到增产增收的作用。

（2）减肥增产增效。一些经济发达地区和高产地区，由于农户缺乏科学施肥的知识和技术，往往以高肥换取高产，经济效益很低。通过测土配方施肥技术，适当减少某一肥料的用量，以取得增产或平产的效果，实现增效的目的。

（3）增肥增产增效。对化肥用量水平很低或单一施用某种养分肥料的地区和田块，合理增加肥料用量或配施某一养分肥料，可使农作物大幅度增产，从而实现增效。

228. 什么是配方肥料？

答：指以土壤测试和田间试验为基础，根据作物需肥规律、土壤供肥性能和肥料效应，以各种单质化肥和（或）复混肥料为原料，采用掺混或造粒工艺制成的适合于特定区域、特定作物的肥料。

229. 常见不合理施肥有哪些？

答：不合理施肥通常是由于施肥数量、施肥时期、施肥方法不合理造成的。常见的现象有：

（1）施肥浅或表施。肥料易挥发、流失或难以到达作物根部，不利于作物吸收，造成肥料利用率低。肥料应施于种子或植株侧下方16～26厘米处。

（2）双氮肥。用氮化铵和氮化钾生产的复合肥称为双氮肥，含氮约30%，易烧苗，要及时浇水。盐碱地和对氮敏感的作物不能施用含氮肥料。对叶（茎）菜过多施用氮化钾等，不但造成蔬菜不鲜嫩、纤维多，而且使蔬菜味道变苦，口感差，效益低。尿基复合肥含氮高，缩二脲含氮也略高，易烧苗，要注意浇水和施肥深度。

（3）农作物施用化肥不当，可能造成肥害，发生烧苗、植株萎蔫等现象。例如，一次性施用化肥过多或施肥后土壤水分不足，会造成土壤溶液浓度过高，作物根系吸水困难，导致植株萎蔫，甚至枯死。施氮肥过量，土壤中有大量的氨或铵离子，一方面氨挥发，遇空气中的雾滴形成碱性小水珠，灼伤作物，在叶片上产生焦枯斑点；另一方面，铵离子在旱土上易硝化，在亚硝化细菌作用下转化为亚硝胺，气化产生二氧化氮气体会毒害作物，在作物叶片上出现不规则水渍状斑块，叶脉间逐渐变白。此外，土壤中铵态氮过多时，植物会吸收过多的氨，引起氨中毒。

（4）过多地使用某种营养元素，不仅会对作物产生毒害，还会妨碍作物对其他营养元素的吸收，引起缺素症。例如，施氮过量会引起缺钙；硝态氮过多会引起缺钼失绿；钾过多会降低钙、镁、硼的有效性；磷过多会降低钙、锌、硼的有效性。

（5）鲜人粪尿不宜直接施用于蔬菜。新鲜的人粪尿中含有大量病菌、毒素和寄生虫卵，如果未经腐熟而直接施用，会污染蔬菜，易传染疾病，需经高温堆沤发酵或无害化处理后才能施用。未腐熟的畜禽粪便在腐烂过程中会产生大量的硫化氢等有害气体，易使蔬菜种子缺氧窒息；并产生大量热量，易使蔬菜种子烧种或发生根腐病，不利于蔬菜种子萌芽生长。

为防止肥害的发生，生产上应注意合理施肥。一是增施有机肥，提高土壤缓冲能力；二是按规定施用化肥。根据土壤养分水平和作物对营养元素的需求情况，合理施肥，不随意加大施肥量，施追肥掌握轻肥勤施的原则；三是全层施肥。同等数量的化肥，在局部施用时往往造成局部土壤溶液浓度急剧升高，伤害作物根系，改为全层施肥，让肥料均匀分布于整个耕层，能使作物避免伤害。

230. 什么叫作农作物营养缺素症？

答：农作物正常生长发育需要吸收各种必需的营养元素，如果缺乏任何一种营养元素，其生理代谢就会发生障碍，作物不能正常生长发育，使根、茎、叶、花或果实在外形上表现出一定的症状，将会引起农作物减产，通常称为农作物的缺素症。

231. 如何按测土配方计算施肥量？

答：一般情况下，测土配方施肥表采用的推荐施肥量是纯氮（N）、五氧化二磷（P_2O_5）、氧化钾（K_2O）的用量。但由于各种化肥的有效含量不同，所以农民在实际生产过程中不易准确地把握用肥量。应根据实际情况，计算施入土壤中的化肥量。假设该地块推荐用肥量为每亩纯氮（N）8.5千克、五氧化二磷4.5千克、氧化钾6.5千克，单项施肥其计算方式为：推荐施肥量÷化肥的有效含量＝应施肥数量。可得结果：施入尿素（尿素含氮量一般为46%）为：8.5÷46%＝18.5千克，施入硫酸钾（硫酸钾含氧化钾量一般为50%）为：6.5÷50%＝13千克，施入过磷酸钙（过磷酸钙含五氧化二磷量一般为12%）为：4.5÷12%＝37.5千克。如果施用复混肥，用量应先以配方施肥表上推荐施肥量最少的那种肥计算，然后添加其他两种肥。如某种复混（合）肥袋上标明的氮、磷、钾含量为15∶15∶15，那么该地块应施这种复混肥：4.5÷15%＝30千克，这样土壤中的磷元素已经满足了作物需要的营养。

由于复混肥比例固定，难以同时满足不同作物、不同土壤对各种养分的需求。因此，需添加单元肥料加以补充，计算公式为：（推荐施肥量－已施入肥量）÷准备施入化肥的有效含量＝增补施肥数量。该地块已经施入了30千克氮、磷、钾含量各为15%的复合肥，相当于施入土壤中纯氮30×15%＝4.5千克、五氧化二磷和氧化钾也各为4.5千克。根据以上推荐施肥量纯氮（N）8.5千克、五氧化二磷4.5千克、氧化钾6.5千克的要求，还需要增施：尿素（8.5－4.5）÷46%＝8.7千克，硫酸钾（6.5－4.5）÷50%＝4千克。

232. 有机肥在配方施肥技术中的作用是什么？

答：从农业生产物质循环的角度看，作物的产量越高，从土壤中获得的养分越多，需要以施肥形式，特别是以化肥补偿土壤中的养分。随着化肥施用量的日益增加，肥料结构中有机肥的比重相对下降，农业增产对化肥的依赖程度愈来愈大。在一定条件下，施用化肥的当季增产作用确实很大，但随着单一化肥施用量的逐渐增加，土壤有机质消耗量也增大，造成土壤团粒结构分解，协调水、肥、气、热的能力下降，土壤保肥供肥性能变差，将会出现新的低产田。配方施肥要同时达到发挥土壤供肥能力和培肥土壤两个目的，仅仅依靠化肥是做不到的，必须增施有机肥。有机肥的作用，除了供给作物多种养分外，更重要的是更新和积累土壤有机质，促进土壤微生物活动，有利于形成土壤团粒结构，协调土壤中水、肥、气、热等肥力因素，增强土壤保肥供肥能力，为作物高产优质创造条件。所以，配方施肥不是几种化肥的简单配比，应以有机肥为基础，氮、磷、钾化肥以及中、微量元素配合施用，既获得作物优质高产，又维持和提高土壤肥力。

233. 配方肥基础肥的配伍方式有几种？

答：目前，配方肥国内配伍系列有5种形式。第一种是硝胺—过磷酸钙—氮化钾：适用于生产低浓度BB肥，提倡把过磷酸钙与有机质、微量元素加工成颗粒，与硝酸铵、氮化钾颗粒肥混配；第二种是氮化铵—过磷酸钙—氮化钾：适用于生产低浓度BB肥，用颗粒氮化铵代替硝酸铵，可降低成本，由于是双氮化肥，一般用于水田；第三种是尿素—过磷酸钙—氮化钾：适用于生产低、中、高浓度BB肥；第四种是硝酸磷肥一氮化钾：适用于生产中、高浓度BB肥，硝酸磷肥是颗粒肥料，含氮、五氧化二磷各20%，混合后理化性状较好，但硝酸磷肥原料少；第五种是尿素—磷铵—氮化钾：适用于生产高浓度BB肥，粒度好，耐贮存，国外广泛采用这种配伍方式。

234. 配方肥原料配伍中应注意哪些问题？

答：在配方肥的生产中，一定要注意粉粒掺混肥和颗粒掺混肥生产中的原料配伍问题。基础原料肥选用不当，在配伍中出现吸潮、盐分解析、结块、养分损失转化等，不仅影响商品效果，而且会使有效性降低。配方肥生产、配料应注意的问题如下：尿素—磷铵—氮化钾配伍是目前的最佳配伍选择，唯一缺点是养分浓度太高，微肥无法加入。尿素—过磷酸钙（或重钙）—氮化钾配伍带来的问题是：过磷酸钙（或重钙）的主要成分为磷酸二氢钙水合物与尿素反应生成化合物，释放出水，使肥料变湿结块。解决办法：一是要严格控制过磷酸钙（或重钙）的含水量，含水量必须控制在3.4%以内；二是要进行氨化处理，处理后的含水量必须小于4%，可用碳酸氢铵对过磷酸钙进行氨化处理。碳酸氢铵的加入量要根据工艺要求严加控制。氨化处理完毕可同氮肥粒、钾肥粒掺混。另外，配方肥配伍时，硝酸铵和尿素不能同时作为氮源掺混；过磷酸钙和磷酸二铵同时使用，会发生肥料变湿结块。

235. 小麦需肥特性是什么？

答：小麦每形成100千克籽粒，需从土壤中吸收氮素2.5～3千克、磷素（P_2O_5）1～1.7千克、钾素（K_2O）1.5～3.3千克，氮、磷、钾比例为1∶0.44∶0.93。由于各地气候、土壤、栽培措施、品种特性等条件不同，小麦产量也不同，因而对氮、磷、钾的吸收总量和每形成100千克籽粒所需养分的数量、比例也不相同。

小麦在不同生育期吸收氮、磷、钾养分的规律基本相似。一般氮的吸收有两个高峰：一是从出苗到拔节阶段，吸收氮量占总吸收量的40%左右；二是拔节到孕穗开花阶段，吸收氮量占总量的30%～40%。

根据小麦不同生育期吸收氮、磷、钾养分的特点，通过施肥措施，协调和满足小麦对养分的需要，是争取小麦高产的一项关键措施。在小麦苗期，初生根细小，吸收养分能力较弱，应有适量的氮素营养和一定的磷、钾肥，促使麦苗早分蘖、早发根，形成壮苗。小麦拔节至孕穗、抽穗期，植株从营养生长过渡到营养生长和生殖生长并进的阶段，是小麦吸收养分最多的时期，也是决定麦穗大小和穗粒数多少的关键时期。因此，适期施拔节肥，对增加穗粒数和提高产量有明显的作用。小麦在抽穗至乳熟期，仍应保持良好的氮、磷、钾营养，以延长上部叶片的功能期，提高光合效率，促进光合产物的转化运转，有利于小麦籽粒灌浆、饱满和增重。小麦后期缺肥，可采取根外追肥。

236. 小麦缺素有哪些症状？

答：缺氮：植株矮小，茎短而纤细，叶片稀少，叶色发黄，分蘖少而不成穗，主茎穗亦短小。

缺磷：出苗后延迟或不长次生根，植株矮瘦，生长迟缓。叶色暗绿，叶尖紫红色，叶鞘发紫，不分蘖或少分蘖，抽穗成熟延迟，穗小粒少。

缺钾：新叶呈蓝绿色，叶质柔弱并卷曲，老叶由黄渐渐变成棕色以致枯死，呈烧焦状。茎秆短而细弱，易倒伏，分蘖不规则，成穗少，籽粒不饱满。

缺钼：首先发生在叶片前部褪色变淡，接着沿叶脉平行出现细小的黄白色斑点，并逐渐形成片状，最后使叶片前部干枯，严重的整叶干枯。

缺锰：小麦缺锰症状与缺钼症状类似，不同的是缺锰时，病斑发生在叶片中部，病叶干枯后使叶片卷曲或折断下垂，而叶前部基本完好。

缺硼：分蘖不正常，有时不出穗或只开花不结实。

缺锌：新叶的中脉出现典型的白条斑，基部叶产生褐色斑点，根系细弱，毛细很少，植株生长缓慢，分蘖率显著降低，很容易造成冻害。特别是在中度及重度缺锌的地块，其症状能维持很长时间，使小麦生长不齐，严重减产。

237. 怎样确定小麦肥料的适宜用量？

答：小麦生长发育所必需的氮、磷、钾三元素在小麦体内含量比较高，需要量大，对小麦生长发育起着极为重要的作用。小麦正常生长还需要钙、镁、硫、硼、锰等中、微量元素。在土壤供应不足时，施用相应的肥料效果明显，如缺硫的土壤施含硫的肥料，能提高面粉的品质；土壤缺硼时，小麦雄性器官发育受阻，不结实，施硼后则开花结实正常。小麦总施肥量：

（1）有机肥。小麦产量水平低于450千克/亩的中产区，施用优质农家肥2 000千克/亩。小麦产量水平为450～550千克/亩的高产区，施用优质农家肥

3 000 千克/亩，玉米一小麦轮作区提倡玉米秸秆全量还田。

（2）化肥。在施足有机肥的基础上，根据目标产量，按小麦平衡施肥氮、磷、钾素推荐用量相应确定。

（3）微量元素。应根据土壤硼、锌、锰等含量及小麦缺素症状针对性地使用微量元素。

（4）根外追肥。小麦抽穗至灌浆期，用0.4%～0.5%的磷酸二氢钾水溶液喷施叶面，可以增加粒重，促进成熟，提高抵抗干热风的能力。

氮肥在高产地块，用总量的60%作基肥，40%作追肥；中、低产地块，用总量的50%作基肥，10%作种肥，40%作追肥。

注：拌种时，将每100千克麦种所用的拌种肥加水配成1千克水溶液水量，对种子进行喷雾处理，再将喷润后的种子闷4小时，经浸种或拌种处理的种子，待晒干后方可播种。

238. 玉米怎样进行配方施肥?

答：玉米施肥应综合考虑品种特性、土壤条件、产量水平、栽培方式等因素。亩产按500～600千克推算，亩施纯氮（N）16千克左右、有效磷（P_2O_5）5千克左右、纯钾（K_2O）5千克左右。基肥亩施腐熟的猪、牛栏肥1 000千克左右；播种时使用种肥同播机亩用40%含量的配方肥15千克，加0.5～1.0千克硼肥和2千克硫酸锌肥拌匀混施，定苗后亩追施40%含量配方肥25千克。大喇叭时，每亩追施尿素15千克。应掌握“前轻、中重、后补”的施肥方式。

239. 蔬菜施肥量的确定应如何考虑?

答：施肥量对大多数蔬菜的产量和质量影响不同，最高产量施肥量和最佳施肥量不一定对品质就是最好的。如菠菜最高产量的氮肥施用量为160～240千克/公顷，而质量指标，如干物质、糖、蛋白质和维生素C达到最大值时的氮肥用量只有最高产量施肥量的1/2左右。再者，一些对质量有负面影响的参数，如硝酸盐含量等总是随着氮肥用量的增大而增加，所以质量最佳氮肥用量显然应该低于最高产量施肥量。

因此，确定蔬菜的最适施肥量（特别是氮肥用量）不仅要考虑蔬菜的产量指标，而且应该充分考虑蔬菜的质量指标，这在蔬菜栽培中是一项相当重要和非常复杂的工作。由于蔬菜质量指标的多样性和复杂性，目前还没有一个确定的程序可供遵循。总的来说，蔬菜适宜施肥量的确定必须同时考虑产量目标、土壤供肥状况、蔬菜营养特性、肥力种类以及蔬菜质量随肥料用量而变化的特点。

240. 无公害食品生产为什么离不开化肥?

答：无公害食品即安全食品，要求不含有对人体有害的物质。要获得充足的农产品，满足社会的需求，同样离不开化肥的投入。不同形态的有效氮被作物吸收后，转化为硝酸盐和亚硝酸盐的几率相近。这两种盐类广泛存在于自然界和食品中，食品中含量正常是有益的，能抑制细菌的毒素，含量过多时人体会出现高铁血红蛋白症。有的蔬菜类食品中硝酸盐和亚硝酸盐含量较高，生产中要控制过量地施用氮肥，防止这两种盐类的过量积累。无公害食品生产主要是要解决农药残留量、产地环境污染等问题，化肥是提供给植物的营养物质，不是农药，只要科学施用，不会造成食品的公害。

241. 如何加强果园土壤肥力建设?

答：(1) 增加有机肥投入。要广开肥源，充分利用泥炭土、果渣、秸秆等有机资源，采取堆腐、发酵、腐熟无害化技术，弥补粪肥资源不足的现状。大力发展果区畜牧业，集造农家肥；因地制宜，推广幼龄果园间套（种）绿肥、果园生草，增加土壤有机质；利用秸秆、杂草堆腐造肥；发展沼气，在果园推广沼肥（沼液、沼渣）应用技术，增加有机肥投入，逐步提高果园土壤有机质含量（15 克/千克以上），改善土壤结构，提高土壤保水、保肥能力。

(2) 开展测土配方施肥。在果园施肥上要坚持有机无机结合，氮、磷、钾配合施用，针对性补施中、微量元素肥料的原则。要依据测土化验结果、试验资料、果树生长状况及果园施肥特点，确定科学的肥料配比，制定合理的施肥方案。依据果树的需肥规律，采取基肥为主，追肥为辅，分期分批施入肥料。施肥方法上可采用放射状、环状、条状沟施。要通过深翻改土，覆盖保墒，应用“穴施肥水”技术，搞好肥水结合，提高施肥效率。

242. 番茄怎样进行配方施肥?

答：生产 100 千克番茄需氮（N）0.4 千克、磷（P_2O_5）0.45 千克、钾（K_2O）0.44 千克。按亩产 5 000 千克计算，定植前亩施优质有机肥 2 000 千克、硫酸铵 15 千克、过磷酸钙 50 千克、硫酸钾 15 千克做基肥。第一穗果膨大到鸡蛋大小时应进行第一次追肥，亩施硫酸铵 18 千克、过磷酸钙 15 千克、硫酸钾 16 千克。第三、四穗果膨大到鸡蛋大小时，应分期及时追施“盛果肥”，这时需肥量大，施肥量应适当增加，每次每亩追施硫酸铵 20 千克、过磷酸钙 18 千克、硫酸钾 20 千克。每次追肥应结合浇水。在开花结果期，用 0.1%～0.2%磷酸二氢钾加坐果灵进行叶面喷施。设施栽培的番茄，比露地要多施有机肥，少施化肥，并结合灌水分次施用，以防止产生盐分障碍。

243. 辣椒怎样进行配方施肥?

答：生产1 000千克辣椒需氮（N）5.5千克、磷（P_2O_5）2千克、钾（K_2O）6.5千克。定植前亩施优质农家肥2 000千克、磷肥50千克、钾肥5千克做基肥。开花初期开始分期追肥，第一次追肥，每亩施尿素20千克、过磷酸钙20千克、硫酸钾15千克。结第二、三层果时，需肥量逐次增多，每次追肥时应适当增加追肥量，以满足结果时的营养供应。每次追肥应结合培土和浇水。

244. 黄瓜怎样进行配方施肥?

答：黄瓜是一种高产蔬菜，结瓜期长，又是浅根作物，需长期满足生长期的营养，应及时分期追肥。生产1 000千克黄瓜需氮（N）2.6千克、磷（P_2O_5）1.5千克、钾（K_2O）3.5千克。黄瓜定植前，亩施优质有机肥2 000千克、磷肥30千克做基肥。黄瓜在出苗至初花期要适当蹲苗。黄瓜进入结瓜期进行第一次追肥，亩施尿素10千克、磷钾肥15千克，以后每隔7～10天结合浇水追施1次。整个黄瓜生育期追肥8～10次。顶瓜生长期，植株衰老，根部吸收能力减弱，应喷0.5%的尿素液，或磷酸二氢钾等叶面肥。棚室栽培随着棚室内CO_2浓度的提高，黄瓜产量明显增加。应适当增加有机肥比重，既可以增加棚室CO_2，又有利于避免产生盐分障碍。

245. 茄子怎样进行配方施肥?

答：茄子系喜肥需肥量大的蔬菜，以钾最多，氮次之，磷较少。每生产1 000千克茄子需施氮（N）3千克、磷（P_2O_5）1千克、钾（K_2O）5千克。育苗施苗床基肥按有机肥18千克/平方米、过磷酸钙及硫酸钾各50克/平方米。出苗后，若叶片缺氮发黄，可喷施0.2%的尿素。定植田基肥前施有机肥3 500千克、过磷酸钙20～50千克、钾肥（以硫酸钾计）10～25千克。定植后结合浇水轻施一次腐熟人粪尿或亩施40%硫酸钾复混肥20千克，结合浇水追施“催果肥”，亩施氮肥（硫酸铵）15～20千克及适量磷肥。茄子膨大期是茄子的需水、需肥高峰，每次随水亩追施尿素10～20千克，缺钾区适量追施钾肥，也可以用磷酸二氢钾叶面喷施。

246. 什么是氮肥？氮肥的作用有哪些?

答：氮肥指具有氮（N）标明量，并提供植物氮素营养的单元肥料。氮肥的主要作用是：①提高生物总量和经济产量；②改善农产品的营养价值，特别能增加种子中蛋白质含量，提高食品的营养价值。施用氮肥有明显的增产效果。在增加粮食作物产量的作用中氮肥所占份额居磷（P）、钾（K）等肥料之上。

247. 常用的氮肥主要品种有哪些?

答：常用的氮肥品种可分为铵态、硝态、铵态硝态和酰胺态氮肥 4 种类型。各类氮肥主要品种如下：

（1）铵态氮肥：有硫酸铵、氯化铵、碳酸氢铵、氨水和液体氨。

（2）硝态氮肥：有硝酸钠、硝酸钙。

（3）铵态硝态氮肥：有硝酸铵、硝酸铵钙和硫硝酸铵。

（4）酰胺态氮肥：有尿素、氰氨化钙（石灰氮）。

248. 硫酸铵的施用方法及注意事项有哪些?

答：硫酸铵〔$(NH_4)_2SO_4$〕又称硫铵，是国内外最早生产和使用的一种氮肥。通常把它当作标准氮肥，含氮量在 20%～21%之间。纯品硫酸铵为白色结晶体，副产品带微黄或灰色，吸湿性小，不易结块，所以比较容易保存，且较易溶于水。

硫酸铵为生理酸性速效氮肥，一般比较适用于小麦、玉米、水稻、棉花、甘薯、麻类、果树、蔬菜等作物。对于土壤而言，硫酸铵最适于中性土壤和碱性土壤，而不适于酸性土壤。

硫酸铵的施用方法主要有以下几种：

（1）作基肥。硫酸铵作基肥时要深施覆土，以利于作物吸收。

（2）作追肥。这是最适宜的施用方法。根据不同土壤类型确定硫酸铵的追肥用量。对保水保肥性能差的土壤，要分期追施，每次用量不宜过多；对保水保肥性能好的土壤，每次用量可适当多些。土壤水分多少也对肥效有较大的影响，特别是旱地，施用硫酸铵时一定要注意及时浇水。至于水田作追肥时，则应先排水落干，并且要注意结合耕耙同时施用。此外，不同作物施用硫酸铵时也存在明显的差异，如用于果树时，可开沟条施、环施或穴施。

（3）较适于作种肥。因为硫酸铵对种子发芽无不良影响。

硫酸铵用时需注意以下问题：

（1）不能将硫酸铵肥料与其他碱性肥料或碱性物质接触或混合施用，以防降低肥效。

（2）不宜在同一块耕地上长期施用硫酸铵，否则土壤会变酸造成板结。如确需施用时，可适量配合施用一些石灰或有机肥。但必须注意硫酸铵和石灰不能混施，以防止硫酸铵分解，造成氮素损失。一般两者的配合施用要相隔 3～5 天。

（3）硫酸铵不适于在酸性土壤上施用。

249. 碳酸氢铵的施用方法及注意事项有哪些？

答：碳酸氢铵（NH_4HCO_3），简称碳铵，又称重碳酸铵，含氮（N）量17%左右。纯品为白色粉末状结晶体，工业用品略发灰白色，并有氨味。碳酸氢铵一般含水量5%左右，易潮解，易结块。温度在20℃以下还比较稳定，温度稍高或产品中水分超过一定的标准，碳酸氢铵就会分解为氨气和二氧化碳，气体逸散在空气中，造成氮素的肥效损失。碳酸氢铵的溶解度比其他固体氮肥小，但较易溶于水，其本身为生理中性速效氮肥，是固体氮肥中含氮量最低的一个品种。碳酸氢铵适用于各种作物和各类土壤，既可作基肥，又可作追肥。

碳酸氢铵作基肥时，可沟施或穴施。若能结合耕地深施，效果会更好。但需注意，施用深度要大于6厘米（砂质土壤可更深些），且施入后要立即覆土，只有这样才能减少氮素的损失。

碳酸氢铵作追肥时，旱田可结合中耕，要深施6厘米以下，并立即覆土，还要及时浇水。水田要保持3厘米左右的浅水层，但不要过浅，否则容易伤根，施后要及时进行耕耙。这样做的目的是促使肥料被土壤很好地吸收。碳酸氢铵做追肥时，要切记不要在刚下雨后或者在露水还未干前撒施。碳酸氢铵无论作基肥或追肥，切忌在土壤表面撒施，以防氮挥发，造成氮素损失或熏伤作物。

碳酸氢铵使用中应注意以下几个问题：

（1）不能将碳酸氢铵与碱性肥料混合施用，以便防止氨挥发，造成氮素损失。

（2）土壤干旱或墒情不足时，不宜施用碳酸氢铵。

（3）施用时勿与作物种子、根、茎、叶接触，以免灼伤植物。

（4）不宜做种肥，否则可能影响种子发芽。

250. 硝酸铵的施用方法及注意事项有哪些？

答：硝酸铵（NH_4NO_3），又称为硝胺。属硝胺态氮肥，含氮量在32%～34%之间。从氮素的营养角度看，供应旱田作物作追肥，硝酸铵是最理想的一类氮肥。其纯品为白色或淡黄色的球形颗粒状或结晶细粒状，氨态氮和硝态氮各占一半，是一种无杂质肥料。其中细粉状硝酸铵吸湿性强且较容易结块。颗粒状硝酸铵的吸湿性小，不易结块。但两种状态的硝酸铵均易溶于水，为生理中性速效性氮肥。它适用于各类土壤和各种作物。

硝酸铵不适宜作基肥，因为硝酸铵施入土壤后，解离成的硝酸根离子容易随水分淋失。同时，硝酸铵也不宜作种肥，因其养分含量较高，吸湿性强，与种子接触会影响发芽。水田施用硝酸铵，氮素易淋失，肥效不如等氮量的其他氮肥，只相当于等氮量硫酸铵的50%～70%。最为理想的用途是作追肥，而且最适用于旱田的追肥。亩用量可根据地力和产量指标来定。

使用当中应注意以下几点：

(1) 不能与酸性肥料（如过磷酸钙）和碱性肥料（如草木灰等）混合施用，以防降低肥效。

(2) 在施用时如遇结块，应轻轻地用木棍碾碎，不可猛砸，以防爆炸。

(3) 密封包装，保存时注意防潮、防高温，避开易燃物和氧化剂。

251. 尿素的施用方法及注意事项有哪些?

答：尿素〔$(NH_2)_2CO$〕，学名碳酸二胺，含氮量在44%～46%之间，缩二脲应小于1.0%。目前是我国固体氨肥中含氮量最高的肥料，理化性质比较稳定，纯品为白色或略带黄色的结晶体或小颗粒，内加防湿剂，吸湿性较小，易溶于水，为中性氮肥。尿素养分含量较高，适用于各种土壤和多种作物，最适合作追肥，特别是根外追肥效果好。

尿素施入土壤，只有在转化成碳酸氢铵后才能被作物大量吸收利用。由于存在转化的过程，因此肥效较慢，一般要提前4～6天施用。同时还要求深施覆土，施后也不要立即灌水，以防氮素淋至深层，降低肥效。

尿素根外追肥时，尤其是叶面，对尿素中的营养成分吸收很快，利用率也高，增产效果明显。喷施尿素时，对浓度要求较为严格，一般禾本科作物的浓度为1.5%～2%，果树为0.5%左右，露地蔬菜为0.5%～1.5%，温室蔬菜在0.2%～0.3%之间。对于生长盛期的作物，或者是成年的果树，施用尿素的浓度可适当提高。

使用尿素应注意以下几个问题：

(1) 一般不直接作种肥。因为尿素中含有少量的缩二脲，一般低于2%，缩二脲对种子的发芽和生长均有害。如果不得已作种肥时，可将种子和尿素分开下地，切不可用尿素浸种或拌种。

(2) 当缩二脲含量高于0.5%时，不可用作根外追肥。

(3) 尿素转化成碳酸氢铵后，在石灰性土壤上易分解挥发，造成氮素损失，因此，要深施覆土。

252. 长效氮肥的施用方法及注意事项有哪些?

答：长效氮肥，又叫涂层氮肥，是一种被涂层物质包裹的氮肥。它的包膜是由少量氮、钾、镁、锰、锌、铁、硼等营养元素的溶液喷涂而成。经过涂层的氮肥，不改变原有的性质。与普通氮肥相比较，长效氮肥具有物理性能好、氮素释放平缓、肥效长、氮素利用率高等特点。

长效氮肥有缓释作用，适合于农作物由苗期到成长期整个生长过程对氮素的需要，不存在前期供应过量，后期量小不足的缺点。推广长效氮肥，不仅能节约能源和工本，而且可以提高氮肥的有效利用率，还能缓解氮肥供不应求的矛盾。因而大力推广并合理使用长效氮肥，是提高农产品产量和质量的重要手段。

长效氮肥适宜于各类农作物和各类土壤条件。我国目前推广使用的长效氮肥主要有两个品种：长效尿素和长效碳酸氢铵，其施用方法与尿素、碳酸氢铵基本相同。具体施用要点如下：

（1）长效氮肥的氮素释放相对缓慢，释放高峰期比尿素约迟 5 天，故应比尿素的常规施用期提前。一般早春提前 5～6 天，夏季提前 3～4 天为宜。

（2）长效氮肥在土壤中的保氮能力比较强，利用率也较高。因此，它的用量比一般氮肥要略少些。通常要比常量减少 10%～15%。

（3）由于土质不同，长效氮肥在土壤中的吸收保存能力也有明显的差异。黏土的吸收保存能力较强，一次用量可多些；沙质土应以少量多次施用为宜。

（4）要根据作物不同的吸氮特性，科学地施用长效氮肥。

253. 如何合理施用氮肥？

答：（1）根据各种氮肥特性加以区别对待。碳酸氢铵和氨水易挥发跑氨，宜作基肥深施；硝态氮肥在土壤中移动性强，肥效快，是旱田的良好追肥；一般水田作追肥可用铵态氮肥或尿素。有些肥料对种子有毒害，如尿素、碳酸氢铵、氨水、石灰氮等，不宜做种肥；硫酸铵等尽管可作种肥，但用量不宜过多，并且肥料与种子间最好有土壤隔离。在雨量偏少的干旱地区，硝态氮肥的淋失问题不突出，因此以施用硝态氮肥较合适，在多雨地区或降雨季节，以施用铵态氮肥和尿素较好。

（2）要将氮肥深施。氮肥深施可以减少肥料的直接挥发、随水流失、硝化脱氮等方面的损失。深层施肥还有利于根系发育，使根系深扎，扩大营养面积。

（3）合理配施其他肥料。氮肥与有机肥配合施用对夺取作物高产、稳产，降低成本具有重要作用，这样做不仅可以更好地满足作物对养分的需要，而且还可以培肥地力。氮肥与磷肥配合施用，可提高氮磷两种养分的利用效果，尤其在土壤肥力较低的土壤上，氮磷肥配合施用效果更好。在有效钾含量不足的土壤上，氮肥与钾肥配合使用，也能提高氮肥的肥效。

（4）根据作物的目标产量和土壤的供氮能力，确定氮肥的合理用量，并且合理掌握底、追肥比例及施用时期，这要因具体作物而定，并与灌溉、耕作等农艺措施相结合。

254. 什么是磷肥？磷肥的主要作用有哪些？

答：磷肥指具有磷（P）标明量，以提供植物磷养分为其主要功效的单元肥料。磷是组成细胞核、原生质的重要元素，是核酸及核苷酸的组成部分。作物体内磷脂、酶类和植素中均含有磷，磷参与构成生物膜及碳水化合物，含氮物质和脂肪的合成、分解和运转等代谢过程，是作物生长发育必不可少的养分。合理施用磷肥，可增加作物产量，改善产品品质，加速谷类作物分蘖，促进幼穗分化；灌浆和籽粒饱满，促使早熟；还能促使棉花、瓜类、茄果类蔬菜及果树等作物的花芽分化和开花结实，提高结果率，增加浆果、甜菜、甘蔗以及西瓜等的糖分、薯类作物薯块中的淀粉含量、油料作物籽粒含油量以及豆科作物种子蛋白质含量。在栽种豆科绿肥时，施用适量的磷肥能明显提高绿肥鲜草产量，使根瘤菌固氮量增多，达到通常称之为“以磷增氮”的目的。此外，还能提高作物抗旱、抗寒和抗盐碱等抗逆性。

255. 磷素化肥常用品种的特性是什么？

答：(1) 水溶性磷肥。主要有普通过磷酸钙、重过磷酸钙和磷酸铵（磷酸一铵、磷酸二铵），适合于各种土壤、各种作物，但最好用于中性和石灰性土壤。其中磷酸铵是氮磷二元复合肥料，且磷含量高，为氮的3～4倍，在施用时，除豆科作物外，大多数作物直接施用必须配施氮肥，调整氮、磷比例，否则，会造成浪费或由于氮磷施用比例不当引起减产。

(2) 混溶性磷肥。指硝酸磷肥，也是一种氮磷二元复合肥料，最适宜在旱地施用，在水田和酸性土壤施用易引起脱氮损失。

(3) 枸溶性磷肥。包括钙镁磷肥、磷酸氢钙、沉淀磷肥和钢渣磷肥等。这类磷肥不溶于水，但在土壤中被弱酸溶解，被作物吸收利用。而在石灰性碱性土壤中，与土壤中的钙结合，向难溶性磷酸方向转化，降低磷的有效性，因此，适用于在酸性土壤中施用。

(4) 难溶性磷肥。如磷矿粉、骨粉和磷质海鸟肥等，只溶于强酸，不溶于水。施入土壤后，主要靠土壤中的酸使它慢慢溶解，变成作物能利用的形态，肥效很慢，但后效很长。适用于酸性土壤用作基肥，也可与有机肥料堆腐或与化学酸性、生理酸性肥料配合施用，效果较好。

256. 如何正确施用磷肥？

答：(1) 根据土壤供磷能力，掌握合理的磷肥用量。土壤有效磷的含量是决定磷肥肥效的主要因素。一般土壤有效磷（P）小于5毫克/千克时，为严重缺磷，氮磷肥施用比例应为 1∶1 左右；有效磷（P_2O_5）含量在 5～10 毫克/千克时，为缺磷，氮磷肥施用比例在 1∶0.5 左右；有效磷（P_2O_5）含量在 10～15 毫克/千克时，为轻度缺磷，可以少施或隔年施用磷肥。当有效磷（P_2O_5）含量大于 15 毫克/千克时，视为暂不缺磷，可以暂不施用磷肥。

（2）掌握磷肥在作物轮作中的合理分配。水田轮作时，如稻稻连作，在较缺磷的水田，早、晚稻磷肥的分配比例以 2∶1 为宜；在不太缺磷的水田，磷肥可全部施在早稻上。在水旱稻轮作时，磷肥应首先施于旱作。在旱地轮作时，由于冬、秋季温度低，土壤磷素释放少，而夏季温度高，土壤磷素释放多，故磷肥应重点用于秋播作物上。如小麦、玉米轮作时，磷肥主要投入在小麦上作基肥，玉米利用其后效。豆科作物与粮食作物轮作时，磷肥重施于豆科作物上，以促进其固氮作用，达到以磷增氮的目的。

（3）注意施用方法。磷肥施入土壤后易被土壤固定，且磷肥在土壤中的移动性差，这些都是导致磷肥当季利用率低的原因。为提高其肥效，旱地可用开沟条施、穴施；水田可用蘸秧根、塞秧蔸等集中施用的方法。同时注意在作基施时上下分层施用，以满足作物苗期和中后期对磷的需求。

（4）配合施用有机肥、氮肥、钾肥等。与有机肥堆沤后再施用，能显著地提高磷肥的肥效。但与氮肥、钾肥等配合施用时，应掌握合理的配比，具体比例要根据对土壤中氮、磷、钾等养分的化验结果及作物的种类确定。

257. 过磷酸钙的施用方法及注意事项有哪些？

答：过磷酸钙〔$Ca(H_2PO_4)_2$〕，也叫普通过磷酸钙，简称普钙。它是世界上最先生产的一种磷肥，也是我国应用比较普遍的一种磷肥。过磷酸钙的有效磷含量差异较大，一般在 12%～21%之间。纯品过磷酸钙为深灰色或灰白色粉末，稍有酸味，易吸湿，易结块，有腐蚀性。溶于水（不溶部分为石膏，约占 40%～50%）后，为酸性速效磷肥。

过磷酸钙适用于各种作物和多种土壤。可将它施在中性、石灰性缺磷土壤上，以防止固定。它既可以作基肥、追肥，又可以作种肥和根外追肥。

过磷酸钙作基肥时，对缺少速效磷的土壤，每亩施用量可在 50 千克左右，耕地之前均匀撒上一半，结合耕地作基肥。播种前，再均匀撒上另一半，结合整地浅施入土，做到分层施磷。这样，过磷酸钙的肥料效果就比较好，其有效成分的利用率也高。如与有机肥混合作基肥时，过磷酸钙的每亩用量应在 20～25千克。也可采用沟施、穴施等集中施用方法。

过磷酸钙作追肥时，每亩的用量可控制在 20～30 千克，需要注意的是，一定要早施、深施，施到根系密集土层处。否则，过磷酸钙的效果就会不佳。若作种肥，过磷酸钙每亩用量应控制在 10 千克左右。

过磷酸钙作根外追肥时，要在作物开花前后喷施，喷施最好选择浓度为1%～3%的过磷酸钙溶液。

过磷酸钙施用中应注意以下几个问题：

（1）不能与碱性肥料混合施用，以防酸碱中和降低肥效。

（2）主要用在缺磷的地块，以利于发挥磷肥的增产潜力。

（3）施用过磷酸钙时一定要适量，如果连年大量施用过磷酸钙，则会降低磷肥的效果。

（4）使用时过磷酸钙要碾碎过筛，否则会影响均匀度并会影响到肥料的效果。

258. 磷酸一铵的施用方法及注意事项有哪些?

答：磷酸一铵（$NH_4H_2PO_4$），又称磷酸铵，主产地在俄罗斯，目前我国应用普遍，是一种以含磷为主的高浓度速效氮磷复合肥。含磷量44%左右，含氮量11%左右。外观为灰白色或淡黄颗粒。不易吸湿，不易结块，易溶于水。其化学性质呈酸性，适用于各种作物和各类土壤，特别是在碱性土壤和缺磷较严重的地方，增产效果十分明显。

磷酸一铵的施用方法和使用中应注意的一些问题，与磷酸二铵基本相同。

259. 磷酸二铵的施用方法及注意事项有哪些?

答：磷酸二铵〔$(NH_4)_2HPO_4$〕，简称二铵。纯品为白色结晶体，吸湿性小，稍结块，易溶于水。制成颗粒状产品后，不易吸湿，不易结块。总有效成分64%，其中含氮（N）18%，含磷（P_2O_5）46%，化学性质呈碱性，是以磷为主的高浓度速效氮、磷复合肥。

磷酸二铵的主产区在美洲，特别是美国。目前在我国的应用比较普遍，因为它不仅适用于各种类型的作物，而且适宜于各种类型的土壤条件。

磷酸二铵的具体施用方法如下：

（1）最适合于作基肥。一般亩用量在15～25千克之间。对于高产作物而言，还可适当提高每亩的用量。通常在整地前结合耕地，将肥料施入土壤。也可在播种后，开沟施入。

（2）可以作种肥。磷酸二铵作种肥时，通常是在播种时将种子与肥料分别播入土壤，每亩用量一般控制在2.5～5.0千克。

使用磷酸二铵时应注意以下问题：

（1）不能将磷酸二铵与碱性肥料混合施用，否则会造成氮的挥发，同时还会降低磷的肥效。

（2）已经施用过磷酸二铵的作物，在生长的中、后期，一般只补适量的氮肥，不再需要补施磷肥。

（3）除豆科作物外，大多数作物直接施用时需配施氮肥，调整氮磷比。

260. 磷酸二氢钾的施用方法及注意事项有哪些？

答：磷酸二氢钾（KH_2PO_4）含有效成分五氧化二磷（P_2O_5）约 52%，含氧化钾（K_2O）约 34%左右。其纯品呈现为白色或灰白色结晶体，吸湿性小，易溶于水，为高浓度速效磷钾复合肥。

由于这种肥料的价格比较昂贵，目前多用于作物根外追肥，特别是用于果树、蔬菜。一般小麦在拔节至孕穗期，棉花在开花期前后，可用 0.1%～0.2%的磷酸二氢钾溶液喷施 2～3 次，每隔 5～7 天喷 1 次，通常都会取得良好的增产效果。

磷酸二氢钾也可用作种肥，但需在播种前将种子在浓度为 0.2%的磷酸二氢钾水溶液中浸泡 18～20 小时，捞出晒干，即可作为种肥在作物播种时施用。

使用磷酸二氢钾一般要注意：磷酸二氢钾用于追肥，通常是采用叶面喷施的办法进行。叶面喷施是一种辅助性的施肥措施，它必须在作物前期施足基肥，中期用好追肥的基础上，抓住关键，及时喷施，才能收到较好的效果。

261. 钾素化肥常用品种的特性是什么？如何科学施用？

答：常用钾素化肥氮化钾含有氮根，与农作物品质有关。农作物对缺钾和对氮敏感的程度也不一样。对经济作物施钾，则更注重于改善产品品质，如施钾可降低果树果实的酸度，提高甜度，增加甘蔗、甜菜的含糖量，提高出糖率。因此，施钾要因作物、因土、因种植制度科学施用。

（1）不同钾肥品种的特性与钾肥施用。常用的钾肥品种有氮化钾、硫酸钾、硝酸钾、硫钾镁肥。硫酸钾、硝酸钾、硫钾镁肥由于不含氮，而且价格明显高于氮化钾，主要用于对氮敏感的作物，如瓜果类及蔬菜。而氮化钾广泛用于除盐碱地等少数对氮敏感的作物外的其他作物。

（2）种植制度与钾肥施用。对水稻施钾肥，能增加根系活力，同时减轻硫化物、有机酸和亚铁的危害。水稻秧田施钾有利于培育壮苗，移栽本田后，返青快、分蘖早、叶片多、产量高。在水旱轮作中应优先保证作物的施钾，在小麦、玉米轮作中应优先用于玉米。

（3）钾肥的施用方法。对大多数作物来说，钾肥应以基施为主，在施足有机肥情况下，也可基、追肥各半，而追肥宜早施。对砂质土壤，宜分次施用，以减少钾素的流失。

262. 钾肥的主要作用有哪些?

答:钾肥指具有钾(K_2O)标明量的单元肥料。钾是植物营养三要素之一。与氮、磷元素不同,钾在植物体内呈离子态,具有高度的渗透性、流动性和再利用的特点。钾在植物体中对 60 多种酶体系的活化起着关键作用,对光合作用也起着积极的作用。钾素营养好的植物,能调节单位叶面的气孔数和气孔大小,促进二氧化碳(CO_2)和来自叶组织的氧(O_2)的交换;供钾量充足,能加快作物导管和筛管的运输速率,并促进作物多种代谢过程。

钾元素常被称为“品质元素”。它对作物产品质量的作用主要有:

(1)能促使作物较好地利用氮,增加蛋白质含量。

(2)使核仁、种子、水果和块茎、块根增大,形状和色泽美观。

(3)提高油料作物的含油量,增加果实中维生素 C 的含量。

(4)加速水果、蔬菜和其他作物的成熟,使成熟期趋于一致。

(5)增强产品抗碰伤和自然腐烂能力,延长贮运期限。

(6)增加棉花纤维的强度、长度和细度,色泽纯度。

(7)提高作物抗逆性,如抗旱、抗寒、抗倒伏、抗病虫害侵袭的能力。

263. 磷酸二铵在肥效上有什么特点?

答:磷酸二铵是一种含氮(N)18%,含五氧化二磷(P_2O_5)46%的二元复合肥料。它是低氮、高磷的肥料,施在缺磷的土壤上效果特别好。过去有些农田土壤缺磷,农民最初把磷酸二铵施在各种作物上增产效果都很明显,农民之所以对它特别感兴趣,就是肥料施得对路。

264. 有的农民认为“要使用二铵就要用美国进的二铵”,这种说法对吗?

答:这种说法不对,因为不管是中国生产还是美国生产的,磷酸二铵在化学成分上都是一样的,它们都是含氮(N)18%,含五氧化二磷(P_2O_5)46%。农民产生这种想法,一是施用美国二铵的时间比较早,对它有感情;二是怕中国生产的磷酸二铵质量缺乏保证。其实,农民的这种顾虑是不必要的。

265. 现在市场上销售的有磷酸一铵和磷酸二铵,它们的肥效都一样吗?

答:严格来讲,磷酸一铵,它的成分是含氮(N)11%,含五氧化二磷(P_2O_5)44%的复合肥。磷酸二铵,则是为含氮(N)18%,含五氧化二磷(P_2O_5)46%的复合肥。它们养分含量是有区别的,磷酸一铵的含氮率比磷酸二铵低点，而它含五氧化二磷（P_2O_5）率又比磷酸二铵高些。施用量不大时可以不必介意。

266. 为什么连年施用磷酸二铵肥效就不好了呢？

答：磷肥与氮肥不同，它施入土壤中只会产生磷的化学固定，降低肥效，而不像氮肥那样，有挥发、淋失和反硝化等损失，所以磷肥的实际利用率很高，这与氮肥利用率很低截然不同。所以长期施用磷酸二铵，土壤中速效磷的含量会提高很快。合理施用磷酸二铵就必须根据土壤中速效磷含量变化的情况，及时调整施肥配方，配施磷钾肥，才符合平衡施肥的原则，充分发挥它的增产作用。

267. 农民应该如何合理施用磷酸二铵呢？

答：一方面要正确认识磷酸二铵不是万能的肥料，它是一种低氮高磷的复合肥，用在缺磷的土壤上，不管种什么作物都有效。另一方面也应知道磷肥不能代替氮肥，不要忘记作物需要各种养分，长期用磷酸二铵做基肥，土壤必然会缺氮肥，所以一定要配施氮肥、钾肥和微肥，这样才能做到平衡施肥，作物单产才会进一步提高。

268. 如何正确施用钾肥？

答：要掌握钾肥的正确施用方法，应注意以下四个方面：

（1）因土施用。由于钾肥资源相对紧缺，钾肥应首先投放在土壤严重缺钾的区域。一般土壤速效钾低于 80 毫克/千克时，钾肥效果明显，要增施钾肥；土壤速效钾在 80～120 毫克/千克时，为轻度缺钾；土壤速效钾在 120～160 毫克/千克时，暂不施钾，但从优质高产考虑，可适量补施。从土壤质地看，沙质土速效钾含量往往较低，应增施钾肥；黏质土速效钾含量往往较高，可少施或不施。缺钾又缺硫的土壤可施硫酸钾，盐碱地不能施氯化钾。

（2）因作物施用。施于喜钾作物如豆科作物、薯类作物等经济作物，以及禾谷类的玉米、水稻等。

在多雨地区或具有灌溉条件，排水状况良好的地区大多数作物都可施用氯化钾，少数经济作物为改善品质，不宜施用氯化钾。根据农业生产对产品性状的要求及其用途决定钾肥的合理施用。此外，由于不同作物需钾量不同及根系的吸钾能力不同，作物对钾肥的反应程度也有差异，从多年钾肥应用的结果看，水稻、玉米、棉花、甘薯、油料作物上，钾肥的增产效果最好，可达到 11.7%～43.3%，小麦等其他作物则次之。

（3）注意轮作施钾。在冬小麦、夏玉米轮作中，钾肥应优先施在玉米上。

（4）注意钾肥品种之间的合理搭配。对于蔬菜、果树等作物选用硫酸钾为好；对于棉花纤维作物，氯化钾则比较适宜。由于硫酸钾成本偏高，在高效经济作物上可以选用硫酸钾；而对于一般的大田作物除少数对氯敏感的作物外，则宜用较便宜的氯化钾。

269. 什么是微量元素肥料?

答：微量元素包括锌、硼、钼、锰、铁、铜六元素。都是作物生长发育必需的，仅仅是因为作物对这些元素需要量极小，所以称为微量元素。在 20 世纪 50—60 年代以施用有机肥为主、化肥为辅的情况下，微量元素缺乏并不突出，随着大量元素肥料施用量成倍增长，作物产量大幅度提高，加之有机肥料投入比重下降，土壤缺乏微量元素状况也随之加剧。但是不同土壤质地，不同作物对微量元素的需求存在差异，应根据土壤微量元素有效含量确定其丰缺情况，做到缺啥补啥。一般情况下，在土壤微量元素有效含量低时易产生缺素症，所补给的微量元素才能达到增产效果。

微量营养元素在作物体内多数是酶、辅酶的组成成分或活化剂，对叶绿素和蛋白质的合成、光合作用或代谢过程，以及对氮、磷、钾等养分的吸收和利用等均起着重要的促进和调节作用。作物对微量元素的需要量虽少，但在缺素或潜在缺素土壤上施用相应的微肥，可大幅度提高作物的产量和改善农产品的品质。试验证明，钼肥对豆科作物，硼肥对甜菜、油菜、棉花和苹果、柑橘、杨梅等果树作物，锌肥对水稻、玉米、果树、蔬菜，锰肥对小麦、烟草、麻类等作物，铜肥对小麦、水稻等作物，都有增产作用，一般增产 10%左右。在严重缺素的土壤上，施用相应的微肥甚至可成倍增产。在微量元素缺乏的土壤上施用微肥，除提高产量外，还有改善产品品质的作用。此外，施用微肥还能增加作物对病害、低温、高温和干旱等的抗性，但土壤中微量元素含量过高或微肥施用过量，均可严重降低作物的产量和品质。

270. 如何科学施用锌肥?

答：缺锌主要发生在石灰性土壤，土壤有效锌含量低于 0.5 毫克/千克，可作为土壤缺锌的临界指标。对缺锌敏感的作物有玉米、水稻、甜菜、大豆、菜豆、梨、桃、番茄等，其中以玉米和水稻最为敏感。施用锌肥对防治水稻缺锌“坐蔸”和玉米缺锌“花白苗”，以及果树小叶病有明显作用。锌有促进作物细胞呼吸和碳水化合物代谢及对氧利用的作用。

目前常用的锌肥品种为农用硫酸锌（一水硫酸锌和七水硫酸锌），施用方法有基施、追施、叶面喷施、浸种、拌种等。常用方法为叶面喷施，谷类作物、果树、蔬菜均可采用。小麦以拔节、孕穗期各喷一次，用 0.2%～0.4%

硫酸锌溶液，每次每亩喷施50千克。水稻秧田2～3叶喷施，苗期和分蘖期喷施2～3次0.1%～0.3%的硫酸锌溶液，每亩50千克，能防治缺锌引起的水稻“坐蔸”僵苗。玉米用0.2%硫酸锌溶液在苗期至拔节期连续喷施两次，亩施50～70千克，可防治玉米“花白苗”。果树叶面喷施硫酸锌溶液，在早春萌芽前用3%～4%的浓度，萌芽后喷施浓度宜降至1%～1.5%，还可以用2%～3%的硫酸锌溶液涂刷一年生枝条。

271. 如何科学施用硼肥？

答：含游离碳酸钙的石灰性土壤和排水不好的草甸土易缺硼。其土壤有效硼缺乏的临界值为小于0.25毫克/千克。

对硼敏感的作物主要为豆科和十字花科作物（如油菜、花生、大豆等），其次为果树、蔬菜和棉花等作物。谷类作物如水稻、小麦、玉米对硼不太敏感。施用硼肥对防治棉花的“蕾而不花”、油菜的“花而不实”、果树的“落花、落果”等症状，均有明显作用。硼肥对作物开花结果、加速体内碳水化合物运输、增强光合作用、形成豆科作物根瘤均有作用，能提高作物抗旱、抗寒能力，有利于防止作物发生生理病害。

硼肥品种有硼砂和硼酸，常用的为硼砂。其施肥方法以叶面喷施为主。用0.1%～0.2%的硼砂或硼酸溶液，每亩喷施50千克左右，喷施2～3次，油菜以幼苗后期、抽薹期、初花期喷施。果树在蕾期花期、幼果期喷施。需要注意的是，作物对硼的缺乏，适量和过量之间范围较窄，且硼肥有后效，要严格掌握用量，均匀施用，一次肥效可延续3～5年，以防施用过多造成毒害。

272. 如何科学施用钼肥？

答：土壤中有效钼含量小于0.1毫克/千克为缺钼的临界值。

钼肥是我国研究和应用最早的一种微量元素肥料，广泛应用于豆科作物（大豆、花生）、豆科绿肥作物、十字花科作物和甜菜等。对促进豆科作物根瘤的产生，提高固氮能力具有良好的作用。

常用的钼肥品种有钼酸铵、钼酸钠，使用最多的为钼酸铵，主要用于叶面喷施，先用少量温水溶解钼酸铵，再用凉水兑至所需浓度，一般使用0.02%～0.05%的浓度，每次每亩用溶液50～70千克，连续喷施2～3次。也可用0.05%～0.1%钼酸铵溶液浸种12小时，种子处理同叶面喷施相结合，可节省肥料。

273. 什么是复混肥料，其种类有哪些？

答：复混肥料是指氮、磷、钾3种养分中，至少有两种养分由化学方法和

（或）掺混方法制成的肥料。含氮、磷、钾任何两种元素的肥料称为二元复混肥。同时含有氮、磷、钾3种元素的复混肥称为三元复混肥，并用$N-P_2O_5-K_2O$的配合式表示相应氮、磷、钾的百分比含量。

复混肥料根据氮、磷、钾总养分含量不同，可分为低浓度（总养分≥25%）、中浓度（总养分≥30%）和高浓度（总养分≥40%）复混肥。根据其制造工艺和加工方法不同，可分为复合肥料、复混肥料和掺混肥料。

（1）复合肥料。单独由化学反应而制成的，含有氮磷钾两种或两种以上元素的肥料。有固定的分子式的化合物，具有固定的养分含量和比例。如磷酸二氢钾、硝酸钾、磷酸一铵、二铵等。

（2）复混肥料。是以现成的单质肥料（如尿素、磷酸铵、氮化钾、硫酸钾、普钙、硫酸铵、氮化铵等）为原料，辅之以添加物，按一定的配方配制、混合、加工造粒而制成的肥料。目前市场上销售的复混肥料绝大部分都是这类肥料。

（3）掺混肥料。又称配方肥、BB肥，它是由两种以上粒径相近的单质肥料或复合肥料为原料，按一定比例，通过简单的机械掺混而成，是各种原料的混合物。这种肥料一般是农户根据土壤养分状况和作物需要随混随用。

274. 复混肥的主要优缺点有哪些，如何施用？

答：复混肥的主要优缺点如下：

（1）复混肥料具有多种营养元素，养分配比比较合理，肥效和利用率都比较高。复混肥料的化学成分虽不及复合肥料均一，但同一种复合肥的养分配比是固定不变的，而复混肥料可以根据不同类型土壤的养分状况和作物的需肥特性，配制成系列专用肥，针对性强，肥效显著，肥料利用率和经济效益都比较高。

（2）复混肥具有一定的抗压强度和粒度，物理性能好，施用方便。

（3）复混肥养分齐全，可促进土壤养分平衡。农民习惯上多施用单质肥，特别是偏施氮肥，很少施用钾肥，有机肥的施用也越来越少，极易导致土壤养分不平衡。

（4）复混肥有利于施肥技术的普及。测土配方施肥是一项技术性强、要求高而又面广量大的工作，如何把这项技术送到千家万户，一直是难以解决的问题。尽管土肥部门通过测土可向农民提供配方，由农民自己购买单质肥料进行混配，但却费工费力，又受肥料供应条件的限制，难以大面积推广。将配方施肥技术通过专用复混肥这一物化载体，真正做到技物结合，能较好地解决上述难题，从而大大加速了配方施肥技术的推广应用。

存在的缺点：一是所含养分同时施用，有的养分可能与作物最大需肥时期不相吻合，易流失，难以满足作物某一时期对养分的特殊要求；二是养分比例固定的复混肥料，难以同时满足各类土壤和各种作物的要求。

复混肥料可作基肥和追肥，不同作物和不同土壤应选择不同类型的复混肥料。

（1）低浓度复混肥一般用于生育期短、经济价值低的作物。中、高浓度复混肥适宜于生育期长的多年生、需肥量大、经济价值高的作物。

（2）硫基型复混肥一般适宜于旱土、对氮敏感的经济作物，含氮复混肥一般在稻田及对氮不敏感的作物上施用。

（3）含硝酸磷的复混肥，不宜在水稻田施用。含钙镁磷肥的复混肥料适宜在酸性土壤上施用。

275. 复混肥料的使用原则是什么？

答：（1）选择适宜的复混肥料品种。复混肥料的施用，要根据土壤的农化特性和作物的营养特点选用合适的肥料品种。如果施用的复混肥料，其品种特性与土壤条件和作物的营养习性不相适应时，轻者造成某种养分的浪费，重则可导致减产。

（2）复混肥料与单质肥料配合使用。复混肥料的成分是固定的，难以满足不同土壤、不同作物甚至同一作物不同生育期对营养元素的不同要求，也难以满足不同养分在施肥技术上的不同要求。在施用复混肥料的同时，应针对复混肥的品种特性，根据当地的土壤条件和作物营养习性，配合施用单质化肥，以保证养分的协调供应，从而提高复混肥的经济效益。

（3）根据复混肥特点，选择适宜的施用方式。复混肥料的品种较多，它们的性质也有所不同，在施用时应采取相应的技术措施，方能充分发挥肥效。

一般来讲，复合肥做种肥，其效果优于其他单质肥料，用磷酸铵等复合肥作种肥，再配合单质化肥作基肥、追肥，其效果往往比较好。磷酸二氢钾最好用作叶面喷施或浸种。含铵复合肥可深施盖土，以减少损失。

276. 复混肥料的施用方法及注意事项有哪些？

答：（1）施肥量。复混肥的施肥量以氮量作为计量依据。复混肥含有多种养分，大都属氮、磷、钾三元型。除用于豆科作物的专用肥以磷、钾肥为主外，都以氮为主要养分，养分比例中均以氮为 1，配以相应的磷、钾养分。对一个地区的某种作物，实际计算施肥量时，可从当地习惯施用的单一氮肥用量换算。施用量按复混肥中氮量计算，还可方便于比较不同土壤和不同作物的施肥水平。由于复混肥料含有相当数量的磷钾及副成分，施肥量较单一氮肥大，一般大田作物施用 50 千克/亩，经济作物施用 100 千克/亩。

(2) 施肥时期。为使复混肥料中的磷、钾（尤其是磷）充分发挥作用，作基肥施用要尽早。一年生作物可结合耕耙施用，多年生作物（如果树）则较多集中在冬春施用。若将复混肥料作追肥，也要早期施用，或与单一氮肥一起施用。

(3) 施肥深度。施肥深度对肥效的影响很大，应将肥料施于作物根系分布的土层，使耕作层下部土壤的养分得到较多补充，以促进平衡供肥。随着作物的生长，根系将不断向下部土壤伸展。除少数生长期短的作物外，多数作物中晚期的吸收根系可分布至30～50厘米的土层。早期作物以吸收上部耕层养分为主，中晚期从下层吸收较多。因此，对集中作基肥施用的复混肥分层施肥处理，较一层施用肥效可提高4%～10%。

277. 怎样计算复混肥料的施用量?

答：复混肥料有很多的品种和规格，盲目地施用必然会造成某些营养元素的过量或不足，从而影响肥料的增产效果，增加肥料的投入，最终导致效益的下降。因而，在复混肥料使用时，首先应当确定适宜的施肥量。下面列举两例，说明如何根据复混肥的成分、养分含量和作物施肥的要求确定肥料用量。

例1：要求每亩用肥量为纯氮（N）10千克、五氧化二磷（P_2O_5）5千克，氮磷施用比例为1∶0.5。其中磷素都作基肥，氮素的一半作追肥，即基肥中应包含5千克氮和5千克五氧化二磷。选用的复混肥品种为磷酸二铵，其含氮18%、五氧化二磷46%。计算步骤如下：

计算前5千克五氧化二磷需要的磷酸二铵数量，用5千克五氧化二磷除以磷酸二铵中含五氧化二磷的百分数（46%），得出5÷46%=10.87千克，即亩施5千克五氧化二磷需磷酸二铵10.87千克。

计算10.87千克磷酸二铵中的含氮量，用磷酸二铵中氮的百分含量（18%）乘以10.87千克，得出10.87×18%=1.935千克，即亩施10.87千克磷酸二铵时，土壤氮素的获得量仅为1.935千克，需补充3.065千克单质氮肥，才能达到5千克的氮素要求。

若以尿素补充，已知尿素的含氮量为46%，则应补加的尿素数量为3.065÷46%=6.66千克。

上述计算说明：作基肥施用的肥料用量应为磷酸二铵10.87千克和尿素6.66千克。

例2：要求每亩用肥量为氮（N）10千克、五氧化二磷（P_2O_5）5千克、氧化钾（K_2O）5千克，氮、磷、钾施用比例为1∶0.5∶0.5。其中磷素和钾素都作基肥，氮素的一半作追肥，即基肥中应包括5千克氮、5千克五氧化二磷和5千克氧化钾。选用的复混肥品种为含氮14%、五氧化二磷9%、氧化钾

20%的三元复混肥；计算方法同例 1，步骤如下：

计算亩施 5 千克氧化钾（K_2O）需要的三元复混肥数量，即 5÷20%=25 千克，计算 25 千克三元复混肥中含氮量和含磷量，含氮量为 25×14%=3.5 千克，含五氧化二磷量为 25×9%=2.25 千克。需补充 1.5 千克氮和 2.75 千克五氧化二磷，才能达到基肥要求。

以含氮 17%的尿素补充氮素，需要数量为 1.5÷46%=3.26 千克；以含五氧化二磷 16%的普钙补充磷素，需要数量为 2.75÷16%=17.2 千克。

由计算得知，作基肥的三元复混肥用量为 25 千克，尚需 3.26 千克尿素、17.2 千克普钙同时施用。

278. 什么是化肥的相容性，哪些化肥能够混用?

答：所谓化肥混用的相容性是在作物施肥时，几种肥料混合在一起施用，肥分不损失，有效性不降低，以达到利于性状改善，肥效相互促进，节省劳力的目的。但是，不同化肥的理化性质有差异，混合时将产生化学反应，影响肥料肥效，因此，有些肥料能混合使用，有些肥料混合后应马上施用，有些肥料不能混合施用。一般来说，不稳定的肥料如碳酸氢铵只能单独施用，酸性肥料不能与碱性肥料混合使用。

279. 什么叫生理酸性肥料、生理碱性肥料和生理中性肥料?

答：某些化学肥料施到土壤后，分解成阳离子和阴离子，由于作物吸收其中的阳离子多于阴离子，使残留在土壤中的酸根离子较多，从而使土壤（或土壤溶液）的酸度提高，这种通过作物吸收养分后使土壤酸度提高的肥料叫作生理酸性肥料。例如硫酸铵，作物吸收其中的 NH_4^+ 多于 SO_4^{2-}，残留在土壤中的 SO_4^{2-} 与作物代换吸收释放出来的 H^+（或离解出来的 H^+ 结合成硫酸），而使土壤酸性提高。硫酸铵、氮化铵等都是生理酸性肥料。

同样道理，某些肥料由于作物吸收其中阴离子多于阳离子，而在土壤中残留较多的阳离子，施入土壤后土壤碱性提高，这种通过作物吸收养分后使土壤碱性提高的肥料叫作生理碱性肥料。例如硝酸钠，作物吸收其中的硝酸根（NO_3^-）多于钠离子（Na^+），钠离子与作物交换出来的碳酸氢根（HCO_3^-）结合成碳酸氢钠，碳酸氢钠水解即呈碱性，也可以是作物吸收硝酸根后在体内还原成氨的过程中消耗一定的酸，作物为了保持细胞 pH 的平衡，而把多余的氢氧根（OH^-）排出体外，从而使土壤碱性提高。所以硝酸钠属于生理碱性肥料。

所谓生理中性肥料是指肥料中的阴阳离子都是作物吸收的主要养分，而且两者被吸收的数量基本相等，经作物吸收养分后不改变土壤酸碱度的那些肥料，如硝酸铵。虽然碳酸氢铵中的铵离子（NH_4^+）被作物吸收多于碳酸氢根，土壤残留较多的碳酸氢根，它与作物交换出来的 H^+ 结合成碳酸（H_2CO_3），按理讲碳酸氢铵是生理碱性肥料，但由于碳酸不稳定，它分解为水和二氧化碳，且碳酸的酸性很弱，所以碳酸氢铵一般也称作生理中性肥料。

肥料的生理反应对土壤性质及肥效有一定影响，因此，酸性土壤最好选择施用生理碱性肥料，石灰性土壤或碱性土壤最好选择施用生理酸性肥料。还可以利用生理酸性肥料的生理酸性溶解一些非水溶性的肥料以提高其肥效，如将钙镁磷肥或磷矿粉与生理酸性肥料混施，可提高磷肥的肥效。

280. 什么叫生物肥料（菌肥）?

答：狭义的生物肥料，即指微生物（细菌）肥料，简称菌肥，又称微生物接种剂。它是由具有特殊效能的微生物经过发酵（人工培制）而成的，含有大量有益微生物，施入土壤后，或能固定空气中的氮素，或能活化土壤中的养分，改善植物的营养环境，或在微生物的生命活动过程中，产生活性物质，刺激植物生长的特定微生物制品。广义的生物肥料泛指利用生物技术制造的、对作物具有特定肥效（或有肥效又有刺激作用）的生物制剂，其有效成分可以是特定的活生物体、生物体的代谢物或基质的转化物等，这种生物体既可以是微生物，也可以是动、植物组织和细胞。生物肥料与化学肥料、有机肥料一样，是农业生产中的重要肥源。近年来，由于化学肥料和化学农药的大量不合理施用，不仅耗费了大量不可再生的资源，而且破坏了土壤结构，污染了农产品品质和环境，影响了人类的健康生存。因此，从现代农业生产中倡导的绿色农业、生态农业的发展趋势看，不污染环境的无公害生物肥料，必将会在未来农业生产中发挥重要作用。

281. 生物肥料（菌肥）有哪些性质与种类?

答：过去的生物肥料只是一种辅助性肥料，它本身并不含有作物生长所需要的营养元素，而是通过自身微生物的生命活动，改善作物营养条件，如固定空气中的氮素，参与养分的转化，促进作物对养分的吸收，分泌各种激素刺激作物根系发育，抑制有害微生物的活动等，以达到促进作物生长的目的。目前发展的生物肥料，已不仅仅是一种辅助性肥料，还可以提供给作物各种营养，如将活的微生物特定种或菌株与微量元素复（混）合而成的生物微肥等。

生物肥料的种类很多，按其制品中特定的微生物种类分为细菌肥料、放线菌肥料（如抗生菌类）、真菌类肥料（如菌根真菌类）、固氮蓝藻肥料等。根据其作用不同，生物肥料可分为五大类：

（1）有固氮作用的菌肥。包括根瘤菌肥料、固氮菌肥料以及固氮蓝藻等。

（2）分解土壤有机物的菌肥。包括有机磷细菌肥料和复合细菌肥料。

（3）分解土壤中难溶性矿物的菌肥。包括硅酸盐细菌肥料、无机磷细菌肥料等。

（4）促进作物对土壤养分利用的菌肥。包括菌根菌肥料等。

（5）抗病及刺激作物生长的菌肥。包括抗生菌肥、增产菌肥等。

282. 生物肥料（菌肥）有什么作用？

答：（1）提高土壤肥力。这是生物肥料的主要功效，例如各种自生、联合或共生的固氮生物肥料，可以固定空气中的氮素，增加土壤中的含氮量；多种分解磷钾矿物的微生物，如硅酸盐细菌能分解土壤中的钾长石、云母及磷矿石，使其中难溶的磷、钾有效化。

（2）制造和协助农作物吸收营养。有些菌肥如“5406”抗生菌肥施用后，由于微生物的活动，不仅能增加土壤有效养分，还能产生多种激素类物质和各种维生素，从而促进作物的生长；根瘤菌肥中的根瘤菌向豆科植物一生提供的氮素，占其一生需要量的30%～80%；VA菌根是一种土壤真菌，它可以与多种植物根共生，其菌丝伸出根部很远，可以吸收更多的营养供各种植物利用，其中以对磷的吸收最为明显。

（3）增强植物的抗逆性。有些生物肥料的菌种接种后，由于在作物根部大量生长繁殖，成为作物根际的优势菌，它们可分泌抗真菌和细菌的抗生素，从而抑制多种病菌的生长。VA菌根的菌丝则由于在作物根部的大量生长，除了可以吸收有益于作物生长的营养元素外，还可以增加作物对水分的吸收，提高作物的抗旱能力。

283. 生物肥料（菌肥）如何使用？

答：生物肥料是靠微生物的作用发挥增产作用的，其有效性取决于优良菌种、优质菌剂和有效的施用方法。因此，生物肥料合理施用的原则是：第一，要保证菌肥有足够数量的有效微生物；第二，要创造适合于有益微生物生长的环境条件。

（1）生物肥料必须选用质量合格的，质量低劣、过期的不能使用。菌肥必须保存在低温（最适温度4～10℃）、阴凉、通风、避光处，以免失效。

（2）为尽量减少微生物死亡，施用过程中应避免阳光直射；拌种时加水要适量，使种子完全吸附。拌种后要及时播种、覆土，且不可与农药、化肥混合施用。

（3）一般菌肥在酸性土壤中直接施用效果较差，要配合施用石灰、草木灰等，以加强微生物的活动。

（4）微生物生长需要足够的水分，但水分过多又会造成通气不良，影响好气性微生物的活动。因此，必须注意及时排灌，以保持土壤中适量的水分。

（5）生物肥料中的微生物大多是好气性的，如根瘤菌、自生固氮菌、磷细菌等。因此，施用菌肥必须配合改良土壤和合理耕作，以保持土壤疏松、通气良好。

（6）微生物活动需要消耗能量。有机质是微生物的主要能源，有机质分解还能供应微生物养分。因此，施用生物肥料时必须配合施用有机肥料。

（7）微生物生长需要多种养分。因此，必须供应充足的氮磷钾及微量元素。例如豆科作物生长的早期，必须供应适量的氮素，以促进作物生长和根瘤的发育，提高固氮量；施磷肥能发挥“以磷增氮”的作用；适量的钾钙营养有利于微生物的大量繁殖；钼是根瘤菌合成固氮酶必不可少的元素，钼肥与根瘤菌肥配合施用，可明显提高固氮效率。

284. 固氮菌肥料如何施用?

答：固氮菌肥料是含有大量好气性自生固氮菌的微生物肥料。自生固氮菌不与高等植物共生，没有寄主选择，而是独立生存于土壤中，利用土壤中的有机质或根系分泌的有机物作碳源来固定空气中的氮素，或直接利用土壤中的无机氮化合物。固氮菌在土壤中分布很广，其分布主要受土壤中有机质含量、酸碱度、土壤湿度、土壤熟化程度及速效磷、钾、钙含量的影响。

（1）固氮菌对土壤酸碱度反应敏感，其最适宜 pH 为 7.4～7.6，酸性土壤上施用固氮菌肥时，应配合施用石灰以提高固氮效率。过酸、过碱的肥料或有杀菌作用的农药，都不宜与固氮菌肥混施，以免发生强烈的抑制。

（2）固氮菌对土壤湿度要求较高，当土壤湿度为田间最大持水量的25%～40%时才开始生长，60%～70%时生长最好。因此，施用固氮菌肥时要注意土壤水分条件。

（3）固氮菌是中温性细菌，最适宜的生长温度为 25～30℃低于 10℃或高于 40℃时，生长就会受到抑制。因此，固氮菌肥要保存于阴凉处，并要保持一定的湿度，严防暴晒。

（4）固氮菌只有在碳水化合物丰富而又缺少化合态氮的环境中，才能充分发挥固氮作用。土壤中碳氮比低于 40～70∶1 时固氮作用迅速停止。土壤中适宜的碳氮比是固氮菌发展成优势菌种、固定氮素最重要的条件。因此，固氮菌最好施在富含有机质的土壤上，或与有机肥料配合施用。

（5）土壤中施用大量氮肥后，应隔 10 天左右再施固氮菌肥否则会降低固氮菌的固氮能力。但固氮菌剂与磷、钾及微量元素肥料配合施用，则能促进固氮菌的活性，特别是在贫瘠的土壤上。

（6）固氮菌肥适用于各种作物，特别是对禾本科作物和蔬菜中的叶菜类效果明显。固氮菌肥一般用作拌种，随拌随播，随即覆土，以避免阳光直射。也可蘸秧根或作基肥施在蔬菜苗床上，或与棉花盖种肥混施。也可追施于作物根部，或结合灌溉追施。

285. 复合生物肥料如何施用？

答：复合生物肥料是指含有多种有益微生物的生物制品。这种肥料的优点是作用全面，既可改善作物营养，又能促生、抗病，还能增强土壤生物活性。同时各菌种间又能相互促进。所以复合生物肥料的适应性和抗逆性都很强，且肥效持久、稳定，是今后生物肥料发展的方向。

现有研究将一种微生物与其他营养物质复配的复混微生物肥料，如与大量营养元素、微量元素、稀土元素或植物生长调节剂混合等，但无论哪种复配方式，都必须注意复配制剂中的 pH、盐浓度或复配物本身都不能影响微生物的存活，否则，这种复配就会失败。

多种菌种复配时，必须注意其中的各种微生物彼此之间没有拮抗作用，且最好有促进作用；除选用多种菌种组合外，最好还要选用同一菌种中具有侵染力强、结瘤率高、固氮效率高、适应性强、繁殖速度快、抗逆性强等优点的多种菌株，以取长补短，互相促进。目前我国的多种复合生物肥料均属于此类。

复合菌肥只有在满足各种有益微生物生长发育的条件时，如有机质丰富、适量的磷肥、适宜的酸碱度和水分、温度等，才能充分发挥其增产作用。

复合菌肥可作基肥或追肥。施用时最好将菌液接种到有机肥料中，混匀后再用；也可将菌液接种到少量的有机肥料中堆沤 1 周左右，再掺入大量有机肥料施用。但拌后要立即施用，堆放过久则会造成养分损失。

目前微生物肥料的发展正在由豆科接种剂向非豆科用肥方面发展；由单一铵种剂向复合生物肥方面发展；由单一菌种制剂向复合菌种制剂方面发展；由单功能向多功能方面发展；由无芽孢菌种向有芽孢菌种方面发展。可以预见，微生物肥料将在今后的持续农业发展中发挥更大作用。

286. 如何施用叶面肥？

答：（1）不同的叶面肥有不同的使用浓度，不是浓度越高越好。如含生长调节剂的叶面肥使用浓度适宜，会对作物生长起到促进作用，但浓度过高会抑制作物的生长；含有营养成分的叶面肥，使用浓度过高会出现烧苗现象。一方面要根据产品说明书的要求进行浓度配制；另一方面要进行小面积试验，确定有效的施用浓度。另外，在配制叶面肥时应注意将喷雾器清洗干净，有些叶面肥可以与农药混合喷施，而有些则要求单独喷施，因此，要首先看清说明书上的要求。

（2）不同作物、不同生育期，叶面肥的使用效果也不一样。有的叶面肥适合于生育前期喷，有的适合于生育后期喷，有的前后期都要喷。从多数试验结果看，前、中期喷施的效果要好于后期。另外，叶面肥的施用时期还与肥料品种有关，如增加植株的细胞分裂数量，从而达到提高作物产量的植物生长调节剂应在生长前期喷施。而在油菜等作物花蕾期和始花期喷施含硼的微量元素肥料，可防止“花而不实”，提高结荚率。豆科作物在始花期和始荚期喷施钼肥，可增加产量和品质。

（3）不同作物对叶面肥的反应不同。一般来说，双子叶植物如棉花、甘薯、马铃薯、油菜等叶面较大，角质层较薄，肥液容易渗透进去，因此，这类作物根外追肥的效果较好。单子叶植物如稻、麦、玉米等，叶面较小，角质层较厚，肥液渗透比较困难，叶面肥的增产效果差一些，尤其是水稻最为明显，大多数叶面肥在水稻上的增产效果都很低。

（4）叶面肥溶解的好坏和稀释浓度对喷施效果影响很大。叶面肥的剂型有两种：固体和液体。特别是固体粉状的叶面肥溶解的较慢，放入喷雾器中，加水后，要充分搅拌，使它完全溶解后才喷，否则溶解不完全，一会儿喷得浓度低，一会儿喷得浓度高。浓度低了效果差，浓度高了有时会烧苗。液体肥料在稀释时也应严格按照说明书上的要求操作。

（5）喷施叶面肥时要注意天气、温度和湿度，应尽量使肥液有较长的时间附着在叶面上，供作物充分吸收。应选择在不刮风的天气，日照弱，温度较低时喷，一般在上午 9 时以前，下午 4 时以后，水分蒸发减弱，有利于作物吸收。空气湿度大的时候，叶面肥喷了以后不容易干，作物吸收得好，但下雨之前不要喷，以免喷施后被雨水冲洗掉。

（6）叶部吸收的养分是从叶片角质层和气孔进入，最后通过质膜进入细胞内。因此，喷施叶片肥时要注意叶片的正反面都要喷到，喷均匀，因为，叶片的气孔分布在叶片的正反两面，而有的作物背面的气孔数量比正面还多，吸收得更好。植株的上、中、下部叶片、茎秆由于新陈代谢活力不同，吸收外界营养的能力也不同，上、中部叶片生命力最旺盛，吸收营养物质的能力也最强，同时，它们的光合作用能力也最强，通过光合作用制造的养分也最多。

（7）叶面施肥与土壤施用有机肥（底肥）相结合，且注意氮、磷、钾肥配合，将有利于满足作物全生育期多种营养元素的需要，效果会更好。

287. 土壤保水剂有哪些性能及功效?

答：保水剂是一种高吸水性树脂，这类物质含有大量的强吸水基团，结构特异，在树脂内部可产生高渗透缔合作用，并通过基网孔结构吸水，可吸收自身重量的数百倍至上千倍的水，并且这些被贮存在保水剂中的水分，可以为各种农作物、果树、蔬菜、花卉、林木等根系直接吸收。

保水剂以粉末状和颗粒状为主，颜色以白色和淡黄色居多，pH 一般呈中性，但能吸水膨胀，是一种调节水分的极好制剂。它吸水性强、保水力大、释水性好、有效期长，具有抗旱保水、保肥增效、改良土壤、促进作物生长发育、提高出苗率、提高作物品质、增产增收等功效。在农林业抗旱节水中有广泛的应用前景。

288. 土壤保水剂如何使用？

答：(1) 目的不同选用不同类型的保水剂。所有保水剂都具有一定的广谱性，但这并不意味着可以任意使用。对施用于土壤和用于蓄纳雨水目的的应选用颗粒状、凝胶强度高的保水剂；苗木蘸根、移栽、拌种等需要提高树木成活率的，应选用粉状、凝胶强度不一定很高的保水剂。

(2) 注意施用时间和土壤水分条件。保水剂不是造水剂，在土壤含水量高于出苗临界水分 3%～5%以上的为最佳，否则会降低出苗率。应用保水剂主要是增加土壤蓄水能力，调节雨水与作物需水不同步的矛盾。但对作物生长中后期能及时供水的地区，增产效果不太显著。应用时要因地制宜。

(3) 选用标准。选用保水剂时，不能把保水剂吸水倍数高低作为质量评判的标准，而应以吸收有效水数量作为标准。使用中应看重产品的稳定性，一般能吸收土壤水 100 倍以上即可。

(4) 保管过程中注意防潮、防晒。保水剂能够吸收空气中的水分，在包装物内结块，给使用造成不便，但保水剂吸潮不影响其品质。保水剂遇强紫外线照射会很快降解，严重影响其使用寿命和效果。在运输、储藏过程中应尽量避免长时间日光照射。

289. 稻田施锌肥可增产？

答：锌是水稻生长发育过程中不可缺少的一种微量元素。缺锌会导致水稻生长停滞、僵苗不发，造成减产。在缺锌稻田施用适量的锌肥可亩增产 40～50 千克，稻米品质也得到明显改善。施用锌肥时应注意以下 5 点：

(1) 锌肥宜早施。对缺锌土壤可用锌肥作基肥，使水稻从苗期就能得到良好的营养供给。

(2) 锌肥用量不宜过大。一般大田基施亩用硫酸锌 1.5 千克左右。

(3) 如果未作基肥施用，亦可根外喷施 0.1%～0.2%的硫酸锌溶液，大田喷施 2～3 次。

(4) 锌肥要与氮、磷、钾肥配合施用，但不要与磷肥混合或同作基肥施用，以免生成水稻难以吸收和利用的磷酸锌而降低肥效。

（5）锌肥有明显的后效作用，隔年基施 1 次较为经济。

290. 我国商品有机肥料的主要类型有哪几种？

答：目前，我国商品有机肥料大致可分为精制有机肥料、有机无机复混肥料、生物有机肥料 3 种类型。其中以有机无机复混肥料为主。

（1）精制有机肥料。指经过工厂化生产，不含有特定肥料效应的微生物的商品有机肥料，以提供有机质和少量营养元素为主。精制有机肥料作为一种有机质含量较高的肥料，是绿色农产品、有机农产品和无公害农产品生产的主要肥料品种。

（2）有机无机复混肥料。由有机和无机肥料混合或化合制成，既含有一定比例的有机质，又含有较高的养分。目前，有机无机复混肥料占主导地位，这与我国当前科学施肥所提倡的“有机无机相结合”的原则是相符的。

（3）生物有机肥料。指经过工厂化生产，含有特定肥料效应的微生物的商品有机肥料。除了含有较高的有机质外，还含有改善肥料或土壤中养分释放能力的功能性微生物。随着生物技术的发展和突破，生物有机肥料的发展前景是相当可观的。

291. 氮是植物必需的营养元素吗？其主要作用与功能是什么？

答：1954 年 T. C. B，Oye，等用纯化学方法证明氮是高等植物必需的营养元素。其主要作用与功能有六个方面：

（1）参与光合作用和水的光解反应，活化若干酶系统。

（2）维持细胞内电荷和平衡膨压。作为钾的反离子进入表皮细胞保卫细胞，调节气孔开放、水气和二氧化碳进出，节约用水。

（3）促进对 K^+、NH^+、Ca^{2+}、Mg^{2+}、Si^{4+} 等的吸收和运输。

（4）有利于碳水化合物的合成与转化，促进组胞分裂、种子萌发。

（5）增强作物抗病能力。有助于消除谷类作物根系全蚀病菌、根瘤病菌侵染。降低叶穗病害侵染，如玉米茎腐病发生时可充足供给氮。

（6）抑制氮的硝化反应而减少氮的流失，降低植物体内硝酸盐含量而减少病害。

292. 复合肥料的相关质量标准有哪些？怎样简易识别？

答：（1）复合肥料的质量标准。硝酸磷肥、磷酸一铵、磷酸二铵不同的生产工艺其氮、磷的含量有一定差别，因此，不同的工艺生产所执行的质量标准也不同。一般来说硝酸磷肥氮磷总含量要求 36％～40％（氮为 25％～27％，磷为11%～13.5%)，磷酸一铵氮磷总含量要求52%～64%（氮为9%～11%，磷为42%～52%)，磷酸二铵氮磷总含量要求51%～64%（氮为13%～18%，磷为38%～46%)。农业磷酸二氢钾质量标准一等品含量应大于等于96.0%，氧化钾含量大于等于33.2%，水分小于等于4.0%；合格品含量应大于等于92.0%，氧化钾含量大于等于31.8%，水分小于等于5.0%，pH均在4.3～4.7之间。

（2）简易识别。

①外观颜色。硝酸磷肥为浅灰色或乳白色颗粒，稍有吸湿性；磷酸铵为白色或浅灰色颗粒，吸湿性小，不易结块；磷酸二氢钾为白色或浅黄色结晶，吸湿性小。

②溶解性。硝酸磷肥部分溶于水，磷酸一铵绝大部分溶于水，磷酸二铵完全溶于水，磷酸二氢钾溶于水，但不溶于酒精。

③磷酸二氢钾在铁片上加热，熔解为透明液体，冷却后凝固成半透明的玻璃状物质。

293. 复混肥料怎样简易识别?

答：(1）复混肥料的总养分含量必须是氮（N)、磷（P_2O_5）和钾（K_2O）含量之和，其他元素的含量不能计入总养分含量，否则会误导农民消费。

（2）氮、磷、钾三元或二元复混肥料的总养分含量不得低于25%，否则为不合格产品。

（3）复混肥料因原料和制作工艺不同有黑灰色、灰色、乳白色、粉红色和淡黄色等多种颜色，其外观为小球形，表面光滑，颗粒均匀，无明显的粉料和机械杂质。如果容易结块，则水分含量过高。

（4）复混肥料一般不能完全溶于水，但放入水中，颗粒会逐渐散开变成糊状。肥料颗粒的溶散速率部分地反映出养分的释放速率。优质肥料的溶散速率为慢慢溶散，它能保持养分的平衡与均匀供应，达到延长肥效的目的。如果肥料颗粒放入水中长时间不溶散，其肥料质量将存在一定问题。

294. 有机—无机复混肥料和有机肥料怎样简易识别?

答：有机—无机复混肥料和有机肥料均为褐色或灰褐色粒状或粉状产品，无机械杂质、无恶臭。如果有恶臭，则产品在生产工艺及除臭水平上没有达到有关质量标准要求。以上两种肥料比重比复混肥料小，松散，与等量的复混肥料相比所占的体积要大。不结块，粉状产品“捏之成团，触之能散”。在火上灼烧能燃烧。

295. 叶面肥料的相关质量标准有哪些？怎样简易识别？

答：目前常用的叶面肥料从剂型上分为粉剂和水剂，从所含成分上分为大量元素、中量元素、多种和单一微量元素、含氨基酸和腐殖酸叶面肥。单一微量元素叶面肥有硼肥和锌肥，硼肥即硼酸和硼砂（硼酸钠），其质量标准参照工业品的标准。硼酸为白色粉末状结晶，合格品含量为99.0%，水不溶物含量为0.06%。硼砂为白色细小结晶体，一等品含量为95.0%，水不溶物含量为0.04%。锌肥即农用硫酸锌（一水硫酸锌和七水硫酸锌），颜色均为白色或微带颜色的结晶。农用一水硫酸锌的质量标准为35.0%，农用七水硫酸锌的质量标准为21.8%。

叶面肥大多用于作物的根外叶面喷施，因此，叶面肥除极少部分残渣不溶于水外，绝大部分均溶于水。颜色上除氨基酸、腐殖酸叶面肥为深色或褐色外，其他叶面肥均为白色或浅色。

296. 哪些肥料产品需要办理登记证？如何办理？

答：根据中华人民共和国农业部第32号令《肥料登记管理办法》，对相关农用肥料实行肥料产品登记管理制度，未经登记的肥料产品不得进口、生产、销售和使用，不得进行产品广告宣传。农业部负责全国肥料登记和监督管理工作，省级农业部门协助农业部做好本行政区域内肥料监督管理工作，其所属的土肥站负责本行政区域内肥料登记推荐的质量管理。

（1）登记产品和免登产品：

登记产品：配方肥、叶面肥、床土调酸剂、微生物肥料、有机肥料、有机—无机复混肥、复混肥等。

免登产品：对经农田长期使用，有国家或行业标准的产品免予登记，即硫酸铵、尿素、硝酸铵、氰氨化钙、磷酸铵（磷酸一铵、二铵）、硝酸磷肥、过磷酸钙、氮化钾、硫酸钾、硝酸钾、氮化铵、碳酸氢铵、钙镁磷肥、磷酸二氢钾、单一微量元素肥、高浓度复合肥。

（2）登记范围及办理机构：

①农业部肥料登记。大量、中量、多种微量元素叶面肥、微生物肥料等必须到农业部办理有关登记手续，由农业部负责登记审批、登记证发放和公告工作。

②省农业厅肥料登记。省农业厅负责复混、配方肥（不含叶面肥）、精制有机肥、床土调酸剂的登记审批、登记证发放和公告工作。

③外省肥料备案登记。各省级农业厅批准登记的复混肥、配方肥（不含叶面肥）、精制有机肥、床土调酸剂，只能在本省销售使用。如要在其他省、自

治区、直辖市销售使用的，需由生产者、销售者向销售使用地省级农业行政主管部门备案。

297. 农用肥料登记证种类有哪些？其登记期限有多长？

答：(1) 临时登记。经田间试验后，需要进行田间示范试验、试销的肥料产品，生产者应当申请临时登记。临时登记证有效期为1年，有效期满2个月前申请续展，可续展两次，每次续展有效期为1年，如农肥（2005）临字489号，为农业部2005年办理的临时登记证登记号为489号；豫农肥（2005）临字367号，为河南省农业厅2005年办理的临时登记证，登记号为367号。

(2) 正式登记。经田间示范试验、试销可以作为正式商品流通的肥料产品，生产者应当申请正式登记。正式登记证有效期为5年，有效期满6个月前申请续展，续展有效期为5年。如农肥（2005）准字328号（农业部），豫农肥准字2005号（省农业厅）。

(3) 备案登记。省级登记的肥料进入外省应由生产者、销售者向销售使用地省级农业行政主管部门申请办理备案登记，其备案登记有效期与该肥料在本省取得的登记证期限一致，因此，外省肥料进入本省，在登记证有效期内，只需备案登记一次。

298. 如何规范化肥的包装标识？

答：(1) 包装标识概念。在包装上用于识别肥料产品及其质量、数量、特征和使用方法所做的各种表示的通称。标识可以用文字、符号、图案以及其他说明物等表示。

(2) 包装标识应标明的主要内容及要求。产品和包装标明的所有内容，不得以错误的引起误解的或欺骗性的方式描述或介绍产品。所有文字必须合乎规范的汉字，可以同时使用汉语拼音、少数民族文字或外文，但不得大于汉字，计量单位应当使用法定计量单位，并在包装上标明。

①产品名称：应当使用表明该产品真实属性的专用名称。应使用不会引起用户、消费者误解和混淆的常用名称，产品名称不允许添加带有不实、夸大性质的词语如“高效×××”、“××肥王”、“全元素××肥料”等。

②标明“三证”：产品标准编号、生产许可证（适用于实施生产许可证管理的肥料如复混肥料等）和肥料登记证号。

③有效成分的名称和含量标识：

单一肥料的养分含量：应标明单一养分的百分含量，若加入中量元素、微量元素，应按两种类型分别标明各单养分含量及各自相应的总含量，不得将中量元素、微量元素含量与主要养分相加，微量元素含量低于0.2%或（和）中量元素含量低于2%的不作含量标明。

复混肥料（复合肥料）的养分含量：应标明氮、五氧化二磷、氧化钾总养分的百分含量，总养分标明值应不低于配合式中单养分标明值之和，不得将其他元素或化合物计入总养分，应以配合式分别标明总氮、五氧化二磷、氧化钾的百分含量，如30%三元复混肥总养分配合式为（$N-P_2O_5-K_2O$）15－7－8，表示氮为15%，五氧化二磷为7%，氧化钾为8%。25%二元复混肥总养分配合式为（$N-P_2O_5-K_2O$）15－0－10，表示氮为15%，五氧化二磷为0，氧化钾为10%。

中量元素肥料的养分含量：应分别单独标明中量元素养分含量及中量元素养分含量之和。若加入微量元素，可标明微量元素，不得将微量元素含量与中量元素相加。

微量元素肥料的养分含量：可分别标出各种微量元素的单一含量及微量元素养分含量之和。

④标明生产者名称和地址：必须标明经依法工商登记注册的，能承担产品质量责任生产者的全称和详细地址。

⑤产品合格证、产品使用说明和生产日期。肥料产品应有企业自检的产品合格证（一般放在包装内），对产品应有安全有效的使用时期、使用量和使用方法及有关注意事项。对所生产的产品应有生产日期、生产批号。

299. 怎样识别真假肥料？购买肥料时应注意些什么？

答：（1）尿素。尿素外观为白色，球状颗粒，总氮含量≥46.0%，容易吸湿，吸湿性介子硫酸铵与硝酸铵之间。尿素易溶于水和液氨中，纯尿素在常压下加热到接近熔点时，开始显现不稳定性，产生缩合反应，生成缩二脲，对作物失去肥效。如在炉子上放一块干净的铁片，将尿素颗粒放在上面，可见尿素很快熔化并挥发掉，同时冒出少量白烟，闻到氨味。

（2）硫酸铵。农业用硫酸铵为白色或浅色副产品带微黄或灰色的结晶，氮含量≥20.8%（二级品）。硫酸铵易吸潮，易溶于水，水溶液呈酸性，与碱类物质作用放出氨气。当硫酸铵放在火上加热时，可见到缓慢地熔化，并伴有氨味和二氧化硫味放出。

（3）硝酸铵。硝酸铵外观为白色，无肉眼可见的杂质，农业品允许带微黄色。总氮含量≥34.4%（Ⅱ级）。硝酸铵具有很强的吸湿性和结块性，其水溶液在温度发生变化时，会发生重结晶现象，对热的作用十分敏感，大量的硝酸铵受热易分解，可发生燃烧现象（避免引起爆炸），并伴有白烟产生，可闻到氨气味，水溶液呈酸性。

（4）氯化铵。氯化铵为白色晶体，农业品允许带微黄色，氮含量

22.5%～25%，易溶于水，在水中溶解度随温度升高而显著提高，水溶液呈酸性。氮化铵吸水性强，易结块，将少量氮化铵放在火上加热，可闻到强烈的刺激性气味，并伴有白色烟雾，氮化铵会迅速熔化并全部消失，在熔化的过程中可见到未熔部分呈黄色。

(5) 农业用碳酸氢铵。外观为白色或微灰色结晶，有氨气味，氮含量≥16.80%（二级）。吸湿性强，易溶于水，水溶液呈弱酸性。简易鉴别碳酸氢铵时，可用手指拿少量样品进行摩擦，即可闻到较强的氨气味。

(6) 过磷酸钙。外观为深灰色、灰白色、浅黄色等，疏松粉状物，块状物中有许多细小的气孔，俗称“蜂窝眼”。有效五氧化二磷含量≥12.0%（合格品Ⅱ）。稍带酸味，是一种酸性化学肥料，对碱的作用敏感，易失去肥效。一部分能溶于水，水溶液呈酸性。一般情况下吸湿性较小，如空气湿度达到80%以上时有吸湿现象，结成硬块。加热时不稳定，可见其微冒烟，并有酸味。

(7) 钙镁磷肥。外观为灰白色、灰绿色或灰黑色粉末，看起来极细，在阳光的照射下，一般可见到粉碎的、类似玻璃体的物体存在，闪闪发光。五氧化二磷含量≥12.0%（合格品）。不溶于水，不易流失，不吸潮，无毒性，无腐蚀性，在火上加热时，看不出变化。

(8) 复混肥料。外观应是灰褐色或灰白色颗粒状产品，无可见机械杂质存在。有的复混肥料中伴有粉碎不完全的尿素白色颗粒结晶，或在复混肥料中尿素以整粒的结晶单独存在。低浓度复混肥总养分≥25%，中浓度复混肥总养分≥30%，高浓度复混肥总养分≥40%，其中单一养分含量不得低于4%。复混肥稍有吸湿性，吸潮后复混肥颗粒易粉碎，无毒、无味、无腐蚀性，仅能部分溶于水。常用复混肥料在火焰上加热时，可见到白烟产生，并可闻到氨的气味，不能全部熔化。

(9) 农业用硫酸锌。外观为白色或微带颜色的针状结晶。七水硫酸锌的锌含量应≥21.8%。硫酸锌易溶于水，其水溶液呈酸性。

(10) 磷酸二氢钾。外观为白色结晶。农业用磷酸二氢钾含量应≥92.0%（以千基计）。磷酸二氢钾易溶于水，水溶液呈酸性。

300. 怎样从外观鉴别真假化肥？

答：(1) 包装鉴别法。

①检查标志：国家有关部门规定，化肥包装袋上必须注明产品名称、养分含量、等级、商标、净重、标准代号、厂名、厂址、生产许可证号标志。如果没有上述标志或标志不完整，则可能是假冒或劣质化肥。

②检查包装袋封：对包装封有明显拆封痕述的化肥要特别注意，这种现象

有可能掺假。

（2）形状、颜色鉴别法。

①尿素为白色或淡黄色，呈颗粒状、针状或棱柱状结晶体，无粉末或少有粉末；

②硫酸铵除副产品外为白色晶体；

③氮化铵为白色或淡黄色结晶；

④碳酸氢铵呈白色颗粒状结晶，也有个别厂家生产大颗粒扁球状碳酸氢铵；

⑤过磷酸钙为灰白色或浅灰色粉末；

⑥重过磷酸钙为深灰色、灰白色颗粒或粉末；

⑦硫酸钾为白色晶体或粉末；

⑧氮化钾为白色或淡红色颗粒。

（3）气味鉴别法。如果有强烈刺鼻氨味的液体是氨水；有明显刺鼻氨味的颗粒是碳酸氢铵；有酸味的细粉是重过磷酸钙。如果过磷酸钙有很刺鼻的酸味，则说明生产过程中很可能使用了废硫酸。这种化肥有很大的毒性，极易损伤或烧死作物，尤其是水稻秧田不能用。需要提醒的是，有些化肥虽是真的，但含量很低，如劣质过磷酸钙，有效磷含量低于8%（最低标准应达12%），这些化肥属劣质化肥，肥效不大，购买时应请专业人员鉴定。

301. 如何选购叶面肥？

答：与根部施肥相比，叶面肥具有能够迅速补充作物养分，提高肥料利用率的特点。尤其是当作物根部施肥不能及时满足需要时，可以采用叶面喷施的方法迅速补充作物所需的营养。如作物生长后期，根系活力衰退，吸肥能力下降时；在作物生长过程中，表现出某些营养元素缺乏症时；当土壤环境对作物生长不利，作物根系吸收养分受阻时，喷施叶面肥会同样起到补充养分的作用。

叶面肥包括的品种很多，归纳起来有两大类：一是肥料为主，含几种或十几种不同的营养元素，这些营养元素包括氮、磷、钾、微量元素、氨基酸、腐殖酸等；二是纯植物生长调节剂或在以上肥料中加入植物生长调节剂。叶面肥是供植物叶部吸收的肥料，其使用方法以叶面喷施为主，有的也可以用来浸种、灌根。随着我国农业科技的发展，叶面肥市场也在逐渐扩大，目前获得农业部登记证的产品已达200多种。选购和使用叶面肥应注意以下几个方面：

（1）叶面肥只是根部施肥的一种辅助方式，它代替不了根部施肥。特别是氮、磷、钾等大量元素肥料，主要是通过根部施肥，也就是土壤施肥提供的。因此，使用叶面肥时不能忽视土壤施肥，只有在做好土壤施肥的基础上，才能充分发挥叶面肥的效果。目前，许多叶面肥中加入了植物生长调节剂，具有促进作物细胞分裂等作用，这就更需要加强水肥管理，以保证作物的需要，才能使叶面肥的作用得以充分的发挥。

（2）选购叶面肥时要因土、因作物，叶面肥中的不同成分有着不同的功效，虽然说明书上都写着具有增产的作用，但其成分不同，使用后的效果不同，达到增产目的的方式也不同。如含有氨基酸的肥料具有改善作物品质的突出特点；含有黄腐酸的肥料则具有抗旱的效果；在石灰性土壤或碱性土壤上，铁多呈不溶性的三价铁，植物难以吸收，常患失绿症；在红黄壤上栽培果树，常发生某些微量元素不足，如缺锌，采取根外追肥可直接供给养分，避免养分被土壤吸附或转化，提高肥料效果。如果在不缺少微量元素的作物上喷施只含有微量元素的叶面肥或施的微量元素不对，就起不到原有的作用，且造成浪费。因此，在选购叶面肥时应注意其成分，根据需要购买。

（3）购买叶面肥时首先要看有没有农业部颁发的登记证号，凡是获得了农业部登记证的产品，都经过了严格的田间试验和产品检验，质量有所保障。

302. 怎样合理保管肥料？

答：保管肥料应做到“六防”：

（1）防止混放。化肥混放在一起，容易使理化性状变差。如过磷酸钙遇到硝酸铵，会增加吸湿性，造成施用不便。

（2）防标志名不副实。有的农户使用复混肥袋装尿素，有的用尿素袋装复混肥或硫酸铵，还有的用进复合肥袋装专用肥，这样在使用过程中很容易出现差错。

（3）防破袋包装。如硝态氮肥料吸湿性强，吸水后会化为浆状物，甚至呈液体，应密封贮存，一般用缸或坛等陶瓷容器存放，严密加差。

（4）防火。特别是硝酸铵、硝酸钾等硝态氮肥，遇高温（200℃）会分解出氧，遇明火就会发生燃烧或爆炸。

（5）防腐蚀。过磷酸钙中含有游离酸，碳酸氢铵则呈碱性，这类化肥不要与金属容器或磅秤等接触，以免受到腐蚀。

（6）防肥料与种子、食物混存。特别是挥发性强的碳酸氢铵、氨水与种子混放会影响发芽，应予以充分注意。

303. 化肥施用十忌是什么？

答：（1）忌单施某一种化肥。理想的施用方法是，先施有机肥、然后氮、磷、钾诸肥合理搭配、科学施用。

（2）忌中午高温进行根外施肥。中午气温高，不但喷洒后蒸发快，而且附着幼嫩枝叶片上的肥料易灼伤作物，既浪费肥料，又妨碍作物正常生长。

(3) 忌氮肥表土浅施。将氮肥施在表土浅层，受太阳光照射后，很容易使氮素分解挥发。

(4) 忌一次过多施用高浓度肥料。不论是何种肥，若一次剂量过大，就会使作物根系出现“倒吸”现象，致使根部受到伤害。

(5) 忌随水撒施。如将磷酸二氢钾与尿素混在一起随水撒施，磷和钾在土壤中的称动性较小，随水撒施肥料的利用率很低，基本上都停留在表土。

(6) 忌大棚或温室内施用氨水和碳铵。因为大棚生态环境处在高温和封闭状态下，这两种肥料在高温密闭条件下十分容易挥发而熏伤植株，影响正常生长。

(7) 忌“拉郎配”。不顾肥料性质，任意配合施用是不好的，如若将“铵态氮”肥与草木灰、石灰、磷肥等碱性肥料混合施用，势必加速氮素挥发，导致肥料浪费、还易熏坏作物。

(8) 忌撒施或面施磷素化肥。磷素在土壤中移动性很小，撒施或面施就特别容易被土壤吸附固定而大大降低磷素的肥效。

(9) 忌将过量氮素化肥施于豆科类作物。豆料类作物根部附有根瘤菌，如若氮肥施用量过多，就会直接影响根瘤菌的固氮活性能力。

(10) 忌大雨前施肥。因为施肥后遇暴雨或阵雨，肥料很容易被雨水淋冲造成养分流失。

304. 化肥施用四大误区是什么?

答：化肥是农业生产的基本投入之一。施用化肥不论是在发达国家还是在发展中国家都是农业生产中增产最快、最有效和最重要的措施。但由于在使用中存在一些问题，有的化肥能获得显著的增产效果，有的却达不到预期的效果，有的甚至增加了投资却减产了，所以有必要弄清楚化肥使用中常见的一些问题。

(1) 偏施问题。我们知道，作物生长发育必需的营养元素有16种，包括大量元素和微量元素。作物对某种元素无论需要量是大是小，在“必需”这一点上都是同等的，也是不能相互代替的。在实际生产中，常常有人误认为化肥就是氮肥、磷肥，只要大量施用氮肥、磷肥就能增产，这是不对的。正确的施肥应该是土壤缺什么元素就施含什么元素的肥料。土壤缺氮素，就应补充氮肥。土壤缺钾，就应补充钾肥，不能以磷肥代替钾肥，也不能因为多施氮肥就少施磷肥。总之，当土壤缺乏某些元素时，就应该增施含相应元素的肥料，也不能以大量元素肥料代替中量或微量元素肥料。

（2）盲目施用问题。由于化肥在作物增产方面效果非常明显，所以使很多人误解为不论施用什么化肥都一定能增产。这也是使用化肥的一个误区。我们在施肥时，首先要摸清哪种养分相对于作物来说最需要，然后满足哪种养分。一般情况下，这种养分常指大量元素（即氮、磷、钾），但并不排斥微量元素成为最需要养分的可能性。盲目施肥还表现在施肥量上。在生产中，常有很多人不注意研究施肥量与产量的关系，一味盲目地大量施肥，从而出现“增产不增收”的现象。

（3）肥料配合问题。化肥与有机肥相结合，是农业施肥的重大发展。但是，目前由于农民比较重视眼前利益，化肥又具有比较方便于储存、运输、施用的特点，增产又较迅速，所以生产中偏施、单施化肥而忽视有机肥的现象越来越严重。我国农民有堆积和施用有机肥的传统习惯。有机肥的许多优越性往往是化肥所没有的，比如，人畜粪便家家都有，取材方便又不用花钱。有机肥的施用，也是土壤培肥和建立高产、稳产农田的重要途径。另外应当指出的是，肥料的配合也包括各种化肥间的配合，这种配合施肥的增产效果要好于单施某种化肥的效果，这已被大量的试验所证实。

（4）对土壤的影响问题。有人认为施用化肥会引起土壤板结、肥力下降，这是使用化肥的又一个误区。不能单纯地认定长期施用化肥会引起土壤板结。大量的试验结果表明，只要各种化肥适当地配合施用，就不会降低土壤肥力，也不会引起土壤理化性质的恶化，导致土壤板结。

总之，在生产实际中，要经济有效地使用化肥，提高化肥的肥效，获得农作物的高产、稳产，就应该先从合理地分配和施用化肥入手。

305. 一吨农家肥相当于多少化肥？

答：一吨鸡鸭鹅粪相当于碳铵 138 千克，尿素 63 千克，硝铵 88 千克，过磷酸钙 139 千克，硫酸钾 3 千克。

一吨猪圈粪相当于碳铵 37 千克，尿素 17 千克，硝铵 24 千克，过磷酸钙 29 千克，硫酸钾 2 千克。

一吨大粪相当于碳铵 14 千克，尿素 6.5 千克，硝铵 9 千克，过磷酸钙 22 千克，硫酸钾 2 千克。

一吨灰粪相当于过磷酸钙 42 千克，硫酸钾 9 千克。

306. 肥料如何巧施用增产防病虫？

答：研究和实践证明，利用化肥或有机肥防治农作物病虫害，不仅经济、安全、有效，而且还可以节省农药，同时又具有施肥作用和不伤害天敌、不污染环境等特点，可谓一举多得，很值得在生产上推广。

（1）氮肥。

①碳酸氢铵、氨水等铵态氮肥具有较强的挥发性，对害虫具有一定的刺激、腐蚀和熏蒸作用，尤其对红蜘蛛、蚜虫、蓟马等体形小、耐力弱的害虫，效果更好。施用方法：用1%碳酸氢铵或0.5%氨水溶液均匀喷雾，每隔5～7天喷一次，连喷2～3次。

②尿素具有破坏昆虫几丁质的作用，用尿素、洗衣粉、水按4∶1∶400的比例混合配制而成的“洗尿合剂”，对危害棉花、蔬菜以及花卉的蚜虫、菜青虫、红蜘蛛等多种害虫具有良好的防治效果。

③在小麦锈病零星发生时，用50%鲜尿或3%硫铵水溶液喷雾，效果良好。

（2）磷肥。

①棉花嫩头上的腺毛分泌的草酸对棉铃虫蛾具有引诱作用；在棉铃虫成虫发生期，用1%～2%过磷酸钙浸出液作叶面喷肥，可使草酸变为草酸钙而失去对棉铃虫的引诱力。这样，可使棉田落卵量下降33.3%～73.4%，平均为55%；每次喷磷的持效期一般为2～3天。

②番茄脐腐病是植株缺钙引起的一种生理病害，从番茄初花期开始，用1%过磷酸钙浸出液每隔半月喷一次，连喷2～3次，防病效果比较明显。

（3）钾肥。草木灰是一种优质钾肥，同时还含有磷、钙、镁、硫以及硼、锰、铜、锌、钼等多种营养元素；用草木灰10千克，对水50千克，浸泡24小时后过滤，取滤液喷雾，可以有效地杀灭作物上的蚜虫；在棉花幼苗期，每亩用草木灰20～25千克，顺垄撒施，可以提高地温，减轻棉花立枯病、炭疽病、红腐病等的发生；在葱、蒜或韭菜开沟种植前，每亩用草木灰20千克，施于沟底，或在葱、蒜、韭菜等蔬菜幼苗期，每亩撒施草木灰15千克，并接着划锄覆土，可使根蛆为害明显减轻，并使蔬菜增产15%～20%；在小麦纹枯病初发生时，每亩用草木灰30～40千克，趁上午露水未干时顺垄撒在麦株基部，对控制病害蔓延有一定效果；对发生根腐病的果树，先挖开根部土壤，刮去发病根皮，稍晾，然后每株埋入草木灰2.5～5千克，约经1～2个月，病树即可发出新根。

（4）锌肥。在甜椒定植缓苗后和结果期，用0.05%～0.1%硫酸锌溶液各喷一次，可以减少病毒病发生，并使坐果率、单果重明显提高，增产15%～37%。

（5）锰肥。在大白菜播种时，用微量元素锰拌种，或在大白菜幼苗期、莲座期和包心期，用0.1%～0.2%硫酸锰溶液各喷一次，对大白菜烧心病具有显著防治效果，防治后可增产10%～18%，且对品质有所改善。

307. 小麦施肥技术要点有哪些?

答：据试验统计，每生产 100 千克小麦籽粒一般需要 N 3 千克左右，P_2O_5 1.0～1.5 千克，K_2O 2.5～3.1 千克。随着小麦产量的提高对氮、磷、钾吸收比例也相应提高。整个生育期对氮、磷、钾养分的吸收量，从苗期、分蘖期至拔节期逐渐增多，于孕穗期达到高峰。小麦不同生育期吸收氮、磷、钾养分的吸收率不同。氮的吸收有两个高峰，一个是从分蘖到越冬，这时麦苗虽小，但这一时期的吸氮量占总吸收量的 13.5%，是群体发展较快时期。另一个是从拔节到孕穗，这一时期植株迅速生长，对氮的需要量急剧增加，吸氮量占总吸收量的 37.3%，是吸氮量最多的时期。对磷、钾的吸收，一般随小麦生长期的推移而逐渐增多，拔节后吸收率急剧增长，40%以上的磷、钾养分是在孕穗以后吸收的。据试验报道，每生产 100 千克小麦，需吸收锌约 9 克。越冬前吸收较多，到抽穗成熟期吸收量达最高，占整个生育期吸收量的 43.2%。

河南小麦田有三分之二的土壤属于中低产田，施足基肥能培育冬前壮苗，增加有效分蘖，为壮秆、大穗、增加粒重打下良好的基础。对于土壤质地偏黏，保肥性能强，又无灌水条件的旱地麦田，可将全部肥料一次基施。对于水浇地和保肥性能差的沙土，可采用重施基肥，巧施追肥的分次施肥方法。对高肥水麦田，控氮、稳磷、补钾，磷钾肥作底肥，氮肥一部分基施，追肥提倡“前氮后移”。种肥是最经济有效的施肥方法，每千克种子用硫酸锌 2 克，硫酸锰 0.5～1 克，拌种后随即播种。根外喷肥是补充小麦后期营养不足的一种有效施肥方法。小麦抽穗期，可喷施 2%～3%的尿素溶液。喷施尿素不仅可增加千粒重，而且还具有提高籽粒蛋白质含量的作用。必要时，也可喷施 0.3%～0.4%的磷酸二氢钾溶液，对促进光合作用，加强籽粒形成有重要作用。尿素和磷酸二氢钾溶液的喷施量为每亩 30～50 千克。对出现缺素症状的麦田，要有针对性的喷洒肥液。

近几年来，河南优质小麦生产发展较快，优质小麦生产对合理施肥提出了新的要求。应根据优质小麦不同品质对营养的需求，合理施用肥料，加强全生育期的施肥管理。

(1) 强筋小麦。强筋小麦对氮肥需求量相对较高，且生育后期吸氮能力也较强，对钾肥需求量高于中筋小麦。肥料的施用应坚持重施有机肥，增氮、稳磷、补钾的施肥原则。亩产 450～500 千克的麦田，亩施优质有机肥 4 000 千克、N 12～14 千克、P_2O_5 5～7 千克、K_2O 6～8 千克；产量在 350～400 千克麦田，亩施优质有机肥 3 500 千克，纯氮 8～10 千克、K_2O 5～7 千克；磷肥的施用视土壤磷含量酌情施用。土壤速效磷小于 20 毫克/千克的土壤，亩施 6～8千克；速效磷在 20～30 毫克/千克，亩用量 2～5 千克；速效磷大于 30 毫克/千克可免施。肥料运筹上，有机肥、磷钾肥一次底施，氮肥 50%～60%做底肥，余下部分视苗情在拔节期追施。小麦生长中后期喷洒 2%尿素溶液 30～50 千克，以促进蛋白质的形成，提高品质。

（2）弱筋小麦。弱筋小麦蛋白质、面筋含量低，筋力弱。针对弱筋小麦种植区域土壤养分状况和弱筋小麦对营养的需求，在施足有机肥的基础上，适当减少氮肥用量，增加磷肥用量。产量水平在 300～350 千克的麦田，亩施有机肥 3 000 千克、N 6～8 千克、P_2O_5 5～6 千克，缺钾麦田补施 K_2O 4～5 千克。

308. 玉米施肥技术要点有哪些?

答：玉米是需肥量较大的高产作物。每生产 100 千克玉米籽粒，需吸收氮 N 2.5～2.7 千克，P_2O_5 1.1～1.4 千克，K_2O 3.7～4.2 千克，氮、磷、钾吸收比例为 1∶0.5∶1.5 左右。玉米不同生育期对养分吸收不同，苗期吸氮量占 9.7%、中期占 78.4%，后期占 11.9%；苗期吸收磷占 10.5%、中期占 80%、后期占 9.5%。玉米对钾的吸收，在拔节后迅速增加，在开花期达到高峰，吸收速率大。

河南夏玉米大部分贴茬播种，按照玉米生育期的营养吸收规律，分次追肥效果好。应视土壤肥力和产量水平在播后 20 天左右，每亩追施尿素 10 千克左右、磷肥 30～40 千克，缺钾田块追施钾肥 10 千克，或追施氮磷钾三元复混肥。在大喇叭口期视苗情追施 10～15 千克尿素。对于一些缺锌、铁、硼等微量元素土壤，在拔节、孕穗期喷施 0.3%的硫酸锌或 0.2%硼砂溶液均有显著的增产效果。

309. 水稻施肥技术要点有哪些?

答：常规水稻形成 100 千克籽粒需吸收氮、磷、钾各为 2 千克、0.9 千克、2.1 千克左右，氮磷钾吸收比例是 2∶1∶2。而杂交水稻为 2.0 千克、0.9 千克、3.0 千克，氮磷吸收量与常规稻基本一致，钾较常规稻高 0.9 千克。

根据移栽后 2～3 周出现一个很强的吸肥高峰的特点，水稻施肥应施足底肥，巧施追肥。将有机肥、磷肥和 60%～70%氮肥底施。余下氮肥在分蘖至孕穗期追施。一般每亩施 N 8～12 千克、P_2O_5 4～5 千克，KCl 4～5 千克。杂交水稻由于需钾量较多，应加大钾肥用量，每亩 6～8 千克钾肥为好。水稻苗期发现有座蔸的稻田，应施锌肥加以矫正。

310. 大豆施肥技术要点有哪些?

答：大豆需氮最多，其次是钾，同时还需要充足的钼、硼、锌等中微量元素。一般每生产 100 千克大豆籽粒需吸收 N 7.0～9.5 千克、P_2O_5 1.3～1.9

千克、K_2O 2.5～3.7 千克。大豆所需的氮素三分之二来自大豆本身根瘤固定的氮，一部分来自土壤和肥料。大豆对氮、磷、钾养分的吸收，结荚期是吸收最多的时期，而且吸收速度快，如果肥料供应不足，大豆易出现脱肥现象。

根据大豆需肥特点，合理施肥是大豆优质高产的主要栽培措施之一。大豆可用固氮微生物或微肥拌种。用根瘤菌粉拌种，每 5 千克种子用根瘤菌粉 20～30克、清水 250 克，在盆中把种子与菌粉充分拌匀，晾干后播种；用微肥拌种，播种前按每 5 千克种子，称取钼酸铵 5～10 克，用 250 克温水充分溶解钼酸铵，然后将肥液喷洒在种子上，尽量使肥液布满种子，阴干后即可播种。在缺硼或缺锌的地块，用 0.05%的硼砂溶液或 0.1%的硫酸锌溶液拌种。夏大豆一般铁茬播种，施肥以追肥为主。在土壤肥力低的地块，初花期应施 N 6～7 千克，P_2O_5、K_2O 各 4～6 千克；肥力高的地块，施氮量宜为 4～5 千克，P_2O_5、K_2O 各 8～10 千克，追施方法以开沟条施为好。钙肥和铁肥可根据苗情和缺素程度追施和叶面喷洒。

311. 红薯施肥技术要点有哪些？

答：红薯一生对氮、磷、钾三要素的需求，以钾最多，氮次之，磷较少。据研究，每产 1 000 千克干鲜薯，需 N 4.9～5.0 千克、P_2O_5 1.3～2.0 千克、K_2O 10.5～12.0 千克。氮、磷、钾之比约为 1∶0.3∶2.1。红薯吸收氮、磷、钾三要素总趋势是前中期吸收迅速，后期缓慢。对氮素的吸收于生长的前、中期速度快，需量大，茎叶生长盛期达到高峰；薯块膨大期对磷素的吸收利用量达到高峰；薯块快速膨大期吸收钾素量大。土壤有效锌含量在 0.5 毫克/千克以下，红薯叶色淡、叶片小，分枝少，抗旱能力降低等；叶片镁含量低于 0.05%时，即出现小叶向上翻卷，老叶叶脉间变黄等缺镁症。因此，生产上还必须密切重视土壤中微量元素的含量变化动态，倘若缺乏，需及时补充。

红薯施肥应采取基施和追施相结合的方法，每亩施用有机肥 2 500～3 000 千克，有机肥、磷、钾肥和 70%的氮化肥底肥，30%的氮肥于薯苗移栽 60 天左右追入。土壤质地不同采取不同的施肥方法，黏土总用量的 85%用做基肥，余下的 15%于生长中期追入；砂土以追肥为主，总用量的 30%用作基肥，50%于移栽后 50 天后追入，20%在移栽后 90 天追入，追肥穴施要覆土，以防止氮肥挥发损失。

312. 棉花施肥技术要点有哪些？

答：棉花是需氮、钾肥较多的作物，每生产 100 千克子棉，约需从土壤中吸收 N 5 千克，P_2O_5 1.8 千克，K_2O 4.0 千克，吸收比例约为 1∶0.36∶0.8。不同生育阶段对养分的吸收不同。总趋势为开花至吐絮期是吸收养分与积累最多的时期，氮、磷、钾各占60%以上；其次是现蕾至开花期，氮、磷、钾各占25%～30%。确保棉花在这两个时期得到养分充足供应，是提高棉花单产的有效途径。另外棉花对微量元素硼特别敏感，施肥上应注意施用硼肥。

棉花生长期长，根系分布深而广，对基肥要求较高。棉花的施肥应坚持有机与无机相结合、大量元素与微量元素相结合的原则。基肥以腐熟有机肥为主，中低产田每亩1 500～2 500千克、高产棉田3 000～4 000千克，过磷酸钙40～50千克，氯化钾或硫酸钾8～10千克，纯氮占总施肥量的20%左右。在苗蕾期和花铃期各追施一次速效性氮肥，提倡氮肥深施。夏播棉和麦棉套应在麦收后，结合整地灭茬及早施肥，重施花铃肥。河南棉区，土壤有效硼含量偏低，施硼效果明显，通常在棉花苗期到花期用0.1%～0.2%硼砂溶液连续喷2～3次。对于棉花出现叶柄环带、蕾而不花的棉田，除喷洒硼砂溶液外，夏棉可用0.5千克硼砂与5千克细土拌匀后作基肥施用。

313. 油菜施肥技术要点有哪些?

答：油菜植株高大，根系发达，吸肥力强。与禾本科作物相比，氮、磷、钾需要量较大，对硼、钙等微量元素吸收大大超过其他作物。常规油菜品种每形成100千克油菜籽需N 5.8千克、P_2O_5 2.5千克、钾（K_2O）4.3千克。杂交油菜每生产100千克油菜籽需要N 4.03千克、P_2O_5 1.67千克、K_2O 6.2千克，N∶P_2O_5∶K_2O为1∶0.41∶1.53。油菜不同生育时期的养分吸收量，常规油菜和杂交油菜表现趋势一致。现蕾—初花期是油菜吸收养分的高峰时期，50%的N、65%的P_2O_5，60%的K_2O都是这一阶段吸收的。出苗—现蕾期油菜需肥量也较大，40%N、30%P_2O_5、30%K_2O是这一阶段吸收。

油菜施肥应重施底肥，巧施追肥。基肥一般亩用有机肥2 000～3 000千克，配施N 4～8千克、P_2O_5 3～5千克，一次施入。对缺钾土壤，还应增施4～10千克K_2O。在薹期和花期分别视苗情追施速效性氮肥3～5千克N。油菜终花前后根据长势还可进行叶面喷肥，如喷施0.2%磷酸二氢钾，可增加粒重。土壤缺硼对油菜生长发育影响大，豫南油菜产区，可用硼砂0.5千克与5千克细土拌匀后底施。

314. 花生的施肥技术要点有哪些?

答：花生是重要的油料作物，也是一种需肥较多的作物。每生产100千克荚果，约需N 4.5～6千克、P_2O_5 0.81～3千克、K_2O 3～4.5千克、钙1.35～1.92千克、铁0.16千克。结果期对氮、磷、钾的吸收达到高峰，吸收量分别占总吸收量的42%、46%、56%。花生氮、磷营养的最大吸收期在结荚期，钾的吸收高峰比氮磷早，在花针期。

春花生施肥应重基肥，适量追肥。基肥用量一般占施肥量的70%左右，一般每亩施优质农家肥2 000千克左右，饼肥40～60千克、N 3～4千克、P_2O_5 5～7千克、K_2O 7～8千克。苗期是花生的氮素营养临界期以追肥氮肥为主，结合中耕每亩可追尿素3～4千克。视苗情在花针期再追肥一次。铁茬花生一般不施用底肥，初花期每亩可追尿素7～10千克，过磷酸钙肥20～30千克，钾肥4～8千克。另外，花生对钼很敏感，在苗期、盛花期喷施0.1%～0.2%的钼酸铵溶液，可促进根瘤的固氮，增产效果显著。钙对花生也有一定的增产作用，特别是在黄淮海石灰性土壤上，花生增施石膏效果好。

315. 芝麻施肥技术要点有哪些？

答：芝麻是生长期较短的作物。据测定，每生产100千克芝麻籽实需N 6.24～8.14千克、P_2O_5 2.68～3.10千克、K_2O 6.24～6.68千克、CaO 7.45～7.54千克、MgO 3.33～3.81千克。氮素吸收苗期至花期的20天中占总吸收量的43.9%，磷、钙吸收量花期至封顶期达到吸收高峰，钾、镁的吸收主要集中在苗期至封顶的45天左右，其吸收量占总吸收量的95%以上。

夏播芝麻种植时值大忙季节，生长期较短，施肥宜以腐熟的有机肥和速效性化肥为主。由于芝麻是浅根系作物，基肥以浅施，集中施为宜。视土壤肥力，亩施有机肥2 000千克，N 4～5千克，P_2O_5 4～5千克，K_2O 5～6千克。芝麻的追肥应根据苗情早施，花前重施的原则。花期追肥是关键，宜在幼花期追施，亩追尿素5～7千克，在花期可喷施0.2%的磷酸二氢钾溶液，有利于养分向籽粒运转和干物质积累。在锌、硼缺乏的地区，可叶面喷洒锌、硼肥。

316. 苹果、梨的施肥技术要点有哪些？

答：苹果树、梨树都是多年生植物，不同树龄需肥规律不同。幼树以营养生长为主，对氮、磷需求量大，成年果树对氮和钾需求量大。每生产1 000千克苹果和梨，需吸收N、P_2O_5、K_2O分别为2.9、1.1、2.7千克，2.0、0.5、2.1千克。河南省苹果树种植在石灰性土壤上，易缺锌和钙，诱发小叶病和苦豆病，近几年果树缺铁失氯也时有发生。梨树坐果后对钙较敏感，盛花后到成熟，钙的累计吸收最大，此时期缺钙，易发生苜蓿青、黑底木栓斑等生理病害。生产上应针对苹果、梨的营养特点和种植地区的土壤养分状况，进行合理施肥。

施肥上要重施有机肥。有机肥的施用应结合秋季果园深耕，在树冠下挖30～50厘米深、40厘米宽的轮状沟施用。每株成龄果树，施用有机肥100～200千克为宜。开挖施肥沟时，应避免切断1厘米以上的侧根。化肥的施用，依树龄而定。幼龄果树氮磷钾化肥在定植前与有机肥混合后施用，也可开挖

6～8条放射状沟施用；氮化肥的施用，每年追施2～3次，在初春、盛果期和秋季施用；磷钾的施用，对提高含糖量、着色度和产量十分重要，成龄果树的$N:P_2O_5:K_2O$施用比例以1∶0.5∶1配施为宜。磷钾肥在施用方法上应与有机肥和部分氮化肥混合后秋施；缺锌、硼、铁和钙的果树，采取根外喷洒叶面肥的方法，可矫正果树生理缺素症。另外，矮化果园，根系浅、栽植密度大、产量高，对肥水要求也高，因此还应喷施0.2%尿素和0.2%磷酸二氢钾溶液，或氨基酸类叶面肥，以保证营养需求。

317. 葡萄施肥技术要点有哪些?

答：葡萄根系发达，根群主要分部在40～60厘米的土层。每生产1 000千克葡萄，需N 3～6千克，P_2O_5 1～3千克，K_2O 3～6.5千克。在年生长周期中，浆果生长之前，对氮磷钾的需要量较大。果粒膨大至果实采收期，植株吸收氮、磷、钾达到了高峰。此期若供肥不足对葡萄产量影响很大。葡萄对氮的需要量前中期较大，而磷钾吸收高峰偏中后期，尤其是开花、授粉、坐果以及果实膨大对磷钾的需要量很大。葡萄施肥上基肥以秋施为主，于晚秋或初冬结合防寒施用。成年葡萄园每亩施有机肥3 000～4 000千克，再配施一定数量的速效性磷钾化肥；氮磷钾肥的施用比例按1∶0.5∶0.1.2的比例配施。追肥占总用量的40%左右，分次施用。①催芽肥：在萌芽前1～2周施用，每亩施含量为45%的氮磷钾复混肥15千克或施尿素5～10千克，硫酸钾8～10千克；②催条肥：在枝蔓生长高峰前追，每亩施氮磷钾复混肥15千克；③膨果肥：在谢花后施入，每亩施45%氮磷复混肥20千克和硫酸钾20千克；④着色肥：在硬核期施用，每亩施硫酸钾10～20千克。在花前或膨果初期，喷施0.1%的硼砂溶液可提高坐果率，促进果实膨大。在膨果期喷施0.2%的磷酸二氢钾溶液，对提高产量和品质具有明显作用。

318. 杏树施肥技术要点有哪些?

答：(1) 杏树需肥特性。杏树是温带核果类树种，耐寒耐干旱耐瘠薄，适宜种植在土壤深厚、土壤温度适中、pH 6.5～8的沙壤质土壤上。据资料报道，杏叶片中营养物质含量与杏树生长以及产量相关性明显，叶片中氮的含量与一年生枝条的总长度之间呈正相关。丰产杏树叶片中化学成分最适宜的含量为：氮（N）2.8%～2.85%，磷（P_2O_5）0.39%～0.4%，钾（K_2O）3.90%～4.1%，叶片中的氮与钾的比率保持在0.86～0.92。就可以达到较高的产量水平。

(2) 施肥技术。

①基肥：杏对基肥一般在9—10月结合耕翻施入，多以含有机质丰富的厩

肥、堆肥、饼肥等迟效性肥料为主。一般株施厩肥等农家肥50～150千克，饼肥10～15千克。幼树施用量应减少。

②追肥：追肥施用时期根据杏树生长发育规律进行，一般分3～4次追施。花前肥：在春季土壤解冻后及时施入以速效性氮肥为主的肥料，保证开花整齐一致；花后肥：于开花后施入，以速效性氮肥为主，配合磷钾肥，补充花期对营养物质的消耗，提高坐果和促进新梢生长；花芽分化肥：在花芽分化前施入，其作用是促进花芽分化和果实膨大，以速效性氮为主，配合磷钾肥；催果肥：果实采收前2～3周施入，以施钾肥为主；全部追肥用量每株一般氮（N）0.3～0.5千克，磷（P_2O_5）0.2～0.4千克，钾（K_2O）0.3～0.5千克，大树可多追一些，小树可少追些。

③根外追肥：根外追肥是将营养元素配成一定浓度的溶液喷到叶片、嫩枝及果实上，直接被吸收利用。杏树生长前期浓度可低些，后期浓度可适当加大。一般常用的浓度是0.3%～0.5%的磷酸二氢钾；0.2%～0.4%的尿素，0.2%的过磷酸钙；0.3%的草木灰浸出液。如有缺微量元素症状可喷0.2%～0.3%的硫酸亚铁，0.1%～0.3%的硼酸；0.3%～0.5%的硫酸锌溶液等。

319. 枣树施肥技术要点有哪些？

答：(1) 枣树需肥特性。据研究，每生产100千克鲜枣需氮（N）1.5千克，磷（P_2O_5）1.0千克，钾（K_2O）1.3千克。枣树所需养分因生育期而不同，萌芽开花期，对氮的吸收较多，供氮不足发育枝和结果枝生长受阻，花蕾分化差。开花期氮、磷、钾养分吸收增加。幼果期为根系生长高峰期，果实膨大期是养分吸收高峰期，养分不足果实生长受到抑制，落果严重。果实成熟至落叶期，树体养分进入积累贮藏期，但仍需要吸收一定数量的养分。

(2) 施肥技术。

①基肥：基肥施用时间应在秋季落叶前后，一般采用开环状或放射状沟深施，每株施有机肥150～250千克，对树势弱的要加施含量为25%的氮、磷、钾复混肥2千克左右。

②追肥：一年内追肥以三次为宜，第一次是芽肥，若基肥不足或树势弱时，提前到发芽前施用，这次以氮肥为主，每株施0.5～1.0千克尿素并配一定数量的磷钾肥和硼肥。第二次为幼果肥，以磷钾为主，配施适量的氮肥，每株可用含量45%的复混肥1千克左右，以促进果实膨大，提高产量和品质。第三次在果实采收后，追施速效氮肥，以迅速恢复树势，有利于第二年生长。果实采收后喷0.5%的尿素和0.2%的磷酸二氢钾溶液，也可收到同样效果。

320. 樱桃施肥技术要点有哪些?

答：(1) 樱桃需肥特性。樱桃适宜种植在土层深厚、土体结构良好、pH 6.5～7.5 的土壤上。樱桃从发芽到果实成熟发育时间较短，春梢的生长与果实的发育基本同步。其营养吸收具有明显的特点。樱桃的枝叶生长、开花结果都集中在生长季节的前半期，花芽分化多在采果后的较短时间内完成，所以，养分需求也要集中在生长季节的前半期。

(2) 施肥技术。樱桃施肥以有机肥为主，尽量少施化肥，施肥量应严格掌握。过多施肥，将导致产量和品质降低。

①基肥：以早施为佳，宜在 9—11 月进行，丰产樱桃园亩施优质农家肥 2 500千克即可，施肥方法为刨树盘深 5～7 厘米，将肥料均匀撒施，覆土浇水后，划锄保墒。

②追肥：樱桃生长期短，追肥一次即可。一般在初花期追施，应多追氮肥和少量磷钾肥，追施方法为将肥料撒施在树盘中，并立即轻轻划锄，使肥土混匀，然后浇水。沙地樱桃园，追肥次数宜多，每次用量应少，即勤追少追，而且追后浇水，使水渗到根系集中层。

③根外追肥：根外追肥是一项辅助性施肥措施，在调节樱桃树长势，促进成花结果上有明显效果。在缺磷土壤上，喷施浓度为 0.2%～0.5%的磷酸二氢钾溶液，对花芽分化作用明显。喷洒时应以喷叶背面为主，因叶背面吸收能力较强。

321. 西瓜施肥技术要点有哪些?

答：(1) 西瓜营养特性。西瓜在整体生长发育时期对氮、磷、钾养分的吸收是钾最多，氮次之，磷最少。不同生长发育时期对氮、磷、钾养分的吸收量，幼苗期较少，伸蔓期吸收量增多，果实膨大期吸收量达到最高峰，成熟期趋于缓慢。

西瓜对氮、磷、钾的吸收量随植株生长和干物质积累的增加而提高。第二雌花开花以前 57 天内，干物质的积累占总量的 7.6%，钾的吸收量占总吸收钾量的 8.9%；第二雌花开花到果实褪毛共 6 天时间，西瓜植株生长和养分吸收都逐渐加快，干物质积累占总量的 4.6%，氮素的吸收量占总吸氮量的 3.4%，磷素的吸收量占总吸磷量的 0.7%，钾素的吸收量占总吸钾量的 2.8%；从果实褪毛到果实膨大后期 20 天时间，西瓜植株物质积累和养分的吸收达到高峰，干物质积累占总量的 67.8%，氮素的吸收量占总吸氮量的 68.1%，磷素的吸收量占总吸磷量的 64.2%，钾素的吸收量占总吸钾量的 66.3%；从果实膨大结束至成熟，干物质的积累和氮、磷、钾养分的吸收趋于缓慢，干物质的积累占总量的 20.2%，氮、磷、钾的吸收量分别占总吸收量的 15.5%、27.6%和 22%。西瓜生长发育全期氮、磷、钾养分的吸收累积表现为前期少，中后期多，后期少的吸肥特点。

中产地块生产 1 000 千克植瓜果实吸收氮（N）2.46 千克，磷（P_2O_5）0.9 千克，钾（K_2O）3.02 千克，N∶P_2O_5∶K_2O 比例为 1∶0.37∶1.23。在西瓜生长发育的不同时期植株吸收氮、磷、钾数量的比例：抽蔓期以前为 1∶0.21∶0.83，吸氮多，钾少、磷最少；果实褪毛期为 1∶0.8∶0.87，磷的比例提高幅度较大，钾的比例稍有提高；果实膨大期为 1∶0.3∶1.13，磷的吸收比率又有所下降，钾的吸收比例有所提高；成熟期 N∶P_2O_5∶K_2O 的比例为 1∶0.26∶1.22，整个生长发育期前期需氮多，钾多，磷较少，中后期需钾多。因此，在西瓜生长前期增施氮肥配施磷、钾肥，促进植株营养生长，坐瓜期追施氮、钾肥，对于提高西瓜产量和品质十分重要。

西瓜各器官氮素的累积与分配，因生育期不同而不同。在抽蔓期以前西瓜叶片中的氮素含量占茎叶总含量的 83%以上，褪毛期叶片中的含氮量占茎叶总氮量的 60.2%，可见叶是西瓜生长前期氮素的分配中心；从累积量上看，膨大期叶的含氮量达到高峰，比成熟期叶中含氮量还要高，充分证明后期叶片中的氮素被果实再利用；膨大期至成熟期氮素的分配中心是果实，而果实中瓜瓤又是氮素的分配中心。因此，后期氮素的供应水平将是决定西瓜品质的决定因素。

西瓜各器官磷素的积累分配基本和氮素相同，但其累积数量比氮素少。抽蔓期以前磷素的积累分配中心是叶子，植株含磷量的 80%集中在叶片中；果实膨大期植株含磷量达较高值，到成熟期减少，说明茎叶中的磷素到西瓜生长后期被再利用；果实在成熟期成为磷素的累积分配中心。

西瓜植株各器官对钾素的吸收量，积累量比氮、磷高得多，但累积分配中心基本相同，即在西瓜生长发育前期钾素的累积分配中心是叶子；果实是钾素后期累积分配中心；茎叶中的钾素在后期也被果实再利用。

（2）施肥技术。西瓜的栽培方式分为露地栽培和保护地栽培两种，其施肥方法大体相同，一般可分为：

①基肥：基肥施用方法有撒施、沟施和穴施三种。撒施与沟施或穴施相结合效果较好。撒施一般每亩施优质农家肥（鸡粪较好）2 000 千克左右；并结合施入过磷酸钙 20～30 千克/亩，硫酸钾 3～4 千克/亩。沟施是按定植或播种的行距开沟，在播种或定植前 2 周施肥，一般每亩用优质农家肥 1 500 千克左右，饼肥 150 千克。穴施是在播种或定植前 1 周左右，按行向控穴，每穴施优质农家肥 1.5 千克或饼肥 0.2 千克左右。

②追肥。根据西瓜生长发育的需求分次进行追肥，确保西瓜植株稳健生长，果实迅速膨大。西瓜追肥可分三次进行。第一次在幼苗长出 2～3 片真叶

时，在距苗15厘米处每株追氮（N）8～10克；在西瓜伸蔓后施催蔓肥，每亩约施氮（N）3～4千克，磷（P_2O_5）6～8千克，钾（K_2O）5～8千克。或每亩追腐熟饼肥100千克左右。第三次在果实膨大期每亩追氮（N）6～8千克，磷（P_2O_5）3～4千克，钾（K_2O）10～12千克。除土壤追肥外，还可叶面喷施氮磷钾肥，对微量元素缺乏的土壤，可喷施微肥，以补充西瓜从土壤中吸收量的不足。在西瓜抽蔓期和坐果期喷施0.2%磷酸二氢钾或尿素溶液和0.2%硼砂溶液可防止茎叶早衰，提高产量，改善西瓜品质。

322. 甜瓜施肥技术要点有哪些?

答：(1) 甜瓜营养特性。甜瓜生育期较短，但生物产量高、需肥大。据报道，每生产1 000千克甜瓜果实约需氮（N）3.5千克，磷（P_2O_5）1.7千克，钾（K_2O）6.8千克。三要素吸收量的50%以上用于果实的发育，但不同生育期对各种元素的吸收是不同的。甜瓜幼苗期吸肥很少，开花后，对氮磷钾的吸收迅速增加，尤其氮钾的吸收增加很快；坐果后2周左右出现吸收高峰。此后随着生育速度的减缓，对氮钾的吸收量逐渐下降，果实停止增长以后，吸收量很少。对磷的吸收高峰在坐果后25天左右，并延续到果实成熟。开花至果实膨大末期的一个月左右是甜瓜吸收矿质养分最多的时期。虽然甜瓜品种不同，吸收高峰出现的早晚可能有差异，但对各种元素的吸收规律是一致的。

(2) 施肥技术。

①基肥：露地栽培每亩基施优质农家肥3 000～4 000千克，尿素4千克，过磷酸钙20～30千克，硫酸钾30千克或草木灰200～300千克，混匀施入20～30厘米深的定植沟内。保护地栽培有机肥宜全面撒施翻入耕层，化肥宜按行条施，一般亩施有机肥8 000千克左右，饼肥100千克，氮磷钾复混肥12～15千克。

②追肥：露地栽培一般团棵期亩追尿素5千克，果实膨大期亩追硫酸钾5千克，尿素5千克。温室甜瓜一般结合灌水进行追肥，亦可分次叶面追施高效复合液体肥料。追肥多在伸蔓期、膨大期分两次进行。双层结果时也可在上层瓜膨大期再追肥一次。第一次追肥亩施尿素和磷酸二铵各10～15千克；第二次追肥亩施磷酸二铵10～15千克，硝酸钾10千克；第三次追肥亩施硝酸钾5～10千克，磷酸二铵5千克。另外，坐果后，每隔1周喷1次0.3%磷酸二氢钾溶液，连喷2～3次，增产效果显著。

323. 蔬菜的需肥特性有哪些?

答：(1) 养分需要量大。蔬菜一般单位面积产量高，复种指数大，生长季节短，带走的养分多。蔬菜的需肥量比粮食作物大，与小麦相比，蔬菜平均吸氮、磷、钾量比小麦各高 0.4、0.2、1.9 倍，钙、镁各高 4.3、0.5 倍。不同种类蔬菜需肥数量存在较大差异。西葫芦、花椰菜、大蒜、甜椒等需肥量大，茄子、番茄、大白菜、甘蓝等需肥量中等，吸收量小的有菠菜、芹菜、黄瓜、西瓜等。

(2) 带走养分多、养分转移率低。大多数蔬菜除留种的外，均在未完成种子发育时即行收获，以其鲜嫩的营养器官或生殖器官供人们食用，大田蔬菜生长期间植株养分含量一直处于较高的水平，收获期植株所含的养分显著高于大田作物。蔬菜又是非转移型作物，茎、叶、果实各部位的氮磷钾含量差异不大。因此带走养分多、养分转移率低。

(3) 对某些养分有特殊需求。蔬菜与其他作物相比，喜硝态氮肥，对钾、钙的需求量大，蔬菜对微量元素硼和钼也比较敏感。

324. 大白菜、油菜、青菜、菜薹等白菜类蔬菜施肥技术要点有哪些?

答：这类蔬菜叶面积大，根系较浅。每生产 1 000 千克大白菜净菜需 N 0.8～2.6 千克，P_2O_5 0.8～1.2 千克，K_2O 3.2～3.7 千克。大白菜需肥最多的时期是莲座期和结球初期，而且这两个时期对养分的吸收速率最快，所以，莲座期和结球初期应特别注意氮、磷、钾养分的供给。施肥上要施足基肥，一般每亩施腐熟优质农家肥 3 500～5 000 千克，其中 2/3 撒施，1/3 沟施或穴施，并加施 45%的复混肥 15～20 千克：追肥宜采取“前轻后重”的追肥原则，植株 8～10 片叶时，在距苗 15～20 厘米处开沟，每亩施 25%复混肥 20～30 千克，结球初期对氮素养分的需求量特别高，需再追肥，一般每亩施用尿素10--20千克，同时配施氯化钾 10～15 千克。中、晚熟品种生长期长，每亩可补追尿素 7～8 千克；大白菜是一种喜钙作物，需钙量大，容易缺钙。北方许多白菜产区因缺钙易发生“干烧心病”，在结球初期喷施 0.25%～0.5%硝酸钙溶液，可起预防作用。

325. 番茄、茄子、甜椒等茄果类蔬菜施肥技术要点有哪些?

答：这类蔬菜生长的共同特点是边现蕾、边开花、边结果。每生产 1 000 千克番茄果实约需吸收 N 2.1～2.7 千克，P_2O_5 0.5～0.8 千克，K_2O 4.3～4.8 千克。每生产 1 000 千克茄子果实约需 N 2.7～3.0 千克，P_2O_5 0.7～1.0 千克，K_2O 3.7～5.6 千克，其比例约为 1：0.8：1.4。对钾的需要量特别大，是喜钾作物。

番茄的施肥一般基肥用量为每亩优质农家肥 4 000～6 000 千克，并配施尿素 5 千克、过磷酸钙 50 千克、硫酸钾 8 千克左右。番茄追肥以施氮肥为主，分 3 次追施。第一次追肥在第一穗果直径 2～3 厘米时进行，每亩追尿素 5～7 千克。第一穗果采收后，进行第二次追肥，每亩追尿素 3～5 千克，硫酸钾 2～3千克。高秧、果穗层次多的品种，第二穗果采收后，还要进行追肥，以利后期果实发育。番茄缺钾易形成菱形果和空心果，缺钙易发脐腐病，应注意补施钾和钙肥，提高商品率。

露地茄子生长期长，产量高，应重施农家肥。每亩施用优质农家肥 5 000～7 000千克，并配合适量的过磷酸钙与草木灰等磷钾肥料，于整地前撒施翻入土中；在定植缓苗后及时追肥，到门茄果实长到直径约 3 厘米时，结合浇水施一次腐熟人粪尿或每亩施尿素 15～20 千克。随着茄子的迅速膨大，达到茄子需肥的高峰期，一般每采收 1 次，即追肥 1 次，每次亩追氮素 4～5 千克。温棚茄子每亩有机肥用量宜为 8 000～10 000 千克，过磷酸钙和硫酸钾各 25 千克。温棚茄子定植后至开花坐果期一般不需要追肥，该阶段重点是温度管理。开花坐果期如果出现茄茎较细，叶小色浅，花少而小，可叶面喷施 0.2%～0.3%的尿素或磷酸二氢钾溶液。门茄坐果后，每亩应沟施或穴施氮 4～5千克。门茄采收后，可随水施入尿素 15 千克或人粪尿水 800 千克。对茄子采收的结果旺盛期，此期应每隔 1 周浇水 1 次，并结合浇水施肥一次，有机肥与化肥交替施用。茄子采收后以施钾肥为主，每亩施硫酸钾 10 千克，以补充土壤中钾的消耗。

326. 绿叶菜类蔬菜施肥技术要点有哪些?

答：包括菠菜、莴苣、芹菜、苋菜、茼蒿等，大部分绿叶菜根系较浅，生长速度快，施肥对品质影响大。营养的共同特点是氮素供应充足时，叶片嫩绿、汁多、纤维少；氮素不足时，叶片黄而粗糙，植株矮小，未老先衰。

不同绿叶菜对养分也有特殊要求。菠菜喜硝态氮，对缺钾反应敏感；芹菜喜钾，对钙敏感，缺钙易发心腐病；叶菜对微量元素类也有较敏感的反应。菠菜、莴苣对缺锌、缺铜和缺钼反应敏感；芹菜对缺硼、缺锌很敏感等。施肥上，要依据此类蔬菜营养需求的共性和个性，注意营养均衡配搭，提高产量和商品率。

327. 甘蓝类蔬菜施肥技术要点有哪些?

答：包括结球甘蓝、花椰菜、球茎甘蓝，每生产 1 000 千克结球甘蓝和花椰菜，分别需要吸收 N 3.05 千克、$P_2O_5$0.8 千克、K_2O 3.49 千克和 N 13.4 千克、P_2O 53.93 千克、K_2O 9.59 千克，其比例各为 1∶0.3∶1.1 和 1∶0.3∶0.7。结球甘蓝吸收钾多，氮次之，磷最少；而花椰菜氮多钾中磷最少。甘蓝类蔬菜，是典型的喜钙作物，缺钙易出现叶缘干枯症。花椰菜对缺硼比较敏感，易发叶柄龟裂症，花茎中心开裂，花球呈锈褐色，味苦；缺镁时，叶片易变黄等。施肥上，应依据土壤肥力状况，目标产量和吸收养分的特点，进行合理施肥。

328. 瓜类蔬菜施肥技术要点有哪些？

答：包括黄瓜、南瓜、冬瓜、西葫芦、丝瓜、菜瓜等，这类蔬菜是典型的营养生长与生殖生长并进生长的蔬菜。黄瓜是浅根作物，根系入土浅、再生能力差、吸肥力弱。定植后，由于不断结果和采收，对营养元素需要量大。据研究，每生产 1 000 千克果实需吸收 N 2.8～3.2 千克、P_2O 51.2～1.8 千克，K_2O 3.8～4.5 千克，钙 5.0～5.9 千克，镁 0.6～1.0 千克，氮、磷、钾之比约为 1∶0.5∶1.4。黄瓜基肥应以有机肥为主，露地黄瓜每亩施腐熟有机肥3～5吨，其中 50%表面撒施，50%集中施于定植沟内。施用有机肥的同时，可将 90%的磷肥、50%的钾肥也作基肥施入。温棚栽培，土壤腐殖质矿化消耗量大，黄瓜生长期长且产量高，每亩应施有机肥 6～8 吨，温棚增加有机肥，可以提高土壤微生物活性，增加棚内二氧化碳释放量。露地黄瓜生长期内应多次追肥，但每次追肥量不易过大。黄瓜定植后，结合浇水追一次氮肥，亩施尿素 7 千克左右。从根瓜开始膨大到果实采收末期，需多次追尿素，每次 3～4 千克，其中盛瓜期应重施，每亩宜用 25%的复混肥30～40千克。温棚黄瓜追肥量比露地黄瓜大、追肥应巧施提苗肥，重施结果肥，补施 CO_2 肥。

329. 大蒜施肥技术要点有哪些？

答：大蒜的需肥特性大蒜根系为弦状肉质须根，主要分布在 20～25 厘米耕层内，属浅根性蔬菜。对肥水反应敏感，具有喜肥、耐肥的鲜明特点。大蒜的根毛很少，并且细弱，根的吸肥能力较差。大蒜萌芽所需的养分都由种瓣提供，随着幼苗的生长，种瓣中贮藏的养分逐渐耗尽，俗称“退母”。此时应施用速效肥料以保证幼苗的生长和培育壮苗。退母后的生长完全靠土壤养分供给。大蒜的鳞芽和花芽分化期，是大蒜生长发育的关键时期，根系生长增强，加速了对土壤养分的吸收利用。从花芽分化、结束到蒜薹采收是大蒜营养生长与生殖生长并进时期，生长量大，需肥水量也最多，是大蒜肥水管理的关键时期。

大蒜对各种营养元素的吸收量以氮最多，钾、钙、磷、镁次之。此外，硫是大蒜品质构成元素，适当应用硫肥可使蒜头和蒜薹增大增重，并可使畸形蒜薹和裂球降低。

330. 高产大蒜配套施肥技术措施有哪些?

答:(1)基肥:由于大蒜根系浅,根毛少,吸肥能力差因此,对基肥的质量要求较高。一般以腐熟的厩肥或饼肥为好。在基肥中通常配施一些磷钾复混肥。高产大蒜一般亩施优质有机肥 5 000~6 000 千克,施饼肥 80~100 千克,以提高土壤肥力,保证养分供应。亩施氮磷钾复混肥 25~35 千克。

(2)催苗肥:目的是促进出苗后迅速发根长苗,提高秋播大蒜的越冬性能。催苗肥一般于出苗后 15 天左右进行。肥力较高、底肥较足的,可以不施催苗肥,否则每亩可以施标准氮肥 10 千克。

(3)返青肥:一般在春季气温回升,大蒜的心叶和根系开始生长时施用,用量以标准氮肥 10~15 千克为宜。

(4)催薹肥:一般应在鳞芽和花芽分化完成、蒜薹缨时进行。由于此时进入生长旺盛期,生长量和需肥量先后达到高峰期,所以催薹肥是一次关键性的追肥,一般应重施。约占追肥总量的 40%~50%。每亩施氮磷钾复混肥 25~30 千克。

(5)催头肥:一般于催薹肥施后 25~30 天进行,这次追肥是满足蒜薹采收和蒜头膨大时对养分的需要。此次追肥以氮肥为主,配合施少量磷钾肥。用量以总追肥量的 20%~30%为宜。

331. 小辣椒施肥技术要点有哪些?

答:小辣椒一次施氮肥过多,不仅作物吸收不了,造成浪费,甚至出现“高脚苗”“烧苗”现象,而且造成土壤盐分浓度过高,妨碍根系生长。如果土壤过于干旱或雨水过多,会因植株萎蔫或发生沤根,引起落叶、落花、落果。为了提高小辣椒的产量和品质,必须掌握各个环节的施肥浇水技巧。

(1)整地耕地前每亩撒施腐熟农家肥 5 000 千克,过磷酸钙 50 千克,硫酸钾 20 千克作底肥。耕翻后,耙平耙细,整地做畦,最好留 1/3 的底肥在做畦时集中施于埂下,经浅锄后使粪土掺匀后再起埂。

(2)栽植栽植时,先在畦面上挖 15~25 厘米深的小穴,然后带土移栽,填半穴细土,浇满穴水;第二天上午复浇一次水,用细土封满穴。

(3)定植后到始花坐果前以中耕保墒为主,促进根系发育,为丰产奠定基础。定植后 3~4 天,地面发白时,进行中耕,但近苗处应浅些,防止苗陀松动。定植后 5~7 天,当茎叶泛绿,心叶开始生长时,即为缓苗,应浇缓苗水,并结合浇水,追施一次提苗肥,每亩穴施或沟施尿素 10 千克。土壤见干时,及时松土保墒进行一次细中耕,然后蹲苗,蹲苗时间 10~15 天。

（4）始花坐果期门椒开花时，适当控制浇水，防止旺长，促进坐果。当大部分植株门椒坐果后，结束蹲苗，浇第二次水，并结合浇水，重施一次肥，每亩尿素20～25千克或人粪尿1 000千克，开沟暗施，施后随即浇水，促果膨大。门椒采收后，浇第三次水，并结合浇水再追一次肥，每亩尿素10～15千克。此后视天气情况，每7～10天浇一次水，保持畦面不干为宜。

（5）盛果期进行盛果期后，气温较高，蒸发量较大，一般5～7天浇一次水，经常保持畦面湿润状态，以利果实膨大。浇水宜在早、晚进行，遇到热雨（闷热天气，雨后即晴），可浅浇一次水，起"涝浇园"降温作用。小辣椒不耐涝，如田间连续积水，每次超过4个小时，就会发生萎蔫甚至出现被淹死现象。因此，进入雨季，要做好排水防涝工作，切实做到雨停田间无积水，积水后应及时排水。

332. 无公害生产对肥料有什么要求？

答：影响无公害生产质量安全的主要问题：除农药残留污染外，一是有害的金属及非金属污染，主要包括铬、镉、铅、汞、砷、氟；二是硝酸盐、亚硝酸盐污染（人体摄入的硝酸盐、亚硝酸盐80%来自蔬菜）；有害生物污染如大肠杆菌、蛔虫卵等。

无公害农产品生产除对产地环境质量（大气环境、农用灌溉水、加工用水、土壤质量）有严格要求外，对生产过程中的投入品——肥料也提出了相应的要求。无公害生产允许使用的肥料有以下四类：

（1）有机肥料：堆肥、厩肥、沼气肥、绿肥、作物秸秆、饼肥，腐殖酸类肥料、氨基酸类肥料、商品有机肥、骨粉、农畜加工废料、糖厂废料等。

（2）无机肥料：矿质磷肥、矿质钾肥、复混肥、氮肥。

（3）微量元素肥料：铜、铁、硼、锌、锰、钼等微量元素及有益元素肥料。

（4）微生物肥料：固氮菌肥料、根瘤菌肥料、磷细菌肥料、钾细菌肥料、复合微生物肥料等。

以上肥料均应符合无害化指标要求。国家对上述肥料都制订了卫生质量标准。

（1）对有机肥料类的要求是：施用腐熟的有机肥料，并对蛔虫卵死亡率、大肠杆菌值等提出了控制指标。经发酵加工生产的有机肥料、有机无机肥料对汞、镉、铬、铅、砷、氯离子、蛔虫卵死亡率、大肠杆菌值进行限定指标，城市垃圾农用也有相应的限定指标。

（2）磷肥主要是对铬、镉、铅、汞、砷进行限量，三氯乙醛（酸）不得检出。矿质钾肥主要限定砷和氯离子；复混肥、各种作物专用肥对铬、镉、砷、铅、汞、氯离子、缩二脲等限量，三氯乙醛（酸）不得检出；

（3）微量元素水溶性肥料及含氨基酸水溶性肥料无害化指标应分别符合GB/T 17420和GB/T 17419的要求，主要控制指标仍是砷、镉、铅，其他水溶性肥料参照执行；

（4）微生物肥料的无害化指标应符合农业行业标准NY 410、NY 411、NY 412、NY 413的要求。

333. 无公害生产的施肥原则与注意的问题有哪些？

答：（1）施肥原则。在施用有机肥的基础上，以土壤肥力定产、定氮，测土施用磷、钾肥，针对性施用微肥，大力推广平衡施肥和化肥深施技术。

平衡施肥是无公害农产品生产的关键技术之一。为充分发挥化肥肥效，减少污染等，提高品质，要大力推广平衡施肥技术。根据农作物生理特点、吸肥规律、土壤供肥性能及肥料效应，确定有机肥、氮、磷、钾及微量元素肥料的适宜量、配比以及相应的施肥技术。具体应包括肥料的品种和用量，基肥、追肥比例；追肥次数和时间；以及所采用的施肥方式。

（2）施肥应注意的问题。

①禁止使用未经处理或有害物质超标的肥料。使用充分发酵、腐熟后的有机肥料；商品有机肥必须达到无害化要求，重金属、卫生指标等要符合相关技术指标；化学肥料的质量应符合有关产品质量标准；对于实行生产许可证、肥料登记证管理制度的肥料品种，必须使用获证企业产品，以保证肥料质量和可靠性。收获阶段不许用人畜粪尿追肥。

②化肥必须与有机肥料配合使用，大量元素肥料与中、微量元素配合使用。经济合理施用氮化肥，要因土壤肥力水平和目标产量确定用量。在施用方法上要深施，减少氮素的挥发损失和淋失。磷钾肥要在测土的基础上施用，针对性的配施微量元素肥料。提倡施用生物肥料。

③在无公害蔬菜生产中，要严格执行氮肥施用安全间隔期。在采摘前20天禁止使用氮化肥，以减轻硝酸盐积累。收获阶段不许用粪水肥追肥。

334. 降水的表示方法有哪些？

答：（1）降水量。从云中降落到地面的液态或固态水，未经蒸发、渗透和流失，在水平面上所积聚的水层深度称为降水量，以毫米为单位，取一位小数。雪、雹等固体降水量为其融化后的水层厚度。

（2）降水强度。单位时间内的降水量称为降水强度。通常取10分钟，几小时或1日内降水的毫米数。按降水强度的大小，可将雨分为小雨、中雨、大雨、暴雨、大暴雨和特大暴雨。降雪也分为小雪、中雪和大雪。

降水等级的划分

降水等级	24 小时降水量（毫米）	降水等级	24 小时降水量（毫米）
小　雨	0.0～10.0	特大暴雨	＞200.0
中　雨	10.1～25.0	小　雪	≤2.4
大　雨	25.1～50.0	中　雪	2.5～5.0
暴　雨	50.1～100.0	大　雪	＞5.0
大暴雨	100.1～200.0		

（3）降水量。是用数量表示降水的多少，一般是指降水物降到水平面上，在未经蒸发流失渗透的情况下在水平面上所聚起来的水层深度。

降水量（毫米）与每亩地灌水量（立方米或吨）换算关系：

降水量（毫米）×2/3＝灌水量（吨或立方米/亩）

每亩地灌水量×3/2＝降水量（毫米）

1 毫米雨＝0.667 立方米/亩＝667 千克/亩

据测定，降 5 毫米的雨，可使旱地浸透 3～6 厘米。

（4）降雪。小雪：地面积雪深度在 3 厘米以下，或 24 小时降水量在 0.1～2.4毫米之间，踩在雪上有明显的脚印。中雪：地面积雪深度为 3～5 厘米，或 24 小时降水量在 2.5～4.9 毫米之间，踩在雪上有深深的脚印，即将没过鞋面。

（5）24 小时内的降雨量称之日降雨量，凡是日雨量在 10 毫米以下称为小雨，10.0～24.9 毫米为中雨，25.0～49.9 毫米为大雨，暴雨为 50.0～99.9 毫米，大暴雨为 100.0～250.0 毫米，超过 250.0 毫米的称为特大暴雨。

335. 农业小气候的概念和特点是什么？

答：农业小气候是广义的农业生产所形成的各种小气候并与农业生产紧密相关。所谓小气候是指由于下垫面状况和性质不同，以及人类和生物活动产生的近地面气层和土壤上层的小范围的气候。它一般表现在主要气象要素无论在水平方向上还是垂直方向上都与大气候不同。对于某一类小气候来说，在晴天无风条件下，越靠近下垫面，小气候特点表现得越明显，距下垫面越远，小气候特点则越微弱，直至消失与大气候融为一体。小气候的主要特点有：①气象要素具有明显的日变化；②气象要素具有明显的脉动性质；③垂直梯度远远超过水平梯度；④垂直梯度也具有明显的日变化。

336. 农田中的太阳辐射和光能如何分布？

答：（1）农田中的太阳辐射太阳辐射到达农田植被表面后，一部分辐射能被植物茎叶吸收，一部分被反射，还有一部分透过枝叶空隙或透过叶片到达下面各层或到达地面上。作物对太阳辐射的吸收、反射和透射多少，因作物种类、生育期及叶片特征不同而不同。例如苗期由于植株高度和密度都比较小，所以类似于裸地状况；而生长旺盛时期对太阳辐射以吸收为主，吸收的能量用于进行光合作用和蒸腾作用；作物生长后期叶片衰老，生理活动减弱，对太阳辐射吸收率降低，反射率和透射率提高。

另外，植物叶片对太阳辐射光谱的吸收、反射和透射能力也是不同的。植物叶片对太阳光谱有两个吸收带，一个在光合有效辐射部分；另一个在长波部分。植物通过叶片吸收光合有效辐射进行光合作用积累干物质，而吸收的长波部分将转化为热能。植物叶片对于太阳辐射的反射能力，决定于叶片本身的特点和太阳光谱成分。在作物生长期，绿色叶片对太阳光谱反射能力的最高值在近红外区，其次在可见光的黄绿光波段。另外，随着叶片由绿变黄总反射率逐渐增大。

(2) 植被中光能分布。农田中的光分布主要决定于作物群体结构、种类、发育期、栽培方式等因子，同时还与太阳高度角有关。

光强在株间随高度的分布，与作物光能利用有密切关系，如植株稀少，密度不足，群体内各层光强较大，漏光严重，虽单株光合作用较强，但群体光能利用不充分，影响产量。若农田密度过大或群体结构不合理，造成株间各层光强相差较大，产生株顶光过强，中下部光不足，导致植株生长不良，易产生倒伏现象，产量大减。总之，在作物栽培中，要采用适当的种植方式，合理密植，并选用株型好的品种，如水稻、玉米选用叶片上冲的紧凑型品种，棉花力求宝塔形，以满足个体和群体对光照的要求，使个体生长健壮、群体发育良好，才能获得高产。

337. 农田中的温度是如何分布的?

答：农田中的温度状况，主要决定于辐射和乱流交换状况。在作物生长初期，植被密度较小，农田中外活动面尚未形成，热量收支状况与裸地相似，此时温度的垂直分布变化也与裸地相似，即白天为日射型，夜间为辐射型分布。

在作物生长盛期，即封行后，农田外活动面形成。白天，由于作物茎叶对内活动面的遮蔽作用。使内活动面附近温度较低。而外活动面所得到太阳能量多于内活动面，外活动面热量收支差额为正，其附近温度较高，不断有热量向上、向下输送。中午前后，因外活动面附近叶面积最大，吸收太阳辐射能量最多，同时，枝叶密集使乱流交换弱，损失热量减少，所以在此处出现温度最高值，向上向下逐渐降温。

夜间，内外活动面附近都因有效辐射起主导作用，热量收支差额为负，温度降低。内活动面由于受到茎叶遮挡降温慢，而外活动面附近放热面积大，上部无茎叶遮挡，并且可以向上、向下两个方向放热，所以，通过有效辐射损失能量最多，加上夜间植被上部冷却，冷空气沿茎秆下滑到外活动面附近被截留，造成外活动面附近出现温度最低值。

在作物生长后期，部分叶片枯落，外活动面逐渐消失，农田中温度垂直分布又和裸地相似。在农田中，因植物的存在，湿度较大，从而使其白天的温度（包括地温、气温）比裸地低；而夜间农田温度又比裸地高。所以，农田中温度变化缓和，温度日较差较小。

对于水田来说，因为水层的存在，使其温度分布与旱田有较大差别。白天水层温度低于气温，气温分布大致是：越接近水面温度越低，中部在茎叶密集处温度稍高，上部随高度增加温度降低。夜间水层温度高于气温，气温分布大致是：越接近水面温度越高，向上随高度增加温度降低。

农业上常用放水烤田的方法来提高白天水田的温度，促进植株生长，夜间用深水灌溉防止低温危害。

338. 农田中湿度是如何分布的？

答：农田中的湿度分布和变化，除决定于温度和农田蒸散外，还决定于乱流交换强度。

作物生长初期，植株矮小，土壤表面是农田活动面，也是主要蒸发面。白天农田中的水汽压由地表向上随高度的增加而减小，与裸地湿度分布类型相似，属湿型分布；夜间如有地面凝结生成，则水汽压的分布随高度增加而增大，这种湿度分布类型属干型分布。

作物生长盛期，茎叶密集，地表由植物覆盖，农田活动面已经移到作物枝叶最密集的层次，农田的蒸腾量加大，外活动面是主要的蒸腾面。此时农田中水汽压的分布是：白天靠近外活动面附近的水汽压最大；夜间外活动面上有大量露生成，水汽压较小，但各高度平均水汽压都比裸地大。

相对湿度分布，受温度和水汽压的影响。一般在作物生长初期与裸地相似，作物封垄后各高度上的相对湿度都比较接近，并且都比裸地大。

339. 农田中风是如何分布的？

答：农田株间风速的分布，主要随作物生长密度和高度而变化，此外还同栽培措施有关系。

（1）垂直分布作物生长初期，植株矮小，土壤表面就是活动面，这时农田中风速的垂直分布与裸地相似，越接近地面风速越小，风速趋于零的高度在地表附近，随高度的增加风速增大。

（2）水平分布。农田中风速的水平分布也有差异，总是自边行向里不断递减，它的大小与作物种类、播种密度、生长期等有关。

340. 农田中 CO_2 是如何分布的?

答：农田中的 CO_2 主要通过乱流交换从大气和土壤中得到。输送量的多少取决于乱流交换系数的大小和田间上下两层间的 CO_2 浓度的差值。乱流交换系数越大和 CO_2 浓度的差值越大，则 CO_2 的输送量就越多。

农田中 CO_2 的浓度有明显的日变化，在作物生长季，白天，作物通过光合作用大量吸收 CO_2，使农田中 CO_2 的浓度降低，因而，通过乱流交换农田从大气获得 CO_2 补充，此时大气是 CO_2 的源，农田是 CO_2 的汇。夜间，作物因呼吸作用释放出大量 CO_2，使作物群体内的 CO_2 浓度逐渐增加并向上层的大气输送，此时大气是 CO_2 的汇，农田是 CO_2 的源。在避风良好的农田中，由于 CO_2 水平交换和垂直输送较强，农田中的 CO_2 浓度保持在大气平均浓度的水平上，日变化较小。反之，通风不好（风小或密植时），日变化明显增大。在静稳的晴天可使农田 CO_2 浓度降至最低，有时可使植物处于 CO_2 饥饿状态。短时间的积云影响，使光合有效辐射迅速减弱，农田中 CO_2 浓度相应地增大，阴天、大风天可使作物群体内的 CO_2 浓度全天少变。

341. 灌溉措施对农田小气候有何影响?

答：（1）灌溉对农田热量平衡的影响。灌溉使土壤水分增加，颜色变深，地表反射率降低，使地面吸收的太阳辐射增加，农田净辐射收入加大。白天，灌溉地的温度较低，空气湿度较大，地面有效辐射比未灌溉地小；夜间灌溉地上温度较高，地面有效辐射比未灌溉地略高，但从全天来看，灌溉地有效辐射低于未灌溉地，最终使农田净辐射收入增加。在干旱地区，这种效应特别明显，据有关试验资料证明，灌溉可使正午时的净辐射增大40%或更大。

灌溉后水分充足，白天土壤的蒸发量增加，蒸发耗热也随之增大；夜间水分凝结量增加，释放潜热也多，所以，热量平衡各分量发生显著变化：蒸凝潜热项显著增大，乱流热通量和土壤热通量明显减少。

可见，灌溉后地表将其所得的能量绝大部分用于蒸发耗热上，使地面和大气之间的热量交换明显减少。据观测，在干旱地区，灌溉地蒸发耗热量比未灌溉地约大一倍以上，当灌水量很充足时，在中午前后，地表常因蒸发失热过多，使地面温度低于空气温度，近地气层出现逆温，使乱流热交换的方向由气层指向地表。

（2）灌溉对农田温度状况的影响。灌溉后农田的净辐射值增大，但灌溉地的土壤容积热容量、导热率、导温率都显著增大，并且地面热量平衡状况改变，潜热交换显著增大。所以，白天地面受热时土温和气温不致升高很多，夜间降温也不多；同时土壤热容量和导热率的增大，使土温的升降变得缓慢，上下层土壤之间的热量传递加快，使灌溉地土温日较差随深度的递减速度也比未灌溉地慢。因此，灌溉地的温度效应白天和夜间不同，即白天有降温作用，夜间有升温作用。

在不同的季节里灌溉的效应也不相同，春季灌溉可抗御春旱，防御春季低温；夏季灌溉有降温作用，可防御干热风和伏旱危害；秋灌可防御冷害，抗御秋旱和霜冻；冬季灌溉可以保护秋播作物安全越冬。

342. 间作套种在田间有何气象效应？

答：将播期不同、生育期不同和株高不同的多种作物合理地搭配起来，种植在同一块土地上，由原来单一结构的作物群体，变为两种或多种作物构成的多层次复合群体，能够充分地利用生长季，提高光能和土地的利用率。如麦套棉两熟可有效地利用自然资源，缓解了粮棉争地矛盾。

高低作物合理搭配的间套种，使平面用光变为立体用光，增加了受光面积，延长了光照时间，使群体内光的垂直分布更加合理。作物高矮不一致，形成许多通风走廊，空气水平运动阻力减小，并促进空气的对流运动，使田间乱流交换作用加强，改善了田间的 CO_2 供应。通风透光变好，对高秆作物形成边行优势，充分发挥边际效应。

间套种对农田的温、湿状况也有影响。由于高秆作物的遮阴作用，矮秆作物带行中的地温、气温均较单作地偏低，湿度偏高，而且随带宽缩小，这种影响有加强的趋势。如北方常见的玉米与马铃薯间套作，利用玉米的遮阴作用，使薯块膨大期间的土壤温度不会太高，对马铃薯产量提高、品质改善有很大作用。

另外，间套种时，将那些对土壤中营养元素要求的种类、数量、吸收能力和深度各不相同的作物组合在一起，则可同时或先后利用土壤中各层养分，加速营养循环。由于不同作物根系入土深浅不一致，则可合理利用土壤中的水分。

343. 种植密度在田间有何气象效应？

答：种植的密度不同，可形成不同的群体结构，群体内通风、透光、温度、湿度等条件都有明显差异。密度过大，将加强植被对太阳辐射的减弱作用，株间的光照强度及透光率从株顶到株底部迅速减小，株间的光照不足将会降低光合作用，单株生长细弱，易倒伏，影响产量。

另外，密度过大还使农田中植被对气流运动的阻力增加，阻碍农田内外的空气交换。密度过大，使农田消耗的水分增多，土壤湿度降低，而空气湿度则因农田总蒸发量增加及乱流减弱水汽不易扩散而增加。

344. 种植行向在田间有何气象效应?

答：作物的种植行向不同，株间的受光时间和辐射强度都有差异，这是由于太阳方位角和照射时间是随季节和地方而变化的。

夏半年，日出、日没的太阳方位角，随纬度增高而越偏北，日照时间越长，沿东西行向照射时数，比沿南北行向的也要显著得多；冬半年的情况恰好相反，日出、日没的太阳方位角，随纬度增高而越偏南，日照时间越短，沿南北行向照射时数，比沿东西行向的相对的要长得多。因此，种植行向的太阳辐射的热效应，高纬地区比低纬地区要显著得多。换句话说，高纬地区种植作物时，要考虑种植行向问题。越冬期间，对热量要求比较突出的秋播作物，取南北向种植比东西向有利。而春播作物，特别是对光照要求比较突出的春播作物，取东西向种植比南北向有利。

当然，决定作物生育好坏的，不仅是透光条件，而且通风状况也是其中的重要因素之一。因为通风的好坏，除对热量状况有影响外，对农田蒸发、株间湿度，对作物的水分保证和 CO_2 的分布也有重要影响。于是，为了作物创造良好的通风透光条件，在行向的选择上，也要注意使行向和作物生育关键时期的盛行风向接近，而制种田行向取与花期盛行风向相垂直为好。

345. 耕翻与镇压措施有何气象效应?

答：(1) 耕翻。耕翻后使土壤疏松，表层土壤粗糙，反射率变小，使表层土壤得到太阳辐射增加，同时耕翻以后孔隙度加大从而使土壤表层的热容量、导热率变小，所以耕翻后白天表层土壤为增温效应，深层土壤为降温效应；夜间表层土壤为降温效应，而深层土壤为增温效应，所以耕翻以后增加了表层土壤的日较差。

另外耕翻以后土表疏松，增加透水性和透气性，提高了土壤蓄水能力，同时由于耕翻后切断了土壤的毛细管，对下层土壤有保墒效应。

耕翻层的水分效应在不同的时期作用是不同的。例如，干旱的时候，耕翻能切断上下层土壤间毛细管联系，减弱了上下层水分交换。下层水分只能沿毛细管作用上升到耕翻底层处，土表形成干土层，蒸发减小。但下层土壤湿度增大，对下层土壤来说有提墒作用。

在雨季，土壤含水量增加，为了提高地温防止土壤板结，经常通过耕翻来提高地温，疏松土壤，因耕翻后土壤表面积加大，可以促进水分蒸发。

(2) 镇压。土壤镇压与耕翻作用相反，镇压后土表紧实，增大了地面反射率，减少了辐射能的收入。但是，镇压使土壤孔隙度减小，毛细管作用加强，上层土壤的热容量和热导率显著增大。因此，白天地面增温时，镇压地地表向深层传导的热量比未镇压地要多，使下层增温较多，但表层温度比未镇压地低；夜间地面降温时，镇压地从深层向地表输送的热量也多于未镇压地，使镇压地表层温度较高。由此可见，对于表层，镇压地在白天有降温效应，夜间有增温效应，镇压有减小地面温度日较差的作用。不同的土壤在不同的天气条件下，镇压的温度效应也有差别。一般疏松的土壤适于在回暖天气结束前进行，偏黏的土壤可在寒潮后一两天内进行镇压。

镇压对土壤水分的效应依土表的湿润程度而有不同，在土表湿润的情况下，镇压加强了土壤毛细管作用，表层水分增加，特别是黏重土壤，甚至会引起土壤板结，出现渍害。在地表干燥情况下，镇压减少了表层土壤孔隙，减少水分蒸发，同时使毛细管作用加强，表层水分增加，可以有提墒作用。春季播种时，为保证种子正常发芽，常采取先“踩格子”后播种的方法，就是要接通地下毛管，使地下层水分上升到上层，从而起到提墒作用，增加了耕作层的土壤湿度。

耕翻地后为了防止土壤水分过快散失，常常在整地打垄后，用“石滚子”轻压土表，目的就是减少土壤孔隙度，起到保墒作用。

技术问答篇

水肥一体化

346. 什么是水肥一体化技术?

答：水肥一体化技术也称为灌溉施肥技术，是将灌溉与施肥融为一体的农业新技术，是精确施肥与精确灌溉相结合的产物。它是借助压力系统（或地形自然落差），根据土壤养分含量和作物种类的需肥规律及特点，将可溶性固体或液体肥料配对成的肥液，与灌溉水一起，通过可控管道系统均匀、准确地输送到作物根部土壤，浸润作物根系发育生长区域，使主根根系土壤始终保持疏松和适宜的含水量。通俗地讲，就是将肥料溶于灌溉水中，通过管道在浇水的同时施肥，将水和肥料均匀、准确地输送到作物根部土壤。

347. 我国水肥一体化技术经历了哪些阶段?

答：我国农业灌溉有着悠久的历史，但是大多采用大水温灌和串畦淹灌的传统灌溉方法，水资源的利用率低，不仅浪费了大量的水资源，同时农作物的产量提高的也不明显。我国的水肥一体化技术的发展始于1974年。近30年来，随着微灌技术的推广应用，水肥一体化技术不断发展，大体经历了以下3个阶段：

第一阶段（1974—1980）：引进滴灌设备，并进行国产设备研制与生产，开展微灌应用试验。1980年我国第一代成套滴灌设备研制生产成功。

第二阶段（1981—1996）：引进国外先进工艺技术，国产设备规模化生产基础逐渐形成。微灌技术由应用试点到较大面积推广，微灌试验研究取得了丰硕成果，在部分微灌试验研究中开始进行灌溉施肥内容的研究。

第三阶段（1996年至今）：灌溉施肥的理论及应用技术日趋被重视，技术研讨和技术培训大量开展，水肥一体化技术大面积推广。

348. 水肥一体化技术有哪些优点?

答：水肥一体化技术与传统地面灌溉和施肥方法相比，具有以下优点：

（1）节水，提高水分利用率。水肥一体化技术可减少水分的下渗和蒸发，提高水分利用率。传统的灌溉方式，水的利用系数只有0.45左右，灌溉用水的一半以上流失或浪费了，而喷灌的水的利用系数约为0.75，滴灌的水利用系数可达0.95。在露天条件下，微灌施肥与大水漫灌相比，节水率达50%左右。保护地栽培条件下，滴灌施肥与畦灌施肥相比，每亩大棚一季节水80～120立方米，节水率为30%～40%。

（2）节肥，提高肥料利用率。利用水肥一体化技术可以方便地控制灌溉时间、肥料用量、养分浓度和营养元素间的比例，实现了平衡施肥和集中施肥。与常规施肥相比，水肥一体化的肥料用量是可量化的，作物需要多少施多少，同时将肥料直接施于作物根部，既加快了作物吸收养分的速度，又减少了挥发、淋湿所造成的养分损失。水肥一体化技术具有施肥简便、施肥均匀、供肥及时、作物易于吸收、提高肥料利用率等优点。据调查，常规施肥肥料利用率只有30%～40%，滴灌施肥肥料利用率达80%以上。在田间滴灌施肥系统下种植番茄，氮肥利用率可达90%以上，磷肥利用率达到70%，钾肥利用率达到95%。肥料利用率的提高意味着施肥量减少，从而节省了肥料，在作物产量相近或相同的情况下，水肥一体化技术与常规施肥技术相比可节省化肥30%～50%，并增产10%以上。

（3）减轻病虫害发生，抑制杂草生长。水肥一体化技术有效地减少了灌水量和水分蒸发提高土壤养分有效性，促进根系对营养的吸收贮备，还可降低了土壤湿度和空气湿度，抑制了病菌、害虫的产生、繁殖和传播，并抑制杂草生长，在很大程度上减少了病虫草害的发生，因此，也减少了农药的投入和防治病虫草害的劳力投入，与常规施肥相比利用水肥一体化技术每亩农药用量可减少15%～30%。

（4）节省劳动力，降低生产成本。水肥一体化技术是管网供水，操作方便，便于自动控制，减少了人工开沟、撒肥等过程，因而可明显节省施肥劳力；灌溉是局部灌溉，大部分地表保持干燥，减少了杂草的生长，也就减少了用于除草的劳动力；由于水肥一体化可减少病虫害的发生，减少了用于防治病虫害、喷药等劳动力；水肥一体化技术实现了种地无沟、无渠、无埂，大大减轻了水利建设的工程量。

（5）增加产量，改善品质。水肥一体化技术适时、适量地供给作物不同生育期生长所需的养分和水分，明显改善作物的生长环境条件，因此，可促进作物增产，提高农产品的外观品质和营养品质；应用水肥一体化技术种植的作物，生长整齐一致，定植后生长恢复快、提早收获、收获期长、丰产优质、对环境气象变化适应性强等优点；通过水肥的控制可以根据市场需求提早供应市场或延长供应市场。

（6）便于农作管理，减少农作影响。水肥一体化技术只湿润作物根区，其行间空地保持干燥，因而即使是灌溉的同时，也可以进行其他农事活动，减少了灌溉与其他农作的相互影响。

（7）改善微生态环境，防止环境污染。采用水肥一体化技术可明显降低大棚内空气湿度和棚内温度外不定期可以增强微生物活性，滴灌施肥与常规畦灌施肥技术相比地温可提高2.7℃。有利于增强土壤微生物活性，促进作物对养分的吸收；有利于改善土壤物理性质，滴灌施肥克服了因灌溉造成的土壤板结，土壤容重降低，孔隙度增加，有效地调控土壤根系的水渍化、盐渍化、土传病害等障碍。水肥一体化技术可严格控制灌溉用水量、化肥施用量、施肥时间，不破坏土壤结构，防止化肥和农药淋洗到深层土壤，造成土壤和地下水的污染，同时可将硝酸盐产生的农业面源污染降到最低程度。

（8）便于微量元素肥料施用，适用标准化栽培。水肥一体化技术可根据作物营养规律有针对性地施肥，做到缺什么补什么，实现精确施肥；可以根据灌溉的流量和时间，准确计算单位面积所用的肥料数量。微量元素通常应用螯合态，价格昂贵，而通过水肥一体化可以做到精确供应，提高肥料利用率，降低微量元素肥料施用成本。水肥一体化技术的采用有利于实现标准化栽培，是现代农业中的一项重要技术措施。在一些地区的作物标准化栽培手册中，已将水肥一体化技术作为标准措施推广应用。

（9）适应恶劣土壤环境，广泛应用多种作物。采用水肥一体化技术可以使作物在恶劣土壤环境下正常生长，如沙丘或沙地，因持水能力差，水分基本没有横向扩散，传统的灌水容易深层渗漏，作物难以生长。采用水肥一体化技术，可以保证作物在这些条件下正常生长，以色列南部沙漠地带已广泛应用水肥一体化技术生产甜椒、番茄、花卉等，成为欧洲著名的“菜篮子”和鲜花供应基地。此外，利用水肥一体化技术可以在土层薄、贫瘠、含有惰性介质的土壤上种植作物并获得最大的增产潜力，能够有效地利用开发丘陵地、山地、砂石、轻度盐碱地等边缘土地。

349. 水肥一体化技术有哪些缺点？

答：水肥一体化技术是一项新兴技术，而且我国土地类型多样化，各地农业生产发展水平、土壤结构及养分间有很大的差别，用于灌溉施肥的化肥种类参差不一，因此，水肥一体化技术在实施过程中还存在如下诸多缺点：

（1）易引起堵塞，系统运行和管理技术要求高。灌水器的堵塞是当前水肥一体化技术应用中最主要的问题，也是目前必须解决的关键问题。引起堵塞的原因有化学因素、物理因素，有时生物因素也会引起堵塞。如磷酸盐类化肥，在适宜的 pH 条件下容易发生化学反应产生沉淀；对 pH 超过 7.5 的硬水，钙或镁会留在过滤器中；当碳酸钙的饱和指标大于 0.5 且硬度大于 300 毫克/升时，也存在堵塞的危险；在南方一些井水灌溉的地方，水中的铁质诱发的铁细菌也会堵塞滴头；藻类植物、浮游动物也是堵塞物的来源，严重时会使整个系统无法正常工作，甚至报废。因此，灌溉时水质要求较严，一般均应经过过滤，必要时还需经过沉淀和化学处理。用于灌溉系统的肥料应详细了解其溶解度等物理、化学性质，对不同类型的肥料应有选择的施用。在系统安装、检修过程中，若采取的方法不当，管道屑、锯末或其他杂质可能会从不同途径进入管网系统引起堵塞。对于这种堵塞，首先要加强管理，在安装、检修后应及时用清水冲洗管网系统，同时要加强过滤设备的维护。

（2）可能引导盐分积累，污染灌溉水源。当在含盐量高的土壤上进行滴灌或是利用咸水灌溉时，盐分会积累在湿润区的边缘，如遇到小雨，这些盐分可能会被冲到作物根区域而引起盐害，这时应继续进行灌溉，但在雨量充沛的地区，雨水可以淋洗盐分。在没有充分冲洗条件的地方或是秋季无充足降雨的地方，则不要在高含盐量的土壤上进行灌溉或利用咸水灌溉。

施肥设备与供水管道连通后，若发生特殊情况，如事故、停电等，系统内会出现回流现象，这时肥液可能被带到水源处。另外，当饮用水与灌溉水用同一主管网时，如无适当措施，肥液可能进入饮用水管道，造成对水源污染。

（3）可能限制根系的发展，降低作物抵御风灾能力。由于灌溉施肥技术只湿润部分土壤，加之作物的根系有向水性，这样就会引起作物根系集中向湿润区生长。对于多年生作物来说，滴头位置附近根系密度增加，而非湿润区根系因得不到充足的水分供应其生长会受到一定程度的影响，尤其是在干旱、半干旱的地区，根系的分布与滴头有着密切的联系，在没有灌溉就没有农业的地区，如我国西北干旱地区，应用灌溉时，应正确地布置灌水器。对于果树来说，少灌、勤灌的灌水方式会导致树木根系分布变浅，在风力较大的地区可能产生拔根危害。

（4）工程造价高，维护成本高。与地面灌溉相比，滴灌一次性投资和运行费用相对较高，其投资与作物种植密度和自动化程度有关，作物种植密度越大投资就越大，反之越小。根据测算，大田采用水肥一体化技术每亩投资在400～1 500元，而温室的投资比大田更高。使用自动控制设备会明显增加资金的投入，但是可降低运行管埋费用，减少劳动力的成本，选用时可根据实际情况而定。

350. 目前水肥一体化技术在我国适用作物对象主要有哪些？

答：目前水肥一体化技术在我国适用作物对象主要有三类：第一类包括苹果、梨、桃、葡萄、板栗、银杏、柑橘、荔枝、猕猴桃等果树类；茄子、番茄、辣椒、油菜、芹菜、莴笋、黄瓜、西瓜、香菇、平菇等蔬菜及瓜类；月季、唐菖蒲、百合等花卉类；西洋参等药材类；此外，园林、绿地、苗圃、茶园等。第二类是棉花、小麦、玉米等粮食作物和经济作物。第三类是西北严重干旱缺水的集雨农业地区农户小面积大田粮油作物。

351. 为什么说推广水肥一体化技术十分必要？

答：（1）我国水资源匮乏且分布不均。我国水资源总量居世界第六位，总量本来就不丰富，人均占有量更低，而且分布不均匀，水土资源不相匹配，淮河流域及其以北地区国土面积占全国的 63.5%，水资源量却仅占全国的 19%。平原地区地下水储存量减少，降落漏斗面积不断扩大，我国可耕种的土地面积越来越少。在可耕种的土地中有 43%的土地是灌溉耕地，也就是说靠自然降水的耕地达 57%，但是我国雨水的季节性分布不均，大部分地区年内连续 4 个月降水量占全年的 70%以上，连续丰水或连续枯水年较为常见，旱灾发生率很高。再加上我国农业用水比较粗放，耗水量大，灌溉水有效利用系数仅为 0.5 左右。水资源缺乏，农业用水效率低不仅制约着现代农业的发展，也限制着经济社会的发展，因此，有必要大力发展节水技术，水肥一体技术可有效地节约灌溉用水，如果利用合理可大大缓解我国的水资源匮乏的压力。

(2) 化肥的过度施用。我国是世界化肥消耗大国，不足世界 10%的耕地却施用了世界化肥总使用量的 1/3。化肥泛滥使用而利用率低，全国各地的耕地均有不同程度的次生盐渍化现象。长期大量施用化肥农田中的 N、P 向水体转移，造成地表水污染，使水体富营养化。肥料的利用率是衡量肥料发挥作物的一个重要的参数。归根结底，肥料的科学施用、合理配施是为了提高肥料的利用率。研究发现，我国的氮肥当季利用率只有 30%～40%，磷肥的当季利用率为 10%～25%，钾肥的当季利用率为 45%左右，这不仅造成严重的资源浪费，还会引发农田及水环境的污染问题。化肥泛滥施用造成了严重的土壤污染、水体污染、大气污染、食品污染。因此，长期施用化肥促进粮食增产的同时，也给农业生产的可持续发展带来了挑战。而水肥一体化技术的肥料利用率达 80%以上，如在田间滴灌施肥系统下种植番茄，氮肥利用率可达 90%以上，磷肥利用率达到 70%，钾肥利用率达到 95%。

(3) 劳动力成本高。我国劳动力匮乏且劳动力价格越来越高，使水肥一体化技术节省劳动力的优点更加突出。数据显示，在 1938—1956 年出生的人口中，农民占比达到 57%，工人占比只有 25%。而在 1977—1997 年出生的人口中，工人占比增加了一倍多，达到 55%，而农民占比则减少到 25%。年轻人种地的越来越少，进城做工的越来越多，这导致劳动力群体结构极为不合理，年龄断层严重。在现有的农业生产中，真正在生产一线从事劳动的年龄大部分在 40 岁以上，在若干年以后，这部分人没有能力干活了将很难有人来替代他们的工作。劳动力短缺致使劳动力人价格高涨，现在的劳动力价格是 5 年前的 2 倍甚至更高，单凭传统的灌溉、施肥技术，农民光劳动力成本就很难承担。

通过以上因素的分析，让我们看到了水肥一体化技术在我国发展、推广的必要性和重大意义。水肥一体化技术这种现代集约化灌溉施肥技术是应时代之需，是我国传统的“精耕细作”农业向“集约化农业”转型的必要产物。它的应用和推广有利于从根本上改变传统的农业用水方式，提高水分利用率和肥料利用率；有利于改变农业的生产方式，提高农业综合生产能力；有利于从根本上改变传统农业结构，大力促进生态环境保护和建设。

352. 目前水肥一体化技术推广应用存在哪些问题?

答：目前一些发达国家水肥一体化应用比例较高，其中像以色列这样的缺水国家，更是将水肥一体化技术发挥到极致，他们水肥一体化应用比例高达90%以上。在美国25%的玉米、60%的马铃薯、32%的果树也都采用了水肥一体化技术。近年来，我国水肥一体化技术发展迅速，已逐步由棉花、果树、蔬菜等经济作物扩展到小麦、玉米、马铃薯等粮食作物，每年推广应用面积3 000多万亩。但与发达国家相比，我国水肥一体化技术推广和应用水平差距还比较大。主要原因有：

（1）我国设施灌溉技术的推广应用还处于起步阶段。设施灌溉面积不足总灌溉面积的3%，与经济发达国家相比存在巨大差异，在设施灌溉的有限面积中，大部分没有考虑通过灌溉系统施肥。即使在最适宜用灌溉施肥技术的设施栽培中，灌溉施肥面积也仅占20%左右，水肥一体化技术的经济和社会效益尚未得到足够重视。

（2）灌溉技术和施肥技术脱离。由于管理体制所造成的水利与农业部门的分割，是技术推广中灌溉技术与施肥技术脱离，缺乏行业间的协作和交流。懂灌溉的不懂农艺、不懂施肥，而懂得施肥的又不懂灌溉设计和应用。目前灌溉施肥面积仅占微灌总面积的30%，远远落后于以色列的90%、美国的65%。

（3）灌溉施肥工程管理水平低。目前我国节水农业中存在“重硬件（设备）、轻软件（管理）”问题。特别是政府投资的节水示范项目，花费很多资金购买先进设备，但建好后由于缺乏科学管理或权责利不明而不能发挥应有的示范作用。灌溉制度和施肥方案的执行受人为因素影响巨大，除了装备先进的大型温室和科技示范园外，大部分的灌溉施肥工程并没有采用科学方法对土壤水分和养分含量、作物营养状况实施即时检测，多数情况下还是依据人为经验进行管理，特别是施肥方面存在很大的随意性，系统操作不规范，设备保养差，运行年限短。

（4）生产技术装备落后，技术研发与培训不足。我国微灌设备目前依然存在微灌设备产品品种及规格少、材质差、加工粗糙、品位低等问题。其主要原因是设备研究与生产企业联系不紧密，企业生产规模小，专业化程度低。特别是施肥及配套设备产品品种规格少，形式比较单一，技术含量低；大型过滤器、大容积施肥罐、精密施肥设备等开发研究不足。由于灌溉施肥技术设计农田水利、灌溉工程、作物、土壤、肥料等多门学科，需要综合知识，应用性很强。现有的农业从业人员的专业背景存在较大差异，农业研究与推广部门缺乏专业水肥一体化技术推广队伍，研究方面人力物力投入少，对农业技术推广人员和农民缺乏灌溉施肥专门的知识培训，同时也缺乏通俗易懂的教材和宣传资料。

（5）缺乏专业公司的参与。虽然在设备生产上我国已达到先进水平，国产设备可以满足市场需要，但技术服务公司非常少，而在水肥一体化技术普及的国家，则有许多公司提供灌溉施肥技术服务。水肥一体化技术是一项综合管理技术，不仅需要专业公司负责规划、设计、安装，还需要相关的技术培训、专用的肥料供应、农化服务等。

（6）投资成本高、产品价格低，成为技术推广的最大障碍。水肥一体化技术设计多项成本：设备成本、水源工程、作物种类、地形与土壤条件、地理位置、系统规划设计、系统所覆盖的种植区域面积、肥料、施肥设备和施肥质量要求、设备公司利润、销售公司利润、安装公司利润等，根据测算，大田采用水肥一体化技术每亩投资在400～1 500元，而温室的投资比大田更高。而目前农产品价格较低，造成投资大、产出低，也成为水肥一体化技术推广的最大障碍。在目前情况下，主要用在经济效益好的作物上，如花卉、果树、设施蔬菜、茶叶等。

353. 未来水肥一体化技术的发展方向和市场潜力如何？

答：（1）水肥一体化技术向着科学化方向发展。水肥一体化技术向着精准农业、配方施肥的方向发展。我国幅员辽阔，各地农业生产发展水平、土壤结构及养分间有很大的差别。因此，在未来规划设计水肥一体化进程中，在选取配料前，应该根据不同作物种类、不同作物的生长期、不同土壤类型，分别采样化验得出土壤的肥力特性以及作物的需肥规律，从而有针对性地进行配方设计，选取合适的肥料进行灌溉施肥。

（2）水肥一体化技术将向信息化发展。信息化是当今世界经济和社会发展的大趋，也是我国产业优化升级和实现工业化、现代化的关键环节。在水肥一体化方面，我们不仅要将信息技术应用到生产、销售及服务过程中来降低服务成本，而且要在作物种植方面加大信息化发展。例如，水肥一体化自动化控制系统，可以利用埋在地下的湿度传感器传回土壤湿度的信息，以此来有针对性地调节灌溉水量和灌溉次数，使植物获得最佳需水量。还有的传感系统能通过监测植物的茎和果实的直径变化，来决定植物灌溉间隔。

（3）水肥一体化技术向着标准化方向发展。目前，市场上节水器材规格参差不齐，严重制约了我国节水事业的发展。因此，在未来的发展中，节水器材技术标准、技术规范和管理制度的编制，会不断形成并成为行业标准和国家标准，以规范节水器材生产，减少因为节水器材、技术规格不规范而引起的浪费，以此来提高节水器材的利用率。而且水肥一体化技术规范标准化也会逐渐形成。目前的水肥一体化技术，各个施肥环节标准没有形成统一，效率低下，因而在未来的滴灌水肥一体化进程中，应对设备选择、设备安装、栽培、施肥、灌溉制度等各个环节进行规范，以此形成技术标准，提高效率。

（4）水肥一体化技术向规模化、产业化方向发展。当前水肥一体化技术已经由过去局部试验示范发展为大面积推广应用，辐射范围由华北地区扩大到西北干旱区、东北寒温带和华南亚热带地区，覆盖了设施栽培、无土栽培、果树栽培，以及蔬菜、花卉、苗木、大田经济作物等多种栽培模式和作物。另外，水肥一体化技术的发展方向还表现在：节水器材及生产设备实现国产化，降低器材成本；解决废弃节水器材回收再利用问题，进一步降低成本；新型节水器材的研制与开发，发展实用性、普及性、低价位“二性一低”的塑料节水器材；完善的技术推广服务体系。

今后很长一段时间我国水肥一体化技术的市场潜力主要表现在以下几个方面：建立现代农业示范区，由政府出资引进先进的水肥一体化技术与设备作为生产示范，让农民效仿；休闲农业、观光果园等一批都市农业的兴起，将会进一步带动水肥一体化技术的应用和发展；商贸集团投资农业，进行规模化生产，建立特种农产品基地，发展出口贸易、农产品加工或服务于城市的餐饮业等；改善城镇环境，公园、运动场、居民小区内草坪绿地的发展也是水肥一体化设备潜在的市场；农民收入的增加和技术培训的到位，使农民有能力也愿意使用灌溉施肥技术和设备，以节约水、肥和劳动力资源，获取最大的经济效益。

354. 水肥一体化技术的规划设计包括哪些内容？

答：（1）项目实施单位信息采集。①用户基本参数；②实施单位投资意向。

（2）田间数据采集。①电源条件及动力资料；②气候、水源条件；③土壤、地形资料；④田间测量。

（3）绘制田间布局图。

（4）造价预算。

355. 什么是微灌？其特点有哪些？

答：微灌就是利用专门的灌水设备（滴头、微喷头、渗灌管和微管等），将有压水流变成细小的水流或水滴，湿润作物根部附近土壤的灌水方法。因其灌水器的流量小而称之为微灌，主要包括滴灌、微喷灌、脉冲微喷灌、渗灌等。微灌的特点是灌水流量小，一次灌水延续时间长，周期短，需要的工作压力较低，能够较精确地控制灌水量，把水和养分直接输送到作物根部附近的土壤中，满足作物生长发育的需要，实现局部灌溉。

356. 滴灌的优点有哪些？

答：(1) 节约用水，提高水分生产效率。滴灌是局部灌溉方法，它可根据作物的需要精确地进行灌溉，一般比地面灌溉节约用水 30%～50%，有些作物可达 80%左右，比喷灌省水 10%～20%。

(2) 提高肥料利用率。滴灌系统可以在灌水的同时进行施肥，而且可根据作物的需肥规律与土壤养分状况进行精确施肥和平衡施肥，同时滴灌施肥能够直接将肥液输送至作物主要根系活动层范围内，作物吸收养分快又不产生淋洗损失，减少对地下水的污染。因此滴灌系统不仅能够提高作物产量，而且可以大大减少施肥量，提高肥效。

(3) 操作简单，易于实现自动化。滴灌系统比其他任何灌水系统更便于实现自动化控制。滴灌在经济价值高的经济作物区或劳力紧张的地区实现自动化提高设备利用率，大大节省劳动力，减少操作管理费用，同时可更有效地控制灌溉、施肥数量，减少水肥浪费。

(4) 节省能源，减少投资。首先，滴灌系统为低压灌水系统，不需要太高的压力，比喷灌更易实现自压灌溉，而且滴灌系统流量小，降低了泵站的能耗，减少了运行费用。其次，滴灌系统采用管道的管径也较喷灌和微喷灌小，要求工作压力低，管道投资相对较低。

(5) 对地形适应能力强。由于滴灌毛管比较柔软，而且滴头有较长的流道或压力补偿装置，对压力变化的灵敏性较小，可以安装在有一定坡度的坡地上，微小地形起伏不会影响其灌水的均匀性，特别适用于山丘坡地等地形条件较复杂的地区。

(6) 可开发边际水土资源。沙漠、戈壁、盐碱地、荒山荒丘等均可以利用滴灌技术进行种植业开发，滴灌系统也可以利用经处理的污水和微咸水灌溉。

(7) 覆膜栽培有提高地温、减少杂草生长、防止地表盐分累积、减少病害等诸多优点。但覆膜后灌溉和施肥无法合理解决，滴灌是解决这一问题的最佳方法。膜下滴灌已成为一些地区一些作物的标准栽培方法，已得到大面积推广，如新疆的棉花与加工番茄、内蒙古的马铃薯、东北的玉米等。

357. 滴灌的局限性有哪些？

答：(1) 滴头堵塞。使用过程中如管理不当，极易引起滴头的堵塞，滴头堵塞主要是由悬浮物（沙和淤泥）、不溶解盐（主要是碳酸盐）、铁锈、其他氧化物和有机物（微生物）引起。滴头堵塞主要影响灌水的均匀性，堵塞严重时可使整个系统报废。但只要系统规划设计合理，正确使用过滤器，就可以大大减少或避免由于堵塞对系统的危害。

（2）盐分积累。在干旱地区采用含盐量较高的水灌溉时，盐分会在滴头湿润区域周边产生积累。这些盐分易于被淋洗到作物根系区域，当种子在高深度盐分区域发芽时，会带来不良后果。但在我国南方地区，因降雨量大，对土壤盐分的淋洗效果良好，能有效阻止高浓度盐分积累区的形成。

（3）影响作物根系分布。对于多年生果树来说，滴头位置附近根系密度增加，而非湿润区根系因得不到充足的水分供应其生长会受到影响，尤其是在干旱半旱地区，根据的分布与滴头位置有很大关系。少灌勤灌的灌水方式会导致树木根系分布变浅，在风力较大的地区可能产生拔根危害。

（4）投资相对较高。与地面灌溉相比，滴灌一次性投资和运行费用相对较高，其投资与作物种植密度、种植和自动化程度有关，作物种植密度越大，则投资越高；反之越小。自动化控制增加了投资，但可降低运行管理费用，选用时要根据实际情况而定。

358. 微喷灌的优点有哪些?

答：（1）水分利用率高，节约用水，增产效果好。微喷灌也属于局部灌溉，因而实际灌溉面积要小于地面灌溉，减少了灌水量，同时微喷灌具有较大的灌水均匀度，不会造成局部的渗漏损失，且灌水量和灌水深度容易控制，可根据作物不同生长期需求规律和土壤含水量状况适时灌水，提高水分利用率，管理较好的微喷系统比喷灌系统用水可减少 20%～30%。微喷灌还可以在灌水过程中进行喷施可溶性化肥、叶面肥和农药，具有显著的增产作用，尤其对一些花卉、温室育苗、木耳、蘑菇等对温度和湿度有特殊要求的作物增产效果更明显。

（2）灵活性大，使用方便。微喷灌的喷灌强度由单喷头控制，不受邻近喷头的影响，相邻的两微喷头间喷洒水量不相互叠加，这样可以在果树不同生长阶段通过更换喷嘴来改变喷洒直径和喷灌强度，以满足果树生长需水量。微喷头可移动性强，根据条件的变化可随时调整其工作位置，如树上、行间或株间等，在有些情况下微喷灌系统还可以与滴灌系统相互转化。

（3）节省能源，减少投资。微喷头也属于低压灌溉，设计工作压力一般在 150～200 千帕之间，同时微喷灌系统流量要比喷灌小，因而对加压设施的要求要比喷灌小得多，可节省大量能源，发展自压灌溉对地势高差也比喷灌小。同时由于设计工作压力低，系统流量小，又可减少各级管道的管径，降低管材公称压力，使系统的总投资大大下降。

（4）可调节田间小气候。由于微喷灌水滴雾化程度大，可有效增加近地面空气湿度，在炎热天气可有效降低田间温度，甚至还可将微喷头移至树冠上，以防止霜冻灾害等。

(5) 容易实现自动化，节约劳力。

359. 微喷灌的局限性有哪些？微灌系统主要有哪些部分组成？

答：微喷灌的局限性有：(1) 对水质要求较高。水中的悬浮物等容易造成微喷头的堵塞，因而要求对灌溉水进行过滤。

(2) 田间微喷灌易受杂草、作物茎秆的阻挡而影响喷洒质量。

(3) 灌水均匀度受风影响较大。在大于3级风的情况下，微喷水滴容易被风吹走，灌水均匀度降低，一般不宜进行灌水。因而微喷头的安装高度在满足灌水要求的情况下要尽可能低一些，以减少风对喷洒的影响。

(4) 在作物未封行前，微喷灌结合喷肥会造成杂草大量生长。

微灌系统主要由水源工程、首部枢纽工程、输水管网、灌水器4部分组成(见下图)。

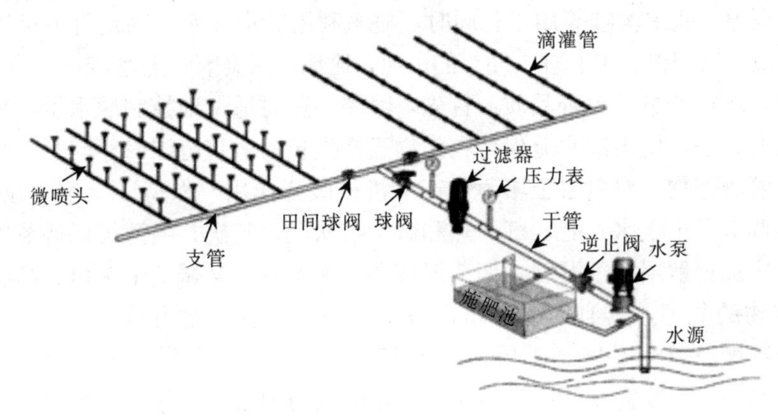

微灌系统组成示意图

360. 喷灌的优点是什么？

答：(1) 节约用水。喷灌可以根据土壤质地和入渗特性来合理地选择适宜的喷头，设计合理的喷灌强度与喷灌均匀度，有效控制灌水量和均匀度，不会产生深层渗漏损失和地表流失，且灌水均匀度高，同时由于喷灌采用有压管道输水而大大减少了水量在输送过程中的损失。据试验研究，喷灌的灌溉水利用系数可以达到0.72～0.93，一般比地面灌溉节约用水30%～50%，在透水性强、保水能力差的砂性土壤上，节水效果更加明显，可达70%以上。喷灌受地形和土壤影响较小，喷灌后地面湿润比较均匀，均匀度可达80%～90%。

(2) 适应性强。喷灌对地形和土质适应性强。山地丘陵区地形复杂，修筑渠道难度较大，喷灌采用管道输水，管道布置对地形条件要求相对较低。另外，喷灌可以根据土壤质地的黏重程度和透水性的大小合理确定喷灌强度，避免造成土壤冲刷和深层渗漏。因此，喷灌可以适用于各种地形和土壤条件，不一定要求地面平整，对于不适合地面灌溉的山地、丘陵、坡地等地形较复杂的地区和局部有高丘、坑洼的地区，都可以应用喷灌。除此以外，喷灌可应用于多种作物，对于所有密植浅根系作物，如小麦、玉米、大豆、花生、烟草、叶菜类蔬菜、块根类蔬菜、马铃薯、菠萝、草坪、牧场和矮化密植的经济林等都可以采用喷灌。同时对透水性强或沉陷性土壤及耕作表层土薄且底土透水性强的砂质土壤而言，最适合运用喷灌技术。

（3）节省劳力和土地。与国外先进国家相比较，我国每个劳动力负担的耕地面积少得多。但随着国民经济的发展，我国农村劳动力大量转向非农业产业，劳动力价格也不断攀升，节省劳动力的意义也会越来越大。喷灌的机械化程度高，又便于采用小型电子控制装置实现自动化，可以节省大量劳动力，如果采用喷灌施肥技术，其节省劳动力的效果更为显著。此外，采用喷灌还可以减少修田间渠道、灌水沟畦等用工。同时，喷灌利用管道输水，固定管道可以埋于地下，减少田间沟、渠、畦、埂等的占地，比地面灌溉节省土地7%～15%。

（4）增加产量、改善品质。首先，喷灌能适时适量地控制灌水量，采用少灌勤灌的方法，使土壤水分保持在作物正常生长的适宜范围内。同时喷灌像下雨一样灌溉作物，对耕层土壤不会产生机械破坏作用，保持了土壤团粒结构，有效地调节了土壤水、肥、气、热和微生物状况。其次，喷灌可以调节田间小气候，增加近地层空气湿度，调节温度和昼夜温差，又避免干热风、高温及霜冻对作物的危害，具有明显的增产效果，一般粮食作物可增产 10%～20%、经济作物增产 20%～30%、果树增产 15%～20%、蔬菜增产 1～2 倍。再次，喷灌能够根据作物需水状况灵活调节灌水时间与灌水量，整体灌水均匀，且可以根据作物生长需求适时调整施肥方案，有效提高农产品的产量和产品品质。

361. 喷灌的缺点是什么？

答：（1）喷洒作业受风影响较大。由喷头喷洒出来的水滴在落洒地面的过程中其运动轨迹受风的影响很大。在风的影响下，喷头在各方向的射程的水量分布都会发生明显变化，从而影响灌水均匀性，甚至产生漏喷。一般风力大于3 级时，喷灌的均匀度就会大大降低，此时不宜进行喷灌作业；宜在夜间风力较小时进行喷灌。灌溉季节多风的地区应在设备选型和规划设计上充分考虑风的不利影响，如难以解决，则应考虑采用其他灌溉方法。

（2）漂移蒸发损失大。由喷头喷洒出的水滴在落到地面前会产生蒸发损失，在有风的条件下会漂出灌溉地造成漂移损失，尤其在干旱、多风及高温季节，喷灌漂移蒸发损失更大，其损失量与风速、气温、空气湿度有关。喷灌蒸发损失还与喷头的雾化程度有关，雾化程度越高，蒸发损失越大。

（3）设备投资高。喷灌系统需要大量的机械设备和管道材料，同时系统工作压力较高，对其配套的基础设施的耐压要求也较高，因而需要标准较高的设备，使得一次性投资较高。喷灌系统投资还与自动化程度有关，自动化程度越高，需要的先进设备越多，投资越高。

（4）耗能和运行费用高。喷灌系统需要加压设备提供一定的压力，才能保证喷头的正常工作，达到均匀灌水的要求，在没有自然水压的情况下只有通过水泵进行加压，这需要消耗一部分能源（电、柴油或汽油），增加了运行费用。为解决这类问题，目前喷灌正向低压化方向发展。另外，在有条件的地方要充分利用自然水压，可大大减少运行费用。

（5）表面湿润较多，深层湿润不足。与滴灌相比，喷灌的灌水强度要大得多，因而存在表层湿润较多，而深层湿润不足的缺点，这种情况对深根作物不利，但是如在设计中恰当地选用较低的喷灌强度，或用延长喷灌时间的办法使水分充分的渗入下层，则会大大缓解此类问题。

此外，对于尚处于小苗时期的作物，由于没有封行，在使用喷灌系统进行灌溉尤其是将灌溉与施肥结合进行时，一方面很容易滋生杂草，从而影响作物的正常生长；另一方面，又加大了水肥资源的浪费。而在高温季节，特别是在南方，在使用喷灌系统时行灌溉时，在作物生长期间容易形成高温、高湿环境，引发病害的发生传播等。

362. 喷灌系统的适应范围有哪些？

答：喷灌技术适应性强，可适用于各种地形和土壤条件，不一定要求地面平整，对于不适合地面灌溉的山地、丘陵、缓坡地等地形复杂的地区和局部有高丘、坑洼的地区，都可以应用喷灌。同时对于透水性强或沉陷性土壤及耕作表层土薄且底土透水性强的沙质土也同样适用。它适合密植作物、浅根类型作物。喷灌不仅可以为作物灌水，还可以用来喷洒肥料、农药，防霜冻、防暑、降温和防尘等。

363. 喷灌系统由哪些部分组成？

答：喷灌系统一般由水源工程、首部系统、输配水管道系统和喷头组成（见下图）。

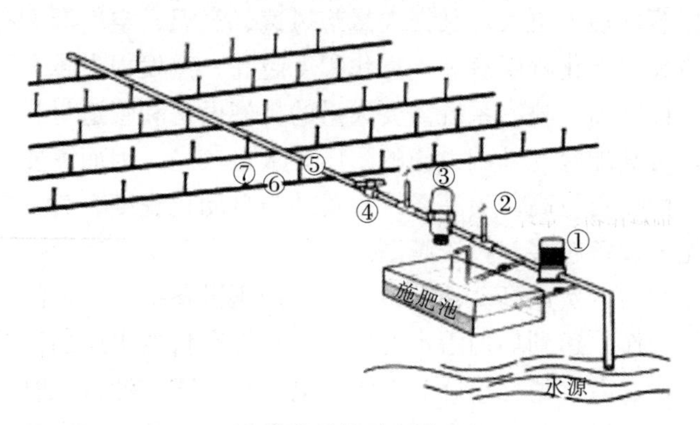

喷灌系统示意图

①水泵；②压力表；③过滤器；④球阀；⑤干管；⑥支管；⑦喷头

364. 喷灌系统常见的问题主要有哪些?

答：(1) 喷洒不均匀。喷水不均匀往往会造成作物生长不一致，减少产量，同时造成水的浪费。喷洒不均匀与喷头的质量、工作压力、喷头间距等有关。

(2) 喷灌强度不合适。喷灌的设计喷灌强度不得大于土壤的允许喷灌强度。对于行喷式喷灌系统的喷灌强度可以略大于土壤的允许喷灌强度，但不得出现地面径流。对于固定式喷灌系统，不同质地土壤的允许喷灌强度可按下表确定。

各类土壤的允许喷灌强度值表

土壤质地	允许喷灌强度（毫米/小时）
砂土	20
砂壤土	15
壤土	12
黏壤土	10
黏土	8

注：引自《喷灌工程技术规范》(GB/T 50085—2007)。

(3) 雾化程度不够。喷灌要保持适宜的雾化程度。雾化程度过小会造成土壤板结，损伤作物；雾化程度过大，不仅浪费能源，而且因喷洒出来的水滴细小，易被风吹散，加大漂移蒸发损失。因此，应根据作物种类，以不损伤作物为度，选用具有适宜雾化指标的喷头，设计雾化指标应符合下表。

不同作物种类适宜的雾化指标表

作物种类	雾化指标值
蔬菜及花卉	1 000～5 000
粮食作物、经济作物及果树	3 000～4 000
牧草、饲料作物、草坪及绿化林木	2 000～3 000

注：引自《喷灌工程技术规范》(GB/T 50085—2007)。

(4) 输水管径太小。有些喷灌系统为节省投资，输水管采用小管径。管径太小，沿程水头损失大，末端压力不足，导致喷水不均匀。长期运行，也消耗能源。

(5) 喷头间距不合理。布置喷头间距应充分考虑喷洒半径、风速和水压的影响，不要单纯考虑节省喷头数量。喷头间距过长，出现喷洒不均匀甚至漏喷，是导致喷灌失败的最常见因素之一。

365. 水肥一体化技术中常用到的施肥设备主要有哪些?

答：水肥一体化技术中常用到的施肥设备主要有：压差施肥罐、文丘里施肥器、泵吸肥法、泵注肥法、自压重力施肥法、施肥机等。

366. 压差施肥罐的优缺点及适用范围有哪些?

答：(1) 压差施肥罐的优缺点。压差施肥罐的优点：设备成本低，操作简单，维护方便；适合施用液体肥料和水溶性固体肥料，施肥时不需要外加动力；设备体积小，占地少。

压差施肥罐的缺点：为定量化施肥方式，施肥过程中的肥液浓度不均一；易受水压变化的影响；存在一定的水头损失，移动性差，不适宜用于自动化作业；锈蚀严重，耐用性差；由于罐口小，倒肥不方便，特别是轮灌区面积大时，每次的肥料用量大，而罐的体积有限，需要多次倒肥，降低了工作效率。

(2) 压差施肥罐的适用范围。压差施肥罐适用于包括温室大棚、大田种植等多种形式的水肥一体化灌溉施肥系统。对于不同压力范围的系统，应选用不同材质的施肥罐。因不同材质的施肥罐其耐压能力不同。

367. 文丘里施肥器的基本原理是什么?

答：水流通过一个由大渐小然后由小渐大的管道时（文丘里管喉部），水流经狭窄部分时流速加大，压力下降，使前后形成压力差，当喉部有一更小管径的入口时，形成负压，将肥料溶液从一敞口肥料罐通过小管径细管吸取上来。文丘里施肥器即根据这一原理制成。

368. 文丘里施肥器的优缺点及适用范围有哪些？

答：(1) 文丘里施肥器的优缺点。文丘里施肥器的优点：设备成本低，维护费用低；施肥过程可维持均一的肥液浓度，施肥过程无需外部动力；设备重量轻，便于移动和用于自动化系统；施肥时肥料罐为敞开环境，便于观察施肥进程。

文丘里施肥器的缺点：施肥时系统水头压力损失大；为补偿水头损失，系统中要求较高的压力；施肥过程中的压力波动变化大；为使系统获得稳压，需配备增压泵；不能直接使用固体肥料，需把固体肥料溶解后施用。

(2) 文丘里施肥器的适用范围。文丘里施肥器因其出流量较小，主要适用于小面积种植场所，如温室大棚种植或小规模农田。

369. 选择水肥一体化适用肥料有哪些原则？

答：一般要根据肥料的质量、价格、溶解性等来选择，要求肥料具备以下条件。

(1) 溶解性好。在常温条件下能够完全溶解于灌溉水中，溶解后要求溶液中养分浓度较高，而且不会产生沉淀阻塞过滤器和滴头（不溶物含量低于5%，调理剂含量最小）。

(2) 兼容性强。能与其他肥料混合施用，基本不产生沉淀，保证两种或两种以上养分能够同时施用，减少施肥时间，提高效率。

(3) 作用力弱。与灌溉水的相互作用很小，不会引起灌溉水的 pH 剧烈变化，也不会与灌溉水产生不利的化学反应。

(4) 腐蚀性小。对灌溉系统和有关部件的腐蚀性要小，以延长灌溉设备和施肥设备的施用寿命。

370. 用于水肥一体化技术的常用肥料有哪些？

答：(1) 氮肥。常用于水肥一体化技术的氮肥有尿素、硫酸铵、硝酸铵、磷酸一铵、磷酸二胺等。其中，尿素是最常用的氮肥，纯净，极易溶于水，在水中完全溶解，没有任何残余。尿素进入土壤后 3～5 天，经水解、氨化和硝化作用，转变为硝酸盐，供作物吸收利用。

(2) 磷肥。常用于水肥一体化技术的磷肥有磷酸、磷酸二氢钾、磷酸一铵、磷酸二铵等。其中，磷酸非常适合水肥一体化技术中，通过滴注器或微型灌溉系统灌溉施肥时，建议使用酸性磷酸。

(3) 钾肥。常用于水肥一体化技术的钾肥有氯化钾、硫酸钾、硝酸钾、磷酸二氢钾、硫代硫酸钾。其中，氯化钾、硫酸钾、硝酸钾最为常用。

(4) 中微量元素。中微量元素肥料中，绝大部分溶解性好、杂质少。钙肥常用的有硝酸钙、硝酸铵钙。镁肥中常用的有硫酸镁，硝酸镁价格高很少使用，硫酸钾镁肥也越来越普及施用。

(5) 有机肥料。有机肥要用于水肥一体化技术，主要解决两个问题：一是有机肥必须液体化，二是要经过多级过滤。一般易沤腐、残渣少的有机肥都适合于水肥一体化技术；含纤维素、木质素多的有机肥不宜于水肥一体化技术，如秸秆类。有些有机物料本身就是液体的，如酒精厂、味精厂的废液。但有些有机肥沤后含残渣太多不宜做滴灌肥料（如花生麸）。沤腐液体有机肥应用于滴灌更加方便。只要肥液不存在导致微灌系统堵塞的颗粒，均可直接使用。

(6) 水溶性复混肥。水溶性肥料是近几年兴起的一种新型肥料，是指经水溶解或稀释，用于灌溉施肥、无土栽培、浸种蘸根等用途的液体肥料或固体肥料。在实际生产中，水溶性肥料主要是水溶性复混肥，不包括尿素、氯化钾等单质水溶肥料，目前必须经过国家化肥质量监督检验中心进行登记。根据其组分不同，可以分为大量元素水溶肥料、微量元素水溶肥料、中量元素水溶肥料、含氨基酸水溶肥料、含腐殖酸水溶肥料。在这 5 类肥料中，大量元素水溶肥料既能满足作物多种养分需求，又适合水肥一体化技术，是未来发展的主要类型。

371. 作物施肥量如何确定?

答：根据作物目标产量需肥量与土壤供肥量之差估算目标产量的施肥量，通过施肥实践土壤供应不足的那部分养分。施肥量的计算公式为：

$$\text{施肥量（千克/亩）}=\frac{\text{（目标产量所需养分总量}-\text{土壤供肥量）}}{\text{肥料中养分含量}\times\text{肥料当季利用量}}$$

养分平衡法涉及目标产量、作物需肥量、土壤供肥量、肥料利用率和肥料中有效养分含量五大参数。

(1) 目标产量。目标产量可采用平均单产法来确定。平均单产法是利用施肥区前 3 年平均单产和年递增率为基础确定目标产量，其计算公式是：

$$\text{目标产量（千克）}=\text{（1+递增率）}\times\text{前 3 年平均单产}$$

一般粮食作物的递增率以 10%～15% 为宜，经济作物的递增率以 15% 为宜。

(2) 作物需肥量。通过对正常成熟的农作物全株养分的化学分析，测定各种作物百千克经济产量所需养分量，即可获得作物需肥量。

$$\begin{array}{c}\text{作物目标产量}\\\text{所需养分量（千克）}\end{array}=\frac{\text{目标产量（千克）}}{100}\times\text{百千克产量所需养分量}$$

(3) 土壤供肥量。土壤供肥量可以通过测定基础产量、土壤有效养分校正系数两种方法估算。

通过基础产量估算（处理1产量）：不施养分区作物所吸收的养分量作为土壤供肥量。

$$\text{土壤供肥量（千克）}=\frac{\text{不施养分区农作物产量（千克）}}{100}\times\text{百千克产量所需养分量（千克）}$$

通过土壤有效养分校正系数估算：将土壤有效养分测定值乘一个校正系数，以表达土壤“真实”供肥量。该系数称为土壤有效养分校正系数。

$$\text{土壤有效养分校正系数（\%）}=\frac{\text{缺素区作物地上部分吸收该元素量（千克/亩）}}{\text{该元素土壤测定值（毫克/千克）}\times 0.15}$$

（4）肥料利用率。一般通过差减法来计算：利用施肥区作物吸收的养分量减去不施肥区农作物吸收的养分量，其差值视为肥料供应的养分量，再除以所用肥料养分量就是肥料利用率。

$$\text{肥料利用率（\%）}=\frac{\text{施肥区农作物吸收养分量（千克/亩）}-\text{缺素区农作物吸收养分量（千克/亩）}}{\text{肥料施用量（千克/亩）}\times\text{肥料中养分含量（\%）}}\times 100\%$$

（5）肥料养分含量。供施肥料包括无机肥料和有机肥料。无机肥料、商品有机肥料含量按其标明量，不标明养分含量的有机肥料，其养分含量可参照当地不同类型有机肥养分平均含量获得。

372. 如何确定作物施肥时期？

答：掌握作物的营养特性是实现合理施肥的最重要依据之一。不同的作物种类其营养特性是不同的，即便是同一种作物在不同的生育时期其营养特性也是各异的，只有了解作物在不同生育期对营养条件的需求特性，才能根据不同的作物及其不同的时期，有效地应用施肥手段调节营养条件，达到提高产量、改善品质和保护环境的目的。作物的一生要经历许多不同的生长发育阶段，在这些阶段中，除前期种子营养阶段和后期根部停止吸收养分的阶段外，其他阶段都要通过根系或叶等其他器官从土壤中或介质中吸收养分，作物从环境中吸收养分的整个时期叫作物的营养期。作物不同生育阶段从环境中吸收营养元素的种类、数量和比例等都有不同要求的时期叫做作物的阶段营养期。作物对养分的要求虽有其阶段性和关键时期，但作物吸收养分是连续性的。任何一种植物，除了营养临界期和最大效率期外，在各个生育阶段中适当供给足够的养分都是必需的。

373. 灌区土壤质地的确认，一般可以通过哪些途径来实现？

答：一是采集灌区土壤样品，委托农业、水利科研单位或院校，在实验室对土壤颗粒进行分析，通过测定土壤的颗粒组成，可以确定土壤质地；二是向当地农业、水利部门调查，收集以往土壤质地的测定资料，从中分析确定灌区土壤的土壤质地；三是通过现场简易指测方法大致判定土壤质地。指测法有干测和湿测两种，可相互补充，但通常以湿测法为主。湿测时取小块土壤样品，拣掉土样内的植物根系和结核体（如金属残屑、石灰结核等），加水充分湿润、调匀（湿度以挤不出水为宜），再揉成条或圈环。

374. 针对不同质地的土壤，如何对灌溉系统进行规划设计？

答：针对不同质地的土壤，在进行灌溉系统的规划设计时，应充分考虑水量分布以及作物对水分的敏感程度。如在滴灌系统设计时，可以通过合理选择滴头流量和布置滴头间距，达到节省投资的目的。对于砂性土壤而言，可以在适当减小滴头间距，或者加大滴头流量，或者缩短灌溉时间的条件下，以保证作物最佳的生长环境；对于黏性土壤而言，则应适当加大滴头间距，或减小滴头流量，或者延长灌溉时间，从而优化作物的生长环境。而在微喷灌、喷灌系统的设计过程中，主要考虑的是喷灌强度的问题；当采用合适的喷灌强度时，可以大大提高水资源的利用效率。不同质地的土壤，都有其相应的土壤入渗速率。一般情况下，喷灌强度应与土壤的透水性能相适应，以不超过土壤的入渗速率为宜，这样可以使喷洒到土壤表面的水及时渗入到土壤中，而不至于形成地表积水或径流。如果喷灌强度过小，会造成喷水时间过长，水量蒸发和漂移损失加大；但喷灌强度过大，超过土壤的入渗速率时，则会出现地面积水和形成地表径流，破坏土壤结构，浪费水电资源。

375. 如何根据土壤田间持水量指标确定灌溉时机？

答：土壤田间持水量是划分土壤持水量与向下渗透量的重要依据，是作物利用有效水的上限；同时也是计算有效水分及灌溉水量、指导灌溉的重要依据。在田间持水量合适时如继续灌溉，此时土壤水分已饱和，过量的水向深层渗漏，造成损失。土壤质地、孔隙状况、有机质含量等因素都会影响田间持水量，但土壤质地是最重要的影响因素，一般的规律是黏土＞壤土＞砂土。一般作物的适宜土壤含水量应保持在田间持水量的60％～80％为宜，如土壤含水量低于田间持水量的60％时就需要灌溉。

376. 作物需水量有何不同？

答：作物对水分的需要情况因作物种类有很大差异，如在水稻、小麦、玉米之间，水稻的需水量较多，小麦较少，玉米最少。不同作物以及作物在不同生育时期对水分的需求不一样。

（1）发芽出苗时对水分的需求。土壤水分是种子出苗好坏的重要因素。作物种子大小不同、种子内含淀粉、蛋白质、脂肪的数量不同，对土壤湿度的要求和吸水量的多少也不一样。一般来说，豆类要吸收相当于种子质量的90%～110%的水分，麦类为50%～60%，玉米为40%，谷子仅为25%即可发芽出苗。

（2）不同作物对水分的需求。作物在整个生育期间叶面蒸发所消耗的水分质量与形成干物质质量之比叫蒸腾系数。蒸腾系数的大小，可以反映作物需水总量的差异。这个系数随土壤肥力水平和气候条件的不同而略有变化。蒸腾系数在125～1 000之间（见下表），蒸腾系数越小，则表示该植物利用水分的效率越高。

几种主要植物的蒸腾系数表

植物	蒸腾系数	植物	蒸腾系数	植物	蒸腾系数
小麦	450～600	棉花	300～600	蔬菜	500～800
燕麦	600～800	大麻	600～800	松树	450
玉米	250～300	亚麻	400～500	云杉	500
荞麦	500～800	向日葵	500～600	橡树	560
黍子	200～250	牧草	500～700	桦树	800
水稻	500～800	马铃薯	300～600	白蜡	850

（3）作物不同生育期对土壤水分的需求。一般作物在苗期和成熟期需水量不多，而在生育盛期则需要较多的水分。在作物的生殖器官形成和发育时期，是作物一生中需水最为敏感的时期，称为临界期。如果这个时期缺水，就会严重影响作物的产量。不同作物不同品种的需水临界期不同，麦类作物在抽穗至灌浆期，玉米在抽雄期，棉花在开花结铃期，豆类、花生在开花期，水稻在孕穗抽穗期，马铃薯在开花和块茎形成期等。为此，在作物水分临界期要特别注意及时给作物供应水分。在农业生产上，必须根据作物的不同发育阶段和水分的不同需求，适时进行灌溉和调控土壤水分含量。

377. 影响作物耗水的主要因素是什么？

答：影响作物耗水的因素很多，可以分为自然和人为因素两大类。自然因素包括气象因素和生物学特性。气象因素主要包括太阳辐射、温度、湿度、风速和昼长等；作物生物学特性包括作物种类和作物生育期等；人为因素主要是指农业耕作措施。

太阳辐射到达地面后，一部分反射到天空中。总辐射与反辐射的差值为净辐射，是影响作物耗水的主要因素。温度高、空气相对湿度小、风速大、作物的耗水量就大。白天时间长，意味着地面接收到的太阳辐射时间长，作物的耗水量大。

不同作物之间，同一种作物的不同品种之间的耗水量有差别。作物按其固定的二氧化碳的途径不同可以分成C3作物和C4作物，常见大田作物如冬小麦、水稻、大豆等属C3作物；玉米、甘薯、甘蔗等属于C4作物。C3作物冬小麦的最大耗水量可以达到蒸发皿水量蒸发量的2倍，大豆的最大耗水量接近蒸发皿水量蒸发量的3倍。C4作物夏玉米的耗水量强度小，其最大耗水量接近蒸发皿水量蒸发量的1倍。此外，作物不同生育期的耗水量也不相同，幼苗期耗水量较小，而生育旺盛期耗水量较大。

378. 怎样在灌溉系统中根据高峰期耗水量设计供水量?

答：高峰期耗水量是指作物一年中（一年生）或一生中（多年生）耗水量最大的某个时间段的耗水量，可以考虑为某个灌水周期内日平均耗水量的最大值。高峰期的耗水量主要用来确定灌溉系统的设计供水量。如果灌溉系统的设计供水量满足不了作物高峰期耗水量的需求，则有可能造成减产甚至更严重的损失。对于微灌系统，推荐高峰期的耗水量选择为作物一年中（一年生）或一生中（多年生）连续5～7天日平均耗水量的最大值。而对于喷灌系统，则推荐选择连续15～20天日平均耗水量的最大值。由于高峰期的耗水量跟气候、作物品种、种植密度、土壤肥力、水质等因素有关，所以要根据当地或气候条件相近地区的试验资料确定。

379. 什么叫作物永久萎蔫点？如何测定?

答：作物永久萎蔫点也叫萎蔫系数，它是指作物发生永久萎蔫时，土壤中尚保存的水分占土壤干重的百分率。永久萎蔫系数因土壤质地不同而存在很大差异，粗砂为1%左右，砂壤土为6%左右，壤土一般为10%左右，黏土为15%左右。同一种质地的土壤上，不同作物的永久萎蔫系数变化幅度很小。因为永久萎蔫点是作物对土壤干旱的反应，所以测定具体土壤的萎蔫系数要做简单的盆栽试验，当作物出现萎蔫时用烘干法测定土壤的含水量。在炎热的夏季，这种测定几天可以完成。但秋冬季节气温下降，地面蒸发及叶片蒸腾少，这种测定花费的时间较长。

380. 什么是水肥一体化智能灌溉系统?

答：21世纪水资源变成一种宝贵的稀缺资源，水资源问题已不仅仅是资源问题，更是关系到国家经济、社会可持续发展和长治久安的重大战略问题。

采用高效的智能化节水灌溉技术不但能够有效缓解用水压力，同时也是发展精细农业和实现现代化农业的要求。基于物联网技术的智能化灌溉系统可实现灌溉的智能化管理。

基于物联网的智能化灌溉系统，涉及传感器技术、自动控制技术、数据分析和处理技术、网络和无线通信技术等关键技术，是一种应用潜力广阔的现代农业设备。该系统通过土壤墒情监测站实时监测土壤含水量数据，结合示范区的实际情况（如：灌溉面积、地理条件、种植作物种类的分布、灌溉管网的铺设等）对传感数据进行分析处理，依据传感数据设置灌溉阀值，进而通过自动、定时或手动等不同方式实现水肥一体化智能灌溉。中心站管理员可通过电脑或智能移动终端设备，登录系统监控界面，实时监测示范区内作物生长情况，并远程控灌溉设备（如固定式喷灌机等）。

基于物联网的智能化灌溉系统，能够实现示范区的精准和智能灌溉，可以提高水资源利用率，缓解水资源日趋紧张的矛盾，增加作物的产量，降低作物成本，节省人力资源，优化管理结构。

381. 水肥一体化智能灌溉系统总体设计目标是什么？

答：智能化灌溉系统实现对土壤含水量的实时采集，并以动态图形的形式在管理界面上显示。系统依据示范区内灌溉管道的布设情况及固定式喷灌机的安装位置，预先设置相应的灌溉模式（包含自动模式、手动模式、定时模式等），进而通过对实时采集的土壤含水量值和历史数据的分析处理，实现智能化控制。系统能够记录各个区域每次灌溉的时间、灌溉的周期和土壤含水量的变化，有历史曲线对比功能，并可向系统录入各区域内作物的配肥情况、长势、农药的喷洒情况以及作物产量等信息。系统可通过管理员系统分配使用权限，对不同的用户开放不同的功能，包括数据查询、远程查看、参数设置、设备控制和产品信息录入等功能。

382. 水肥一体化智能灌溉系统组成有哪些？

答：智能化灌溉系统可分为六个子系统：作物生长环境监测系统、远程设备控制系统、视频监测系统、通信系统、服务器和用户管理系统。

（1）作物生长环境监测系统。作物生长环境监测系统主要为土壤墒情监测系统（土壤含水量监测系统）。土壤墒情监测系统是根据示范区的面积、地形及种植作物的种类，配备数量不等的土壤水分传感器，以采集示范区内土壤含水量，将采集到的数据进行分析处理，并通过嵌入式智能网关发送到服务器。示范区用户根据种植作物的实际需求，以采集到的土壤墒情（土壤含水量）参数为依据实现智能化灌溉。通过无线网络传输数据，在满足网络通信距离的范围内，用户可根据需要调整采集器的位置。

(2) 远程设备控制系统。远程设备控制系统实现对固定式喷灌机以及水肥一体化基础设施的远程控制。预先设置喷灌机开闭的阀值，根据实时采集到的土壤含水量数据，生成自动控制指令，实现自动化灌溉功能。也可通过手动或者定时等不同的模式实现喷灌机的远程控制。此外，系统能够实时检测喷灌机的开闭状态。

(3) 视频监测系统。视频监测系统实现对示范区关键部位的可视化监测，根据示范区的布局安置高清摄像头，一般安装在作物的种植区内和固定式喷灌机的附近，视频数据通过光纤传输至监控界面，园区管理者可通过实时的视频，查看作物生长状态及灌溉效果。

(4) 通信系统。如果域范围往往比较广阔，地形复杂，有线通信难度较大。本系统拟采用 ZigBee 网络实现示范区内的通信。ZigBee 网络可以自主实现自组网、多跳、就近识别等功能。该网络的可靠性好，当现场的某个节点出现问题时，其余的节点会自动寻找其他的最优路径，不会影响系统的通信链路。

ZigBee 通信模块转发的数据最终汇集于中心节点，进行数据的打包压缩，然后通过嵌入式智能网关发送到服务器。

(5) 服务器。服务器为一个管理数据资源并为用户提供服务的计算机，具有较高的安全性、稳定性和处理能力，为智能化灌溉系统提供数据库管理服务和 Web 服务。

(6) 用户管理系统。用户可通过个人计算机和手持移动设备，通过 Web 浏览器登录用户管理系统。不同的用户需要分配不同的权限，系统会对其开放不同的功能，比如：高级管理员一般为示范区相关主要负责人，具有查看信息、对比历史数据、配置系统参数、控制设备等权限；一般管理员为种植管理员，采购和销售人员等，具有查看数据信息、控制设备、记录作物配肥信息和出入库管理等权限；访问者为产品消费者和政府人员等，具有查看产品生长信息、园区作物生长状况等权限。用户管理系统安装在园区的管理中心，具体设施包括用户管理系统操作平台和可供实时查看示范区作物生长情况。

383. 水肥一体化智能灌溉系统功能有哪些？

答：智能化灌溉系统能实现如下功能：环境数据的显示查看及分析处理、智能灌溉、作物生长记录、产品信息管理等。

(1) 环境数据的显示查看及分析处理。一是环境数据的显示查看。在系统界面上能显示各个土壤墒情采集点的数据信息，可设定时间刷新数据。数据显示类型包含实时数据和历史数据，能够查看当前实时的土壤水分含量和任意时间段的土壤水分含量（如：每月或当天示范区土壤的墒情数据）；数据显示方式包含列表显示和图形显示，可以根据相同作物的不同种植区域或相同区域不同时间段的数据进行对比，以曲线、柱状图等形式出现。二是环境数据的分析处理。根据采集到的土壤水分含量，结合作物实际生长过程中对土壤水分含量的具体需求，设置作物的打开灌溉阀门的水分含量阀值；依据不同作物对土壤水分含量的需求，设定灌溉时间、灌溉周期等。

（2）智能灌溉功能。本系统可实现三种灌溉控制方式：按条件定时定周期灌溉、多参数设定灌溉和人工远程手动灌溉等。一是按条件定时定周期灌溉：根据不同区域的作物种植情况任意分组，进行定时定周期灌溉。二是多参数设定灌溉：对不同作物设定适合其生长的多参数的上限与下限值，当实时的参数值超出设定的阀值时，系统就会自动打开相对应区域的电磁阀，对该区域进行灌溉，使参数值稳定在设定数值内。三是人工手动：管理员可通过管理系统，手动进行远程灌溉操作。

（3）作物生长记录。通过数据库记录各个区域的环境数据、灌溉情况、配肥信息、作物长势以及产量等信息。

（4）产品信息管理。园区管理员录入各区域内作物的配肥情况、长势、农药的喷洒情况、产品产量质量、产品出入库管理、仓库库存状况以及农作物产品的品级分类等信息。

384. 水肥一体化智能灌溉系统特点是什么？

答：该系统采用了扩展性的设计思路，在设计架构上注重考虑系统的稳定性和可靠性。整个系统由多组网关及 ZigBee 自组织网络单元组成，每个网关作为一个 ZigBee 局域网络的网络中心，该网络中包含多个节点，每一个节点由土壤水分采集仪或远程设备控制器组成，分别连接土壤水分传感器和固定式喷灌机。该系统可以根据用户的需求，方便快速地组建智能灌溉系统。用户只需增加各级设备的数量，即可实现整个系统的扩容，原有的系统结构无需改动。

385. 水肥一体化智能灌溉系统如何进行设计？

答：（1）系统布局。由于本系统的通信子模块采用具有结构灵活、自组网络、就近识别等特点的 Zigbee 无线局域网络，对于土壤湿度传感器的控制器节点的布设相对灵活。根据园区种植作物种类的不同及各种作物对土壤含水量需求的不同，布设土壤湿度传感器；根据园区内铺设的灌溉管道、固定式喷灌机位置及作物的分时段、分区域供水需要安装远程控制器设备（每套远程控制器设备包括核心控制器、无线通信模块、若干个控制器扩展模组及其安装配件)，每套控制器设备依据就近原则安装在固定式喷灌机旁，实现示范区灌溉的远程智能控制功能。此外，通过控制设备自动检测固定式喷灌机开闭状态信号及视频信号，远程查看实时掌握灌溉设备的开闭状态。

在项目的实施中，根据示范区的具体情况（包括地理位置、地理环境、作物分布、区域划分等）安装墒情监测站。远程控制设备后期需要安装在灌溉设备的控制柜旁，通过引线的方式实现对喷灌机包括水肥一体化基础设施的远程控制。

（2）网络布局。土壤墒情监测设备和远程控制器设备分别内置 ZigBee 模块和 GPRS 模块，都作为通信网络的节点。嵌入式智能网关是一定区域内的 ZigBee 网络的中心节点，共同组成一个小型的局域网络，实现园区相应区域的网络通信，并通过 2G/3G 网络实现与服务器的数据传输。

该系统均采用无线传输的通信方式，包括 ZigBee 网络传输及 GPRS 模块定位。由于现场地势平坦，无高大建筑物或其他东西遮挡，因此具备无线传输的条件。

技术问答篇

植物保护

386. 什么叫植物病害?

答：植物的生长和发育要有适当的条件，才能进行正常的生理活动。当植物受到其他生物的侵染，或者不适宜的环境条件超越了它们的适应范围，植物就不能正常地生长和发育，最后表现为形态和品质上的变化，甚至局部或全株死亡，这种现象叫做植物病害。

387. 什么叫非侵染性病害?

答：非侵染性病害，又称非传染性病害或生理性病害。非侵染性病害没有病原物的侵染，而是由不适宜的环境因素引起的，相互之间不能传染。

引起非侵染病害发生的环境因素主要有温度、湿度、光照、土壤和空气的成分以及栽培措施等。

388. 什么叫侵染性病害?

答：由于其他生物病原物寄生而引起的植物病害，称作侵染性病害，一般也称作寄生性病害或传染性病害。侵染性病害的发生由病原物、寄主植物和环境条件三方面因素所决定。

389. 什么叫植物病害病原物？已知植物病害病原物有哪些?

答：引起植物病害的生物统称为植物病害病原物。已知植物病害病原物有真菌、细菌、病毒、类病毒、质粒类、类菌原体和类立克次氏体、植物寄生线虫和寄生性种子植物等。此外，少数放线菌和藻类植物也能侵染植物，如疮痂病放线菌引起马铃薯疮痂病、红锈藻引起茶树藻斑病等。

390. 什么叫植物的抗病、耐病和避病作用?

答：抗病性是寄主植物抵御病原物的侵染以及侵染后所造成损害的能力。

耐病性是指植物忍耐病害的能力。

避病作用是指寄主由于种种原因能避开病原物的侵染，而不是植物本身具有抗性。

391. 植物病害流行的因素有哪些?

答：植物病害的流行是有关病原物群体、寄主植物群体和环境因素（包括栽培条件）三方面的条件形成的。这些因素主要是：①病原物致病力的强弱；

②病原物致病力的变化；③病原物的大量繁殖和有效传播；④感病寄主植物的大量存在；⑤有利于病害发生的气象条件；⑥有利于病害发生的土壤和栽培条件。

392. 什么叫植物病害的症状、病状、病症?

答：症状：是指植物发病后出现的反常现象，包括病症和病状。病状：是指发病植物本身所表现出来的反常现象。病症：是指病原物在植物体上表现出来的特征性结构。

393. 农药根据来源如何分类?

答：农药按来源可分为矿物源农药、生物源农药和化学合成农药三大类。

（1）矿物源农药。矿物源农药是指由矿物原料加工而成，如石硫合剂、波尔多液、王铜（碱式氯化铜）、机油乳剂等。

（2）生物源农药。生物源农药是利用天然生物资源（如植物、动物、微生物）开发的农药。由于其来源不同，可以分为植物源农药、动物源农药和微生物农药。

（3）化学合成农药。化学合成农药是由人工研制合成的农药。

394. 农药根据防治对象如何分类?

答：农药根据防治对象分类可分为杀虫剂、杀螨剂、杀菌剂、杀线虫剂、除草剂、杀鼠剂、植物生长调节剂等。

（1）杀虫剂。用于防治害虫的药剂。主要有有机氯和环戊二烯类、有机磷类、氨基甲酸酯类、拟除虫菊酯类药剂等，如敌敌畏、阿维菌素、吡虫啉等。

（2）杀螨剂。用于防治植食性螨类的药剂叫杀螨剂。有专一性杀螨剂，如三氯杀螨醇、尼索朗、三唑锡等。有不少杀虫剂也具有兼治螨类的作用，如甲氰菊酯、哒螨酮等。

（3）杀菌剂。用于防治植物病原微生物的药剂。如福美双、乙蒜素、三乙膦酸铝、三唑酮、甲霜灵、百菌清等。

（4）除草剂。用于防除园田杂草的药剂。如2甲4氯、乙氧氟草醚、氟羧草醚、氟磺胺草醚、百草枯、异丙甲草胺、莠去津、草甘膦、苯磺隆、噻吩磺隆等。

（5）杀线虫剂。用于防治植物病原线虫的药剂。如克线磷、克线丹、威百亩等。

（6）杀鼠剂。用于防治害鼠的药剂。多为胃毒剂，主要采用毒饵施药，如敌鼠钠盐、氟鼠酮等。

（7）植物生长调节剂。用于促进或抑制植物生长发育的药剂。根据不同的用途可分为催熟剂、保鲜剂、催芽剂、脱叶剂、抑制剂等。常见的植物生长调节剂有乙烯利、比久、甲哌定、多效唑、芸苔素内酯、赤霉素、复硝酚钠、矮壮素等。

395. 杀虫剂按作用方式如何分类?

答：（1）胃毒剂。通过消化系统进入虫体内，使害虫中毒死亡的药剂。如敌百虫等，这类农药对咀嚼式口器和舐吸式口器的害虫非常有效。

（2）触杀剂。通过与害虫虫体接触，药剂经体壁进入虫体内使害虫中毒死亡的药剂。如大多数有机磷杀虫剂、拟除虫菊酯类杀虫剂。触杀剂可用于防治各种口器的害虫，但对体被蜡质分泌物的介壳虫、木虱、粉虱等效果差。

（3）内吸剂。药剂易被植物组织吸收，并在植物体内运输，传导到植物的各部分，或经过植物的代谢作用而产生更毒的代谢物，当害虫取食植物时中毒死亡的药剂。如乐果、吡虫啉等。内吸剂对刺吸式口器的害虫特别有效。

（4）熏蒸剂。药剂能在常温下气化为有毒气体，通过气门进入害虫的呼吸系统，使害虫中毒死亡的药剂。如磷化铝等。熏蒸剂应在密闭条件下使用效果才好。如用磷化铝片剂防治蛀干害虫时，要用泥土封闭虫孔。

（5）特异性昆虫生长调节剂。按其作用不同可分为如下几种：

①昆虫生长调节剂。这种药剂通过昆虫胃毒或触杀作用，进入昆虫体内，阻碍几丁质的形成，影响内表皮生成，使昆虫蜕皮变态时不能顺利蜕皮，卵的孵化和成虫的羽化受阻或虫体成畸形而发挥杀虫效果。这类药剂活性高，毒性低，残留少，具有明显的选择性，对人、畜和其他有益生物安全。但杀虫作用缓慢，残效期短。如灭幼脲Ⅲ、优乐得、抑太保、除虫脲等。

②引诱剂。药剂以微量的气态分子，将害虫引诱在一起集中歼灭。此类药剂又分为食物引诱剂、性引诱剂和产卵引诱剂 3 种。其中使用较广的是性引诱剂。如桃小食心虫性诱剂、葡萄透翅蛾性诱剂等。

③驱避剂。作用于保护对象，使害虫不愿意接近或发生转移、潜逃现象，达到保护作物的目的。如驱蚊油、樟脑等。

④拒食剂。药剂被害虫取食后，破坏害虫的正常生理功能，取食量减少或者很快停止取食，最后引起害虫饥饿死亡。如印楝素、拒食胺等。实际上，杀虫剂的杀虫作用方式并不完全是单一的，多数杀虫剂常兼有几种杀虫作用方式。如敌敌畏具有触杀、胃毒、熏蒸三种作用方式，但以触杀作用方式为主。在选择使用农药时，应注意选用其主要的杀虫作用方式。

396. 杀菌剂按作用方式如何分类?

答:(1)保护性杀菌剂。在病原微生物尚未侵入寄主植物前,把药剂喷洒于植物表面,形成一层保护膜,阻碍病原微生物的侵染,从而使植物免受其害的药剂,如波尔多液、代森锌、大生等。

(2)治疗性杀菌剂。病原微生物已侵入植物体内,在其潜伏期间喷洒药剂,以抑制其继续在植物体内扩展或消灭其为害,如三唑酮、甲基硫菌灵、乙膦铝等。

(3)铲除性杀菌剂。对病原微生物有直接强烈杀伤作用的药剂。这类药剂常为植物生长不能忍受,故一般只用于播前土壤处理、植物休眠期使用或种苗处理,如石硫合剂、福美胂等。

397. 除草剂按作用方式如何分类?

答:(1)选择性除草剂。这类除草剂在不同的植物间有选择性,即能够毒害或杀死某些植物,而对另外一些植物较安全。大多数除草剂是选择性除草剂,如除草通、敌草胺等均属于这类除草剂。

(2)灭生性除草剂。这类除草剂对植物缺乏选择性,或选择性很小,能杀死绝大多数绿色植物。它既能杀死杂草、又能杀死作物,因此,使用时须十分谨慎。百草枯、草甘膦属于这类除草剂。一般可用于休闲地、田边与坝埂上灭草,用于田园除草时一般采用定向喷雾的方法。

398. 选用除草剂的原则有哪些?

答:(1)正确选择除草剂品种。不同的除草剂品种具有不同的作用特性,其所能防治的杂草种类,以及对不同作物的安全性也不相同。另外,不同作物田的杂草发生、分布与群落组成也不同,所以选择除草剂品种时必须考虑这几个方面的因素。

(2)根据除草剂品种特性,杂草和作物的生育状况,气候条件及土壤特性,确定除草剂的单位面积最佳施用量。

(3)选择最佳施用技术,做到喷洒均匀,不重喷、不漏喷,所以喷洒前要使喷雾器的各喷头都处于良好的工作状态。

(4)做好喷洒计划。

(5)设计不同的除草剂进行轮用或交替使用,以防杂草产生抗药性和防止杂草群落发生演替。

(6)注意防止除草剂中毒事故的发生。除草剂虽远不如杀虫剂毒,但中毒事故也时有发生,切不可大意。

399. 除草剂按施药对象、时间、范围如何分类？

答：（1）按施药对象分土壤处理和茎叶处理。

（2）按施药时间分播前处理、播后苗前处理、苗后处理。

（3）按施药范围分全面施药、带状施药、点状施药、定向喷雾。

400. 农药常用的施用方法有哪些？

答：在防治植物病虫害时，农药的使用方法是多种多样的。选择最合适的施药方法，不仅可获得最佳的防治效果，而且还可保护天敌，减少污染，对人、畜、植物安全。因此，采用正确的施药方法是十分重要的。

（1）喷粉法。喷粉或撒粉要求喷洒均匀、周到，使农作物或病虫、杂草的体表上覆盖一层极薄的药粉，以达到抑制病菌生长和毒杀害虫、杂草的作用。其优点是功效高，使用方便，不受水源的限制，尤其适用于干旱地区及缺水山区，也是防治爆发性病虫害的有效手段。缺点是用药量大，粉剂黏附性差，粉粒容易飘失，药效差，污染环境。

（2）喷雾法。利用喷雾机具将药液均匀地喷布于防治对象及被保护的寄主植物上，是目前生产上应用最广泛的一种方法。根据喷液量的多少及其他特点，可分为常规喷雾法 、低容量喷雾法 、超低容量喷雾法。

（3）毒饵法。毒饵主要是用来防治为害农作物幼苗并在地面活动的有害生物。它是利用害虫、鼠类喜食的饵料和农药拌和而成，诱其取食，以达到毒杀的目的。

（4）拌种和浸种法。拌种法是将药剂和种子按一定的比例，同时装在拌种器内，直接搅动拌和，使每一粒种子都能均匀地沾着一层药粉，在播种后药剂就能逐渐发挥防御病菌或害虫为害的效力。浸种法是把种子或幼苗浸在一定浓度的药液里，经一定的时间使种子和幼苗吸收药液，以杀灭种子或种苗所带的病菌。

（5）土壤处理法。土壤处理法就是用药剂撒在土面或绿肥作物上，随后耕翻入土；或用药液灌浇病株根部，以杀死或抑制土壤中的害虫和病菌。

（6）涂抹法。将药剂涂抹在作物茎秆处，通过药剂内吸传导作用发挥杀虫、杀菌效果。

（7）熏蒸与熏烟法。利用药剂产生的有毒气体杀死有害生物的方法，一般应在密闭条件下进行。

401. 农药毒性级别是如何划分的？

答：农药毒性分为剧毒、高毒、中等毒、低毒、微毒五个级别。

402. 安全使用农药应注意什么？

答：(1) 购置农药时，应仔细看清标签，不购买标签不清或包装破损的农药，不购买“无三证”的农药。购回的农药要单独存放，不能与粮食、食油、饲料、种子等存放在一起，要放在儿童不能摸到的地方，农药使用前要认真阅读标签和说明，按要求使用农药。

(2) 必须选工作认真，经过技术培训，掌握安全用药知识和具备自我防护技能，身体健康的成年人施药。一般情况下体弱多病、患皮肤病、农药中毒和患其他疾病未恢复健康的人以及哺乳期、孕期、经期妇女和未成年人不能喷施农药。

(3) 正确配药和施用。开启农药包装、配制农药时要戴必要的防护用品，用适当的器械，不能用手取药或搅拌，要远离儿童或家禽、家畜。喷雾作业前应认真检查各联结处是否牢固密封，不得有渗漏，开关打开关闭自如，过滤网清洁、喷头畅通。加药液时，不应将药液加出箱外或溢出，否则应擦洗干净，以免人体污染、中毒。喷头堵塞时，要用清水冲洗，绝对不能用嘴吹。喷药人员应穿戴防护服，工作时应注意外界风向，操作人员应在上风方向，操作时应注意喷洒面要避开人员前进路线，避免人身粘附药液，采用顺风隔行喷药。禁止在喷药时吃、喝东西和吸烟。每天实际操作时间不宜超过 6 小时，中午气温高时，不宜施药。连续喷药 3～5 天后应换工作一次。每天施药后，要用肥皂及时洗手、脸并换衣服。皮肤沾染农药后，要立刻冲洗沾染农药的皮肤，眼睛里溅入农药要立即用清水冲洗 5 分钟。喷药过程中，如稍有不适或头疼目眩时，应立即离开现场，寻一通风阴凉处安静休息，如症状严重，必须立即送往医院，不可延误等。每次喷药后要清洗施药器械，清洗的污水不能流入河流、池塘及鱼池等。施过药的园田要设立标志，一定时期内禁止放牧、割草或农事操作。

403. 什么叫植物药害？

答：一般情况下，低剂量农药对植物生长有刺激作用，高剂量时对植物的正常生长发育起破坏作用。在生产实践中，由于使用技术不当，也常常会出现农药影响植物的正常生长的现象，这种现象就称为药害。植物药害按其症状发展的快慢可以分为急性药害和慢性药害两种。

404. 产生药害的原因主要有什么？

答：引起植物药害的原因很多，但归纳起来主要是药剂、植物、环境三方面的因素。

405. 农药使用方法不当造成药害的情形主要有哪些?

答:(1)误用农药。由于农药标签不清或记错药名或认为只要是除草剂什么田都能用,往往会造成严重药害。如把除草剂当杀虫剂使用,或把单子叶作物田除草剂用于双子叶作物田等都会引起严重的药害,甚至绝产。

(2)错混农药。两种或多种农药之间混用不当,也易产生药害。如波尔多液与石硫合剂不能混用,两者配合使用时也应间隔一段时间。取代脲类除草剂与磷酸酯类杀虫剂混用能严重伤害棉花幼苗。

(3)稀释农药所用的水质。水质不同,对农药理化性质影响不同,有时会提高药害。如硬质水用于稀释乳油农药,易产生破乳现象,从而导致乳化性能差,喷洒不均匀,易造成药害。

(4)二次药害。即当季使用的农药残存到下茬作物的生长期,对下茬敏感作物产生药害。如玉米田使用莠去津会对下茬作物如大豆或小麦产生药害。

(5)残留药害。由于长期连续单一使用某种残留性强的农药,由于逐年累积会对敏感作物产生药害。

(6)漂移药害。使用农药时粉粒飞扬或雾滴漂散会对周围敏感作物产生药害。如小麦田喷洒 2,4-滴丁酯时造成邻近大豆田药害,或喷洒敌敌畏时造成周围高粱田药害。

(7)喷雾器清洗不彻底。喷洒过 2,4-滴丁酯的喷雾器,如果清洗不彻底再用于棉田施药,残余 2,4-滴丁酯会造成棉苗药害。

406. 环境因素对农药的影响有哪些?

答:一般情况下气温高,农药的药效增强,但药害也往往增强。所以高温时不宜喷药,尤其是夏日炎热的天气不要在中午气温高时施药,不仅可以减轻或避免药害,同时还可防止施药人员中毒。湿度高也有利于药剂向植物体内渗透,也易造成药害,所以在多雨多露的天气喷药易造成药害。阳光照射强烈也易发生药害。土壤性质对土壤处理除草剂的药效发挥和药害产生有明显影响。易淋溶的除草剂施用在轻质土壤中应严格控制用药量。如莠去津在华北地区有机质含量较低的土壤中用量比东北地区要低些,否则易造成对下茬作物的药害;波尔多液在多雾、阴潮的雨天或露水大的气候条件下施药就容易发生药害。

407. 防止药害产生的根本措施是什么?

答:①充分了解所用农药的理化性质、使用对象、注意事项、施用方法。②掌握农药适用作物的生长发育规律、注意用药时间、用药时期、用药次数和用药剂量。③注意环境条件对药效发挥及药害产生的影响。

408. 药害产生后的补救措施有哪些？

答：①采用喷洒清水洗涤的方法，即用清水冲淡作物叶片上的农药，减轻其为害。②若为土壤施用的农药，不宜用清水浇地，因土壤水分含量增加，有利于作物吸收更多的药剂，可以采用翻耕泡田，反复冲洗土壤。③施用有机肥、活性炭。④追施速效性肥料及根外追肥。⑤若药害非常严重，发展又很快，应该采取果断措施，毁种或改种别的作物，以免误农时。

409. 药效试验类型有哪些？

根据试验目的，可分四种：①农药品种比较试验。目的是测定新农药品种或当地未用过的农药品种的药效，为今后的推广示范和使用提供依据。②农药不同剂型比较试验。目的是确定某一种农药最合适的剂型作为生产和推广的依据。③农药使用方法比较试验。包括施药量、施药浓度、施药时间和次数、残效期测定，目的是选择和确定比较经济、有效的使用方法，作为推广使用的依据。④药害试验。目的是了解各种农药及其不同剂型、不同药量对不同作物的安全系数，确定其经济有效的安全界限，使农药真正发挥防治病虫，保护作物的作用。

410. 什么是农药残留？

答：农药残留是指使用农药后，在农产品及环境中农药活性成分及其在性质上和数量上有毒理学意义的代谢（或降解、转化）产物。

411. 绿色食品的含义和标志是什么？

答：绿色食品是遵循可持续发展原则，按照特定生产方式生产，经专门机构论证，许可使用绿色食品标志的无污染的安全、优质、营养类食品。由于与环境保护有关的事物国际上通常都冠之以“绿色”，为了更加突出这类食品出自良好生态环境，因此定名为绿色食品。无污染、安全、优质、营养是绿色食品的特征。无污染是指在绿色食品生产、加工过程中，通过严密监测、控制，防范农药残留、放射性物质、重金属、有害细菌等对食品生产各个环节的污染，以确保绿色食品产品的洁净。绿色食品的优质特性不仅包括产品的外表包装水平高，而且还包括内在质量水准高。

绿色食品标志由特定的图形来表示。绿色食品标志图形由三部分构成：上方的太阳、下方的叶片和中心的蓓蕾，象征自然生态；颜色为绿色，象征着生命、农业、环保；标志图形正圆形，意为保护、安全。整个图形描绘了一幅明媚阳光照耀下的和谐生机，告诉人们绿色食品是出自纯净、良好生态环境的安全、无污染食品，能给人们带来蓬勃的生命力。绿色食品标志还提醒人们要保护环境和防止污染，通过改善人与环境的关系，创造自然界新的和谐。

412. 绿色食品的标准和级别有哪些?

答：为适应我国消费者的需求及当前我国农业生产发展水平与国际市场竞争形式，从1996年开始，在申报审批过程中将绿色食品区分为AA级和A级，其中AA级绿色食品完全与国际接轨，各项标准均已经达到甚至超过国际有机农业运动联盟的有机食品及其他国际同类食品的基本要求。但在我国现有条件下，大量开发AA级绿色食品尚有一定的难度，将A级绿色食品作为向AA级绿色食品过渡的一个过渡期产品，它不仅在国内市场上有很强的竞争力，在国外普通食品市场上也有很强的竞争力。

A级绿色食品系指在生态环境质量符合规定标准的产地，生产过程中允许限量使用限定的化学合成物质，按特定的操作规程生产、加工，产品质量及包装经检测、检验符合特定标准，并经专门机构认定，许可使用A级绿色食品标志的产品。

AA级绿色食品系指在环境质量符合规定标准的产地，生产过程中不使用任何有害化学合成物质，按特定的操作规程生产、加工，产品质量及包装经检测、检验符合特定标准，并经专门机构认定，许可使用AA级绿色食品标志的产品。AA级绿色食品标准已经达到甚至超过国际有机农业运动联盟的有机食品的基本要求。

413. 有机食品的定义是什么?

答：国际有机农业运动联合会（IFOAM）给有机食品下的定义是：根据有机食品种植标准和生产加工技术规范而生产的、经过有机食品颁证组织论证并颁发证书的一切食品和农产品。国家环保局有机食品发展中心（OFDC）认证标准中有机食品的定义是：来自于有机农业生产体系，根据有机认证标准生产、加工、并经独立的有机食品认证机构认证的农产品及其加工品等。包括粮食、蔬菜、水果、奶制品、禽畜产品、蜂蜜、水产品、调料等。

414. 有机食品的条件有哪些?

答：有机食品与国内其他优质食品的最显著差别是，前者在其生产和加工过程中绝对禁止使用农药、化肥、除草剂、合成色素、激素等人工合成物质，后者则允许有限制地使用这些物质。因此，有机食品的生产要比其他食品难得多，需要建立全新的生产体系，采用相应的替代技术。有机食品是一类真正源于自然、富营养、高品质的环保型安全食品，需要符合以下 4 个条件：①原料必须来自于已建立的或正在建立的有机农业生产体系，或采用有机方式采集的野生天然产品。②产品在整个生产过程中严格遵循有机食品的加工、包装、贮藏、运输标准。③生产者在有机食品生产和流通过程中，有完善的质量控制和跟踪审查体系，有完整的生产和销售记录档案。④必须通过独立的有机食品认证机构的认证。

415. 什么叫农药的生物富集现象？

答：在自然界中，普遍存在着生物富集农药的现象，或称为生物浓缩农药的现象。即通过生态系统中的生物食物链，将农药经过几次转移与浓缩，最后在生物体内可达到相当浓度的含量。这种现象也有人称之为生态放大作用。

416. 农药残留的防止措施有哪些？

答：①制定农药的禁用和限用规定；②制定农药允许残留量；③制定使用农药的安全间隔期；④发展高效、低毒、低残留的农药。

417. 目前国家和河南省颁布实施的农药有关法律、法规、规章和标准主要有哪些？

答：(1)《中华人民共和国行政许可法》。2003 年 8 月 27 日第十届全国人民代表大会常务委员会第四次会议通过，本法自 2004 年 7 月 1 日起施行。

(2)《农药管理条例》。1997 年 5 月 8 日国务院令第 216 号发布，2001 年 11 月 29 日国务院令第 326 号发布修改决定，自公布之日起施行。

(3)《农药管理条例实施办法》。中华人民共和国农业部令第 20 号，自 1999 年 7 月 23 日起施行。

(4)《农药标签和说明书管理办法》。中华人民共和国农业部令第 8 号，自 2008 年 1 月 8 日起施行。

(5)《农药限制使用管理规定》。中华人民共和国农业部令第 17 号，自 2002 年 8 月 1 日起生效。

(6)《农药登记资料规定》。中华人民共和国农业部令第 10 号，自 2008 年 1 月 8 日起施行。

(7)《农药合理使用准则》（一）至（八）。标准号为 GB/T8321.1—T8321.8，内容包括近 200 个农药有效成分，涉及 20 余种作物，近 500 项科学、合理使用标准。

(8)《河南省农药管理办法》。河南省人民政府令第 44 号，自 1998 年 11 月 5 日起施行。

418. 什么是植物检疫?

答：植物检疫是指运用一定的仪器设备和技术，应用科学的方法，对生产和流通中的植物、植物产品和其他应检物品的危险性病虫草等有害生物进行检疫检验和监督处理，并依据国家制定的植物检疫法规保障实施。

419. 植物检疫的特点是什么?

答：①强制性；②预防与铲除并重；③关注全局，潜在、长远效益显著；④多部门协作；⑤工作对象不同。

420. 什么是产地检疫?

答：产地检疫是指植物检疫人员对种子、苗木等繁殖材料及其他应施检疫的植物、植物产品，在植物生长期间按规定程序进行田间调查、室内检验鉴定及必要的监督处理，并根据检查和处理结果做出评审意见，直到决定是否签发《产地检疫合格证》的过程。

421. 什么是调运检疫?

答：调运检疫是指植物检疫人员对应施检疫的植物、植物产品在调运时进行的检疫检验和监督处理。

422. 综合防治的方法有哪些?

答：根据“预防为主，综合防治”的植保工作方针，综合防治的方法可分为植物检疫法、农业防治法、化学防治法、生物防治法和物理机械防治法五大类。

423. 绿色防控的定义、内涵及原则是什么?

答：(1) 定义。绿色防控是指在作物目标产量效益范围内，通过优化集成生物、生态、物理等技术并限量使用有毒农药，达到安全控制有害生物的行为过程。绿色防控是综合防治的新体现。

(2) 内涵。尽量降低作物的经济损失风险（必要产量或效益）；尽量降低使用有毒农药的安全风险（操作者、消费者和水源等安全）；尽量降低破坏生态的风险（保持生态平衡和多样性调控能力）。

(3) 原则。实施绿色应坚持“五项原则”：

①安全性原则：农残不超标、水源不污染、人畜禽蚕不中毒等。

②可操作性原则：技术先进但流程不复杂。

③农药替代性原则：优先选择非化学措施。

④经济有效性原则：投入与效益协调。

⑤可持续控害原则：保持生态调控能力。

424. 绿色防控与传统综合防治的区别是什么？

答：

绿色防控与传统综合防治区别表

技术模式	共同点	主要区别
绿色防控	控制病虫害	以安全为核心，兼顾产量效益和生态保护
综合防治	控制病虫害	以防效为核心，兼顾产量效益和生态保护
传统防治	控制病虫害	以产量效益为核心，很少考虑安全和生态保护

425. 绿色防控的实施类型有哪些？

答：（1）有限绿色防控（初级阶段）是指针对作物的某一个至少数几个病虫害所采取地局部性或阶段性绿色防控措施。

（2）全程绿色防控（中级阶段）是指针对一种作物生长全过程所采取的系统性绿色防控措施。

（3）区域绿色防控（高级阶段）是指针对某个特定生态区域各种作物上所采取的协同性和系统性绿色防控措施。

426. 推行绿色防控技术的途径有哪些？

答：（1）牢固树立绿色防控的思想。

（2）多渠道争取绿色防控投入。

（3）筛选一套绿色防控技术。

（4）建立一批绿色防控示范区。

（5）培训一批绿色防控技术带头人。

（6）树立一批绿色防控品牌产品。支持、指导企业、协会合作树立品牌，加强市场信息服务，帮助开拓市场。

427. 目前农业部主推的12项病虫害绿色防控技术是什么？

答：（1）果园捕食螨应用技术。

（2）昆虫性诱剂应用技术。

（3）频振诱控技术。

(4) 昆虫核型多角体病毒(NPV)应用技术。

(5) 天然除虫菊应用技术。

(6) 杀蝗绿僵菌应用技术。

(7) 玉米螟生物防控技术。

(8) 马铃薯疫病预防技术。

(9) 水稻病虫害绿色防控技术。

(10) 蝗虫生态控制技术。

(11) 苹果腐烂病绿色防控技术。

(12) 毒饵站灭鼠技术。

428. 农作物病虫害绿色防控工作中容易存在哪些问题?

答:(1) 思想因素。

①概念理解偏差。一是对绿色防控的概念理解不清晰,错误地认为绿色防控就是用非化学农药的措施控制病虫害,盲目排斥化学农药。二是片面认为绿色防控一定会增加投入,提高农产品生产成本。

②“形象工程”思想严重。一方面是实用性强的绿色防控关键技术还不多;另一方面是有些政府部门领导或企业热衷于搞“形象工程”,引进一些毫无作用效果或意义的华而不实的绿色防控技术或产品,进行单纯的堆砌。

③忽视传统技术。部分地方存在重视绿色防控新技术的投入应用,对传统方法重视程度不够的现象。

(2) 技术因素。

①投入过大。一些绿色防控新技术投入成本高,或者因为技术过于复杂需要高质量的劳力投入,农民接受程度低。

②风险增加。某些绿色防控新技术的应用可能过分依赖于新的物质投入,需要及时采取相应的配套措施,存在不确定性和一定风险,而化学农药尤其是高毒农药防治方法简单、效果迅速、获得效益佳,致使农民对绿色防控技术主观上不愿意采用。

③技术集成不够。实用性强的技术有限,而且技术集成程度不高,系统性不强,缺乏科学的规划。

④农药市场混乱,增加了绿色防控难度。目前部分地区农药市场出现“三多”现象,即生产厂家多、农药品种多、经营商家多,农药市场管理难度大,农药非法添加成分的现象非常普遍,一旦不慎使用了添加一些高毒和国家禁限用农药成分的农药,就会将前期的绿色防控成效一笔抹杀,科学用药就变成一句空话,从而增加了绿色防控的难度。

（3）推广因素。

①部分地方政府支持力度不大。部分地方政府对病虫害绿色防控重视程度不够，未建立病虫绿色防控技术应用的补贴政策，未设立专项经费支持病虫害绿色防控，同时对农产品质量控制体系不完善，层次较高的农产品优质难保优价，没有营造出一种好的绿色防控技术推广氛围，应用面积难以扩大。

②推广机制单一。病虫害绿色防控推广机制绝大多数是以农业部门为主体的示范展示模式，重在技术示范，投资渠道也是以农业部门为主，而绿色防控技术使用主体积极性和参与度不高，虽然有一些企业或专业合作社参与，但整体来说推广机制比较单一，制约绿色防控技术的大面积应用。

③绿色防控技术措施的防效数据欠缺。绿色防控示范区存在对技术措施的防效数据调查不详实、缺乏连续性和系统性，对于资料积累重视不够等问题。没有有力的数据说明防控效果和效益，使绿色防控技术的大面积推广缺乏足够的依据和技术支撑。

④绿色防控技术产品市场化程度低。目前，农作物病虫绿色防控在全社会的认知度还不高，绿色防控技术产品尤其是理化诱控和生物农药产品市场认知度低，缺乏相应产品品牌，更没有建立起产品保障的市场流通渠道，一定程度上制约着病虫绿色防控的可持续发展。

429. 大力发展农作物病虫害绿色防控工作的对策建议有哪些？

答：（1）应当在思想上，澄清概念、理清思路，摒除“形象工程”思想，转变对新技术高投入的盲目崇拜观念。

（2）从技术上，通过进一步的技术研发、试验示范，推广轻简化技术；优化配套各种有效控制技术，大力开展绿色防控技术体系创新，集成绿色防控技术规程与标准；同时加强农药监督管理，确保科学用药技术准确到位。

（3）在推广应用方面，强化对技术措施防效数据的系统性、连续性调查和资料积累，为绿色防控技术措施的推广提供科学依据；进行绿色防控技术产品市场化的研究与探索，丰富绿色防控技术产品；推行市场准入制，建立农产品可追溯系统，确保绿色防控农产品优质优价，营造绿色防控技术推广的良好氛围；政府部门要高度重视，加大支持力度，增加对绿色防控的投入，丰富投资渠道，改变农业部门投入为主的单一推广机制，充分发挥政府主导型的项目推动作用，技术驱动型的示范带动作用，企业推动型的产品拉动作用，以及专业合作组织的多方联动作用，最终达到绿色防控技术的“三个实现”，即“实现绿色防控由政府投入主导型向企业投入主动型转变，实现绿色防控技术由高投入向经济效益的转变，实现绿色防控技术的应用由农业部门示范向大面积生产实践转变”。

430. 农作物病虫害绿色防控体系生产实践中有哪些主推技术？

答：（1）生态调控技术。主要推广深耕土壤、整地晒田、增施有机肥、测土配方施肥、控释肥、及时清除田间病残体，选用抗耐病虫品种、合理轮作套种，在蔬菜生产基地采用高垄种植，果园进行科学修剪、健壮作物长势等措施，改造病虫害发生源头和孳生环境，人为增强自然控害能力和作物抗病虫能力。

（2）生物防治技术。主要推广应用“以虫治虫、以菌治虫”等生物防治措施，通过在玉米种植基地释放赤眼蜂、在果树、蔬菜种植园区喷施金龟子绿僵菌、苏云金杆菌，采用果禽共育等成熟产品和技术，大力推广鱼藤酮、苦皮藤素等植物源农药、农用抗生素、植物诱抗剂等生物制剂控制病虫危害。

（3）物理防治技术。主要推广利用太阳能杀虫灯、频振式杀虫灯诱杀鳞翅目、鞘翅目、同翅目等害虫；悬挂黄色黏板诱杀蚜虫、粉虱、蓟马、潜叶蝇等；在小菜蛾、甜菜夜蛾、棉铃虫等害虫成虫盛发期，放置相应的性诱剂诱杀成虫，降低田间落卵量；在果园采用果实套袋技术防治食心虫、卷叶虫类、蜗类、蚜类、梨象、梨木虱等多种虫害及烂果病等病害；在大棚种植基地利用防虫网阻挡害虫入侵，防止病虫害发生蔓延。

（4）科学用药技术。主要推广氯虫苯甲酰胺、氟虫双酰胺、甲维盐、霜脲锰锌等高效、低毒、低残留、环境友好型农药，优化集成农药的轮换使用、交替使用、精准使用和安全使用等配套技术，严格遵守农药安全使用间隔期，加强农药抗性监测与治理，通过合理使用农药，最大限度降低农药使用造成的负面影响。

431. 农作物病虫害专业化防治的概念是什么？

答：农作物病虫害专业化防治，是按照现代农业发展的要求，遵循“预防为主、综合防治”的植保方针，由具有一定植保专业技能的人员组成的具有一定规模的服务组织，利用先进的设备和手段，对病虫防控实施农业防治、化学防治、生物防治和物理防治。农作物病虫害专业化防治这一新的服务方式是适应农村经济形势新变化、满足农民群众新期待应运而生的，是建立农村新型社会化服务体系的重要内容，是当前和今后一个时期农业发展势在必行的紧迫任务。

432. 推进农作物病虫害专业化防治的指导思想是什么？

答：坚持以科学发展观为指导，贯彻落实“预防为主、综合防治”的植保方针和“公共植保、绿色植保”的植保理念，以促进粮食稳定发展和农民持续增收为目标，依托植保公共服务机构，加强领导，加大投入，强化服务、规范管理，大力发展农作物病虫害专业化服务组织，努力提高农作物病虫害专业化防治和病虫害统防统治水平。

433. 推进农作物病虫害专业化防治的发展原则和目标任务是什么？

答：(1) 主要原则是：政府扶持：整合资源，拓宽渠道，加大对农作物病虫害专业化防治的投入，大力扶持专业化防治服务组织，提高服务水平；群众自愿：要尊重农民的意愿，加强宣传引导，引导农民自觉加入专业化防治；因地制宜：要根据各地生产实际、病虫发生特点，积极稳妥地发展农作物病虫害专业化防治服务组织；循序渐进：可先在粮棉油等大宗作物重大病虫上开展试点，通过示范带动，逐步将专业化防治推广到其他农作物有害生物防控上。

(2) 目标任务是按照建设新型农业社会化服务体系的目标和要求，推进农作物病虫害专业化防治的目标和任务，到2009年，全国粮棉油高产创建示范片全部实现病虫专业化防治；到2010年，粮食作物病虫害专业化防治的覆盖率由目前的5%提高到10%；到2020年，粮食作物病虫害专业化防治的覆盖率提高到50%。

434. 大力推进农作物病虫害专业化防治的措施有哪些？

答：(1) 加强对农作物病虫害专业化防治工作的领导。

(2) 加大对农作物病虫害专业化防治的投入。

(3) 引导农作物病虫害专业化防治组织有序发展。

(4) 强化对农作物病虫害专业化防治的服务指导。

(5) 建立健全农作物病虫害专业化防治的管理机制。

435. 生产实践中发展植保专业化服务组织的限制因素有哪些？

答：(1) 基层农技推广服务体系薄弱。由于机构改革实行乡站乡管，专业技术人员匮缺，农技人员精力分散，从事公益性服务人员大量减少，技术送到千家万户难度较大，防治信息和技术不能及时到农户，推广技术成本较高。

(2) 施药器械落后。目前使用的施药器械落后，“跑、冒、滴、漏”现象严重，使得农药利用率不到30%～40%，先进的大型机械价格太高，农民不愿自费购买。要扩大统防统治并长期搞下去，必须得到资金的扶持。农业项目资金应对购机者给予一定补偿，以调动他们的购机积极性。通过鼓励农民个体机防服务，实行双方自愿有偿服务，扩大弥雾机统防面积，达到解决农村病虫害防治难，提高经济效益、社会效益。

（3）经济效益不高。由于植保专业合作组织承担的统防统治工作是一项时效性很强的工作，且大面积防治组织困难，经济效益不可能很高，制约了植保专业合作社的发展。

436. 农田杂草的危害有哪些？

答：杂草是农业生产的大敌。它是在长期适应当地的作物、栽培、耕作、气候、土壤等生态环境及社会条件下生存下来的，从不同的方面侵害作物：

（1）与农作物争水、肥、光能等。

（2）侵占地上和地下部空间，影响作物光合作用，干扰作物生长。

（3）杂草是作物病害、虫害的中间寄主。

（4）增加管理用工和生产成本。

（5）降低作物的产量和品质。

（6）影响人畜健康。

（7）影响水利设施。

437. 农田杂草的发生特点有哪些？

答：概括起来，杂草具有以下生物学特点：

（1）产生大量种子。

（2）多种繁殖方法。

（3）传播方式具有多样性。

（4）种子休眠。

（5）种子寿命长。

（6）杂草的出苗、成熟期参差不齐。

（7）杂草种子和作物种子大小形状相似。

（8）杂草的出苗与成熟期和作物相似。

（9）杂草的竞争力强。

（10）适应性和抗逆性。

（11）杂草拟态性。

（12）杂草有多种授粉途径。

438. 影响杂草对土壤处理除草剂吸收的因素有哪些？

答：施于土壤中的除草剂通常溶于土壤溶液中以液态或者以气态通过杂草根或幼芽组织而被吸收，影响吸收的因素有：

（1）土壤特性，特别是土壤有机质含量与土壤含水量。

（2）化合物在水中的溶解度。

（3）除草剂的浓度。

（4）根系体积及不定根在土壤中所处的位置。

439. 农药药液配制的计算公式有哪些？

答：商品农药的规格不同，配制成各种含有效成分的药液的加水稀释量也各不相同。商品农药的有效成分含量、药液有效成分浓度、商品农药单位面积的用量、稀释加水量和稀释倍数之间的关系的计算公式如下：

加水稀释倍数＝商品农药的有效成分含量（%，毫克/升）/药液有效成分浓度（%，毫克/升）

稀释倍数＝商品农药有效成分含量（%，毫克/升）/药液有效成分浓度（千克、升、毫升或克）

药液有效成分浓度（%）＝商品农药的有效成分含量（%）/加水稀释倍数

商品农药用量（千克）＝容器中的水量（千克）/加水稀释倍数

商品农药用量（克）＝容器中的水量（千克）×20/加水稀释倍数

商品农药用量（毫升或克）＝容器中的水量（千克）×1 000/加水稀释倍数

商品农药用量（毫升或克）＝容器中的水量（千克）×药液有效成分浓度（毫克/千克）/商品农药含量（%）×1 000 除草剂药效调查和计算方法

440. 影响除草剂药效的因素主要有哪些？

答：（1）杂草。

（2）施药方法。

（3）土壤条件。

（4）气候条件：包括温度、适度、光照、降雨、风速等。

441. 除草剂的使用方法有哪些？

答：除草剂使用方法与技术因品种特性、剂型、作物及环境条件而异，生产中选择使用方法时，首先应考虑防治效果及对作物的安全性，其次要求使用方法经济、简便易行。

（1）播前混土。主要适用于易挥发与光解的除草剂。一般在作物播种前施药，并立即采用圆盘耙或旋转锄交叉耙地，将药剂混拌于土壤中，然后耢平、镇压，进行播种；混土深度 4～6 厘米。我国东北地区国营农场大豆地应用氟乐灵与灭草猛多采用此种方法。

（2）播后苗前施用。凡是通过根或幼芽吸收的除草剂往往采用播后苗前施用，即在作物播种后出苗前，将药剂均匀喷洒于地表，如大豆、油菜、玉米等作物使用甲草胺、乙草胺、异丙甲草胺，玉米、高粱与糜子应用阿特拉津等多采用此种使用方法。喷药后，如遇干旱，可进行浅混土以促进药效的发挥，但耙地深度不能超过播种深度。

(3) 苗后茎叶喷雾。与土壤处理比较茎叶喷雾不受土壤类型、有机质含量的影响，可看草施药，机动灵活，但不像土壤处理那样，在土壤中有一定持效期，所以只能杀死已出苗的杂草。因此，施药时期是一个关键问题。施药过早，大部分杂草尚未出土，难以收到较好的防治效果；施药过晚，作物与杂草长至一定高度，相互遮蔽，不仅杂草抗药性增强，而且阻碍药液雾滴均匀黏着于杂草上，使防治效果下降。

①喷液量的确定。喷液量直接影响茎叶喷雾的效果，触杀性除草剂的喷液量一般比内吸传导性除草剂稍多；由于喷雾机具及喷嘴构造与特性不同，所采用的喷液量差异较大，大容量喷雾每公顷喷液量 300～400 升，低容量 30～50 升，超低容量 1～2 升，即喷洒原药，不需加水稀释，工效较高。目前，我国农业生产中应用的喷雾器械，如背负式喷雾器每公顷喷液量为 250～300 升，机引喷雾 150～250 升，航空喷雾 50～100 升。

②喷药方法。常用的喷药方法是全面喷雾，即全田不分杂草多少，依次全面处理，这种施药方法应注意喷雾的联结问题，防止重喷与漏喷；其次是苗带喷药与行间定向喷药，与全面喷雾比较，可节省用药量 1/3～1/2，但需改装或调节好喷嘴及喷头位置，使喷嘴对准苗带或行间；苗带喷药后，可通过机械中耕防治行间杂草。

(4) 涂抹施药。这是经济、用药量少的施药方法，利用特制的绳索或海绵塑料携带药液进行涂抹，主要防治高于作物的成株杂草，需选用传导性强的除草剂品种，所用除草剂浓度要高，一般药剂与水的比例为 1∶2～10；目前应用的涂抹器有人工手持式、机械吊挂式及拖拉机带动的悬挂式涂抹器。

(5) 甩施。甩施是稻田除草剂的使用方法之一，它不需要喷雾器械，使用方便、简单、效率高，每人一天可甩施 7.8 公顷；目前甩施的除草剂只有瓶装 12%恶草灵乳油，使用方法是：水耙地后田间保水 4～6 厘米，打开瓶盖，手持药瓶，每前进 4～5 步、向左、向右各甩动药瓶 1 次，返回后，与第 1 次人行道保持 6～10 米距离，再进行甩施；甩施时，行走步伐及间距要始终保持一致，甩施后，药剂接触水层迅速扩散，均匀分布于全田，形成药膜，插秧时人踩会破坏药膜，但由于药剂的可塑性很强，一旦人脚从土壤中拔出，药膜又恢复原状。

(6) 撒施。撒施是当前稻田广泛应用的一种方法，简而易行，省工效率高，并能提高除草剂的选择性，增强对水稻的安全性。除草剂颗粒剂可直接撒施，乳油与可湿性粉剂可与旱田过筛细土混拌均匀后人工撒施，也可与化肥混拌后立即撒施。施药前，稻田保持水层4～6厘米，施药后1周内停止排灌，如缺水可细水缓灌，但不宜排水；丁草胺、禾大壮、农得时、乙氧氟草醚等大多数除草剂都采用撒施法。

（7）泼浇。将除草剂稀释成一定浓度的溶液，用盆、桶或其他容器将药液泼入田间，通过水层逐步扩散、下沉于土壤表层。进行泼浇施药时，要求除草剂在水中的扩散性能好，目前，农得时、草克星等除草剂可采用这种施药方法，但泼浇法不如撒施均匀。

（8）滴灌。滴灌施药法是利用除草剂的扩散性将其滴注于水流中进入田间，扩散并下沉于土壤表层，这种施药方法简便、节省人工，禾大壮可采用滴灌法施药。应用滴灌施药时，田面应平整、单排单灌，水的流量与流速应尽量保持一致，施药前必须彻底排水，以便于药剂随灌溉水进入田间后，能均匀渗入表土层；在滴灌过程中，应保证药剂滴注均匀，确保水中药液浓度一致。常用的滴注器是金属管状滴定器，上端与药桶相连，下端为滴口和穿孔小圆片，调节孔的大小可控制滴出药量的多少。此外，还有虹吸管式滴定器。将上述滴定器置于进水口处，使药液准确的滴入灌溉水中，滴管的出口与水口距离保持20厘米。应用滴灌施药时，应校准滴出量，首先丈量施药田面积，再测算灌溉水流量，计算出施药田块进行滴灌所需时间、计算每分钟除草剂滴出量。

（9）点状施药。根据田间杂草发生情况，有目的地进行局部施药，一般适用于防治点片发生的一些特殊杂草与寄生性杂草以及果园内树干周围的杂草。

442. 一般情况下除草剂药害产生的原因有哪些？

答：任何作物对除草剂都不具有绝对的耐性或抗性，而所有除草剂品种对作物与杂草的选择性也都是相对的，在具备一定的环境条件与正确的使用技术时，才能显现出选择性而不伤害作物。在除草剂大面积使用中，作物产生药害的原因多种多样，其中有的是可以避免的，有的则是难以避免的。

（1）雾滴挥发与漂移。高挥发性除草剂，如短侧链苯氧羧酸酯类、二硝基苯胺类、硫代氨基甲酸酯类、苯甲酸类等除草剂，在喷洒过程中，＜100微米的药液雾滴极易挥发与漂移，致使邻近被污染的敏感作物及树木受害。而且，喷雾器压力愈大，雾滴愈细，愈容易漂移。在这几类除草剂中，2，4-滴丁酯表现最为严重与突出，在地面喷洒时，其雾滴可漂移1 000～2 000米；而禾大壮在地面喷洒时，雾滴可漂移500米以上，若采取航空喷洒，雾滴漂移的距离更远。

（2）土壤残留。在土壤中持效期长、残留时间久的除草剂易对轮作中敏感的后茬作物造成伤害，如玉米田施用西玛津或阿特拉津，对后茬大豆、甜菜、小麦等作物有药害；大豆田施用灭灵、普施特、氟乐灵，对后茬小麦、玉米有药害；小麦田施用绿磺隆，对后茬甜菜有药害，这种现象在农业生产中易发生而造成不应有的损失。

（3）混用不当。不同除草剂品种间以及除草剂与杀虫剂、杀菌剂等其他农药混用不当，也易造成药害，如磺酰脲类除草剂与磷酸酯类杀虫剂混用，会严重伤害棉花幼苗；敌稗与2，4-滴、有机磷、氨基甲酸酯及硫代氨基甲酸酯农药混用，能使水稻受害等。此类药害，往往是由于混用后产生的加成效应或干扰与抑制作物体内对除草剂的解毒系统所造成。有机磷杀虫剂、磷代氨基甲酸杀虫剂能严重抑制水稻植株内导致敌稗水解的芳基酰胺酶的活性。因此，将其与敌稗混用或短时期内间隔使用时，均会使水稻受害。

（4）药械性能不良或作业不标准。如多喷头喷雾器喷嘴流量不一致、喷雾不匀、喷幅联结相重叠、喷嘴后滴等，造成局部喷液量过多，使作物受害。

（5）误用。过量使用以及使用时期不当，如在小麦拔节期使用百草敌或2，4-滴丁酯，直播水稻田前期应用丁草胺、甲草胺等，往往会造成严重药害。

（6）除草剂降解产生有毒物质。在通气不良的嫌气性水稻田土壤中，过量或多次使用杀虫剂形成脱氯杀草丹，严重抑制水稻生育，结果造成水稻矮化。

（7）异常不良的环境条件。在大豆田应用甲草胺、异丙甲草胺以及乙草胺时，喷药后如遇低温、多雨、寡照、土壤过湿等，会使大豆幼苗受害，严重时还会出现死苗现象。

443. 除草剂药害在茎叶上的药害症状表现有哪些?

答：用作茎叶喷雾的除草剂需要渗透通过叶片茸毛和叶表的蜡质层进入叶肉组织才能发挥其除草效果或在作物上造成药害；用作土壤处理的除草剂，也需植物的胚芽鞘或根的吸收进入植株体内才会发生作用。当然，叶面喷雾的除草剂与经由根部吸收的降草剂，其药害症状的表现有很大差异。

茎叶上的药害症状主要有以下几种：

（1）褪绿。褪绿是叶片内叶绿体崩溃、叶绿素分解。褪绿症状可以发生在叶缘、叶尖、叶脉间或叶脉及其近缘，也可全叶褪绿。褪绿的色调因除草剂种类和植物种类的不同而异，有完全白化苗、黄化苗，也有的仅仅是部分褪绿。

（2）坏死。坏死是作物的某个部分如器官、组织或细胞的死亡。坏死的部位可以在叶缘、叶脉间或叶脉及其近缘，坏死部分的颜色差别也很大。

（3）落叶。退绿和坏死严重的叶片，最后因离层形成而落叶。这种现象在大田作物的大豆、花生、棉花等常发生。

（4）畸形叶。与正常叶相比，叶形和叶片大小都发生明显变化，成畸形。

（5）植株矮化。对于禾本科作物，其叶片生长受抑制也就伴随着植株矮化。但也有仅仅是植株节间缩短而矮化的例子。例如，水稻生长中后期施用2，4-滴丁酯、2甲4氯钠盐时混用异稻瘟净，使稻株秆壁增厚，硅细胞增加，节间缩短，植株矮化。总的来说，除草剂在茎叶上的药害症状主要表现为叶色、叶形变化，落叶和叶片部分缺损以及植株矮化。

444. 除草剂药害在根部的症状表现有哪些？

答：除草剂药害在根部的表现主要是根数变少，根变色或成畸形根。二硝基苯胺类除草剂的作用机制是抑制次生根的生长，使次生根肿大，继而停止生长；水稻田使用过量的2甲4氯丁酸后，水稻须根生长受阻，稻根呈疙瘩状。

445. 除草剂药害在花、果部位的症状表现有哪些？

答：除草剂的使用时间一般都是在种子播种前后或在作物生长前期，在开花结实（果）期很少使用。在作物生长前期如果使用不当，也会对花果造成严重影响，有的表现为开花时间推迟或开花数量减少，甚至完全不开花。例如，麦草畏在小麦花药四分体时期应用，开始对小麦外部形态的影响不明显，但抽穗推迟，抽穗后绝大多数为空瘪粒。果园使用除草剂时，如有部分药液随风漂移到花或果实上，常常会造成落花、落果、畸形果或者果实局部枯斑，果实着色不匀，使水果品质和商品价值的下降。

446. 除草剂药害的调查内容有哪些？

答：在诊断除草剂药害时，仅凭症状还不够，应了解药害发生的原因。因此，调查、收集引起药害的因素是必要的，一般要分析如下几个方面：

（1）作物栽培和管理情况。调查了解栽培作物的播种期、发育阶段、品种情况；土壤类别、土壤墒情、土壤质地及有机质含量；温度、降雨、阴晴、风向和风力；田间化肥、有机肥施用情况、除草剂种类、用量、施药方法、施用时间。

（2）药害在田间的分布情况。除草剂药害的发生数量（田间药害的发生株率）、发生程度（每株药害的比例）、发生方式（是成行药害、成片药害），了解药害的发生与施药方式、栽培方法、品种之间的关系。

（3）药害的症状及发展情况。调查药害症状的表现，如幼苗情况、植株生长情况、叶色表现、根茎叶及芽、花、果的外观症状。同时，了解药害的发生、发展、死亡过程。

447. 迟效性除草剂产生药害后补救措施有哪些?

答：多数除草剂品种，对作物造成的药害发展缓慢，有的甚至到作物成熟时才表现出来，而且药害带来的损失多是毁灭性的。如误用磺酰脲类除草剂、咪唑啉酮类除草剂等，剂量较高的药害也需 5～7 天才表现出症状，7～20 天作物死亡；而磺酰脲类除草剂的残留、漂移等低剂量下发生的药害，往往15～40天后症状才完全表现出来，死亡速度缓慢。苯氧羧酸类除草剂、苯甲酸类除草剂引发的药害，往往不是马上表现出药害，而是到小麦抽穗、成熟时才表现出来。在生产中，对于这类除草剂造成的药害，应加强诊断、及时采取补救或补种其他作物。在补救中，不要盲目地施用补救剂，应在技术部门指导下，选用适宜的药剂，进行解毒、补偿生长。毁田补种时，应在技术部门指导下，补种对除草剂耐性强、生育期适宜的作物，避免发生第二次药害。

448. 速效性除草剂产生药害补救措施有哪些?

答：速效性除草剂作用迅速，误用了这些除草剂后作物短时间内即死亡，生产中根本没有时间来抢救，应及时采取毁田补种。如二苯醚类除草剂中的氟磺胺草醚、三氟羧草醚、乳氟禾草灵、乙羧氟草醚、乙氧氟草醚等误用于非靶标作物，1～3 天即全部死亡。这类药剂没有内吸、传导作用，如果是漂移为害，少数叶片死亡，一般作物还会恢复生长。百草枯、溴苯腈、快灭灵误用或漂移到其他作物，短时间内即全部死亡。对于这类除草剂造成的药害，生产上没有时间抢救，应及时毁田补种。

449. 部分除草剂在生产上产生的触杀性或抑制性短期药害如何补救?

答：生产上有些除草剂在遇到不良环境条件对作物产生短期药害后，这些药害一般会在短时间内恢复。如酰胺类除草剂、二硝基苯胺类除草剂，在适用作物、适宜剂量下施用，遇持续低温高湿时，可能产生药害，特别是大豆播后芽前施用，易产生药害。一般剂量下，这些药害在天气正常后，7～15 天基本上可以恢复。二苯醚类除草剂是最易产生药害的一类除草剂。在大豆生长期施用氟磺胺草醚、三氟羧草醚、乳氟禾草灵、乙羧氟草醚后 1～5 天，大豆茎叶有触杀性褐色斑点，但不影响新叶的生长，对大豆的产量一般没有影响。如大豆田用乙羧氟草醚 1 天后，大豆很多叶片黄化，4～6 天后多数叶片复绿，8～10 天后基本正常，一般剂量下对大豆生长没有影响。在花生生长期施用三氟羧草醚、乳氟禾草灵 1～5 天，花生茎叶有触杀性褐色斑点，但不影响新叶的生长，对花生的产量一般没有影响。乙氧氟草醚在大豆、花生、棉花田播后芽前用后，对新出真叶易出现触杀性褐色斑，暂时抑制生长，正常剂量下，短时间内即可恢复。溴苯腈用于小麦田，在低温情况下施用，部分小麦叶片出现枯死，气温回升后逐渐恢复生长，对小麦影响不重。快灭灵用于小麦田，易出现黄褐色斑点，在正常剂量下，对小麦生长发育和产量没有影响。对于这类除草剂药害，生产中不应惊惶失措，对作物生长和产量没有影响。必要时，可以加以肥水管理，促进生长。

450. 杂草对除草剂的吸收途径有哪些？

答：吸收作用是发挥除草剂活性的首要步骤。激发吸收活性机制所需的条件是：①温度系数要高；②对代谢抑制剂敏感；③吸收速度与外界浓度非线性函数关系；④类似结构化合物对吸收产生竞争。

（1）杂草对土壤处理除草剂的吸收。施于土壤中的除草剂通常溶于土壤溶液中以液态或者以气态通过杂草根或幼芽组织而被吸收，影响吸收的因素有：①土壤特性，特别是土壤有机质含量与土壤含水量；②化合物在水中的溶解度；③除草剂的浓度；④根系体积及不定根在土壤中所处的位置。

一是根系吸收。杂草根系是吸收土壤处理除草剂的主要部位，根系对除草剂的吸收比叶片容易，根系吸收速度与除草剂浓度直线相关，开始阶段吸收迅速，其后逐步下降。从开始吸收至达到最大的值所需时间因除草剂品种及杂草种类而异。施药后在杂草吸收的初期阶段，保证土壤含水量可以促进吸收，进而提高除草效果。

二是幼芽吸收。杂草萌芽后出苗前，幼芽组织接触含有除草剂的土壤溶液或气体时，便能吸收除草剂。幼芽是吸收土壤处理除草剂，特别是土表处理除草剂的重要位置，挥发性强的除草剂更是以幼芽吸收为主。通常，禾本科杂草主要通过幼芽的胚芽鞘吸收，而阔叶杂草则以幼芽的下胚轴吸收为主。

（2）茎叶处理除草剂的吸收

茎叶处理除草剂主要通过叶片吸收而进入植株内部。药液雾滴的特性、大小及其覆盖面积对吸收有显著影响，除草剂雾滴从叶表面到达表皮细胞的细胞质中需通过如下几个阶段：①渗入蜡质（角质）层；②渗入表皮细胞的细胞壁；③进入质膜；④释放于细胞质中。

此外，气孔可作为一部分除草剂进入叶片的特殊通道，即有少量除草剂溶液可通过气孔进入叶片内。气孔渗入机制比较复杂，涉及一系列因素，如表面张力、雾滴接触角、气孔壁的作用以及环境条件等。

451. 除草剂在杂草体内的运转途径有哪些？

答：被杂草吸收的除草剂分子或离子，通过与水及溶质同样的途径，即蒸腾流、光合产物流与胞质流在植株内进行运转。

根吸收的除草剂进入木质部后，通过蒸腾流向叶片运转，停留于叶组织或通过光合产物流再向其他部位运转。

叶片吸收的除草剂进入叶肉细胞后，通过共质体途径从一个细胞向另一个细胞移动，而后进入维管组织。通常，除草剂在共质体对植物发生毒害作用，而非共质体则为除草剂提供广阔的贮存处。

除草剂在植物体内通过共质体与非共质体运转。一些光合作用抑制剂被叶片吸收后，运转较短的距离，便可达到其作用靶标，这样的除草剂作用迅速，药害症状出现较快。而大多数除草剂，不论是土壤处理剂或茎叶处理剂（如三氮苯类、脲类以及苯氧羧酸类等）在植物体内均需进行长距离运转，才能到达其作用靶标而发挥杀草效应，即这类除草剂的运转要经木质部与韧皮部的非共质体与共质体途径进行，其药效发挥比较缓慢。

在正常条件下，由木质部运转的除草剂不能从被处理的叶片向外传导，而由韧皮部运转的除草剂则能向植株的各部位传导。

452. 除草剂有多少种选择性?

答：农田应用的除草剂必须具有良好的选择性，亦即在一定用量与使用时期范围内，能够防治杂草而不伤害作物；由于化合物类型与品种不同，形成了多种方式的选择性。

（1）形态选择性。不同种植物形态差异造成的选择性比较局限，安全幅度较窄。

①叶片特性。叶片特性对作物能起一定程度保护作用，如禾谷类作物的叶片狭长，与主茎间角度小，向上生长，因此，除草剂雾滴不易粘着于叶表面，而阔叶杂草的叶片宽大，在茎上近于水平展开，能截留较多的药液雾滴，有利于吸收。

②生长点位置。禾谷类作物节间生长，生长点位于植株基部并被叶片包被，不能直接接触药液，而阔叶杂草的生长点裸露于植株顶部及叶腋处，直接接触除草剂雾滴，极易受害。

③生育习性。大豆、果树等根系庞大，入土深而广，难以接触和吸收施于土表的除草剂，一年生杂草种子小、在表土层发芽，处于药土层，故易吸收除草剂；这种生育习性的差异往往是导致除草剂产生位差选择性。

（2）生理选择性。生理选择性是不同植物对除草剂吸收及其在体内运转差异造成的选择性。

①吸收。不同种植物及同种植物的不同生育阶段对除草剂的吸收不同；叶片角质层特性、气孔数量与开张程度、茸毛等均显著影响吸收。幼嫩叶片及遮

阴处生长的叶片角质层比老龄叶片及强光下生长的叶片薄，易吸收除草剂；凡是气孔数多而大，开张程度大的植物易吸收除草剂。

②运转。除草剂在不同种植物体内运转速度的差异是其选择性因素之一，禾大壮在水稻体内仅向上运转，而在稗草体内既向上也向下运转，并分布于植株各部位；2，4-滴在菜豆体内的运转速度与数量远超过禾本科作物，其在甘蔗生长点中的含量比菜豆低10倍。

(3) 生物化学选择性。生物化学选择性是除草剂在不同植物体内通过一系列生物化学变化造成的选择性，大多数这样的变化是酶促反应。

(4) 人为选择性。人为选择性是根据除草剂特性，利用作物与杂草生物学特性的差异，在使用技术上造成的选择性，这种选择性的安全幅度小，要求一定的条件。

①位差选择性。利用作物与杂草根系及种子萌发所处土层的差异造成的选择性。如水稻插秧返青后，将丁草胺拌土撒施。药剂接触水层后，扩散、下沉于表土层被吸附，不向下移动，稗草幼芽接触药剂吸收而死亡，水稻根系处于药土层之处，叶片在水层之上，故不受害。果树根系入土深，一年生杂草种子多在表土层发芽，所以在果园可以安全应用长持效性除草剂，如阿特拉津、西玛津等。

②时差选择性。利用作物与杂草发芽出土时期的差异，在使用时期上人为造成选择性，如水稻旱直播，稗草出苗比水稻早，待大部分稗草及其他杂草出苗后，立即喷洒百草枯，药剂接触土壤后迅速失效，故不影响其后水稻出苗与生育。

③局部选择性。在作物生育期采用保护性装置喷雾或定向喷雾，消灭局部杂草，如在喷嘴上安装保护罩喷洒百草枯，防治果园树干周围的杂草。

453. 除草剂的降解途径有哪些？

答：作为人工合成的化学除草剂，在农业生产中施用后，在防治杂草的同时，必然进入生态环境中。了解除草剂在环境中的归趋，不仅有利于安全使用，而且对于防止其在环境中蓄积与污染也是十分重要的。通常，除草剂施用后，通过物理、化学与生物学途径逐步降解。

(1) 光解。施于植物及土壤表面的除草剂，在日光照射下进行光化学分解，此种光解作用是由波长40～400埃米*的紫外光引起的，光解速度因除草剂种类而异。

大多数除草剂溶液都能进行光解，其所吸收的主要是220～400纳米的光

---

* 1埃米=10^{-10}米。

谱。为防止光解，喷药后应耙地将药剂混拌于土壤中。

（2）挥发。挥发是除草剂、特别是土壤处理剂消失的重要途径之一，挥发性强弱与化学物的物理特性，特别是饱和蒸气压密切相关，同时也受环境条件制约。

在环境因素中，温度与土壤湿度对除草剂挥发的影响最大：温度上升，饱和蒸气压增大，挥发愈强。土壤湿度高，有利于解吸附作用，使除草剂易于释放于土壤溶液中成游离态，故易汽化而挥发。

高挥发性除草剂如氟乐灵、灭草猛等，喷药后应立即耙地，将其混拌于土壤中，以防止或延缓挥发，此外，通过喷灌，使药剂下渗；也可将高挥发性品种加工成缓释剂，如将氟乐灵加工成淀粉胶囊剂，以控制挥发。

（3）土壤吸附。吸附作用与除草剂的生物活性及其在土壤中残留与持效期有密切关系。除草剂在土壤中主要被土壤胶体吸附，其中有物理吸附与化学吸附。

土壤对除草剂的吸附一方面决定于除草剂分子结构，另一方面决定于土壤有机质与黏粒含量。土壤有机质与黏粒含量高的土壤对除草剂吸附作用强。在土壤处理除草剂的使用中，应当考虑使土壤胶体对除草剂的吸附容量达到饱和，因而单位面积用药量应随土壤有机质及黏粒含量而增减，也可进行灌溉，以促进除草剂进行解吸附作用而提高除草效果。

（4）淋溶。淋溶是除草剂在土壤中随水分在土壤剖面的移动。除草剂在土壤中的淋溶决定于其特性与水溶解度、土壤机械组成、有机质含量、pH、渗透性以及水流量等。水溶度高的品种易淋溶，同种化合物的盐类比酯类淋溶性强；黏粒与有机质含量高的土壤对除草剂吸附作用强，使其不易淋溶；反之，沙质土及砂壤土透性强，吸附作用差，故有利于淋溶。磺酰脲类除草剂在土壤中的淋溶随 pH 上升而增强，故在碱性土中比酸性土易于淋溶。

淋溶性强的除草剂易渗入土壤剖面下层，不仅降低除草效果，而且易在土壤下层积累或污染地下水。在利用位差选择性时，由于淋溶使除草剂进入作物种子所在土层，易造成药害，因此，应根据除草剂品种、土壤特性及其他因素，确定最佳施药方法与单位面积用药量，以提高除草效果，并防止对土壤及地下水的污染。

（5）化学分解。化学分解是除草剂在土壤中消失的重要途径之一，其中包括氧化、还原、水解以及形成非溶性盐类与络合物。

（6）生物降解。除草剂的生物降解包括土壤微生物降解与植物吸收后在其体内的降解。

①微生物降解。微生物降解是大多数除草剂在土壤中消失的最主要途径。真菌、细菌与放线菌参与降解。在微生物作用下，除草剂分子结构进行脱卤、

脱烷基、水解、氧化、环羟基化与裂解、硝基还原、缩合以及形成轭合物，通过这些反应使除草剂活性丧失。

②植物代谢。被作物与杂草吸收的除草剂，通过一系列生物代谢而消失，这些代谢反应包括氧化、还原、水解、脱卤、置换、酰化、环化、同分异构、环裂解及结合，其中主要反应是氧化、还原、水解与结合。

454. 影响除草剂药效的因素有哪些?

答：除草剂是具有生物活性的化合物，其药效的发挥既决定于杂草本身，又受制于环境条件与使用方法。

(1) 杂草。作为除草剂防治对象的杂草生育状况、叶龄及株高对除草剂药效的影响很大，土壤处理剂往往是防治杂草幼芽，施用后，杂草在萌芽过程中接触药剂、受害而死亡，有的土壤处理剂如光合作用抑制剂阿特拉津、禾谷隆、绿麦隆等，对杂草发芽没有影响，主要防治杂草幼苗。因此，一旦杂草出苗后，再施用土壤处理剂，药效便显著下降。

茎叶处理剂的药效与杂草叶龄及株高关系密切，一般杂草在幼龄阶段，根系少，次生根尚未充分发育，抗性差，对药剂敏感；随着植株生长，对除草剂的抗性增强，因而药效下降。

(2) 施药方法。正确的用量、施药方法及喷雾技术是发挥药效的基本保证。由于除草剂类型及品种不同，其用量与施用方法差异较大，特别是土壤处理剂因土壤有机质含量及机械组成不同而用量显著不同；生产中应根据药剂特性、杀草原理、杂草类型及生育期以及环境条件，选择适当的用量与施药方法。

(3) 土壤条件。土壤条件不仅直接影响土壤处理剂的杀草效果，而且对茎叶处理剂也有影响。土壤有机质与黏粒由于对除草剂强烈吸附而使其难以被杂草吸收，从而降低药效；土壤含水量的增多又会促使除草剂进行解吸附而有利于杂草对药剂的吸收，从而提高药效。因此，土壤处理剂的用量应首先考虑满足土壤缓冲容量所需除草剂数量。

土壤条件不同，会造成杂草生育状况的差异，在水分与养分充足条件下，杂草生育旺盛，组织柔嫩，对除草剂敏感性强，药效提高；反之，在干旱、瘠薄条件下，植物本身通过自我调节作用，抗逆性增强，叶表面角质层增厚，气孔开张程度小，不利于除草剂吸收，使药效下降。

(4) 气候条件。各种气象因素相互影响，它们既影响作物与杂草的生育，同时也影响杂草对除草剂的吸收、传导与代谢，这些气候因素通过影响雾滴滞留、分布、展布、吸收等而影响除草剂活性的发挥与药效。

①温度。温度是影响除草剂药效的重要因素，在较高温度条件下，杂草生

长迅速，雾滴滞留增加。此外，温度也显著促进除草剂在植物体内的传导。高温促使蒸腾作用增强，有利于根吸收的除草剂沿木质部向上传导。在低温与高湿条件下，往往使除草剂的选择性下降。

②湿度。空气湿度显著影响叶片角质层的发育，从而对除草剂雾滴在叶片上的干燥、角质层水化以及蒸腾作用产生影响；在高湿条件下，雾滴的挥发能够延缓，水势降低，促使气孔开放，有利于对除草剂的吸收。如喷药后，在高湿条件下，草甘膦对杂草的毒性迅速产生，药效显著提高。

③光照。光照的强度、波长及照光时间影响植物茸毛、角质层厚度与特性、叶形及大小以及整个植株的生育，使除草剂雾滴在叶面上的滞留及蒸发产生变化。此外，光照通过对光合作用、蒸腾作用、气孔开放与光合产物的形成而影响除草剂的吸收与传导，特别是抑制光合作用的除草剂与光照关系更有密切，在强光下，光合作用旺盛，形成的光合产物多，有利于除草剂的传导及其活性的发挥。

④降雨。大多数茎叶处理除草剂在喷雾后遇大雨，往往造成雾滴被冲洗而降低药效，由于除草剂品种不同，降雨对药效的影响存在一定差异，通常降雨对除草剂乳油及浓乳剂的影响比水剂与可湿性粉剂小，而对大多数易被叶片吸收的除草剂影响小。

⑤其他。风速、介质反应、露水等对除蕈剂药效均有影响。

455. 如何根据选择性选用除草剂?

答：由于作物与杂草均属于高等植物，除草剂必须具备有特殊的选择性，才能安全而有效地在农田使用。

（1）根据位差与时差选择施用除草剂。

①位差选择。对作物有毒害的除草剂可利用其在土壤的位差而获得选择性，通常可用下列三种处理方法达到目的。

A. 播后苗前处理法。即在作物播种后出苗前的阶段施药。这种方法是利用药剂仅固着在表土层（1～3 厘米）而不向深层淋溶的特性，杀死或抑制表土层中杂草的萌发，而作物的种子因有覆土层的保护，故可正常发芽生长。

B. 深根作物生育期土壤处理法。利用除草剂在土壤中的位差，杀死在表层浅根杂草，而无害于深根作物。例如应用西玛津与敌草隆防除果园中的杂草，应用地匀酚防除苜蓿等多年生作物田中的一年生杂草等。

C. 生育期行间处理法。有些对作物有毒害的除草剂在作物生育期可用定向喷雾法或防护设备，使药液接触不到作物或仅喷到非要害的基部。例如大豆、小麦、玉米田等在生育期喷施百草枯防除杂草，棉田用草甘膦防除杂草等，均可利用上述方法。

②时差选择。对作物有较强毒性的除草剂，利用施药时间的不同，而达到安全有效地除草称时差选择。例如，百草枯或草甘膦用于作物播种或插秧之前，可杀死已萌发的杂草，而由于它们在土壤中可迅速钝化，可安全地播种或插秧。

③利用位差与施药方法等的综合选择性。水稻插秧后可安全有效地施用丁草胺、除草醚、杀草丹等除草剂，其原因有三：

A. 杂草处在敏感的萌芽期，稻秧龄期较大，对药剂有较强的抗性。

B. 除草剂采用颗粒剂或混湿土撒布，药剂不致粘附在稻秧苗上，从而避免受害。

C. 药剂固着在杂草萌动的表土层，能杀死杂草，而插秧后的水稻根系生长点处在药层下，接触不到药剂，因此安全。

（2）根据植物形态选择施用除草剂。植物的形态，如叶表结构、生长点的位置等，直接关系到药液的承受与吸收，因而影响植物的耐药性。例如单子叶与双子叶植物在形态上彼此有很大不同，如下表所示。

双子叶与单子叶植物形态差异与耐药性表

形态组织 植物	叶　片	生长点
单子叶	竖立、狭小、表面角质层和蜡质层较厚，表面积较小，叶片和茎秆直立，药液易于滚落	顶芽被重重叶鞘所包围、保护，触杀性除草剂不易伤害分生组织
双子叶	平伸，面积大，叶片表现的角质层较薄，药液易于在叶子上沉积	幼芽裸露，没有叶片保护，触杀性药剂能直接伤害分生组织

由以上所列的原因，用除草剂喷雾，双子叶植物常较单子叶植物对药剂敏感。在化学除草时，可据此特点，来选择合适的药剂和用量。

（3）根据植物生理选择性施用除草剂。植物的茎叶或根系对除草剂的吸收与输导的差异产生的选择性，称为生理选择性。如果除草剂易被植物吸收与输导，则植物常表现较敏感。如黄瓜易于从根部吸收药剂，对粉剂表现敏感。而有的南瓜品种则难于从根部吸收，表现耐药性强。

456. 除草剂的混用方式有哪些？

答：除草剂的混用包括三种方式：

（1）除草混剂（Herbicides mixture），是由两种或两种以上的有效成分、助剂、填料等按一定配比、经过一系列工艺加工而成的农药制剂，它是由农药生物学专家进行认真配比筛选、农药化工专家进行混合剂型研究，并由农药生产工厂经过精细加工、包装而成的一种商品农药，农民可以依照商品的标签直接应用。

(2) 现混现用，习惯上简称除草剂混用，是农民在施药现场，针对杂草的发生情况，依据一定的技术资料和施药经验，临时将两种除草剂混合在一起，并立即喷洒的施药方式，这种施药方式带有某些经验性，除草效果不够稳定。

(3) 桶混剂（Tank mix），是介于除草混剂和现混现用之间的一种施药方式，它是农药生产厂家加工与包装而成的一种容积相对较大、标签上注明由大量农药应用生物学家提供的最佳除草剂混用配方、农民在施药现场临时混合在一起喷洒的施药方式。在这三种除草剂混用方式中，除草混剂具有稳定的除草效果，但一般价格较贵、使用成本较高。除草剂现混现用可以减少生产环节，降低应用成本，但除草效果不稳定，且往往降低除草效果，使作物产生药害。除草剂桶混具有除草混剂的应用效果，同时应用方便、施药灵活、成本低廉，是以后除草剂应用的发展方向。

457. 除草剂混用的意义是什么？

答：除草剂混用是杂草综合治理（Integrated weed management system，简称IWMS）中的重要措施之一，通过除草剂的混用可以扩大除草谱、提高除草效果、延长施药适期、降低药害、减少残留活性、延缓除草剂抗药性的发生与发展，是提高除草剂应用水平的一项重要措施。

458. 除草剂混用后的相互作用有哪些？

答：(1) 除草剂混用后的联合作用方式。两种或多种除草剂混用，对杂草的防治效果可以增加或降低，混用后的联合作用方式主要表现为以下三个方面。

①相加作用。两种或几种除草剂混用后的药效表现为各药剂单用效果之和。一般化学结构类似、作用机制相同的除草剂混用时，多表现为相加作用。生产中这类除草剂的混用，主要考虑各品种间的速效性、残留活性、杀草谱、选择性及价格等方面的差异，将这些品种混用可以取长补短、增加效益。

②增效作用。两种或几种除草剂混用后的药效大于各药剂单用效果之和。一般化学结构不同、作用机制不同的除草剂混用时，表现为增效作用的可能性大。生产中这类除草剂的混用，可以提高除草效果，降低除草剂用量。

③颉颃作用。两种或几种除草剂混用后的药效低于各药剂单用效果之和。生产中这类除草剂的混用，对杂草的防治效果下降，有时还会伴有药害的加重，生产中注意避免应用。

(2) 除草剂混用后相互作用机制。不同除草剂品种间混用后，相互间可能会产生一系列生理生化作用。

459. 除草剂间混用品种如何选择？

答：除草剂混用具有很多优越性，它是合理应用除草剂、提高除草剂应用水平的最有效手段。

两种除草剂能否混用，最好做一次兼容性试验。试用时以水为载体，将要混合的除草剂依次加入，顺序应为水剂、可湿性粉剂、悬浮剂、乳剂，每加入一种药剂要充分搅拌，静置30分钟，如乳化、分散、悬浮性能良好即可混用。

除草剂间混用品种的选择应考虑以下几个方面的因素：

（1）两个或两个以上除草剂混用时，除草剂相互之间应具有增效作用或相加作用；同时，还必须物理、化学性能兼容，混用后不能出现沉淀、分层、凝结现象。

（2）两个或两个以上除草剂混用时，除草剂相互之间不能产生颉颃作用，混用后对作物的药害不宜增加。

（3）混用的除草剂品种最好为不同类除草剂，或具有不同的作用机制，以最大限度地提高除草效果、最大限度地延缓抗药性的发生与发展。

（4）混用的除草剂单剂除草谱应有所不同、或对杂草的生育阶段敏感性不同。

（5）混用的除草剂单剂应尽可能考虑速效性和缓效性相结合、持效期长和持效期短相结合、土壤中易于扩散和难于扩散的相结合、作用部位不同的除草剂品种相结合。

（6）混用除草剂的单剂选择和用药量的确定，应根据田间杂草种类、发生程度、土壤质地、土壤有机质含量、作物种类、作物生育状况等因素综合确定。

除草剂混用后的除草效果，受各方面因素的影响，在大面积应用前，应按不同比例、不同用量先进行试验、示范，或在具体的技术指导下进行。合理进行除草剂混用的方式除草剂混用，应根据除草剂特性、杂草发生特点、作物的生育阶段，灵活选择除草剂混用的施药方式。各级科研、政府和技术推广部门应抓好除草剂的应用研究、技术推广工作，避免除草剂混用的盲目性；同时，还应避免除草混剂生产的过多、过滥，以致增加农民施药成本。

460. 除草剂混用应注意哪些问题？

答：在生产中除草剂的混用应区别对待，以提高除草剂混用的安全、效果和效益。其应用方式主要分为以下3个方面：

（1）正视除草混剂的生产与应用。除草剂混剂是提高除草剂混用效果、保证除草剂的质量和对作物安全性的最佳使用方式。除草混剂多是由技术人员经过大量研究工作而得到的最佳配比、最佳剂型，农民可以直接使用，它具有安全、高效、方便的特点。但是，除草混剂和其他农药混剂一样，大大提高了施药成本。除草混剂的特点相对固定，一般仅适用于个别地区、或作物的某一生育阶段，从而不同程度地限制了除草剂的有效、灵活应用。目前，大多混剂生产厂家生产条件简陋、质量控制设施不健全，不少厂家为了追逐高额利润而盲目生产，致使除草混剂出现了较多问题，政府管理部门应予以科学的管理。一般说来，一些用量较少、除草谱较窄、安全性较差、农民应用中难于掌握的除草剂品种可以考虑生产加工为混剂；对于一些应用安全、施药要求简单、除草谱较广的除草剂不宜随意生产成混剂，这样会无意义地加大农民生产成本，如乙草胺＋莠去津等。

（2）抓好除草剂的现混现用。除草剂现混现用具有成本低、使用灵活的特点，农民可以根据作物栽培生长情况、杂草的发生状况，采用适宜的除草剂种类和配比，以达到高效、经济、安全的要求。但现混现用要求农民有较高的文化素质和施药技术，配比不当常常难以达到理想的除草效果、降低对作物的安全性。随着农民对除草剂的认识不断增加、我国技术推广部门的除草剂知识广泛宣传，现混现用的除草剂会逐步增多。

（3）提倡除草剂的桶混。除草剂桶混兼有以上两种除草剂混用方式的特点，同时也较好地克服了它们的缺点，应得到广泛的推广普及。要做到这些并不难，它一方面要求生产厂家生产容积相对较大的包装，商品标签或产品说明书介绍产品的理化性能、除草特点，并全面而详细地介绍该除草剂在不同条件下与其他除草剂的混用方法；另一方面，要求基层除草剂销售、技术服务部门、乡村农技站针对本地的农作物栽培情况和杂草发生规律，有目标的引进除草剂，并指导农民对除草剂进行合理的混用。

技术问答篇

农产品质量安全

461. 农产品的涵义是什么?

答：农产品是指来源于农业的初级产品，即在农业活动中获得的植物、动物、微生物及其产品。

462. 农产品质量安全的概念是什么?

答：农产品质量安全是指农产品质量符合保障人的健康、安全的要求。即农产品中不应含有可能损害或威胁人体健康的因素，不应导致消费者急性或慢性毒害，或感染疾病，或产生危害消费者及其后代健康的隐患。

463. 什么是安全间隔期（休药期）?

答：指农作物（畜禽）最后一次施药时间（停止给药）距收获（许可屠宰或产品上市销售）的天数。

464. 农产品污染途径有哪些?

答：(1) 物理性污染。指由物理性因素对农产品质量安全产生的危害。如通过人工或机械在农产品中混入杂质、农产品因辐照导致放射性污染等。

(2) 化学性污染。指在生产加工过程中使用化学合成物质而对农产品质量安全产生的危害。如使用农药、兽药、添加剂等造成的残留。

(3) 生物性污染。指自然界中各类生物性污染对农产品质量安全产生的危害。如致病性细菌、病毒以及某些毒素等。生物性污染具有较大的不确定性，控制难度大。

465. 什么是农产品包装?

答：指农产品分等、分级、分类后，实施装箱，装盒、装袋、包裹等活动过程和结果，其中也包括对农产品的清洗、分割、冷冻等活动。

466. 什么是农业投入品?

答：指在农产品生产过程中使用或添加的物质，包括农药、兽药、农作物种子、水产苗种、种畜禽、饲料和饲料添加剂、肥料、兽医器械、植保机械等农用生产资料产品。

467. 什么是农业转基因生物？

答：指利用基因工程技术改变基因组构成，用于农业生产或农产品加工的动植物、微生物及其产品，主要包括：转基因动植物（含种子、种畜禽、水产苗种）和微生物，转基因动植物、微生物产品；转基因农产品的直接加工品；含有转基因动植物微生物或者其产品成分的种子、种畜禽、水产苗种、农药、兽药、肥料和添加剂等产品。

468. 什么是食物链？

答：生态系统中贮存于有机物中的化学能，通过一系列吃与被吃的关系，把生物与生物紧密地联系起来，这种生物之间以食物营养关系彼此联系起来的序列，称为食物链。

469. 什么是土壤污染？

答：当土壤中含有害物质过多，超过土壤的自净能力，就会引起土壤的组成、结构和功能发生变化，微生物活动受到抑制，有害物质或其分解产物在土壤中逐渐积累，通过“土壤→植物→人体”，或通过“土壤→水→人体”间接被人体吸收，达到危害人体健康的程度，即造成土壤污染。

470. 农产品质量安全的特点有哪些？

答：(1) 危害的直接性。不安全农产品直接危害人体健康和生命安全。因此，质量安全管理工作是一项社会公益性事业，确保农产品质量安全是政府的天职，没有国界之分，具有广泛的社会公益性。

(2) 危害的隐蔽性。仅凭感观往往难以辨别农产品质量安全水平，需要通过仪器设备进行检验检测，甚至还需进行人体或动物实验。部分参数检测难度大、时间长，质量安全状况难以及时准确判断。

(3) 危害的累积性。不安全农产品对人体危害的表现，往往经过较长时间的积累。如部分农药、兽药残留在人体内积累到一定程度后，才导致疾病的发生并恶化。

(4) 危害产生的多环节性。农产品生产的产地环境、投入品、生产过程、加工、流通、消费等各环节，均有可能对农产品产生污染，引发质量安全问题。

(5) 管理复杂性。农产品生产周期长、产业链条复杂、区域跨度大。农产品质量安全管理涉及多学科、多领域、多环节、多部门，控制技术相对复杂，加之我国农业生产规模小，生产者经营素质偏低，农产品质量安全管理难度大。

471. 我国农产品质量安全经历了多少发展历程?

答:(1)追求数量增长阶段(1949—1991年)。

(2)数量质量并重发展阶段(1992—2000年)。

(3)质量安全全面提升阶段(2001年至现在)。

472. 什么是无公害农产品?

答:无公害农产品是产地环境、生产过程和产品质量符合国家有关标准和规范的要求,经农业部农产品质量安全中心认证合格,获得认证证书并使用无公害农产品标志的未经加工或者初加工的食用农产品。

473. 什么是绿色食品?

答:绿色食品是遵循可持续发展原则,按照绿色食品标准生产,经中国绿色食品发展中心认证,许可使用绿色食品商标标志的无污染的安全优质营养食品。

474. 什么是有机食品?

答:有机食品是根据有机农业原则和有机农产品生产、加工标准生产出来的,经过有资质的有机食品认证机构颁发证书的农产品及其加工品。

475. 无公害农产品、绿色食品、有机食品三者怎样区别?

答:(1)目标定位:无公害农产品定位于规范农业生产,保障基本安全,满足大众消费。绿色食品定位于提高生产水平,满足更高需求、增强市场竞争力。有机食品定位于保持良好生态环境,人与自然和谐共生。

(2)产品质量水平:无公害农产品代表中国普通农产品质量水平,依据标准等同于国内普通食品标准。绿色食品达到发达国家普通食品质量水平,其标准参照国外先进标准制定,通常高于国内同类标准的水平。有机食品强调生产过程对自然生态友好,强调纯天然、无污染,不以检测指标高低衡量。

(3)生产方式:无公害农产品生产是应用现代常规农业技术,从选择环境质量良好的农田入手,通过在生产过程中执行国家有关农业标准和规范,合理使用农业投入品,通过农业标准化规范生产。绿色食品生产是特优良的传统农业技术与现代常规农业技术结合,从选择、改善农业生态环境入手,通过在生产、加工过程中执行特定的生产操作规程,减少化学投入品的使用,并实施从土地到餐桌全程质量监控。有机农产品生产是采用有机农业生产方式,即在认证机构监督下，建立一种完全不用或基本不用人工合成的化肥、农药、生产调节剂和饲料添加剂的农业生产技术。

（4）运行机制：无公害农产品认证是行政性运作，公益性认证，认证标志、程序、产品目录等由政府统一发布，产地认定与产品认证相结合，属于政府推动。绿色食品认证是政府推动与市场拉动相结合，质量认证与商标转让相结合。有机食品认证是社会化的经营性认证行为，因地制宜、完全市场运作。

（5）法规制度：无公害农产品认证遵循的法规文件有农业部与国家质检总局联合令第12号《无公害农产品管理办法》农业部与国家认监委联合公告第231号《无公害农产品标志管理办法》、农业部与国家认监委联合公告第264号《无公害农产品认证程序》和《无公害农产品产地认定程序》；绿色食品认证遵循农业部《绿色食品标志管理办法》《中华人民共和国商标法》和《中华人民共和国产品质量法》等；有机食品认证遵循国家质量监督检验检疫总局《有机产品认证管理办法》。

（6）采用标准：无公害农产品认证采用相关国家标准和农业行业标准，其中产品标准、环境标准和生产资料使用准则为强制性标准，生产操作规程为推荐性标准。绿色农产品执行的是农业部的推荐性行业标准，绿色农产品标准包括环境质量、生产技术、产品质量和包装贮运等全程质量控制标准。有机食品采用国家质量监督检验检疫总局发布的行业标准。

有机食品、绿色食品、无公害农产品主要异同点比较表

		有机食品	绿色食品	无公害农产品
相同点		都要求产地生态环境良好、无污染；都是安全食品		
不同点	投入物方面	不用人工合成的化肥、农药、生长调节剂和饮料添加剂	允许使用限定的化学合成生产资料，对使用数量、使用次数有一定限制	严格按规定使用农业投入品，禁止使用国家禁用、淘汰的农业投入品
	基因工程方面	禁止使用转基因种子、种苗及一切基因工程技术和产品	不准使用转基因技术	无限制
	基因工程方面	禁止使用转基因种子、种苗及一切基因工程技术和产品	不准使用转基因技术	无限制
	生产体系	要求建立有机农业生产技术支撑体系，并且从常规农业到有机农业通常需要2～3年的转换期	可以延用常规农业生产体系，没有转换期的要求	与常规农业生产体系基本相同，也没有转换期的要求

（续）

		有机食品	绿色食品	无公害农产品
不同点	品质口味	大多数有机食品口味好、营养成分全面、干物质含量高	口味、营养成人稍好于常规食品	口味、营养成人与常规食品基本无差别
	有害物质残留	无化学农药残留（低于仪器的检出限）。实际上外环境的影响不可避免，如果有机食品中农药的残留量比常规食品国家标准允许含量低20倍以上，可视为符合有机食品标准	大多数有害物质允许残留与常规食品国家标准要求基本相同，但有部分指标严于常规食品国家标准，如绿色食品黄瓜标准要求敌敌畏≤0.1毫克/千克，常规黄瓜国家标准要求敌敌畏≤0.2毫克/千克	农药等有害物质允许残留量与常规食品国家标准要求基本相同，但有强调安全指标
	认证方面	属于自愿性认证，有多×家认证机构（需经国家认监委批准），国家环保总局为行业主管部门	属于自愿性认证，只有中国绿以食品发展中心一家认证机构	省级农业行政主管部门负责组织实施本辖区内无公害农产品产地的认定工作，属于政府行为，将来有可能成为强制性认证
	证书有效期	一年	三年	三年

476. 无公害农产品、绿色食品、有机食品三者有何相互关系？

答：（1）无公害农产品、绿色食品、有机食品都是经质量认证的安全农产品。

（2）无公害农产品是绿色食品和有机食品发展的基础，绿色食品和有机食品是在无公害农产品基础上的进一步提高。

（3）无公害农产品、绿色食品、有机食品都注重生产过程的管理，无公害农产品和绿色食品侧重对影响产品质量因素的控制，有机食品侧重对影响环境质量因素的控制。

477. 《农产品质量安全法》有何立法意义？

答：（1）填补我国农产品质量安全监管法律空白。

（2）推进现代农业和社会主义新农村建设的重要举措。

（3）构建和谐社会，维护最广大人民群众根本利益的可靠保障。

（4）有利于提升农产品竞争力，应对农业对外开放和参与国际竞争。

（5）农产品质量安全监管工作的里程碑。

478. 农产品质量安全的潜在危害因素有哪些？

答：农产品是经过农业生产活动所获得的产品。对农产品质量安全可能造成直接和长期的影响的危害因素主要包括：

（1）农业种养殖过程中可能产生的危害，包括因投入品不合理使用造成的农药、兽药、渔药、添加剂等有毒有害物质残留污染，以及因产地环境造成的本底性污染和汞、砷、铅等重金属毒物和氯化物等分金属毒物。

（2）农产品包装过程中可能产生的危害，包括存贮过程中使用的保鲜剂、催熟剂和包装材料中有害化学物等产品的污染，以及流通渠道中导致的二次污染。

（3）农产品自身生长和发育过程中产生的危害，如农产品的天然毒素就是目前农产品所面临的危害之一。

（4）农业生产中新技术的应有产生的危害，主要是可能由于技术发展或物种变异而带来新的危害。

479. 什么是农产品地理标志？

答：农产品地理标志是指标示农产品来源于特定地域，产品品质和相关特征主要取决于自然生态环境和历史人文因素，并以地域名称冠名的特有农产品标志。2007 年 12 月农业部发布了《农产品地理标志管理办法》，农业部负责全国农产品地理标志的登记工作，农业部农产品质量安全中心负责农产品地理标志登记的审查和专家评审工作。

480. 怎样进行无公害农产品的申报和认证？

答：无公害农产品认证管理机关为农业部农产品质量安全中心。农业部农产品质量安全中心负责组织实施全国的无公害农产品认证工作。根据《无公害农产品管理办法》（农业部、国家质检总局第 12 号令），无公害农产品认证分为产地认定和产品认证，产地认定由省级农业行政主管部门组织实施，产品认证由农业部农产品质量安全中心组织实施，获得无公害农产品产地认定证书的产品方可申请产品认证。无公害农产品定位是保障基本安全、满足大众消费。无公害农产品认证是政府行为，认证不收费。

481. 目前在果蔬采后保鲜过程中，造成防腐保鲜剂应用量超标的主要原因是什么？

答：防腐保鲜剂应用量超标。《食品添加剂使用标准》（GB—2760）已经规定了各种防腐保鲜剂在果蔬中的残留量，但是对市场已存在防腐保鲜剂含量超标的问题，其主要原因是由于：

（1）使用了非标准化生产的保鲜剂，保鲜剂释放速度不稳定或保鲜剂稳定性差。

（2）超量应用防腐保鲜剂。

482. 农产品包装标志的意义何在？

答：农产品包装和标识制度，是实施农产品追踪和溯源，建立农产品质量安全责任追究制度的前提，是防止农产品在运输、销售、或购买时被污染和损害的关键措施，是培育农产品品牌，提高我国农产品市场竞争力的必由之路。同时，对农产品进行包装和标识，有利于消费者、购买者快速识别产品名称、质量等级、数量、品牌以及生产者信息，有利于保障消费者的知情权和选择权。

483. 农产品生产者、销售者对监督抽查检测结果有异议的，应怎么办？

答：可以自收到检测结果之日起五日内，向组织实施农产品质量安全监督抽查的农业行政主管部门或者其上级农业行政主管部门申请复检。采用国务院农业行政主管部门会同有关部门认定的快速检测方法进行农产品质量安全监督抽查检测，被抽查人对检测结果有异议的，可以自收到检测结果时起四小时内申请复检。复检不得采用快速检测方法。

484. 农产品真菌污染的特点是什么？

答：（1）真菌毒素对农作物的污染的可能性很高。由于产生毒素的真菌种类繁多、毒素侵犯的农产品种类繁多，以及在合适的温度、湿度下，在农作物生长、收获、储存、加工、运输等环节都可产生毒素等特点，致使真菌毒素对农作物的污染是不可避免的。任何有效措施只能预期降低真菌毒素的污染水平，而不能从根本上消除污染。

（2）真菌毒素对于农作物的污染是基于微量水平的，即真菌毒素对于农作物的污染是低水平的。

（3）真菌毒素的污染具有分布极不均匀性。在一批农产品中，可能仅有少数几个农作物污染，污染的水平可能非常高，而其他部分农作物完好无损。

485. 如何从源头上控制污染物进入农产品的生产过程？

答：农产品产地环境对农产品质量安全具有直接、重大的影响。抓好农产品产地管理，是保障农产品质量安全的前提。从源头控制污染物进入农产品生产过程，首先禁止违反法律、法规的规定向农产品产地排放或者倾倒废水、废气、固体废物或者其他有毒有害物质；禁止在有毒有害物质超过规定标准的区域生产、捕捞、采集农产品和建立农产品生产基地。同时应做到：

（1）依照规定合理使用化肥、农药、兽药、饲料和饲料添加剂等农业投入品，严格执行农业投入品使用安全间隔期或者休药期的规定，禁止使用国家明令禁止使用的农业投入品，防止因违反规定使用农业投入品危及农产品质量安全。

（2）依照规定建立农产品生产记录。

（3）对其生产的农产品的质量安全状况进行检测。

486. 如何进行绿色食品的申报？

答：绿色食品申报原则：申报绿色食品强调自愿的原则，即指一切从事与绿色食品工作有关的单位和人员，无论是生产企业还是检查机构或监督检验部门，均须出于自愿的目的，参加相应的工作。

申请程序：

（1）申请人向中国绿色食品发展中心或所在省（自治区、直辖市）绿色食品办公室领取申请表格及有关资料。

（2）申请人按要求填写“绿色食品标志使用申请书”“企业及生产情况调查表”，并连同生产操作规程、企业标准、产品注册商标文本复印件及省级以上质量监测部门出具的当年产品质量检测报告一并报所在省（自治区、直辖市）绿色食品办公室。

（3）由各省（自治区、直辖市）绿色食品办公室派专人赴申报企业及其原料产地调查，核实其产品生产的质量控制情况，写出正式报告。

（4）由各省（自治区、直辖市）绿色食品办公室确定省内一家较权威的环境监测单位（通过省级以上计量认证）、委托其对申请企业进行农业环境质量评价。

（5）以上材料一式两份，由各省（自治区、直辖市）绿色食品办公室初审后报送中国绿色食品发展中心审核。

（6）由中国绿色食品发展中心通知申请材料合格的企业，接受指定的绿色食品监测中心对其产品进行质量、卫生检测，同时，企业须按《绿色食品标志标准设计手册》要求，将带有绿色食品标志的包装方案报中国绿色食品发展中心审核。

（7）由中国绿色食品发展中心对申请企业及产品进行终审后，与符合绿色食品标准的产品生产企业签订《绿色食品标志协议书》，然后向企业颁发绿色食品标志使用证书，并社会发布通告。

（8）绿色食品标志使用证书有效期为三年，在此期间，绿色食品生产企业须接受中国绿色食品发展中心委托的监测机构对其产品进行抽查，并履行《绿色食品标志使用协议》。期满后若欲继续使用绿色食品标志，须于期满前半年重新申请手续。

487. 如何进行有机食品的生产和加工？

答：（1）有机食品需要符合以下条件：

①原料必须来自于已建立的有机农业生产体系，或采用有机方式采集的野生天然产品；

②产品在整个生产过程中严格遵循有机食品的加工、包装、储藏、运输标准；

③生产者在有机食品生产和流通过程中，有完善的质量控制和跟踪审查体系，有完整的生产和销售纪录档案；

④必须通过独立的有机食品认证机构认证。

（2）有机食品生产基地须符合以下要求：

①生产基地在最近2～3年内未使用过禁用的农药、化肥等化学物质；

②种子或种苗来自于自然界，未经基因工程技术改造；

③生产单位需建立长期的土地培肥、植物保护、作物轮作和畜禽养殖计划；

④生产基地无水土流失及其他环境问题；

⑤作物在收获、清洁、干燥、贮存和运输过程中未受化学物质的污染；

⑥从常规种植向有机植转换需要两年以上的转换期，新开垦荒地例外；

⑦有机生产的全过程必须有完整的记录档案。

（3）有机食品加工的基本要求：

①原料必需是来自已获有机颁证的产品或野生天然产品；

②在认证产品生产中的配料、辅料、添加剂、加工助剂或发酵材料等不得使用经基因工程技术改造过的生物体生产出来的产品；

③已获得有机认证的原料在终产品中所占的比例不得少于95%；

④只允许使用天然的调料、色素和香料等辅助原料，禁止使用人工合成的添加剂；

⑤有机食品在生产、加工、贮存和运输的过程中应避免化学物质的污染；

⑥生产者在有机食品加工和销售过程中需有完善的质量审查体系和完整的加工、销售记录体系。

488. 目前我国农产品质量安全存在问题的原因是什么？

答：（1）农业生产环境上的原因。随着工业的不断发展，加上农民自身的非科学生产，农业生产的水环境、土壤环境、大气环境都不同程度地遭到了污染。

（2）观念因素：责任感不强。

（3）技术上的原因。由于①农用生产资料部门生产技术落后，生产不出低害、低残留、安全、高效的农业投入品，或能够生产但成本较高；②农业生产者生产技术落后，非科学使用农药、化肥、除草剂等，比如，药水配合比例不当、喷药当后未过危险期便采摘上市等；③农产品检验检疫技术落后，导致不安全农产品流入市场，包括国外不安全农产品进入国内市场。

489. 土壤污染的特点是什么？

答：（1）土壤污染具有隐蔽性和滞后性。土壤污染则往往要通过对土壤样品进行分析化验和农作物的残留检测，甚至通过研究对人畜健康状况的影响才能确定。

（2）土壤污染的累积性并具有很强的地域性。

（3）土壤污染具有不可逆转性。重金属对土壤的污染基本上是一个不可逆转的过程，许多有机化学物质的污染也需要较长的时间才能降解。比如：被某些重金属污染的土壤可能要100～200年时间才能够恢复。

（4）土壤污染很难治理。如果大气和水体受到污染，切断污染源之后通过稀释作用和自净化作用也有可能使污染问题不断逆转，但是积累在污染土壤中的难降解污染物则很难靠稀释作用和自净化作用来消除。

490. 为保障农产品的安全生产，建立农产品生产的可追溯体系，应对农产品生产记录记载哪些事项？

答：农产品生产企业和农民专业合作经济组织应当建立农产品生产记录，如实记载下列事项：

（1）使用农业投入品的名称、来源、用法、用量和使用、停用的日期。

（2）动物疫病、植物病虫草害的发生和防治情况。

（3）收获、屠宰或者捕捞的日期。

491. 为保障农产品质量安全，在植物性农产品种植过程中，进行有机肥和化肥配合施用的原因是什么？

答：有机肥和化肥配合施用，其益处在于：

（1）可以全面供应作物生长所需的养分。化肥的特点是养分含量高，肥效快而持续时间短，养分较单一；农家有机肥大多是完全肥料，但养分含量低、肥效慢而持续时间长。因此，将化肥与农家肥混合施用可取长补短。

（2）可以减少养分固定，提高肥效。化肥施入土壤后，有些养分会被土壤吸收或固定，从而降低了养分的有效性。若与农家肥混施后，就可以减少化肥与土壤的接触面，从而减少被土壤固定的机会。

（3）可以积蓄养分，减少养分流失，改善作物对养分的吸收条件。化肥溶解度大，施用后对土壤造成较高的渗透压，影响作物对养分和水分的吸收，这就增加了养分流失的机会。如与农家肥混施，则可以避免这一弊病。

（4）可以调节土壤酸碱性，改良土壤结构。农家肥料可以提高土壤的缓冲能力，调节酸碱性，使土壤酸性不致增高。

（5）促进微生物活动，增加土壤养分，提高土壤活力。有机肥是微生物生活的原料，化肥供给微生物生长发育的无机营养。两者混用就能促进微生物的活动，进而促进有机肥的分解。

492. 我国已经有食品卫生法、产品质量法，为何制定农产品质量安全法？

答：全国人大常委会虽已制定了食品卫生法和产品质量法，但食品卫生法不调整种植业、养殖业等农业活动；产品质量法只适用于经过加工、制作的产品，不适用于未经加工、制作的农业初级产品。为了全程监管和保障农产品质量安全，维护公众的身体健康，需要制定专门的农产品质量安全法。

493. 只有无污染的地区才能从事有机农业生产的认识是否正确？原因是什么？

答：不正确。原因在于从长远来看，一旦建立良性的有机农业生产体系，有机生产的作物产量并不一定低。现实中，由于片面强调有机食品的无污染特性，因此在选择有机生产基地时，过分强调对生产基地的环境质量标准。正因为这样，把有机农业的基地大多放在边远无污染的贫困地区，而忽视了在发达地区逐步建立有机生产体系，开展从常规农业生产向有机农业生产的转换。从发挥有机农业在减轻农用化学物质污染的作用来分析，在农用化学物使用量较大的地区，发展有机农业更有重要的环境保护意义。

494. 蔬菜中农药残留超标原因一般有哪些方面？

答：根据农产品检测部门调查结果分析，造成农药残留超标的主要原因：
（1）未按照农药使用安全间隔期施药。
（2）盲目增加农药用量及施药次数。
（3）农药安全使用意识差，使用禁用农药等。
（4）菜农科技文化素质偏低，不利于无公害蔬菜的生产。
（5）安全使用农药意识差。
（6）对蔬菜农药残留量超标概念缺乏认识。

495. 解决蔬菜农药残留超标问题的对策有哪些？

答：菜农对农药的正确使用，关系到蔬菜质量安全、消费者利益以及蔬菜在市场上的竞争力。因此，要保证蔬菜的质量安全，首先必须抓好生产环节上的质量安全问题。加大农药安全使用知识宣传，提高农民安全用药整体水平，是确保蔬菜质量安全的首要环节；不允许有质量安全问题的蔬菜进入市场，是对农药安全使用的有效监督。

（1）建立无公害植保技术蔬菜种植示范区。在示范区内，围绕蔬菜质量安全这个主线，以绿色植保、和谐植保为核心，优化集成农业防治、生物防治，生态控制，物理防治与化学调控等新技术，应用频振式杀虫灯、诱虫板，生物农药苦参碱、苦皮藤素、除虫菊脂，以及防虫网覆盖技术等，并加大应用展示与推广力度，带动无公害植保技术的大面积推广。

（2）实施蔬菜标准化生产。目前针对一家一户进行蔬菜生产，实施标准化生产存在一定难度，提倡实施适度规模种植，在规模种植区内实施标准化生产，继而带动一家一户蔬菜标准化生产，以达到保证蔬菜质量安全的目的。

（3）加大农药科学安全使用的宣传力度，提高农民安全用药意识。利用电视、广播等宣传媒体加大对科学、安全使用农药及农产品质量安全法的宣传力度，使农民认识到不科学、安全使用化学农药的危害，从而提高农民自身的安全防护意识、环保意识和对社会、对他人健康负责的意识。

（4）加大技术培训力度，提高农民科学安全用药水平。采取逐级技术培训、现场培训、田间培训等方式，帮助农民尽快掌握无公害植保技术，综合防治技术，科学合理安全使用农药技术等，减少化学农药用量，确保蔬菜质量安全。

（5）开展蔬菜病虫电视预报，指导菜农开展无公害防治。由于农民群众受教育程度千差万别，对于识别种类繁多的病虫害和掌握复杂的防治技术难度很大，开展蔬菜病虫害电视预报，直观、形象的表达形式，可提高农民接受能力。病虫电视预报可将病虫为害症状、发生特点及无公害防治技术，制作成针对性强、形象生动，科学适用的节目，以图文并茂的形式展现给农民群众，使其一目了然。通过病虫电视预报，农民群众易于学习和掌握病虫害发生与防治知识，以便早发现、早预防，并做到适时、适量、对症下药，降低防治成本，提高防治效果，减少农药用量，减轻环境污染，保证质量安全。

（6）建立健全蔬菜农药残留监测体系。目前农药残留监测体系还不健全，特别是县、乡级，通过建立健全监测体系，实施对蔬菜农药残留情况的全面监控，可有效促进无公害蔬菜生产，确保蔬菜质量安全。

（7）加大无农药残留“放心菜”的宣传力度，提高消费者对“放心菜”的认识。由于对无农药残留“放心菜”的宣传力度不够，同时人们对蔬菜中农药残留超标造成的危害也未引起足够的重视，因此，在广大消费者中还没有形成一定要买无农药残留“放心菜”的共识，应加大宣传力度。通过宣传选购“放心菜”，可有效促进无公害蔬菜生产。

496. 开展农产品质量安全检测实验室内部审核的意义是什么?

答：实验室内部审核是质量管理体系运行中的重要环节，是对实验室进行自我检查、自我评价、自我完善的有效手段。农产品质量安全检测实验室内部审核工作的有效开展，对保证质量管理体系持续改进，规范各项监测工作，从而保证监测数据质量具有重要意义。通过实验室内部审核，不仅可以确定质量体系的有效性，而且可以调动、组织部门和人员对薄弱环节进行重点管理和改进，对于实验室内部管理具有积极的推动作用。实验室应根据预定的日程表和程序，定期地对其活动进行审核，以确定其运作持续符合质量体系和本标准的要求。

497. 如何开展农产品质量安全检测实验室内部审核?

答：（1）提高对内部审核工作的认识。

① 领导高度重视内部审核工作。内部审核是一种持续的内部管理行为，没有管理者的支持，内部审核就难以开展，也不会取得应有的效果。管理层首先充分认识到内部审核重要性和必要性，加强对内部审核工作的管理，质量负责人全面负责内部审核工作，要求各部门或人员认真配合。领导重视内部审核工作，会使审核力度加强，被审核部门也会高度重视，从而提高内部审核成效。

②全体人员的配合和理解。领导的重视和支持、各个部门员工的理解和配合，是做好内部审核工作的主要动力来源。部分检测人员质量意识薄弱，认为内审工作就是挑毛病，或认为内部审核只是质量管理部门的工作，与自己无

关，不能很好地配合开展内部审核工作，使内部审核的有效性大打折扣。因此，要提高内部审核工作质量，必须要全面提高实验室人员整体认识，通过培训交流等多种方式，强化全体人员质量意识，使其真正认识到内部审核是种自觉的内部管理行为，而不是一项应付性活动，高度重视内部审核工作，认真配合审核工作的开展。

（2）强化内审员的业务水平和工作能力。

①内审员的选定。审核人员由经过培训和具备资格的内审员执行，并经组织管理者专门授权，内审员应独立于被审核的活动，保持相对独立性、公正性，审核人员的数量、素质应能满足内审需要。农产品质量安全检测工作涉及领域较多，内审员的选定要充分考虑不同专业的技术要求，保证内审员具备相关的专业技能、工作经验，并具有一定的组织管理和综合评价能力。

②内审员业务水平的提高。内审员的专业能力是内部审核有效性的重要保障。内审员应不断加强自身学习，既要精通各项检测工作内容，又要掌握质量管理状况，在质量管理体系的有效实施方面起到模范带头作用。在审核工作能够有效识别各种类型的不符合和潜在不符合因素，指导制定纠正和预防措施，保证体系的持续改进。

③内审员工作能力的提高。内审员除了不断加强自身业务水平的提高外，还应通过外界培训、自主学习、实践参与等途径不断提高内部审核工作能力，结合实际工作情况，不断完善内部审核的方式方法，提高内审的技巧和效率，增强沟通能力，使现场审核工作保持适宜的气氛，保证审核工作顺利开展。

（3）做好内部审核策划。

① 制定内部审核活动计划。内部审核实施计划制定得完善与否，直接关系到内部审核的进度与质量。完整的内部审核计划应明确内审的目的和范围，内审的依据，内审组成员名单及分工情况，内审日期和地点，首、末次会议的安排，各主要审核活动的时间安排。

② 建立内审组安排审核工作。质量负责人根据审核活动的目的、范围、部门以及内审日程安排，选定内审组长和成员，建立内审小组。内审组长负责文件评审，制订计划，选择内审员分配任务，指导内审员准备内审工作文件。农产品质量安全检测实验室各部门之间工作多存在交叉，分配审核任务时可考虑安排工作有衔接的部门内审员进行互审，能够更加敏锐地发现问题。内审员按照分配的任务做好各项准备工作，包括熟悉必要的文件和程序，编制现场审核检查表等。

③编制检查表。内部审核现场检查表可分为过程检查表和部门检查表，可根据实际需要选择。检查表的编制应以本实验室的体系文件为主要依据，结合实际检测工作，选择典型的、关键的质量问题，突出被审对象的主要职能，对

容易出现问题的关键环节加大抽查比例。同时检查表还应具有较强的操作性，检查项目要具体，检查方法要实用。

（4）有效开展现场审核。

① 现场审核。现场审核是收集客观证据的调查，具体审核内容应按内审检查表进行。审核证据是确定审核发现、作出审核结论的客观输入信息，内审员在内部审核过程中的一项重要任务就是收集充分的审核证据。收集审核证据应结合被审核工作内容特点，采取面谈、查阅文件和记录、现场观察与核对等多种方式开展，并及时做好现场审核记录，记录内容应准确具体、充分完整，并便于查阅和追溯。

②分析审核发现。现场审核结束后，内审员要对所收集到的客观证据应进行认真整理、仔细分析，筛选出确实、明确且可验证的审核证据，根据审核依据进行客观评价，确定实验室质量管理体系在哪些方面不符合审核准则，确定不符合项。内审员应将审核发现及时与被审核方沟通，除不符合项得到被审核方确认外，其他审核中发现的问题和改进建议也要及时与其交流，确保其工作不断完善和改进。

③不符合项报告。不符合项报告是对现场审核得到的观察结果进行评价，并经受审方领导确认的对不符合项的事实陈述，其中还应包括建议采取的纠正措施计划及预期完成日期等内容。内审组在末次会议召开前应召开 1 次内审组全体会议，对不符合项报告进行汇总分析，从而对实验室工作作出总体评价。

（5）及时做好跟踪验证工作。

①纠正措施的制定。各被审核部门要认真分析不符合项原因，通常不符合项的根本原因并不明显，因此需要仔细分析产生问题的所有潜在原因，选择能够消除问题并防止问题再次发生的纠正措施，明确纠正措施实施的具体要求和完成时限。

②做好跟踪审核工作。跟踪审核是被审核部门采取的纠正措施进行评审、验证，内审员可以通过书面或现场两 种形式实施跟踪审核，验证被审核部门是否已经找到发生不符合的根本原因，纠正措施是否按要求实施。为验证纠正措施是否有效，可针对不符合情况，扩大抽查范围，检查其他类似工作情况，确保纠正措施真正起到避免同类问题再次发生的作用。

498. 生产中发生药害的主要原因有哪些?

答：（1）配制药剂不合理导致药害。农户在配制农药药剂时，仅凭个人经验和感受，不按照农药登记标签推荐的比例进行配制，导致药液浓度较高引发药害。或者并不清楚农药的特性与功能，盲目混配不宜混合使用的农药，导致农药物化性质发生变化，从而使药效降低或发生药害。

(2) 连续重复施药导致药害。农药连续两次喷施之间应有严格的间隔期限。国家对不同农药在不同作物、不同时期的使用均制定了严格的安全间隔期和每季作物最多施药的次数。不按间隔期限施药或任意增加施药次数，造成农药用量偏高，超出作物耐受极限则容易引发药害。

(3) 施药方法不当造成药害。农药不同的施用方法对不同作物、作物不同部位的敏感性差异不同，错误的施药方法容易作物药害。如农药登记中使用常量喷雾的农药使用超低量喷雾方法有可能造成作物局部农药浓度偏高从而引发药害。又如除草剂农药登记推荐定向土壤喷雾，若使用茎叶喷雾方法则容易造成作物发生药害。

(4) 施药时期不当造成药害。作物在不同生长期或不同作物长势，对农药的敏感性也不同。不按标签规定的作物生长时期施药容易造成药害，如一般作物对农药花期较为敏感，玉米五片叶后对除草剂较为敏感，在作物此类特殊时期施药易使作物遭受药害。

(5) 施药环境不适造成药害。在湿度、土壤酸碱度、土壤类型等农药活性有较大影响，施药时温湿度、土壤酸碱度、土壤类型不适宜，也常常造成药害；如高温天气施药容易造成药害，在潮湿多雨的环境下使用波尔多液容易发生药害。在低温天气使用苯磺隆除草剂会使小麦产生黄化，甚至死亡。

(6) 敏感作物品种施药造成药害。不同作物、不同品种对农药的敏感程度不一样，不按规定避开敏感作物，容易使作物发生药害。如高粱、豆类对敌百虫特别敏感，部分糯玉米、甜玉米对除草剂烟嘧磺隆较敏感，容易发生药害。

(7) 农药质量不合格或农药产品中掺有导致药害的杂质、农药的标签随意扩大防治范围，容易造成药害。

499. 药害的鉴定与处理中存在的问题有哪些？

答：(1) 药害鉴定难。导致农药药害事因多，往往也给农药药害的定性造成困难。通常情况下是通过调查农药的使用方法、施药环境、作物受害症状，根据农药使用经验对药害性质进行鉴别判定。但这种判定结果缺乏具体数据支持，也常常有鉴定人员的个人观点，以此作为农药执法仲裁显然依据不足，此为药害鉴定难度之一。

然而定量判定药害难度更大。发现药害时，药害症状往往发生较为明显，农药成分或导致药害的成分在植株体内已有降解，必须采用农药残留微量检测技术对受害植株进行检测分析。但该技术要求较高，有的尚没有国家标准，有的检测技术还不成熟，有的甚至检出导致药害的微量成分却很难证明与药害之间的因果关系。检测技术要求和检测检测成本较高、检测时限要求之严格是药害鉴定难度之二。

（2）药害事故处理难。

①药害事件处理法律依据不足。《农产品质量安全法》第四十六条规定："使用农业投入品违反法律、行政法规和国务院农业行政主管部门的规定，依照有关法律、行政法规的规定处罚。"《农药管理条例》第四十条第四款规定："不按照国家有关农药安全使用的规定使用农药的，根据所造成的危害后果，给予警告，可以并处3万元以下的罚款"。上述法律、法规对农药的违规使用作出了一定的规定和要求。但目前为止对农药的使用造成的药害没有具体的法律法规定义和规定。在农药执法过程中，农药药害鉴定与处罚尺度难以掌握，尤其是药害鉴定和药害赔偿法律依据不足，调解处理上也存在法律依据问题，可操作性不强。

②法定药害鉴定机构空缺。随着农民维权意识和法律意识的提高，农药药害举报投诉案件增多。药害发生后农民往往直接到各级农业、工商、技术监督、消协等部门协会进行投诉反映，并要求药害鉴定、赔偿损失、追究法律责任等。就目前农业行政法律法规而言，尚没有判断赔偿、追究法律责任的依据，农业部门受相关部门的委托对药害进行鉴定，往往通过专家凭植保经验和药害外观症状判定药害。而且专家鉴定结论多为带有个人观点和推判，并没有第三方公正数据支撑，很难具有仲裁效力。法定药害鉴定机构的空缺，使农药药害事件鉴定缺乏系统的组织、相对统一的鉴定程序和判断标准，导致鉴定结果的公正、公平性受到质疑，从而使对农药药害的处理和对涉及违规农药的查处受到影响。

（3）药害处理维权难。目前农村劳动力加速转移，留守农民知识水平、法律意识普遍偏低，农民在购买、使用农药过程中存在着一定程度的偏差。多数农民的购买农药时不索取或保留发票、收据，不注意保存使用后的农药残余物和农药包装物，发生药害需要进行维权时无证可寻或证据不全，给药害的鉴定和处理、受害者本身维权带来很大的困难。

500. 认证"三品一标"有何意义？

答：农产品认证就是通过第三方的信誉保证，促进产地与市场、生产者与消费者的连接和互动，为生产者树立品牌，帮消费者建立信心，有利于农产品名称和商标的产权保护，有利于生产技术和质量管理体系的标准化，通过质量认证，创立和提升产品品牌、企业品牌、地方品牌，发挥市场机制的作用，实现农产品优质优价，使农业发展进入用品牌吸引消费、以消费引导生产的良性发展轨道，达到农产品竞争力增强、农业增效、农民增收。

501. 农产品质量出现安全问题应该如何进行投诉?

答:(1)生产者或销售者,若遇到对检测机构的检测结果有异议,可及时向农业行政主管部门进行投诉。

(2)消费者,如买到假冒伪劣农产品,可与经营者协商和解,或请消协调解,或向主管部门投诉,或请仲裁机构仲裁,最后,还可向人民法院提起诉讼。如在批发市场购买的农产品,可向批发市场直接要求索赔。

502. 影响检测结果准确性的因素有哪些?

答:(1)样品的代表性及样品的运送和保管过程中的污染。

(2)检测人员要经过技术培训,考核合格,持证上岗。

(3)仪器设备、标准物质、化学试剂、玻璃仪器等不符合分析测试要求。

(4)分析过程质量保证。

(5)检测方法、数据处理。

(6)监测环境条件。

(7)检测报告中数据的处理。

503. 检测中的质量事故包括哪些?应该采取怎样的措施?

答:(1)质量事故包括:①样品损坏、变质、丢失导致检测无法进行或加工制备不符合要求;②违反操作规章,导致仪器设备的损坏,导致检测中断,数据错误;③故意造假、泄密;④档案原始记录丢失。

(2)应采取的措施为:①查原因;②防止类似事故发生;③处理责任人;④检查报告、查找纠正、收回错误报告,重新做实验。

504. 样品检测过程中出现哪些情况时要重检?

答:主要是以下一些情况:

(1)检测结果在标准规定的临界值附近或离散数据容易造成误判时;

(2)检测过程中发现异常情况(停水、停电等)有可能影响检测结果时;

(3)各级审核人员发现检测结果中有错误或对数据有异议,主检人员解释不清时;

(4)特殊样品采用第二种方法进行平行对照检验,其结果超出允许范围时;

(5)检测所依据的技术文件错误,造成检测数据失准时;

(6)重要检验任务,质量负责人或技术负责人认为有必要复检时;

(7)受检单位对检验结果提出异议,按《抱怨处理程序》的规定,需要进行复检的。

505. 如何对易燃易爆品和毒品进行安全控制?

答：毒品和易燃易爆品应有符合要求的保存场地，有相应的防火、防爆设备或监控设备，有专人管理，有领用批准与登记手续。毒品使用应有监督措施。

(1) 为保证国家财产和人身安全，加强对毒品和易燃易爆品管理，既保证检验工作的正常开展，又能防患于未然。危险品有专人管理，并制定危险品管理程序。危险品包括各种易燃易爆及剧毒的化学试剂和氢气等。

(2) 危险品进货必须严格检验，凡物品名称、型号、标识类别、性质、有效期及进货渠道不清楚、不明确、不合格的，严禁进入检测室。失效或变质、不合格的危险品不得使用。危险品购入后按其类别和性质分别保存。各种易燃化学试剂应与氧化物试剂分别存储；过氧化氢应放置在冰箱或阴暗干燥处保存；强酸类试剂也应与氨水分开保管；剧毒物品应置于保险柜并实行双人双锁管理。

(3) 禁止将各种危险品存放在接近电热器及电源开关附近，易燃化学试剂应放置在通风柜中。气体钢瓶应始终保持检验合格，并在有效期内使用，其在运输或搬运过程中，阀门应旋紧不漏气，防护罩应牢固，防止撞击和过力振动。检测室不应放过量易燃易爆危险品，易燃化学试剂检测室内最多不得存放超过 7 天的存储量。各种废气废油废试剂残渣不得投入下水道或任意乱倒。对危险品应经常检查，发现问题，及时处理。

506. 废气、废水、废渣等废弃物如何处理以保护环境?

答：(1) 为了符合有关健康、安全、环保的要求，对检测过程中的废弃物进行妥善处理，减少或消除废弃物的危害，应制定检测废弃物处理程序。规范检测过程中产生的各种废物、废液、废气和有毒有害包装容器等的处理。

(2) 检测过程中产生的各种废渣、废液以及废包装容器，应按其属性分类，无毒无害者可按通常方法处理。各种检测仪器运行过程中产生的有毒有害气体，应按照仪器安装要求设置排风装置进行处理和排放。检测过程中产生的有毒有害气体，应按照检测方法中的有关规定处理排放。

(3) 有毒有害废渣、废液、废包装容器凡是能够经过简单物理、化学方法处理就可转化改性的，应按其性质进行无害化处理（如培养基经高压灭活、强酸强碱废液中和等）。凡是不能够进行转化改性处理的有毒有害废渣、废液、废包装容器，应由检测人员集中安全存放，并及时告知后勤保障部门。后勤保障部门负责对不能够转化改性处理的废弃物使用深埋、焚烧等安全环保方式处理。

507. 检测机构应采取哪些措施来保护实验室人员人身健康和安全?

答：(1) 质检机构应有符合有关健康、安全和环保的要求，如危险品、防爆、防毒、防火、安全接地、通风等。

(2) 化学检测室应有当酸碱等溶液溅身时的紧急喷淋装置。

(3) 配有烧伤、烫伤等的应急药品及其他安全防护措施和设施。

508. 实验室的环境条件主要包括哪些方面的内容?

答：实验室的环境条件主要包括内部环境条件和外部环境条件两个方面。内部环境条件主要包括：温度、湿度、洁净度、电磁干扰、冲击振动等；外部环境条件主要包括：温度、湿度、噪声、振动、海拔、大气压强、雷电、有害气体等。

509. 实验室建立的在紧急情况下的应急措施应包括哪些内容?

答：实验室针对可能发生的各种紧急情况制定相应的处置方案。内容包括：现场指挥和参与的人员、主管部门和相关部门的通信联络、处置所需的物资材料、报警的设置和管理、自救方法及实施、相关人员熟悉处置方案以及必需的演练等。

510. 为什么要对检测结果进行质量控制?

答：质量控制是指为达到质量要求所采取的作业技术和活动，但影响检测报告质量的因素很多，在检测/校准过程中由于诸种因素的变化，检测质量不可能始终恒定，可能发生突然变化或渐渐发生变化。对质量的这种变化如没有及时、有效的技术手段进行控制，极有可能给检测/校准带来较大影响或损失。因此，必须采取实时监控的方法，发现突变或渐变的质量下降。其包括下列内容：

(1) 定期使用有证标准物质进行监控，使用次级标准物质开展内部质量控制。

(2) 参加实验室的比对或能力验证。

(3) 使用相同或不同方法进行重复检测或再校准。

(4) 对存留样品进行再检测或再校准。

(5) 分析一个样品不同特性结果的相关性。

511. 随机误差和系统误差的本质区别?

答:(1)系统误差具有规律性、可预测性,而随机误差不可预测、没有规律性。

(2)产生系统误差的因素在测量前就已存在,而产生随机误差的因素是在测量时刻随机出现的。

(3)随机误差具有抵偿性,系统误差具有累加性。

(4)随机误差只能估计不能消除,而对系统误差,人们可以分析出其产生的原因并采取措施予以减少或抵偿。

512. 如何提高分析结果的准确度?

答:(1)选择合适的分析方法。

(2)增加平行测定次数,减小随机误差。

(3)消除测量过程中的系统误差,可采用的方法有:对照试验、空白试验、校准仪器、分析结果的校准。

513. 植物性农产品的取样和制备应注意哪两个方面,才能保证检测结果的可靠性和准确性?

答:样品的取样与制备是农产品检测的第一步,对检测结果的可靠性和准确性有较大的影响。样品的取样与制备在检测工作中必须做到两点:一是代表性,取样数量以及取样点的位置和个数要满足统计学上对代表性的要求;二是均匀性,制备出的样品应能保证监测对象均匀分布,每次检测结果是一致的。

514. 如何进行田间农产品的常规采样?

答:植物性农产品的田间采样,根据不同品种的成熟期来确定抽样时间,一般安排成熟期前3天内或即将上市前为宜。同一产地、同一品种或种类、同一生产技术方式、同期采收或同一成熟度的产品为一个抽样单元。采样方法主要有对角线采样法、棋盘采样法、蛇形(S形)采样法和梅花点采样法。对角线采样法适用于比较平整的方形地,连接采样地的对角线后,在交叉点和对角线上对称取样,一般最少取5个点;棋盘采样法适用于较为平整区域中等面积的采样地,在采样区域有规则地画横线和纵线后,在交叉点取样,一般最少取9个点;蛇形采样法适用于面积较大、地势不平坦的采样地,在采样区画S形后,以拐点为基点尽量均衡布点;梅花点采样法适用于面积较小地势平坦的采样点,按梅花花瓣性状定位,在花瓣的中心采样,一般为5个点。

515. 样品采集后一般缩分成几份，分别有什么用途？

答：通常情况下，采集的样品缩分后，得到三份样品，一份用于实验室检验；一份用于实验室备份样品；还有一份用于检测结果有争议时进行复检，每份样品为待测样品量的3～5倍。当然，根据检验要求和样品特性的不同会有所不同。

516. 如何进行新鲜植物性农产品样品的制备？

答：按照农产品质量安全检测的一般要求，用于检测的样品应当是可食用的部分，也就是所检测的部分应符合人们的使用习惯。

制样时，根据农产品的食用特点，先去腐烂部分，再去外帮，或根，或皮等。如果是检测金属元素的样品还应用蒸馏水冲洗。然后，将其切成小碎块，对于体型较大的样品，如大白菜、西瓜等，应从每个个体取不同部位切成小碎块。将切好的样品放在食品加工机，打成匀浆。将匀浆样品均匀装入样品瓶中，制样完成。

有些参数要求用干样进行检测，根据样品含水量的多少，采用分步干燥的办法，先将样品晾晒（或风干）到含水量在18%以下，再在60～80℃下烘干，然后按干农产品制样方法进行制样。

517. 样品保存的一般要求？

答：所有样品应妥善保存，至少要保证在报告异议、样品复检期内，样品性状无明显改变、被测参数变化在无误差范围内、样品无交叉污染。一般情况如下：

（1）干样水分一般不高于14.5%可在室温下保存3个月，南方梅雨季节可保存1个月。如果水分超过16%，谷物样品就容易发生霉变，应放在冷藏箱内。

（2）如果被测参数性质不稳定，在光、氧气或微生物下会发生分解，应采取适当措施进行保存。可以包裹黑纸、充氮、低温保存等。

（3）制备好的匀浆样品，应保存在－18℃以下冰箱中。称取样品时，应使其恢复到室温，并搅拌均匀方可称取。

（4）对于检测水分用的样品，在取样时应使用密封容器单独包装，为了防止其水分受环境影响发生变化，应在最短时间内进行分析。

518. 关于农药的安全使用，主要应把握哪几个方面？

答：（1）在施药时，施药人员必须遵守农药安全使用条例，注意安全施药，防止药液接触皮肤和进入体内。

（2）严格掌握施药浓度，避免中午高温和风大时施药，施药后应及时用肥皂洗手。

（3）使用时应特别注意最后一次施药距收获的天数，即安全间隔期，在农药施用安全间隔期内，严禁采收或食用。

（4）绝对禁止在蔬菜上使用甲胺磷、呋喃丹、甲基1605等剧毒农药。

519. 在无公害蔬菜生产中，应如何应用施肥技术?

答：在无公害蔬菜生产中，最主要的要增施有机肥，减少化肥施用量。要科学施用有机肥，提倡施用经过堆制或发酵无害化处理的人畜粪便、生活垃圾及商品有机无机复合肥，通过轮作、间作种植绿肥及秸秆还田等措施增加土壤中的有机质。推广测土诊断平衡配方施肥，提倡施用缓释肥、控释肥，防止化肥的流失和对环境的污染，提高肥料利用率，降低硝酸盐在土壤中的残留。

520. 什么是GMP? HACCP?

答：GMP是良好操作规范的简称，是指政府制定颁布的强制性食品生产、贮存卫生法规。HACCP是危害分析关键控制点的简称，它是一个以预防食品安全为基础的食品控制体系，其最大的优点是它使食品生产或供应厂将以最终产品检验（即检验不合格）为主要基础的控制观念，转变为在生产环境下鉴别并控制住潜在的危害（即预防产品不合格）的预防性方法。

技术规程篇

1. 测土配方施肥技术规程

1 范围

本标准规定了测土配方施肥技术的术语和定义、肥效田间试验、土壤样品采集与制备、田间基本情况调查、土壤与植株测试、肥料配方设计、配方校正试验、配方肥料合理使用、效果反馈与评价等内容、方法与操作规程。

本标准适用于许昌市行政区域内不同土壤和不同作物的测土配方施肥技术。

2 规范性引用文件

下列文件对于本文件的应用是必不可少的。凡是注日期的引用文件，仅所注日期的版本适用于本文件。凡是不注日期的引用文件，其最新版本（包括所有的修改单）适用于本文件。

GB/T 6274　肥料和土壤调理剂　术语

NY/T 496　肥料合理使用准则通则

NY/T 497　肥料效应鉴定田间试验技术规程

3 术语和定义

下列术语和定义适用于本文件。

3.1 测土配方施肥

以土壤测试和田间试验为基础，根据作物需肥规律、土壤供肥性能和肥料效应，在合理施用有机肥料的基础上，提出氮、磷、钾及中微量元素等肥料的施用品种、数量、施用时期和方法。

3.2 肥料

以提供植物养分为其主要功效的物料。

3.3 有机肥料

主要来源于植物或动物，以提供植株营养为其主要功效的含碳物料。

3.4 无机［矿质］肥料

标明养分呈无机盐形式的肥料，由提取、物理和（或）化学工业方法制成。

3.5 大量元素（主要养分）

对元素氮、磷、钾的统称。

3.6 中量元素（次要养分）

对元素钙、镁、硫等的统称。

3.7 微量元素（微量养分）

植物生长所必需的，但相对来说是少量的元素，如硼、锰、铁、锌、铜、钼或氯等。

3.8 单一肥料

氮、磷、钾三种养分中，仅具有一种养分标明量的氮肥、磷肥和钾肥的通称。

3.9 氮肥

具有氮（N）标明量，以提供植物氮养分为其主要功效的单一肥料。

3.10 磷肥

具有磷（P_2O_5）标明量，以提供植物磷养分为其主要功效的单一肥料。

3.11 钾肥

具有钾（K_2O）标明量，以提供植物钾养分为其主要功效的单一肥料。

3.12 复混肥料

氮、磷、钾三种养分中，至少有两种养分标明量的由化学方法和（或）掺混方法制成的肥料。

3.13 复合肥料

氮、磷、钾三种养分中，至少有两种养分标明量的仅由化学方法制成的肥料。

3.14 掺混肥料

氮、磷、钾三种养分中，至少有两种养分标明量的由干混方法制成的颗粒状肥料。

3.15 肥料效应

肥料效应是肥料对作物产量的效果，通常以肥料单位养分的施用量所能获得的作物增产量和效益表示。

3.16 施肥量

施于单位面积耕地或单位质量生长介质中的肥料或土壤调理剂或养分的质量或体积。

3.17 常规施肥

当地前三年平均施肥量、施肥品种和施肥方法。

3.18 空白对照

无肥处理，用于确定肥料效应的绝对值，评价土壤自然生产力和计算肥料利用率等。

3.19 配方肥料

以土壤测试和肥料田间试验为基础，根据作物需肥规律、土壤供肥性能和肥料效应，用各种单一肥料和（或）复混肥料为原料，配制成的适合于特定区域、特定作物的肥料。

4 肥料效应田间试验

4.1 试验目的

通过田间试验，掌握各个施肥单元不同作物优化施肥数量，基、追肥分配比例，施肥时期和施肥方法；摸清土壤养分校正系数、土壤供肥能力、不同作物养分吸收量和肥料利用率等基本参数；构建作物施肥模型，为施肥分区和肥料配方设计提供依据。

4.2 试验设计

采用“3414”方案设计，在具体实施过程中可根据研究目的采用“3414”

完全实施方案和部分实施方案。

4.2.1 “3414”完全实施方案

“3414”是指氮、磷、钾3个因素、4个水平、14个处理。4个水平的含义：0水平指不施肥，2水平指当地推荐施肥量，1水平=2水平×0.5，3水平=2水平×1.5（该水平为过量施肥水平）。为便于汇总，同一作物、同一区域内施肥量要保持一致。如果需要研究有机肥料和中、微量元素肥料效应，可在此基础上增加处理。

表1 “3414”试验方案处理（推荐方案）

试验编号	处理	N	P	K
1	$N_0P_0K_0$	0	0	0
2	$N_0P_2K_2$	0	2	2
3	$N_1P_2K_2$	1	2	2
4	$N_2P_0K_2$	2	0	2
5	$N_2P_1K_2$	2	1	2
6	$N_2P_2K_2$	2	2	2
7	$N_2P_3K_2$	2	3	2
8	$N_2P_2K_0$	2	2	0
9	$N_2P_2K_1$	2	2	1
10	$N_2P_2K_3$	2	2	3
11	$N_3P_2K_2$	3	2	2
12	$N_1P_1K_2$	1	1	2
13	$N_1P_2K_1$	1	2	1
14	$N_2P_1K_1$	2	1	1

该方案除可应用14个处理进行氮、磷、钾三元二次效应方程的拟合以外，还可分别进行氮、磷、钾中任意二元或一元效应方程的拟合。

例如：进行氮、磷二元效应方程拟合时，可选用处理2～7、11、12，求得在以K_2水平为基础的氮、磷二元二次效应方程；选用处理2、3、6、11可求得在P_2K_2水平为基础的氮肥效应方程；选用处理4、5、6、7可求得在N_2K_2水平为基础的磷肥效应方程；选用处理6、8、9、10可求得在N_2P_2水平为基础的钾肥效应方程。此外，通过处理1，可以获得基础地力产量，即空白区产量。

4.2.2 “3414”部分实施方案

试验氮、磷、钾某一个或两个养分的效应，可在“3414”方案中选择相关处理，即“3414”的部分实施方案。这样既保持了测土配方施肥田间试验总体设计的完整性，又考虑到不同区域土壤养分特点和不同试验目的的要求，满足不同层次的需要。如有些区域重点要试验氮、磷效果，可在 K_2 做肥底的基础上进行氮、磷二元肥料效应试验，但应设置3次重复。具体处理及其与“3414”方案处理编号对应列于表2。

表2　氮、磷二元二次肥料试验设计与“3414”方案处理编号对应表

试验编号	处理编号	处理	N	P	K
1	1	$N_0P_0K_0$	0	0	0
2	2	$N_0P_2K_2$	0	2	2
3	3	$N_1P_2K_2$	1	2	2
4	4	$N_2P_0K_2$	2	0	2
5	5	$N_2P_1K_2$	2	1	2
6	6	$N_2P_2K_2$	2	2	2
7	7	$N_2P_3K_2$	2	3	2
8	11	$N_3P_2K_2$	3	2	2
9	12	$N_1P_1K_2$	1	1	2

上述方案也可分别建立氮、磷一元效应方程。

在肥料试验中，为了取得土壤养分供应量、作物吸收养分量、土壤养分丰缺指标等参数，一般把试验设计为5个处理：无肥区（CK）、无氮区（PK）、无磷区（NK）、无钾区（NP）和氮、磷、钾区（NPK）。这5个处理分别是“3414”完全实施方案中的处理1、2、4、8和6。如要获得有机肥料的效应，可增加有机肥处理区（m）；试验某种中（微）量元素的效应，在NPK基础上，进行加与不加该中（微）量元素处理的比较。试验要求测试土壤养分和植株养分含量，进行考种和计产。试验设计中，氮、磷、钾、有机肥等用量应接近效应肥料函数计算的最高产量施肥量或用其他方法推荐的合理用量。

表3　常规5处理试验设计与“3414”方案处理编号对应表

处理编号	处理		N	P	K
1	无肥区	$N_0P_0K_0$	0	0	0
2	无氮区	$N_0P_2K_2$	0	2	2
4	无磷区	$N_2P_0K_2$	2	0	2
8	无钾区	$N_2P_2K_0$	2	2	0
6	氮磷钾区	$N_2P_2K_2$	2	2	2

4.3 试验实施

4.3.1 试验地选择

试验地应选择平坦、整齐、肥力均匀，具有代表性的不同肥力水平的地块；坡地应选择坡度平缓、肥力差异较小的田块；试验地应避开靠近道路、堆肥场所等特殊地块。

4.3.2 试验作物品种选择

应选择当地主栽作物品种或拟推广品种。

4.3.3 试验准备

整地、设置保护行、试验地区划；小区应单灌单排，避免串灌串排；试验前多点采集土壤混合样品；依测试项目不同，分别制备新鲜或风干土样。

4.3.4 试验重复与小区排列

一般设 3 个重复。采用随机排列，同一区组内土壤、地形等条件应相对一致，区组间允许有差异。同一生长季、同一作物、同类试验在 10 个以上时可采用多点无重复设计。

小区面积：大田作物和露地蔬菜作物小区面积一般为 20～50 平方米，密植作物可小些，中耕作物可大些；设施蔬菜作物一般为 20～30 平方米，至少 5 行以上。小区宽度：密植作物不小于 3 米，中耕作物不小于 4 米。

4.3.5 试验记载与测试

按照 NY/T 497 执行，收获期采集植株样品、进行考种和经济产量测试。必要时进行植株分析。每个县每种作物应按高、中、低肥力分别各取不少于 1 组 3414 试验所有处理的样品用于分析化验。

测土配方施肥田间试验结果汇总表见附录 A。

4.4 试验统计分析

常规试验和回归试验的统计分析方法参见肥料效应鉴定田间试验技术规程。

5 样品采集与制备

采样前，要收集采样区域土壤图、土地利用现状图、行政区划图等资料，绘制样点分布图，制订采样工作计划。准备 GPS、采样工具、采样袋（布袋、纸袋或塑料网袋）、采样标签等。

5.1 土壤样品采集

土壤样品采集应具有代表性，并根据不同分析项目采用相应的采样和处理方法。

5.1.1　采样单元

利用现有土壤类型、土地利用因素，在一个县范围内，根据地形、地貌、土壤类型等自然条件，首先划分成测土配方施肥几个大区，然后在大区内按土壤类型、作物种植结构和土壤肥力等级等，将测土配方施肥区域进一步划分为若干个采样单元。平原、大田作物 66 700～133 400 平方米采一个混合样，丘陵、园艺作物 20 010～53 360 平方米采一个混合样。采用 GPS 定位，记录经纬度，精确到 0.1″。

5.1.2　采样时间

在作物收获后或播种施肥前采集。设施蔬菜在晾棚期采集。进行氮肥追肥推荐时，应在追肥前或作物生长的关键时期采集。

5.1.3　采样周期

同一采样单元，无机氮及植株氮营养快速诊断每季或每年采集 1 次；土壤有效磷、速效钾等一般 2～3 年采集 1 次；中、微量元素一般 3～5 年采集 1 次。

5.1.4　采样深度

采样深度 0～20 厘米。

5.1.5　采样点数量

采样必须多点混合，每个样品取 15～20 个样点。

5.1.6　采样路线

采用 S 形布点采样。在地形变化小、地力较均匀、采样单元面积较小的情况下，也可采用梅花形布点取样。要避开路边、田埂、沟边、肥堆等特殊部位。

5.1.7　采样方法

取样器应垂直于地面入土，深度相同。用取土铲取样应先铲出一个耕层断面，再平行于断面取土。因需测定或抽样测定微量元素，所有样品都应用不锈钢取土器采样。

5.1.8　样品量

将采集的土壤样品放在盘子或塑料布上，剔除土壤中的作物根系、石块、杂草等侵入体，将土样弄碎、混匀，铺成正方形，画对角线将土样分成四份，把对角的两份分别合并成一份，保留一份，弃去一份，最后以留 0.5 千克（用于推荐施肥的 0.5 千克，用于试验的 2 千克以上，长期保存备用）土样为宜。

5.1.9　样品标记

采集的样品放入统一的样品袋，用铅笔写好标签，内外各一张。采样标签样式见附录 B。

5.2 土壤样品制备

5.2.1 风干样品

从野外采回的土壤样品要及时放在样品盘上，摊成薄薄一层，置于干净整洁的室内通风处自然风干，严禁暴晒，并注意防止酸、碱等气体及灰尘的污染。风干过程中要经常翻动土样并将大土块捏碎以加速干燥，同时剔除侵入体。

风干后的土样按照不同的分析要求研磨过筛，充分混匀后，装入样品瓶中备用。瓶内外各放标签一张，写明编号、名称和细度等项目。制备好的样品要妥为贮存，避免日晒、高温、潮湿和酸碱等气体的污染。全部分析工作结束，分析数据核实无误后，试样一般还要保存 3 个月至 1 年，以备查询。“3414”试验等有价值、需要长期保存的样品，须保存于广口瓶中，用蜡封好瓶口。

5.2.2 一般化学分析试样

将风干后的样品平铺在制样板上，用木棍或塑料棍碾压，并将植物残体、石块等侵入体和新生体剔除干净。细小已断的植物须根，可采用静电吸附的方法清除。压碎的土样用 2 毫米孔径筛过筛，未通过的土粒重新碾压，直至全部样品通过 2 毫米孔径筛为止。通过 2 毫米孔径筛的土样可供 pH、盐分、交换性能及有效养分等项目的测定。

将通过 2 毫米孔径筛的土样用四分法取出一部分继续碾磨，使之全部通过 0.25 毫米孔径筛，供有机质、全氮、碳酸钙等项目的测定。

5.2.3 微量元素分析试样

用于微量元素分析的土样，其处理方法同一般化学分析样品，但在采样、风干、研磨、过筛、运输、贮存等诸环节不要接触容易造成样品污染的铁、铜等金属器具。采样、制样推荐使用不锈钢、木、竹或塑料工具，过筛使用尼龙网筛等。通过 2 毫米孔径尼龙筛的样品可用于测定土壤有效态微量元素。

5.3 植物样品的采集与制备

5.3.1 采样要求

植物样品分析的可靠性受样品数量、采集方法及分析部位影响，因此，采样应具有：

——代表性：采集样品能符合群体情况，采样量一般为 1 千克。

——典型性：采样的部位能反映所要了解的情况。

——适时性：根据研究目的，在不同生长发育阶段，定期采样。

——粮食作物一般在成熟后收获前采集籽实部分及秸秆；发生偶然污染事故时，在田间完整地采集整株植株样品；其他植株样品根据研究目的确定采样要求。

5.3.2 样品采集

5.3.2.1 粮食作物

一般采用多点取样，避开田边2米，按梅花形（适用于采样单元面积小的情况）或S形采样法采样。在采样区内采取10个样点的样品组成一个混合样。采样量根据检测项目而定，籽实样品一般1千克左右，装入纸袋或布袋。要采集完整植株样品可以稍多些，约2千克左右，用塑料纸包扎好。

5.3.2.2 蔬菜样品

蔬菜品种繁多，可大致分成叶菜、根菜、瓜果三类，按需要确定采样对象。

菜地采样可按对角线或S形法布点，采样点不应少于10个，采样量根据样本个体大小确定，一般每个点的采样量不少于1千克。从多个点采集的蔬菜样，按四分法进行缩分，其中个体大的样本，如大白菜等可采用纵向对称切成4份或8份，取其2份的方法进行缩分，最后分取3份，每份约1千克，分别装入塑料袋，粘贴标签，扎紧袋口。

如需用鲜样进行测定，采样时最好连根带土一起挖出，用湿布或塑料袋装，防止萎蔫。采集根部样品时，在抖落泥土或洗净泥土过程中应尽量保持根系的完整。

5.3.3 标签内容

采样序号、采样地点、样品名称、作物品种、土壤名称（或当地俗称）、成土母质、地形地势、耕作制度、前茬作物及产量、化肥农药施用情况、灌溉水源、采样点地理位置简图。

5.3.4 植株样品处理与保存

粮食籽实样品应及时晒干脱粒，充分混匀后用四分法缩分至所需量。需要洗涤时，注意时间不宜过长并及时风干。为了防止样品变质，虫咬，需要定期进行风干处理。使用不污染样品的工具将籽实粉碎，用0.5毫米筛子过筛制成待测样品。测定重金属元素含量时，不要使用能造成污染的器械。

完整的植株样品先洗干净，根据作物生物学特性差异，采用能反映特征的植株部位，用不污染待测元素的工具剪碎样品，充分混匀用四分法缩分至所需的量，制成鲜样或于60℃烘箱中烘干后粉碎备用。

6 土壤与植物测试

6.1 土壤测试

6.1.1 土壤 pH

土液比 1∶2.5，电位法测定。

6.1.2 土壤有机质

油浴加热重铬酸钾氧化容量法测定。

6.1.3 土壤全氮

凯氏蒸馏法测定。

6.1.4 土壤有效磷

碳酸氢钠或氟化铵－盐酸浸提——钼锑抗比色法测定。

6.1.5 土壤钾

6.1.5.1 土壤速效钾

乙酸铵浸提——火焰光度计或原子吸收分光光度计法测定。

6.1.5.2 土壤缓效钾（必测项目）

硝酸提取——火焰光度计或原子吸收分光光度计法测定。

6.1.6 钙、镁离子

原子吸收分光光度法测定。

6.1.7 土壤有效硫

磷酸盐-乙酸或氯化钙浸提——硫酸钡比浊法测定。

6.1.8 土壤有效铜、锌、铁、锰（必测项目）

DTPA 浸提——原子吸收分光光度法测定。

6.1.9 土壤有效硼

沸水浸提——甲亚胺- H 比色法或姜黄素比色法测定。

6.1.10 土壤有效钼（一般区域选 10%的样品，豆科作物主产区全测）

草酸-草酸铵浸提——极谱法测定。

6.1.11 氯离子

硝酸银滴定法测定。

6.2 植物测试

6.2.1 全氮、全磷、全钾

硫酸-过氧化氢消煮，或水杨酸-锌粉还原，硫酸-加速剂消煮，全氮采用蒸馏滴定法测定；全磷采用钒钼黄或钼锑抗比色法测定；全钾采用火焰光度法或原子吸收分光光度计法测定。

6.2.2　水分

常压恒温干燥法或减压干燥法测定。

6.2.3　粗灰分

干灰化法测定。

6.2.4　全钙、全镁

干灰化-稀盐酸溶解法或硝酸-高氯酸消煮，原子吸收分光光度计法或ICP法测定。

6.2.5　全硫

硝酸-高氯酸消煮法或硝酸镁灰化法，硫酸钡比浊或ICP法测定。

6.2.6　全硼、全钼

干灰化-稀盐酸溶解，硼采用姜黄素或甲亚胺比色法测定，钼采用石墨炉原子吸收法或极谱法测定。

6.2.7　全量铜、锌、铁、锰

干灰化或湿灰化，原子吸收分光光度计或ICP法测定。

7　田间基本情况调查

7.1　调查记录内容

在土壤取样的同时，调查田间基本情况，填写测土配方施肥采样地块基本情况调查表，见附件C。同时开展农户施肥情况调查，填写农户施肥情况调查表，见附件G。附件C和附件G的统一编号要相对应。

7.2　调查对象

取样点所属村组人员和地块所属农户。

8　肥料配方设计

8.1　基于田块的肥料配方设计

基于田块的肥料配方设计首先确定氮、磷、钾养分的用量，然后确定相应的肥料组合。肥料用量的确定方法主要包括土壤与植物测试推荐施肥方法、肥料效应函数法、土壤养分丰缺指标法和养分平衡法。

8.1.1　土壤、植物测试推荐施肥方法

该技术综合了目标产量法、养分丰缺指标法和作物营养诊断法的优点。对于大田作物，在综合考虑有机肥、作物秸秆应用和管理措施的基础上，根据氮、磷、钾和中、微量元素养分的不同特征，采取不同的养分优化调控与管理策略。其中，氮肥推荐根据土壤供氮状况和作物需氮量，进行实时动态监测和精确调控，包括基肥和追肥的调控；磷、钾肥通过土壤测试和养分平衡进行监控；中、微量元素采用因缺补缺的矫正施肥策略。该技术包括氮素实时监控、磷钾养分恒量监控和中、微量元素养分矫正施肥技术。

8.1.1.1　氮素实时监控施肥技术

根据目标产量确定作物需氮量，以需氮量的30%～60%作为基肥用量。具体基施比例根据土壤全氮含量，同时参照当地丰缺指标来确定。一般在全氮含量偏低时，采用需氮量的50%～60%作为基肥；在全氮含量居中时，采用需氮量的40%～50%作为基肥；在全氮含量偏高时，采用需氮量的30%～40%作为基肥。30%～60%基肥比例可根据上述方法确定，并通过“3414”田间试验进行校验，建立当地不同作物的施肥指标体系。

$$基肥用量(千克/亩)=\frac{(目标产量需氮量-土壤无机氮)\times(30\%\sim60\%)}{肥料中养分含量\times肥料当季利用率}$$

其中：土壤无机氮(千克/亩)=土壤无机氮测试值(毫克/千克)×0.15×校正系数

氮肥追肥用量推荐以作物关键生育期的营养状况诊断或土壤硝态氮的测试为依据，这是实现氮肥准确推荐的关键环节，也是控制过量施氮或施氮不足、提高氮肥利用率和减少损失的重要措施。测试项目主要是土壤全氮含量、土壤硝态氮含量或小麦拔节期茎基部硝酸盐浓度、玉米最新展开叶叶脉中部硝酸盐浓度。

8.1.1.2　磷钾养分恒量监控施肥技术

根据土壤有效磷、速效钾含量水平，以土壤有效磷、速效钾养分不成为实现目标产量的限制因子为前提，通过土壤测试和养分平衡监控，使土壤有效磷、速效钾含量保持在一定范围内。对于磷肥，基本思路是根据土壤有效磷测试结果和养分丰缺指标进行分级，当有效磷水平处在中等偏上时，可以将目标产量需要量（只包括带出田块的收获物）的100%～110%作为当季磷肥用量；随着有效磷含量的增加，需要减少磷肥用量，直至不施；随着有效磷的降低，需要适当增加磷肥用量，在极缺磷的土壤上，可以施到需要量的150%～200%。在2～3年后再次测土时，根据土壤有效磷和产量的变化再对磷肥用量进行调整。钾肥首先需要确定施用钾肥是否有效，再参照上面方法确定钾肥用量，但需要考虑有机肥和秸秆还田带入的钾量。一般大田作物磷、钾肥料全部做基肥。

8.1.1.3　中、微量元素养分矫正施肥技术

中、微量元素养分的含量变幅大，作物对其需要量也各不相同。主要与土壤特性（尤其是母质）、作物种类和产量水平等有关。矫正施肥就是通过土壤

测试，评价土壤中、微量元素养分的丰缺状况，进行有针对性的因缺补缺的施肥。

8.1.2 肥料效应函数法

根据“3414”方案田间试验结果建立当地主要作物的肥料效应函数，直接获得某一区域、某种作物的氮、磷、钾肥料的最佳施用量，为肥料配方和施肥推荐提供依据。

8.1.3 土壤养分丰缺指标法

通过土壤养分测试结果和田间肥效试验结果，建立不同作物、不同区域的土壤养分丰缺指标，提供肥料配方。

土壤养分丰缺指标田间试验也可采用“3414”部分实施方案，详见4.2.2。“3414”方案中的处理1为空白对照（CK），处理6为全肥区（NPK），处理2、4、8为缺素区（即PK、NK和NP）。收获后计算产量，用缺素区产量占全肥区产量百分数即相对产量的高低来表达土壤养分的丰缺情况。相对产量低于50%的土壤养分为极低；相对产量50%～75%为低；75%～95%为中，大于95%为高，从而确定适用于某一区域、某种作物的土壤养分丰缺指标及对应的肥料施用数量。对该区域其他田块，通过土壤养分测试，就可以了解土壤养分的丰缺状况，提出相应的推荐施肥量。

8.1.4 养分平衡法

8.1.4.1 *基本原理与计算方法*

根据作物目标产量需肥量与土壤供肥量之差估算施肥量，计算公式为：

$$施肥量 = \frac{目标产量所需养分总量 - 土壤供肥量}{肥料中养分含量 \times 肥料当季利用率}$$

养分平衡法涉及目标产量、作物需肥量、土壤供肥量、肥料利用率和肥料中有效养分含量五大参数。土壤供肥量即为“3414”方案中处理1的作物养分吸收量。目标产量确定后因土壤供肥量的确定方法不同，形成了地力差减法和土壤有效养分校正系数法两种。

地力差减法是根据作物目标产量与基础产量之差来计算施肥量的一种方法。其计算公式为：

$$施肥量 = \frac{(目标产量 - 基础产量) \times 单位经济产量养分吸收量}{肥料中养分含量 \times 肥料利用率}$$

基础产量即为“3414”方案中处理1的产量。

土壤有效养分校正系数法是通过测定土壤有效养分含量来计算施肥量。其计算公式为：

$$施肥量 = \frac{\begin{matrix}作物单位产\\量养分吸收量\end{matrix} \times 目标产量 - 土壤测试值 \times 0.15 \times \begin{matrix}土壤有效养\\分校正系数\end{matrix}}{肥料中养分含量 \times 肥料利用率}$$

8.1.4.2 有关参数的确定

(1) 目标产量

目标产量可采用平均单产法来确定。平均单产法是利用施肥区前三年平均单产和年递增率为基础确定目标产量，其计算公式是：

$$目标产量(千克/亩) = (1+递增率) \times 前3年平均单产(千克/亩)$$

一般粮食作物的递增率为10%～15%为宜，露地蔬菜一般为20%左右，设施蔬菜为30%左右。

(2) 作物需肥量

通过对正常成熟的农作物全株养分的分析，测定各种作物百千克经济产量所需养分量，乘以目标常量即可获得作物需肥量。

$$\begin{array}{c}作物目标产量所\\需养分量(千克)\end{array} = \frac{目标产量(千克)}{100} \times 百千克产量所需养分量(千克)$$

(3) 土壤供肥量

土壤供肥量可以通过测定基础产量、土壤有效养分校正系数两种方法估算：

通过基础产量估算（处理1产量）：不施肥区作物所吸收的养分量作为土壤供肥量。

$$土壤供肥量(千克) = \frac{不施养分区农作物产量(千克)}{100} \times \begin{array}{c}百千克产量所\\需养分量(千克)\end{array}$$

通过土壤有效养分校正系数估算：将土壤有效养分测定值乘一个校正系数，以表达土壤“真实”供肥量。该系数称为土壤有效养分校正系数。

$$土壤有效养分校正系数(\%) = \frac{\begin{array}{c}缺素区作物地上部\\分吸收该元素量(千克/亩)\end{array}}{\begin{array}{c}该元素土壤测定\\值(毫克/千克)\end{array} \times 0.15}$$

(4) 肥料利用率

一般通过差减法来计算：利用施肥区作物吸收的养分量减去不施肥区农作物吸收的养分量，其差值视为肥料供应的养分量，再除以所用肥料养分量就是肥料利用率。

$$肥料利用率(\%) = \frac{\begin{array}{c}施肥区农作物吸收\\养分量(千克/亩)\end{array} - \begin{array}{c}缺素区农作物吸收\\养分量(千克/亩)\end{array}}{肥料施用量(千克/亩) \times 肥料中养分含量(\%)} \times 100\%$$

上述公式以计算氮肥利用率为例来进一步说明。

施肥区（NPK区）农作物吸收养分量（千克/亩）：“3414”方案中处理6的作物总吸氮量；

缺氮区（PK区）农作物吸收养分量（千克/亩）：“3414”方案中处理2

的作物总吸氮量；

肥料施用量（千克/亩）：施用的氮肥肥料用量；

肥料中养分含量（%）：施用的氮肥肥料所标明的含氮量。

如果同时使用了不同品种的氮肥，应计算所用的不同氮肥品种的总氮量。

（5）肥料养分含量

供施肥料包括无机肥料与有机肥料。无机肥料、商品有机肥料含量按其标明量，不明养分含量的有机肥料养分含量可参照当地不同类型有机肥养分平均含量获得。

8.2 肥料配方的校验

在肥料配方区域内针对特定作物，进行肥料配方验证。

8.3 测土配方施肥建议卡

见附件录D。

9 配方肥料合理施用

在养分需求与供应平衡的基础上，坚持有机肥料与无机肥料相结合；坚持大量元素与中量元素、微量元素相结合；坚持基肥与追肥相结合；坚持施肥与其他措施相结合。在确定肥料用量和肥料配方后，合理施肥的重点是选择肥料种类、确定施肥时期和施肥方法等。

9.1 配方肥料种类

根据土壤性状、肥料特性、作物营养特性、肥料资源等综合因素确定肥料种类，可选用单质或复混肥料自行配制配方肥料，也可直接购买配方肥料。

9.2 施肥时期

根据肥料性质和植物营养特性，适时施肥。植物生长旺盛和吸收养分的关键时期应重点施肥，有灌溉条件的地区应分期施肥。对作物不同时期的氮肥推荐量的确定，有条件区域应建立并采用实时监控技术。

9.3 施肥方法

常用的施肥方式有撒施后耕翻、条施、穴施等。应根据作物种类、栽培方式、肥料性质等选择适宜施肥方法。例如氮肥应深施覆土，施肥后灌水量不能过大，否则造成氮素淋洗损失；水溶性磷肥应集中施用，难溶性磷肥应分层施用或与有机肥料堆沤后施用；有机肥料要经腐熟后施用，并深翻入土。

10 示范及效果评价

10.1 田间示范

10.1.1 示范方案

每 6 670 000 平方米测土配方施肥田设 2～3 个示范点，进行田间对比示范。示范设置常规施肥对照区和测土配方施肥区两个处理，另外加设一个不施肥的空白处理，其中测土配方施肥、农民常规施肥处理不少于 200 平方米、空白对照（不施肥）处理不少于 30 平方米。其他参照一般肥料试验要求。通过田间示范，综合比较肥料投入、作物产量、经济效益、肥料利用率等指标，客观评价测土配方施肥效益，为测土配方施肥技术参数的校正及进一步优化肥料配方提供依据。田间示范应包括规范的田间记录档案和示范报告，具体记录内容参见附录 E 测土配方施肥田间示范结果汇总表。

10.1.2 结果分析与数据汇总

对于每一个示范点，可以利用三个处理之间产量、肥料成本、产值等方面的比较从增产和增收等角度进行分析，同时也可以通过测土配方施肥产量结果与计划产量之间的比较进行参数校验。有关增产增收的分析指标如下：

10.1.2.1 增产率

测土配方施肥产量与对照（常规施肥或不施肥处理）产量的差值相对于对照产量的比率或百分数。

$$增产率 A(\%) = \frac{Y_p - Y_k(或 Y_c)}{Y_k(或 Y_c)} \times 100\%$$

式中：A 代表增产率（%）；Y_p 代表测土配方施肥产量（千克/亩）；Y_k 代表空白产量（千克/亩）；Y_c 代表常规施肥产量（千克/亩）。

10.1.2.2 增收

根据各处理产量、产品价格、肥料用量和肥料价格计算各处理产值与施肥成本，然后计算测土配方施肥比对照或常规施肥新增纯收益：

$$增收(I) = [Y_p - Y_k(或 Y_c)] \times P_y - \sum_{i=0}^{n} F_i \times P_i$$

式中：I 代表测土配方施肥比对照（或常规）施肥增加的纯收益（元/亩）；Y_p 代表测土配方施肥的产量（千克/亩）；Y_k 代表空白对照的产量（千克/亩）；Y_c 代表常规施肥的产量（千克/亩）；P_y 代表产品价格（元/千克）；F_i 代表肥料用量（千克/亩）；P_i 代表肥料价格（元/千克）。

10.1.2.3 产出投入比

简称产投比，是施肥新增纯收益与施肥成本之比。可以同时计算测土配方施肥的产投比和常规施肥的产投比，然后进行比较。

$$产投比(D)=\frac{[Y_p-Y_k(或Y_c)]\times P_y-\sum_{i=0}^{n}F_i\times P_i}{\sum_{i=0}^{n}F_i\times P_i}$$

式中：D 代表产投比；Y_p 代表测土配方施肥的产量（千克/亩）；Y_k 代表空白对照的产量（千克/亩）；Y_c 代表常规施肥的产量（千克/亩）；P_y 代表产品价格（元/千克）；F_i 代表肥料用量（千克/亩）；P_i 代表肥料价格（元/千克）。

10.2 农户调查反馈

农户是测土配方施肥的具体应用者，通过收集农户施肥数据进行分析是评价测土配方施肥效果与技术准确度的重要手段，也是反馈修正肥料配方的基本途径。因此，需要进行农户测土配方施肥的反馈与评价工作。该项工作可以由各级配方施肥管理机构组织，进行独立调查，结果可以作为配方施肥执行情况评价的依据之一，也是社会监督和社会宣传的重要途径，甚至可以作为配方技术人员工作水平考核的依据。具体操作如下：

10.2.1 农户施肥数据的调查

10.2.1.1 测土样点农户的调查与跟踪

每县主要作物选择30～50个农户，填写农户测土配方施肥田块管理记载反馈表，留作测土配方施肥反馈分析，记载内容见附录F。

10.2.1.2 农户施肥调查

每县选择100户左右的农户，开展农户施肥调查，最好包括测土配方施肥农户和常规施肥农户，调查内容见附录G。

10.2.2 测土配方施肥的效果评价方法

10.2.2.1 测土配方施肥农户与常规施肥农户比较

从作物产量、效益方面进行评价。

10.2.2.2 农户测土配方施肥前后的比较

从农民执行测土配方施肥前后的产量、效益进行评价。

10.2.2.3 测土配方施肥准确度的评价

从农户和作物两方面对测土配方施肥技术准确度进行评价，内容见附录H。

附录 A(规范性附录)

测土配方施肥(作物名)田间试验结果汇总表

地点:________省________地市________县________(乡村农户地块名),邮编:________;东经:________度________分________秒,北纬:________度________分________秒;海拔________米

土名:________土类________亚类________土属________土种;地下水位通常________最高________最低________米;灌排能力________;障碍因素________;耕层厚度________厘米。土体构型:________;地形部位及农田建设:________;侵蚀模数________;肥力等级________;代表面积________亩;取土________年____月____日

土壤测试结果

取样层次	有机质	全氮	速效氮	全磷	有效磷	全钾	缓效钾	速效钾	交换量	碳酸钙		国际制	容重	土壤	速效微量元素(毫克/千克)						其他		
厘米	克/千克	克/千克	毫克/千克	克/千克	毫克/千克	克/千克	毫克/千克	毫克/千克	Cmol(+)/千克	克/千克	pH	质地	克/立方厘米	结构	Fe	Mn	Cu	Zn	B	Mo			

一、试验目的、原理和方法

二、供试作物品种、名称及特征描述(田间生长期:________年____月____日至________年____月____日)

三、田间操作、天气及灾害情况

灌溉	月、日						合计	生长季降水量	月、日						合计	年降水总量
	立方米/亩								毫米							
其他农事活动及灾害	月、日														无霜期	≥10℃积温
	活动现象													生长季		℃
														全年		℃

四、试验设计与结果

处理	序号	1	2	3	4	5	6	7	8	9	10	11	12	13	14	15	16	17	18
	代码	$N_0P_0K_0$	$N_0P_2K_2$	$N_1P_2K_2$	$N_2P_0K_2$	$N_2P_1K_2$	$N_2P_2K_2$	$N_2P_3K_2$	$N_2P_2K_0$	$N_2P_2K_1$	$N_2P_2K_3$	$N_3P_2K_2$	$N_1P_1K_2$	$N_1P_2K_1$	$N_2P_1K_1$				
亩产（千克）	重复Ⅰ																		
	重复Ⅱ																		
	重复Ⅲ																		

注：①前季作物品种：_______，名称_______，产量：_______（千克/亩），比常年：平、高、低，原因是：_______

②前季作物施肥量（千克/亩）N：_______，P_2O_5：_______，K_2O：_______；比常年：_______，原因是：_______

③本次试验是否代表常年情况：_______，原因是：_______

填报单位：__________ 邮编：_______ 电话：_______ 传真：_______ 联系人：_______ 填报时间：_______

注：请注明具体测试方法（测试方法参照本规范，推荐使用 M_3 法），养分以单质表示。

附录 B（规范性附录）

土 壤 采 样 标 签

统一编号：（和农户调查表编号一致）________ 邮编：________

采样时间：________年________月________日________时

采样地点：________省________县________乡（镇）________村______地块 农户名：________

地块在村的（中部、东部、南部、西部、北部、东南、西南、东北、西北）

采样深度：① 0～20 厘米 ②________厘米（不是 0～20 厘米的，请注明）

该土样由________点混合（7～20）

经度：______度______分______秒 纬度：______度______分______秒

采样人：________ 联系电话：________

附录 C（规范性附录）

测土配方施肥采样地块基本情况调查表

地点：________省________地市________县________（乡村农户地块名），东经：________度________分________秒，北纬：________度________分________秒；海拔________米；邮编：________

土名：________土类________亚类________土属________土种；地下水位通常________最高________最深________米；灌排能力________；障碍因素________；耕层厚度________厘米。土体构型：________；地形部位及农田建设：________；侵蚀程度________；肥力等级________；代表面积________亩；取土____年____月____日

土壤样品采集前一年内调查地块产投情况

作物及品种	田间生长日期		产量	化肥用量（纯养分千克/亩）				有机肥（千克）/亩	有机肥品种	有机肥养分折纯（千克/亩）					降水量（毫米）		灌溉（立方米/亩）		灾害情况及备注
	__年__月__日至__年__月__日	天数	千克/亩	N	P_2O_5	K_2O				有机质	N	P_2O_5	K_2O		次数	总量	次数	总量	

土壤测试结果*

取样层次	有机质	全氮	速效氮	全磷	有效磷	全钾	缓效钾	速效钾	交换量	碳酸钙		国际制	容重	土壤	速效微量元素（毫克/千克）						其他		
厘米	克/千克	克/千克	毫克/千克	克/千克	毫克/千克	克/千克	毫克/千克	毫克/千克	Cmol（+）/千克	克/千克	pH	质地	克/立方厘米	结构	Fe	Mn	Cu	Zn	B	Mo			
0—																							
—																							

土壤样品采集后一年内调查地块产投情况

作物及品种	田间生长日期		产量	化肥用量（纯养分千克/亩）				有机肥	有机肥品种	有机肥养分折纯（千克/亩）					降水量（毫米）		灌溉（立方米/亩）		灾害情况及备注
	__年__月__日至__年__月__日	天数	千克/亩	N	P_2O_5	K_2O		千克/亩		有机质	N	P_2O_5	K_2O		次数	总量	次数	总量	

填报单位：__________ 邮编：__________ 电话：__________ 传真：__________ 联系人：__________ 填报时间：__________

注：请注明具体测试方法（测试方法参照本规范，推荐使用 M_3 法），养分以单质表示。

附录 D（规范性附录）

测土配方施肥建议卡

农户姓名：______省 ______县（市）______乡（镇）______村 编号________

地块面积：________亩 地块位置：________

<table>
<tr><td rowspan="14">土壤测试数据</td><td>测试项目</td><td>测试值</td><td>丰缺指标</td><td colspan="3">养分水平评价</td></tr>
<tr><td>全氮（克/千克）</td><td></td><td></td><td>偏低</td><td>适宜</td><td>偏高</td></tr>
<tr><td>速态氮（毫克/千克）</td><td></td><td></td><td></td><td></td><td></td></tr>
<tr><td>有效磷（毫克/千克）</td><td></td><td></td><td></td><td></td><td></td></tr>
<tr><td>速效钾（毫克/千克）</td><td></td><td></td><td></td><td></td><td></td></tr>
<tr><td>有机质（克/千克）</td><td></td><td></td><td></td><td></td><td></td></tr>
<tr><td>pH</td><td></td><td></td><td></td><td></td><td></td></tr>
<tr><td>有效铁（毫克/千克）</td><td></td><td></td><td></td><td></td><td></td></tr>
<tr><td>有效锰（毫克/千克）</td><td></td><td></td><td></td><td></td><td></td></tr>
<tr><td>有效铜（毫克/千克）</td><td></td><td></td><td></td><td></td><td></td></tr>
<tr><td>有效锌（毫克/千克）</td><td></td><td></td><td></td><td></td><td></td></tr>
<tr><td>有效硼（毫克/千克）</td><td></td><td></td><td></td><td></td><td></td></tr>
<tr><td></td><td></td><td></td><td></td><td></td><td></td></tr>
</table>

<table>
<tr><td colspan="2" rowspan="2">作物</td><td colspan="5">目标产量（千克/亩）</td></tr>
<tr><td>肥料配方</td><td>用量（千克/亩）</td><td>施肥时间</td><td>施肥方式</td><td>施肥方法</td></tr>
<tr><td rowspan="6">推荐方案一</td><td rowspan="3">基肥</td><td></td><td></td><td></td><td></td><td rowspan="6"></td></tr>
<tr><td></td><td></td><td></td><td></td></tr>
<tr><td></td><td></td><td></td><td></td></tr>
<tr><td rowspan="3">追肥</td><td></td><td></td><td></td><td></td></tr>
<tr><td></td><td></td><td></td><td></td></tr>
<tr><td></td><td></td><td></td><td></td></tr>
<tr><td rowspan="6">推荐方案二</td><td rowspan="3">基肥</td><td></td><td></td><td></td><td></td><td rowspan="6"></td></tr>
<tr><td></td><td></td><td></td><td></td></tr>
<tr><td></td><td></td><td></td><td></td></tr>
<tr><td rowspan="3">追肥</td><td></td><td></td><td></td><td></td></tr>
<tr><td></td><td></td><td></td><td></td></tr>
<tr><td></td><td></td><td></td><td></td></tr>
</table>

技术指导单位：__________ 联系方式：__________ 联系人：__________ 日期：__________

附录 E（规范性附录）

测土配方施肥（作物名）田间示范结果汇总表

地点：____省____地市____县____（乡村农户地块名），邮编：____；东经：____度____分____秒，北纬：____度____分____秒；海拔____米

土名：____土类____亚类____土属____土种；地下水位通常____最高____最低____米；灌排能力____；障碍因素____；耕层厚度____厘米

土体构型：____；地形部位及农田建设：____；侵蚀程度____；肥力等级____；代表面积____亩；取土____年____月____日

土壤测试结果

取样层次	有机质	全氮	速效氮	全磷	有效磷	全钾	缓效钾	速效钾	交换量	碳酸钙		国际制	容重	土壤	速效微量元素（毫克/千克）						其他		
厘米	克/千克	克/千克	毫克/千克	克/千克	毫克/千克	克/千克	毫克/千克	毫克/千克	Cmol（+）/千克	克/千克	pH	质地	克/立方厘米	结构	Fe	Mn	Cu	Zn	B	Mo			
0—																							
—																							

示 范 结 果

	生长日期		产量	化肥用量（千克/亩）				有机肥	有机肥	有机肥养分折纯（千克/亩）					降水量（毫米）		灌溉（立方米/亩）		面积（亩）	作物品种
	__年__月__日至__年__月__日	天数	千克/亩	N	P_2O_5	K_2O		千克/亩	品种	有机质	N	P_2O_5	K_2O		次数	总量	次数	总量		
配方施肥区																				
农民常规区																				
空白处理区																				

示范推荐方法：__________，不正常情况及备注：__________

填报单位：__________ 邮编：__________ 电话：__________ 传真：__________ 联系人：__________ 填报时间：__________

注：请注明具体测试方法（测试方法参照本规范，推荐使用 M_3 法），养分以单质表示。

附录 F（规范性附录）

农户测土配方施肥田块管理记载表

编号：________调查年度：________农户姓名：________调查时间：

地块 GPS 定位：________土壤类型：________质地：1 砂　2 壤　3 黏________测土施肥面积：________亩

作物名称：________品种：________单产（千克/亩）

施 肥 记 录 表

施肥	肥料品种（包括有机肥）	养分含量			用量（千克/亩）	施肥方式	日期
		N（%）	P_2O（%）	K_2O（%）			
基肥							
追肥							

灌 水 记 录 表

灌水日期	灌水量（立方米/亩）	灌水方式（在使用的灌水方式前打√）	备注
______月______日		□漫灌　□畦灌　□喷灌　□沟灌　□滴灌	
______月______日		□漫灌　□畦灌　□喷灌　□沟灌　□滴灌	
______月______日		□漫灌　□畦灌　□喷灌　□沟灌　□滴灌	
______月______日		□漫灌　□畦灌　□喷灌　□沟灌　□滴灌	
______月______日		□漫灌　□畦灌　□喷灌　□沟灌　□滴灌	

田间管理表

<table>
<tr><td>播期：________月________日</td><td>播种方式：</td><td>播量：（千克/亩）</td></tr>
<tr><td colspan="3">主要病虫害发生期及防治方法和效果</td></tr>
<tr><td colspan="3">播前、生长期间及收获时田间记录</td></tr>
</table>

本年度购买肥料情况

种类	生产商	数量（千克）	金额（元）	种类	生产商	数量（千克）	金额（元）

附录 G（规范性附录）

农户施肥调查表（相应选择画“√”）

农户编号：________________ 调查年度：________________

农户姓名：________________ 调查时间：________________

地块 GPS 定位：____________ 土壤类型：____________

质地：1砂 2壤 3黏 面积________亩

<table>
<tr><td colspan="3">项 目</td><td colspan="4">第一季</td><td colspan="4">第二季</td><td colspan="4">第三季</td></tr>
<tr><td rowspan="4">作物</td><td colspan="2">作物名称</td><td colspan="4"></td><td colspan="4"></td><td colspan="4"></td></tr>
<tr><td colspan="2">作物品种</td><td colspan="4"></td><td colspan="4"></td><td colspan="4"></td></tr>
<tr><td colspan="2">种植方式</td><td colspan="4">1单作，2间作</td><td colspan="4">1单作，2间作</td><td colspan="4">1单作，2间作</td></tr>
<tr><td colspan="2">单产（千克/亩）</td><td colspan="4"></td><td colspan="4"></td><td colspan="4"></td></tr>
<tr><td rowspan="3">灌溉</td><td colspan="2">次数</td><td>1</td><td>2</td><td>3</td><td>4</td><td>1</td><td>2</td><td>3</td><td>4</td><td>1</td><td>2</td><td>3</td><td>4</td></tr>
<tr><td colspan="2">数量（立方米）</td><td></td><td></td><td></td><td></td><td></td><td></td><td></td><td></td><td></td><td></td><td></td><td></td></tr>
<tr><td colspan="2">方式</td><td colspan="4">1漫灌，2管灌，3畦灌，
4沟灌，5喷灌，6滴灌</td><td colspan="4">1漫灌，2管灌，3畦灌，
4沟灌，5喷灌，6滴灌</td><td colspan="4">1漫灌，2管灌，3畦灌，
4沟灌，5喷灌，6滴灌</td></tr>
<tr><td colspan="3">秸秆利用</td><td colspan="4">1还田，2积肥，3饲料，
4燃料，5原料，6焚烧，
7弃置乱堆，8其他</td><td colspan="4">1还田，2积肥，3饲料，
4燃料，5原料，6焚烧，
7弃置乱堆，8其他</td><td colspan="4">1还田，2积肥，3饲料，
4燃料，5原料，6焚烧，
7弃置乱堆，8其他</td></tr>
<tr><td rowspan="10">有机无机肥料施用情况</td><td rowspan="5">1</td><td>肥料名称</td><td colspan="4"></td><td colspan="4"></td><td colspan="4"></td></tr>
<tr><td>养分含量</td><td colspan="4">N ，P ，K ，( )</td><td colspan="4">N ，P ，K ，( )</td><td colspan="4">N ，P ，K ，( )</td></tr>
<tr><td>肥料用途</td><td colspan="4">1. 底肥 2. 追肥</td><td colspan="4">1. 底肥 2. 追肥</td><td colspan="4">1. 底肥 2. 追肥</td></tr>
<tr><td>施用方法</td><td colspan="4"></td><td colspan="4"></td><td colspan="4"></td></tr>
<tr><td>肥料用量</td><td colspan="4"></td><td colspan="4"></td><td colspan="4"></td></tr>
<tr><td rowspan="5">2</td><td>肥料名称</td><td colspan="4"></td><td colspan="4"></td><td colspan="4"></td></tr>
<tr><td>养分含量</td><td colspan="4">N ，P ，K ，( )</td><td colspan="4">N ，P ，K ，( )</td><td colspan="4">N ，P ，K ，( )</td></tr>
<tr><td>肥料用途</td><td colspan="4">1. 底肥 2. 追肥</td><td colspan="4">1. 底肥 2. 追肥</td><td colspan="4">1. 底肥 2. 追肥</td></tr>
<tr><td>施用方法</td><td colspan="4"></td><td colspan="4"></td><td colspan="4"></td></tr>
<tr><td>肥料用量</td><td colspan="4"></td><td colspan="4"></td><td colspan="4"></td></tr>
</table>

（续）

<table>
<tr><td colspan="3">项 目</td><td>第一季</td><td>第二季</td><td>第三季</td></tr>
<tr><td rowspan="18">有机无机肥料施用情况</td><td rowspan="5">3</td><td>肥料名称</td><td></td><td></td><td></td></tr>
<tr><td>养分含量</td><td>N ,P ,K ,( )</td><td>N ,P ,K ,( )</td><td>N ,P ,K ,( )</td></tr>
<tr><td>肥料用途</td><td>1. 底肥 2. 追肥</td><td>1. 底肥 2. 追肥</td><td>1. 底肥 2. 追肥</td></tr>
<tr><td>施用方法</td><td></td><td></td><td></td></tr>
<tr><td>肥料用量</td><td></td><td></td><td></td></tr>
<tr><td rowspan="5">4</td><td>肥料名称</td><td></td><td></td><td></td></tr>
<tr><td>养分含量</td><td>N ,P ,K ,( )</td><td>N ,P ,K ,( )</td><td>N ,P ,K ,( )</td></tr>
<tr><td>肥料用途</td><td>1. 底肥 2. 追肥</td><td>1. 底肥 2. 追肥</td><td>1. 底肥 2. 追肥</td></tr>
<tr><td>施用方法</td><td></td><td></td><td></td></tr>
<tr><td>肥料用量</td><td></td><td></td><td></td></tr>
<tr><td rowspan="5">5</td><td>肥料名称</td><td></td><td></td><td></td></tr>
<tr><td>养分含量</td><td>N ,P ,K ,( )</td><td>N ,P ,K ,( )</td><td>N ,P ,K ,( )</td></tr>
<tr><td>肥料用途</td><td>1. 底肥 2. 追肥</td><td>1. 底肥 2. 追肥</td><td>1. 底肥 2. 追肥</td></tr>
<tr><td>施用方法</td><td></td><td></td><td></td></tr>
<tr><td>肥料用量</td><td></td><td></td><td></td></tr>
<tr><td rowspan="3">6</td><td>肥料名称</td><td></td><td></td><td></td></tr>
<tr><td>养分含量</td><td>N ,P ,K ,( )</td><td>N ,P ,K ,( )</td><td>N ,P ,K ,( )</td></tr>
<tr><td>肥料用途</td><td>1. 底肥 2. 追肥</td><td>1. 底肥 2. 追肥</td><td>1. 底肥 2. 追肥</td></tr>
</table>

附录 H（规范性附录）

农户测土配方施肥准确度的评价统计表

________年________县________作物农户测土配方施肥执行情况对比表

配方状况	样本数	施氮量（千克/亩）		施磷量（千克/亩）		施钾量（千克/亩）		养分比例	
		平均	标准差	平均	标准差	平均	标准差	氮磷比	氮钾比
配方推荐									
实际执行									
差　值（与推荐比）									

________年________县________作物测土配方施肥执行效果对比表

配方状况	样本数	施肥成本（元/亩）		产量（千克/亩）		效益（元/亩）		配方施肥增加（%）	
		平均	标准差	平均	标准差	平均	标准差	产量	效益
配方推荐									
实际执行									
差　值（与推荐差值）									

2. 补充耕地质量评价技术规程

1 总则

1.1 目的

为规范许昌市补充耕地质量评价工作的内容、范围、方法、程序，实现调查全过程质量控制，查清补充耕地地力与土壤环境质量状况，保障农业可持续发展，特制定本技术规程。

1.2 原则

充分利用现有成果的原则。第二次土壤普查、土地利用现状调查、基本农田保护区划定、测土配方施肥补贴项目等已有的成果作为调查的基础资料。

实用性和公益性结合的原则。根据当地政府的要求和生产实践的需求，确定田间实地调查内容。

应用高新技术的原则。在调查方法、数据采集及处理、成果表达等方面应用高新技术。

1.3 适用范围

本规程适用于补充耕地地力、土壤环境质量调查与评价。

1.4 引用标准

NY/T 309—1996　全国耕地类型区、耕地地力等级划分
NY/T 310—1996　全国中低产田类型划分与改良技术规范
GB 15618—1995　土壤环境质量标准
NY/T 391—2000　绿色食品产地环境技术条件
NY/T 395—2000　农田土壤环境质量监测技术规范
GB 5084　农田灌溉水质标准
GB/T 14848　地下水质量标准
GB 3838—2002　地面水质量标准
GB/T 17296—2000　中国土壤分类与代码

1.5 术语

耕地地力：本规程所指的耕地地力是在当前管理水平下，由土壤本身特性、自然背景条件和基础设施水平等要素综合构成的耕地生产能力。

耕地质量：耕地满足作物生长和清洁生产的程度，包括耕地地力和土壤环境质量两方面。本规程调查和评价所指土壤环境质量，界定在土壤污染与水质污染两个方面。

2 准备工作

2.1 工作组织

2.1.1 成立领导小组

市、县两级农业行政主管部门成立补充耕地质量调查与评价工作领导小组及其办公室。领导小组负责人员落实，资金安排，工作计划审定和项目监督管理；办公室负责项目组织落实、业务指导和成果汇总。根据工作需要成立工作组、技术组。

2.1.2 成立专家组

聘请农业、土地、水利、环保等部门和学科专家组成专家组，参与耕地质量、土壤环境调查与评价工作的技术指导、制订实施方案和检查验收。

2.1.3 确定定点化验室

通过计量认证或农业部考核认可的化验室或测试中心承担补充耕地地力调查与质量评价项目的分析化验工作。

2.2 物资准备

2.2.1 计算机

硬件：计算机，工程扫描仪（A0），彩色喷墨绘图仪（A0）。

软件：操作系统，数据库平台（Access、SQL server），耕地资源管理信息系统及相关的GIS软件。

2.2.2 野外调查所需物资

采样工具、样品的包装运输装备、野外调查表格、GPS仪等。

2.2.3 分析化验仪器设备

根据工作需要补充必要的检测仪器设备和化学试剂。

2.3 技术准备

2.3.1 编写实施方案

其主要内容包括：思路与目标、工作内容、组织领导、技术保证、调查与评价方法、预期成果、计划进度和经费安排等。

2.3.2　确定耕地质量评价因子

根据全国耕地地力调查评价指标体系，组织有关专家，采用专家经验法或主成分分析法，选取补充耕地质量评价因子。

2.3.3　调查采样点确定原则

2.3.3.1　样点密度

100～200 亩取一个样点。优势农作物或经济作物种植区适当加大样点密度。工矿业、生活及农业面源可能造成污染的重点区，要加大采样密度。

2.3.3.2　土壤环境调查水样

生产棉花、油料、粮食等大田作物的农田对灌溉水质要求较低，样点密度可以减少；直接食用的农产品如蔬菜、水果等对灌溉水质要求较高，样点密度适当增加。

2.3.3.3　确定调查采样点

应用建立的耕地资源数据库综合分析，确定调查与采样点位置。

2.3.4　准备野外调查表格

根据调查表样，编制符合当地实际的填表说明。

2.3.5　技术培训内容

田间调查技术。包括采样点选择、GPS 应用技术、采样技术、调查表填写等。

计算机应用技术。包括数据录入、图件数字化、专家知识库建立等。

化验技能。包括样品前处理、精密仪器使用、化验结果计算、化验质量控制等。

调查报告的编写。包括报告内容、篇章结构、术语、量纲等。

2.4　资料准备

2.4.1　图件资料（比例尺 1∶5 万）

地形图（采用中国人民解放军总参谋部测绘局测绘的地形图）、第二次土壤普查成果图、基本农田保护区规划图、土地利用现状图、农田水利分区图、主要污染源点位图、其他相关图件。

2.4.2　数据及文本资料（统计资料以 2000 年为基准年）

第二次土壤普查成果资料、基本农田保护区划定统计资料、近三年种植面积、粮食单产、总产统计资料、历年土壤肥力监测点田间记载及化验结果资料、历年肥情点资料、近几年土壤、植株化验资料、各乡历年化肥、农药、除草剂等农用化学品销售及使用情况、主要污染源调查资料（地点、污染类型、方式、排污量等）、其他相关资料：如水土保持、生态环境建设、水利区划等、土壤典型剖面照片、土壤肥力监测点景观照片、当地典型景观照片、特色农产品介绍（文字、图片）、地方介绍资料（图片、录像、文字、音乐）。

2.5 数据库的建立和数据录入

2.5.1 数据库的内容

地形图（主要提取矫正地理坐标的信息、高程信息）、土壤图、基本农田保护区规划图、土地利用现状图等数字化图层及相应的属性数据库。

2.5.2 空间数据库的建立

将2.5.1基本图件扫描后（图件扫描分辨率：300dpi，彩色图用24位真彩，单色图用黑白格式），用屏幕数字化的方法进行数字化，或通过手扶数字化仪方式建立空间数据库。

2.5.3 属性数据库的建立

属性数据库的内容包括收集、调查和分析化验的数据资料。按照数据字典的要求，对数据资料进行规范整理后，输入数据录入系统。

2.5.4 图片及其他资料

所有图片扫描后以文件的形式保存，文件格式一律采用bmp或jpg。图件可扫描成黑白、灰度或真彩色，完成后将文件名及内容说明放在一个规定的数据库中。文字：以TXT文件保存。录像：以AVI格式或MPG格式保存。音乐：以WAV或MID格式保存。超文本（网页）：以HTML格式保存。

3 调查与取样

3.1 大田调查与取样

3.1.1 调查

3.1.1.1 填写大田采样点基本情况调查表

在选定的调查单元，用GPS确定地理坐标（北京54坐标系），按照统一的标准和术语填写调查表。

3.1.1.2 填写大田采样点农户调查表

在选定的调查单元，选择有代表性的农户，调查耕作管理、施肥水平、产量水平、种植制度、灌溉等情况，填写调查表。

3.1.1.3 填写污染源基本情况调查表

调查污染类型、污染类别、排放量等情况，填写调查表。

3.1.1.4 调查数据的整理

野外调查的数据（基本调查表），经技术负责人审核后，由专业人员按数据库要求进行编码、整理、录入。

3.1.2 样品采集方法

3.1.2.1 补充耕地地力调查土样

为避免施肥的影响，统一在作物收获后采样。采样时，先确定耕层厚度，用X法、S法或棋盘法，使用木铲、竹铲、塑料铲、不锈钢土钻等工具，均匀随机采15～20个耕层土样，充分混合后，四分法留取1千克。一袋土样填写两张标签，内外各具。标签主要内容为：样品野外编号（与大田采样点基本情况调查表和农户调查表相一致）、采样深度、采样地点、采样时间、采样人等。

3.1.2.2 水样采集

渠灌水（包括地表水和地下水）在调查区的渠首取样；井灌水以抽水取样；排水自排水出口或受纳水体取样。水样采集要求瞬时采样。取样时间选在灌溉高峰期，用500毫升聚乙烯瓶采集。采集前用此水洗涤样瓶和塞盖2～3次，每个样点采4瓶水样，每瓶装九成满。其中3瓶分别加不同固定剂：①硫酸；②硝酸；③氢氧化钠。4瓶水样用同一个样品号，分别在标签上注明："水样编号——无""水样编号——硫""水样编号——硝""水样编号——碱"。注意固定剂的安全使用。采集的水样当天送到实验室处理。

4 测试分析

4.1 物理性状

必测项目：土壤容重（选择10%～20%的取样点进行分析）。

选测项目：土壤机械组成。

4.2 化学性状

4.2.1 大田样品

4.2.1.1 补充耕地地力样品

必测项目：pH、有机质、全氮、有效磷、速效钾、缓效钾、有效态（铜、锌、铁、锰、硼、钼）、阳离子交换量。

选测项目：水解性氮、有效态（钙、镁、硫、硅）、全盐量、盐基成分。

4.2.1.2 土壤污染样品

必测项目：pH、铅、镉、汞、砷、铬、铜、锌。

选测项目：根据本地主要污染源种类以及农用化学品投入情况选择化验项目。

4.2.1.3 水样样品

必测项目：pH、化学耗氧量（CODcr）、汞、镉、砷、六价铬、铅、氟化物。

选测项目：根据本地水样的实际情况选择分析项目。

4.3 测试分析

抽取土样的5%～10%，采用M3方法进行测试分析，分析项目包括有效磷、速效钾、有效钙镁、有效铁、有效锰、有效铜、有效锌。

5 补充耕地质量评价

5.1 耕地地力评价

5.1.1 确定指标权重

采用层次分析法或专家经验法等。

5.1.2 数据标准化

选用隶属函数法和专家经验法等数据标准化方法，对评价指标进行数据标准化。对定性数据要进行数值化描述。

5.1.3 计算综合地力指数

从累加法、累乘法、加法与乘法中选择一种方法，计算每个评价单元的综合地力指数。

5.1.4 划分地力等级

根据综合地力指数分布，确定分级方案，划分地力等级。

5.1.5 归入全国耕地地力等级体系

依据《全国耕地类型区、耕地地力等级划分》(NY/T 309—1996)，归纳整理各级耕地地力要素主要指标，结合专家经验，将各级耕地地力归入全国耕地地力等级体系。

5.1.6 划分中低产田类型

依据《全国中低产田类型划分与改良技术规范》(NY/T 310—1996)，分析评价单元耕地土壤主导障碍因素，划分并确定中低产田类型。

5.2 耕地环境质量评价

5.2.1 评价单元赋值

将环境质量评价采样点数据进行插值形成栅格图，与评价单元图叠加，通过统计给评价单元赋值。

5.2.2 评价方法

分别参照绿色食品产地环境技术条件(NY/T391—2000)。

5.2.2.1 水、土单项污染指数评价

适用于水或土壤中某一特定污染物，其污染指数计算方法如下：

单项污染指数(除水质pH污染指数外)

$$P_i = C_i/S_i$$

式中，P_i 为单项污染指数；

C_i 为污染物实测值；

S_i 为污染物评价标准。

单项污染指数（水质 pH 污染指数）

$$P_i = |C_i - S_i| / |S_{最高} - S_i|$$

式中，P_i 为水质 pH 污染指数；

C_i 为 pH 实测值；

S_i=($S_{最高}$+$S_{最低}$）/2　$S_{最高}$，$S_{最低}$分别为 pH 评价标准中的上限值和下限值，当 P_i<1 为单项污染物未超标，P_i>1 为单项污染物超标。

5.2.2.2　水、土综合污染指数评价

适用于评价研究区域内土壤或灌溉水的综合污染程度，其评价方法如下：

首先对土壤、灌溉水各项污染物分为两类（表 1），一类为严控指标，另一类为一般控制指标。

对严控指标，当单项污染物超标即视为不符合相应的标准。

当严控指标未超标，而一般控制指标有超标时计算综合污染指数。在单项指数评价基础上采用尼梅罗污染指数法分别评价土壤和水的综合污染，以突出最高一项污染指数的作用。综合污染指数大于 1，则视为不符合相应的标准。

表 1　评价指标分类

环境要素	严控指标	一般控制指标
土壤	Cd，Hg，As，Cr，	Cu，Zn，Pb，六六六，DDT
灌溉水	Pb，Cd，Hg，As，Cr6+	PH，CODcr，F

$$P_{综} = \left(\frac{P_{平均}^2 + P_{max}^2}{2}\right)^{\frac{1}{2}}$$

式中，$P_{综}$为土壤或灌溉水综合污染指数；

$P_{平均}$为土壤或灌溉水各单项污染指数（Pi）的平均值；

P_{max}为土壤或灌溉水各单项污染指数中最大值。

5.2.2.3　土壤环境质量综合评价

适用于污染区域内土壤环境质量作为一个整体与外区域耕地质量比较，或一个区域内土壤环境质量在不同历史时段的比较。其评价方法如下：

各环境要素的权值建议为 $W_{土}$=0.65、$W_{水}$=0.35，则水、土环境要素综合指数

$$P_{综} = W_{土} \cdot P_{土} + W_{水} \cdot P_{水}$$

土壤环境质量的污染等级，参照NY/T 395—2000农田土壤环境质量监测技术规范（表2）。

表2 土壤环境质量分级标准（NY/T 395—2000）

等级划定	综合污染指数	污染等级	污染水平
1	$P_{综} \leqslant 0.7$	安全	清洁
2	$0.7 < P_{综} \leqslant 1.0$	警戒限	尚清洁
3	$1 < P_{综} \leqslant 2.0$	轻污染	土壤污染物超过背景值，视为轻度污染
4	$2 < P_{综} \leqslant 3.0$	中污染	土壤、受到中度污染
5	$P_{综} > 3.0$	重污染	土壤、污染已相当严重

6 汇总

6.1 补充耕地质量评价结果汇总

依据《全国耕地类型区、耕地地力等级划分》（NY/T 309—1996），以区域为单位，将评价结果进行等级归类和面积汇总。

6.2 耕地环境质量评价结果汇总

以区域或省为单位，将评价结果分别按污染类型和级别进行归类和样点数汇总。

6.3 中低产田类型汇总

依据《全国中低产田类型划分与改良技术规范》（NY/T 310—1996）规定的中低产田类型，以区域或省为单位，将中低产田进行归类和面积汇总。

6.4 土壤养分状况归类汇总

依据当地土壤养分级别划分标准，以区域为单位，对土壤养分进行归类汇总。

7 质量控制

7.1 田间调查取样

抽取5%～10%的调查采样点进行审核，对调查内容或程序不符合规程要求、抽查合格率低于80%的，重新调查取样。

7.2 数据录入

采用规范的数据格式，两次录入进行数据核对。

7.3 分析化验

实验室分析化验数据经地（市）级以上业务主管部门审校认可。将化验室分析数据与采样点一一对应，根据统一的规范编码整理、录入。

8 成果

8.1 文字报告

包括工作报告、技术报告和评价成果报告。其中，评价成果报告分为补充耕地质量评价与改良利用报告、补充耕地质量评价与平衡施肥报告、土壤环境质量报告等。

8.2 耕地资源基础数据库

包括补充耕地资源属性数据库和耕地资源空间数据库（电子图库）。

8.3 耕地资源管理信息系统

按照全国统一的县域耕地资源管理信息系统的要求，整合调查数据、分析化验数据、规程要求的电子图件及各类评价结果，建立补充耕地资源管理信息系统。

8.4 其他成果

补充耕地土壤样品库。

各类原始记录和文档资料的档案。

8.5 补充耕地质量与环境质量动态监测体系

逐步建立市级补充耕地质量与环境质量监测体系。

9 验收

9.1 验收内容

补充耕地资源基础数据库、补充耕地资源管理信息系统、文字报告及有关图件。

9.2 验收质量要求

成果资料、原始记录齐全，化验数据在允许误差范围之内（与参比样比较）。

图面基本要素齐全，与实地吻合。

报告内容翔实，文字阐述清楚，引用数据真实。

9.3 验收程序

各项目单位在自查的基础上，向市农业局提出验收申请。市农业局组织专家对项目进行验收，提出验收意见。

3. 小麦高产高效优质栽培技术规程

1 范围

本规程规定了许昌市小麦高产高效优质栽培的品种选用、种子处理、秸秆还田、耕地整地、播种、配方施肥、浇水、病虫草害防治、收获等配套技术规范。

本标准适用于许昌市平原灌区高产小麦生产。

2 术语和定义

2.1 高产

常年亩产量在500千克以上。

2.2 高效

与常规技术相比，产量提高5%～10%，生产成本与对照麦田持平或有所降低。

2.3 优质

种植的强筋或中筋小麦品种，品质指标达到国家标准。

3 品种选择

按照“专家推荐、市场认可，群众欢迎，但不求新求异”的原则选用品种。所选品种应为通过河南省或国家品种审定委员会审定，适宜本生态区域种植的小麦品种，且种子质量符合国家标准规定。

本区域适宜种植中筋和强筋小麦品种，且以半冬性品种为主，弱春性品种为辅。适宜该区域推广的品种主要有矮抗58、周麦16、周麦18、周麦22、周麦23、温麦19、豫麦49-198、许科1号、国麦0319、众麦1号、西农979等。本区域是晚霜冻害和“倒春寒”易发区，应注意选择抗冻性强的品种。

4 主要生育指标和产量结构指标

4.1 各主要生育期壮苗指标

4.1.1 越冬期幼穗分化进入单棱末期至二棱初期，主茎叶龄6～7叶，单株分蘖3～4个，单株次生根5～8条，分蘖缺位率低于15%。

4.1.2 返青期幼穗分化进入二棱末期，主茎叶龄6叶1心或7叶1心，单株分蘖5个以上，次生根10条左右。

4.1.3 拔节期幼穗分化至药隔分化期，主茎叶龄9～10叶，节间总长度5～8厘米。

各生育期小麦植株生长健壮，无病虫。

4.2 群体动态指标

亩基本苗20万～25万，越冬期群体70万～80万，春季最高群体不超过100万，成熟期亩成穗40万～45万。

4.3 产量结构指标

4.3.1 多穗型品种高产麦田亩成穗数43万～46万，穗粒数35粒左右，千粒重43克以上；中产麦田亩成穗数36万～42万，穗粒数30粒左右，千粒重40克左右。

4.3.2 大穗型品种高产麦田亩成穗数30万～35万，穗粒数45粒以上，千粒重50克以上；中产麦田亩成穗数30万左右，穗粒数45粒左右，千粒重45克以上。

4.4 各生育时期田间管理目标

4.4.1 冬前及越冬期管理目标：在苗全苗匀基础上，促根增蘖，促弱控旺，培育壮苗，保苗安全越冬。

4.4.2 返青—抽穗期管理目标：通过分类肥水管理，促弱控旺转壮，协调群体与个体、地上与地下、营养生长与生殖生长关系，保苗稳健生长，构建高质量群体，培育壮秆大穗，搭好丰产架子。

4.4.3 抽穗—成熟期管理目标：搞好“一喷三防”，及时防病治虫，养根护叶，防倒延衰，延长叶片功能期，提高粒重，适时收获，防止穗发芽。

5 栽培技术

5.1 播前准备

5.1.1 精选种子

播前要精选种子，去除病粒、霉粒、烂粒等，并选晴天晒种1～2天。种子质量应达到如下标准：纯度≥99.0%，净度≥99.0%，发芽率≥85%，水分≤13%。

5.1.2 种子包衣和药剂拌种

为预防土传、种传病害及地下害虫，特别是根部和茎基部病害，必须做好种子包衣或药剂拌种。条锈病、纹枯病、腥黑穗病等多种病害重发区，可选用戊唑醇（2%立克秀干拌剂或湿拌剂、或6%亮穗悬浮种衣剂）或苯醚甲环唑（3%敌萎丹）悬浮种衣剂、氟咯菌腈（2.5%适乐时）悬浮种衣剂；小麦全蚀病重发区，可选用硅噻菌胺（12.5%全蚀净）悬浮剂或苯醚甲环唑＋氟咯菌腈悬浮种衣剂；小麦黄矮病和丛矮病发生区，可用吡虫啉农药拌种；防治蝼蛄、蛴螬、金针虫等地下害虫可用40%甲基异柳磷乳油或40%辛硫磷乳油进行药剂拌种。多种病虫混发区，采用杀菌剂和杀虫剂各计各量混合拌种或种子包衣。对上季收获期遇雨等造成种子质量较差时，不宜用含三唑类的杀菌剂进行种子包衣或拌种。

5.1.3 土壤处理

地下害虫严重发生地块，每亩可用40%辛硫磷乳油或40%甲基异柳磷乳油0.3千克，加水1～2千克，拌细土25千克制成毒土，耕地前均匀撒施于地面，随犁地翻入土中。小麦吸浆虫发生区，在小麦播种前最后一次浅耕时，每亩80%敌敌畏乳油50～100毫升加水1～2千克，或用50%辛硫磷乳油200毫升，加水5千克喷20～25千克细土，拌匀制成毒土边撒边耕，翻入土中。

5.2 精细整地

5.2.1 秸秆还田与合理造墒

前茬玉米收获后应及早粉碎秸秆，秸秆切碎长度≤5厘米，均匀撒于地表，用大型拖拉机耕翻入土，耙耱压实，并浇塌墒水，每亩补施尿素3厘米，以加速秸秆腐解。

秋作物成熟后及早收获腾茬，耙耱保墒。如播种前遇旱，土壤墒情不足时要及时浇灌底墒水，特别应注意保好口墒，确保足墒播种。耕层0～20厘米土壤含水量壤土达到16%～18%、两合土18%～20%、黏土地20%～22%。

5.2.2 科学施肥

5.2.2.1 施肥原则

（1）实施秸秆还田，尽量增施有机肥，提倡有机无机配合。

（2）氮肥总量控制、分期调控，合理分配氮肥基追比例。

（3）磷、钾肥依据土壤丰缺状况实行恒量监控；中微量元素因缺补缺；小麦玉米一年两熟种植区应增加磷肥施用量。

5.2.2.2 施肥建议

（1）亩产500千克左右麦田每亩施纯氮（N）12～14千克，磷肥（P_2O_5）5～7千克，钾肥（K_2O）4～6千克。

（2）亩产600千克以上麦田亩施纯氮（N）15～18千克，磷肥（P_2O_5）8～10千克，钾肥（K_2O）5～8千克。

（3）大力推广化肥深施技术，坚决杜绝地表撒施；中、高产麦田应将有机肥全部、氮肥的50%，磷、钾肥全部施作底肥，第二年春季在小麦起身拔节期再追施剩余的50%氮肥。亩产600千克以上的超高产田应将有机肥全部、氮肥的50%～40%，全部的磷、锌肥和50%钾肥施作底肥，第二年春季小麦拔节期再追施剩余的50%～60%氮肥和50%钾肥。对于连年秸秆还田的地块，可少施钾肥，并每亩增施5千克碳铵，以加速秸秆腐熟速度。

5.2.3　整地

按照“秸秆还田必须深耕，旋耕播种必须耙实”的要求，提倡用大型拖拉机深耕细耙。连续旋耕2～3年的麦田必须深耕一次，耕深25厘米左右，或用深松机深松30厘米左右，以破除犁底层，促进根系下扎，有利于吸收深层水分和养分，增强抗灾能力。耕后耙实耙细，平整地面，彻底消除“龟背田”。

5.2.4　播种期土壤墒情指标

5.2.4.1　麦播时0～10厘米土层最适宜小麦播种出苗的土壤含水量为田间持水量的70%～80%，高于85%或低于60%均不利于全苗和齐苗。

5.2.4.2　高产小麦适宜的底墒指标为0～100厘米土体土壤含水量占田间土壤持水量的85%以上；或9—10月的降水量达到180毫米以上。若小麦播种时低于这两个指标，则为底墒不足，应灌水造墒，一般亩浇水量以60～80立方米为宜。

5.2.5　播种

5.2.5.1　播种期

半冬性品种适宜播期为10月8—15日，弱春性品种适宜播期为10月15—23日。

5.2.5.2　播种量

适期播种范围内，早茬地种植分蘖力强、成穗率高的品种，亩基本苗控制在15万～18万，一般亩播量8～10千克；中晚茬地种植分蘖力弱、成穗率低的品种，亩基本苗控制在18万～22万，一般亩播量9～12千克。如播种时土壤墒情较差、因灾延误播期或整地质量差、土壤肥力低的麦田，可适当增加播种量。一般每晚播3天亩增加播量0.5千克，但亩播量最多不能超过15千克。

5.2.5.3　播种方式

提倡半精量播种，并适当缩小行距。高产田块采用20～23厘米等行距，或15～18厘米×25厘米宽窄行种植；中低产田采用20～23厘米等行距种植。机播作业麦田要求做到下种均匀，不漏播、不重播，深浅一致，覆土严实，地头地边播种整齐。与经济作物间作套种还应注意留足留好预留行。

5.2.5.4 播种深度

播种深度以3～5厘米为宜，在此深度范围内，应掌握砂土地宜深，黏土地宜浅；墒情差的宜深，墒情好的宜浅；早播的宜深，晚播的宜浅的原则。

采用机条播时播种机行走速度控制在每小时5公里，确保下种均匀、深浅一致，不漏播、不重播。旋耕和秸秆还田的麦田，播种时要用带镇压装置的播种机随播镇压，踏实土壤，确保顺利出苗。

6 田间管理技术

6.1.1 冬前及越冬期管理

6.1.1.1 及时浇水

对于口墒较差、出苗不好的麦田应及早浇水；对整地质量差、土壤疏松的麦田先镇压后浇水；对晚播且口墒差的麦田及时浇蒙头水。浇水后适时划锄，松土保墒。

对于播种时墒情充足，播后有降雨，墒情适宜，且地力较高，群体适宜或略偏大的麦田，冬前可不浇水；对于没有浇水条件的麦田，在每次降雨后要及时中耕保墒。

6.1.1.2 查苗补种

查苗补种，疏密补稀。缺苗在15厘米以上的地块要及时催芽开沟补种同品种的种子，墒情差时在沟内先浇水在补种；也可采用疏密补稀的方法，移栽带1～2个分蘖的麦苗，覆土深度要掌握上不压心，下不露白，并压实土壤，适量浇水，保证成活。

6.1.1.3 适时中耕镇压

每次降雨或浇水后要适时中耕保墒，破除板结，促根蘖健壮发育。对群体过大过旺麦田，可采取深中耕断根或镇压措施，控旺转壮，保苗安全越冬。对秸秆还田没有造墒的麦田，播后必须进行镇压，使种子与土壤接触紧密；对秋冬雨雪偏少，口墒较差，且坷垃较多的麦田应在冬前适时镇压，保苗安全越冬。

6.1.1.4 看苗分类管理

（1）对于因地力、墒情不足等造成的弱苗，要抓住冬前有利时机追肥浇水，一般每亩追施尿素10千克左右，并及时中耕松土，促根增蘖。

（2）对晚播弱苗，冬前可浅锄松土，增温保墒，促苗早发快长。这类麦田冬前一般不宜追肥浇水，以免降低地温，影响发苗。

（3）对有旺长趋势的麦田，要及时进行深中耕镇压，中耕深度以7～10厘米为宜；也可喷洒麦巨金、壮丰胺等抑制其生长。

（4）对冬前生长正常的壮苗，可只中耕除草，不施肥浇水。

6.1.1.5 科学冬灌

对秸秆还田、旋耕播种、土壤悬空不实或缺墒的麦田必须进行冬灌，保苗安全越冬。冬灌的时间一般在日平均气温 3～4℃左右时开始进行，在夜冻昼消时完成，每亩浇水 40 立方米，禁止大水漫灌。浇过冬水后的麦田，在墒情适宜时要及时划锄松土，以免地表板结龟裂，透风伤根造成黄苗死苗。

6.1.1.6 防治病虫草害

麦田化学除草。于 11 月上中旬至 12 月上旬，日平均气温 10℃以上时及时防除麦田杂草。对野燕麦、看麦娘、黑麦草等禾本科杂草，每亩用 6.9%精恶唑禾草灵（骠马）水乳剂 60～70 毫升或 10%精恶唑禾草灵（骠马）乳油 30～40 毫升加水 30 千克喷雾防治；对播娘蒿、荠菜、猪殃殃等阔叶类杂草，每亩可用 75%苯磺隆（阔叶净、巨星）干悬浮剂 1.0～1.8 克，或 10%苯磺隆可湿性粉剂 10 克，或 20%使它隆乳油 50～60 毫升加水 30～40 千克喷雾防治。

越冬前是小麦纹枯病的第一个盛发期，每亩可用 12.5%烯唑醇（禾果利）可湿性粉剂 20～30 克，或 15%三唑酮可湿性粉剂 100 克，对水 50 千克均匀喷洒在麦株茎基部进行防治。

对蛴螬、金针虫等地下虫危害较重的麦田，每亩用 40%甲基异柳磷乳油或 50%辛硫磷乳油 500 毫升加水 750 千克，顺垄浇灌；或每亩用 50%辛硫磷乳油或 48%毒死蜱乳油 0.25～0.3 升，对水 10 倍，拌细土 40～50 千克，结合锄地施入土中。

对麦黑潜叶蝇发生严重麦田，亩用 40%氧化乐果 80 毫升，加 4.5%高效氯氰菊酯 30 毫升加水 40～50 千克喷雾；或用 1%阿维菌素 3 000～4 000 倍液喷雾，同时兼治小麦蚜虫和红蜘蛛。对小麦胞囊线虫病发生严重田块，亩用 5%线敌颗粒剂 3.7 千克，在小麦苗期顺垄撒施，撒后及时浇水，提高防效。

6.1.1.7 严禁畜禽啃青

要加强冬前麦田管护，管好畜禽，杜绝畜禽啃青。

6.1.2 返青—抽穗期管理

6.1.2.1 中耕划锄

返青期各类麦田都要普遍进行浅中耕，以松土保墒，破除板结，增加土壤透气性，提高地温，消灭杂草，促进根蘖早发稳长。对于生长过旺麦田，在起身期进行隔行深中耕，控旺转壮，蹲秸壮秆，预防倒伏。

6.1.2.2 因苗制宜，分类管理

（1）对于一类苗麦田应积极推广氮肥后移技术，在小麦拔节中期结合浇水每亩追施尿素 8～10 千克，控制无效分蘖滋生，加速两极分化，促穗花平衡发育，培育壮秆大穗。

(2) 对于二类苗麦田应在起身初期进行追肥浇水，一般每亩追施尿素10～15千克并配施适量磷酸二铵，以满足小麦生长发育和产量提高对养分的需求。

(3) 对于三类苗麦田春季管理以促为主，早春及时中耕划锄，提高地温，促苗早发快长；追肥分两次进行，第一次在返青期结合浇水每亩追施尿素 10 千克左右，第二次在拔节后期结合浇水每亩追施尿素 5～7 千克。

(4) 对于播期早、播量大，有旺长趋势的麦田，可在起身期每亩用 15%多效唑可湿性粉剂 30～50 克或壮丰胺 30～40 毫升，加水 25～30 千克均匀喷洒，或进行深中耕断根，控制旺长，预防倒伏。

(5) 对于没有水浇条件的麦田，春季要趁雨每亩追施尿素 8～10 千克。

6.1.2.3 预防“倒春寒”和晚霜冻害

许昌市为河南省小麦晚霜冻害频发、重发区，小麦拔节期前后一定要密切关注天气变化，在预报有寒流来临之前，采取浇水、喷洒防冻剂等措施，预防晚霜冻害。一旦发生冻害，应及时采取浇水施肥等补救措施，一般每亩追施尿素 5～10 千克，促其尽快恢复生长。

6.1.2.4 防治病虫草害

重点防治麦田草害和纹枯病，挑治麦蚜、麦蜘蛛，补治小麦全蚀病。

(1) 早控草害。返青期是麦田杂草防治的有效补充时期，对冬前未能及时除草而杂草又重麦田，此期应及时进行化除。播娘蒿、荠菜发生较重田块，每亩用苯磺隆有效成分 1.0 克加水 30 千克喷雾；猪殃殃、野油菜、播娘蒿、荠菜、繁缕发生较重地块，每亩用 48%麦草畏乳油 20 毫升＋72% 2,4－D 丁酯乳油 20 毫升加水喷施；泽漆、猪殃殃、婆婆纳、播娘蒿、荠菜、繁缕较重地块，每亩用 20%二甲四氯钠盐水剂 150 毫升＋20%使它隆乳油 25～35 毫升加水喷雾；对硬草、看麦娘等禾本科杂草和阔叶杂草混生田块，每亩用 36%禾草灵乳油 145～160 毫升＋20%溴苯腈乳油 100 毫升、或 6.9%骠马水剂 50 毫升＋20%溴苯腈乳油 100 毫升加水喷雾。

(2) 小麦纹枯病。小麦起身至拔节期，气温达到 10～15℃是纹枯病第二个盛发期。当发病麦田病株率达到 15%，病情指数为 3%～6%时，每亩用 12.5%烯唑醇（禾果利）可湿性粉剂 20～30 克，或 15%三唑酮可湿性粉剂 100 克，或 25%丙环唑乳油 30～35 毫升，加水 50 千克喷雾，隔 7～10 天再施一次药，连喷 2～3 次。注意加大水量，将药液喷洒在麦株茎基部，以提高防效。

(3) 蚜虫、麦蜘蛛。麦二叉蚜在小麦返青、拔节期，麦长管蚜在扬花末期是防治的最佳时期。当苗期蚜虫百株虫量达到 200 头以上时，每亩可用 50%抗蚜威可湿性粉剂 10～15 克，或 10%吡虫啉可湿性粉剂 20 克加水喷雾进行挑治。当小麦市尺*单行有麦圆蜘蛛 200 头或麦长腿蜘蛛 100 头以上时，每亩可用 1.8%阿维菌素乳油 8～10 毫升，加水 40 千克喷雾防治。

6.1.3 抽穗—成熟期管理

6.1.3.1 适时浇好灌浆水

小麦生育后期如遇干旱，在小麦孕穗期或籽粒灌浆初期选择无风天气进行小水浇灌，此后一般不再灌水，尤其不能浇麦黄水，以免发生倒伏，降低品质。

6.1.3.2 叶面喷肥

在小麦抽穗至灌浆期间，亩用喷施宝 5～10 毫升对水 50 千克进行叶面喷洒，也可用尿素 1 千克或磷酸二氢钾 150～200 克对水 50 千克进行叶面喷洒。以补肥防早衰、防干热风危害，提高粒重，改善品质。

6.1.3.3 防治病虫害

（1）抽穗至扬花期。早控条锈病、白粉病，科学预防赤霉病；重点防治麦蜘蛛、吸浆虫。

小麦条锈病、白粉病、叶枯病：每亩可用 15%三唑酮可湿性粉剂 80～100 克，或 12.5%烯唑醇（禾果利）可湿性粉剂 40～60 克，或志信星 25～32 克，或 25%丙环唑乳油 30～35 克，或 30%戊唑醇悬浮剂 10～15 毫升，加水 50 千克喷雾防治，间隔 7～10 天再喷药一次。

小麦赤霉病：小麦抽穗扬花期若天气预报有 3 天以上连阴雨天气，应抓住下雨间隙期每亩可用 50%多菌灵可湿性粉剂 100 克，或多菌灵胶悬剂、微粉剂 80 克加水 50 千克喷雾。如喷药后 24 小时遇雨，应及时补喷。尤其是地势低洼，土质黏重，排水不良，土壤湿度大的麦田更应注意赤霉病的防治。

麦蜘蛛：当平均每 33 厘米行长小麦有麦蜘蛛 200 头时，应选择晴天中午前或下午 3 点后无风天气，每亩用 1.8%虫螨克乳油 8～10 毫升，或 20%甲氰菊酯乳油 30 毫升，或 40%马拉硫磷乳油 30 毫升，或 1.8%阿维菌素乳油 8～10 毫升加水 50 千克喷雾防治。

小麦吸浆虫：采取蛹期防治与成虫期防治相结合的方法进行防治。

蛹期防治：对每小方有虫蛹 2 头以上麦田，当其幼虫上升到土表活动时，每亩用 36%啶虫脒可溶性颗粒剂 20 克，或 4.5%高效氯氰菊酯 75 毫升，或 40%甲基异柳磷乳油 200～250 毫升加适量水，拌细土 25 千克制成毒土，顺麦垄均匀撒施；或每亩用 3%甲基异柳磷颗粒剂 2～3 千克拌细土 20 千克，均匀撒施于土表，撒后及时浅中耕浇水。

成虫期防治：小麦抽穗扬花期，当 10 网复次捕到小麦吸浆虫成虫 10～25

---

* 1 市尺＝33.33 厘米。

头，或用两手扒开麦垄，一眼能看到 2～3 头成虫时，每亩可用 40%毒死蜱乳油 50～75 毫升，或 4.5%高效氯氰菊酯 40 毫升，加水 50 千克喷雾；也可用 80%敌敌畏 100～150 毫升加水 4 千克拌适量麦麸或细土在傍晚隔行均匀撒于田间，熏蒸防治。

（2）灌浆期。灌浆期是多种病虫重发、叠发、为害高峰期，必须做到杀虫剂、杀菌剂混合施药，一喷多防，重点控制穗蚜，兼治锈病、白粉病和叶枯病。

小麦蚜虫：当穗蚜百株达 500 头或益害比 1∶150 以上时，每亩可用 50%抗蚜威可湿性粉剂 10～15 克，或 10%吡虫啉可湿性粉剂 20 克，或 40%毒死蜱乳油 50～75 毫升，或 3%啶虫脒 20 毫升，或 4.5%高效氯氰菊酯 40 毫升，加水 50 千克喷雾，也可用机动弥雾机低容量（亩用水 15 千克）喷防。

小麦白粉病、锈病、蚜虫等病虫混合发生区，可采用杀虫剂和杀菌剂各计各量，混合喷药，进行综合防治。每亩可用 15%三唑酮可湿性粉剂 100 克，或 12.5%烯唑醇（禾果利）可湿性粉剂 40～60 克，或 25%丙环唑乳油 30～35 克，或 30%戊唑醇悬浮剂 10～15 毫升加 10%吡虫啉可湿性粉剂 20 克，或 40%毒死蜱乳油 50～75 毫升加水 50 千克喷雾。上述配方中再加入磷酸二氢钾 150 克还可以起到补肥增产的作用，但要现配现用。

黏虫防治。当发现每平方米有 3 龄前黏虫 15 头以上时，每亩用灭幼脲 1 号有效成分 1～2 克，或灭幼脲 3 号有效成分 3～5 克喷雾防治。

6.1.3.4 适时收获，预防穗发芽

在蜡熟末期至完熟初期适时收获。若收获期有降雨过程，应适时抢收，天晴时及时晾晒，防止穗发芽和籽粒霉变。

4. 玉米秸秆直接还田技术规程

1 范围

本规程从玉米秸秆还田机械调试、使用、维护、小麦施肥、腐熟剂使用及注意事项等方面规定了技术规范。

本规程适用于许昌地区，其他生态条件相似的地区也可参照应用。

2 秸秆还田机调试与使用

2.1 秸秆还田机的使用

操作者必须有合法的拖拉机驾驶资格，认真阅读产品说明书，了解秸秆还田机操作规程、使用特点后方可操作。

2.1.1 作业前准备

2.1.1.1 地块的准备。玉米秸秆还田作业前要对地面、土壤及作物情况进行调查，还要清除道路障碍物，平整地头垄沟（为避免万向节损坏），清除田间大石块，并设标志等。

2.1.1.2 玉米秸秆还田机的准备。作业前应按照工厂产品验收鉴定技术条件对机具进行技术检查，并按使用说明书进行试运转和调整、保养；配套拖拉机或小麦联合收割机的技术状态应良好；将动力与机具挂接后，进行全面检查。

2.2 机具的调整

2.2.1 横向水平调整。调节斜拉杆，使机具呈横向水平，同时，将下端连接轴调到长孔内，使其作业时能浮动。

2.2.2 纵向水平调整。调节中间拉杆，使机具呈纵向水平。

2.2.3 留茬高度调整。把还田机升起，拧松滚筒两边吊耳上的紧固螺钉，在上下4个孔内任意调整，向下调留茬高度变高，向上调留茬高度变低，调整完后拧紧螺钉，也可用改变提升拉杆的方法进行调整，但以第一种方法最好。

2.2.4 三角皮带松紧度调整。皮带过松可把张紧轮架上的螺帽向内调整；皮带过紧，螺帽向外调整。

2.2.5 变速箱齿合间隙的调整。秸秆还田机工作一段时间后，由于磨损使主动轴轴向间隙和圆锥齿轮啮合间隙发生变化，调整时可通过增加或减少调整垫片的方法进行调整。

2.3 操作方法

起步前，将还田机提升到一定的高度。一般15～20厘米。合动力输出轴慢速转动1～2分钟。注意机组四周是否有人接近，当确认无人时，要按规定发出起步信号。挂上工作档，缓缓松开离合器，同时操纵拖拉机或小麦联合收割机调节手柄，使还田机在前进中逐步降到所要求的留茬高度，然后加足油门，开始正常工作。

2.4 作业中注意事项

要空负荷低速启动，待发动机达到额定转速后，方可进行作业；否则会因突然接合，冲击负荷过大，造成动力输出轴和花键套的损坏，并易造成堵塞。作业中，要及时清理缠草，严禁拆除传动带防护罩。清除缠草或排除故障必须停机进行。机具作业时，严禁带负荷转弯或倒退，严禁靠近或跟踪，以免抛出的杂物伤人。机具升降不宜过快，也不宜升得过高或降得过低，以免损坏机具。严禁刀片入土。合理选择作业速度，对不同长势的作物，采用不同的作业速度。作业时避开土埂，地头留3～5米的机组回转地带。转移地块时，必须停止刀轴旋转。作业时，有异常响声，应立即停车检查，排除故障后方可继续作业，严禁在机具运转情况下检查机具。作业时应随时检查皮带的张紧程度，以免降低刀轴转速而影响切碎质量或加剧皮带磨损。

3 施肥技术

3.1 施肥原则

3.1.1 推广施用秸秆腐熟剂，使玉米秸秆直接还田，提升土壤有机质水平。

3.1.2 化肥施用采取氮肥总量控制、分期调控，合理分配氮肥的基、追比例；磷钾恒量监控，中微量元素因缺补缺。

3.1.3 秸秆处理：玉米成熟后，用秸秆还田机将秸秆切成5～10厘米碎段，使其均匀覆盖在地表。

3.1.4 施用秸秆腐熟剂：按每亩2千克秸秆腐熟剂用量与适量潮湿的细砂土混匀后均匀撒在玉米秸秆上。

3.1.5 根据地力水平、按照目标产量，在施足底肥的基础上，每亩增施5千克尿素调节碳氮比，采取机耕深耕（25厘米以上）方式，将秸秆全部翻入土层。

3.2 施肥建议

3.2.1 产量水平600千克/亩以上：氮肥（N）14～16千克/亩，磷肥

(P_2O_5) 8～10 千克/亩，钾肥 (K_2O) 5～8 千克/亩。

3.2.2 产量水平 500～600 千克/亩：氮肥 (N) 12～14 千克/亩，磷肥 (P_2O_5) 7～9 千克/亩，钾肥 (K_2O) 4～6 千克/亩。

3.2.3 产量水平 350～500 千克/亩：氮肥 (N) 10～12 千克/亩，磷肥 (P_2O_5) 6～7 千克/亩，钾肥 (K_2O) 3～6 千克/亩。

4 玉米秸秆还田应注意事项

使用玉米秸秆还田机把玉米秸秆就地粉碎直接还田作小麦底肥，这是一项省工、省时、增产和提高地力的有效措施。但有的效果不很明显，据调查分析，主要原因是没有很好地与农艺措施相结合。为此，应注意把握好以下几点：

4.1 要趁青粉碎

青玉米秸秆比较脆，比较容易被粉碎。因此要对玉米及时进行收获，掌握秆青 80%的穗皮黄而不干，掰棒后立即进行粉碎，提高粉碎质量，争取使秸秆残体短、碎、散，分布均匀。趁青粉碎，还可以减少秸秆内糖分的损失，有利于加快秸秆腐解，增加土壤养分。

4.2 要加施少量氮、磷化肥

玉米秸秆在土壤中的腐解过程，亦即微生物生命活动的过程，要吸收土壤中原有的氮素、磷素和水分。据试验研究表明，玉米秸秆腐解过程中需要碳、氮、磷的比例为 100∶4∶1，而玉米秸秆中这三种元素的比例约是 100∶2∶0.3，因此当底肥不足时，就会出现秸秆腐解时与作物争水争肥的问题，而影响作物的生长发育。每亩翻压秸秆要施尿素 5 千克，磷肥 15～20 千克，既可加快秸秆腐解，尽快变为有效养分，又可解决麦苗缺氮、缺磷问题。

4.3 要旋耕或耙地灭茬

完成切碎、加施化肥作业后，要立即旋耕或耙地灭茬，使秸秆残体与土壤混合均匀，并进入 0～10 厘米的土层中，同时要把玉米根茬切开，以利于腐解。

4.4 要深耕翻压

耕深要求 25～30 厘米，使秸秆残体既掩埋好，又保留在整个耕层中，促使秸秆腐解，以充分发挥肥效。

4.5 要浇足塌墒水

秸秆被翻压后，对土壤有架空现象，这对秸秆的腐解、小麦种子的发芽、麦苗的生长发育极为不利。因此，耕翻后必须浇足塌墒水，解决土壤被架空问题，同时足够的水分是秸秆腐解和小麦种子发芽及幼苗生长发育的必备条件。

4.6 要耙好地表再播种

小麦播种前要精细整地。通过耙地消灭明暗坷垃，达到地平土碎，又可进一步解决土壤架空问题，加强秸秆残体碎片与土壤的混合和接触，以加快腐解。通过耙地，使土壤上虚下实，满足小麦播种的农艺要求。

4.7 要浇好封冻水和返青水

玉米秸秆在土壤里腐解过程中的需水量较大，如不及时补水，不仅腐解减退，还会与麦苗产生争水矛盾。因此，要浇好封冻水，来年春季还要适当早浇返青水，促进秸秆腐解，保证麦苗生长发育所需的足够水分。

4.8 玉米秸秆腐熟剂的使用

玉米秸秆腐熟剂禁止与杀菌剂农药混用，禁止贮放在儿童触摸到的地方。

5. 夏玉米高产栽培技术规程

1 范围

本标准规定了夏玉米单产为600千克/亩的高产栽培所需的基础条件、适宜品种、播种要求、生育进程、田间管理及收获技术。

本标准适用于许昌市及生态条件相近的夏玉米生产区。

2 适宜的基础条件

2.1 气候条件

2.1.1 气温

年均气温14～15℃，无霜期214～225天，6—9月份积温2 300～2 700℃，平均气温24.6～25.4℃。

2.1.2 降水

年降水量675～744毫米，6—9月份降水量390～570毫米。

2.1.3 日照

年日照数2 000～2 300小时，6—9月份日照数820～870小时。

2.2 地势与土壤

地势平坦，海拔高度50～100米；土层深厚，土地平整，具有排灌条件；耕层土壤质地为轻壤到黏土、土壤耕层（20厘米以上）有机质含量≥16克/千克，全氮（N）≥1.0克/千克，有效磷（P_2O_5）≥13毫克/千克，速效钾（K_2O）≥100毫克/千克，pH为7.0～8.5。

3 品种选择

选用株型紧凑，丰产潜力≥500千克/亩，抗逆性强，适应性广的中早熟高产品种。推荐郑单958、浚单20、中科11等。

4 生育进程

4.1 出苗期

播种至幼苗的第一片叶出土，且50%的植株苗高达到2～3厘米。一般需

4～5天。

4.2 拔节期

50%的植株茎基部节间开始伸长。且长度达到3厘米。一般在播种后25天左右。

4.3 小喇叭口期

50%的植株上部叶片呈现小喇叭口状。一般在拔节后10天左右。

4.4 大喇叭口期

50%的植株棒三叶（即果穗叶及上下各一片叶）大部分伸出，但未全部展开。一般在播种后45天左右。

4.5 抽雄期

50%的植株雄穗主轴露出顶叶3～5厘米。

4.6 开花期

50%的植株雄穗主轴小穗开花散粉。

4.7 吐丝期

50%的植株雌穗花丝从苞叶伸出2厘米左右。

4.8 成熟期

籽粒变硬，呈现品种固有的形状和颜色，胚位下方尖冠处出现黑色层。

5 产量要素构成

5.1 密度

4 500～5 500株/亩，具体密度视品种而定。

5.2 穗粒数

430～450粒。

5.3 千粒重

290～330克。

6 选地整地

选择前茬小麦单产在500千克/亩以上的高产田地块。

7 足墒下种

土壤表层10～20厘米，壤土和黏土含水量分别低于18%和21%时，要浇水造墒，需先浇水后播种。

8 播种

8.1 种子处理

8.1.1 未包衣种子

8.1.1.1 晒种

播种前晒种1～2天。

8.1.1.2 浸种

足墒条件下，可以浸种。方法：冷水浸泡12～24小时；温水（55～57℃）浸泡6～10小时。

8.1.1.3 药肥拌种

用0.15%～0.2%的磷酸二氢钾溶液和40%毒死蜱乳剂拌种。

8.1.2 包衣种子

用5.4%吡戊玉米种衣剂进行包衣。

8.2 播种

麦收前土壤墒情适宜，应在麦收前5～7天进行套种。

夏收后尽量早播，一般不得晚于6月10日。

8.3 播种方式、方法

8.3.1 机械条播

等行距播种，行距一般为60厘米；宽窄行种植，宽行80厘米，窄行40厘米；株距视密度而定。

8.3.2 播种量

2.5～4千克/亩。

8.3.3 播种深度

3～5厘米。

9 田间管理

9.1 查苗补种

9.2 间苗定苗

3 叶期间苗，5 叶期定苗。做到去弱留壮，去杂留纯、去病残留健壮，确保苗齐苗匀。

9.3 中耕培土

拔节孕穗期进行中耕小培土，大喇叭口期进行大培土。

9.4 浇关键水

播种期、拔节期、抽雄前后 10 天田间相对持水量<70%，苗期<60%时，需及时灌水。

9.5 施肥

每亩施肥量：纯氮（N）13～15 千克、有效磷（P_2O_5）3～5 千克、速效钾（K_2O）4～5 千克、硫酸锌 1 千克。

氮肥总量的 1/3、全部磷、钾肥、锌肥做底肥，另 2/3 氮肥在播后 45 天（即大喇叭口期）做追肥。

9.6 病虫草害防治

9.6.1 化学除草

9.6.1.1 玉米播后苗前除草

每亩用 50%乙草胺乳油 50～80 毫升或 40%乙莠水悬浮剂 150～250 毫升，或 72%都尔乳油 100～160 毫升，对水 50 千克喷雾封闭。

9.6.1.2 玉米苗期除草

在玉米 3～5 叶，杂草 3 叶前亩用 40%乙莠悬浮剂 150～200 毫升或 4%玉农乐悬浮剂 80～100 毫升对水 40 千克均匀喷雾。

9.6.2 病害防治

9.6.2.1 玉米锈病

发病初期用 25%粉锈宁可湿性粉剂 1 000 倍液喷雾防治。

9.6.2.2 玉米大小斑病

病叶率达 20%时用 75%代森锰锌 500～800 倍液，或 50%的多菌灵 500 倍液，每隔 7～10 天喷一次，连喷 2～3 次。

9.6.3 虫害防治

9.6.3.1 苗期

地老虎、黏虫、蓟马、蚜虫和棉铃虫，每亩用 4.5%高效氯氰菊酯 40 毫升，对水 30 千克，均匀喷雾。

9.6.3.2 穗期

玉米螟，在大喇叭口期，每亩用 3%甲基异硫磷颗粒剂或 3%辛硫磷颗粒剂，丢心防治，每株 1～2 克。

10 收获

完熟中期收获。其标志为苞叶干枯松散，乳线消失，基部黑色层形成，收获后及时晾晒。

6. 优质专用大豆生产技术规程

1 使用范围

本标准确定了许昌市高蛋白大豆和高油大豆生产的适宜条件，规定了高蛋白大豆、高油大豆公顷产量2 625千克（175千克/亩）的适宜品种、生育进程、产量及产量结构指标、生产技术规程。

本标准适宜于许昌市及生态条件相近的夏大豆生产区。

2 适宜的基础条件

2.1 气候条件

2.1.1 气温

年均气温14.3～14.6℃，无霜期214～225天。6—9月份积温3 000～3 100℃，平均气温24.6～25.4℃。

2.1.2 降水

年降水量675～744毫米，6～9月份降水440～460毫米。

2.1.3 日照

年日照时数2 030～2 300小时，6～9月份日照时数760～850小时。

2.2 地势与土壤

地势平坦，海拔高度50～150米；土壤表层质地为轻壤到黏土，土层深厚，土地平整，并具有排灌条件；土壤耕层（20厘米以上）有机质含量1%～2%，全氮（N）≥0.06%，有效磷（P_2O_5）≥10毫克/千克，速效钾（K_2O）≥90毫克/千克，pH 7～8.5。

3 品种选择

选择蛋白质含量≥46%，或脂肪含量≥20%，或蛋白质加脂肪含量≥45%，丰产潜力≥200千克/亩，抗逆性强，适应性广的中早熟品种。

目前，高蛋白大豆可以选择予豆22、予豆25；高油大豆可以选择滑豆20、周豆12。

4 生育进程

4.1 出苗期

6 月上中旬。

4.2 分枝期

7 月上中旬。

4.3 盛花期

8 月上旬。

4.4 成熟期

9 月中下旬。

5 产量要素构成

5.1 每亩株数 1.1 万～1.4 万株。
5.2 每株结荚 48 个以上。每荚结粒平均 1.9～2.1 个。
5.3 每株结粒 90 粒以上。
5.4 百粒重 18～22 克。

6 选地整地

6.1 选择近两年未种植过豆科作物的麦茬或油菜茬地块。
6.2 夏作物收获后，及时灭茬耙地。中等及中等以下地力地块在耙地前每亩撒施磷酸二铵 9 千克、尿素 33.5 千克，或大豆专用肥 13 千克。

7 足墒下种

土壤表层 5～10 厘米含水量低于 18%时，要浇水造墒。须先浇水，后灭茬耙地。

8 播种

8.1 种子处理

8.1.1 晒种

播种前晒种 1～2 天。

8.1.2 药肥拌种

用钼酸铵、硼砂各10克，兑温水（50～60℃）0.5千克溶化，待晾凉后，再加入50%辛硫磷或40%甲基异柳磷7毫升，拌豆种4～5千克。

拌种忌用铁器。拌种时要不断翻动，待药肥液被完全吸收，种子不再粘连时即可播种。

8.2 播种期

夏收后要尽量争取早播，一般不得晚于6月15日。

8.3 播种方式、方法

8.3.1 穴播

按照40厘米等行距，人工开沟或挖穴进行穴播，穴距25～30厘米，每穴下种2～3粒。

8.3.2 机械条播

按照40厘米等行距，高产地块按照宽行50厘米，窄行30厘米播种。

8.3.3 播种量

每亩4～5千克。

8.3.4 播种深度

4～5厘米，播后覆土。

9 苗期管理

9.1 查苗补种，芽苗移栽

大豆齐苗后对缺苗30厘米以上的地段，要进行浸种补种；也可在三叶期之前结合间定苗带土移栽，移栽后要及时浇水促进成活。

9.2 及早间定苗

在大豆两片子叶展开后到第一对生叶出现时，要按株距12～15厘米人工手间苗。

9.3 中耕培土

苗期一般中耕三遍。第一遍在间定苗后进行，一般中耕深度不超过3厘米；第二遍在苗高10厘米左右时进行；中耕深度应掌握在4～6厘米；第三遍在封垄前结合培土中耕2～3厘米。

9.4 化学除草

在大豆2～3片复叶，杂草2～4叶时实施化学除草。以下方法任选其一。

每亩用20%的虎威水剂30～50毫升，加10.8%的高效盖草能30～35毫升，对水50千克左右定向喷雾。

每亩用24%的克阔乐乳油10毫升，加10.8%的高效盖草能30～35毫升，对水50千克左右定向喷雾。

每亩用6.9%的威霸50毫升，加24%的克阔乐乳油10毫升，对水50千克左右定向喷雾。

9.5 追肥

分枝—初花期，每亩追施磷酸二铵7千克，尿素3千克。播种前施过化肥的，可以不追肥。

10 花荚期管理

10.1 浇花荚水

大豆开花结荚期要保持土壤含水量75%～85%。一般在初花期要浇一次水。

10.2 化学控制旺长

初花期喷洒生长抑制剂，用以减少花荚脱落、防止倒伏。以下方法任选其一。

每亩用15%的多效唑可湿性粉剂50克，对水50千克均匀喷洒叶面。

每亩取三典苯甲酸5克，用少许酒精溶化，再对水30千克均匀喷洒叶面。

11 鼓粒期管理

11.1 浇鼓粒水

大豆鼓粒期汛期已过，一般在盛花末期至鼓粒期要浇一次水。

11.2 叶面喷肥

8月上中旬每亩用磷酸二氢钾150～200克、硼砂70～100克，加水50千克左右喷洒叶面。脱肥田块可另加入1千克尿素。

12 适时收获

当大豆大部分叶片脱落、籽粒与荚壳分离、摇动有响声时要及时收获。

13 病虫害防治

13.1 蚜虫、红蜘蛛防治

苗期田间有蚜株率大于50%，百株蚜量大于800头；或红蜘蛛百株虫口大于150头时，每亩用40%的氧化乐果800～1 000倍液40千克喷雾防治。

13.2 豆秆蝇防治

分枝至初花期每亩用40%的氧化乐果，或50%的辛硫磷800～1 000倍液喷雾防治，间隔一星期要再进行一次防治。

13.3 造桥虫、豆天蛾防治

7月中旬至8月初，造桥虫百株有虫超过50头（三龄前幼虫）；或豆天蛾百株有虫超过15头（三龄前幼虫）时，每亩用2.5%的敌杀死乳油30～40毫升，加水50千克喷雾防治。对豆天蛾要配以人工捕捉防治。

13.4 豆荚螟、食心虫防治

花荚期每亩用2.5%的敌杀死30～40毫升，对水50千克，于下午喷雾防治；也可用80%的敌敌畏乳油200～250毫升，加水2千克，拌麦糠10～20千克，顺垄撒入田间熏蒸防治。

13.5 霜霉病防治

每亩用85%的乙霜灵，或72%克露100毫升，加水50千克喷洒叶面。间隔7天左右进行第二次防治。

13.6 叶斑病防治

每亩用50%的多菌灵可湿性粉剂500倍液喷洒叶面；对于由真菌引起的叶斑病（灰斑病、紫斑病、褐纹病）也可以每亩用70%的甲基托布津，或40%的福美砷可湿性粉500倍液喷洒叶面防治。间隔一星期要进行第二次防治。

7. 优质高产无公害花生生产技术规程

1 范围

本规程规定了花生优质高产无公害生产的自然条件、产地环境条件、品种类型及产量构成指标、产品质量标准、关键生育指标、主要农艺措施和投入品种要求。

本规程适用于许昌地区，其他自然条件类似地区也可参照采用。

2 规范性引用文件

下列文件对于本文件的应用是必不可少的。凡是注日期的引用文件，仅所注日期的版本适用于本文件。凡是不注日期的引用文件，其最新版本（包括所有的修改单）适用于本文件。

GB/T 1532 花生

GB/T 3543.1 农作物种子检验规程 总则

GB 4285 农药安全使用标准

GB/T 4407.2 经济作物种子 第2部分：油料类

GB/T 7415 农作物种子贮藏

GB/T 8321 农药合理使用准则

3 自然条件

3.1 温度

常年日平均气温14.5℃，4月下旬至10月上旬日平均气温为23.5℃。春播花生生育期总积温3 300~3 500℃，夏播花生生育期总积温3 100～3 300℃。

3.2 日照

平均年日照时数2 035小时，4月下旬至10月上旬总日照时数1 200小时以上。

3.3 降水

平均年降水量705毫米，4月下旬至10月上旬降水量为500毫米以上。

3.4 土壤条件

地势平坦，遇涝不淹，土层深厚。土壤类型主要有壤质褐土、壤质潮褐土、两合土等。土壤有机含量为8～20克/千克，全氮0.6～1.0克/千克、有效磷6～15毫克/千克、速效钾含量为60～160毫克/千克。最好选择生茬地，或2～3年没种过花生的地块。

4 产地环境条件

产地必须选择在生态环境良好，无工业“三废”污染及无生活、医疗废弃物污染的农业生态区域，产地区域或上风向、灌溉水源上游没有对产地环境构成威胁的污染源。产地要远离公路、车站、机场、码头等交通要道，以免对空气、土地、灌溉水的污染。产地农田灌溉用水、土壤、大气环境质量等必须符合DB32/T 343.1的规定。

5 品种类型及产量构成指标

5.1 品种类型

宜选择优质、高产、多抗花生品种，品种类型为株型直立、荚果普通形花生品种。除了考虑品种的产量潜力，还应考虑当地的生态条件和市场需求，如选用豫花15号，豫花9 326，豫花9 327，远杂9 102等优质花生品种。

5.2 产量构成指标

春播：每公顷株数24万～33万株，单株有效果数12～14个，千克果数480～590个。单产水平6 000～7 500千克/平方米。

夏播：每公顷株数30万～36万株，单株有效果数10～11个，千克果数560～650个。单产水平为4 500～5 250千克/平方米。

6 产品质量标准

产品质量应符合GB 1533～86的规定。

7 主要生产技术措施

7.1 播前准备

7.1.1 冬前深耕

于10月底至11月份进行，耕深25～30厘米为宜；冬耕时底施有机肥(占有机肥用量70%左右)。

7.1.2　整地作畦

春花生于3月中旬至4月上旬进行，用旋耕机旋耕，然后耙耢整平，使土壤上松下实，土细面平。采用竖沟横垄种植模式的，畦宽3～5米，畦沟宽、深各30～40厘米。

7.1.3　沟系配套

开挖或疏通田头沟和腰沟，腰沟每隔50米一道。田头沟、腰沟深度标准40～50厘米，三沟配套，沟沟相通。

7.1.4　平衡施肥

7.1.4.1　肥料种类及数量

以充分腐熟的有机肥为主，配施适量的化学肥料。每公顷施优质有机肥45 000～75 000千克，尿素150千克，25%花生专用复合肥（8-7-10）750千克或45%氮磷钾复合肥（15-15-15）525千克，钼酸铵300克，硼砂7.5～15千克，硫酸锌15～30千克。

7.1.4.2　施肥方法

2/3的有机肥结合冬耕底施，1/3的有机肥和2/3化肥春耙前底施，1/3的化肥起垄时包馅施在垄内。钼肥用拌种方法使用。硼肥、锌肥在春耙时和有机肥混拌底施。

7.1.5　起垄

7.1.5.1　单行垄

垄底宽40厘米，垄高15厘米。

7.1.5.2　双行垄

垄底宽80厘米，垄高15厘米。

7.1.6　种子准备

按375～450千克/公顷用量将纯度高、籽仁饱、整齐一致的种子备足。种子质量应符合GB/T 4407.2的规定，并按照GB/T 3543.1的规定，做好种子发芽率和出苗率实验。

7.1.7　种子处理

7.1.7.1　剥壳

播前7天左右剥壳，剥壳前晒种2～3天。

7.1.7.2　精选种子

结合剥壳分级、粒选，选用粒大饱满、颜色鲜艳的一、二级健米做种。

7.1.7.3　药剂拌种

每50千克籽仁用25%多菌灵可湿性粉剂250克，50%辛硫磷乳油100毫升，对水2～3千克拌种，边浇边拌，拌匀后堆闷2小时左右即可播种。

7.2 播种

7.2.1 播种期

7.2.1.1 春播

覆膜种植播种适期为 4 月中旬，露地种子播种适期为 4 月下旬至 5 月上旬。

7.2.1.2 夏播

在 6 月 10 日前结束，宜早不宜迟。

7.2.2 播种方法及密度

坚持适墒播种，遇旱应补墒或造墒播种。播种时先在垄上开好播种沟，深 3～5 厘米，然后浇透水，待水下渗后播种。春播穴距 18.5～19 厘米，每穴 2 粒，播深 34 厘米，密度 12 万～15 万穴/公顷；夏播穴距 17 厘米，每穴 2 粒，播深 3～4 厘米，密度 15 万～18 万穴/公顷。播后用湿土盖种，干土封顶，耧平保墒。

7.2.3 化学除草

播后苗前每公顷用 50%乙草胺乳油 1 500～3 000 毫升，对水 900 千克喷雾。喷施要均匀，不能漏喷、重喷。

7.2.4 覆盖地膜

7.2.4.1 地膜选择

选用达到国家部标准的高压线型共混超微膜，膜宽度以 850～900 毫米为宜，厚度 0.004 毫米或（0.007±0.002）毫米，透光率≥70%。

7.2.4.2 覆膜方法

选用小镢头将垄两边切齐，然后覆盖地膜，两边压土，并在垄面膜上每隔 3～5 米横压一条防风土带。

7.2.4.3 覆膜要求

垄面平，垄坡陡，膜边压实，垄面地膜无皱褶。

7.3 生育前期（包括播种出苗期和幼苗期）

7.3.1 生育进程及主要指标

7.3.1.1 出苗期（10～12 天）

播种至约有 50%花生出苗的一段时间。春播花生 12 天，夏播花生 10 天。主茎高 1～2 厘米，第 2 片真叶展现。

7.3.1.2 幼苗期（20～25 天）

出苗至约有 50%植株现花的一段时间。春播花生 5 月上旬至 6 月上旬，夏播花生 6 月中旬到 7 月上旬。至幼苗期末，主茎高 7～10 厘米，侧枝长 8～

11厘米，主茎叶龄7～8片，总分枝数4～6条。标准长相：叶色浓绿棵不旺，五枝六叉花芽藏，主根深扎须根发，茎粗节密花早放。

7.3.2 主要管理措施

7.3.2.1 查苗补种

出苗后及时查苗补种。覆膜花生在顶土时，及时在其上方薄膜上开一个直径4～5厘米的圆孔，随即在膜孔上盖4～5厘米厚的小土堆，以保温保湿。当幼苗再次顶破土堆时，将苗株周围多余的土撤至垄沟。齐苗后每隔1周左右检查并拨出压埋在膜下的枝叶，连续进行2～3次。

7.3.2.2 清棵蹲苗

出苗后，当绝大部分幼苗2片真叶展开时，及时把埋在土中的两片子叶清出，促进一、二对侧枝正常生长和花芽分化。

7.3.2.3 防治虫害

苗期发现蚜虫危害时，喷施10%吡虫啉3 000倍液，按50千克/亩药液喷施1～2次。

7.4 生育中期（包括开花下针期和结荚期）

7.4.1 生育进程及主要指标

7.4.1.1 开花下针期（20～25天）

自始花至有50%的植株出现定形果的一段时间。春播花生6月上旬至7月上旬，夏播花生7月中旬至8月上旬。主茎高20～27厘米，侧枝长22～30厘米，主茎叶龄10～14片，总分枝数7～9条。标准长相：叶色转淡长势强，花齐针多入土忙，果针入土成幼果，叶片放大不徒长。

7.4.1.2 结荚期（35～40天）

自始现定形果至50%的植株始现饱果的一段时间。春播花生7月上旬至8月中旬，夏播花生8月上旬至9月上旬。主茎高35～41厘米，侧枝长38～44厘米，主茎叶龄16～19片，总分枝数8～9.5条。标准长相：侧枝下蹲始封行，荚果膨大籽仁双，植株生长盛期至，生长平衡不倒秧。

7.4.2 主要管理措施

7.4.2.1 防治病害

当植株叶斑病病叶率达5%～7%时，及时在叶面喷施25%的多菌灵600倍液，或百菌清600～800倍液防治，每隔10～15天喷1次，连喷3～4次。

7.4.2.2 防治虫害

若发现棉铃虫、造桥虫等发生，用Bt乳剂3 000毫升/公顷，对水900千克均匀喷雾，5天后再喷1次。7月中下旬调查，有蛴螬3.5头/平方米时，每公顷用50%辛硫磷乳油7.5千克，对水6 000～7 500千克灌墩。

7.4.2.3　防止徒长

春花生在7月中下旬，夏花生在7月下旬至8月上旬，植株主茎高达40厘米时，每公顷用壮饱铵可湿性粉剂300克，对水900千克喷雾，可有效防止花生植株徒长。亦可采用人工去顶，即用手摘掉花生主茎和主要侧枝的生长点。

7.4.2.4　叶面喷肥

8月上中旬喷施1%～2%尿素溶液加0.2%～0.3%磷酸二氢钾溶液1～2次。

7.4.2.5　清除杂草

人工拔除田间杂草。

7.4.2.6　抗旱排涝

开花下针期和结荚期需要水分多，遇干旱应及时顺垄沟灌，多雨季节应注意及时排水防涝。结荚期后，还要注意排除耕作层的潜水，以防烂果。

7.5　生育后期（即饱果成熟期）

7.5.1　生育进程及主要指标

饱果成熟期（30～35天）：自单株有50%的植株始现饱果至单株荚果有50%以上充实饱满的一段时间。春播花生8月中旬至9月中旬，夏播花生9月上旬至10月上旬。主茎高38～46厘米，侧枝长41～49厘米，总分枝数9～10个，主茎叶龄18～21片。标准长相：顶叶迟落下叶黄，棵不早衰茎枝亮，秸不倒伏饱果多，青皮金壳籽满堂。

7.5.2　主要管理措施

遇涝时，注意排水、降渍、散墒，防止烂果、芽果。

7.6　适时收获

收获前10天左右，覆膜田顺垄沟将残膜拾清，避免田间白色污染。当花生群体大部分果壳硬化，网纹清晰，果壳内壁发生青褐色斑片，应及时收获。覆膜春播花生9月上旬、露地春花生9月中旬、夏播花生10月上旬为收获期。

7.7　晒干贮藏

收获的荚果及时晒干，花生果达到GB/T 1532的要求时，按GB/T 7415的规定贮藏。

7.8　加工包装

收获后采取分级处理。按三级分理：籽仁非常饱满、外观匀称的双仁果为一级果；籽仁饱满且较均匀的双仁果为二级果；其余的通货为三级果。并按不同等级分别包装。包装材料必须符合国家规定的安全卫生标准。包装物上应标明无公害产品标志、产品名称、产地、规格、净含量和生产日期等。花生贮藏、加工、运输等场所和工具必须符合无公害食品安全卫生标准。

8 投入品要求

8.1 灌溉用水

应符合 DB32/T 343.1 的规定。

8.2 肥料

应符合 DB32/T 343.2 的规定。

8.3 农药

在病虫草害的防治中，农药使用应符合 DB32/T 343.2 的规定。

8. 高产棉花栽培技术规程

1 范围

本标准规定了许昌市棉区的春棉单作及套种的高产栽培技术。本规范的目标皮棉为 1 200 千克/公顷以上，霜前花率 80%以上。

本标准适用于许昌市棉区具有本规范规定基础条件的棉田。

2 规范性引用文件

下列文件对于本文件的应用是必不可少的。凡是注日期的引用文件，仅所注日期的版本适用于本标准。凡是不注日期的引用文件，其最新版本（包括所有修改单）适用于本文件。

GB 4407.1　经济作物种子　纤维类

GB 8321.1　农药合理使用准则（一）

GB 8321.2　农药合理使用准则（二）

GB 8321.3　农药合理使用准则（三）

GB 8321.4　农药合理使用准则（四）

GB 8321.5　农药合理使用准则（五）

GB 8321.6　农药合理使用准则（六）

GB 8321.7　农药合理使用准则（七）

GB 5084　农田灌溉水质标准

NY/T 496　肥料合理使用通则

3 气候条件

3.1 无霜期

年无霜期 214～225 天。

3.2 气温

年均气温 14～15℃，日平均气温≥10℃持续 200 天以上，活动积温 4 000～4 600℃，开花节铃期平均气温在 24～27℃。

3.3 降水

年降水量675～744厘米，吐絮期降水量较少。

3.4 日照

年日照数2 000～2 300小时，日照百分率43%～56%。

4 土壤条件

地势平坦，海拔高度50～100米；土层深厚，土地平整，具有排灌条件；耕层土壤质地为轻壤到黏土、土壤耕层（20厘米以上）有机质含量≥16克/千克，全氮（N）≥1.0克/千克，有效磷（P_2O_5）≥13毫克/千克，速效钾（K_2O）≥100毫克/千克，pH为7.0～8.5。

5 种植制度及方式

棉田种植制度采用春棉一熟单作和两熟套种。套种主要是麦棉套种，冬播小麦时预留出棉行，来年春季在预留棉行上套种或移栽棉花。

麦棉套种采用三二式（三行小麦两行棉花）、四二式（四行小麦两行棉花）和三一式（三行小麦一行棉花）的套种方式。冬播小麦时预留出棉行，来年春季在预留棉行上套种或移栽棉花。

6 种子

6.1 品种

选用适宜当地种植的高产、优质、兼抗（耐）枯、黄萎病的中熟或中早熟陆地棉品种。推荐使用中棉所57、中棉所38、豫杂35、豫杂37、鲁棉研25等高产优质抗病虫棉品种。

6.2 种子质量

符合《GB 4407.1 经济作物种子 纤维类》的要求。发芽率≥80%，净度99%以上，水分在12%以下，纯度95%。

7 栽培技术规范

7.1 种子处理

硫酸脱绒，种衣剂包衣。

7.2 耕翻整地

要求施足底肥，耕翻整地。耕翻深度为18～20厘米，翻、耙结合，无大土块和暗坷垃，土层细实平整。

7.3 播种

露地直播，耕作层5厘米处土壤温度（下同）稳定通过14℃时开始播种，一般在4月20日前后；地膜覆盖，露地5厘米地温稳定在10～12℃（地膜覆盖下5厘米地温达到13～14℃）开始播种，一般在4月中旬的初期。营养钵育苗，日平均气温稳定在8℃以上时开始播种，约在3月下旬至4月上旬，4月底5月初移栽。

7.4 种植密度

单作采用等行或宽窄行配置，等行行距70～80厘米，宽窄行的宽行90～100厘米，窄行45～60厘米，每公顷密度42 000～60 000株。

7.5 水肥管理

7.5.1 施肥

中等肥力棉田，施用纯氮90～165千克/公顷，磷（P_2O_5）45～60千克/公顷，钾（K_2O）90～150千克/公顷；N∶P_2O_5∶K_2O为1.0∶（0.3～0.5）∶（0.8～1.0）。

全部的有机肥、磷肥、钾肥和40%的氮肥作底肥。在棉苗长势较弱的情况下，可适当追施苗、蕾肥。重施花铃肥，以氮肥为主，占总氮肥量的50%～60%。缺硼锌棉田，可分别每公顷施硼砂7.5～15.0千克、锌肥15.0～22.5千克，轻度缺硼、锌棉田可在初蕾期、初花期和盛花期叶面喷施。

7.5.2 浇水

苗期一般不浇水，个别干旱棉田，应开短沟浇小水，浇水后及时中耕，破除板结，促棉根下扎。

蕾期长时间干旱，棉株长势弱时，可隔沟轻浇水，浇水后及时中耕。

花铃期10多天未遇雨时，采用沟灌浇水，切忌大水漫灌。

吐絮期浇水不宜重新开沟，以免伤根。通常在8月下旬干旱时浇水1次即可，如秋后持续干旱，浇水时间应持续到9月中下旬。

7.6 化学除草

播种后结合地膜覆盖喷施除草剂。

7.7 整枝打顶

于第一果枝出现后及时摘除果枝下的营养枝；遇有顶端受害时选留一个长势强的营养枝作为棉花主心。

适时打顶，即摘除棉株主茎顶尖一叶一心。发育正常的棉花于7月20日前后打顶，最晚不超过7月25日。打顶后，留果枝15～18条/株。

7.8 缩节胺化调

7.8.1 蕾期：每公顷用量7.5～15克加水150～300千克喷洒棉株。若棉苗旺长时，可酌情增加用量或次数。

7.8.2 初花期：每公顷用量22.5～37.5克加水450～600千克喷洒棉株。

7.8.3 盛花期：打顶后5～7天，每公顷用37.5～45克，对水600～750千克喷洒株冠。

8 病虫害防治

8.1 苗病

主要有立枯病、炭疽病、红腐病、猝倒病。

遇寒流阴雨时，可用50%多菌灵500～800倍溶液、65%代森锰锌可湿性粉剂500～800倍溶液，以预防苗病发生。

8.2 虫害

8.2.1 地老虎

定苗前被害株率10%或定苗后被害株率5%时，采取喷雾防治或者毒饵诱杀。

8.2.2 棉蚜

棉蚜点片发生时，可滴心防治；棉蚜百株数量达到3 000头以上或卷叶率达到30%时，伏蚜百株百叶（上部倒数第3片叶）蚜虫数量达到2 000头或卷叶率5%以上时，即喷雾防治。

8.2.3 红蜘蛛

红叶株率达到20%～25%时，即喷雾防治。

8.2.4 棉蓟马

当百株有虫5～10头时，即喷雾防治。

8.2.5 盲椿象

苗期百株成虫3～5头或蕾铃期百株成虫10～15头时，喷雾防治。

8.2.6 棉铃虫

百株幼虫数量15～20头为棉田一代防治标准；百株幼虫数量10～15头为棉田二代、三代防治标准。

转基因抗虫棉主要根据棉田幼虫数量决定是否防治。转Bt基因抗虫棉防治棉铃虫禁用Bt制剂。物理防治可利用杨柳枝把或高压汞灯诱杀成虫。

化学防治可采用有机磷与菊酯类农药的复配药剂喷雾等。

9 防灾抗灾

整修棉区沟渠，培高棉行，使棉田遇旱能灌，遇涝能排。

10 收摘棉花

10.1 及时采收

正常吐絮后及时采摘，不摘“笑口棉”，不摘青桃。将霜前花与僵瓣花、霜前花、剥桃花分收、分晒、分储、分售。

10.2 防三丝

采摘时用纯白棉布包、袋采收装运，以防三丝混入。

11 残膜处理

棉花收获之后，田间残膜及时回收，集中处理。

9. 高产红薯栽培技术规程

1 范围

本标准规定了红薯的产地环境重要条件、产品指标、栽培管理、病虫害防治措施、采收及贮藏。

本标准适应于许昌市区域内红薯的生产。

2 生产基地的环境条件

2.1 环境

应符合 NY 5010 的规定。

2.2 前茬

3 年内没有栽培过红薯。

2.3 土壤条件

土层深厚、土质疏松、排灌方便，土壤结构适宜，理化性状良好，耕层土壤质地为轻壤到黏土、土壤耕层（20 厘米以上）有机质含量≥16 克/千克，全氮（N）≥1.0 克/千克，有效磷（P_2O_5）≥13 毫克/千克，速效钾（K_2O）≥100 毫克/千克，pH 为 7.0～8.5。

2.4 灌水条件

要求有灌溉条件。

3 产量指标

每亩产量为 2 500～3 500 千克。

4 肥料、农药的使用

4.1 肥料施用

应符合 DB13/T 454 的规定。

4.2 农药使用

应符合 DB13/T 453 的规定。

5 栽培措施

5.1 培育壮苗

5.1.1 品种选择

选好种薯、培育壮苗是高产栽培的基础。红薯易受病毒危害，造成退化，应根据不同的用途，选用优质、高产、抗病虫、适应性强、商品性能好的品种，切勿用当地种植多年的老品种，不得使用转基因品种。品种及用途见表 1。

表 1

用途	品种
淀粉型	徐薯 18、徐薯 27、郑红 22、豫薯 8 号、梅营 1 号、豫薯 7 号、商薯 19
鲜食型	北京 553、苏薯 8 号、郑薯 20、心香
烤食型	栗子香、北京脱毒 553、冀薯 5 号（红肉红）
紫薯食用型	川山紫、烟紫薯 2 号、浙紫薯 1 号、济薯 18

5.1.2 苗床准备

5.1.2.1 苗床选择

要选择背风向阳、靠近水源、有利排水、土壤疏松和 3 年以上没有种植过红薯的肥沃土地，在冬季或早春每亩施 3 500～4 000 千克优质粗肥，深翻一遍，排种前再深翻，耙碎整平，做成畦。一般畦宽 1～1.5 米为宜，畦和畦之间要做 20 厘米宽的土埂，便于管理和排灌。排上种薯覆盖表土后，床内土面上放上一些秸秆或土坷垃，然后铺上地膜，使膜下有一定空隙，以利种薯透气吸氧，否则会引起种薯缺氧腐烂，最后在畦面上拱起竹竿、盖上农膜，四周压严。

5.1.2.2 育种时间

3 月中旬至 4 月上旬。

5.1.2.3 育种方法

选择表皮光滑，大小适中（50～200 克），无病、无伤、无冷害的薯种进行排种。

5.1.2.3.1 火炕高脚剪苗

适时排种：2月下旬建火炕，将薯种用600倍多灵菌浸泡10分钟消毒，取出晾干。排种时将第二块种薯的头部压在第一块种薯1/3的尾部，使其顶端在同一水平线上，排种量为22.5～25千克/平方米，排完种后撒一层弥缝细土，灌透水，覆盖2～3厘米的表土使种薯不外露。

覆膜：火炕宜建在塑料大棚内，炕上再建小拱棚，炕内盖塑料膜，外两层膜加盖草苫，三膜覆盖辅以草苫，有利于增温、保温、保湿。

合理剪苗：三月下旬，薯苗长到20厘米左右时即可留高脚剪苗，即基部留2～3节不剪，以利数日后萌发2～3株新苗，第二次剪苗每株再留2～3节，继续萌发新芽，依此类推。这样薯母长出的一株薯苗可剪苗20株左右，克服了传统采苗越采越少且携带病毒的缺点。

5.1.2.3.2 棚内扦插繁苗

利用大棚内空地，从3月下旬到5月中旬均可扦插。

做畦断节：棚内做畦，畦宽15米，长度不限。选用薄片小刀或刮胡刀片（不要用剪刀，以免剪扁茎蔓造成感染死苗），把炕内剪下的薯苗，每1～2节切一小段，每株苗约切5段。

扦插密度及管理：畦内浇水下渗后即可扦插，早插及用作夏薯的秧苗密度宜小，以利多分枝、多菜苗，株行距25厘米左右；晚插及用作春薯的秧苗密度宜大，促长主茎，不促分枝，株行距5厘米左右。扦插时要让薯苗露出一节，并使基部与泥土密接，以利萌芽成活。以后，视苗情及时追肥浇水。

5.1.2.3.3 大田密植繁苗

深耕做垄：4月中旬，在大田深耕起垄，垄宽1米，耕前施足基肥，重施氮肥。

栽植密度：可剪炕内或畦内薯苗栽植，一垄双行，每亩密度6 000株。栽后覆膜，以提高地温。

剪苗疏苗：从5月底至6月，可剪大田内薯秧作夏薯用苗；夏薯栽罢可疏苗，每亩3 000株，揭去地膜。

5.1.3 苗床管理

5.1.3.1 温度

薯种出芽前要高温催芽，做好增温保温，力争早出苗、多出苗、不烂苗。薯芽出土后要适当降温，如温度过高中午要将苗床薄膜两端揭开通风，傍晚封闭，以免烧苗。当温度稳定在20℃时将薄膜全部揭开，日揭夜盖。薯床温度见表2。

表 2

时间	出苗前	出苗后	采苗前	炼苗
温度	28～32℃	25～28℃	20℃	18～20℃

5.1.3.2 湿度

床土湿度应保持在 75%左右。

5.1.3.3 炼苗

薯苗出齐后，选择晴天开始逐步通风降温，苗高 10 厘米后昼夜通风，进行低温炼苗，以适应大田栽插条件。

5.1.3.4 采苗

4 月下旬，薯苗长到 20 厘米左右时要及时采苗，采苗过晚，会捂坏下部小苗，影响下层出苗数量。

5.1.3.5 追肥

每次剪苗后结合浇水追施磷酸二氢钾 50 克/平方米以保证出壮苗。

5.1.3.6 壮苗标准

秧苗叶片鲜亮，大而肥厚，叶部三叶齐平，茎节粗短而不易折断，折断茎秧时白浆多而浓，全株无病斑，秧高 20～24 厘米，百株鲜重 0.5 千克以上。

5.2 栽培管理

5.2.1 整地、施肥、做垄

冬前深耕，耕深 20～30 厘米，采取黏土掺沙土、沙土掺黏土的方法改良土壤质地，增加土壤的通透性和保水保肥能力，以机械化旋耕两次效果最好，耙平整细，在栽前 1～3 天做垄，垄（畦）规格为畦宽 70～100 厘米，垄宽 35 厘米，垄高 25～40 厘米，每亩施尿素 8 千克、钙镁磷肥 12 千克、硫酸钾 15 千克作包心肥。

5.2.2 栽培时间

晚霜过后，10 厘米地温稳定在 15℃以上时开始栽秧，一般栽培时间春薯为 4 月下旬至 5 月上旬，夏薯强调越早越好。

5.2.3 栽培方法

5.2.3.1 备苗

每亩大田用 10 号或 5 号 ABT 生根粉 0.025 克对水 1 千克，配成 25 毫克/千克溶液，将剪好的薯秧基部浸入溶液 30 分钟，取出晾干。

5.2.3.2 扦插

将晾干的薯苗插入土壤，苗尖露出地面 3～4 厘米，株距 25～30 厘米，每亩扦插 3 000～3 500 株。

5.2.3.3 扦插方法

扦插方法见表3。

表3

方法	插法	优点	缺点
斜插法	将薯苗基部2～3节斜插入土壤，深度8～10厘米	发根容易，抗旱能力强	结薯少
船底形插法	薯秧中部向下弯曲，基部翘起形如船底	入土浅，易结薯	不耐旱
水平插法	薯秧平直浅插，入土节数多	易生根，结薯多，产量高	不耐旱
改良插法	一插二倒三抬头	成活率高，结薯多，产量高	工作效率略低

5.2.4 田间管理

5.2.4.1 扎根缓苗期

力争早扎根、早缓苗、早发棵，促进根系发育，为早结薯，结大薯打好基础。

5.2.4.1.1 查苗、补苗

栽后4～5天要进行查苗，发现缺苗立即补栽，以保证全苗，对弱小苗要及时浇水，促进生长。

5.2.4.1.2 中耕培垄

栽苗后至封垄前进行中耕3～5次，第一次中耕，在缓苗后进行，中耕深度6～7厘米，中耕深度逐步变浅，到封垄前中耕至3厘米左右，结合中耕进行培垄，对塌陷的垄背及时修复。

5.2.4.1.3 追肥

栽后20天左右进行追施提苗肥，每亩用磷酸二铵1～1.5千克，对水25千克灌棵。

5.2.4.2 防治地下害虫

每亩用5%辛硫磷颗粒剂2千克在起垄时撒入，防治蝼蛄、蛴螬、金针虫等。

5.2.4.3 分枝结薯至块根膨大期

此期管理以促为主，在雨季来临之前形成较大叶面积，后期采取相应措施防止茎叶徒长，为块根迅速膨大打好基础。

5.2.4.3.1 防涝

此时正值雨季，要修通水道，若遇雨积水，应及时排水防涝。

5.2.4.3.2 控制茎叶徒长

提蔓：在红薯生育过程中进行，一般提3～4次。

化控：土壤肥沃、降水多、有徒长势头的地块，在封垄后出现徒长势头时，每亩用15%多效唑60～80克，对水25～30千克，喷薯秧尖部。降水少的年份，对瘠薄的地块可不用化控。

掐尖：生长期可采取掐尖、剪枯蔓老叶方法控秧促薯。

5.2.4.4 防治茎叶害虫

7月中旬至9月易发生卷叶虫、甘薯天蛾和斜纹夜蛾，可选用溴氯菊酯1∶1 500倍，功夫乳油1∶20 000倍叶面喷雾。

5.2.4.5 茎叶衰退块根快速膨大期

此期管理上要保护茎叶，维持正常生理功能，促进块根迅速膨大。

5.2.4.6 浇水、排涝

红薯是耐旱作物，一般不用浇水，在天气长期少雨、干旱情况下可以浇一到两次水，9月10号后不能再浇水，否则会降低淀粉含量、影响品质、不耐储藏；如遇雨水过多要及时排水防涝，提高地温。

在红薯栽后40～50天开始追薯块膨大肥，一次性用尿素15千克、磷肥15千克、钾肥20千克。或8月下旬每亩用0.3%磷酸二氢钾溶液均匀喷洒叶片，连喷两次（7天喷一次）。

6 采收

6.1 时间

储藏红薯要在霜降后及时采收，预防冻害。淀粉用红薯可以延长收获期。

6.2 方法

选择晴天进行采收，采收时要轻刨、轻拿，不要损伤表皮，并在太阳下晾晒2～3小时后轻运入窖收藏。采收的红薯应符合GB 18406.1的规定。

7 红薯等级

红薯等级标准应符合表4的规定。

表4

等级	重量（克）	要求
特级	400～900	无外伤、无虫害、无畸形、表皮光滑、不超过5%一级品
一级	>200	无外伤、无虫害、不超过5%二级品
二级	达不到特级、一级品的	

8 留种

选用重量为50～200克，无病斑、无虫眼、无破损、无变异、长条形的秋薯或夏薯做种薯。

9 贮藏

9.1 薯窖选址

贮藏一般采用薯窖，窖式有井窖、棚窖等。建窖时可因地制宜，就地取材，但均要求避风向阳，地势较高，土质坚实。

9.2 贮藏温度

贮藏温度为10～15℃，冬季要保温。

9.3 贮藏管理

入窖前将窖底和四周刮一层表土，撒一层生石灰并铺层垫草以备红薯进窖。

入窖后30天内，要注意通风、散热、散湿。避免发汗，入冬后要用稻草盖好，密封保温。

开春后气温回升，降水多，寒暖多变，应以通风换气为主，根据天气变化注意防寒保温。

10. 小麦减量增效绿色施肥技术规程

1 范围

本标准根据小麦生产特点和各个生育期的生长发育规律，以平衡施肥原理为指导，提出了不同土壤条件下小麦施肥原则，各生育期 N、P、K、微肥施用数量及方法。本标准适宜河南省中部产地环境投入品的质量及其他田间栽培技术措施符合无公害产品生产要求的小麦生产地区。

2 规范性引用文件

下列文件中的条款通过本标准的引用而成为本标准的条款。凡是注日期的引用文件，其随后所有的修改单（不包括勘误的内容）或修订版均不适用于本标准，然而，鼓励根据本标准达成协议的各方研究是否可使用这些文件的最新版本。凡是不注日期的引用文件，其最新版本使用于本标准。

NY/T 53—1987 土壤全氮测定法

NY/T 85—1988 土壤有机质测定法

NY/T 148—1990 石灰性土壤有效磷测定法

NY/T 889—2004 土壤速效钾和缓效钾含量的测定

NY/T 496—2010 肥料合理使用准则 通则

3 施肥原则

3.1 肥料使用原则符合 NY/T496—2010 规定。

3.2 禁止使用未经国家或省级农业部门登记的化学、生物肥料。

3.3 禁止使用重金属含量超标的肥料中主要重金属的限量指标（见附录 A）。

3.4 实行有机、无机配合施用（有机肥卫生标准见附录 B）。

4 底肥

4.1 农作物秸秆还田

前茬作物（玉米）秸秆粉碎，足墒深耕、翻埋掩底。

4.2 有机肥料

在有条件时，施腐熟有机肥 30 000～45 000 千克/公顷或商品有机肥 1 500～3 000 千克/公顷掩底。

4.3 氮肥

根据目标产量水平确定施用量（表 1）。

表 1　无公害小麦施氮肥用量（千克/公顷）

目标产量	氮肥用量（N）
＞7 500	120～150
6 000～7 500	105～135
＜6 000	90～120

4.4 磷肥

4.4.1 根据土壤有效磷含量分区确定施肥量（表 2）。

表 2　无公害小麦测土化验底施磷肥用量

分区名称	土壤有效磷含量（P）（毫克/千克）	施磷量（P_2O_5）（千克/公顷）
高产区	＜13	120～150
	13～18	90～120
	＞18	45
中低产区	＜7	90～120
	7～13	75～90
	＞13	45

4.4.2 磷肥施用方式为撒垡头耕翻掩底或分层底施。

4.5 钾肥

按土壤速效钾含量分区确定底施钾肥量（表 3），在整地时掩底。

表 3 无公害小麦测土化验底施钾肥用量

分区名称	土壤速效钾含量（K）（毫克/千克）	底施钾肥量（K_2O）（千克/公顷）
高产区	<90	45～75
	90～130	30～60
	>130	0
中低产区	<80	30～60
	80～120	0～45
	>120	0

4.6 提倡施用配方肥料（掺混肥料）

根据肥料养分含量参照 4.3～4.5 换算确定配方肥料用量。一般含量为 45%的氮、磷、钾肥（$N-P_2O_5-K_2O$≈25-14-6）施用量为 450～600 千克/公顷。

5 追肥

5.1 冬季追肥

底肥不足、麦苗发黄田块，结合冬灌，酌情追施尿素 60 千克/公顷。

5.2 拔节末期追肥

根据苗情一般追尿素 90～105 千克/公顷。高产田追施钾肥（K_2O）30～60 千克/公顷。

5.3 追肥方式为沟施、深施覆土，施肥后浇水。

5.4 叶面追肥

孕穗至灌浆期结合防治病虫害选用 2%尿素、1%～2%磷酸二氢钾肥液 750～1 500 千克/公顷或微肥喷洒。

6 适时收获

在小麦蜡熟后期，即当茎叶全部变黄，籽粒呈现品种固有色泽，含水量降至 25%左右时，及时收获，并实行单收、单运、单晒、单储。

附录 A（规范性附录）

肥料中主要重金属含量的限量指标（毫克/千克）

项目	指标
砷（以 As 计）	≤20
镉（以 Cd 计）	≤200
铅（以 Pb 计）	≤100

附录 B（规范性附录）

有机肥卫生标准

项目		卫生标准及要求
高温堆肥	堆肥温度	最高温度 50～55℃，持续 5～7 天
	蛔虫卵死亡	95%～100%
	粪大肠菌值	10^{-1}～10^{-2}
	苍蝇	有效地控制苍蝇滋生，肥堆周围没有活蛆，蛹或羽化的成蝇
沼气发酵肥	密封储存期	30 天以上
	高温沼气发酵温度	53±2℃，持续 2 天
	寄生虫卵沉降率	95%以上
	血吸虫卵和钩虫卵	在使用粪液中不得检出活的吸血虫卵和钩虫卵
	粪大肠菌值	普通沼气发酵 10^{-4}、高温沼气发酵 10^{-1}～10^{-2}
	蚊子、苍蝇	有效地控制蚊蝇滋生。粪液中无孑孓，池周围无活蛆、蛹或羽化的成蝇
	沼气残渣	经无害化处理后方可用作农肥

11. 许昌市耕地质量监测技术规范

1 范围

本标准规定了耕地质量监测的布点采样、监测内容、分析方法、质控措施、监测报告整编等技术内容。

本标准适用于耕地质量监测，也适用于园地质量监测。

2 规范性引用标准

下列标准所包含的条文，通过在本标准中引用而构成为本标准的条文。凡是注日期的引用文件，仅注日期的版本适用于本文件。凡是不注日期的引用文件，其最新版本（包括所有的修改单）适用于本文件。

GB 8170—1987　数值修约规则

GB/T 17296　中国土壤分类与代码

GBT 17136—1997　土壤质量　总汞的测定　冷原子吸收分光光度法

GBT 17137—1997　土壤质量　总铬的测定　火焰原子吸收分光光度法

GBT 17138—1997　土壤质量　铜、锌的测定　火焰原子吸收分光光度法

GBT 17139—1997　土壤质量　镍的测定　火焰原子吸收分光光度法

GBT 17141—1997　土壤质量　铅、镉的测定　石墨炉原子吸收分光光度法

NYT 52—1987　土壤水分测定法（原 GB 7172—1987）

NY/T 53—1987　土壤全氮测定法（半微量开氏法）（原 GB 7173—1987）

NY/T 85—1988　土壤有机质测定法（原 GB 9834—1988）

NY/T 88—1988　土壤全磷测定法（原 GB 9837—1988）

NY/T 149—1990　石灰性土壤有效磷测定方法（原 GB 12297—1990）

NY/T 86　土壤碳酸盐测定法

NY/T 87　土壤全钾测定法

NY/T 295　中性土壤阳离子交换量和交换性盐基的测定

NY/T 295　农田土壤环境质量监测技术规范

NY/T 889　土壤速效钾和缓效钾含量的测定

NY/T 890　土壤有效态锌、锰、铁、铜含量的测定

NY/T 1121.1　土壤检测　第1部分：土壤样品的采集、处理和贮存

NY/T 1121.2　土壤检测　第 2 部分：土壤 pH 的测定
NY/T 1121.3　土壤检测　第 3 部分：土壤机械组成的测定
NY/T 1121.4　土壤检测　第 4 部分：土壤容重的测定
NY/T 1121.5　土壤检测　第 5 部分：石灰性土壤阳离子交换量的测定
NY/T 1121.8　土壤检测　第 8 部分：土壤有效硼的测定
NY/T 1121.9　土壤检测　第 9 部分：土壤有效钼的测定

3　定义

本标准采用下列定义。

3.1　耕地及耕地质量

耕地：用于种植各种粮食作物、蔬菜、水果、纤维和糖料作物、油料作物及农区森林、花卉、药材、草料等作物的农业用地土壤。

耕地质量：耕地满足作物生长和清洁生产的程度，包括耕地地力和耕地环境质量两方面。

3.2　区域土壤背景点

在调查区域内或附近，相对未受污染，而母质、土壤类型及农作历史与调查区域土壤相似的土壤样点。

3.3　耕地监测点

人类活动产生的污染物进入土壤并累积到一定程度引起或怀疑引起土壤环境质量恶化的土壤样点。

3.4　耕地土壤剖面样品

按土壤发生学的主要特征，把整个剖面划分成不同的层次，在各层中部位多点取样，等量混匀后的 A、B、C 层或 A、C 等层的土壤样品。

3.5　耕地土壤混合样

在耕作层采样点的周围采集若干点的耕层土壤、经均匀混合后的土壤样品，组成混合样的分点数要在 5～20 个。

4　耕地质量监测采样技术

4.1　采样前现场调查与资料收集

4.1.1　区域自然环境特征：水文、气象、地形地貌、植被、自然灾害等。

4.1.2 农业生产土地利用状况：农作物种类、布局、面积、产量、耕作制度等。

4.1.3 区域土壤地力状况：成土母质、土壤类型、层次特点、质地、pH、Eh、代换量、盐基饱和度、土壤肥力等。

4.1.4 土壤环境污染状况：工业污染源种类及分布、污染物种类及排放途径和排放量、农灌水污染状况、大气污染状况、农业固体废弃物投入、农业化学物质投入情况、自然污染源情况等。

4.1.5 土壤生态环境状况：水土流失现状、土壤侵蚀类型、分布面积、侵蚀模数、沼泽化、潜育化、盐渍化、酸化等。

4.1.6 土壤环境背景资料：区域土壤元素背景值、农业土壤元素背景值。

4.1.7 其他相关资料和图件：土地利用总体规划、农业资源调查规划、行政区划图、土壤类型图、土壤环境质量图等。

4.2 监测单元的划分

耕地土壤监测单元按土壤接纳污染物的途径划分为基本单元，结合参考土壤类型、农作物种类、耕作制度、商品生产基地、保护区类别、行政区划等要素，由当地农业环境监测部门根据实际情况进行划定。同一单元的差别应尽可能缩小。

4.2.1 灌溉水污染型土壤监测单元

土壤中的污染物主要来源于农灌用水。

4.2.2 固体废弃堆污染型土壤监测单元

土壤中的污染物主要来源于集中堆放的固体废弃物。

4.2.3 农用固体废弃物污染型土壤监测单元

土壤中的污染物主要来源于农用固体废弃物。

4.2.4 农用化学物质污染型土壤监测单元

土壤中的污染物主要来源于农药、化肥、生长素等农用化学物质。

4.2.5 综合污染型土壤监测单元

土壤中的污染物主要来源于上述的两种或两种以上途径。

4.3 监测点的布设

4.3.1 布点数量

土壤监测的布点数量要根据调查目的、调查精度和调查区域环境状况等因素确定。一般要求每个监测单元最少应设 3 个点。

土壤污染纠纷的法律仲裁调查的样点数量要大，可采用 1～5 个样点/公顷；绿色食品产地环境质量监测按《绿色食品产地环境质量现状评价纲要》规定执行，一般土壤质量调查在保证土壤样品代表性的前提下，可根据实际情况自定。

4.3.2 布点原则与方法

4.3.2.1 区域土壤背景点布点原则与方法

a）区域土壤背景点布点是指在调查区域内或附近，相对未受污染，而母质、土壤类型及农作历史与周查区域土壤相似的土壤样点。

b）代表性强、分布面积大的几种主要土壤类型分别布设同类土壤的背景点。

c）采用随机布点法，每种土壤类型不得低于3个背景点。

4.3.2.2 耕地土壤监测点布点原则与方法

耕地土壤监测点是指人类活动产生的污染物进入土壤并累积到一定程度引起或怀疑引起土壤质量恶化的土壤样点。

布点原则应坚持哪里有污染就在哪里布点，把监测点布设在怀疑或已证实有污染的地方，根据技术力量和财力条件，优先布设在那些污染严重、影响农业生产活动的地方。

4.3.2.2.1 大气污染型土壤监测点

以大气污染源为中心，采用放射状布点法。布点密度由中心起由密渐稀，在同一密度圈内均匀布点。此外，在大气污染源主导风下风方向应适当增加监测距离和布点数量。

4.3.2.2.2 灌溉水污染型土壤监测点

在纳污灌溉水体两侧，按水流方向采用带状布点法。布点密度自灌溉水体纳污口起由密渐稀，各引灌段相对均匀。

4.3.2.2.3 固体废物堆污染型土壤监测点

地表固体废物堆可结合地表径流和当地常年主导风向，采用放射布点法和带状布点法，地下填埋废物堆根据填埋位置可采用多种形式的布点法。

4.3.2.2.4 农用固体废弃物污染型土壤监测点

在施用种类、施用量、施用时间等基本一致的情况下采用均匀布点法。

4.3.2.2.5 农用化学物质污染型土壤监测点

采用均匀布点法。

4.3.2.2.6 综合污染型土壤监测点

以主要污染物排放途径为主，综合采用放射布点法、带状布点法及均匀布点法。

4.4 样品采集

4.4.1 采样准备

4.4.1.1 采样物质准备，包括采样工具、器材、文具及安全防护用品等。

a）工具类：铁铲、铁镐、土铲、土钻、土刀、木片及竹片等。

b）器材类：罗盘、高度计、卷尺、标尺、容重圈、铝盒、样品袋、标本盒、照相机、胶卷以及其他特殊仪器和化学试剂。

c）文具类：样品标签、记录表格、文具夹、铅笔等小型用品。

d）安全防护用品：工作服、雨衣、防滑登山鞋、安全帽、常用药品等。对长距离大规模采样尚需车辆等运输工具。

4.4.1.2 组织准备

组织具有一定野外调查经验、熟悉土壤采样技术规程、工作负责的专业人员组成采样组。采样前组织学习有关业务技术工作方案。

4.4.1.3 技术准备

a）样点位置图（或工作图）。

b）样点分布一览表，内容包括编号、位置、土类、母质母岩等。

c）各种图件：交通图、地质图、土壤图、大比例的地形图（标有居民点、村庄等标记）。

d）采样记录表、土壤标签等。

4.4.1.4 现场踏勘，野外定点，确定采样地块。

a）样点位置图上确定的样点受现场情况干扰时，要作适当的修正。

b）采样点应距离铁路或主要公路300米以上。

c）不能在住宅、路旁、沟渠、粪堆、废物堆及坟堆附近设采样点。

d）不能在坡地、洼地等具有从属景观特征地方设采样点。

e）采样点应设在土壤自然状态良好，地面平坦，各种因素都相对稳定并具有代表性的面积在1～2公顷的地块。

f）采样点一经选定，应作标记，并建立样点档案供长期监控用。

4.4.2 采集阶段

4.4.2.1 土壤污染监测、土壤污染事故调查及土壤污染纠纷的法律仲裁的土壤采样一般要按以下三个阶段进行。

a）前期采样：对于潜在污染和存在污染的土壤，可根据背景资料与现场考察结果，在正式采样前采集一定数量的样品进行分析测试，用于初步验证污染物扩散方式和判断土壤污染程度，并为选择布点方法和确定测试项目等提供依据。前期采样可与现场调查同时进行。

b）正式采样：在正式采样前应首先制定采样计划，采样计划应包括布点方法、样品类型、样点数量、采样工具、质量保证措施、样品保存及测试项目等内容。

按照采样计划实施现场采样。

c）补充采样：正式采样测试后，发现布设的样点未满足调查的需要，则要进行补充采样。例如在污染物高浓度区域适当增加点位。

4.4.2.2　土壤环境质量现状调查、面积较小的土壤污染调查和时间紧急的污染事故调查可采取一次采样方式。

4.4.3　样品采集

4.4.3.1　耕地土壤剖面样品采集

a）土壤剖面点位不得选在土类和母质交错分布的边缘地带或土壤剖面受破坏地方。

b）土壤剖面规格为宽 1 米，深 1～2 米，视土壤情况而定，久耕地取样至 1 米，新垦地取样至 2 米，果林地取样至 1.5～2 米，盐碱地地下水位较高，取样至地下水位层，山地土层薄，取样至母岩风化层。

c）用剖面刀将观察面修整好，自上至下削去 5 厘米厚、10 厘米宽呈新鲜剖面。准确划分土层，分层按梅花法，自下而上逐层采集中部位置土壤。分层土壤混合均匀各取 1 千克样，分层装袋记卡。

d）采样注意事项：挖掘土壤剖面要使观察面向阳，表土与底土分放土坑两侧，取样后按原层回填。

4.4.3.2　耕地土壤混合样品采集

4.4.3.2.1　每个土壤单元至少有 3 个采样点组成，每个采样点的样品为耕地土壤混合样。

4.4.3.2.2　混合样采集方法

a）对角线法：适用于污水灌溉的耕地土壤，由田块进水口向出水口引一对角线，至少分五等分，以等分点为采样分点。土壤差异性大，可再等分，增加分点数。

b）梅花点法：适于面积较小，地势平坦，土壤物质和受污染程度均匀的地块，设分点 5 个左右。

c）棋盘式法：适宜中等面积、地势平坦、土壤不够均匀的地块，设分点 10 个左右，但受污泥、垃圾等固体废弃物污染的土壤，分点应在 20 个以上。

d）蛇形法：适宜面积较大、土壤不够均匀且地势不平坦的地块，设分点 15 个左右，多用于农业污染型土壤。

4.4.4　采样深度及采样量

种植一般农作物每个分点处采 0～20 厘米耕作层土壤，种植果林类农作物每个分点处采 0～60 厘米耕作层土壤，了解污染物在土壤中垂直分布时，按土壤发生层次采土壤剖面样。各分点混匀后取1千克，多余部分用四分法弃去。

4.4.5 采样时间及频率

4.4.5.1 一般土壤样品在农作物收获后与农作物同步采集。必测污染项目一年一次，其他项目3～5年一次。

4.4.5.2 科研性监测时，可在不同生育期采样或视研究目的而定。

4.4.6 采样现场记录

4.4.6.1 采样同时，专人填写土壤标签、采样记录、样品登记表，并汇总存档。土壤样品标签包括样品标号、业务代号、样品名称、土壤类型、监测项目、采样地点、采样深度、采样人。

4.4.6.2 填写人员根据明显地物点的距离和方位，将采样点标记在野外实际使用地形图上，并与记录卡和标签的编号统一。

4.4.7 采样注意事项

4.4.7.1 测定重金属的样品，尽量用竹铲、竹片直接采取样品，或用铁铲、土钻挖掘后，用竹片刮去与金属采样器接触的部分，再用竹片采取样品。

4.4.7.2 所采土样装入塑料袋内，外套布袋。填写土壤标签一式2份，1份放入袋内，1份扎在袋口。

4.4.7.3 采样结束应在现场逐项逐个检查，如采样记录表、样品登记表、样袋标签、土壤样品、采样点位图标记等有缺项、漏项和错误处，应及时补齐和修正后方可撤离现场。

4.5 样品编号

4.5.1 耕地土壤样品编号是由类别代号、顺序号组成。

4.5.1.1 类别代号：用环境要素关键字中文拼音的大写字母表示，即“T”表示土壤。

4.5.1.2 顺序号：用阿拉伯数字表示不同地点采集的样品，样品编号从T001号开始，一个顺序号一个采集点的样品。

4.5.2 对照点和背景点样：在编号后加“CK”。

4.5.3 样品登记的编号、样品运转的编号均与采集样品的编号一致，以防混淆。

4.6 样品运输

4.6.1 样品装运前必须逐件与样品登记表、样品标签和采样记录进行核对，核对无误后分类装箱。

4.6.2 样品在运输中严防样品的损失、混淆或沾污，并派专人押运，按时送至实验室。接受者与送样者双方在样品登记表上签字，样品记录由双方各存一份备查。

4.7 样品制备

4.7.1 制样工作场地：应设风干室、磨样室。房间向阳（严防阳光直射土样）、通风、整洁、无扬尘、无易挥发化学物质。

4.7.2 制样工具与容器

4.7.2.1 晾干用白色搪瓷盘及木盘。

4.7.2.2 磨样用玛瑙研磨机、玛瑙研钵、白色瓷研钵、木滚、木棒、木槌、有机玻璃棒、有机玻璃板、硬质木板、无色聚乙烯薄膜等。

4.7.2.3 过筛用尼龙筛，规格为20～100目。

4.7.2.4 分装用具塞磨口玻璃瓶、具塞无色聚乙烯塑料瓶，无色聚乙烯塑料袋或特制牛皮纸袋规格视量而定。

4.7.3 制样程序

4.7.3.1 土样接交：采样组填写送样单一式三份，交样品管理人员、加工人员各一份，采样组自存一份。三方人员核对无误签字后开始磨样。

4.7.3.2 湿样晾干：在晾干室将湿样放置晾样盘，摊成2厘米厚的薄层，并间断地压碎、翻拌、拣出碎石、沙砾及植物残体等杂质。

4.7.3.3 样品粗磨，在磨样室将风干样倒在有机玻璃板上，用槌、滚、棒再次压碎，拣出杂质并用四分法分取压碎样，全部过20目尼龙筛。过筛后的样品全部置于无色聚乙烯薄膜上充分混合直至均匀。经粗磨后的样品用四分法分成两份，一份交样品库存放，另一份作样品的细磨用。粗磨样可直接用于土壤pH、土壤代换量、土壤速测养分含量、元素有效性含量分析。

4.7.3.4 样品细磨：用于细磨的样品用四分法进行第二次缩分成两份，一份留备用，一份研磨至全部过60目或100目尼龙筛，过60目（孔径0～25毫米）土样，用于农药或土壤有机质、土壤全氮量等分析过100目（孔径0～149毫米）土样，用于土壤元素全量分析。

4.7.3.5 样品分装：经研磨混匀后的样品，分装于样品袋或样品瓶。填写土壤标签一式两份，瓶内或袋内放1份，外贴1份。

4.7.4 制样注意事项

4.7.4.1 制样中，采样时的土壤标签与土壤样始终放在一起，严禁混错。

4.7.4.2 每个样品经风干、磨碎、分装后送到实验室的整个过程中，使用的工具与盛样容器的编码始终一致。

4.7.4.3 制样所用工具每处理一份样品后擦洗一次，严防交叉污染。

4.7.4.4 分析挥发性、半挥发有机污染物（酚、氰等）或可萃取有机物无需制样，新鲜样测定。

4.8 样品保存

4.8.1 风干土样按不同编号、不同粒径分类，存放于样品库，保存半年至一年。或分析任务全部结束，检查无误后，如无需保留可弃去。
4.8.2 新鲜土样用于挥发性、半挥发有机污染物（酚、氰等）或可萃取有机物分析，新鲜土样选用玻璃瓶置于冰箱，小于4℃，保存半个月。
4.8.3 土壤样品库经常保持干燥、通风，无阳光直射、无污染，要定期检查样品，防止霉变、鼠害及土壤标签脱落等。

5 耕地土壤质量监测项目及分析方法

5.1 监测项目确定的原则

5.1.1 规定必测项目 GB 15618 中所要求控制的污染物。
5.1.2 选择必测项目 GB 15618 中未要求控制的污染物，但根据当地环境污染状况（如农区大气、农灌水等），确认在土壤中积累较多，对农业生产危害较大，影响范围广、毒性较强的污染物，亦属必测项目。具体项目由各地自己确定。
5.1.3 选择项目，由各地自己选择测定，一般包括以下几类：

a）新纳入的、在土壤中积累较少的污染物。

b）由于环境污染导致土壤性状发生改变的土壤性状指标。

c）农业生态环境指标。

5.2 分析方法选择的原则

5.2.1 第一方法：标准方法（即仲裁方法），为土壤环境质量标准中选配的分析方法。
5.2.2 第二方法：由权威部门规定或推荐的方法。
5.2.3 第三方法：根据各站实情，自选等效方法。但应作比对实验，其检出限、准确度、精密度不低于相应的通用方法要求水平或待测物准确定量的要求。

5.3 监测项目与分析方法

耕地土壤监测项目与分析方法见表1。

表1　耕地土壤监测项目必测元素及分析方法

监测项目		监测仪器	监测方法	方法来源
必测元素	镉	原子吸收光谱仪	石墨炉原子吸收分光光度法	GBT 17141
		原子吸收光谱仪	KI-MIBK萃取原子吸收分光光度法	GBT 17140
	总汞	原子荧光光度计	冷原子荧光法	《土壤元素近代分析方法》
		测汞仪	冷原子吸收法	GBT 17136
	总砷	分光光度计	二乙基二硫代氨基甲酸银分光光度法	GBT17 134
		分光光度计	硼氢化钾硝酸银光度法	GBT17 135
		原子荧光光度计	氢化物—非色散原子荧光法	《土壤元素近代分析方法》
	铜	原子吸收光谱仪	火焰原子吸收分光光度法	GBT 17138
	铅	原子吸收光谱仪	石墨炉原子吸收分光光度法	GBT 17141
	总铬	原子吸收光谱仪	火焰原子吸收分光光度法	GBT 17137
		分光光度计	二苯碳酰二肼光度法	《土壤元素近代分析方法》
	锌	原子吸收光谱仪	火焰原子吸收分光光度法	GBT 17138
	镍	原子吸收光谱仪	火焰原子吸收分光光度法	GBT 17139
	pH	离子计	玻璃电极法	《土壤元素近代分析方法》
选测元素	铁	原子吸收光谱仪	火焰原子吸收分光光度法	《土壤元素近代分析方法》
	锰	原子吸收光谱仪	火焰原子吸收分光光度法	《土壤元素近代分析方法》
	总钾	原子吸收光谱仪	火焰原子吸收分光光度法	《土壤元素近代分析方法》
	有机质	微量滴定管	重铬酸钾容量滴定	NY/T85
	总氮	半微量定氮仪	半微量法	NY/T53
	有效磷	分光光度计	钼锑抗光度法	NY/T149
	总磷	分光光度计	钼锑抗光度法	NY/T88
	水分	分析天平	重量法	NY/T52
	总硒	原子荧光光度计	原子荧光法	《土壤元素近代分析方法》
	有效硼	分光光度计	姜黄素光度法	NY/T148
	总硼	分光光度计	亚甲蓝光度法	《土壤元素近代分析方法》
	总钼	分光光度计	硫氰化钾光度法	农业部门选用
	氟	离子计	离子选择电离法	《土壤元素近代分析方法》
	氯化物		硝酸银滴定法	《土壤理化分析》
	矿物油	油分浓度分析仪	5A分子筛吸附法	农业部门选用
	苯并a芘	分光光度计	萃取层次法	农业部门选用

表2　土壤监测平行双样测定值的精密度和准确度允许误差

监测项目	样品含量范围（毫克/千克）	精密度		准确度			适用的分析方法
		室内相对标准偏差（%）	室间相对标准偏差（%）	加标回收率（%）	室内相对误差（%）	时间相对误差（%）	
镉	＜0.1	35	40	75～110	35	40	原子吸收光谱法
	0.1～0.4	30	35	85～110	30	35	
	＞0.4	25	30	90～105	25	30	
汞	＜0.1	35	40	75～110	35	40	冷原子吸收法 原子荧光法
	0.1～0.4	30	35	85～110	30	35	
	＞0.4	25	30	90～105	25	30	
砷	＜10	20	30	90～105	20	30	原子荧光法 分光光度法
	10～20	15	25	90～105	15	25	
	＞20	15	20	90～105	15	20	
铜	＜20	20	30	90～105	20	30	原子吸收光谱法
	20～30	15	25	90～105	15	25	
	＞30	15	20	90～105	15	20	
铅	＜20	30	35	80～110	30	35	原子吸收光谱法
	20～40	25	30	85～110	25	30	
	＞40	20	25	90～105	20	25	
铬	＜50	25	30	85～110	25	30	原子吸收光谱法
	50～90	20	30	85～110	20	30	
	＞90	15	25	90～105	15	25	
锌	＜50	25	30	85～110	25	30	原子吸收光谱法
	50～90	20	30	85～110	20	30	
	＞90	15	25	90～105	15	25	
镍	＜20	30	35	80～110	30	35	原子吸收光谱法
	20～40	25	30	85～110	25	30	
	＞40	20	25	90～105	20	25	

表 3　土壤监测平行双样最大允许相对偏差

元素含量范围（毫克/千克）	最大允许相对标准偏差（%）	元素含量范围（毫克/千克）	最大允许相对标准偏差（%）
＞100	5	0.1～1.0	25
10～100	10	＜0.1	30
1.0～10	20		

表 4　土壤污染分级标准

等级划定	综合污染指数	污染等级	污染水平
1	$P_{综} \leqslant 0.7$	安全	清洁
2	$0.7 < P_{综} \leqslant 1.0$	警戒线	尚清洁
3	$1 < P_{综} \leqslant 2.0$	轻污染	土壤污染物超过背景值，视为轻污染，作物开始污染
4	$2 < P_{综} \leqslant 3.0$	中污染	土壤、作物均受到中度污染
5	$P_{综} \geqslant 3.0$	重污染	土壤、作物受污染已相当严重

6　耕地质量监测结果评价

6.1　评价单元

6.1.1　基本评价单元：土壤监测单元。

6.1.2　统计评价单元：根据环境状况分析的需要，将各采样点进行分类，按类别进行统计评价。

6.2　评价标准

6.2.1　以 GB 15618 作为评价标准。

6.2.2　无评价标准的项目可用污染物背景值计算污染物积累指数。

6.3　评价方法

耕地土壤质量评价包括：①监测项目（即监测元素）评价；②监测区域评价。评价参数有污染积累指数、污染指数（包括单项和综合污染指数）、质量分级、污染物分担率、面积和样本超标率等。土壤环境质量评价一般以单项污染指数为主，但当区域内土壤质量作为一个整体与外区域土壤质量比较，或一个区域内土壤质量在不同历史时段的比较时应用综合污染指数评价。

7 资料整编

7.1 整理有关资料：其中包括采样原始记录表、样品送样单、实验室各种原始记录表、所辖监测区有关图例等。

7.2 绘制有关图表：包括采样点位图、环境质量等级分布图等，监测结果报表和统计表等。

7.3 资料的三级审核。

12. 绿色食品谷子高产栽培技术规程

1 范围

本标准规定了绿色食品谷子高产栽培的要求、播前准备、播种要求、田间管理、收获、记录控制与档案管理的技术要求。

本标准适用于许昌地区及类似栽培区域绿色食品常规谷子的大田高产栽培。

2 规范性引用文件

下列文件对于本文件的应用是必不可少的。凡是注日期的引用文件，仅所注日期的版本适用于本文件。凡是不注日期的引用文件，其最新版本（包括所有的修改单）适用于本文件。

GB 4404.1 粮食作物种子 第1部分：禾谷类

NY/T 391 绿色食品 产地环境技术要求

NY/T 393 绿色食品 农药使用准则

NY/T 394 绿色食品 肥料使用准则

NY/T 658 绿色食品 包装通用准则

NY/T 1056 绿色食品 贮藏运输准则

3 要求

3.1 基本条件

3.1.1 产地环境条件

产地环境条件应符合 NY/T 391 的规定。

3.1.2 气候条件

年无霜期 200 天以上，年有效积温 2 800℃以上，常年降水量在 600 毫米以上。

3.1.3 土壤条件

3.1.4 储存条件

有足够的、适宜的场地晾晒和贮存，并确保在晾晒和贮存过程中不混入沙石等杂质，保证不发霉、变质，不发生二次污染。

3.2 品种选择原则

选择已审定（鉴定）推广的高产优质、抗病、抗倒能力强、商品性好的适合于本地积温条件的优良品种。种子质量应符合 GB 4401.1 的规定。

3.3 农药使用准则

选择的农药品种应符合 NY/T393 的规定。在生物源类农药、矿物源类农药不能满足 A 级绿色食品谷子生产的植保工作需要的情况下，允许有限度地使用部分中低等毒性的有机合成农药，每种有机合成农药在整个谷子生长期内只使用一次，采用农药登记时的剂量，不能超量使用农药。严禁使用剧毒、高毒、高残留的农药品种，详细见附录 A。严禁使用基因工程品种（产品）及制剂。

3.4 肥料使用准则

选择的肥料种类应符合 NY/T 394 的规定。允许使用农家肥料，农家肥卫生标准见附录 B。禁止使用未经国家或省级农业部门登记的化学和生物肥料，禁止使用重金属含量超标的肥料，禁止使用硝态氮肥。

4 播前准备

4.1 选地、整地

4.1.1 选地

一般选择地势平坦、保水保肥、排水良好、肥力中上等的地块，要与豆类、薯类、玉米、高粱等作物，进行 2～3 年轮作倒茬。

4.1.2 整地

春播谷子，应进行秋翻，秋翻深度一般要在 20～25 厘米，做到深浅一致、扣垡均匀严实、不漏耕。翌年当土壤冻融交替之际进行耙耢保墒，做到上平下实。夏播谷子，应在前茬作物收获后，及时进行耕耙、播种，亦可贴茬播种。

4.1.3 选墒

有水浇条件的，在播前 7～10 天浇地造墒，适时播种。无水浇条件的，等雨播种。

4.2 施底肥

中等地力条件下，结合整地施入充分腐熟有机肥 30～45 立方米/公顷；化学肥料可施磷酸二铵 120～150 千克/公顷，尿素 150～225 千克/公顷，硫酸钾 45～75 千克/公顷。根据不同地区土壤肥力的不同，可作相应的调整。

4.3 备种

4.3.1 品种选择

选择适合许昌地区生产条件、优质、高产、抗病性强的品种，并注意定期更换品种。

4.3.2 种子处理

4.3.2.1 精选种子

采用机械风选、筛选、重力择选等方法择选有光泽、粒大、饱满、无虫蛀、无霉变、无破损的种子，或采用人工方法：在播前用10%的盐水溶液对种子进行严格精选，去除秕粒、草籽和杂质，将饱满种子捞出，用清水洗净，晾干待播。

4.3.2.2 浸种、拌种与包衣

选择符合绿色食品允许使用的种衣剂进行包衣。

4.3.2.3 晒种

在播前10～15天，于阳光下晒种2～3天，提高种子发芽率和发芽势，禁止直接在水泥场面或铁板面上晾晒，避免烫伤种子。

5 播种要求

5.1 播种时期

春播谷当耕层5～10厘米处地温稳定通过10℃、土壤含水量≥16%时即可播种。一般年份，适播期为4月下旬至5月上旬。夏播谷一般为6月上中旬。

5.2 播种方式

采取等行距、条播方式。种植行距为40厘米。播种垄沟深度为3～4厘米，覆土厚度为2～3厘米，覆土要均匀一致，并及时镇压。

5.3 播种量

春播谷为12～15千克/公顷，夏播谷为15～22.5千克/公顷。

5.4 适宜密度

春播谷子株距为4.8～5.6厘米，留苗密度为45～52.5万株/公顷，夏播谷子株距为3.3～3.7厘米，留苗密度为67.5～75.0万株/公顷。

6 田间管理

6.1 化学除草

可在播后苗前用44%谷友（单密·扑灭）WP 1 800克/公顷，对水750升进行土壤处理，防除谷田单、双子叶杂草。

6.2 适时定苗

3～4叶期间苗，5～6叶期定苗，间苗时要注意拔掉病、小、弱苗，做到单株、等株距定苗。

6.3 中耕、培土

6.3.1 春播谷田

一般中耕锄草三遍。第一遍结合间定苗进行浅锄。第二遍在谷子拔节后、封垄前进行，根据天气和墒情进行深锄培土。第三遍在谷子抽穗前进行，中耕培土，防止倒伏，且尽量不伤根。

6.3.2 夏播谷田

一般在谷子封垄前后进行中耕培土，尽量不伤根。

6.4 灌水

要求灌溉用水符合NY/T 391中4.2的规定。在抽穗前10天左右，如果无有效降水、发生干旱，需浇水一次，保证抽穗整齐一致，防止卡脖旱，且保证正常灌浆。在多雨季节或谷田积水时应及时排水。

6.5 追肥

对肥力瘠薄的弱苗地块或贴茬播种地块，在拔节后孕穗前，结合中耕培土，适当追施发酵好的沼气肥或腐熟的人粪尿、饼肥。也可施尿素120～150千克/公顷。

6.6 病虫害防治

尽量先利用害虫的成虫趋性，使用黑光灯、频振式杀虫灯诱杀，利用糖醋液、调色板诱杀或人工捕捉害虫等物理措施，可以使用生物源类农药、矿物源类农药进行防控，慎用有机合成农药，严格执行NY/T393的有关规定。主要病虫害参见附录C。

7 收获

7.1 适时收割

一般在9月下旬，当籽粒变硬、籽粒的颜色变为本品种的特征颜色（如黄谷的穗部全黄之时）、尚有2～3片绿叶时适时收获，不可等到叶片全部枯死时再收获。

7.2 及时脱粒

收获后及时晾晒、脱粒，严防霉烂变质。禁止在砂土场、公路上脱粒、晾晒。

7.3 包装、贮藏和运输

包装应符合NY/T 658的规定。贮藏和运输应符合NY/T 1056的规定，确保验收的谷子贮藏在避光、常温、干燥或有防潮设施的地方，确保贮藏设施清洁、干燥、通风、无虫害和鼠害，严禁与有毒有害、有腐蚀性、发潮发霉、有异味的物品混存混运。

8 记录控制

8.1 记录要求

所有记录应真实、准确、规范，字迹清楚，不得损坏、丢失、随意涂改，并具有可追溯性。

8.2 记录样式

生产过程、检验、包装标识标签等应有原始记录，记录样式参见附录D。

9 档案管理

9.1 建档制度

绿色食品谷子生产单位应建立档案制度。档案资料主要包括质量管理体系文件、生产计划、产地合同、生产数量、生产过程控制、产品检测报告、应急情况处理等控制文件。

9.2 存档要求

文件记录至少保存3年，档案资料由专人保管。

附录 A（规范性附录）

A 级绿色食品 谷子生产禁止使用的农药

表 A.1 A 级绿色食品 谷子生产禁止使用的农药

种类	农药名称	禁用原因
有机氯杀虫	滴滴涕、六六六、林丹、甲氧 DDT、硫丹	高残毒
有机磷杀虫	甲拌磷、乙拌磷、久效磷、对硫磷、甲基对硫磷、甲胺磷、甲基异柳磷、治螟磷、氧化乐果、磷、胺、地虫硫磷、灭克磷（益收宝）、水胺硫磷、氯唑磷、硫线磷、杀扑磷、特丁硫磷、克线丹、苯线磷、甲基硫环磷	剧毒高毒
氨基甲酸酯杀虫剂	涕灭威、克百威、灭多威、丁硫克百威、丙硫克百威	高毒、剧毒或代谢物高毒
二甲基甲脒类杀虫杀螨剂	杀虫脒	慢性、毒性、致癌
卤代烷类熏蒸杀虫剂	二溴乙烷、环氧乙烷、二溴氯丙烷、溴甲烷	致癌、致畸、高毒
有机砷杀菌剂	甲基胂酸锌（稻脚青）、甲基胂酸钙（稻宁）、甲基胂酸铁铵（田安）、福美甲胂、福美胂	高残毒
有机锡杀菌剂	三苯基醋酸锡（薯瘟锡）、三苯基氯化锡、三苯基羟基锡（毒菌锡）	高残留、慢性毒性
有机汞杀菌剂	氯化乙基汞（西力生）、醋酸苯汞（赛力散）	剧毒、高残毒
取代苯类杀菌剂	五氯硝基苯、稻瘟醇（五氯苯甲醇）	致癌、高残留
2,4-D类化合物	除草剂或植物生长调节剂	杂质致癌
二苯醚类除草剂	除草醚、草枯醚	慢性毒性
植物生长调节剂	有机合成的植物生长调节剂	—

附录 B（规范性附录）

A 级绿色食品　谷子农家肥卫生要求

表 B.1　A 级绿色食品 谷子农家肥卫生要求

项目		卫生标准及要求
高温堆肥	堆肥温度	最高温度为 50～55℃，持续 5～7 天
	蛔虫卵死亡	95%～100%
	粪大肠菌值	$10 \sim 10^2$
	苍蝇	有效地控制苍蝇滋生，肥堆周围没有活蛆，蛹或羽化的成蝇
沼气发酵肥	密封储存期	30 天以上
	高温沼气发酵温度	53℃±级 2℃，持续 2 天
	寄生虫卵和钩虫卵	95%以上
	血吸虫卵和钩虫卵	在使用粪液中不得检出血吸虫卵和钩虫卵
	粪大肠菌值	普通沼气发酵 10、高温沼气发酵 $10 \sim 10^2$
	蚊子、苍蝇	有效地控制蚊蝇滋生。粪液中无孑孓，池周围无活蛆、蛹或羽化的成蝇
	沼气残渣	经无害化处理后方可用作农肥

附录 C（资料性附录）

A 级绿色食品 谷子生产主要病虫害防治

表 C.1　A 级绿色食品 谷子生产主要病虫害防治表

防治对象	防治适期	生物或物理防治	使用药剂
白发病	播前	温汤浸种：用 55℃温水浸种 10 分钟，种子晒干	用 35%瑞毒霉 WP 按种子量的 0.2%拌种、包衣
	拔节—孕穗期	及时拔除灰背、白尖等病株，并带出田外烧毁或深埋	
	成株期	及时拔除枪秆、刺猬头等病株，并带出田外烧毁	

（续）

防治对象	防治适期	生物或物理防治	使用药剂
黑穗病	播前	温汤浸种：用55℃温水浸种10分钟，种子晒干	用40%拌种双（福美双20%+拌种灵20%）WP按种子量的0.2%～0.3%拌种
	成株期	拔除病株，并带出田外烧毁	
线虫病	播前		用种子重量0.1%～0.2%的1.8%阿维菌素EC拌种
	成株期	拔除病株，并带出田外烧毁	
蝼蛄、金针虫等地下害虫	播前		用50%辛硫磷EC按种子量的0.1%～0.2%拌种
粟芒蝇	苗期或拔节—孕穗期	成虫盛发期在田间放置腐鱼诱杀盆，每盆0.75～1千克腐鱼，并在盆内喷2.5%溴氰菊酯EC或20%氰戊菊酯EC 200倍液，隔2天喷一次，并及时补充水分。每公顷15盆	在田间枯心苗达到1%～3%时，用2.5%溴氰菊酯EC 2 500倍液常规喷雾
粟负泥虫	苗期	人工捕杀成虫	在成虫产卵时期及卵孵化盛期或幼虫取食期，用80%敌敌畏EC 1 500倍液喷雾
粟灰螟	苗期	物理防治：频振式杀虫灯或黑光灯诱杀，棋盘状排列，3公顷放置一盏	在谷田发现千茎苗有卵2～5块时，应立即防治。用0.3%印楝素乳油1 200倍液喷雾
	拔节—孕穗期	同上	

（续）

防治对象	防治适期	生物或物理防治	使用药剂
黏虫	拔节—孕穗期	成虫盛发期可用频振式杀虫灯和黑光灯诱杀，棋盘状排列，3公顷放置1盏；或用谷草把引诱成虫产卵，225把/公顷，3～4天换一次草把，并把换下的草把烧毁	在3龄以下幼虫达到20头时开始用药。 25%灭幼脲悬浮剂2 000～3 000倍液喷雾
	成株期	同上	成虫产卵至初龄幼虫蛀茎前用2苏云金杆菌Bt粉剂300倍液喷雾。兼治玉米螟
玉米螟	拔节—孕穗期	成虫盛发期可用频振式杀虫灯和黑光灯诱杀，棋盘状排列，3公顷放置1盏；或用谷草把引诱成虫产卵，225把/公顷，3～4天换一次草把，并把换下的草把烧毁	成虫产卵至初龄幼虫蛀茎前用20%除虫脲悬浮剂2 000倍液喷雾。兼治黏虫
		赤眼蜂防治：在田间卵始盛期（成虫羽化率达到15%）和盛期（一般距第一次放蜂7天左右）各放蜂一次。每公顷设45个点，第一次每点放2 500头，第二次每点放2 700头	
	成株期	同上	成虫产卵至初龄幼虫蛀茎前用苏云金杆菌Bt粉剂300倍液喷雾。兼治黏虫

注：WP—可湿性粉剂；EC—乳油。

附录 D（资料性附录）

A 级绿色食品 谷子生产农事操作记录

表 D.1 A 级绿色食品 谷子生产农事操作记录

县名村名		种植户名		种子来源		日期	签字
地块位置		整地 秋季		品种名称			
种植面积		整地 春季		中耕锄草			
前茬作物		整地 麦收后		中耕锄草			
播种时间		种植密度		中耕锄草			
灌溉	灌水来源						
灌溉	灌溉方式						
灌溉	灌溉量						
施肥	肥料名称						
施肥	生产厂家						
施肥	成分含量						
施肥	施肥用量						
施肥	施肥方法						
病虫草害化防	生物防治						
病虫草害化防	物理防治						
病虫草害化防	化学防治 农药名称						
病虫草害化防	化学防治 生产厂家						
病虫草害化防	化学防治 有效成分						
病虫草害化防	化学防治 防治对象						
病虫草害化防	化学防治 施药用量						
病虫草害化防	化学防治 使用方法						
收获	收获日期		收获方式				
收获	收获量		包装材料				
贮存	贮存地点		贮存条件				
贮存	贮存方式		药剂处理情况				

13. 绿色食品优质花生高产栽培技术规程

1 范围

本规程规定了绿色食品优质花生高产栽培所需的基本要求、土壤条件、自然条件、产地环境条件、品种类型及产量结构、产品质量标准、关键生育指标、主要农艺措施和投入品种要求。

本规程适用于许昌地区及类似栽培区域绿色食品优质花生的高产栽培。

2 规范性引用文件

下列文件对于本文件的应用是必不可少的。凡是注日期的引用文件，仅所注日期的版本适用于本文件。凡是不注日期的引用文件，其最新版本（包括所有的修改单）适用于本文件。

NY/T 391 绿色食品 产地环境技术要求

NY/T 393 绿色食品 农药使用准则

NY/T 394 绿色食品 肥料使用准则

NY/T 658 绿色食品 包装通用准则

NY/T 1056 绿色食品 贮藏运输准则

GB/T 1532 花生

GB/T 3543.1 农作物种子检验规程 总则

3 自然条件

3.1 温度

常年日平均气温14.5℃，4月下旬至10月上旬日平均气温为23.5℃。春播花生生育期总积温3 300～3 500℃，夏播花生生育期总积温3 100～3 300℃。

3.2 日照

平均年日照时数2 035小时，4月下旬至10月上旬总日照时数1 200小时以上。

3.3 降水

平均年降水量705毫米，4月下旬至10月上旬降水量为500毫米以上。

3.4 土壤条件

地势平坦，遇涝不淹，土层深厚。土壤类型主要有壤质褐土、壤质潮褐土、两合土等。土壤有机含量为8～20克/千克，全氮0.6～1.0克/千克、有效磷6～15毫克/千克、速效钾含量为60～160毫克/千克。最好选择生茬地，或2～3年没种过花生的地块。

4 产地环境条件

产地必须符合NY/T 391的规定。必须选择在生态环境良好，无工业“三废”污染及无生活、医疗废弃物污染的农业生态区域，产地区域或上风向、灌溉水源上游没有对产地环境构成威胁的污染源。产地要远离公路、车站、机场、码头等交通要道，以免对空气、土地、灌溉水的污染。

5 品种选择及产量构成指标

5.1 品种选择

宜选择优质、高产、多抗花生品种，品种类型为株型直立、荚果普通形花生品种。除了考虑品种的产量潜力外，还应考虑当地的生态条件和市场需求，如选用远杂9102，豫花15号，豫花9326，豫花9327等优质花生品种。种子质量应符合GB/T 1532及GB/T 3543.1的规定。

5.2 产量构成指标

春播：每公顷株数24万～33万株，单株有效果数12～14个，千克果数480～590个。单产水平6 000～7 500千克/平方米。

夏播：每公顷株数30万～36万株，单株有效果数10～11个，千克果数560～650个。单产水平为4 500～5 250千克/平方米。

6 产品质量标准

产品质量应符合GB 1533—86的规定。

7 主要生产技术措施

7.1 播前准备

7.1.1 冬前深耕

于10月底至11月份进行，耕深25～30厘米为宜；冬耕时底施有机肥（占有机肥用量70%左右）。

7.1.2　整地作畦

春花生于3月中旬至4月上旬进行，用旋耕机旋耕，然后耙耢整平，使土壤上松下实，土细面平。采用竖沟横垄种植模式的，畦宽3～5米，畦沟宽、深各30～40厘米。

7.1.3　沟系配套

开挖或疏通田头沟和腰沟，腰沟每隔50米一道。田头沟、腰沟深度标准40～50厘米，三沟配套，沟沟相通。

7.1.4　平衡施肥

7.1.4.1　肥料种类及数量

选择的肥料种类应符合NY/T 394的规定。允许使用农家肥料。禁止使用未经国家或省级农业部门登记的化学和生物肥料，禁止使用重金属含量超标的肥料。应以充分腐熟的有机肥为主，配施适量的化学肥料。每公顷施优质有机肥45 000～75 000千克，尿素150千克，25%花生专用复合肥（8-7-10）750千克或45%氮磷钾复合肥（15-15-15）525千克，钼酸铵300克，硼砂7.5～15千克，硫酸锌15～30千克。

7.1.4.2　施肥方法

2/3的有机肥结合冬耕底施，1/3的有机肥和2/3化肥春耙前底施，1/3的化肥起垄时包馅施在垄内。钼肥用拌种方法使用。硼肥、锌肥在春耙时和有机肥混拌底施。

7.1.5　起垄

7.1.5.1　单行垄

垄底宽40厘米，垄高15厘米。

7.1.5.2　双行垄

垄底宽80厘米，垄高15厘米。

7.1.6　种子准备

按375～450千克/公顷用量将纯度高、籽仁饱、整齐一致的种子备足。种子质量应符合GB/T 4407.2的规定，并按照GB/T 3543.1的规定，做好种子发芽率和出苗率实验。

7.1.7　种子处理

7.1.7.1　剥壳

播前7天左右剥壳，剥壳前晒种2～3天。

7.1.7.2　精选种子

结合剥壳分级、粒选，选用粒大饱满、颜色鲜艳的一、二级健米做种。

7.1.7.3　药剂拌种

每50千克籽仁用25%多菌灵可湿性粉剂250克，50%辛硫磷乳油100毫升，对水 2～3 千克拌种，边浇边拌，拌匀后堆闷 2 小时左右即可播种。

7.2 播种

7.2.1 播种期

7.2.1.1 春播

覆膜种植播种适期为 4 月中旬，露地种子播种适期为 4 月下旬至 5 月上旬。

7.2.1.2 夏播

在 6 月 10 日前结束，宜早不宜迟。

7.2.2 播种方法及密度

坚持适墒播种，遇旱应补墒或造墒播种。播种时先在垄上开好播种沟，深 3～5 厘米，然后浇透水，待水下渗后播种。春播穴距 18.5～19 厘米，每穴 2 粒，播深 34 厘米，密度 12 万～15 万穴/公顷；夏播穴距 17 厘米，每穴 2 粒，播深 3～4 厘米，密度 15 万～18 万穴/公顷。播后用湿土盖种，干土封顶，耧平保墒。

7.2.3 化学除草

播后苗前每公顷用 50%乙草胺乳油 1 500～3 000 毫升，对水 900 千克喷雾。喷施要均匀，不能漏喷、重喷。

7.2.4 覆盖地膜

7.2.4.1 地膜选择

选用达到国家部标准的高压线型共混超微膜，膜宽度以 850～900 毫米为宜，厚度 0.004 毫米或（0.007±0.002）毫米，透光率≥70%。

7.2.4.2 覆膜方法

选用小镢头将垄两边切齐，然后覆盖地膜，两边压土，并在垄面膜上每隔 3～5 米横压一条防风土带。

7.2.4.3 覆膜要求

垄面平，垄坡陡，膜边压实，垄面地膜无皱褶。

7.3 生育前期（包括播种出苗期和幼苗期）

7.3.1 生育进程及主要指标

7.3.1.1 出苗期（10～12 天）

播种至约有 50%花生出苗的一段时间。春播花生 12 天，夏播花生 10 天。主茎高 1～2 厘米，第 2 片真叶展现。

7.3.1.2 幼苗期（20～25 天）

出苗至约有 50%植株现花的一段时间。春播花生 5 月上旬至 6 月上旬，夏播花生 6 月中旬到 7 月上旬。至幼苗期末，主茎高 7～10 厘米，侧枝长 8～11 厘米，主茎叶龄 7～8 片，总分枝数 4～6 条。标准长相：叶色浓绿棵不旺，五枝六叉花芽藏，主根深扎须根发，茎粗节密花早放。

7.3.2 主要管理措施

7.3.2.1 查苗补种

出苗后及时查苗补种。覆膜花生在顶土时，及时在其上方薄膜上开一个直径 4～5 厘米的圆孔，随即在膜孔上盖 4～5 厘米厚的小土堆，以保温保湿。当幼苗再次顶破土堆时，将苗株周围多余的土撤至垄沟。齐苗后每隔 1 周左右检查并拨出压埋在膜下的枝叶，连续进行 2～3 次。

7.3.2.2 清棵蹲苗

出苗后，当绝大部分幼苗 2 片真叶展开时，及时把埋在土中的两片子叶清出，促进一、二对侧枝正常生长和花芽分化。

7.3.2.3 防治虫害

选择的农药品种应符合 NY/T 393 的规定。苗期发现蚜虫危害时，喷施 10%吡虫啉 3 000 倍液，按 50 千克/亩药液喷施 1～2 次。

7.4 生育中期（包括开花下针期和结荚期）

7.4.1 生育进程及主要指标

7.4.1.1 开花下针期（20～25 天）

自始花至有 50%的植株出现定形果的一段时间。春播花生 6 月上旬至 7 月上旬，夏播花生 7 月中旬至 8 月上旬。主茎高 20～27 厘米，侧枝长 22～30 厘米，主茎叶龄 10～14 片，总分枝数 7～9 条。标准长相：叶色转淡长势强，花齐针多入土忙，果针入土成幼果，叶片放大不徒长。

7.4.1.2 结荚期（35～40 天）

自始现定形果至 50%的植株始现饱果的一段时间。春播花生 7 月上旬至 8 月中旬，夏播花生 8 月上旬至 9 月上旬。主茎高 35～41 厘米，侧枝长 38～44 厘米，主茎叶龄 16～19 片，总分枝数 8～9.5 条。标准长相：侧枝下蹲始封行，荚果膨大籽仁双，植株生长盛期至，生长平衡不倒秧。

7.4.2 主要管理措施

7.4.2.1 防治病害

当植株叶斑病病叶率达 5%～7%时，及时在叶面喷施 25%的多菌灵 600 倍液，或百菌清 600～800 倍液防治，每隔 10～15 天喷 1 次，连喷 3～4 次。

7.4.2.2 防治虫害

若发现棉铃虫、造桥虫等发生，用 Bt 乳剂 3 000 毫升/公顷，对水 900 千克均匀喷雾，5 天后再喷 1 次。7 月中下旬调查，有蛴螬 3.5 头/ 平方米时，每公顷用50%辛硫磷乳油7.5千克，对水6 000～7 500千克灌墩。

7.4.2.3 防止徒长

春花生在7月中下旬，夏花生在7月下旬至8月上旬，植株主茎高达40厘米时，每公顷用壮饱铵可湿性粉剂300克，对水900千克喷雾，可有效防止花生植株徒长。亦可采用人工去顶，即用手摘掉花生主茎和主要侧枝的生长点。

7.4.2.4 叶面喷肥

8月上中旬喷施1%～2%尿素溶液加0.2%～0.3%磷酸二氢钾溶液1～2次。

7.4.2.5 清除杂草

人工拔除田间杂草。

7.4.2.6 抗旱排涝

开花下针期和结荚期需要水分多，遇干旱应及时顺垄沟灌，多雨季节应注意及时排水防涝。结荚期后，还要注意排除耕作层的潜水，以防烂果。

7.5 生育后期（即饱果成熟期）

7.5.1 生育进程及主要指标

饱果成熟期（30～35天）：自单株有50%的植株始现饱果至单株荚果有50%以上充实饱满的一段时间。春播花生8月中旬至9月中旬，夏播花生9月上旬至10月上旬。主茎高38～46厘米，侧枝长41～49厘米，总分枝数9～10个，主茎叶龄18～21片。标准长相：顶叶迟落下叶黄，棵不早衰茎枝亮，秸不倒伏饱果多，青皮金壳籽满堂。

7.5.2 主要管理措施

遇涝时，注意排水、降渍、散墒，防止烂果、芽果。

7.6 适时收获

收获前10天左右，覆膜田顺垄沟将残膜拾清，避免田间白色污染。当花生群体大部分果壳硬化，网纹清晰，果壳内壁发生青褐色斑片，应及时收获。覆膜春播花生9月上旬、露地春花生9月中旬、夏播花生10月上旬为收获期。

7.7 包装、贮藏和运输

收获后采取分级处理。按三级分理：籽仁非常饱满、外观匀称的双仁果为一级果；籽仁饱满且较均匀的双仁果为二级果；其余的通货为三级果。并按不同等级分别包装。包装应符合NY/T 658的规定。包装物上应绿色食品标志、产品名称、产地、规格、净含量和生产日期等。

贮藏和运输应符合 NY/T 1 056 的规定，收获的荚果及时晒干确保验收的花生贮藏在避光、常温、干燥或有防潮设施的地方，确保贮藏设施清洁、干燥、通风、无虫害和鼠害，严禁与有毒有害、有腐蚀性、发潮发霉、有异味的物品混存混运。

8 投入品要求

8.1 灌溉用水

应符合 NY/T 391 的规定。

8.2 肥料

应符合 NY/T 394 绿色食品 肥料使用准则规定。

8.3 农药

在病虫草害的防治中，农药使用应符合 NY/T 393 绿色食品 农药使用准则的规定。

14. 小麦苗情监测技术规程

1 范围

本标准规定了小麦苗情监测的术语与定义、调查时期、监测样点选择要求、监测内容与方法。

本标准适用于许昌市或类似小麦生长区域小麦苗情的监测与分析。

2 规范性引用文件

下列文件对于本文件的应用是必不可少的。凡是注日期的引用文件，仅注日期的版本适用于本文件。凡是不注日期的引用文件，其最新版本（包括所有的修改单）适用于本文件。

NY/T 2283—2012 冬小麦灾害田间调查及分级技术规范

3 术语和定义

下列术语和定义适用于本文件。

3.1 苗情监测

在小麦出苗至拔节的关键生育时期，选择有代表性田块，对主茎叶龄、单株分蘖、单株次生根和总茎蘖数进行调查。

3.2 小麦生育时期

在小麦生长发育进程中，根据气候特征、植株器官形成的顺序和便于掌握的明显特征，将小麦全生育期划分为若干个生育时期。一般包括：播种期、出苗期、分蘖期、越冬期、返青期、起身期、拔节期、挑旗期、抽穗期、开花期、灌浆期、成熟期等。

3.3 播种期

小麦田间播种的日期。

3.4 出苗期

小麦的第一片真叶露出地表2～3厘米时为出苗，田间有50％以上麦苗达到出苗标准的日期。

3.5 分蘖期

田间有50%以上的植株第一分蘖露出叶鞘2厘米左右的日期为分蘖期。

3.6 越冬期

冬前日平均气温稳定降至3℃的时期。

3.7 返青期

次年春季气温回升时，麦苗叶片由暗绿色转为鲜绿色，部分心叶露头1～2厘米的时期。

3.8 起身期

返青后全田50%以上的小麦植株由匍匐转为直立生长，年后第一伸长的叶鞘显著拉长，其叶耳与年前最后一叶的叶耳的距离达1.5厘米，基部第一节间开始微微伸长，但未伸出地面时的时期。

3.9 拔节期

全田50%以上主茎的第一节间露出地面1.5～2厘米的时期。

3.10 挑旗期

全田50%以上的旗叶完全伸出的时期。

3.11 抽穗期

全田50%以上麦穗由叶鞘中露出穗长的1/2时的时期。

3.12 开花期

全田50%以上麦穗中上部小花的内外颖张开、花丝伸长、花药外露时的时期。

3.13 灌浆期

籽粒刚开始沉积淀粉粒（即灌浆），时间在开花后10天左右的时期。

3.14 成熟期

小麦的茎、叶、穗发黄，穗下茎轴略弯曲，胚乳呈蜡质状，籽粒开始变硬，基本达到原品种固有色泽的时期。

3.15 基本苗

小麦分蘖以前每亩的麦苗总株数，是小麦种植密度的重要指标。

3.16 主茎叶龄

小麦主茎上已展开的叶片的数值，未出全的心叶用其露出部分的长度占上一叶片的比值表示。

3.17 分蘖

小麦植株上的分枝。

3.18 总茎蘖数

一定土地面积上小麦主茎和分蘖的总和。

3.19 次生根

又称之为节根或次生不定根，小麦在分蘖时，在适宜的条件下茎节上发出的根。

4 调查时期

在小麦出苗—分蘖前、越冬期、返青期、拔节期调查小麦苗情。

5 监测样点选择

5.1 选择方法

对长势均匀的单一田块调查时，先确定田块两条对角线的交点作为中心抽样点，再在两条对角线双向等距各选择 1 个样点（每个样点距田边 1 米以上）取样，组成 5 个样本，选择方法见图 1。定点调查样点较多时也可采用 3 点取样法，选择方法见图 2。目测选取能代表总体大多数水平的样点进行调查，取点要避开缺苗断垄或生长特殊地段。

5.2 监测点要求

定点监测从调查基本苗开始，样点做标记，固定不变，每次调查应在此点内进行，调查时应不要损伤样点内和周围小麦，尽量保持自然状态。

进行小麦苗情调查应按照要求填写原始数据记录表，见附录 A 表 A.2、表 A.3。根据原始数据填写小麦苗情调查汇总表，见附录 A 表 A.1。小麦分

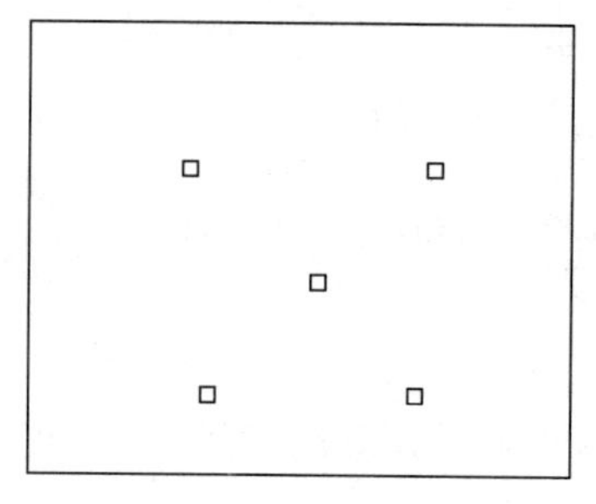

图1　5点取样

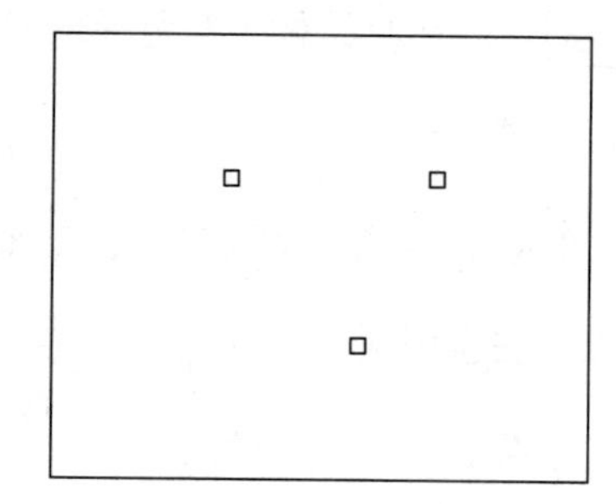

图2　3点取样

类应按照附录B表B.1执行。

6　监测内容与方法

6.1　监测点基本情况

小麦播种后，采取进村入户进行调查。主要对监测点农户姓名、种植面积、土壤质地、前茬作物、种植品种、播期、播量、整地方式、秸秆处理方式、底肥使用情况等项目进行调查记载，作为苗情调查与分析的依据，监测点基本情况调查见表1。

表1　监测点基本情况

县（市、区）	乡、村	农户姓名	种植面积	土壤质地	前茬作物	种植品种	播期（月/日）	播量（千克/亩）	整地方式			播种方式		底肥使用情况			
									旋耕	深耕	免耕	条播	撒播	有机肥	纯N	P_2O_5	K_2O

6.2　生育时期

从播种到收获，按照不同生育期特征记载出现时间，小麦生育期记载见表2。

表2　小麦生育期记载

监测点	品种	播种期（月/日）	出苗期（月/日）	分蘖期（月/日）	越冬期（月/日）	返青期（月/日）	起身期（月/日）	拔节期（月/日）	挑旗期（月/日）	抽穗期（月/日）	开花期（月/日）	灌浆期（月/日）	成熟期（月/日）	全生育期（天）

6.3 基本苗

6.3.1 条播栽培方式调查与计算

于小麦全苗后分蘖前，对小麦基本苗进行检测。按照监测样点选择方法选取有代表性的样点。每点测量（N+1）行（N=20）之间的总长L（米），由此计算平均行距D（寸）=L/N×30；每样点选择1米双行，查基本苗总数，求得每亩基本苗数，见公式1。

基本苗(万/亩)=1米双行基本苗/行距(寸)　　(1)

6.3.2 撒播栽培方式调查与计算

用1平方米圆形铁丝框（半径0.565米）或正方形铁丝框（边长1米），按照监测样点选择方法选取有代表性的样点，在取样点垂直向下随机套取，数出样点总基本苗数，计算每亩基本苗，见公式2。

基本苗(万/亩)=666.7(平方米)×每平方米苗数×10^{-4}　(2)

6.4 总茎蘖数

6.4.1 条播栽培方式调查与计算

按照6.3.1测定行距，每样点选取1米双行，查茎蘖总数，求得每亩总茎蘖数，见公式3。

总茎蘖数(万/亩)=1米双行总茎蘖数/行距(寸)　　(3)

6.4.2 撒播栽培方式调查与计算

按照6.3.2选择样点，数出样点茎蘖总数，求得每亩总茎蘖数，见公式4。

总茎蘖数(万/亩)=666.7(平方米)×每平方米茎蘖数×10^{-4}

(4)

6.5 主茎叶龄

在所选监测亩茎蘖数样点附近，选择长势长相与样点相近麦田，连续挖取10株，数单株主茎叶龄，求主茎叶龄平均数。

6.6 单株茎蘖数

在已挖取的10株小麦上数单株茎蘖数，求单株茎蘖平均数。

6.7 单株次生根

在已挖取的10株小麦上数单株次生根数，求单株次生根平均数。

附录 A(规范性附录)

小麦苗情调查表

表 A.1 ________年许昌市小麦________(越冬、返青、拔节期)期苗情调查汇总表

调查项目	市(县)	麦播总面积(万亩)	一类苗							二类苗							三类苗							旺长苗						
			面积(万亩)	比例(%)	基本苗(万/亩)	总茎分蘖(万/亩)	单株茎蘖数(个)	单株次生根(条)	主茎叶龄(片)	面积(万亩)	比例(%)	基本苗(万/亩)	总茎分蘖(万/亩)	单株茎蘖数(个)	单株次生根(条)	主茎叶龄(片)	面积(万亩)	比例(%)	基本苗(万/亩)	总茎分蘖(万/亩)	单株茎蘖数(个)	单株次生根(条)	主茎叶龄(片)	面积(万亩)	比例(%)	基本苗(万/亩)	总茎分蘖(万/亩)	单株茎蘖数(个)	单株次生根(条)	主茎叶龄(片)

附录 A（规范性附录）

小麦苗情调查表

表 A.2　条播栽培方式小麦苗情田间调查原始记载表

样点	品种	总茎蘖数（万/亩）	序号	主茎叶龄	序号	主茎叶龄	序号	单株次生根数（条）	序号	单株次生根数（条）	序号	单株茎蘖数（个）	序号	单株茎蘖数（个）
		21行长（米）＝	1		6		1		6		1		6	
		平均行距（米）＝	2		7		2		7		2		7	
		平均行距（寸）＝	3		8		3		8		3		8	
		1米双行茎蘖数（个）＝	4		9		4		9		4		9	
			5		10		5		10		5		10	
		总茎蘖数：	平均主茎叶龄：				平均单株次生根（条）：				平均单株茎蘖数（个）：			

表 A.3 撒播栽培方式小麦苗情田间调查原始记载表

样点	品种	总茎蘖数（万/亩）	序号	主茎叶龄	序号	主茎叶龄	序号	单株次生根数（条）	序号	单株次生根数（条）	序号	单株茎蘖数（个）	序号	单株茎蘖数（个）
		1平方米茎蘖数（个）=	1		6		1		6		1		6	
			2		7		2		7		2		7	
			3		8		3		8		3		8	
			4		9		4		9		4		9	
			5		10		5		10		5		10	
		总茎蘖数：	平均主茎叶龄：				平均单株次生根（条）：				平均单株茎蘖（个）：			

附录 B（规范性附录）

表 B.1　许昌市小麦苗情分类表

生育时期	项目	一类苗	二类苗	三类苗	旺苗
越冬期	主茎叶龄	≥6	4.5～6	＜4.5	—
	单株茎蘖数	≥3	2～3	＜2	—
	总茎蘖（万/亩）	≥55	45～55	＜45	＞90
返青期（2月中旬）	主茎叶龄	≥7	5.5～7	＜5.5	—
	单株茎蘖数	≥3.5	2.5～3.5	＜2.5	—
	总茎蘖（万/亩）	≥60	50～60	＜50	＞100
拔节期	主茎叶龄	≥9	7.5～9	＜7.5	—
	单株茎蘖数	≥4.5	3.5～4.5	＜3.5	—
	5叶以上大分蘖	≥2.5	1.5～2.5	＜1.5	
	总茎蘖（万/亩）	≥75	60～75	＜60	＞110

注：茎蘖数（群体）和主茎叶龄为主要指标，单株茎蘖数、单株大分蘖为参考指标。当一块麦田的两个分类指标分别处在两个不同的苗类时，应根据就低不就高的原则，列入较低级的苗类。

15. 优质强筋小麦高产栽培技术规程

1 范围

本标准规定了优质强筋小麦生产的范围、产地选择、土壤肥力条件、产量及品质指标、栽培技术、病虫草害防治和收获、脱粒、贮藏等技术规范。

本标准适用于许昌市优质强筋小麦生产。

2 规范性引用文件

下列文件中的条款通过本标准的引用而成为本标准的条款。凡是注日期的引用文件，其随后所有的修改单（不包括勘误的内容）或修订版均不适用于本标准，然而，鼓励根据本标准达成协议的各方研究是否可使用这些文件的最新版本。凡是不注日期的引用文件，其最新版本适用于本标准。

GB 3059　环境空气质量标准

GB 15618　土壤环境质量标准

GB 5084　农田灌溉水质标准

GB/T 17892　优质小麦　强筋小麦标准

GB 4404.1　粮食作物种子　禾谷类

GB 15671　主要农作物包衣种子技术条件

NY/T 496　肥料合理使用准则　通则

GB/T 8321　农药合理使用准则

3 术语和定义

下列术语和定义适用于本标准。

3.1 强筋小麦

指角质率大于70%，胚乳的硬度较大，蛋白质含量较高，面粉的筋力强，面团稳定时间较长，适合制作面包，也可用于配制中强筋力专用粉的小麦。

3.2 粗蛋白质

粗蛋白质指干基。

3.3 湿面筋含量

湿面筋指14%的水分基。

3.4 降落数值

指黏度计管浸入热水器到黏度计搅拌降落进入糊化的悬浮液中的总时间(包括搅拌时间)，以秒（s）为单位。

3.5 面团稳定时间

指粉质图谱首次穿过500BU和开始衰落再次穿过此标线的时间，用分钟（min）来表示。

4 生态条件

4.1 产地选择

产地环境空气质量应符合GB 3059的规定。产地土壤环境质量应符合GB 15618的规定。农田灌溉水质应符合GB 5084的规定。

4.2 气候条件

小麦开花—成熟期间平均气温22～25℃，开花—成熟期间的昼夜温差较小；光热资源丰富；光周期长，开花至成熟期间，每天日长10～12小时；年降水量700～900毫米，小麦抽穗至成熟期间降水量小。

4.3 土壤条件

土壤类型以潮土、黄褐土、砂姜黑土为主，质地中壤至重壤，肥力较高的土壤。

4.4 肥力条件

耕层厚度>20厘米，土壤有机质≥1.3%，水解氮≥70毫克/千克。

4.5 灌溉条件

有较好的灌溉条件，在干旱情况下能保证小麦播种、越冬、抽穗和灌浆等关键生育期对水分的需要。

5 产量及品质指标

5.1 产量指标

400～650 千克/亩。穗数每亩 37 万～45 万穗，穗粒数 33～40 粒，千粒重 40～44 克。

5.2 品质标准

容重≥770 克/升，水分≤12.5%，降落数值≥300 秒，一等强筋小麦粗蛋白质含量≥15.0%，湿面筋含量≥35.0%，面团稳定时间≥10.0 分钟；二等强筋小麦粗蛋白质含量≥14.0%，湿面筋含量≥32.0%，面团稳定时间≥7.0分钟，烘焙品质评分值≥80。

6 栽培技术

6.1 品种选择

选用品种应通过河南省农作物品种审定委员会或全国农作物品种审定委员会审定，适宜许昌地区种植，其品质符合 GB/T 17892 的规定。适宜该区域推广的品种主要有郑麦 7698、郑麦 9023、豫麦 34、新麦 26、郑麦 366、西农 979 等。本区域是晚霜冻害和“倒春寒”易发区，应注意选择抗冻性强的品种。

6.2 整地

耕深 20 厘米以上，耕透耙匀，上松下实，无明暗坷垃，筑埂做畦或开沟做畦，畦面平整。提倡用深松机隔年深松，提高土壤蓄水保墒能力。

6.3 施肥

6.3.1 施肥原则

增施有机肥，氮、磷、钾肥配合，基追结合，氮肥后移；测土配方，科学施用微量元素肥料。肥料符合 NY/T 496 肥料合理使用准则 通则。

6.3.2 施肥总量

每亩施土杂肥 3 000 千克，纯氮 14～16 千克，五氧化二磷 6～7 千克，氧化钾 6～8 千克，缺锌的土壤施用硫酸锌 1 千克。

6.3.3 肥料分配

土杂肥、磷、钾化肥及锌肥一次性用作基肥；氮肥的 60%做基肥，40%作追肥。

6.3.4 施肥方法

深施基肥，犁地时将肥料施于犁沟，随即翻垡覆盖。追肥施用方法：用耧穿施或叶面喷施。

6.4 播种

6.4.1 种子质量

选用的种子质量应符合 GB 4404.1 规定指标。

6.4.2 种子包衣和药剂拌种

为预防土传、种传病害及地下害虫，特别是根部和茎基部病害，必须做好种子包衣或药剂拌种。条锈病、纹枯病、腥黑穗病等多种病害重发区，可选用戊唑醇（2%立克秀干拌剂或湿拌剂、或6%亮穗悬浮种衣剂）或苯醚甲环唑（3%敌萎丹）悬浮种衣剂、氟咯菌腈（2.5%适乐时）悬浮种衣剂；小麦全蚀病重发区，可选用硅噻菌胺（12.5%全蚀净）悬浮剂或苯醚甲环唑＋氟咯菌腈悬浮种衣剂；小麦黄矮病和丛矮病发生区，可用吡虫啉农药拌种；防治蝼蛄、蛴螬、金针虫等地下害虫可用40%甲基异柳磷乳油或40%辛硫磷乳油进行药剂拌种。多种病虫混发区，采用杀菌剂和杀虫剂各计各量混合拌种或种子包衣。对上季收获期遇雨等造成种子质量较差时，不宜用含三唑类的杀菌剂进行种子包衣或拌种。

6.4.3 播种期

半冬性品种适宜播期为 10 月 8—15 日，弱春性品种适宜播期为 10 月 15—25 日。

6.4.4 播种量

适期播种范围内，早茬地种植分蘖力强、成穗率高的品种，亩基本苗控制在 15 万～18 万苗，一般亩播量 8～10 千克；中晚茬地种植分蘖力弱、成穗率低的品种，亩基本苗控制在 18 万～22 万苗，一般亩播量 9～12 千克。如播种时土壤墒情较差、因灾延误播期或整地质量差、土壤肥力低的麦田，可适当增加播种量。一般每晚播 2 天亩增加播量 0.5 千克，但亩播量最多不宜超过 15 千克。

6.4.5 播种方式

提倡半精量播种，并适当缩小行距。高产田块采用 20～23 厘米等行距，或（15～18）厘米×25 厘米宽窄行种植；中低产田采用 20～23 厘米等行距种植。机播作业麦田要求做到下种均匀，不漏播、不重播，深浅一致，覆土严实，地头地边播种整齐。与经济作物间作套种还应注意留足留好预留行。

6.4.6 播种深度

播种深度以 3～5 厘米为宜，在此深度范围内，应掌握沙土地宜深，黏土地宜浅；墒情差的宜深，墒情好的宜浅；早播的宜深，晚播的宜浅的原则。

采用机械条播时播种机行走速度控制在5千克/小时，确保下种均匀、深浅一致，不漏播、不重播。旋耕和秸秆还田的麦田，播种时要用带镇压装置的播种机随播镇压，踏实土壤，确保顺利出苗。

6.5 田间管理

6.5.1 冬前及越冬期管理

6.5.1.1 及时浇水

对于口墒较差、出苗不好的麦田应及早浇水；对整地质量差、土壤疏松的麦田先镇压后浇水；对晚播且口墒差的麦田及时浇蒙头水。浇水后适时划锄，松土保墒。

对于播种时墒情充足，播后有降水，墒情适宜，且地力较高，群体适宜或略偏大的麦田，冬前可不浇水；对于没有浇水条件的麦田，在每次降水后要及时中耕保墒。

6.5.1.2 查苗补种

查苗补种，疏密补稀。缺苗在15厘米以上的地块要及时催芽开沟补种同品种的种子，墒情差时在沟内先浇水在补种；也可采用疏密补稀的方法，移栽带1～2个分蘖的麦苗，覆土深度要掌握上不压心，下不露白，并压实土壤，适量浇水，保证成活。

6.5.1.3 适时中耕镇压

每次降水或浇水后要适时中耕保墒，破除板结，促根蘖健壮发育。对群体过大过旺麦田，可采取深中耕断根或镇压措施，控旺转壮，保苗安全越冬。对秸秆还田没有造墒的麦田，播后必须进行镇压，使种子与土壤接触紧密；对秋冬雨雪偏少，口墒较差，且坷垃较多的麦田应在冬前适时镇压，保苗安全越冬。

6.5.1.4 看苗分类管理

对于因地力、墒情不足等造成的弱苗，要抓住冬前有利时机追肥浇水，一般每亩追施尿素10千克左右，并及时中耕松土，促根增蘖。

对晚播弱苗，冬前可浅锄松土，增温保墒，促苗早发快长。这类麦田冬前一般不宜追肥浇水，以免降低地温，影响发苗。

对有旺长趋势的麦田，要及时进行深中耕镇压，中耕深度以7～10厘米为宜；也可喷洒麦巨金、壮丰胺等抑制其生长。

对冬前生长正常的壮苗，可只中耕除草，不施肥浇水。

6.5.1.5 科学冬灌

对秸秆还田、旋耕播种、土壤悬空不实或缺墒的麦田必须进行冬灌，保苗安全越冬。冬灌的时间一般在日平均气温3～4℃时开始进行，在夜冻昼消时完成，每亩浇水 40 立方米，禁止大水漫灌。浇过冬水后的麦田，在墒情适宜时要及时划锄松土，以免地表板结龟裂，透风伤根造成黄苗死苗。

6.5.1.6 防治病虫草害

6.5.1.6.1 麦田化学除草

于 11 月上中旬至 12 月上旬，日平均气温 10℃以上时及时防除麦田杂草。对野燕麦、看麦娘、黑麦草等禾本科杂草，每亩用 6.9%精恶唑禾草灵（骠马）水乳剂 60～70 毫升或 10%精恶唑禾草灵（骠马）乳油 30～40 毫升加水 30 千克喷雾防治；对播娘蒿、荠菜、猪殃殃等阔叶类杂草，每亩可用 75%苯磺隆（阔叶净、巨星）干悬浮剂 1.0～1.8 克，或 10%苯磺隆可湿性粉剂 10 克，或 20%使它隆乳油 50～60 摩尔加水 30～40 千克喷雾防治。

6.5.1.6.2 防治纹枯病

越冬前是小麦纹枯病的第一个盛发期，每亩可用 12.5%烯唑醇（禾果利）可湿性粉剂 20～30 克，或 15%三唑酮可湿性粉剂 100 克，对水 50 千克均匀喷洒在麦株茎基部进行防治。

6.5.1.6.3 防治地下虫

对蛴螬、金针虫等地下虫危害较重的麦田，每亩用 40%甲基异柳磷乳油或 50%辛硫磷乳油 500 毫升加水 750 千克，顺垄浇灌；或每亩用 50%辛硫磷乳油或 48%毒死蜱乳油 0.25～0.3 升，对水 10 倍，拌细土 40～50 千克，结合锄地施入土中。

6.5.1.6.4 防治其他害虫

对麦黑潜叶蝇发生严重麦田，亩用 40%氧化乐果 80 毫升，加 4.5%高效氯氰菊酯 30 毫升加水 40～50 千克喷雾；或用 1%阿维菌素 3 000～4 000 倍液喷雾，同时兼治小麦蚜虫和红蜘蛛。对小麦胞囊线虫病发生严重田块，亩用 5%线敌颗粒剂 3.7 千克，在小麦苗期顺垄撒施，撒后及时浇水，提高防效。

6.5.1.7 严禁畜禽啃青

要加强冬前麦田管护，管好畜禽，杜绝畜禽啃青。

6.5.2 返青—抽穗期管理

6.5.2.1 中耕划锄

返青期各类麦田都要普遍进行浅中耕，以松土保墒，破除板结，增加土壤透气性，提高地温，消灭杂草，促进根蘖早发稳长。对于生长过旺麦田，在起身期进行隔行深中耕，控旺转壮，蹲秸壮秆，预防倒伏。

6.5.2.2 因苗制宜，分类管理

对于一类苗麦田应积极推广氮肥后移技术，在小麦拔节中期结合浇水每亩追施尿素 8～10 千克，控制无效分蘖滋生，加速两极分化，促穗花平衡发育，培育壮秆大穗。

对于二类苗麦田应在起身初期进行追肥浇水，一般每亩追施尿素10～15千克并配施适量磷酸二铵，以满足小麦生长发育和产量提高对养分的需求。

对于三类苗麦田春季管理以促为主，早春及时中耕划锄，提高地温，促苗早发快长；追肥分两次进行，第一次在返青期结合浇水每亩追施尿素10千克左右，第二次在拔节后期结合浇水每亩追施尿素5～7千克。

对于播期早、播量大，有旺长趋势的麦田，可在起身期每亩用15%多效唑可湿性粉剂30～50克或壮丰胺30～40毫升，加水25～30千克均匀喷洒，或进行深中耕断根，控制旺长，预防倒伏。

对于没有水浇条件的麦田，春季要趁雨每亩追施尿素8～10千克。

6.5.2.3 预防“倒春寒”和晚霜冻害

许昌市为河南省小麦晚霜冻害频发、重发区，小麦拔节期前后一定要密切关注天气变化，在预报有寒流来临之前，采取浇水、喷洒防冻剂等措施，预防晚霜冻害。一旦发生冻害，应及时采取浇水施肥等补救措施，一般每亩追施尿素5～10千克，促其尽快恢复生长。

6.5.2.4 防治病虫草害

重点防治麦田草害和纹枯病，挑治麦蚜、麦蜘蛛，补治小麦全蚀病。

6.5.2.4.1 早控草害

返青期是麦田杂草防治的有效补充时期，对冬前未能及时除草、而杂草又重麦田，此期应及时进行化除。播娘蒿、荠菜发生较重田块，每亩用苯磺隆有效成分1.0克加水30千克喷雾；猪殃殃、野油菜、播娘蒿、荠菜、繁缕发生较重地块，每亩用48%麦草畏乳油20毫升+72%2,4-D丁酯乳油20毫升加水喷施；泽漆、猪殃殃、婆婆纳、播娘蒿、荠菜、繁缕较重地块，每亩用20%二甲四氯钠盐水剂150毫升+20%使它隆乳油25～35毫升加水喷雾；对硬草、看麦娘等禾本科杂草和阔叶杂草混生田块，每亩用36%禾草灵乳油145～160毫升+20%溴苯腈乳油100毫升、或6.9%骠马水剂50毫升+20%溴苯腈乳油100毫升加水喷雾。

6.5.2.4.2 小麦纹枯病

小麦起身至拔节期，气温达到10～15℃是纹枯病第二个盛发期。当发病麦田病株率达到15%，病情指数为3%～6%时，每亩用12.5%烯唑醇（禾果利）可湿性粉剂20～30克，或15%三唑酮可湿性粉剂100克，或25%丙环唑乳油30～35毫升，加水50千克喷雾，隔7～10天再施一次药，连喷2～3次。注意加大水量，将药液喷洒在麦株茎基部，以提高防效。

6.5.2.4.3 蚜虫、麦蜘蛛

麦二叉蚜在小麦返青、拔节期，麦长管蚜在扬花末期是防治的最佳时期。当苗期蚜虫百株虫量达到200头以上时，每亩可用50%抗蚜威可湿性粉剂

10～15克，或10%吡虫啉可湿性粉剂20克加水喷雾进行挑治。当小麦市尺单行有麦圆蜘蛛200头或麦长腿蜘蛛100头以上时，每亩可用1.8%阿维菌素乳油8～10毫升，加水40千克喷雾防治。

6.5.3 抽穗—成熟期管理

6.5.3.1 适时浇好灌浆水

小麦生育后期适度干旱有利于籽粒中蛋白质和干面筋含量的积累。若旱象较重，可在小麦孕穗期或籽粒灌浆初期选择无风天气进行小水浇灌，此后不宜再灌水，尤其不能浇麦黄水，以免发生倒伏，并降低蛋白质含量。

6.5.3.2 叶面喷肥

在小麦抽穗至灌浆期间，用尿素1千克对水50千克进行叶面喷洒。以补肥防早衰、防干热风危害，提高粒重，改善品质。

6.5.3.3 防治病虫害

6.5.3.3.1 抽穗至扬花期

早控条锈病、白粉病，科学预防赤霉病；重点防治麦蜘蛛、吸浆虫。

6.5.3.3.1.1 小麦条锈病、白粉病、叶枯病

每亩用12.5%烯唑醇（禾果利）可湿性粉剂40～60克，或志信星25～32克，或25%丙环唑乳油30～35克，或30%戊唑醇悬浮剂10～15毫升，加水50千克喷雾防治，间隔7～10天再喷药一次。为防止降低蛋白质含量，禁用三唑酮（粉锈宁）。

6.5.3.3.1.2 小麦赤霉病

小麦抽穗扬花期若天气预报有3天以上连阴雨天气，应抓住下雨间隙期每亩可用50%多菌灵可湿性粉剂100克，或多菌灵胶悬剂、微粉剂80克加水50千克喷雾。如喷药后24小时遇雨，应及时补喷。尤其是地势低洼，土质黏重，排水不良，土壤湿度大的麦田更应注意赤霉病的防治。

6.5.3.3.1.3 麦蜘蛛

当平均每33厘米行长小麦有麦蜘蛛200头时，应选择晴天中午前或下午3点后无风天气，每亩用1.8%虫螨克乳油8～10毫升或20%甲氰菊酯乳油30毫升或40%马拉硫磷乳油30毫升或1.8%阿维菌素乳油8～10毫升加水50千克喷雾防治。

6.5.3.3.1.4 小麦吸浆虫

采取蛹期防治与成虫期防治相结合的方法进行防治。

6.5.3.3.2 灌浆期

灌浆期是多种病虫重发、叠发、为害高峰期，必须做到杀虫剂、杀菌剂混合施药，一喷多防，重点控制穗蚜，兼治锈病、白粉病和叶枯病。

6.5.3.3.2.1　小麦蚜虫防治

当穗蚜百株达 500 头或益害比 1∶150 以上时，每亩可用 50%抗蚜威可湿性粉剂 10～15 克，或 10%吡虫啉可湿性粉剂 20 克，或 40%毒死蜱乳油50～75 毫升，或 3%啶虫脒 20 毫升，或 4.5%高效氯氰菊酯 40 毫升，加水 50 千克喷雾，也可用机动弥雾机低容量（亩用水 15 千克）喷防。

6.5.3.3.2.2　小麦白粉病、锈病、蚜虫等病虫混合发生区

可采用杀虫剂和杀菌剂各计各量，混合喷药，进行综合防治。每亩可用 12.5%烯唑醇（禾果利）可湿性粉剂 40～60 克，或 25%丙环唑乳油 30～35 克，或 30%戊唑醇悬浮剂 10～15 毫升加 10%吡虫啉可湿性粉剂 20 克，或 40%毒死蜱乳油 50～75 毫升加水 50 千克喷雾。

6.5.3.3.2.3　黏虫防治

当发现每平方米有 3 龄前黏虫 15 头以上时，每亩用灭幼脲 1 号有效成分 1～2 克，或灭幼脲 3 号有效成分 3～5 克喷雾防治。

6.5.3.4　适时收获，预防穗发芽

在蜡熟末期至完熟初期适时收获。要单独收获，单独脱粒，避免与其他混杂。若收获期有降水过程，应适时抢收，天晴时及时晾晒，防止穗发芽和籽粒霉变。

7　贮藏

干燥、趁热密闭贮藏或“三低（低温、低氧、低氧化铝剂量）”综合技术贮藏。入仓小麦籽粒含水量<12%。

实践创新篇

第一章　水肥一体化技术应用模式

第一节　冬小麦水肥一体化技术应用

小麦比较适宜水肥一体化灌溉技术，全国水肥一体化推广面积已达 1 000 万亩（图 1-1）。据河南省许昌市建安区农技推广中心示范，采用水肥一体化，灌水量由 200 立方米减少为 100 立方米，亩产量增加 20%～30%，最高产量 704 千克，创造了许昌市历史新高。

图 1-1　小麦水肥一体化技术应用

一、地块选择及整地

小麦对土壤适应能力较强，但应选用中等肥力以上的土地，以更好地满足小麦生长发育过程中对水、肥、气、热的要求，发挥滴灌小麦节水、高产、高效的增产潜力。种植滴灌小麦的地，要求深耕，增加耕层。耕深一般应达到 27～28 厘米，以改善土壤结构，增强保蓄土壤水分的能力。播种前土地应严格平整。土壤应细碎，以提高播种质量和铺管带质量。前茬作物应提前耕翻、整平，播种前应加大土壤镇压，保住底墒。结合土壤深耕施足基肥。广泛推广秸秆还田，提高土壤有机质含量。运用测土配方施肥的方法，根据目标产量和土壤基础肥力情况，确定施肥种类和数量。滴灌小麦氮、磷、钾肥在基肥中的用量，一般占施肥总量 50%～60%。与地面灌种植小麦相比，在基肥中，磷肥用量比例应适当加大，氮肥用量比例应适当降低 10%～20%，以加大滴灌追肥用量和比例，有利于根据小麦生长情况及时调控，水肥耦合，提高肥效。

二、播种

1. 播种机改装与农具配套

小麦播种机械改装和配套农具应提前做好准备。小麦播种机应按照技术要求，提前进行检查、维修、改装，安装好铺设毛管装置（在3.6米播幅的情况下，除盐碱地采用一机六管，一管滴四行小麦和沙性较强的地采用一机四管，一管滴六行小麦外，一般麦田均采用一机五管，一管滴五行小麦。铺管行行距和交接行行宽20～25厘米外，其他行均为13.3厘米左右等行距播种）。按照小麦管带布置方式要求调整行距布置（一机四管，一管滴六行小麦：毛管间距为90厘米，铺毛管间距为20厘米，滴头流量1.8升/小时，支管轮灌。一机五管，一管滴五行小麦；毛管间距72厘米，铺毛管行间距21厘米，滴头流量1.8升/小时，支管轮灌）。

2. 播种期

滴灌小麦播种期是从播后滴水出苗之日算起的。滴灌小麦短期播种是培育壮苗，提高麦苗素质，为丰产打下基础的保证。在气候正常年份，滴水出苗小麦，播种期比地面灌种植一般应推迟1～2天。

3. 播种量

滴灌小麦田间供水及时，墒情均匀，田间出苗率高，在精选种子，提高播种质量的情况下，田间出苗率可达85%～95%。

4. 播种质量要求

小麦播种质量的好坏，直接影响全苗、齐苗、匀苗和壮苗。麦田应提前做好平整，机车事先做好调试，农具应配置。播后及时布好支（辅）管、接好管头。播种时间与滴水出苗时间间隔不宜超过3天。播种深度保持3～3.5厘米。播行宽窄要规范，为防风吹动管带，一般要浅埋1～2厘米，但不宜过深。

三、生育期滴灌方式

1. 出苗水

小麦出苗水滴灌的方式，应因地制宜。播种前若水源充裕，可以通过地面灌或茬灌，利用原墒播种出苗。

采用滴水出苗的麦田，水量一定滴足、滴匀。亩滴水量一般为80～90立方厘米。湿润锋深度应保持在25厘米以下，土壤耕层持水量应保持70%～75%，以便种子吸水发芽，保持各行出苗整齐一致。如播种时土壤过于疏松或者滴水时毛管低压运行，会造成出苗水用水量过大，而且墒情不均，各行麦苗出苗不整齐。

2. 越冬水

小麦越冬期间土壤水分，应保持田间持水量 70%～75%，以利越冬和返青后生长。土壤临冬封冻前滴水，具有贮水防旱、稳定地温和越冬期间防冻保苗的作用。

3. 返青水

返青水应酌情灌。3 月中旬气温≥3℃时，小麦开始返青，长出新根、新叶；≥5℃时，开始长出新蘖，春 10 叶龄期幼穗开始分化。小麦返青后，是否滴水，要根据麦田实际情况而定，一般麦田不需要滴水。因为小麦返青生长期间需水较少，也防止滴水后会降低地温，延缓返青生长。除非临冬前麦田未冬灌，冬季积雪少、春旱、土壤持水量不足 65%～70%的情况下，才可滴水。但盐碱地麦田，随着气温上升，土壤水分蒸发，往往会有反碱死苗现象，为抑制反碱，防止死苗，当 5 厘米土层地温连续 5 天，平均≥5℃时才可进行滴灌。而且第一水滴过 5～7 天，应连续再滴第二水，防止盐碱上升。第 2 次亩滴水量 35 立方米左右。土壤肥沃、冬前群体较大的麦田，应适当控制返青水，通过适当蹲苗的方式，抑制早春无效分蘖数量，防止群体过大，后期产生倒伏现象。

4. 拔节水

小麦拔节水是关键，要灌足灌好。小麦拔节至抽穗期，是营养生长和生殖旺盛时期，是根、茎、叶营养器官和穗部结实器官迅速生长和建成时期，也是小麦一生中器官之间矛盾较多的时期。要运用水、肥、化学调控等方式，协调营养生长和生殖生长以及群体和个体、主茎和分蘖、地下生长和地上生长的关系。做好因苗管理，壮苗或旺苗，在春三叶龄期，即生理拔节期开始，应控制基部节间伸长，抑制无效分蘖，巩固大蘖成穗，防治群体过大，植株下部荫蔽、茎秆细弱，后期产生倒伏现象。因此，应延迟滴水、适当蹲苗，为壮秆大穗打好基础。拔节至抽穗期，植株生长量大，水肥需要多，瘦弱麦苗容易造成肥水不足，分蘖不好，质量差，提前死亡，造成收获穗不足，穗头小，产量低，因此，灌水和施肥应适当提前。

小麦拔节至抽穗期，长达 30 多天，且进入高温时期，植株蒸腾和土壤蒸发失水量较大，一般麦田除拔节前滴灌外，拔节期间尚需滴水 2～3 次，在前期群体适当调控的基础上，拔节水 5～7 天之后，紧接滴第二水，其后 8～10 天，再滴水一次，每次每亩滴水 30～40 立方米，土壤持水量 75%～80%，随着根系下扎，湿润锋应达到 40～50 厘米。

5. 孕穗水

小麦孕穗后 10 天左右开始抽穗，随后开花授粉、形成籽粒、灌浆成熟。小麦孕穗期是开花授粉和籽粒形成的重要时期，需水迫切，对水分反应敏感，是需水“临界期”，田间持水量应保持75%～80%。该时期如水分不足，花粉容易干枯，授粉率降低，穗梯形数减少，减产严重。孕穗期滴水一般2次，每次滴水30～40立方米/亩。

6. 灌浆水

小麦抽穗后，每亩穗数基本固定，开花授粉后，每穗粒数大体固定，生长中心转移到灌浆成熟时期，而籽粒中所积累的干物质约有80%来源于后期的光合产物。小麦生育后期光合产物的来源主要是由上部第一、第二叶片及穗下茎绿色部分通过光合作用制造的。因此，增强植株生活力和延长上部叶片的功能时间、提高功能强度，保持植株正常代谢，促使植株体内更多的物质向籽粒输送，是增强粒重的关键。

麦田后期管理的主要任务是养根、护叶、保粒、增重。为达到这一目的，要保持根系有较强的生活力，促进绿色叶片光合强度的提高，防治植株早衰或贪青晚熟，保持植株正常落黄和不受病虫害的影响。

小麦后期管理“水当先”，“以水养根，以根护叶，以叶保籽、增重”。小麦从开花到成熟，耗水量占总耗水量近1/3，通常每日耗水量为拔节前的5倍，是需水量较多的时期。土壤水分以维持田间持水量的70%～85%。水分过少易使根系早衰，水分过多容易造成土壤空气不足、根部窒息死亡或导致病虫害加重，灌浆不良。小麦灌浆到成熟的时间大约需要32～38天，滴水一般需要2～3次，第一次应滴好抽穗扬花水。抽穗扬花期滴水的作用是保花半粒、促灌浆，达到粒大、粒重，防止根系早衰的目的。每亩每次灌水量一般为30～40立方米。滴好麦黄水能降低田间高温，缓解高温对小麦灌浆的影响。小麦受高温危害后，及时滴水能促使受害植株恢复生长减轻危害。

四、生育期滴肥方式

1. 滴出苗水时应带种肥

凡利用原地播种出苗的麦田，播种时应带足种肥，以便培育壮苗。种肥应以磷肥为主，氮肥为辅，如施用磷酸二铵作种肥，一般每亩用量为3～5千克。

滴水出苗的麦田，播种时如未能施积肥的，在滴出苗水时，应随水滴肥，亩施尿素3～4千克，加磷酸二氢钾1～2千克。

2. 返青肥酌情施

返青肥是在小麦返青前夕或者返青初期施用的。施肥的目的在于促进小麦返青生长，巩固冬前分蘖、促进早春分散，提高每亩收获穗数。追施返青肥，应因苗进行，对晚、弱麦苗增产效果显著。因为小麦越冬时间长，体内贮存物质消耗多，返青时植株体内往往处于饥饿状态，追肥对促进返青生长作用大。但对底肥充足、麦苗生长较壮（或者旺长）、群体较大的麦田，返青时不应再追肥，以防止营养过剩、早衰无效分蘖太多、群体过大、麦苗基部光照不足、节间生长过长而引起后期植株倒伏。

3. 拔节肥普遍施、重施

小麦拔节期滴肥，是小麦生育期最关键性的滴肥时期，追肥数量多，作用大，肥效高。小麦拔节期生长速度快，经历时间长，需肥量大，施肥增产显著，各类麦苗均应普遍施肥。拔节肥追肥时间，一般从春三叶开始，结合滴水进行。瘦地、弱苗应适当提前，防止缺肥影响分蘖成穗，茎秆矮小，植株发黄，旗叶和旗下叶生长小，质量差，影响小花化化及形成。如土壤肥沃，小麦群体较大，滴肥应适当延迟，以抑制无效分蘖，促使分蘖尽快向两极分化和控制基部第一、二节间伸长，防止后期产生倒伏。拔节期经历时间较长，随水滴肥一般进行 3 次，要“少吃多餐”，第 1 次滴肥 5～7 天后，随水紧接着再滴第 2 次，每次滴施尿素 5～7 千克，加磷酸二氢钾 2～3 千克。

4. 孕穗肥要用好

随着小麦单产提高和大穗型品种广泛的应用，高产田小麦氮肥用量应适当后移，以增强灌浆强度，增加粒重，发挥大穗高产品种的优势。应改变过去小麦中低产阶段用肥的模式。一般麦田结合滴水追施尿素 3～5 千克，加磷酸二氢钾 2～3 千克，以延长上部叶片功能期，提高光合作用的强度，利于籽粒灌浆，提高粒重。对脱肥的麦田，其增产效果则更加明显。

5. 灌浆初期酌情滴施

若土壤肥沃，植株叶片浓绿，滴水时则不宜滴肥，更不宜多施，防止引起贪青晚熟。而一般麦田可酌情滴施氮、磷肥，以提高植株生活力，促进灌浆，增加粒重。

6. 小麦生育期随水滴肥的方法和程序

不同的土壤对肥料吸附能力大小不同，而不同的肥料随水滴施流动性也不一样，加之毛管首端压力差异和滴水数量多少不同，均可能造成小麦行间接收水肥产生差异，使小麦出苗早晚和生产长情况不同，田间有时出现“高低行”和“彩带苗”现象。小麦生育期随水滴肥时，应尽量保持麦田生长整齐，在一般情况下，应先滴清水 2 小时左右，待土壤湿润峰达到 20～25 厘米时，再加入肥料滴施 4～5 小时，使肥料随水适当扩散，最后再滴清水 1～2 小时，以冲刷毛管和支（辅）管，防止肥料堵塞和腐蚀滴头。

五、化学调控

滴灌小麦，尤其是滴灌春小麦与地面灌相比，根系在土壤中分布较浅，加之田内无渠道、无畦埂、边际效应减弱，如肥水运筹不当，随着群体加大和产量提高，产生倒伏的可能性增加，应采取综合措施防御，如选用抗倒伏能力强的品种，加深土壤耕层扩展根系，氮、磷、钾等肥料合理搭配等。对群体过大，长势过旺的高产麦田，在生理拔节期，即春三叶龄期，应采用水控、肥控和加大化学调控强度，控制基部第一、第二节间伸长，降低植株高度。当前用矮壮素防御小麦倒伏见效快、效果好。一般高产田亩用量250毫升，长势过旺麦田，间隔3～4天后，再喷施80～100毫升连续控制。春天喷矮壮素期间，往往受阴雨、刮风等气候影响，因此，喷矮壮素要宁早勿晚，以免错过最佳时期，影响防御倒伏效果。

小麦一旦产生倒伏，应分析原因，采取相应的挽救措施。如排除田间积水，晾晒土壤，使下层通风透光，防止霉烂和发生病害。或者在降水后，用竹竿轻轻抖动麦株使水珠落地，减轻重量和充分利用植株向光和背地性的特点，使其自然恢复生长。小麦倒伏后，切勿在麦田里面用人工捆扎麦把，以免造成人为踩踏损失、折断麦秆以及打乱植株骨牌效应的倒向和破坏小麦背地性的发挥和自身恢复直立的能力，影响叶片光合作用，加重减产损失。

六、滴灌小麦机械收获

1. 收获时期

小麦腊熟后期，籽粒中干物质积累达到高峰，是机械收获的最佳时期，此期收获小麦产量高、品质好。

2. 机收方法

（1）收获前应做好田间测产。以便为妥善安排收获、销售和入库贮藏等工作做好准备，也为小麦生产技术总结工作提供有关资料。

（2）做好种子田收获和留种工作。种子田在收获前应去杂、去劣、单收、单晒、单贮藏，并应有专人负责，防止机械混杂和霉烂现象。

（3）收取支（辅）管。小麦滴灌最后一水结束后，趁麦秆尚未枯萎将支（辅）管扯取，为机收做准备。取下的支（辅）管放置田外，盘放整齐准备再用。

（4）留茬高度。小麦机械收获留茬高度一般为15厘米，如割取麦草做饲用或作工业原料，可适当降低。如麦收后计划采用两作“双滴栽培”，即滴灌小麦收获后再用滴灌方式种植夏播作物时，小麦生育期最后一次滴水应适当延迟，留茬高度可适当提高为20厘米。割下的麦草应及时运出田外或随时粉碎均匀地撒在田间（碎草量不宜过大），通过免耕在毛管行间随机复播。

（5）机收质量要求。滴灌小麦，田间生长均匀、整齐、成熟期一致，加之田间平整，没有沟沟渠和畦埂，机收进度快，工效高，抛洒、掉穗、落粒等损失普遍减少。田间机收损失率可由原来的5%～7%降低到5%以内。

第二节　玉米水肥一体化技术应用

玉米是适宜用水肥一体化的粮食作物，可用滴灌、膜下滴灌、微喷带、膜下微喷带和移动喷灌等多各灌溉模式。如采用滴灌，一般两行玉米一条管，行距40厘米，两条滴灌管间间隔90厘米，每亩用管量约740米。滴头间距30厘米，流量1.0～2.0升/小时的流量，则每株玉米每小时可获得840毫升的水量。玉米一生要经历出苗、拔节、抽雄、吐丝、灌浆和成熟期。各时期对养分的吸收量存在很大差异，大致的情况是苗期少，拔节至抽穗开花期最多，开花授粉后吸收量减少。可以根据目标产量建议20%～30%的肥料作基肥施用，其他肥料分十多次通过滴灌施入土壤。抽雄至灌浆期是主要施肥时期。喷灌施肥时注意浓度，肥料浓度控制在0.2%～0.3%。图1-2所示为滴灌在玉米上的应用。

图1-2　玉米滴灌水肥一体化技术应用

在内蒙古、吉林、黑龙江、新疆等地玉米水肥一体化面积已超过700万亩，亩产由500千克提高到800千克，增产60%。2013年农业部下发了《水肥一体化技术指导意见》，意见中指出到2015年，新增玉米水肥一化技术应用面积1 500万亩，主要在西北地区和东北四省区重点推广。

一、华北地区夏玉米水肥一体化技术应用

1. 精细整地，施足底肥

播种前整地起垄，宽窄行栽培，一般窄行为40～50厘米，宽行60～80厘米。灭茬机灭茬或深松旋耕，耕翻深度要达到20～25厘米，做到上实下虚，无坷垃、土块，结合整地施足底肥，及时镇压，达到待播状态。一般每亩投入优质农肥1 000～2 000千克、磷酸二铵15～20千克、硫酸钾5～10千克或者用复合肥30～40千克做底肥施入。采用大型联合整地机一次完成整地起垄作业，整地效果好。

2. 铺设滴灌管道

根据水源位置和地块形状的不同，主管道铺设方法主要有独立式和复合式两种：独立式主管道的铺设方法具有省工、省料、操作简便等优点，但不适合大面积作业；复合式主管道的铺设可进行大面积滴灌作业，要求水源与地块较近，田间有可供配备使用动力电源的固定场所。支管的铺设形式有直接连接法和间接连接法两种。直接连接法投入成本少但水压损失大，造成土壤湿润程度不均；间接连接法具有灵活性、可操作性强等特点，但增加了控制、连接件等部件，一次性投入成本加大。支管间距离在50～70米的滴灌作业速度与质量最好。

3. 科学选种，合理增密

地膜覆盖滴灌栽培，可选耐密型、生育期比露地品种长7～10天、有效积温多150～200℃的品种。播前按照常规方式进行种子处理。合理增加种植密度，用种量要比普通种植方式多15%～20%。

4. 精细播种

当耕层5～10厘米地温稳定通过8℃时即可开犁播种。用厚度0.01毫米的地膜，地膜宽度根据垄宽而定。按播种方式可分为膜上播种和膜下播种两种。

(1) 膜上播种。采用玉米膜下滴灌多功能精量播种机播种，将铺滴灌带、喷施除草剂、覆地膜、播种、掩土、镇压作业一次完成，其作业顺序是铺滴灌带→喷施除草剂→覆地膜→播种→掩土→镇压。

(2) 膜下播种。可采用机械播种、半机械播种及人工播种等方式，播后用机械将除草剂喷施于垄上，喷后要及时覆膜。地膜两侧压土要足，每隔3～4米还要在膜上压一些土，防止风大将膜刮起。膜下播种应注意及时引苗、掩苗：当玉米普遍出苗1～2片时，及时扎孔引苗，引苗后用湿土掩实苗孔。过3～5天再进行一次，将晚出的苗引出。

5. 加强田间管理

玉米膜下滴灌栽培要经常检查地膜是否严实，发现有破损或土压不实的，

要及时用土压严，防止被风吹开，做到保墒保温。按照玉米作物需水规律及时滴灌（表1-1）。

表1-1 河南省夏玉米节水高效灌溉制度及产量水平

分区	水文年份	灌水定额（立方米/亩）					灌溉定额（立方米/亩）
		播前	苗期	拔节	抽雄	灌浆	
豫北平原	湿润年				70		70
	一般年		50		70		120
	干旱年	50		60	70		180
豫中豫东平原	湿润年				60		60
	一般年		50		60		110
	干旱年	50		60	60		170
豫南平原	湿润年				50		50
	一般年		50		50		100
	干旱年	50		50	50		150
南阳盆地	湿润年				50		50
	一般年		45		50		95
	干旱年	50		60	50		160

（1）滴灌灌溉。设备安装调试后，可根据土壤墒情适时灌溉，每次灌溉15亩，根据毛管的长度计算出一次开启的“区”数，首部工作压力在2个压力内，一般10～12小时灌透，届时可转换到下一个灌溉区。

（2）追肥。根据玉米需水需肥特点，按比例将肥料装入施肥器，随水施肥，防止后期脱肥早衰，提高水肥利用率。应计算出每个灌溉区的用肥量，将肥料在大的容器中溶解，再将溶液倒入施肥罐中。

（3）化学控制。因种植密度大、温度高、水分足，植株生长快，为防止植株生长过高引起倒伏，在6～8片展叶期要采取化控。

（4）适当晚收。为使玉米充分成熟、降低水分、提高品质，在收获时可根据具体情况适当晚收。

6. 清除地膜、收回及保管滴灌设备

人工或机械清膜，并将滴灌设备收回，清洗过滤网。主管、支管、毛管在玉米收获后即可收回。

注意事项：利用滴灌系统施肥，所有要注入的肥料必须是可溶的，同时还要注意不同肥料之间的反应，反应产生的沉淀物有可能堵塞滴灌系统。

二、东北地区春玉米水肥一体化技术应用

1. 播种前的准备

（1）优良品种的选用。膜下滴灌，可增加150～200℃的有效积温，正常年份比露地玉米提前7～10天播种，生育进程快，提早7～15天成熟。根据这一特点，所选用玉米种子质量必须达到国家良种标准，且具有抗逆性强，增产潜力大，株型收敛，适宜本地安全生产的高产品种。建议当地膜滴灌田玉米选用生育期为126～128天，正常种植密度每亩为3 500～4 000株的品种。密植品种靠群体增产，一定要达到种植密度才能获得高产。

（2）选地。选地势平坦肥沃，土层较深厚，排水方便，土壤以壤土或沙壤为宜，排水方便的轻盐碱地亦可。坡地坡度在15°以内，必须具有保水保肥的能力，陡坡地、沙石土、易涝地、重盐碱地等都不适于覆膜滴灌种植。

（3）整地。要求适时翻耕，地面要整细整平，清除根茬、坷垃，做到上虚下实，能增温保墒。精细整地后结合每亩施用适量优质有机肥1 000～1 500千克，按测土配方施入适量化肥。没有采用测土的地块一般每亩施入磷酸二铵8～10千克，尿素5～7千克，硫酸钾7～10千克，硫酸锌1千克，保证有足够基肥施入。

（4）起垄。膜下滴灌系统，一般采用大垄双行种植，一般垄高10～12厘米，垄底宽130厘米，垄顶宽85厘米，即将原来60～65厘米的两行垄合并成一条垄。起垄同时深施底肥，每条大垄上施两行肥，两行施肥口的间距40～50厘米，起垄后镇压。施肥方法为每沟施肥成65厘米新垄后把两垄合成一大垄。

2. 覆膜与铺设滴灌带

（1）覆膜与铺设滴灌带方式。有两种：一种是机械覆膜和铺设滴灌带同时进行，滴灌带先置于膜下，也可用专门播种机覆膜、铺设滴灌带、播种同时进行；另一种是人工覆膜、铺设滴灌带、播种同步进行。覆膜、铺设滴灌带是将带、膜拖展，紧贴地面铺平，将四周用土压平盖实，将滴灌带两端系扣封死。视风力大小，每2～3米压一道腰土以防风鼓膜。

（2）覆膜与铺设滴灌带规格。铺带、覆膜，拉紧埋实，一般两膜中间距为115～130厘米，开沟间距比地膜窄15～20厘米，以便压膜，覆盖要顺风，边覆边埋，拉紧埋实，同时压好腰土。

（3）病虫草害的防治及抗倒伏措施。为防春季低温烂种和地下害虫，可采用相应的种衣剂（应该选择含有戊唑醇或烯唑醇的种衣剂防治丝黑穗）对种子进行包衣处理；盖膜前要进行化学除草，选用广谱性、低毒、残效期短、效果

好的除草剂。一般用阿乙合剂，即每亩用40%的阿特拉津胶悬剂200～250克加乙草胺300克，也可以用进口的拉索及施田外，对水40千克喷施，进行全封闭除草，边喷边覆膜。对特殊病虫害及倒伏应采取相应防止措施（玉米螟等）。

（4）足墒覆膜铺带。铺带时要保证土壤含水量占田间持水量的60%以上，不足时可铺带覆膜后立即进行灌溉，或者覆膜前进行灌溉，或待降水8～10毫米以上时方可进行覆盖。

3. 播种

（1）播种准备。在选用良种的基础上，适温播种，保证密度，要根据品种和密度要求确定株距，播种时地温要稳定通过8℃。

（2）播种方法。一是先播种后铺带、覆膜。用机械、畜力播种，开沟播种覆土后要保证苗眼处于膜下2～3厘米处，以防出苗后地膜烫苗。后及时在播种行两侧各开一沟，同时铺带，带铺在垄中间，膜边放入沟内压埋实。二是先覆膜铺带后播种，机械一次性在起好的垄上兽膜铺带。在膜上按照株距要求打播种孔，孔深5厘米，每孔下籽，用湿土盖严压实。用专门机械也可覆膜、铺带、播种、喷药等一次性完成。

（3）破膜放风和抠苗。对先播种后覆盖的要及时破膜放风和抠苗，时间在出苗50%以上时第一次抠苗，当出苗达到90%以上第二次抠苗定植，原则是留大压小，留强压弱。放苗孔要小，放苗后及时封严。第二次抠苗定植后3～5天要查苗补抠，把后出苗的植株再次定植。此外还要看苗追肥，追肥方法可利用施肥罐边灌水边施肥，水肥同时滴入田间，也可膜面打孔穴施，或在膜侧开沟追肥，确保养分供给。

4. 玉米膜下滴灌灌溉制度

作物的灌溉制度随作物种类、品种、自然条件及农业技术措施不同而变化。因此制订灌溉制度需根据当地的具体情况，充分总结群众生产灌溉经验，参考灌溉试验资料，遵循水量平衡原是进行制订。

（1）玉米生长期的灌溉。

①底墒水。半干旱地区，春季降水量少，气候干燥，风多风大，土壤失水较多，一般播种期，耕层内土壤含水量绝大多年份低于种子发芽的水分要求。提供种子发芽到出苗的适宜土壤水分是解决能否苗全苗壮的关键，采用早春覆膜前灌溉保湿覆膜或盖膜后滴灌均可。确保在播种前有适宜的水分状况，灌溉水量以25～30立方米/亩为宜。如播后灌溉应该严格掌握灌水量，不要过多，以免造成土温过低影响出苗。

②育苗水。玉米苗期的需水量并不多，土壤含水量占田间水量的60%为宜，低于60%必须进行苗期灌溉。灌水定额15～20立方米/亩。地膜覆

盖的玉米底墒足，苗期也可不灌水，通过控制灌水进行蹲苗。使植株基部节间短，发根多、株体敦实粗壮，增加后期抗旱抗倒伏能力，为增产打下良好基础。

蹲苗一般开苗后开始，至拔节前结束，持续时间约一个月，是否需水灌水，具体应根据品种类型、苗情、土壤墒情等灵活掌握。蹲苗期间中午打绺，傍晚又能展平的地块不急于灌水。如果傍晚叶子不能复原应灌一次保苗水。

③拔节期孕穗水。玉米出苗 35 天左右即开始拔节。拔节孕穗期植株生长迅猛，这个时期气温高、植株叶面蒸腾强，土壤水分供应要充分，如果缺水受旱植株发育不良，影响幼穗的正常分化，甚至雌穗不能形成果穗，造成空秆，雄穗则不能抽出，带来严重减产。这期间土壤水分将至田间持水量的 65%以下时应即时灌发育水，使植株根系生长良好、茎秆粗壮，有利于幼穗的分化发育，从而形成大穗，拔节初期灌溉时，灌水定额应控制在 20～30 立方米/亩为宜。

④灌浆成熟水。抽穗开花期是作物生理需水高峰期，也是吉林西部雨水较集中的时期，天然降水与作物需水大致相当，但这个时期应特别注意缺水现象。发现缺水有及时补充灌溉。根据实践总结和研究表明，灌浆期进入籽粒中的养分，不缺水比缺水的可增加 2 倍多。

（2）灌水时间的判断。掌握灌水时间，使作物充分利用土壤的天然降水，是节水减能高产丰收的关键环节。为使作物不致因缺水受旱而减产，应在缺水之前补充灌水，适时灌溉。

①根据季节、防雨、天气等情况确定是否进行灌水。春季雨少、风多、大气干燥、底墒不足需要灌溉。由于膜下灌墒具有较好的保水保墒性能，在炎热季节，气温高、大气干燥、田间水分蒸发快，一般有 15～20 天不降透雨，作物就需要灌水。作物生育后期，有时从生理上看并不缺水，但是为了预防霜冻等灾害也应该及时灌水。

②看土。在没有食品设备的情况下，直观很难掌握不同类型土壤湿润程度。当土层内的土壤攥后放开在团为湿润。摇后松开就散裂的，应视为干旱，应进行灌水。

③看苗。需要灌溉主要看作物生长状况，以作物的发育状况为主要依据。当作物缺水时幼嫩的的茎叶因水分供给不上先行枯萎。株体生长速度明显放缓。当出现上述现象时要及时灌水。当叶片发生变化，中午高温打绺，今晚不能完全展开的应及时灌水。

④灌水次数，根据不同水文年份而定（实际情况）。一般中旱年份（70%频率年）可灌 4 次。玉米主要拔节、孕穗、抽雄、灌浆期灌水。大旱年（90%频率年）应灌 5 次水。玉米在苗期、拔节、孕穗、抽雄、灌浆期灌水。

第三节　棉花水肥一体化技术应用

棉花需水需肥量大，发展节水、节肥的水肥一体化技术已成为棉花产业优质增效的首要选择，也是实现农业增效、农民增收、农业可持续发展的重大举措。图1-3所示为滴灌在棉花上的应用。棉花水肥一体化管理技术，所施肥料全部随水滴施，实施水肥同步，“少吃多餐”，按棉花生长发育各阶段对养分的需要，合理供应，使化肥通过滴灌系统直接进入棉花根区，达到高效利用的目的。膜下滴灌系统一般由水源工程、首部枢纽、输配水管网、滴头及控制、量测和保护装置等组成。

图1-3　棉花膜下滴管水肥一体化技术

一、棉花水肥一体化技术滴灌方式

1. 苗期

播后根据天气预报，如果以后将连续几天天气晴好，可抓紧时间滴出苗水，滴水量20立方米/亩。滴水后2～3天，用细土封穴，覆土厚度1～2厘米，防止水分从播种穴散失和抑制杂草生长。此阶段需水量不多，需水量仅占全生育期总需水量的15%以下，适于棉苗生长的1米土层持水量保持55%～65%为宜。新疆棉区和黄河流域一熟棉区在搞好棉田播种前贮水灌溉后，土壤水分适宜，不必进行灌溉。长江流域棉区棉花苗期常遇梅雨，须注意田间排水。

2. 蕾期

棉花现蕾后，气温逐渐升高，生育进程加快。需水量渐多，阶段需水量占全生育期总需水量的20%左右。适于棉株生长的1米土层持水量为60%～70%。黄河流域柏区棉花蕾期常遇干旱，及时灌溉是增产的关键。每亩灌水定额以30立方米左右为宜。新疆棉区6月下旬，盛蕾期浇头水，由于蒸发量大，每亩灌水定额应增至60立方米左右。

3. 开花结铃期

棉花开花后生长与发育两旺，耗水量大，是生育期的需水高峰，阶段需水量约占总需水量的一半。1米土层持水量为70%～80%，低于60%时即需灌溉。黄河流域棉区棉花盛花期进入雨季，但在进入雨季前降水常偏少，需适时适量灌溉，搭好丰产架子，每亩洒水定额30～40立方米。新疆棉区花铃期需灌溉2～3次，每次间隔20天左右，每亩灌水定额60～70立方米。长江流域棉区常遇伏旱，及时灌溉对减少蕾铃脱落，防止棉株早衰效果显著。

4. 吐絮期

棉花整个吐絮期耗水量约占总需水量的10%～20%。1米土层持水量保持在65%左右为宜。黄河流域棉区常年8月中下旬后气候较干燥，若秋旱时间长，停水期可以延至9月上旬，适时适量灌溉对防早衰、保伏桃、争秋桃效果显著，每亩灌水定额25～30立方米。新疆棉区停水期一般在8月下旬末。长江中下游棉区秋后雨量适中，一般不需要灌溉。

二、棉花水肥一体化技术滴肥方式

采用膜下滴灌技术后，棉花所施化肥，全部随水滴施，实施水肥同步，“少吃多餐”，按棉花生长发育各阶段对养分需要，合理供应，使化肥通过滴灌系统直接进入棉花根区，达到高效利用的目的。

1. 施用量

化肥施用量是根据已确定的产量目标和土壤肥力状况而定，因此对棉田土壤要测试，根据测试结果，由棉花滴灌专用肥厂家配方生产。目前石河子农科院和正义化肥厂生产的棉花滴灌专用肥，经几年试验效果较好，按商品量全生育期施用量40千克/亩左右，其中出苗水和苗期水每次3.5千克/亩，花铃期每水5.5千克/亩，吐絮期前一次2千克/亩。

2. 施用方法

在滴水进行1小时以后开始，滴水进行到离结束半小时前完成。

(1) 苗期管理阶段（4月下旬或5月初至5月下旬或6月初）。此期间给水1～2次，总定额20～30立方米/亩（注意：一膜二灌水原则为少量多次，一膜一管较之则多量少次）。随水施肥总定额氮（N）0.6～0.8千克/亩，磷

(P_2O_5) 0.2～0.3 千克/亩，钾 (K_2O) 0.3～0.6 千克/亩（可折施尿素、磷酸二氢钾，或喷滴灌专用肥，要保证可溶）。

(2) 蕾期管理阶段（5 月下旬或 6 月初至 6 月下旬或 7 月初）。蕾期营养体生长较快，干物质积累多，叶面蒸腾加快，因此要加强水肥的供给。此期滴水 2～3 次，总定额 50～60 立方米/亩。随水施肥总定额氮 (N) 1.5～2.5 千克/亩，磷 (P_2O_5) 0.6～0.7 千克/亩，钾 (K_2O) 0.8～1.2 千克/亩。

(3) 花铃期管理阶段（6 月下旬或 7 月初至 8 月中旬）。此期间棉株正处于营养生殖生长旺盛时期，植株蒸腾快，缩短灌水周期，隔 7～8 天滴一次，共滴水 4～6 次，总定额 100～120 立方米/亩。随水施肥总定额 (N) 9～11 千克/亩，磷 (P_2O_5) 3～3.5 千克/亩，钾 (K_2O) 6～8 千克/亩。

(4) 吐絮期管理（8 月中旬至 10 月中下旬）。此期间棉株吸收养分较少，但为防止早衰，应适时补水补肥，灌水 1～2 次定额 15～30 立方米/亩。随水施肥 (N) 0.2～0.3 千克/亩，磷 (P_2O_5)0.4～0.6 千克/亩，钾 (K_2O)0.6～0.7 千克/亩。

三、水肥一体化技术棉花采收收获

大面积收获棉花基本在每年 9 月 10 日左右，棉花收完后进行一次茬灌，保证平整土地顺利。在灌结束后将滴灌系统的支管、辖管、闸阀拆收。干支管及配件拆收后及时冲洗干净，盘卷入库以备下年使用。

第四节　葡萄水肥一体化技术应用

我国 1/3 以上的葡萄园分布在干旱和半干旱地区。随着葡萄灌溉水源越来越紧张，水淘汰矛盾也日渐突显，因而发展微灌等节水灌溉技术对葡萄生产来说就显得尤为重要。目前来看，葡萄水肥一体化技术在西北干旱、半干旱地区如新疆、甘肃、宁夏等地的研究和应用较多，取得了一定的节水、节肥、增产、省工等效果。图 1-4 所示为滴灌水肥一体化技术在葡萄上应用。

一、葡萄水肥一体化技术灌溉方式和设备

葡萄的水肥一体化在发达国家应用比较普遍。葡萄最适合采用滴灌施肥系统。近些年来，为防止杂草生长、春季保湿，并降低夏季果园的湿度，葡萄膜下滴灌技术也有大力推广。当土壤为中壤或黏壤土时，通常一行葡萄铺设一条毛管，毛管间距一般在 0.5～1 米。有些葡萄园也铺设两条毛管，种植行左右各铺设一条管。当土壤为沙壤土，葡萄的根系稀少时，可采用一行铺设两条毛管的方式。此外也可考虑在葡萄栽培沟另铺设一条毛管。还有一些葡萄园将毛

图1-4 葡萄滴灌水肥一体化技术

管固定在离地1米左右的主蔓上，主要的目的是方便除草等田间作业。土壤质地、作物种类及种植间距是决定滴头类型、滴头间距和滴头流量的主要因素。一般沙土要求滴头间距小，壤土和黏土滴头间距大。沙土的滴头间距可设为30～40厘米，滴头流量为2～3升/小时，壤土和黏土的滴头间距为50～70厘米，黏土取大值，滴头流量在1～2升/小时。滴灌时间一般持续3～4小时。

滴灌施肥灌水器可选择有固定滴头间距的内镶式滴灌管或滴灌带，如迷宫式和边缝式滴灌带。当葡萄树栽植不规则时，一般选择管上式滴头，在安装过程中，根据作物间距确定滴头间距。常用的加肥或注肥设备有文丘里施肥器、压差式施肥灌（旁通灌）、计量泵等。具体选用哪种注肥设备应根据实际条件，结合注肥设备的特点确定。

二、葡萄水肥一体化技术水分管理

完整的灌溉制度包括灌溉定额、灌水定额、灌水次数、灌水周期、灌水时间等。灌溉主要是补充降水的不足，理论上灌水量就是作物全生育期的需水量与降水量的差值。由于葡萄各生育期需水量以及实际降水量都不同，因此在制订滴灌灌溉制度时应充分考虑葡萄需水特性、气象条件因素。

1. 葡萄园水分管理方法

土壤墒情监测法是制订作物灌溉计划时常用的方法之一。对于果树来说，可采用下面的方法确定灌溉制度：埋设两支张力计来监测土壤水分状况，滴头下方20厘米埋设一支，并在其旁边埋设另外一支张力计，深度为60厘米；观察20厘米埋深张力计的读数，当超过预定的范围开始滴灌，灌水结束后，检查60厘米埋深张力计读数，如果其读数的绝对值不超过设定的范围，说明达到了要求的灌水量，否者应再灌水。另外一种简单的方法是用螺杆式土钻在滴头下方取土，通过指测法了解不同深度的土壤状况，从而确定灌溉时间。

2. 葡萄滴灌灌溉制度

根据公式 $W_T=(P_W-R_W)/\eta$ 计算灌溉定额，其中 P_W 为需水量，R_W 为降水量，η 为灌溉水利用率，微灌条件下一般为0.9～0.95。由于葡萄各生育期需水量和降水量的差异，可按照生育期划分灌溉定额。

灌水定额是指一次灌水单位面积上的灌水量，用毫米或立方米表示，计算公式为：

$$W=0.1ph\gamma(\theta_{max}-\theta_{min})/\eta$$

式中：W 为灌水定额，毫米；

p 为土壤湿润比，%；

h 为计划湿润层厚度，米；

γ 为土壤容重，克/立方厘米；

θ_{max}、θ_{min} 分别为灌溉上限和下限，以占田间持水量的百分数表示，%；

η 为灌溉水利用率，微灌条件下一般为0.9～0.95。

每个作物生育期的灌水定额都需要计算确定。在滴灌条件下，对于果树来说，每次的灌水量可设定为一个确定的值，然后根据作物耗水情况和降水量确定灌水次数和灌溉周期。

滴灌灌溉制度相关参数如下：

①湿润层厚度是确定灌水定额的主要参数之一。对于葡萄来说，幼龄期根系分布较浅，随着树龄增加，根系分布深度逐渐增加，成龄葡萄的根系一般分布在0～80厘米的土层内。因此，设定土壤湿润层厚度为80厘米。

②土壤湿润比是指湿润土层面积占总灌溉面积的比例，对于葡萄，滴灌灌溉设计时，土壤湿润比一般为30%～50%，干旱、半干旱地区一般取50%，而降水多的地区可取小值。

③土壤容重和土壤田间持水量需要进行测定，也可参考相关资料。依据土壤类型选取。如对于比较适合葡萄生长的沙壤土，其田间持水量可在16%～20%，土壤深重在1.40～1.50克/立方厘米。

④灌溉下限是指土壤水分含量降到一定程度，需要进行灌溉时的土壤含水率；而灌溉上限则是灌溉的终点。在一定的土壤质地下，田间持水量和土壤张力或土水势存在一定的对应关系。对于葡萄来说，不同生育期的需水量差异较大，因此灌溉上下限也就有所不同。

⑤灌溉系统的设计应满足作物高峰期耗水量的要求。对于滴灌系统，葡萄的耗水强度一般设定为3～6毫米/天，干旱地区取上限，湿润地区取下限。

根据上述各项参数的计算，可确定在当地土壤、气候、地形等自然条件下，葡萄滴灌的灌溉定额、灌水定额、灌水周期和灌水次数等，即可制订出相应的灌溉制度。总体来看，各生育期的灌水定额与葡萄不同生育期对水分的需求相符合。萌芽期、抽梢展叶期和果实膨大期是葡萄需水的关键期，需水量比较大，所以灌水定额相对较高，其中果实膨大期是葡萄需水最多的时期。枝蔓成熟期对水分的要求比较低，因此灌溉周期较长，其他时期一般 5 天灌水一次，而该期的灌溉周期则为 10 天。此外，在常规灌溉方式（沟灌）中，花期一般不灌水，而滴灌灌溉则由于可控制土壤含水量，因此敢应适当灌溉。冬灌水需要在埋葡萄之前灌，主要满足葡萄冬眠期对水分的需求。

三、葡萄水肥一体化技术养分管理

将葡萄滴灌灌溉制度和施肥制度耦合，即成葡萄水肥一体化技术方案（滴灌施肥方案），灌溉制度和施肥制度耦合一般采取把葡萄各生育期的施肥量分配到每次灌水中的方法。实际操作中，灌溉制度应根据土壤质地、气候条件（降水、气温等）进行调整；而施肥制度则应考虑土壤养分状况、有机肥施用状况和作物长势进行调整。表 1－2 为山东省棕壤地区葡萄水肥一体化施肥制度。

表 1－2　山东棕壤区葡萄滴灌施肥制度

生育期	灌溉次数	灌水定额/（立方米/亩）	每次灌溉加入灌溉水中的纯养分量（千克/亩）			
	N	P_2O_5	K_2O	$N+P_2O_5+K_2O$		
秋季基肥	1	31	5.6	5.8	7.8	19.2
萌芽前	2	12～13	3.2	0	0	3.2
开花前	2	8～10	3.2	1.0	3.4	7.6
开花后	2	10～11	2.4	0.9	3.4	6.7
果实成熟初期	2	11～13	1.6	1.9	7.8	11.3
合计	9	119	16.0	9.6	22.4	48.0

注：酿酒葡萄该数据以、目标产量 1 500 千克，土壤质地轻壤土。

第五节　西瓜水肥一体化技术应用

西瓜多种植于轻质或沙质土壤，而这类土壤往往保肥保水能力差，应用少量多次的水肥一体化技术也正好可解决这一问题。图 1－5 所示为滴灌水肥一体化技术在西瓜上的应用。

图 1-5　温室西瓜膜下滴灌水肥一体化技术应用

一、西瓜水肥一体化技术滴灌网管的铺设

对于西瓜滴灌来说，铺设网管时，工作行中间铺设送水管，输水管道一般是三级式，即干管、支管和滴灌毛管，其中毛管滴头流量选用每小时 2.8 升，滴头间距为 30 厘米。进水口处与抽水机水泵出水品相接，送水管在瓜行对应处安装 1 个带开关的四通接头，直通续接送水管，侧边分别各接 1 条滴管，使用 90 厘米宽的膜，每条膜内铺设一条滴灌毛管，相邻 2 条毛管间距 2.6 米，亩用量为 390 米。滴管安装好后，每隔 60 厘米用小竹片拱成半圆形卡过滴管插稳在地上，半圆顶距离管充满水时距离 0.5 厘米为宜，这样有利于覆盖薄膜后薄膜与滴管不紧贴、泥沙不堵塞滴管出水孔，最后覆盖地膜，春季为防寒要加小拱棚。

二、西瓜水肥一体化技术水分管理

西瓜适宜的灌溉模式以膜下喷水带最常用，也有膜下滴灌等，通常一行西瓜安装一条喷水带，孔口朝上，覆膜。沙土质地疏松，对水流量要求不高，但黏土上水流量要小，以防地表径流。喷水带的管径和喷水带的铺设长度有关，以整条管带的出水均匀度达到 90%为宜，如采用间距 40～50 厘米，流量 1.5～3.0 升/小时，沙土选大流量滴头，黏土选小流量滴头。西瓜灌水按照“中间丰两头控”的原则实施，灌水量可采用灌水时间控制，并结合天气、植株长势等因素决定灌水时间的长短。西瓜全生育期共滴水 9～10 次，滴水量

25～30 立方米/亩，西瓜播种后滴水 1.5 立方米/亩。出苗水要充足，浸透播种带以确保与底墒相接，滴水量为 45 立方米/亩。出苗后根据土壤墒情蹲苗，在主蔓长至 30～40 厘米时滴水 1 次，滴水量为 3 立方米/亩。开花至果实膨大期共滴水 6 次，每隔 5～7 天滴水 1 次，每次滴水量为 40 立方米/亩，其中开花坐果期需水量较大，约 45～50 立方米/亩，瓜果膨大期保持在 50 立方米/亩。果实成熟期滴水 1 次，不保证西瓜的品质、风味要减少灌水量，根据瓜蔓长势保持在 35～45 立方米/亩。灌水时入沟流量以不漫垄为宜，果实采收前 7～10 天停止滴水。

三、西瓜水肥一体化技术施肥管理

西瓜整个生育期主要施用基肥、种肥和追肥，追肥主要是提苗肥、伸蔓肥和结果肥，全生育期共施肥 7 次，施肥量为 35 千克/亩。苗期和开花期，随水滴施西瓜营养生长滴灌肥 5 千克/亩，坐瓜后，随水滴施西瓜生殖生长滴灌肥 3～4 次，每 4 千克/亩，成熟期不滴施肥料。施肥要做到“足、精、巧”，即底肥要足，种肥要精，追肥要巧。

西瓜水肥一体化施肥系统施用底肥与传统施肥相同，可包括多种有机肥和多各化肥，但追肥的肥料必须是可溶性肥料，如合格的尿素、碳酸氢铵、氯化铵、硫酸铵、硫酸钾、氯化钾等肥料，杂质较少，溶于水后不会产生沉淀，均可用作追肥。补充磷素一般采用磷酸二氢钾等可溶性肥料作追肥，追肥补充微量元素肥料一般不能与磷素追肥同时使用，以免形成不溶性磷酸盐沉淀堵塞滴头或喷头。

1. 定植前基肥

在移栽前 7～10 天翻入土中。根据肥源，选取下列组合之一：亩施生物有机肥 200～300 千克或无害化处理过的腐熟有机肥 2 000～3 000 千克、西瓜有机型专用肥 60～80 千克；亩施生物有机肥 200～300 千克或无害化处理过的腐熟有机肥 2 000～3 000 千克、腐殖酸含促生菌生物复混肥（20～0－10）60～80 千克、腐殖酸型过磷酸钙 30～40 千克；亩施生物有机肥 200～300 千克或无害化处理过的腐熟有机肥 2 000～3 000 千克、腐殖酸高效缓释复混肥（15～5－20）50～70 千克；亩施生物有机肥 200～300 千克或无害化处理过的腐熟有机肥 2 000～3 000 千克、腐殖酸硫基长效缓释肥（23～12－10）40～60 千克；亩施生物有机肥 200～300 千克或无害化处理过的腐熟有机肥 2 000～3 000千克、增效尿素 15～20 千克、增效磷铵 15～20 千克、大粒钾肥 25～30 千克。

2. 露地栽培西瓜滴灌追肥

在栽植后 15 天、开花期、膨大期，结合滴灌灌水进行施肥。

(1) 栽植后15天。每亩施长效硫基含硼锌水溶滴灌肥(10-15-25)5～6千克，分2次施用，每次2.5～3千克，7～9天1次。

(2) 开花期。每亩施长效硫基含硼锌水溶滴灌肥(10-15-25)10～12千克，分2次施用，每次5～6千克，7～9天1次。

(3) 西瓜膨大期。每亩施长效硫基含硼锌水溶滴灌肥(10-15-25)15～18千克，分3次施用，每次5～6千克，7～9天1次。

3. 保护地栽培西瓜滴灌追肥

这里以华北地区保护地西瓜滴灌施肥为例。

(1) 华北地区温室早春西瓜膜下滴灌施肥。表1-3是在华北地区日光温室西瓜栽培经验基础上，总结得出的日光温室早春茬西瓜膜下滴灌施肥方案，可供相应地区日光温室早春茬西瓜使用参考。

表1-3 日光温室早春茬西瓜膜下滴灌施肥方案

生育时期	灌水次数	每次灌水量(立方米/亩)	每次灌溉加入的养分量(千克/亩)				备注
			N	P_2O_5	K_2O	合计	
苗期	1	10	2.0	1.5	1.5	5.0	施肥1次
抽蔓期	2	14	2.5	1.0	2.5	6.0	施肥1次
果实膨大期	4	16	3.0	0.5	4.0	15.0	施肥2次

该方案每亩栽培680～700株，目标产量为4 000～5 000千克。

(2) 华北地区大棚早春西瓜滴灌施肥。表1-4是在华北地区日光温室西瓜栽培经验基础上，总结得出的日光温室早春茬西瓜膜下滴灌施肥方案，可供相应地区日光温室早春茬西瓜使用参考。

表1-4 大棚早春茬西瓜滴灌施肥方案

生育时期	灌水次数	每次灌水量(立方米/亩)	每次灌溉加入的养分量(千克/亩)				备注
			N	P_2O_5	K_2O	合计	
苗期	1	10	1.6	1.6	1.2	4.4	施肥1次
抽蔓期	2	12	2.8	1.4	2.2	6.4	施肥1次
果实膨大期	4	14	1.9	0.9	3.4	12.4	施肥2次

该方案每亩栽培800株，目标产量为3 000千克。

第六节　黄瓜水肥一体化技术应用

黄瓜施肥以重施有机肥为主，以增加土壤有机质和通透性，提高土壤的缓冲能力，才能施用较多化肥，满足营养要求。施用化肥要结合浇水进行，以“少量多次“为原则”。图 1-6 所示为滴灌在黄瓜上的应用。

图 1-6　黄瓜滴灌水肥一体化技术应用

一、黄瓜水肥一体化技术灌溉方式选择

适宜黄瓜的灌溉方式有滴灌、膜下滴灌、膜下微喷带，其中膜下滴灌应用面积最大。滴灌时，可用薄壁滴灌带，厚壁 0.2～0.4 毫米，滴头间距 20～40 厘米，流量 1.5～2.5 升/小时。采用水带时，尽量选择流量小的。

简易滴灌系统主要包括滴灌软管、供水软管、三通、吸水泵、施肥器。滴水软管上交错打双排滴孔，滴孔间距 25 厘米左右。把软管滴孔向上铺在黄瓜小沟中间，末端孔牢。北端用三通与供水软管或硬管边境。供水管东西向放在后立柱处，一端扎牢，另一端与施肥器、水泵要连接。水泵可用小型电动水泵。若浇水，接通电源，可自动浇水。浇水的时间长短，视土壤墒情及黄瓜生长需求而定。如果想浇水并进行追肥，可接上施肥器，温室内进行滴灌安装，必须在覆盖地膜之前，把滴灌软管先铺在小沟内，再盖地膜。

二、黄瓜水肥一体化技术栽培管理

1. 地块选择及整地

土壤在物理性能好，毛管孔隙丰富，透气性强，能使滴灌的水、肥均匀地纵向、横向渗润20～30厘米，形成浅而广的圆锥状湿润带。这就要求根据不同土壤，适量施用有机肥，保证土壤具有适宜滴灌的良好物理特性。

黄瓜栽培应选地势较高、向阳、富含有仙质的肥沃土壤。黄瓜多病，不宜与瓜类作物连任，冬闲稻田种黄瓜较好。深翻40厘米，施腐熟有机肥10 000千克/亩，耙细混匀，滴灌大多适用于高畦，畦宽70～90厘米，畦中心高15～20厘米；作成龟背状。两畦之间留30～50厘米作走道。黄瓜需搭架，应使用吊绳进行V字形牵引，以便更有利于作物群体的通风、透光。

2. 播种和育苗

（1）种子处理。播种前先将黄瓜种浸种，后用清水将种子洗净，晾干表面水分，随后播种，种子播于钵体中间，盖1厘米厚的药土，然后盖一层地膜保温保湿，最后再盖上小拱棚棚膜和保湿被。如果天气晴朗，大约7天黄瓜可以出苗当出苗率达到60%时揭除地膜，白天还要揭开小拱棚棚膜和保温被。苗出齐后，要通过揭膜或盖膜调节好苗床温度，白天控制在25%左右，晚上15～20℃，注意夜晚不宜过高，否则易形成高脚苗。一般情况下，可在上午10时左右揭开膜被，下午7时左右及时盖上膜被，基本可达到调节温度、壮苗效果，同时还可起到缩短日照，增加瓜码作用。

（2）播种。将药液浸泡过的种子用清水少将后装入干净的、用开水烫过的纱布袋中，外包一层塑膜，置于25℃左右的环境中催芽1～2天，待2/3的种子露白（胚根）后播种，播种深度1厘米左右，然后覆盖地膜，以利保墒提温、促使出苗齐快。出苗期要求棚室内气温：白天25～30℃，夜间15～20℃。黄瓜出苗达到2/3时，揭去地膜，出齐苗后撤去小拱棚，温室通风降温使用苗床温度降至23～25℃，炼苗，促苗粗壮。

（3）播种时期。春黄瓜的适宜播种期一般在当地适宜定植期前35～40天，每亩播种量一般为150～200克。

（4）苗期管理。缓苗期的管理。定植后尽量提高棚内温度，要密闭保温，白天保持室温28～30℃，夜间20～22℃，保证地温在15℃以上，有利于缓苗。气温超过35℃时要适当放草帘遮阴。

3. 定植

春提早黄瓜安全定植时间，一般在惊蛰过后，棚温稳定通过5℃比较合适，过早易寒根冻苗，影响产量。黄瓜定植苗龄，以5片叶前后，可见小瓜条时为宜。定植前棚内要施足底肥，一般亩施腐熟农家肥5 000千克，优质三元复合肥50千克。肥料均匀撒施在棚内，用旋耕机翻匀，随后起垄。垄宽80厘米，高20厘米，垄沟深30厘米以上。将滴灌管放在垄正中，盖上黑色地膜，打开滴灌系统开关滴水造墒。在离滴灌管10～12厘米处打定植孔，将瓜苗从营养钵中取出放入孔内，浇一根水，然后用细碎泥土将膜口封严。

大棚黄瓜于4月上、中旬定植。缓苗期间5～7天滴一次水，每次滴1～2小时，滴水深不超过16厘米。阴雨天不滴水；缓苗后滴水量逐渐增加一般3～5天滴1次，每次滴2～3小时，并随水施化肥，每亩施用尿素不少于5千克。到盛瓜期滴水次数增加，除阴雨天外，每1～2天滴1次，每次滴2～4小时。盛瓜期土壤湿度要维持在90%左右，滴水深不超过35厘米。每次都要随水施化肥。

4. 水肥管理

移栽后滴定根水，第一次滴水要滴透，直到整个畦面湿润为止。滴灌主要使根系层湿润，因此要经常检查根系周围水分状况。挖开根系周围的土用手抓捏土壤，能捏成团块表明水分够，如果捏不成团表明水不够，要开始滴灌。以少量多次为好，直到根系层湿润为止，田间经常检查滴灌管是否有破损，及时维修。

严格按照当地黄瓜灌溉定额浇水。通过积极的测土配方施肥，适量地供给作物肥料、水分、减少盲目性，所施用的肥料必须在施肥罐中充分溶解后才可随水滴施。将要施的肥料溶解到水中，配成肥液，倒入肥料罐，肥料罐的进水管要达罐的底部，施肥前先灌水10～20分钟。加肥结束后，灌溉系统要继续运行30分钟以上，以清洗管道，防止滴管堵塞，并保证肥料全部施于土壤。随水滴施时应先滴水0.5～1.0小时然后滴入充分溶解的肥料，并在停水前0.5～1.0小时停止施肥，以减少土壤对肥料的固定。

在开花期黄瓜以营养生长为主，对水分的需求明显低于结果期，当进入结果期后，主要以生殖生长为主，黄瓜连续结果，所以对水分需求量大大提高，如日光温室膜下滴灌黄瓜理想的土壤水分上下限为：开花期为50%～85%田间持水量，结果期为85%～90%田间持水量。进入采收期后，观察植株长势进行浇水追肥，结果盛期10天左右浇1次水，追1次肥，每次每亩追施尿素8千克、磷酸二铵5千克，同时叶面喷施植物搭配液肥300倍液。

三、黄瓜滴灌水肥一体化技术栽培实例

近年来，膜下软管滴灌新技术在北方日光温室逐步得到应用，效果很好。现将北方日光温室春茬黄瓜膜下软管滴灌栽培技术介绍如下（图1-7）。

1. 软管滴灌设备情况

软管滴落设备主要由以下几部分组成：

图 1-7　黄瓜膜下软管滴灌水肥一体化技术应用

（1）输水软管。大多采用黑色高压聚乙烯或限乘氯乙烯软管，内径 40～50 毫米，作为供水的干管或支和应用。

（2）滴灌带。由聚乙烯吹塑而成，国内厂家目前生产的有黑色、蓝色 2 种，膜厚 0.10～0.15 毫米，折径 30～50 毫米，软管上每隔 25～30 厘米打 1 对直径为 0.07 毫米大小的滴水孔。

（3）软管接头。用于连接输水软管和滴灌带，由塑料制成。

（4）其他辅助部件。施肥器、变径三通、接头、堵头、亮度通。根据不同的铺设方式及使用需要。一般设备费用需 400～600 元/亩，国产滴灌软管一般可使用 2～3 年。

2. 育苗期管理

苗床内温差管理：白天 25～30℃，前半夜 15～18℃，后半夜 11～13℃。早晨揭苫前 10℃左右，地温 13℃以上，白天光照要足，床土间湿间干，育苗期 30～35 天。

3. 适时定植

选择白天定植，株距 25 厘米，保苗 3 500～3 700 株/亩。定植时施磷酸二铵 7～10 千克/亩作埯肥。浇透定植水，水渗下后把灌水沟铲平，以待覆地膜。

4. 田间管理

（1）铺管与覆膜。北方日光温室的建造方位多为东西延长，根据温室内作畦的方向，滴灌带的铺设方式有以下几种：

①南北向铺滴灌带。要求全长最多不超过 50 米，若温室超过 50 米。应在

进水口两侧输水软管上各装 1 个阀门，分成 2 组轮流滴灌。

②东西向铺滴灌带。有两种方式：一是在温室中间部位铺设 2 条输水软管，管上用接头连接滴灌逞，向温室两侧输水滴灌；二是在大棚的东西侧铺设输水软管，管上用接头连接滴灌带，向一侧输水滴灌。软管铺设后，应通水检查滴灌带滴水情况，要注意软滴水带的滴孔应朝上，如果正常，即绷紧拉直，末端用竹木棍固定。然后覆盖地膜，绷紧、放平。两侧用土。定植后扣小棚保温。

（2）浇水。定植水要足，缓苗水用量以黄瓜根际周围有水迹为宜。此后，要进行适当的蹲苗，在蔬菜生长旺盛的高温季节，增加浇水次数和浇水量。

（3）施肥。滴灌只能施化肥，并必须将化肥溶解过滤后输入滴灌带中随水追肥。目前国内生产的软管滴灌设备有过滤装置，用水桶等容器把化肥溶解后，用施肥器将化肥溶液直接输入到滴灌带中，使用很方便。表 1－5 在华北地区日光温室冬春茬黄瓜栽培经验基础上，总结得出的滴灌施肥方案，可供相应地区日光温室冬春茬黄瓜生产使用参考。

表 1－5　日光温室冬春茬黄瓜滴灌施肥方案

生育时期	灌水次数	每次灌水量（立方米/亩）	每次灌溉加入的养分量（千克/亩）				备注
			N	P_2O_5	K_2O	合计	
定植—开花	2	9	1.4	1.4	1.4	4.2	施肥 2 次
开花—坐果	2	11	2.1	2.1	2.1	6.2	施肥 2 次
坐果—采收	17	12	1.7	1.7	3.4	6.8	施肥 17 次

注：①该方案每亩栽植 2 900～3 000 株，目标产量为 13 000～15 000 千克/亩。

②定植到开花期灌水结合施肥 2 次，可采用黄瓜灌溉专用水溶肥（20－20－20）进行施肥。

③开花后至坐果期灌水结合施肥 2 次，可采用黄瓜灌溉专用水溶肥（20－20－20）进行施肥。

④进入采摘期，植株对水肥的需求量加大，一般前期每 7 天滴灌施肥一次，可采用黄瓜灌溉专用水溶肥（15－15－20）进行施肥。

（4）妥善保管滴灌设备。输水软管及滴灌带用后清洗干净，卷好放到阴凉的地方保存，防止高低温和强光曝晒，以延长使用寿命。

第二章　实用配套新技术培训宣传材料

第一节　小麦病虫草害防治新技术培训宣传材料

第一部分　小麦病害

一、小麦锈病

小麦锈病，又名黄疸病，分条锈病、叶锈病和秆锈病三种，小麦条锈病［*puccinia striiformis* West（*end*）］，属真菌担子菌纲、冬孢菌亚纲、锈菌目、柄锈科、柄锈菌属；小麦叶锈病［*puccinia recondita* var. *tritici*］，属担子菌亚门、柄锈菌属；小麦秆锈病［*puccinia graminis* var. *tritici*］，属担子菌亚门、柄锈菌属。

锈病广泛分布于全国各小麦产区，往往交织发生，其中条锈病危害最大。近年来秆锈病仅在部分麦区零星发生，叶锈和条锈病发生重、面积大、流行范围广，对小麦生产构成威胁。

在不防治情况下，不同发病程度有不同的产量损失。一般为：发病普遍率达5%、严重度5%时，产量损失3%；发病普遍率达10%、严重度10%～20%时，产量损失8%；发病普遍率达20%、严重度20%～40%时，产量损失15%；发病普遍率达30%、严重度30%～50%时，产量损失20%；发病普遍率达40%、严重度40%～60%时，产量损失30%；发病普遍率达50%、严重度50%～70%时，产量损失40%。

（一）症状特征

三种锈病的主要症状可概括为："条锈成行，叶锈乱，秆锈是个大红斑。"

条锈主要为害小麦叶片，也可为害叶鞘、茎秆、穗部。夏孢子堆在叶片上排列呈虚线状，鲜黄色，孢子堆小，长椭圆形，孢子堆破裂后散出粉状孢子。

叶锈主要为害叶片，叶鞘和茎秆上少见，夏孢子堆在叶片上散生，橘红色，孢子堆中等大小，圆形至长椭圆形，夏孢子一般不穿透叶片，偶尔穿透叶片，背面的夏孢子堆也较正面的小。

秆锈主要为害茎秆和叶鞘，也可为害穗部。夏孢子堆排列散乱无规则，深褐色，孢子堆大，长椭圆形。夏孢子堆穿透叶片的能力较强，同一侵染点在正反面都可出现孢子堆，而叶背面的孢子堆较正面的大。

三种锈病病部后期均生成黑色冬孢子堆。

（二）发生规律

三种锈菌在我国均以夏孢子世代在小麦为主的麦类作物上逐代侵染而完成周年循环，是典型的远程气传病害。当夏孢子落在寄主叶片上，在适合的温度（条锈1.4～17℃、叶锈2～32℃、秆锈3～31℃）和有水膜的条件下，萌发产生芽管，沿叶表生长，遇到气孔，芽管顶端膨大形成附着胞，进而侵入气孔在气孔下形成气孔下囊，并长出数根侵染菌丝，蔓延于叶肉细胞间隙中，并产生吸器伸入叶肉细胞内吸取养分以营寄生生活。菌丝在麦叶组织内生长15天后，便在叶面上产生夏孢子堆，每个夏孢子堆可持续产生夏孢子若干天，夏孢子繁殖很快。这些夏孢子可随风传播，甚至可通过强大气流带到1 599～4 300米的高空，吹送到几百公里以外的地方而不失活性进行再侵染。因此在不同时期，条锈菌就可以借助东南风和西北风的吹送，在高海拔冷凉地区春麦上越夏、在低海拔温暖地区的冬麦上越冬，构成周年循环。锈病发生为害分秋苗和春季两个时期。

小麦条锈病：在高海拔地区越夏的菌源随秋季东南风吹送到以东冬麦地区进行为害，在陇东、陇南一带10月初就可见到病叶，黄河以北平原地区10月下旬以后可以见到病叶，淮北、豫南一带在11月以后可以见到病叶。在我国黄河、秦岭以南较温暖的地区，小麦条锈菌不需越冬，从秋季一直为害到小麦收获前。但在黄河、秦岭以北冬季小麦生长停止地区，病菌在最冷月日均温不低于−6℃，或有积雪不低于−10℃的地方，主要以侵入后未及发病的、潜育菌丝状态在未冻死的麦叶组织内越冬，待第二年春季温度适合生长时，再繁殖扩大为害。

小麦叶锈病：对温度的适应范围较大。在所有种麦地区，夏季均可在自生麦苗上繁殖，成为当地秋苗发病的菌源。冬季在小麦停止生长但最冷月气温不低于0℃的地方，同条锈菌一样，以休眠菌丝体潜存于麦叶组织内越冬，春季温度合适再扩大繁殖为害。

秆锈病：同叶锈基本一样，但越冬要求温度比叶锈高，一般在最冷月日均温在10℃左右的闽、粤东南沿海地区和云南南部地区越冬。

小麦锈病不同于其他病害，由于病菌越夏、越冬需要特定的地理气候条件，像条锈病和秆锈病，还必须按季节在一定地区间进行规律性转移，才能完成周年循环。叶锈病虽然在不少地区既能越夏又能越冬，但区间菌源相互关系仍十分密切。所以，三种锈病在秋季或春季发病的轻重主要与夏、秋季和春季降水的多少、越夏越冬菌源量和感病品种面积大小关系密切。一般地说，秋冬、春夏降水多，感病品种面积大，菌源量大，锈病就发生重，反之则轻。

近 20 年来，三锈在我国的流行情况是，1990 年小麦条锈病在华北、西北地区大流行，1 991—2000 年在西北、西南局部麦区轻度或中度流行，2002 年在全国大流行，叶锈在我国长江中、下游及黄淮麦区发生。

在许昌市，一般年份条锈病的始发期一般在 4 月份，主要看 4 月份的天气，若 4 月份降水多、湿度大，在有外来菌源的情况下，就有可能造成流行。叶锈一般发生较晚，时间在 5 月中下旬。

（三）防治措施

小麦锈病的防治应贯彻“预防为主，综合防治”的植保方针，严把“越夏菌源控制”“秋苗病情控制”和“春季应急防治”这三道防线。做到发现一点，保护一片，点片防治与普治相结合，群防群治与统防统治相结合等多项措施综合运用；坚持“综合治理与越夏菌源的生态控制相结合”和“选用抗病品种与药剂防治相结合”，把损失压低到最低限度。

1. 农业防治

（1）因地制宜种植抗病品种，这是防治小麦锈病的基本措施。

（2）小麦收获后及时翻耕灭茬，消灭自生麦苗，减少越夏菌源。

（3）搞好大区抗病品种合理布局，切断菌源传播路线。

2. 药剂防治

（1）拌种。用种子量 0.03%的立克秀（戊唑醇有效成分），或用种子量的 0.03%的粉锈宁或禾果利（有效成分）拌种。即用 15%粉锈宁可湿性粉剂 100 克与 50 千克种子，或 20%粉锈宁乳油 75 毫升与 50 千克种子干拌，拌种力求均匀，拌过种子当日播完。注意，用粉锈宁拌种要严格掌握用药剂量，避免发生药害。

（2）大田喷药。对早期的出现发病中心要集中进行围歼防治，切实控制其蔓延。大田内病叶率达 0.5%～1%时立即进行普治，可用 15%粉锈宁可湿性粉剂 60～80 克/亩或 20%乳油 45～60 毫升/亩，或选用烯唑醇按要求的剂量进行喷雾防治，并及时查漏补喷。重病田要采取二次喷药的措施。

3. 生态控制措施

一是陇南高半山区的生态治理。改善当地农业生态环境，调整优化作物结构，压缩小麦面积，减少越夏菌源量，切断病菌周年循环，延缓病菌的差异。

二是抗锈品种的培育、推广及抗锈基因的合理布局。利用抗锈基因的丰富性，选育抗病品种，合理进行基因布局，阻滞病菌变异和发展，抑制新小种上升为优势小种，延缓品种抗性丧失速度，延长品种使用年限。

三是播期防治技术。感病品种的粉锈宁拌种和种子包衣，加之彻底铲除自生麦苗和适期晚播，控制秋苗发病，以减少秋季菌源量。

二、小麦白粉病

小麦白粉病的病原物是禾谷白粉菌（*Erysiphe graminis* DC.）的转化型。分有性态和无性态，有性态为禾本科布氏白粉菌［*Blumeria graminis*（DC.）Speer.］，属子囊菌亚门布氏白粉菌属；无性态为串珠粉状孢（*Oidium monilioides* Nees.），属半知菌亚门粉孢属。

小麦白粉病广泛分布于我国各小麦主要产区，以山东沿海、四川、贵州、云南、河南等地发生最为普遍，近年来该病在东北、华北、西北麦区，亦有日趋严重之势。小麦受害后，可致叶片早枯，分蘖数减少，成穗降低，千粒重下降。一般可造成减产10%左右，严重的达50%以上。

（一）症状特征

小麦白粉病在小麦各生育期均可发生，典型病状为病部表面覆有一层白色粉状霉层。该病主要危害叶片，严重时也危害叶鞘、茎秆和穗部。发病时，叶面出现1～2毫米的白色霉点，后逐渐扩大为近圆形至椭圆形白色霉斑，霉斑表面有一层白粉，遇有外力或振动立即飞散，后期霉层渐变为灰色至灰褐色，上面散生黑色小颗粒（闭囊壳）。这些粉状物就是菌丝体和分生孢子。后期病部霉层变为灰白色至浅褐色，病斑上散生有针头大小的小黑粒占，即病原菌的闭囊壳。

（二）发生规律

病菌以分生孢子在夏季最热的一旬，平均气温低于23.5℃地区的自生麦苗上越夏或以潜育状态度过夏季。越夏期间，病菌不断侵染自生麦苗，并产生分生孢子。病菌也可以闭囊壳在低温干燥条件下越夏并形成初侵染源，菌丝体或分生孢子在秋苗基部或叶片组织中或上面越冬。

病菌靠分生孢子或子囊孢子借气流传播到小麦叶片上，遇有适宜的温湿条件即萌发长出芽管，芽管前端膨大形成附着胞和入侵丝，穿透叶片角质层，侵入表皮细胞形成吸器并向寄主体外长出菌丝，后在菌丝中产生分生孢子梗和分生孢子，成熟后脱落，随气流传播蔓延，进行多次再侵染。

病菌越夏后，首先感染越夏区的秋苗，引起发病并产生分生孢子，后向附近及低海拔地区和非越夏区传播，侵害这些地区秋苗。越夏区小麦秋苗发病较早且严重。早春气温回升，小麦返青后，潜伏越冬的病菌恢复活动，产生分生孢子，借气流传播扩大危害。

该病发生适温15～20℃，低于10℃发病缓慢。相对湿度大于70%有可能造成病害流行。少雨地区当年雨多则病重，多雨地区如果雨日、雨量过多，病害反而减轻，因连续降雨会冲刷掉表面分生孢子。施氮过多，造成植株贪青、发病重；管理不当、水肥不足、土地干旱、植株生长衰弱、抗病力低，也易发生该病；此外麦田密度大，发病重。若4月份降水多田间湿度大，就可能会出现发病中心，发病中心出现后如果5月上旬降水过程多，则极易造成该病的流行。

（三）防治措施

1. 种植抗耐病品种

种植抗耐病品种：如百农矮抗58、良星66等。

2. 农业防治

越夏区麦收后及时耕翻灭茬，铲除自生麦苗；合理密植和施用氮肥，适当增施有机肥和磷钾肥；改善田间通风透光条件，降低田间湿度，提高植株抗病性。

3. 药剂防治

通常于孕穗期至抽穗期病株率达15%时施药。一般在早春病株率达5%时选用三唑酮（粉锈宁）防治效果最佳。秋苗发病早且严重的地区应于秋季或冬前用药剂进行种子处理或施药防治。用种子重量的0.03%（有效成分）6%立克秀（戊唑醇）悬浮种衣剂拌种，也可用2.5%适乐时20毫升+3%敌委丹50毫升对适量水拌种10千克，并堆闷3个小时。生长期施药：15%粉锈宁可湿性粉剂，亩用60克；12.5%禾果利可湿粉亩用20克；33%纹霉净可湿性粉剂亩用50克，对水50～60千克喷雾。

三、小麦纹枯病

小麦纹枯病，又称立枯病、尖眼点病。病菌主要是禾谷丝核菌（*Rhizoctonia cerealis Vander* Hoven）和立枯丝核菌（*Rhizoctonia solani* kuhn）。

小麦纹枯病广泛分布于我国各小麦主产区，尤以江苏、安徽、山东、河南、陕西、湖北及四川等省麦区发生普遍且为害严重。感病麦株因输导组织受损而导致穗粒数减少、籽粒灌浆不足和千粒重降低，一般可造成产量损失10%左右，严重者达30%～40%。

（一）症状特征

小麦受害后在不同生育阶段所表现的症状不同，主要发生在叶鞘和茎秆上。幼苗发病初期，在地表或近地表的叶鞘上先产生淡黄色小斑点，随后呈典型的黄褐色梭形或眼点状病斑，后期病株基部茎节腐烂，病苗枯死。小麦拔节后在基部叶鞘上形成中间灰色、边缘棕褐色的云纹状病斑，病斑融合后，茎基部呈云纹花秆状，并继续沿叶鞘向上部扩展至旗叶，由于花秆烂茎，主茎和大分蘖常抽不出穗，成为“枯白穗”，有的抽穗后成为枯白穗，结实减少，籽粒秕瘦。麦株中部或中下部叶鞘病斑的表面产生白色霉状物，最后形成许多散生圆形或近圆形的褐色小颗粒状菌核。

（二）发生规律

病菌以菌核或菌丝体在土壤中或附着在病残体上越夏或越冬，成为初侵染主要菌源。病害的发生和发展大致可分为冬前发生期、早春返青上升期、拔节后盛发期和抽穗后稳定期四个阶段。冬前病害零星发生，播种早的田块会有一个明显的侵染高峰；早春小麦返青后随气温升高，病害发展加快；小麦拔节后至孕穗期，病株率和严重度急剧增长，形成发病高峰；小麦抽穗后病害发展缓慢。但病菌由病株表层向茎秆扩散，严重度上升，造成田间枯白穗。

病害的发展受日均温度影响大，日均温度 20～25℃时病情发展迅速，病株率和严重度急剧上升；大于 30℃，病害基本停止发展。冬麦播种过早、密度大，冬前旺长，偏施氮肥或施用带有病残体而未腐熟的粪肥，春季受低温冻害等的麦田发病重。秋冬季温暖、春季多雨、病田常年连作，易于发病。小麦品种间对病害的抗性差异大。

（三）防治措施

该病属于土传性病害，在防治策略上应采取健身控病为基础，药剂处理种子早预防、早春及拔节期药剂防治为重点的综合防治策略。

1. 健身控病

（1）选用抗病和耐病品种。

（2）合理施肥。配方施肥，增施经高温腐熟的有机肥，不要偏施、过施氮肥，要掌握稳氮、增磷、补钾、配微，控制小麦过分旺长。

（3）适期晚播，合理密植。播种愈早，土壤温度愈高，发病愈重。合理播种量，培植丰产防病的小麦群体结构，防止田间郁蔽，避免倒伏，可明显减轻病害。

（4）合理浇水。早浇、轻浇返青水，不要大水漫灌，以避免植株间长期湿度过大。及时清除田间杂草，做到沟沟相通，雨后田间无积水，保持田间低湿。

2. 化学防治

（1）播前药剂拌种。用 6%立克秀悬浮种衣剂 3～4 克（有效成分）拌麦种 100 千克，或 2.5%适乐时乳油每 10 千克麦种用 10～20 毫升拌种。一定要按要求用量拌种，否则会影响种子发芽。

（2）防治适期掌握。在小麦分蘖末期纹枯病纵向侵染时喷药，当平均病株率达 10%～15%时开始防治。每亩用 20%井冈霉素可湿性粉剂 30 克，或 12.5%禾果利可湿性粉剂 32～64 克，或 40%多菌灵胶悬剂 50～100 克，或 70%甲基托布津可湿性粉剂对水 50 千克喷雾。喷雾时要注意适当加大用水量，使植株植株中下部充分着药，以确保防治效果。

四、小麦全蚀病

小麦全蚀病［*Gaeumannomyces graminis* vas. tritici（G. g. t）］，又名根腐病、黑脚。

小麦全蚀病在我国不少省区均有分布，且多为省内补充检疫对象。小麦感病后，分蘖减少，成穗率低，千粒重下降，发病愈早，减产幅度愈大。拔节前显病的植株，往往早期枯死；拔节期显病植株，减产 50%左右；灌浆期显病的植株减产 20%以上。全蚀病扩展蔓延较快，麦田从零星发生到成片死亡，一般仅需 3 年左右。

（一）症状特征

小麦全蚀病是一种根腐和基腐性病害，在小麦全生育期均可发病，病菌只侵染根部和茎基部 1～2 节。幼苗发病后，植株矮化，下位黄叶多，分蘖减少，类似干旱缺肥状，初生根（种子根）和根茎（地中茎）变成黑褐色，严重时可造成全株连片枯死。拔节期冬麦病苗返青迟缓、分蘖少，病株根部大部分变黑，在茎基部及叶鞘内侧出现较明显灰黑色菌丝层。抽穗后病株成簇或点片状发生早枯白穗，病根变黑，易于拔起。在茎基部及叶鞘内布满黑褐色菌丝层，呈黑脚状，后颜色加深呈黑膏药状，其上密布黑褐色颗粒状子囊壳。土壤干旱时，黑脚及黑膏药特征不明显，也不形成子囊壳，但茎基和根变成黑褐色，出现白穗。“黑脚”和“白穗”症状均为全蚀病的突出特点，也是区别于其他小麦根腐型病害的主要特征。

（二）发生规律

全蚀病菌以菌丝体在田间小麦残茬、夏玉米等夏季寄主的根部以及混杂在场土、麦糠、种子间的病残组织上越夏。小麦播种后，菌丝体从麦苗种子根侵入。在菌量较大的土壤中冬小麦播种后 50 余天，麦苗种子根即受害变黑。病菌以菌丝体在小麦的根部及土壤中病残组织内越冬。小麦返青后，随着地温升高，菌丝增殖加快，沿根扩展，向上侵害分蘖节和茎基部。拔节后期至抽穗期，菌丝蔓延侵害茎基部1～2节，致使病株陆续死亡，田间出现早枯白穗。小麦灌浆期，病势发展最快。

小麦全蚀病的发生与耕作制度、土壤肥力、耕作条件等密切相关。连作病重，轮作病轻；小麦与夏玉米一年两作多年连种，病害发生重；土壤肥力低，氮、磷、钾比例失调，尤其是缺磷地块，病情加重；冬小麦早播发病重，晚播病轻；春季多雨，土壤湿度大，易于发病；另外，感病品种的大面积种植，也是加重病害发生的原因之一。

（三）防治措施

根据小麦全蚀病的传病规律和各地防病经验，要控制病害，必须做到保护无病区、封锁零星病区，采用综合防治措施压低老病区病情。

1. 植物检疫

控制和避免从病区大量引种。如确需调出良种，要选无病地块留种，单收单打，风选扬净，严防种子间夹带病残体传病。

2. 农业防治

（1）减少菌源。新病区零星发病地块。要机割小麦，留茬16厘米以上，单收单打。病地麦粒不做种，麦糠不沤粪，严防病菌扩散。病地停种两年小麦、粟等寄主作物，改种大豆、高粱、麻类、油菜、棉花、蔬菜、甘薯等非寄主作物。

（2）定期轮作倒茬。

①大轮作。病地每2～3年定期停种一季小麦，改种蔬菜、棉花、油菜、春甘薯等非寄主作物，也可种植春玉米。大轮作可在麦田面积较小的病区推广。

②小换茬。小麦收获后，复种一季夏甘薯、伏花生、夏大豆、高粱、秋菜（白菜、萝卜）等非寄主作物后。再直播或移栽冬小麦，也可改种春小麦。有水利条件的地区，实行稻、麦水旱轮作，防病效果也较明显。轮作换茬要结合培肥地力，并严禁施入病粪，否则病情回升快。

3. 药剂防治

（1）土壤处理。播种前选用70%甲基托布津可湿性粉剂按每亩2～3千克加细土20～30千克，均匀施入播种沟中进行土壤处理。

（2）药剂拌种。12.5%全蚀净20毫升拌麦种10千克，或蚀敌100克拌麦种10千克，或2.5%适乐时10～20毫升加3%敌委丹50～100毫升拌麦种10千克。

（3）药剂灌根。小麦返青期，施用蚀敌或消蚀灵每亩100～150毫升、对水150千克灌根。

五、小麦赤霉病

小麦赤霉病，又名红头瘴、烂麦头。病原为镰孢属真菌若干个种，如禾谷镰孢菌（*Fusarium graminearum* schwabe）、燕麦镰孢菌［*Fusarium avenaceum*（Fr.）Sacc.］、锐顶镰孢菌（*Fusarium acuminatum* Ell. et Ev.）、三隔镰孢菌［*Fusarium tricinotum*（Corda）Sacc.］、串珠镰孢菌（*Fusarium moniliforme* Sheldon）等。

小麦赤霉病在全国各地均有分布，以长江中下游冬麦区和东北春麦区发生最重，长江上游冬麦区和华南冬麦区常有发生，近年来，又成为江淮和黄淮冬麦区的常发病害。该病主要为害小麦，一般可减产1～2成，大流行年份减产5～6成，甚至绝收。全国年发生面积超过1亿亩，对小麦生产构成严重威胁。

（一）症状特征

赤霉病主要为害小麦穗部，但在小麦各生育阶段都能受害，苗期侵染引起苗腐，中、后期侵染引起秆腐和穗腐，尤以穗腐发生最为普遍，为害最大。穗腐是病菌在小麦抽穗扬花期侵入，在灌浆到乳熟期显症。初期在小穗颖壳上出现水渍状淡褐色斑点，逐渐扩大到整个小穗，再蔓延到临近小穗，病小穗枯黄。气候潮湿时，小穗基部或颖片合缝处产生粉红色霉层；空气干燥时，病小穗枯白，不产生霉层。病菌侵染穗茎或穗轴时，侵染点变为褐色，以上穗部枯死变为白穗。后期病部可产生蓝黑色小颗粒（即子囊壳）。

（二）发生规律

赤霉病病菌以腐生状态在田间稻桩、小麦秆等各种植物残体上越夏、越冬。春天，田间残留稻桩、小麦秆上的病菌在一定温、湿度条件下产生子囊壳，成熟后吸水破裂，壳内病菌孢子喷射到空气中并随风雨传播（微风有利于传播）到麦穗上引起发病。小麦收后，病菌又寄生于田间稻桩、麦秆上越夏、越冬。在小麦扬花至灌浆期都能侵染危害，尤其是扬花期侵染危害最重。扬花期侵染，灌浆期显症，成熟期成灾。其发生条件：

1. 品种抗病性

穗形细长、小穗排列稀疏、抽穗扬花整齐集中、花期短的品种较抗病，反之则感病。

2. 充足的菌量是发病的前提

凡是上年发病重的麦区都为下年小麦赤霉病的发生留下了充足菌源。

3. 发病天气

小麦抽穗至灌浆期（尤其是小麦扬花期）内雨日的多少是病害发生轻重的

最重要因素。凡是抽穗扬花期遇 3 天以上连续阴雨天气，病害就可能严重发生。

（三）防治措施

本着选用抗病品种为基础，药剂防治为关键，调整生育期避危害的综合防治策略，抓好以下措施：

1. 选用抗病品种

小麦赤霉病常发区应选用穗形细长、小穗排列稀疏、抽穗扬花整齐集中、花期短、残留花药少、耐湿性强的品种。

2. 做好栽培避害

根据当地常年小麦扬花期雨水情况适期播种，避开扬花多雨期。做到田间沟沟通畅，增施磷钾肥，促进麦株健壮，防止倒伏早衰。

3. 狠抓药剂防治

小麦赤霉病防治的关键是抓好抽穗扬花期的喷药预防。如预报抽穗扬花期多阴雨天气，应抓紧在齐穗期扬花前用药。一是要掌握好防治适期，于 10% 小麦抽穗至扬花初期喷第一次药，感病品种或适宜发病年份一周后补喷一次；二是要选用优质防治药剂，每亩用 80%多菌灵超微粉 50 克，或 80%多菌灵超微粉 30 克加 15%粉锈宁 50 克，或 40%多菌灵胶悬剂 150 毫升对水 40 千克，或选用使百功喷雾；三是掌握好用药方法，喷药时要重点对准小麦穗部均匀喷雾。使用手动喷雾器每亩对水 40 千克，使用机动喷雾器每亩对水 15 千克喷雾，如遇喷药后就下雨则需雨后补喷。如果使用粉锈宁防治则不能在小麦盛花期喷药，以避免影响结实。

六、小麦根腐病

小麦根腐病［*Drechslera SoFokiniana*（Sacc.）Subram. Gain.］是由禾旋孢腔菌引起，为害小麦幼苗、成株的根、茎、叶、穗和种子的一种真菌病害。根腐病分布极广、小麦种植国家均有发生，我国主要发生在东北、西北、华北、内蒙古等地区，近年来不断扩大，广东、福建麦区也有发现。

（一）发生症状

在华北地区主要表现为苗期根腐。幼苗受侵，芽鞘和根部变褐甚至腐烂；严重时，幼芽不能出土而枯死；在分蘖期，根茎部产生褐斑，叶鞘发生褐色腐烂，严重时也可引起幼苗死亡；有的虽能发芽出苗，但生长细弱。种子受害时，病粒胚尖呈黑色，重者全胚呈黑色（但胚尖或全胚发黑者不一定是根腐病菌所致，也可能是由假黑胚病菌所致）。根腐病除发生在胚部以外，也可发生在胚乳的腹背或腹沟等部分。病斑梭形，边缘褐色，中央白色。此种种子叫"花斑粒"。

（二）发病规律

小麦根腐病菌以分生孢子粘附在种子表面与菌丝体潜在种子内部越夏、越冬；分生孢子和菌丝体也能在田间病残体上越夏或越冬。因此土壤带菌和种子菌是苗期发病的初侵染源。当种子萌发后，病菌先侵染芽鞘，后蔓延至幼苗，病部长出的分生孢子，借气流或雨水传播，进行再侵染，使病情加重。

（三）防治措施

1. 农业防治

（1）选用抗病和抗逆性（抗寒、旱、涝）强的丰产品种，并要合理轮作。有计划地轮作倒茬是一项经济、有效的防病措施。重病地实行大轮作，停种小麦1年以上，改种别的作物；轻病地实行小换茬，小麦收获后复种一季秋菜，如白菜、萝卜等非寄主作物。

（2）增施有机肥、磷肥，调整氮、磷比例，提高能力。土壤肥沃可增加根系生长，提高小麦抗病性，促进拮抗微生物的繁衍。

（3）加强田间管理，深耕细耙，精细整地。春麦区收后及早浅耕灭茬，尽早深翻、晒土、蓄水；冬麦返青拔节期中耕，加强肥水管理，促进根系发育，后期尽可能避免麦田积水。

2. 化学防治

立克秀、烯唑醇、粉锈宁、敌力脱等杀菌剂是目前防治小麦根腐病的高效药剂。使用方法如下：

（1）药剂拌种。用6%立克秀或2.5%适乐时种衣剂进行种子处理。

（2）大田喷药。选用20%粉锈宁乳油，或15%粉锈宁可湿性粉剂，或12.5%烯唑醇可湿性粉剂，或2.5%敌力脱乳油等按照使用说明进行喷雾防治，并可兼治早期纹枯病、白粉病。

七、小麦胞囊线虫病

小麦胞囊线虫病病原主要是燕麦胞囊线虫，属于垫刃异皮线虫科。该病是近年来发生的一种小麦新病害，现已在澳大利亚、美国、中国等37个小麦生产国发生。我国自1989年在湖北首次报道以来，目前已证实该线虫广泛分布于湖北、河南、山东等10个省（自治区、直辖市），造成产量损失30%～70%，成为我国小麦生产中的新问题。河南省1990年确认此病害发生，目前18个省辖市中已有15个市发病，为害面积达1 700多万亩，一些地区已造成严重的经济损失。

（一）症状特征

1. 苗期

地上部植株矮化，叶片发黄，麦苗瘦弱，似缺肥缺水状；小麦根部出现大量根结。

2. 返青拔节期

病株生长势弱，明显矮于健株，病苗在田间分布不均匀，常成片发生。根部有大量根结，生长不良。

3. 灌浆期

小麦群体常现绿中加黄、高矮相间的山丘状；根部可见大量线虫白色胞囊；成穗少，穗小粒少，产量低。

（二）发生规律

1. 生活史

该线虫在我国一般1年发生1代，主要以胞囊在土壤中越夏。当秋季气温降低，土壤湿度合适时，越夏胞囊内的卵先孵化成1龄幼虫，在卵内蜕皮后破壳而出变为2龄幼虫。2龄侵染性幼虫侵入小麦根部，在根内发育至3～4龄，4龄在蜕皮后发育为雌成虫（柠檬形）或雄成虫（线形）。雄成虫进入土壤寻找雌成虫交配后死去，而雌成虫定居原处取食危害，开始孕卵，其体躯急剧膨大，撑破寄主根部表皮露于根表，以后进一步发育老熟，成为褐色胞囊，脱落溃散于土中，成为下一季作物的初侵染源。

2. 传播途径

土壤是该线虫传播的主要途径，耕作、流水、农事操作及农机具、人畜带的土壤等可以近距离传播，种子携带带有线虫的土块可以远距离传播。在澳大利亚，大风形成的扬沙可以将线虫胞囊传至较远的田块。

3. 发病条件

（1）气候因素。在幼虫孵化时期，恰逢天气凉爽而土壤湿润，土壤空隙内充满了水分，使幼虫能够尽快孵化并向植物根部移动，危害严重；在小麦的生长季节干旱或早春出现低温天气，受害加重。

（2）土壤因素。据调查，该线虫在除红棕土外的各类土壤中均有分布。一般在沙壤土及沙土中该线虫群体大，危害严重，黏重土壤中危害较轻。河南农业大学研究发现，土壤中含水量过高或过低均不利于线虫发育和病害发生，平均含水量8%～14%有利于发病。

（3）肥水因素。氮肥能够抑制该线虫群体的增长，钾肥则刺激该线虫孵化及生长。土壤水肥条件好的田块，生长健壮，损失较小；土壤肥水条件差的田块，损失较大。

（4）作物及品种。小麦、大麦、燕麦等多种禾谷作物都是该线虫的寄主，但感病性程度有所不同。在我国，小麦是该线虫的主要寄主作物，不同小麦品种间对该线虫的抗、耐病性存在明显差异。

（三）防治措施

1. 种植抗病品种

种植抗病品种是经济有效的防治措施，澳大利亚通过培育和推广抗病品种有效地控制了该病的危害。河南农业大学鉴定发现，目前我国黄淮麦区大面积推广或新选育的小麦品种中没有高抗品种，太空 6 号、温麦 4 号、偃 4110、豫优 1 号和新麦 11 等品种具有一定的抗性，各地可选择性推广。

2. 农业措施

（1）轮作。通过与非寄主植物（如豆科植物大豆、豌豆、三叶草和苜蓿等）和不适合的寄主植物（玉米等）轮作，可以降低土壤中小麦胞囊线虫的种群密度，与水稻、棉花、油菜连作 2 年后种植小麦，或与胡萝卜、绿豆轮作 3 年以上，可有效防治小麦胞囊线虫病。

（2）适当调整播期。土壤温度对小麦胞囊线虫的生活史及其对寄主植物的危害性存在很大的影响，低温可以刺激卵的孵化，并抑制寄主根系的生长。因此调节小麦播种期，适当早播，可以减少病害损失。随温度的降低，大量 2 龄幼虫孵化时，此时小麦根系已经发育良好，抗侵染能力增强，发病减轻。

（3）镇压。因为胞囊线虫是好气性生物，土壤越疏松，越有利于它的活动。因此，精耕细耙，提高土地质量，播后镇压也是有效的控制措施。

（4）合理施肥和灌水。适当增施氮肥和磷肥，改善土壤肥力，促进植株生长，可降低小麦胞囊线虫病的危害程度，而偏施钾肥可以加重病情。干旱时应及时灌水，能有效减轻危害。

3. 化学防治

河南农业大学研究发现，在小麦播种期用 10%克线磷颗粒剂或 10%噻唑磷，每亩 300～400 克，播种时沟施，能在一定程度上降低该线虫的危害。

4. 生物防治

目前，国内外发现嗜线疫霉、厚垣孢轮枝菌等生防菌对该线虫有一定的防治效果，但尚未在生产上大面积推广。

第二部分　小麦常见虫害

一、小麦红蜘蛛

麦蜘蛛，又名红蜘蛛、火龙、红旱、麦虱子。主要有麦长腿蜘蛛（*Petrobia* latens）和麦圆蜘蛛（*Penthaleus* major）。

（一）分布与危害

麦圆蜘蛛多发生在北纬37°以南各省，如山东、山西、江苏、安徽、河南、四川、陕西等地。麦长腿蜘蛛主要发生于黄河以北至长城以南地区，如河北、山东、山西、内蒙古自治区等地。

麦蜘蛛春秋两季为害麦苗，成、若虫都可为害，被害麦叶出现黄白小点，植株矮小，发育不良，重者干枯死亡。

（二）形态特征

1. 麦圆蜘蛛

（1）成虫。雌虫体卵圆形，黑褐色，疏生白色毛，体背有横刻纹8条，体背后部有隆起的肛门。足4对，第一对最长，第四对次之，第二、三对几乎等长。足和肛门周围红色。

（2）卵。椭圆形，初产暗红色，后变淡红色，上有五角形网纹。

（3）幼虫和若虫。初孵幼螨足3对，等长，全身均为红褐色，取食后变为暗绿色。幼虫蜕皮后进入若虫期，足增为4对，体色、体形与成虫大致相似。

2. 麦长腿蜘蛛

（1）成虫。雌虫体葫芦状，黑褐色。体背有不太明显的指纹状斑，背刚毛短，共13对，纺锤形，足4对，红或橙黄色，均细长，第一对足特别发达。

（2）卵。越夏卵（滞育卵）呈圆柱形，橙红色，卵壳表面覆白色蜡质，顶部盖有白色蜡质物，形似草帽状。顶端面并有放射状条纹。非越夏卵呈球形，红色，表面有纵列隆起条纹数十条。

（3）幼虫和若虫。幼虫体圆形，初孵时为鲜红色，取食后变为黑褐色。若虫期足4对，体较长。

（三）发生规律

麦长腿蜘蛛一年发生3～4代，以成、若虫和卵越冬，第二年3月越冬成虫开始活动，卵也陆续孵化，4—5月进入繁殖及为害盛期。5月中、下旬成虫大量产卵越夏。10月上、中旬越夏卵陆续孵化为害麦苗，完成一代需24～26

天。麦圆蜘蛛一年发生 2～3 代，以成、若虫和卵在麦株或杂草上越冬。3 月中、下旬至 4 月上旬虫量大、为害重，4 月下旬虫口消退。越夏卵 10 月开始孵化为害秋苗。每雌平均可产卵 20 余粒，完成一代需 46～80 天。两种麦蜘蛛均以孤雌生殖为主。

麦长腿蜘蛛喜干旱，生存适温为 15～20℃，最适相对湿度在 50%以下。白天活动为害，以下午 3～4 点最盛，遇雨或露水大时，即潜伏于麦丛及土缝中不动，以旱地麦田发生较重。麦圆蜘蛛多在早 8—9 点以前和下午 4—5 点以后活动。不耐干旱，适宜温度为 8～15℃，湿度为 80%以上。遇大风多隐蔽在麦丛下部。春季成虫将产卵在小麦分蘖丛和土块上，秋季多产在须根及土块上，卵聚集成堆。以水灌麦田、低洼湿润田或密植麦田发生较重。

(四) 防治措施

1. 农业防治

主要措施有深耕、除草、增施肥料、轮作、早春耙耱，有条件的地区提倡旱改水，结合灌溉，振动麦株，消灭虫体等。

2. 化学防治

当平均每市尺单行有虫 200 头以上、上部叶片 20%面积有白色斑点时，应进行药剂防治。可选用阿维菌素类农药（如虫螨克、齐螨素等）、20%哒螨灵可湿性粉剂 1 000～1 500 倍液均匀喷雾。防治红蜘蛛应尽量在上午 10:00 以前或下午 4:00 以后进行，此时红蜘蛛活动最旺盛，防效较好。

二、小麦蚜虫

麦蚜，又名腻虫，为害小麦的主要有麦长管蚜［*Macrosiphum avenae* (Fabricius)］、麦二叉蚜［（*Schizaphis graminum*（Rondani)］、禾缢管蚜［*Rhopalosiphum padi*（Linnaeus)］、麦无网长管蚜（*Acyrthosiphum dirhodum* Walker)。

(一) 分布与危害

麦长管蚜在全国麦区均有发生，麦二叉蚜主要分布在我国北方冬麦区，特别是华北、西北等地发生严重；禾缢管蚜分布于华北、东北、华南、华东、西南各麦区，是多雨潮湿麦区优势种之一；麦无网长管蚜主要分布在北京、河北、河南、宁夏、云南和西藏等地。

麦蚜在小麦苗期，多集中在麦叶背面、叶鞘及心叶处；小麦拔节、抽穗后，多集中在茎、叶和穗部刺吸为害，并排泄蜜露，影响植株的呼吸和光合作用。被害处呈浅黄色斑点，严重时叶片发黄，甚至整株枯死。穗期为害，造成小麦灌浆不足，籽粒干瘪，千粒重下降，引起严重减产。另外，麦蚜还是传播植物病毒的重要昆虫媒介，以传播小麦黄矮病毒危害最大。

（二）形态特征

麦蚜在适宜的环境条件下，都以无翅型孤雌胎生若蚜生活。在营养不足、环境恶化或虫群密度大时，则产生有翅型迁飞扩散，但仍行孤雌胎生，只是在寒冷地区秋季才产生有性雌雄蚜交尾产卵。卵来春孵化为干母，继续产生无翅型或有翅型蚜虫。

卵长卵形，刚产出的卵淡黄色，逐渐加深，5 天左右即呈黑色。干母、无翅雌蚜和雌性蚜，外部形态基本相同，只是雌性蚜在腹部末端可看出产卵管。雄性蚜和有翅胎生蚜外部形态亦相似，除具性器外，一般个体稍小。

（三）发生规律

麦蚜一年可发生 10～20 多代，在许昌市以麦长管蚜和麦二叉蚜为主，小麦返青至乳熟期，麦长管蚜种群数量最大，随植株生长向上部叶片扩散为害，最后在嫩穗上吸食，故也称穗蚜。麦长管蚜及麦二叉蚜最适气温为 16～25℃，麦长管蚜在相对湿度 50%～80%最适，麦二叉蚜则喜干旱。在许昌市发生的盛期在 5 月上、中旬，麦蚜的天敌有瓢虫、食蚜蝇、草蛉、蚜茧蜂等 10 余种。天敌数量大时，能有效控制后期麦蚜种群增长。

（四）防治措施

1. 农业防治

（1）选用抗耐麦蚜丰产品种。

（2）早春耙压、清除杂草。

2. 保护利用自然天敌

要注意改进施药技术，选用对天敌安全的选择性药剂，减少用药次数和数量，保护天敌免受伤害。当天敌与麦蚜比小于 1∶150（蚜虫小于 200 头/百株）时，可不用药防治。

3. 药剂防治

主要是防治穗期麦蚜。首先是查清虫情，在冬麦拔节、春麦出苗后，每 3～5天到麦田随机取 50～100 株（麦蚜量大时可减少株数）调查蚜虫和天敌数量，当百株（茎）蚜量超过 500 头，天敌与蚜虫比在 1∶500 以上时，即需防治。可用 50%抗蚜威可湿性粉剂 4 000 倍液、10%吡虫啉 1 000 倍、50%辛硫磷乳油 2 000 倍或菊酯类农药对水喷雾。在穗期防治时应考虑兼治小麦锈病和白粉病及黏虫等。

三、小麦吸浆虫

小麦吸浆虫，又名麦蛆。属昆虫纲双翅目瘿蚊科，有麦红吸浆虫（*Sitodiplosis mosellana*）、麦黄吸浆虫［*Contarinia tritici*（Kinby)］两种。

（一）分布与危害

麦红吸浆虫是世界性害虫，分布于欧、美、亚主产麦国。欧、亚大陆是红、黄吸浆虫混发区，国内分布于陕、甘、宁、青、晋、冀、鲁、豫、皖、苏、沪、浙、闽、赣、鄂、湘、黔、川、辽、黑、吉、蒙等区域。红吸浆虫主要分布于黄河、淮河流域及长江、汉江、嘉陵江沿岸的主产麦区。黄吸浆虫一般主要发生在高山地带和某些特殊生态条件地区，如甘、宁、青、黔、川等省的某些区域。吸浆虫主要危害小麦、大麦、燕麦、青稞、黑麦、硬粒麦等。

被吸浆虫危害的小麦，其生长势和穗型大小不受影响，并且，由于麦粒被吸空，麦秆表现直立不倒，具有“假旺盛”的长势。受害小麦麦粒有机物被吸食，麦粒变瘦，甚至成空壳，出现“千斤的长势，几百斤甚至几十斤产量”的残局。吸浆虫对小麦产量具有毁灭性，一般可造成10%～30%的减产，严重的达70%以上甚至绝产。试验证明，每粒有虫1头可造成减产37.16%，有虫2头可减产近58.81%，有虫3头可减产77.23%，有虫4头可造成减产94.86%左右，几乎绝收。

我国小麦上发生的吸浆虫有麦红吸浆虫和麦黄吸浆虫两种。均以幼虫吸食麦粒浆液，出现瘪粒，严重时造成绝收，是毁灭性害虫。近年来，随着小麦产量、品质的不断提高，水肥条件的不断改善和农机免耕作业、跨区作业的发展，吸浆虫发生范围不断扩大，发生程度明显加重，对小麦生产构成严重威胁。

（二）形态特征

小麦红吸浆虫橘红色，雌虫体长2～2.5毫米，雄虫体长约2毫米。雌虫产卵管伸出时约为腹长的1/2。卵呈长卵形，末端无附着物，幼虫橘黄色，体表有鳞片壮突起。蛹橙红色。小麦黄吸浆虫姜黄色，雌虫体长1.5毫米，雄虫略小。雌虫产卵管伸出时与腹部等长。卵呈香蕉形，末端有细长卵柄附着物，幼虫姜黄色，体表光滑。蛹淡黄色。

（三）发生规律

自然状况下两种吸浆虫均一年一代，也有的遇到不适宜的环境多年发生一代，红吸浆虫可在土壤内滞留7年以上，甚至达12年仍可羽化成虫。黄吸浆虫可滞留4～5年。吸浆虫以老熟幼虫在土中结茧越夏、越冬。一般黄河流域3月上、中旬越冬幼虫破茧向地表上升，4月中、下旬在地表大量化蛹，4月下旬至5月上旬成虫羽化飞上麦穗产卵，一般3天后孵化，幼虫从颖壳缝隙钻入麦粒内吸食浆液，幼虫期约20天，老熟幼虫遇雨落地入土6～10厘米，3～10天结圆茧休眠。吸浆虫化蛹和羽化的迟早虽然依各地气候条件而异，但与小麦生长发育阶段基本相吻合。一般小麦拔节期幼虫开始破茧上升，小麦孕穗期幼虫上升地表化蛹，小麦抽穗期成虫羽化，抽穗盛期也是成虫羽化盛期。吸浆虫具有"富贵性"，小麦产量高、品质好，土壤肥沃，利于吸浆虫发生。如果温湿条件利于化蛹和羽化，往往导致加重发生。

（四）防治措施

小麦吸浆虫的防治应贯彻"蛹期和成虫期防治并重，蛹期防治为主"的指导思想。

1. 选用抗虫品种

一般穗型紧密、内外颖缘毛长而密、麦粒皮厚、浆液不宜易外溢的品种抗虫性好。

2. 农业措施

对重虫区实行轮作，不进行春灌，实行水地旱管，减少虫源化蛹率。

3. 化学防治

（1）防治指标。每样方（10厘米×10厘米×20厘米）2头以上进行用药防治。

（2）防治方法。一是蛹期（小麦孕穗期）：每亩用2.5%拌撒宁（甲基异柳磷）颗粒剂3千克或1.5%林丹粉3千克掺细土20千克均匀撒于地表，撒施时可用细棍轻拨麦苗保证毒土落于地表，撒后及时浇水效果更好。二是成虫期（4月25日左右）：每10网复次幼虫20头左右，或用手扒开麦垄一眼可见2～3头成虫，即可立即防治。每亩用4.5%高效氯氰菊酯乳油30～40毫升或2.5%辉丰菊酯25～30毫升加水50千克喷雾，间隔3～5天再喷药一次，连喷两次。也可选用50%辛硫磷乳油、40%乐果乳油进行喷雾，要禁用高毒农药品种。

四、麦叶蜂

麦叶蜂，又名齐头虫、小黏虫、青布袋虫，有小麦叶蜂（*Dolerus tritici*）、大麦叶蜂（*D. hordei*）、黄麦叶蜂（*Pachynematus* sp.）和浙江麦叶蜂（*Dolerus ephippiatus* Smith），均属膜翅目锯蜂科。

(一) 形态特征

小麦叶蜂为主要种类。雌成虫体长 8.6～9.8 毫米，雄成虫 8.0～8.8 毫米。体黑色，有蓝色光泽，前胸背板、中胸前盾板和翅基片赤褐色。幼虫体长 17.7～18.8 毫米，细圆筒形，灰绿色，上唇不对称，左边较右边大。胸、腹部各节均有皱纹，腹足 8 对。大麦叶蜂成虫与小麦叶蜂很相似，仅中胸的前盾板为黑色，其后缘和盾板两叶全是赤褐色。黄麦叶蜂成虫为黄色，中胸盾板两叶均为黄色，中央部分有褐黑色纵纹。幼虫浅绿色，腹足 7 对。

(二) 分布与危害

主要分布在长江以北麦区，以幼虫为害麦叶，从叶边缘向内咬成缺刻，重者可将叶尖全部吃光。

(三) 发生规律

麦叶蜂在北方麦区一年发生 1 代，以蛹在土中 20 厘米深处越冬，第二年 3 月气温回升后开始羽化，成虫用锯状产卵器将卵产在叶片主脉旁边的组织中，卵期 10 天。幼虫有假死性，1～2 龄期为害叶片，3 龄后怕光，白天潜伏在麦丛中，傍晚后为害，4 龄幼虫食量增大，虫口密度大时，可将麦叶吃光，一般 4 月中旬进入危害盛期。5 月上、中旬老熟幼虫入土作茧休眠至 9、10 月脱皮花蛹越冬。麦叶蜂在冬季气温偏高，土壤水分充足，春季气候温度高、土壤湿度大的条件下适其发生，为害重。砂质土壤麦田比黏性土受害重。

(四) 防治措施

1. 农业防治

播种前深耕、可把土中休眠的幼虫翻出，使其不能正常化蛹，以致死亡，有条件地区可实行水旱轮作，可控制为害。

2. 人工捕打

利用麦叶蜂幼虫假死性，傍晚时进行捕打。

3. 药剂防治

防治适期应掌握在 3 龄幼虫前，可用 50%辛硫磷乳油 1 500 倍液或用 2.5%溴氰菊酯乳油或 20%氰戊菊酯（杀灭菊酯）乳油 4 000～6 000 倍液均匀喷雾，每亩用药液 60～75 千克。

五、地下害虫

A. 蝼蛄

蝼蛄又称大蝼蛄、拉拉蛄、地拉蛄。我国玉米上为害严重的蝼蛄主要有2种，即华北蝼蛄（*Gryllotalpa unispina* Saussure）和东方蝼蛄（*Gryllotalpa orientalis* Golm），属直翅目，蝼蛄科。华北蝼蛄分布在北纬32°以北地区，东方蝼蛄主要分布在我国北方各地。

（一）危害症状

蝼蛄以成、若虫咬食各种作物种子和幼苗，特别喜食刚发芽的种子，造成严重缺苗断垄；也咬食幼根和嫩茎，扒成乱麻状或丝状，使幼苗生长不良甚至死亡。特别是蝼蛄在土壤表层善爬行，往来乱窜，隧道纵横，造成种子架空，幼苗吊根，导致种子不能发芽，幼苗失水而死。

（二）形态特征

1. 华北蝼蛄

（1）成虫。雌体长45～50毫米，最大可达66毫米，头宽9毫米；雄体长39～45毫米，头宽5.5毫米。体黑褐色，密被细毛，腹部近圆筒形。前足腿节下缘呈S形弯曲，后足胫节内上方有刺1～2根（或无刺）。

（2）卵。椭圆形，初产时长1.6～1.8毫米，宽1.3～1.4毫米，以后逐渐膨大，孵化前长2.4～3毫米，宽1.5～1.7毫米。卵色初产黄白色，后变为黄褐，孵化前呈深灰色。

（3）若虫。初孵化若虫头，胸特别细，腹部很肥大，全身乳白色，复眼淡红色，以后颜色逐渐加深，5～6龄后基本与成虫体色相似。若虫共13龄，初龄体长3.6～4.0毫米，末龄体长36～40毫米。

2. 东方蝼蛄

（1）成虫。雌虫体长31～35毫米，雄虫30～32毫米，体黄褐色，密被细毛，腹部近纺锤形。前足腿节下缘平直，后足胫节内上方有等距离排列的刺3～4根（或4个以上）。

（2）卵。椭圆形，初产时长约2.8毫米，宽约15毫米，孵化前长约4毫米，宽2.3毫米。卵色初产时乳白色，渐变为黄褐色，孵化前为暗紫色。

（3）若虫。初孵若虫头胸特别细，腹部很肥大，全身乳白色，复眼淡红色，腹部红色或棕色，半天以后，头、胸、足逐渐变为灰褐色，腹部淡黄色。2、3龄以后若虫，体色接近成虫。初龄若虫体长约4毫米，末龄若虫体长约

25毫米。

（三）发生规律

华北蝼蛄3年左右才能完成1代。在北方以8龄以上若虫或成虫越冬，翌春3月中下旬成虫开始活动，4月出窝转移，地表出现大量虚土隧道。6月开始产卵，6月中、下旬孵化为若虫，进入10—11月以8～9龄若虫越冬。该虫完成1代共1 131天，其中卵期11～23天，若虫12龄历期736天，成虫期378天。黄淮海地区20厘米土温达8℃的3、4月即开始活动，交配后在土中15～30厘米处做土室，雌虫把卵产在土室中，产卵期1个月，产3～9次，每雌平均卵量288～368粒。成虫夜间活动，有趋光性。

东方蝼蛄在北方地区2年发生1代，在南方1年1代，以成虫或若虫在地下越冬。清明后上升到地表活动，在洞口可顶起一小虚土堆。5月上旬至6月中旬是蝼蛄最活跃的时期，也是第一次为害高峰期，6月下旬至8月下旬，天气炎热，转入地下活动，6—7月为产卵盛期。9月份气温下降，再次上升到地表，形成第二次为害高峰，10月中旬以后，陆续钻入深层土中越冬。蝼蛄昼伏夜出，以夜间9—11时活动最盛，特别在气温高、湿度大、闷热的夜晚，大量出土活动。早春或晚秋因气候凉爽，仅在表土层活动，不到地面上，在炎热的中午常潜至深土层。蝼蛄具趋光性，并对香甜物质具有强烈趋性。成、若虫均喜松软潮湿的壤土或沙壤土，20厘米表土层含水量20%以上最适宜，小于15%时活动减弱。当气温在12.5～19.8℃，20厘米土温为15.2～19.9℃时，对蝼蛄最适宜，温度过高或过低时，则潜入深层土中。

（四）防治措施

1. 农业防治

秋收后深翻土地，压低越冬幼虫基数。

2. 物理防治

使用频振杀虫灯进行诱杀。

3. 药剂防治

（1）土壤处理。50%辛硫磷乳油每亩用200～250克，加水10倍，喷于25～30千克细土拌匀成毒土，顺垄条施，随即浅锄，或以同样用量的毒土撒于种沟或地面，随即耕翻，或混入厩肥中施用，或结合灌水施入；或用5%辛硫磷颗粒剂，每亩用2.5～3千克处理土壤，都能收到良好效果，并兼治金针虫和蛴螬。

（2）种子处理。用50%辛硫磷乳油100毫升，对水2～3千克，拌玉米种40千克，拌后堆闷2～3小时，对蝼蛄、蛴螬、金针虫的防效均好。

（3）毒饵防治。每亩按 1∶5 比率用 50%杀螟丹拌炒香的麦麸，加适当水拌成毒饵，于傍晚撒于地面。

B. 蛴螬

蛴螬是鞘翅目，金龟甲总科幼虫的统称。我国为害最重的是大黑鳃金龟（*Holotrichia diomphalia* Bates）、暗黑鳃金龟（*Holotrichia parallela* Motschulsky）、铜绿丽金龟（*Anomala corpulenta* Motschulsky）。大黑鳃金龟国内除西藏尚未报道外，各省（自治区）均有分布。暗黑鳃金龟各省（自治区）均有分布，为长江流域及其以北旱作地区的重要地下害虫。铜绿丽金龟国内除西藏、新疆尚未报道外，其他各省（自治区）均有分布，但以气候较湿润且多果树、林木的地区发生较多，是我国黄淮海平原粮棉区的重要地下害虫。

（一）危害症状

蛴螬类食性颇杂，可以为害多种农作物、牧草及果树和林木的幼苗。蛴螬取食萌发的种子，咬断幼苗的根、茎，轻则缺苗断垄，重则毁种绝收。蛴螬为害幼苗的根、茎，断口整齐平截，易于识别。许多种类的成虫还喜食作物和果树、林木的叶片、嫩芽、花蕾等，造成严重损失。

（二）形态特征

1. 大黑鳃金龟

（1）成虫。体长 16～22 毫米，宽 8～11 毫米。黑色或黑褐色，具光泽。触角 10 节，鳃片部 3 节呈黄褐或赤褐色，约为其后 6 节之长度。鞘翅长椭圆形，其长度为前胸背板宽度的 2 倍，每侧有 4 条明显的纵肋。前足胫节外齿 3 个，内方距 1 根；中、后足胫节末端距 2 根。臀节外露，背板向腹下包卷，与腹板相会合于腹面。雄性前臀节腹板中间具明显的三角形凹坑，雌性前臀节腹板中间无三角形凹坑，但具 1 横向的枣红色棱形隆起骨片。

（2）卵。初产时长椭圆形，长约 2.5 毫米，宽约 1.5 毫米，白色略带黄绿色光泽；发育后期圆球形，长约 2.7 毫米，宽约 2.2 毫米，洁白有光泽。

（3）幼虫。3 龄幼虫体长 35～45 毫米，头宽 4.9～5.3 毫米。头部前顶刚毛每侧 3 根，其中冠缝侧 2 根，额缝上方近中部 1 根。内唇端感区刺多为14～16 根，感区刺与感前片之间除具 6 个较大的圆形感觉器外，尚有 6～9 个小圆形感觉器。肛腹板后覆毛区无刺毛列，只有钩状毛散乱排列，多为 70～80 根。

（4）蛹。体长 21～23 毫米，宽 11～12 毫米。化蛹初期为白色，以后变黄褐色至红褐色，复眼的颜色依发育进度由白色依次变为灰色、蓝色、蓝黑色至黑色。

2. 暗黑鳃金龟

（1）成虫。体长 17～22 毫米，宽 9.0～11.5 毫米。长卵形，暗黑色或红褐色，无光泽。前胸背板前缘具有成列的褐色长毛。翅鞘伸长，两侧缘几乎平行，每侧 4 条纵肋不显。腹部臀节背板不向腹面包卷，与肛腹板相会合于腹末。

（2）卵。初产时长约 2.5 毫米，宽约 1.5 毫米，长椭圆形；发育后期呈近圆球形，长约 2.7 毫米，宽约 2.2 毫米。

（3）幼虫。3 龄幼虫体长 35～45 毫米，头宽 5.6～6.1 毫米。头部前顶刚毛每侧 1 根，位于冠缝侧。内唇端感区刺多为 12～14 根；感区刺与感前片之间除具有 6 个较大的圆形感觉器外，尚有 9～11 个小圆形感觉器。肛腹板后部覆毛区无刺毛列，只有散乱排列的钩状毛 70～80 根。

（4）蛹。体长 20～25 毫米，宽 10～12 毫米。腹部背面具发音器 2 对，分别位于腹部 4、5 节和 5、6 节交界处的背面中央。尾节三角形，2 尾角呈钝角岔开。

3. 铜绿丽金龟

（1）成虫。体长 19～21 毫米，宽 10～11.3 毫米。背面铜绿色，其中头、前胸背板、小盾片色较浓，翅鞘色较淡，有金属光泽。唇基前缘、前胸背板两侧呈淡黄褐色。翅鞘两侧具不明显的纵肋 4 条，肩部具疣突。臀板三角形，黄褐色，基部有 1 倒正三角形大黑斑，两侧各有 1 小椭圆形黑斑。

（2）卵。初产时椭圆形，长 1.65～1.93 毫米，宽 1.30～1.45 毫米，乳白色；孵化前呈圆球形，长 2.37～2.62 毫米，宽 2.06～2.28 毫米，卵壳表面光滑。

（3）幼虫。3 龄幼虫体长 30～33 毫米，头宽 4.9～5.3 毫米。头部前顶刚毛每侧 6～8 根，排成 1 纵列。内唇端感区刺大多 3 根，少数为 4 根；感区刺与感前片之间圆形感觉器 9～11 个，基中 3～5 个较大。肛腹板后部覆毛区刺毛列由长针状刺毛组成，每侧多为 15～18 根，两列刺毛尖端大多彼此相遇或交叉，仅后端稍许岔开些，刺毛列的前端远没有达到钩状刚毛群的前部边缘。

（4）蛹。体长约 18～22 毫米，宽 9.6～10.3 毫米。体稍弯曲，腹部背面有 6 对发音器。臀节腹面雄蛹有四裂的疣状突起，雌蛹较平坦、无疣状突起。

（三）发生规律

大黑鳃金龟我国仅在华南地区 1 年 1 代，以成虫在土中越冬；其他地区均是 2 年 1 代，成、幼虫均可越冬，但在 2 年 1 代区，存在不完全世代现象。在北方越冬成虫于春季 10 厘米土温上升到 14～15℃时开始出土，10 厘米土温达 17℃以上时成虫盛发。5 月中、下旬日均温 21.7℃时田间始见卵，6 月上旬至

7月上旬日均温24.3～27.0℃时为产卵盛期，末期在9月下旬。卵期10～15天，6月上、中旬开始孵化，盛期在6月下旬至8月中旬。孵化幼虫除极少一部分当年化蛹羽化，大部分当秋季10厘米土温低于10℃时，即向深土层移动，低于5℃时全部进入越冬状态。越冬幼虫翌年春季10厘米土温上升到5℃时开始活动。大黑鳃金龟种群的越冬虫态既有幼虫，又有成虫。以幼虫越冬为主的年份，次年春季麦田和春播作物受害重，而夏秋作物受害轻；以成虫越冬为主的年份，次年春季作物受害轻，夏秋作物受害重。出现隔年严重为害的现象，群众谓之“大小年”。

暗黑鳃金龟在苏、皖、豫、鲁、冀、陕等地均是1年1代，多数以3龄幼虫筑土室越冬，少数以成虫越冬。以成虫越冬的，成为翌年5月出土的虫源。以幼虫越冬的，一般春季不为害，于4月初至5月初开始化蛹，5月中旬为化蛹盛期。蛹期15～20天，6月上旬开始羽化，盛期在6月中旬，7月中旬至8月上旬为成虫活动高峰期。7月初田间始见卵，盛期在7月中旬，卵期8～10天，7月中旬开始孵化，7月下旬为孵化盛期。初孵幼虫即可为害，8月中、下旬为幼虫为害盛期。

铜绿丽金龟1年1代，以幼虫越冬。越冬幼虫春季10厘米土温高于6℃时开始活动，3—5月有短时间为害。在安徽、江苏等地越冬幼虫于5月中旬至6月下旬化蛹，5月底为化蛹盛期。成虫出现始期为5月下旬，6月中旬进入活动盛期。产卵盛期在6月下旬至7月上旬。7月中旬为卵孵化盛期，孵化幼虫为害至10月中旬。当10厘米土温低于10℃时，开始下潜越冬。越冬深度大多20～50厘米。室内饲养观察表明，铜绿丽金龟的卵期、幼虫期、蛹期和成虫期分别为7～13天、313～333天、7～11天和25～30天。在东北地区，春季幼虫为害期略迟，盛期在5月下旬至6月初。

（四）防治措施

1. 农业防治

大面积秋、春耕，并随犁拾虫，腐熟厩肥，以降低虫口数量。在蛴螬发生严重地块，合理灌溉，促使蛴螬向土层深处转移，避开幼苗最易受害时期。

2. 物理防治

使用频振式杀虫灯防治成虫效果极佳。佳多频振式杀虫灯单灯控制面积30～50亩，连片规模设置效果更好。灯悬挂高度，前期1.5～2.0米，中后期应略高于作物顶部。一般6月中旬开始开灯，8月底撤灯，每日开灯时间为晚9点至次日凌晨4时。

3. 化学防治

（1）土壤处理。可用50%辛硫磷乳油每亩200～250克，加水10倍，喷于25～30千克细土中拌匀成毒土，顺垄条施，随即浅锄；或以同样用量的毒土撒于种沟或地面，随即耕翻，或混入厩肥中施用，或结合灌水施入；或用5%辛硫磷颗粒剂，每亩2.5～3千克处理土壤，都能收到良好效果，并兼治金针虫和蝼蛄。

（2）种子处理。拌种用的药剂主要有50%辛硫磷，其用量一般为药剂：水：种子=1：(30～40)：(400～500)，也可用25%辛硫磷胶囊剂，或用种子重量2%的35%克百威种衣剂拌种，亦能兼治金针虫和蝼蛄等地下害虫。

（3）沟施毒谷。每亩用辛硫磷胶囊剂150～200克拌谷子等饵料5千克左右，或50%辛硫磷乳油50～100克拌饵料3～4千克，撒于种沟中，兼治蝼蛄、金针虫等地下害虫。

C. 金针虫

金针虫是鞘翅目，叩头甲科的幼虫，又称叩头虫、沟叩头甲、土蚰蜒、芨芨虫、钢丝虫。我国为害农作物最重要的是沟金针虫（*Pleonomus canaliculatus* Faldermann）、细胸金针虫（*Agriotes fuscicollis* Miwa）和褐纹金针虫（*Melanotus caudex* Lewis）。沟金针虫分布在我国的北方。细胸金针虫主要分布在黑龙江、内蒙古、新疆，南至福建、湖南、贵州、广西、云南。褐纹金针虫主要分布于华北及河南、东北、西北等省。

（一）危害症状

三种金针虫的寄主有各种农作物、果树及蔬菜作物等。幼虫在土中取食播种下的种子、萌出的幼芽、农作物和菜苗的根部，致使作物枯萎致死，造成缺苗断垄，甚至全田毁种。有的钻蛀块茎或种子，蛀成孔洞，致受害株干枯死亡。

（二）形态特征

1. 沟金针虫

老熟幼虫体长20～30毫米，细长筒形略扁，体壁坚硬而光滑，具黄色细毛，尤以两侧较密。体黄色，前头和口器暗褐色，头扁平，上唇呈三叉状突起，胸、腹部背面中央有一条细纵沟。尾端分叉，并稍向上弯曲，各叉内侧有1小齿。各体节宽大于长，从头部至第9腹节渐宽。

2. 细胸金针虫

末龄幼虫体长约32毫米，宽约1.5毫米，细长圆筒形，淡黄色，光亮。头部扁平，口器深褐色。第一胸节较第二、三节稍短。1～8腹节略等长，尾节圆锥形，近基部两侧各有1个褐色圆斑和4条褐色纵纹，顶端具1个圆形突起。

3. 褐纹金针虫

末龄幼虫体长25毫米，宽1.7毫米，体圆筒形细长，棕褐色具光泽。第一胸节、第9腹节红褐色。头梯形扁平，上生纵沟并具小刻点，体背具微细刻点和细沟，第一胸节长，第二胸节至第8腹节各节的前缘两侧，均具深褐色新月形斑纹。尾节扁平且尖，尾节前缘具半月形斑2个，前部具纵纹4条，后半部具皱纹且密生粗大刻点。幼虫共7龄。

（三）发生规律

沟金针虫2～3年1代，以幼虫和成虫在土中越冬。3月中旬10厘米土温平均为6.7℃时，幼虫开始活动；3月下旬土温达9.2℃时，开始为害；4月上中旬土温为15.1～16.6℃时为害最烈。5月上旬土温为19.1～23.3℃时，幼虫则渐趋13～17厘米深土层栖息；6月份10厘米土温达28℃以上时，沟金针虫下潜至深土层越夏。9月下旬至10月上旬土温下降到18℃左右时，幼虫又上升到表土层活动。10月下旬随土温下降幼虫开始下潜，至11月下旬10厘米土温平均1.5℃时，沟金针虫潜于27～33厘米深的土层越冬。雌成虫无飞翔能力，雄成虫善飞，有趋光性。白天潜伏于表土内，夜间出土交配产卵。由于沟金针虫雌成虫活动能力弱，一般多在原地交尾产卵，故扩散为害受到限制，因此在虫口高的田内一次防治后，在短期内种群密度不易回升。

细胸金针虫在陕西两年发生1代。西北农业大学报道，在室内饲养发现细胸金针虫有世代多态现象。冬季以成虫和幼虫在土下20～40厘米深处越冬，翌年3月上、中旬10厘米土温平均7.6～11.6℃、气温5.3℃时，成虫开始出土活动，4月中、下旬土温15.6℃、气温13℃左右时，为活动盛期，6月中旬为末期。成虫寿命199.5～353天，但出土活动时间只75天左右。成虫白天潜伏土块下或作物根茬中，傍晚活动。成虫出土后1～2小时内，为交配盛期，可多次交配。产卵前期约40天，卵散产于表土层内。每雌产卵5～70粒。产卵期39～47天，卵期19～36天，幼虫期405～487天。幼虫老熟后在20～30厘米深处做土室化蛹，预蛹期4～11天，蛹期8～22天，6月下旬开始化蛹，直至9月下旬。成虫羽化后即在土室内蛰伏越冬。

褐纹金针虫在陕西3年发生1代，以成、幼虫在20～40厘米土层里越冬。翌年5月上旬土温17℃、气温16.7℃时越冬成虫开始出土，成虫活动适温20～27℃，下午活动最盛，把卵产在麦根10厘米处，成虫寿命250～300天，5—6月进入产卵盛期，卵期16天。第二年以5～7龄幼虫越冬，第三年7龄幼虫在7、8月于20～30厘米深处化蛹，蛹期17天左右，成虫羽化后在土中即行越冬。

(四) 防治措施

参见蛴螬农业防治和化学防治技术。

六、黏虫

黏虫[*Leucania separata* (Walker)]又称东方黏虫、行军虫、夜盗虫、剃枝虫、五彩虫、麦蚕等，属鳞翅目，夜蛾科。黏虫在我国除新疆未见报道外，遍布全国各地。在南方常混生为害。

(一) 危害症状

黏虫幼虫咬食叶片，1～2龄幼虫仅食叶肉形成小孔，3龄后才形成缺刻，5～6龄达暴食期，严重时将叶片吃光形成光秆，造成严重减产，甚至绝收。当一块田禾谷类被吃光后，幼虫常成群迁到另一块田为害，故又名“行军虫”。黏虫除为害小麦、水稻，在杂粮田主要为害玉米、高粱、谷子等多种禾本科作物和杂草。

(二) 形态特征

(1) 成虫。淡褐色或黄褐色，体长16～20毫米，雄蛾颜色较深。前翅近前缘中部有两个淡黄色圆斑，外面圆斑的下面有1个小白点，白点两侧各有1个小黑点，自顶角至后缘有1条黑色斜纹。

(2) 卵。馒头形，直径0.5毫米。初产时白色，渐变黄色，孵化时黑色。卵粒常排列成2～4行或重叠堆积成块，每个卵块一般有几十粒至百余粒卵。

(3) 幼虫。共6龄，老熟幼虫体长35～40毫米。体色随龄期和虫口密度而变化较大，从淡绿色到黑褐色。头部有“八”字形黑纹，体背有5条不同颜色的纵线，腹部整个气门孔黑色而具光泽。

(4) 蛹。棕褐色，长约20毫米。腹部背面第5～7节后缘各有一列齿状点刻，尾端有刺6根，中央2根较长。

(三) 发生规律

黏虫属迁飞性害虫，其越冬分界线在北纬33°一带。成虫产卵于叶尖或嫩叶、心叶皱缝间，常使叶片成纵卷。幼虫共6龄，初孵幼虫行走如尺蠖，有群集性，1、2龄幼虫多在植株基部叶背或分蘖叶背光处为害，3龄后食量大增，5～6龄进入暴食阶段，其食量占整个幼虫期90%左右。3龄后的幼虫有假死性，受惊动迅速卷缩坠地，晴天白昼潜伏在根处土缝中，傍晚后或阴天爬到植株上为害，老熟幼虫入土化蛹。该虫适宜温度为10～25℃，相对湿度为85%。

气温低于15℃或高于25℃时，产卵明显减少，气温高于35℃即不能产卵。成虫需取食花蜜补充营养。天敌主要有步行甲、蛙类、鸟类、寄生蜂、寄生蝇等。

（四）防治措施

1. 物理防治

利用成虫多在禾谷类作物叶上产卵习性，在麦田插谷草把或稻草把，每亩插60～100个，每5天更换新草把，把换下的草把集中烧毁。此外也可用糖醋盆、黑光灯等诱杀成虫，压低虫口。可用1.5份红糖，2份食用醋，0.5份白酒，1份水加少许敌百虫或其他农药搅匀后，盛于盆内，置于距地面1米左右的田间，约500米左右设1个点，每5天更换1次药液，毒杀成虫。

2. 化学防治

当百株玉米虫口达30头时，应马上进行防治。防治适期掌握在3龄前。可每亩用2.5%敌百虫粉2千克，或50%辛硫磷乳油1 500倍液，或80%敌敌畏乳油1 000倍液喷雾。上述药剂对高粱敏感，不得在高粱上使用。

第三部分　农田杂草及其化学防除

一、杂草及其危害

（一）杂草的定义

杂草一般是指农田中非有意识栽培的植物。广义地说，杂草是指长错了地方的植物。从生态经济的角度出发，在一定的条件下，凡害大于益的植物都可称为杂草，都应属于防治之列。从生态观点看，杂草是在人类干扰的环境下起源、进化而形成的，既不同于作物又不同于野生植物，它是对农业生产和人类活动均有着多种影响的植物。

（二）杂草的危害

杂草是农业生产的大敌。它是在长期适应当地的作物、栽培、耕作、气候、土壤等生态环境及社会条件下生存下来的，从不同的方面侵害作物，其表现如下：

1. 与农作物争水、肥、光能等

杂草根系庞大，吸取水肥能力极强。据测定，每平方米有一年生杂草100～200株时，收获时每亩可使谷物减产50～100千克，即每亩田中的杂草将吸去氮4～9千克、磷1.2～2千克、钾6.5～9千克。

2. 侵占地上和地下部空间，影响作物光合作用，干扰作物生长

如水稻中的稗草、小麦田中的藜、大蓟等常高出作物，影响作物的光合作用；杂草的地下根系对作物生长危害甚大，特别是作物出苗后一个月以内出土的杂草，其根系对作物根系的生长威胁最大，若不防治，将严重影响作物的产量。另外，有些杂草还能分泌某些化合物，如植化作用物或称异株超生物，能影响作物生长。

3. 杂草是作物病害、虫害的中间寄主

由于杂草的抗逆性强，不少是越年生或多年生的植物，其生育期较长，所以病菌及害虫常常是先在杂草上寄生或越冬，在作物长出后，则逐渐迁移到作物上进行危害。

4. 增加管理用工和生产成本

杂草愈多，需要花费在防治杂草上的用工量也愈多。据统计，我国农村大田除草用工量约占田间劳动量的 1/3～1/2，草多的稻秧田和蔬菜苗床，其除草用工量往往超过 10 个工/亩。按平均每亩除草用工 2 个计，全国 20 亿亩播种面积，每年用于除草的用工量就需 40 亿个工日。此外，杂草还影响耕作效率，并延长有效工时。

5. 降低作物的产量和品质

由于杂草在土壤养分、水分、作物生长空间和病虫害传播等方面直接、间接危害作物，因此最终将影响作物的产量和质量。据联合国统计，全世界每年因杂草危害，农产品平均减产 10％。

6. 影响人畜健康

有些杂草如毒麦种子，若大量混入小麦，人吃了含有 4％毒麦的面粉就有中毒甚至死亡的危险；误食了混有多量苍耳籽的大豆加工品，同样会引起中毒；毛茛体内含有毒汁，牲口吃了会中毒；脉草（破布草）的花粉可使某些人产生花粉过敏症，使患者出现哮喘、鼻炎、类似荨麻疹。

7. 影响水利设施

水渠两旁长满了杂草，使渠水流速减缓，泥沙淤积，且为鼠类栖息提供了条件，使渠坝受损。

二、农田杂草的生物学

（一）农田杂草的发生特点

概括起来，杂草具有以下生物学特点：

1. 产生大量种子

杂草的一生能产生大量种子繁衍后代，如马唐、绿狗尾、灰绿藜、马齿苋在上海地区一年可产生 2～3 代，一株马唐、马齿苋就可产生 2 万～30 万粒种子，一株异型莎草、藜、地肤、小飞蓬可产生几万至几十万粒种子。如果农田内没有很好除草，让杂草开花繁殖，必将留下几亿至几十亿粒种子，那么在 3～5 年内就很难除尽了。

2. 多种繁殖方法

有些杂草不但能产生大量种子，而且还具有无性繁殖的能力，杂草的无性繁殖可分为以下几类：

（1）根蘖类　如苣荬菜、刺儿菜、大刺儿菜、田旋花。

（2）根茎类　如白茅、芦苇、狗牙根、牛毛毡、蔗草、眼子菜等。

（3）鳞茎类　如野蒜。

（4）匍匐类　如狗牙根、双穗雀稗、李氏禾等。

（5）块茎类　如水莎草、一香附子。

（6）须根类　如狼尾草、老碱草。

（7）球茎类　如野荸荠、野慈姑。

（8）鸡爪芽　眼子菜的越冬地下芽。

（9）珠芽　小根蒜顶上的珠芽。

这些地下根茎分枝生长很快，在农田内开始发现 1～2 株，到年底可长成一大片。另外，用锄头清除多年生杂草，锄完后不到几天，很快长出新枝，人们称香附子为“回头青”就是这个意思。因为多年生杂草根茎被切断后还能再生，因此不适当的中耕不能起到防治作用反而促进了它们的繁殖和传播。

3. 传播方式的多样性

杂草的种子或果实有容易脱落的特性，有些杂草种子具有适应于散布的结构或附属物，借外力可传播很远，分布很广。例如，蒲公英、剪刀股、小飞蓬、苣荬菜、一年蓬、野塘蒿、刺儿菜、泥胡菜等的种子长有长绒毛，可随风飞扬，飘至远方。牛毛毡、益母草、水苋菜、水苦荬、节节草等种子小而轻，可随水漂流，进入农田。苍耳、牛膝、天明精等杂草种子有钩或黏性物质，易粘住人、动物，通过它们的活动带到各处，或随农具、交通工具远距离传播。

4. 种子休眠

很多杂草种子成熟后不能立即发芽，而要经过一定时间的休眠期才能发芽，以免一落地立即出苗遇上不良气候而灭种，这是一种长期自然选择的结果，如果没有休眠特性，很多杂草就有可能自然淘汰。

5. 种子寿命长

杂草种子在土壤中的寿命是很长的，根据报道，野燕麦、看麦娘、蒲公英、冰草、牛筋草种子存活在 5 年以内；金狗尾、荠菜、狼尾草、苋菜、繁缕的种子可存活 10 年以上；蓼、苋菜、马齿苋、龙葵、羊蹄、车前、蓟的种子可存活30年以上；反枝苋、豚草、独行菜的种子可存活40年以上；黑芥、水葬的种子可存活50年；月光花、毒鱼草的种子寿命高达80多年。杂草种子的“高寿”，对于保存种源、繁衍后代有十分重要的意义。

6. 杂草的出苗、成熟期参差不齐

大部分杂草出苗不整齐，例如自荠、荠菜、小藜、繁缕、婆婆纳等，除最冷的1—2月和最热的7—8月外，一年四季都能出苗、开花；看麦娘、牛繁缕、早熟禾、大巢菜等在9月至翌年2—3月都能出苗，早出苗的于3月中旬开花，晚出苗的至5月下旬还能陆续开花，先后延续2个多月；即使同株杂草，开花也很不整齐，禾本科杂草看麦娘、早熟禾等，穗顶端先开花，随后由上往下逐渐开花，先开花的种子先成熟，一般主茎穗和早期分蘖先抽穗、开化，后期分蘖晚开花。牛繁缕、大巢菜属无限花序，4月上旬开始开花，到6月上旬，一边开花，一边结果，可延续3～4个月。

由于杂草开花、种子成熟的时间延续得很少，早熟的种子早落地，晚熟的晚落地，因此它在田间休眠、萌发也很不整齐，这给杂草的防治带来很大困难。

7. 杂草种子和作物种子大小形状相似

一些杂草种子和作物种子大小形状相似，健全麦种内混有的野燕麦、毒麦种子，稻谷内混有的稗草等种子，由于它们大小、形状、重量相近，风选、筛选、水选都难于清除它们。

8. 杂草的出苗与成熟期和作物相似

一个地区的主要农田杂草的出苗、成熟期和农作物相似，例如看麦娘、牛繁缕的出苗和成熟期与麦子、油菜相似，稗草、马唐的出苗、成熟期分别和水稻、棉花相似。这样就形成了一个作物有几种比较固定的伴生杂草的现象。

9. 杂草的竞争力强

多数农田杂草属C4光合作用植物，利用光能、水资源和肥料效率高，因此生长速度快，竞争力强。

10. 适应性和抗逆性强

杂草对环境的适应性和抗逆性比农作物强。在干旱等不良环境中，其忍耐力比作物强。当作物难以生存时，杂草却仍能生存，或者有的杂草种子休眠不出苗或缩短生育期，提早开花结实，以保存其种子的繁衍。

11. 杂草拟态性

凡有作物就有杂草，作物播种后，杂草就出苗，稗草和稻苗，苋菜、苍耳和大豆，狗尾草和谷子其形态很相似，人工除草时难于分辨，往往以假乱真，杂草未能除尽，反而伤了作物。

12. 杂草有多种授粉途径

杂草既能异花授粉受精，又能自花授粉受精，授粉的媒介有风、水、昆虫等，因此杂草具有远缘亲和性。自花授粉受精可以保证在单独、单株存在时仍可正常受精结实，保证其种子的延续生存。异花授粉受精有利于杂草创造新的变异和生命力强的变种、生态种，提高其生存的能力和机会。

（二）农田杂草的类型

杂草的分类是进行杂草研究和杂草防治的基础。由于农田杂草的种类繁多，为便于应用，不同的工作者常根据各自的需要从不同的角度对杂草进行分门别类，常见的有按植物系统、生态及生物学特性、生活史和危害作物等分类方法。

1. 按植物系统分类

按植物系统分类即采用植物分类学的经典方法，根据植物的形态及繁殖等特性的相似性来判断其在进化上的亲缘关系，并根据这种亲缘关系的远近来将某一植物纳入分为不同等级门、纲、目、科、属、种的分类系统中。这种分类法较为科学、系统和完善。

大多数杂草均属种子植物门的被子植物亚门，只有四只萍、木贼、问荆等少数杂草属蕨类植物门。

根据全国农田草害调查报告，我国目前农田杂草共580种，属77科，其中菊科种类最多，共77种，占13%；禾本科种类居第二位，共66种，占11%；莎草科种类居第三位，35种。以下依次为唇形科（28种）、豆科（27种）、蓼科（27种）、十字花科（25种）、藜科（18种）、玄参科（8种）、石竹科（4种）、蔷薇科（13种）、伞形科（12种），其他杂草分属于各科，比较散，有的杂草如马齿苋、眼子菜等为一科一属一种。

2. 按生物学特性分类

（1）异养型杂草。以其他植物为寄主，杂草已部分或全部失去以光合作用自我合成有机养料的能力，而营寄生或半寄生的生活，如菟丝子、列当、瓜列当、独脚金等。

（2）自养型杂草。杂草可进行光合作用，合成自身生命活动所需的养料，根据生活史长短可分为多年生、二年生和一年生杂草。

a. 多年生杂草

营养繁殖能力较发达是多年生杂草的重要特点，因而依据其营养繁殖方式可分为以下三种类型。

①地下根繁殖型　如苣荬菜、刺儿菜和田旋花等。

②地下茎繁殖型　如白茅、芦苇、狗牙根、双穗雀稗、牛毛毡、眼子菜、

矮慈姑、野蓟等。

③地上茎繁殖型　如鳞茎繁殖的小根蒜，匍匐茎繁殖的空心莲子草、双穗雀稗，块茎繁殖的香附子、水莎草、扁秆藨草等。

需要指出的是，很多多年生杂草主要以营养器官进行无性繁殖，但也可在一定程度上进行种子繁殖，如水莎草虽主要靠块茎繁殖，但在秋天也能开花结实，产生种子。

b. 二年生杂草

此类杂草需在二年内完成其整个生活史，如草木樨、小飞蓬等在当年秋季萌发至翌年秋季开花结籽，种子至再次年的秋季方可萌发。

c. 一年生杂草

此类杂草可在一年内完成其从种子到种子的生活史，根据其生活史特点可分为以下三种类型。

①越冬型或称冬季一年生杂草　于秋、冬季萌发，至春、夏季开花结果而完成一个生活周期，如看麦娘、碎米荠和婆婆纳等。

②越夏型或称夏季一年生杂草　于春、夏间萌发，至秋天开花结实而死亡，如稗草、马唐、藜和苋等。

③短生活史型　可在1～2个月的很短期间完成萌发、生长和繁殖的整个生活史，如上海地区的春蓼和小藜在3月上旬出苗，至5月即可开花、结籽而死亡。这种类型常为杂草对不适环境的一种特殊适应。

3. 按生态型分类

根据杂草对其生长环境水分及热量的要求，可分为以下几种类型。

（1）水分。

a. 水生杂草

或称喜水杂草，主要为危害水田作物的杂草，根据其在水中的状态又可细分为以下几种。

①沉水杂草　如金鱼藻、虾藻、苦草和矮慈姑。

②浮水杂草　如眼子菜、紫背萍、青萍、绿萍、荇菜和槐叶萍等。

③挺水杂草　如水莎草、野慈姑和芦苇等。

b. 湿性杂草

又称喜湿杂草，主要生长于地势低、湿度高的田内，在浸水田和旱田内均无法生长或生长不良，如石龙芮、异型莎草、鳢肠、看麦娘和千金子等。

c. 旱生杂草

包括耐旱杂草和喜旱杂草，主要危害棉花、大豆、玉米等旱地作物，如马唐、马齿苋、香附子、猪殃殃、婆婆纳和大巢菜等。

（2）热量。

a. 喜热杂草

生长在热带或发生于夏天的杂草，如龙爪茅、两耳草、含羞草、马齿苋和牛筋草等。

b. 喜温杂草

生长在温带或发生于春、秋季节的杂草，如小藜、藜和狗尾草等。

c. 耐寒杂草

生长在高寒地区的杂草，如野燕麦、冬寒菜和鼬瓣花等。

杂草防治的目的不是杀死所有杂草，而是人为干扰生态平衡，防止杂草危害，促进作物良好发育；而使用除草剂的目的是选择性控制杂草，减轻或消除其危害，以保证农作物高产与稳产。

杂草与作物的生境、生育习性十分近似，而昆虫与植物的差异则很大，因而除草剂与其他农药比较，对于选择性的要求更为严格；同时，除草剂对人、畜的毒性也远比杀虫剂与杀菌剂低，故在使用中，其对人畜及环境的安全性较高。

由于杂草与作物生长于同一农田生态环境中，其生长与发育受土壤环境及气候因素的影响，因此，为了取得最好的防治效果，应根据杂草与作物种类、生育阶段与状况，结合环境条件与除草剂特性，采用适宜的使用技术与方法。在使用除草剂时，首先必须考虑以下几个问题：

（1）正确选用除草剂品种。由于不同除草剂品种作用特性、防治对象不同，所以应根据作物种类、田间杂草发生、分布与群落组成，选用适宜的除草剂品种。

（2）根据除草剂品种特性、杂草生育状况、气候条件及土壤特性，确定单位面积最佳用药量。

（3）选用最佳使用技术，做到喷洒均匀、不重喷、不漏喷。因此，喷药前应调节好喷雾器，特别是各个喷嘴流量保持一致，使喷雾器处于最佳工作状态。

（4）作好喷药计划。应根据地块面积大小，各个地块作物与杂草状况，排出喷药顺序以及人员、供水及信号等工作。

（5）由于连年使用单一除草剂品种，杂草群落发生演替，逐步产生抗药性，故应结合作物种类及轮作类型，设计不同类型与品种除草剂的交替轮换使用。

（6）虽然在农药中，除草剂对人与动物及环境的毒性最低，但一些溶剂与载体的毒性却远超过除草剂有效成分本身，故使用中应注意安全保护及环境保护问题。

三、农田杂草的调查方法

随着农村种植业结构的调整、耕作制度的改变、化学除草剂的大面积使用，农田杂草种群和群落也不断发生变化。为制订切实可行的综合治理技术体系，解决农业生产中的杂草危害问题，掌握农田杂草的种群现状和群落演替趋势是十分必要的。长期以来，我国杂草调查普遍采用的是目测法，它具有工作量小、效率高等特点，适用于大范围杂草踏查、工作人员少的情况，但要求调查人员具有丰富的经验，且调查结果量化性较差。在小范围进行杂草调查时，人们往往采用双对角线五点抽样法或样线抽样法。常规双对角线五点抽样，样方面积为 0.25 平方米（50 厘米×50 厘米），调查每个样方中的杂草种类、各种杂草的数量和平均高度以及作物的平均高度等。样线抽样是为调查田间各种杂草出现的频率。调查时，在随机抽出的田间样方拉出两条与样方点成 45°夹角的 10 米长的样线，每条样线设 10 个样点（每米为一点）。每块地设 10 条样线，累计产生 100 个样点，查各样点上是否有杂草及其种类。

本节介绍一种经改进的 Thomas 倒置“W”多点抽样法。

1. 农田杂草调查方法

农田杂草调查主要应用倒置“W”九点抽样法。倒置“W”抽样方法最早于 1978 年由 Dew 所描述，后由 Gordon Thomas 改进并在加拿大的 Saskatchewan 和其他地区得以完全的应用。其抽样方法如图 2-1 所示。

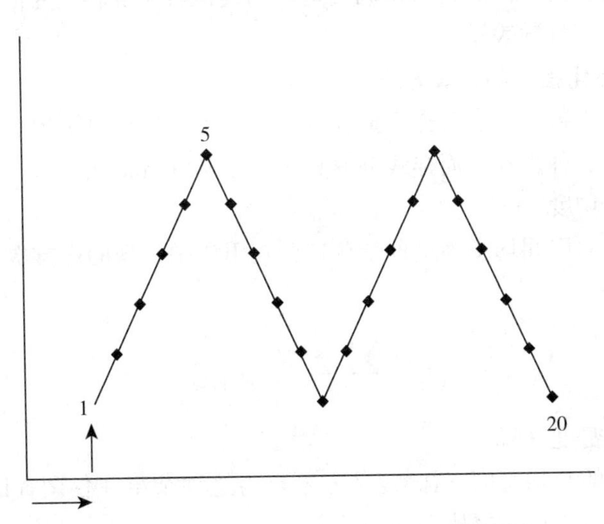

图 2-1　Thomas 的倒置“W”取样示意图

田间调查时，根据 Thomas 的调查方法，将每块地调查 20 个样方调整为

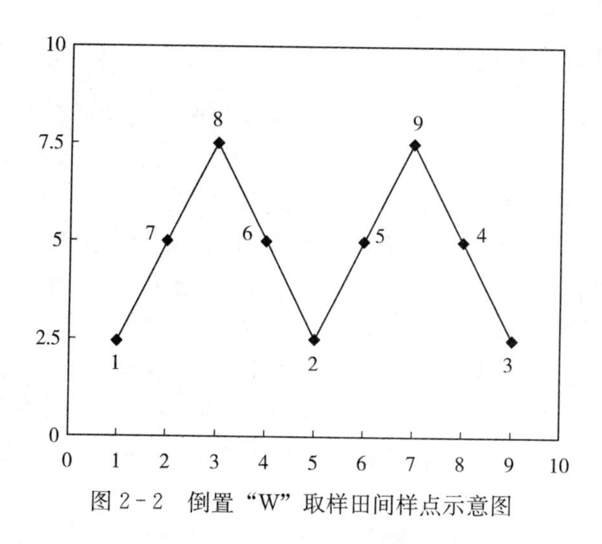

图 2-2　倒置“W”取样田间样点示意图

9 个（图 2-2）。调查者到达选定的地块后，如图 2-2 所示，沿地边向前走 70 步，向右转后向地里走 24 步，开始倒置“W”九点的第一点抽样。第一点调查结束后，向纵深前方走 70 步，再向右转后向地里走 24 步，开始第二点抽样。以同样的方法完成九点抽样后转移到另一选定的地块抽样（地块较大时，可相应调整向前向右的步数以尽可能使样方在田间均匀分布）。样方面积为 0.25 平方米（50 厘米×50 厘米），抽样时记载样方框内杂草种类、各种杂草的株数和平均高度，同时记载所调查地块的其他有关资料。为便于记载，杂草的株数以杂草茎秆数表示。

2. 几个量化指标的计算方法

为量化调查数据，在对样方抽样调查数据进行处理时运用了田间均度、平均密度、频率三种指标。而样线频率直接采用调查所得频率。

（1）田间均度（U）。

某种杂草的田间均度为这种杂草在调查田块中出现的样方次数占总调查样方数的百分比。

$$U=\frac{\sum^{n}\sum^{9}X_i}{9n}\times 100\%$$

（2）平均密度（MD）。

某种杂草的平均密度（株数/平方米）为这种杂草在各调查田块样方中的密度之和与调查田块数之比。

$$MD=\frac{\sum^{n}D_i}{n}$$

(3) 频率 (F)。

某种杂草的频率为这种杂草出现的田块数占总调查田块数的百分比。

$$F = \frac{\sum^{n} Y_i}{n} \times 100\%$$

式中:

n——调查田块数;

9——调查样方数;

X_i——某种杂草在调查田块 i 中出现的样方次数;

D_i——某种杂草在调查田块 i 中的平均密度;

Y_i——某种杂草在调查田块 i 中出现的田块数。

为便于比较某种杂草在杂草群落中所占的比重,还得引用相对多度 (RA) 的概念。某种杂草的相对多度为这种杂草的相对频率 (RF)、相对均度 (RU)、相对密度 (RD) 之和。

$$RF = \frac{\text{某种杂草的频率}}{\text{各种杂草的频率和}} \times 100\%$$

$$RU = \frac{\text{某种杂草的均度}}{\text{各种杂草的频率和}} \times 100\%$$

$$RD = \frac{\text{某种杂草的平均密度}}{\text{各种杂草的平均密度和}} \times 100\%$$

即:

$$RA = RF = RU = RD$$

例如,野燕麦在调查区域的相对多度为:

$$RA_{\text{野燕麦}} = RF_{\text{野燕麦}} + RU_{\text{野燕麦}} + RD_{\text{野燕麦}}$$

3. 调查结果比较分析

经过在田间对两种取样方法的比较、分析,结果显示,后者能更多地调查到杂草种类,较好地反映田间的草情(表 2-1)。尤其在农户种植面积较小时,用倒置“W”取样法有更多的机会避免在同一农户田中调查。

表 2-1 取样方法比较

取样方法	取样田块数	杂草种数	总密度	平均密度	主要杂草排序
双对角线取样	5	10	342.56	31.16	相同
倒置“W”取样	5	15	314.00	20.93	相同

四、农田杂草化学防治原理

(一) 除草剂的吸收与运转方式

除草剂必需被杂草吸收和在体内运转并与作用靶标结合后,才能发挥其生理与生物化学效应，干扰杂草的代谢作用，导致杂草死亡。因此，杂草对除草剂的吸收与运转状况往往影响到除草剂的杀草效果。由于除草剂品种的特性及其使用方法不同，它们被杂草吸收与运转的途径也不同。

1. 杂草对除草剂的吸收

吸收作用是发挥除草剂活性的首要步骤。激发吸收活性机制所需的条件是：温度系数要高；对代谢抑制剂敏感；吸收速度与外界浓度非线性函数关系；类似结构化合物对吸收产生竞争。

（1）杂草对土壤处理除草剂的吸收。施于土壤中的除草剂通常溶于土壤溶液中以液态或者以气态通过杂草根或幼芽组织而被吸收，影响吸收的因素有：土壤特性，特别是土壤有机质含量与土壤含水量；化合物在水中的溶解度；除草剂的浓度；根系体积及不定根在土壤中所处的位置。

①根系吸收。杂草根系是吸收土壤处理除草剂的主要部位，根系对除草剂的吸收比叶片容易，根系吸收速度与除草剂浓度直线相关，开始阶段吸收迅速，其后逐步下降。从开始吸收至达到最大的值所需时间因除草剂品种及杂草种类而异。施药后在杂草吸收的初期阶段，保证土壤含水量可以促进吸收，进而提高除草效果。

②幼芽吸收。杂草萌芽后出苗前，幼芽组织接触含有除草剂的土壤溶液或气体时，便能吸收除草剂。幼芽是吸收土壤处理除草剂，特别是土表处理除草剂的重要位置，挥发性强的除草剂更是以幼芽吸收为主。通常，禾本科杂草主要通过幼芽的胚芽鞘吸收，而阔叶杂草则以幼芽的下胚轴吸收为主。

（2）茎叶处理除草剂的吸收。茎叶处理除草剂主要通过叶片吸收而进入植株内部。药液雾滴的特性、大小及其覆盖面积对吸收有显著影响，除草剂雾滴从叶表面到达表皮细胞的细胞质中需通过如下几个阶段：渗入蜡质（角质）层；渗入表皮细胞的细胞壁；进入质膜；释放于细胞质中。

此外，气孔可作为一部分除草剂进入叶片的特殊通道，即有少量除草剂溶液可通过气孔进入叶片内。气孔渗入机制比较复杂，涉及一系列因素，如表面张力、雾滴接触角、气孔壁的作用以及环境条件等。

2. 除草剂在杂草体内的运转

被杂草吸收的除草剂分子或离子，通过与水及溶质同样的途径，即蒸腾流、光合产物流与胞质流在植株内进行运转。

根吸收的除草剂进入木质部后，通过蒸腾流向叶片运转，停留于叶组织或通过光合产物流再向其他部位运转。

叶片吸收的除草剂进入叶肉细胞后，通过共质体途径从一个细胞向另一个细胞移动，而后进入维管组织。通常，除草剂在共质体对植物发生毒害作用，而非共质体则为除草剂提供广阔的贮存处。

除草剂在植物体内通过共质体与非共质体运转。一些光合作用抑制剂被叶片吸收后，运转较短的距离，便可达到其作用靶标，这样的除草剂作用迅速，药害症状出现较快。而大多数除草剂，不论是土壤处理剂或茎叶处理剂（如三氮苯类、脲类以及苯氧羧酸类等）在植物体内均需进行长距离运转，才能到达其作用靶标而发挥杀草效应，即这类除草剂的运转要经木质部与韧皮部的非共质体与共质体途径进行，其药效发挥比较缓慢。

在正常条件下，由木质部运转的除草剂不能从被处理的叶片向外传导，而由韧皮部运转的除草剂则能向植株的各部位传导。

（二）除草剂的选择性

农田应用的除草剂必须具有良好的选择性，亦即在一定用量与使用时期范围内，能够防治杂草而不伤害作物；由于化合物类型与品种不同，形成了多种方式的选择性。

1. 形态选择性

不同种植物形态差异造成的选择性比较局限，安全幅度较窄。

（1）叶片特性。叶片特性对作物能起一定程度保护作用，如禾谷类作物的叶片狭长，与主茎间角度小，向上生长，因此，除草剂雾滴不易黏着于叶表面，而阔叶杂草的叶片宽大，在茎上近于水平展开，能截留较多的药液雾滴，有利于吸收。

（2）生长点位置。禾谷类作物节间生长，生长点位于植株基部并被叶片包被，不能直接接触药液，而阔叶杂草的生长点裸露于植株顶部及叶腋处，直接接触除草剂雾滴，极易受害。

（3）生育习性。大豆、果树等根系庞大，入土深而广，难以接触和吸收施于土表的除草剂，一年生杂草种子小、在表土层发芽，处于药土层，故易吸收除草剂；这种生育习性的差异往往导致除草剂产生位差选择性。

2. 生理选择性

生理选择性是不同植物对除草剂吸收及其在体内运转差异造成的选择性。

（1）吸收。不同种植物及同种植物的不同生育阶段对除草剂的吸收不同；叶片角质层特性、气孔数量与开张程度、茸毛等均显著影响吸收。幼嫩叶片及遮阴处生长的叶片角质层比老龄叶片及强光下生长的叶片薄，易吸收除草剂；凡是气孔数多而大，开张程度大的植物易吸收除草剂。

（2）运转。除草剂在不同种植物体内运转速度的差异是其选择性因素之一，禾大壮在水稻体内仅向上运转，而在稗草体内既向上、也向下运转，并分布于植株各部位；2,4-滴在菜豆体内的运转速度与数量远超过禾本科作物，其在甘蔗生长点中的含量比菜豆低10倍。

3. 生物化学选择性

生物化学选择性是除草剂在不同植物体内通过一系列生物化学变化造成的选择性，大多数这样的变化是酶促反应。

4. 人为选择性

人为选择性是根据除草剂特性，利用作物与杂草生物学特性的差异，在使用技术上造成的选择性，这种选择性的安全幅度小，要求一定的条件。

（1）位差选择性。利用作物与杂草根系及种子萌发所处土层的差异造成的选择性。如水稻插秧返青后，将丁草胺拌土撒施。药剂接触水层后，扩散、下沉于表土层被吸附，不向下移动，稗草幼芽接触药剂吸收而死亡，水稻根系处于药土层之处，叶片在水层之上，故不受害。果树根系入土深，一年生杂草种子多在表土层发芽，所以在果园可以安全应用长持效性除草剂，如阿特拉津、西玛津等。

（2）时差选择性。利用作物与杂草发芽出土时期的差异，在使用时期上人为造成选择性，如水稻旱直播，稗草出苗比水稻早，待大部分稗草及其他杂草出苗后，立即喷洒百草枯，药剂接触土壤后迅速失效，故不影响其后水稻出苗与生育。

（3）局部选择性。在作物生育期采用保护性装置喷雾或定向喷雾，消灭局部杂草，如在喷嘴上安装保护罩喷洒百草枯，防治果园树干周围的杂草。

（三）除草剂的降解

作为人工合成的化学除草剂，在农业生产中施用后，在防治杂草的同时，必然进入生态环境中。了解除草剂在环境中的归趋，不仅有利于安全使用，而且对于防止其在环境中蓄积与污染也是十分重要的。通常，除草剂施用后，通过物理、化学与生物学途径逐步降解。

1. 光解

施于植物及土壤表面的除草剂，在日光照射下进行光化学分解，此种光解作用是由波长40～400埃的紫外光引起的，光解速度因除草剂种类而异。

大多数除草剂溶液都能进行光解，其所吸收的主要是220～400纳米的光谱。为防止光解，喷药后应耙地将药剂混拌于土壤中。

2. 挥发

挥发是除草剂、特别是土壤处理剂消失的重要途径之一，挥发性强弱与化学物的物理特性，特别是饱和蒸气压密切相关，同时也受环境条件制约。

在环境因素中，温度与土壤湿度对除草剂挥发的影响最大：温度上升，饱和蒸气压增大，挥发愈强。土壤湿度高，有利于解吸附作用，使除草剂易于释放于土壤溶液中成游离态，故易汽化而挥发。

高挥发性除草剂如氟乐灵、灭草蜢等，喷药后应立即耙地，将其混拌于土壤中，以防止或延缓挥发，此外，通过喷灌，使药剂下渗；也可将高挥发性品种加工成缓释剂，如将氟乐灵加工成淀粉胶囊剂，以控制挥发。

3. 土壤吸附

吸附作用与除草剂的生物活性及其在土壤中残留与持效期有密切关系。除草剂在土壤中主要被土壤胶体吸附，其中有物理吸附与化学吸附。

土壤对除草剂的吸附一方面决定于除草剂分子结构，另一方面决定于土壤有机质与黏粒含量。土壤有机质与黏粒含量高的土壤对除草剂吸附作用强。在土壤处理除草剂的使用中，应当考虑使土壤胶体对除草剂的吸附容量达到饱和，因而单位面积用药量应随土壤有机质及黏粒含量而增减，也可进行灌溉，以促进除草剂进行解吸附作用而提高除草效果。

4. 淋溶

淋溶是除草剂在土壤中随水分在土壤剖面的移动。除草剂在土壤中的淋溶决定于其特性与水溶解度、土壤机械组成、有机质含量、pH、渗透性以及水流量等。水溶度高的品种易淋溶，同种化合物的盐类比酯类淋溶性强；黏粒与有机质含量高的土壤对除草剂吸附作用强，使其不易淋溶；反之，沙质土及砂壤土透性强，吸附作用差，故有利于淋溶。磺酰脲类除草剂在土壤中的淋溶随pH上升而增强，故在碱性土中比酸性土易于淋溶。

淋溶性强的除草剂易渗入土壤剖面下层，不仅降低除草效果，而且易在土壤下层积累或污染地下水。在利用位差选择性时，由于淋溶使除草剂进入作物种子所在土层，易造成药害，因此，应根据除草剂品种、土壤特性及其他因素，确定最佳施药方法与单位面积用药量，以提高除草效果，并防止对土壤及地下水的污染。

5. 化学分解

化学分解是除草剂在土壤中消失的重要途径之一，其中包括氧化、还原、水解以及形成非溶性盐类与络合物。

6. 生物降解

除草剂的生物降解包括土壤微生物降解与植物吸收后在其体内的降解。

（1）微生物降解。微生物降解是大多数除草剂在土壤中消失的最主要途径。真菌、细菌与放线菌参与降解。在微生物作用下，除草剂分子结构进行脱卤、脱烷基、水解、氧化、环羟基化与裂解、硝基还原、缩合以及形成轭合物，通过这些反应使除草剂活性丧失。

（2）植物代谢。被作物与杂草吸收的除草剂，通过一系列生物代谢而消失，这些代谢反应包括氧化、还原、水解、脱卤、置换、酰化、环化、同分异构、环裂解及结合，其中主要反应是氧化、还原、水解与结合。

(四) 影响除草剂药效的因素

除草剂是具有生物活性的化合物，其药效的发挥既决定于杂草本身，又受制于环境条件与使用方法。

1. 杂草

作为除草剂防治对象的杂草生育状况、叶龄及株高对除草剂药效的影响很大，土壤处理剂往往是防治杂草幼芽，施用后，杂草在萌芽过程中接触药剂、受害而死亡，有的土壤处理剂如光合作用抑制剂阿特拉津、禾谷隆、绿麦隆等，对杂草发芽没有影响，主要防治杂草幼苗。因此，一旦杂草出苗后，再施用土壤处理剂，药效便显著下降。

茎叶处理剂的药效与杂草叶龄及株高关系密切，一般杂草在幼龄阶段，根系少，次生根尚未充分发育，抗性差，对药剂敏感；随着植株生长，对除草剂的抗性增强，因而药效下降。

2. 施药方法

正确的用量，施药方法及喷雾技术是发挥药效的基本保证。由于除草剂类型及品种不同，其用量与施用方法差异较大，特别是土壤处理剂因土壤有机质含量及机械组成不同而用量显著不同；生产中应根据药剂特性、杀草原理、杂草类型及生育期以及环境条件，选择适用的用量与施药方法。

3. 土壤条件

土壤条件不仅直接影响土壤处理剂的杀草效果，而且对茎叶处理剂也有影响。土壤有机质与黏粒由于对除草剂强烈吸附而使其难以被杂草吸收，从而降低药效；土壤含水量的增多又会促使除草剂进行解吸附而有利于杂草对药剂的吸收，从而提高药效；因此，土壤处理剂的用量应首先考虑满足土壤缓冲容量所需除草剂数量。

土壤条件不同，会造成杂草生育状况的差异，在水分与养分充足条件下，杂草生育旺盛，组织柔嫩，对除草剂敏感性强，药效提高；反之，在干旱、瘠薄条件下，植物本身通过自我调节作用，抗逆性增强，叶表面角质层增厚，气孔开张程度小，不利于除草剂吸收，使药效下降。

4. 气候条件

各种气象因素相互影响，它们既影响作物与杂草的生育，同时也影响杂草对除草剂的吸收、传导与代谢，这些气候因素通过影响雾滴滞留、分布、展布、吸收等而影响除草剂活性的发挥与药效。

(1) 温度。温度是影响除草剂药效的重要因素，在较高温度条件下，杂草生长迅速，雾滴滞留增加；此外，温度也显著促进除草剂在植物体内的传导。高温促使蒸腾作用增强，有利于根吸收的除草剂沿木质部向上传导。在低温与高湿条件下，往往使除草剂的选择性下降。

（2）湿度。空气湿度显著影响叶片角质层的发育，从而对除草剂雾滴在叶片上的干燥、角质层水化以及蒸腾作用产生影响；在高湿条件下，雾滴的挥发能够延缓，水势降低，促使气孔开放，有利于对除草剂的吸收。如喷药后，在高湿条件下，草甘膦对杂草的毒性迅速产生，药效显著提高。

（3）光照。光照的强度、波长及照光时间影响植物茸毛、角质层厚度与特性、叶形及大小以及整个植株的生育，使除草剂雾滴在叶面上的滞留及蒸发产生变化；此外，光照通过对光合作用、蒸腾作用、气孔开放与光合产物的形成而影响除草剂的吸收与传导，特别是抑制光合作用的除草剂与光照关系更加密切，在强光下，光合作用旺盛，形成的光合产物多，有利于除草剂的传导及其活性的发挥。

（4）降水。大多数茎叶处理除草剂在喷雾后遇大雨，往往造成雾滴被冲洗而降低药效，由于除草剂品种不同，降水对药效的影响存在一定差异，通常降水对除草剂乳油及浓乳剂的影响比水剂与可湿性粉剂小，而对大多数易被叶片吸收的除草剂影响小。

（5）其他。风速、介质反应、露水等对除草剂药效均有影响。

五、除草剂的应用方法

（一）根据选择性选用除草剂

由于作物与杂草均属于高等植物，除草剂必须具备有特殊的选择性，才能安全而有效地在农田使用。

1. 根据位差与时差选择施用除草剂

（1）位差选择。对作物有毒害的除草剂可利用其在土壤的位差而获得选择性，通常可用下列三种处理方法达到目的。

①播后苗前处理法。即在作物播种后出苗前的阶段施药。这种方法是利用药剂仅固着在表土层（约1～3厘米）而不向深层淋溶的特性，杀死或抑制表土层中杂草的萌发，而作物的种子因有覆土层的保护，故可正常发芽生长。

②深根作物生育期土壤处理法。利用除草剂在土壤中的位差，杀死在表层浅根杂草，而无害于深根作物。例如应用西玛津与敌草隆防除果园中的杂草，应用地匀酚防除苜蓿等多年生作物田中的一年生杂草等。

③生育期行间处理法。有些对作物有毒害的除草剂在作物生育期可用定向喷雾法或防护设备，使药液接触不到作物或仅喷到非要害的基部。例如大豆、小麦、玉米田等在生育期喷施百草枯防除杂草，棉田用草甘膦防除杂草等，均可利用上述方法。

（2）时差选择。对作物有较强毒性的除草剂，利用施药时间的不同，而达到安全有效地除草称时差选择。例如，百草枯或草甘膦用于作物播种或插秧之前，可杀死已萌发的杂草，而由于它们在土壤中可迅速钝化，可安全地播种或插秧。

（3）利用位差与施药方法等的综合选择性。水稻插秧后可安全有效地施用丁草胺、杀草丹等除草剂，其原因有三：①杂草处在敏感的萌芽期，稻秧龄期较大，对药剂有较强的抗性；②除草剂采用颗粒剂或混湿土撒布，药剂不致黏附在稻秧苗上，从而避免受害；③药剂固着在杂草萌动的表土层，能杀死杂草，而插秧后的水稻根系生长点处在药层下，接触不到药剂，因此安全。

2. 根据植物形态选择施用除草剂

植物的形态，如叶表结构、生长点的位置等，直接关系到药液的承受与吸收，因而影响植物的耐药性。例如单子叶与双子叶植物在形态上彼此有很大不同，如表 2－2 所示。

表 2－2　双子叶与单子叶植物形态差异与耐药性

形态组织 植物	叶片	生长点
单子叶	竖立、狭小、表面角质层和蜡质层较厚，表面积较小，叶片和茎秆直立，药液易于滚落。	顶芽被重重叶鞘所包围、保护，触杀性除草剂不易伤害分生组织。
双子叶	平伸，面积大，叶片表现的角质层较薄，药液易于在叶子上沉积。	幼芽裸露，没有叶片保护，触杀性药剂能直接伤害分生组织。

由上表中所列的原因，用除草剂喷雾，双子叶植物常较单子叶植物对药剂敏感。在化学除草时，可据此特点，来选择合适的药剂和用量。

3. 根据植物生理选择性施用除草剂

植物的茎叶或根系对除草剂的吸收与输导的差异产生的选择性，称为生理选择性。如果除草剂易被植物吸收与输导，则植物常表现较敏感。如黄瓜易于从根部吸收药剂，对粉剂表现敏感。而有的南瓜品种则难于从根部吸收，表现耐药性强。

（二）除草剂的使用方法

除草剂使用方法与技术因品种特性、剂型、作物及环境条件而异，生产中选择使用方法时，首先应考虑防治效果及对作物的安全性，其次要求使用方法经济、简便易行。

1. 播前混土

主要适用于易挥发与光解的除草剂。一般在作物播种前施药，并立即采用圆盘耙或旋转锄交叉耙地，将药剂混拌于土壤中，然后耢平、镇压，进行播种；混土深度4～6厘米。我国东北地区国有农场大豆地应用氟乐灵与灭草蜢多采用此种方法。

2. 播后苗前施用

凡是通过根或幼芽吸收的除草剂往往采用播后苗前施用，即在作物播种后出苗前，将药剂均匀喷洒于土表，如大豆、油菜、玉米等作物使用甲草胺、乙草胺、异丙甲草胺，玉米、高粱与糜子应用阿特拉津等多采用此种使用方法。喷药后，如遇干旱，可进行浅混土以促进药效的发挥，但耙地深度不能超过播种深度。

3. 苗后茎叶喷雾

与土壤处理比较茎叶喷雾不受土壤类型、有机质含量的影响，可看草施药，机动灵活，但不像土壤处理那样，在土壤中有一定持效期，所以只能杀死已出苗的杂草；因此，施药时期是一个关键问题；施药过早，大部分杂草尚未出土，难以收到较好的防治效果；施药过晚，作物与杂草长至一定高度，相互遮蔽，不仅杂草抗药性增强，而且阻碍药液雾滴均匀粘着于杂草上，使防治效果下降。

（1）喷液量的确定。喷液量直接影响茎叶喷雾的效果，触杀性除草剂的喷液量一般比内吸传导性除草剂稍多；由于喷雾机具及喷嘴构造与特性不同，所采用的喷液量差异较大，大容量喷雾每公顷喷液量300～400升，低容量30～50升，超低容量1～2升，即喷洒原药，不需加水稀释，工效较高。目前，我国农业生产中应用的喷雾器械，如背负式喷雾器每公顷喷液量为250～300升，机引喷雾150～250升，航空喷雾50～100升。

（2）喷药方法。常用的喷药方法是全面喷雾，即全田不分杂草多少，依次全面处理，这种施药方法应注意喷雾的连接问题，防止重喷与漏喷；其次是苗带喷药与行间定向喷药，与全面喷雾比较，可节省用药量1/3～1/2，但需改装或调节好喷嘴及喷头位置，使喷嘴对准苗带或行间；苗带喷药后，可通过机械中耕防治行间杂草。

4. 涂抹施药

这是经济、用药量少的施药方法，利用特制的绳索或海绵塑料携带药液进行涂抹，主要防治高于作物的成株杂草，需选用传导性强的除草剂品种，所用除草剂浓度要高，一般药剂与水的比例为1∶（2～10）；目前应用的涂抹器有人工手持式、机械吊挂式及拖拉机带动的悬挂式涂抹器。

5. 甩施

甩施是稻田除草剂的使用方法之一，它不需要喷雾器械，使用方便、简单、效率高，每人一天可甩施 7.8 公顷；目前甩施的除草剂只有瓶装 12%恶草灵乳油，使用方法是：水耙地后田间保水 4～6 厘米，打开瓶盖，手持药瓶，每前进 4～5 步，向左、向右各甩动药瓶 1 次，返回后，与第 1 次人行道保持 6～10 米距离，再进行甩施；甩施时，行走步伐及间距要始终保持一致，甩施后，药剂接触水层迅速扩散，均匀分布于全田，形成药膜，插秧时人踩会破坏药膜，但由于药剂的可塑性很强，一旦人脚从土壤中拔出，药膜又恢复原状。

6. 撒施

撒施是当前稻田广泛应用的一种方法，简而易行，省工效率高，并能提高除草剂的选择性，增强对水稻的安全性。除草剂颗粒剂可直接撒施，乳油与可湿性粉剂可与旱田过筛细土混拌均匀后人工撒施，也可与化肥混拌后立即撒施。施药前，稻田保持水层 4～6 厘米，施药后 1 周内停止排灌，如缺水可细水缓灌，但不宜排水；丁草胺、禾大壮、农得时、乙氧氟草醚等大多数除草剂都采用撒施法。

7. 泼浇

将除草剂稀释成一定浓度的溶液，用盆、桶或其他容器将药液泼入田间，通过水层逐步扩散、下沉于土壤表层。进行泼浇施药时，要求除草剂在水中的扩散性能好，目前，农得时、草克星等除草剂可采用这种施药方法，但泼浇法不如撒施均匀。

8. 滴灌

滴灌施药法是利用除草剂的扩散性将其滴注于水流中进入田间，扩散并下沉于土壤表层，这种施药方法简便、节省人工，禾大壮可采用滴灌法施药。

应用滴灌施药时，田面应平整、单排单灌，水的流量与流速应尽量保持一致，施药前必须彻底排水，以便于药剂随灌溉水进入田间后，能均匀渗入表土层；在滴灌过程中，应保证药剂滴注均匀，确保水中药液浓度一致。

常用的滴注器是金属管状滴定器，上端与药桶相连，下端为滴口和穿孔小圆片，调节孔的大小可控制滴出药量的多少。此外，还有虹吸管式滴定器。将上述滴定器置于进水口处，使药液准确的滴入灌溉水中，滴管的出口与水口距离保持 20 厘米。

应用滴灌施药时，应校准滴出量，首先丈量施药田面积，再测算灌溉水流量，计算出施药田块进行滴灌所需时间、计算每分钟除草剂滴出量。

9. 点状施药

根据田间杂草发生情况，有目的地进行局部施药，一般适用于防治点片发生的一些特殊杂草与寄生性杂草以及果园内树干周围的杂草。

（三）除草剂药液的稀释与计算方法

1. 农药药液配制的一些基本概念

（1）稀释液。农药乳油或可湿性粉剂加水稀释配成所需浓度的药液称为稀释液。

（2）稀释倍数。称取一定质量或量取一定容量的商品农药，按同样的质量单位或容量单位的倍数计算加水稀释成稀释液，加水量相当农药用量的倍数，叫稀释倍数。如1毫升乳油用1 000毫升水稀释就是1 000倍；1千克可湿性粉剂用250千克水稀释就是250倍。

（3）药液有效成分浓度。指农药稀释液中有效成分的含量之比，习惯用百分数或百万分数来表示。如千分之二用0.002%表示；万分之八用0.000 8%表示；含量比大小的就用百万分数表示，如百万分之五用5毫克/千克表示，十万分之二（即百万分之二十）用20毫克/升或20毫克/千克表示。

（4）原液。未加水稀释的液体农药统称原液。农药乳油也是原液。煮制的石硫合剂和松脂合剂不论含量多少，未加水稀释的都是原液。

（5）母液。乳油、可湿性粉剂或其他农药原液先加较小量的水稀释成高浓度的稀释液，但还不能使用，尚待继续加水稀释成所需要的浓度后才能喷用的这种高浓度药液，叫做母液。

（6）喷雾用量。按单位面积计算的农药稀释液的喷布用量，如每亩喷布多少千克稀释液等。按农村常用情况，喷雾量的大小一般为：

①常规喷雾：一般背负的空气压缩式喷雾器和手动或机动高压喷雾机，按农作物生长情况、农药种类、防治对象以及各地喷雾习惯的不同，每亩喷布药液量从20千克到100千克。

②弥雾喷雾：如使用东方红18型机动弥雾喷粉两用机，每亩喷布药液量从5千克到20千克。

③超低量喷雾：使用航空超低量笼式喷雾器，装在东方红18型机动弥雾喷粉两用机上的风动旋盘超低量喷雾器和手持电动旋转盘式超低量喷雾器等都是用于进行超低量喷雾的工具。用于超低量喷雾的农药，有专门为此目的加工成的超低量制剂。有些农药乳油也可以不加水稀释直接用作超低量喷雾。根据农药种类、规格、农作物生长时期和防治对象的不同，每亩喷布量也不同。但比其他喷雾方法喷出的药液量要少得多，一般喷布量为60～70毫升，也能少到20～30毫升。但喷用一些除草剂时的用量则要大，可多至300～400毫升。

2. 农药药液配制的计算公式

商品农药的规格不同，配制成各种含有效成分的药液的加水稀释量也各不相同。商品农药的有效成分含量、药液有效成分浓度、商品农药单位面积的用量、稀释加水量和稀释倍数之间的关系的计算公式如下：

加水稀释倍数=商品农药的有效成分含量（%，毫克/升）/药液有效成分浓度（%，毫克/升）

稀释倍数=商品农药有效成分含量（%，毫克/升）/药液有效成分浓度（千克、升、毫升或克）

药液有效成分浓度（%）=商品农药的有效成分含量（%）/加水稀释倍数

商品农药用量（千克）=容器中的水量（千克）/加水稀释倍数

商品农药用量（克）=容器中的水量（千克）×20/加水稀释倍数

商品农药用量（毫升或克）=容器中的水量（千克）×1 000/加水稀释倍数

商品农药用量（毫升或克）=容器中的水量（千克）×药液有效成分浓度（毫克/千克）/商品农药含量（%）×1 000 除草剂药效调查和计算方法

3. 除草剂的田间试验方法

（1）除草剂田间试验地的选择和试验设计。试验田应选择地势平坦，田间管理水平一致，肥力均匀，杂草危害偏重，杂草群落具有代表性的；同时要了解试验地块的土质、有机质含量和 pH。每一处理重复不少于 4 次，要设作物安全性试验，一般不作杂草防治效果调查。小区面积 20～50 平方米，区组采取随机方式排列。施药时按照试验设计折合各小区用药量，土壤处理一般对水量按 40～50 千克/亩药液计算；茎叶喷雾一般对水量为 15～20 千克/亩，采用精细喷雾器，均匀喷施。

（2）除草剂田间试验的调查方法。施药后两周做一次除草效果调查，采用估计值调查法。分级调查、记载。杂草防治效果分级标准：

1——无草；

2——相当于空白对照区杂草的 0～2.5%；

3——相当于空白对照区杂草的 2.5%～5%；

4——相当于空白对照区杂草的 5%～10%；

5——相当于空白对照区杂草的 10%～15%；

6——相当于空白对照区杂草的 15%～25%；

7——相当于空白对照区杂草的 25%～35%；

8——相当于空白对照区杂草的 35%～67.5%；

9——相当于空白对照区杂草的 67.5%～100%。

对于土壤封闭处理，一般在施药后 45～60 天，杂草正处于旺盛生长时进行调查；对于茎叶处理除草剂，一般在施药后 30～40 天进行调查。采用绝对数调查法，每小区固定3个点取样，每点1平方米，拔净上述固定点内杂草，分种计算株数、称量鲜重，计算株防效和杂草鲜重防效。

(3) 除草剂田间试验结果的计算方法。土壤封闭处理的除草剂防效计算公式：

$$\text{除草效果（\%）}=\frac{\frac{\text{对照区杂草}}{\text{鲜重（或株数）}}-\frac{\text{处理区杂草}}{\text{鲜重（或株数）}}}{\text{对照区杂草鲜重（或株数）}}\times 100\%$$

茎叶处理除草效果计算公式：

$$\text{鲜重防效（\%）}=\frac{\text{对照区杂草鲜重}-\text{处理区杂草鲜重}}{\text{对照区杂草鲜重}}\times 100\%$$

$$\text{株防效（\%）}=\frac{\text{处理前杂草株数}-\text{处理后杂草株数}}{\text{处理前杂草株数}}\times 100\%$$

$$\frac{\text{校正防效}}{\text{株防效}}\text{（\%）}=\left(1-\frac{\frac{\text{对照区施药}}{\text{前杂草株数}}\times\frac{\text{处理区施药}}{\text{后杂草株数}}}{\frac{\text{对照区施药}}{\text{后杂草株数}}\times\frac{\text{处理区施药}}{\text{前杂草株数}}}\right)\times 100\%$$

(4) 除草剂田间试验中产量和安全性调查。

①产量调查方法。在作物成熟后，每小区3点取样，每点1平方米，单独收晒、称量，计算产量和增产率。

②作物安全性观察。于施药后第3天、15天、30天、60天，对各小区作物的生长情况进行全面观察叶色、株高的变化，并认真观察各生育期内的生长情况、对邻近作物田的影响，全面观察生长发育情况。

4. 不同作物田化学除草技术

在实践中，人们总结出了一系列配套化学除草技术，如麦田化学除草技术、棉田化学除草技术、豆田化学除草技术、花生田化学除草技术、玉米田化学除草技术等。这些配套技术普遍以杂草生物学特性、发生特点等为依据，选择最新的高效、低毒、低残留的除草剂来制订除草方案。因此，各种化学除草方案具有相对固定性，又有时段的变化性，随着供选药剂的变化而变化。

六、除草剂的混用技术

（一）除草剂混用的概念

将两种或两种以上的除草剂混配在一起应用的施药方式，叫除草剂混用。

除草剂的混用包括三种方式：①除草混剂（Herbicides Mixture），是由两种或两种以上的有效成分、助剂、填料等按一定配比、经过一系列工艺加工而成的农药制剂，它是由农药生物学专家进行认真配比筛选、农药化工专家进行混合剂型研究，并由农药生产工厂经过精细加工、包装而成的一种商品农药，农民可以依照商品的标签直接应用；②现混现用，习惯上简称除草剂混用，是农民在施药现场，针对杂草的发生情况，依据一定的技术资料和施药经验，临时将两种除草剂混合在一起，并立即喷洒的施药方式，这种施药方式带有某些经验性，除草效果不够稳定；③桶混剂（Tank Mix），是介于除草混剂和现混现用之间的一种施药方式，它是农药生产厂家加工与包装而成的一种容积相对较大、标签上注明由大量农药应用生物学家提供的最佳除草剂混用配方、农民在施药现场临时混合在一起喷洒的施药方式。在这三种除草剂混用方式中，除草混剂具有稳定的除草效果，但一般价格较贵、使用成本较高；除草剂现混现用可以减少生产环节，降低应用成本，但除草效果不稳定，且往往降低除草效果，使作物产生药害；除草剂桶混具有除草混剂的应用效果，同时应用方便、施药灵活、成本低廉，是以后除草剂应用的发展方向。

（二）除草剂混用的意义

除草剂混用是杂草综合治理（Integrated Weed Management System，简称 IWMS）中的重要措施之一，通过除草剂的混用可以扩大除草谱、提高除草效果、延长施药适期、降低药害、减少残留活性、延缓除草剂抗药性的发生与发展，是提高除草剂应用水平的一项重要措施。

（三）除草剂混用后的相互作用

1. 除草剂混用后的联合作用方式

两种或多种除草剂混用，对杂草的防治效果可以增加或降低，混用后的联合作用方式主要表现为以下三个方面。

（1）相加作用。两种或几种除草剂混用后的药效表现为各药剂单用效果之和。一般化学结构类似、作用机制相同的除草剂混用时，多表现为相加作用。生产中这类除草剂的混用，主要考虑各品种间的速效性、残留活性、杀草谱、选择性及价格等方面的差异，将这些品种混用可以取长补短、增加效益。

（2）增效作用。两种或几种除草剂混用后的药效大于各药剂单用效果之和。一般化学结构不同、作用机制不同的除草剂混用时，表现为增效作用的可能性大。生产中这类除草剂的混用，可以提高除草效果，降低除草剂用量。

（3）颉颃作用。两种或几种除草剂混用后的药效低于各药剂单用效果之和。生产中这类除草剂的混用，对杂草的防治效果下降，有时还会伴有药害的加重，生产中注意避免应用。

2. 除草剂混用后相互作用机制

不同除草剂品种间混用后，相互间可能会产生一系列生理生化作用。

（四）除草剂混用的基本方法

1. 除草剂间混用品种的选择

除草剂混用具有很多优越性，它是合理应用除草剂、提高除草剂应用水平的最有效手段。

两种除草剂能否混用，最好做一次兼容性试验。试用时以水为载体，将要混合的除草剂依次加入，顺序应为水剂、可湿性粉剂、悬浮剂、乳剂，每加入一种药剂要充分搅拌，静置30分钟，如乳化、分散、悬浮性能良好即可混用。

除草剂间混用品种的选择应考虑以下几个方面的因素：

①两个或两个以上除草剂混用时，除草剂相互之间应具有增效作用或相加作用；同时，还必须物理、化学性能兼容，混用后不能出现沉淀、分层、凝结现象。

②两个或两个以上除草剂混用时，除草剂相互之间不能产生颉颃作用，混用后对作物的药害不宜增加。

③混用的除草剂品种最好为不同类除草剂，或具有不同的作用机制，以最大限度地提高除草效果、最大限度地延缓抗药性的发生与发展。

④混用的除草剂单剂除草谱应有所不同、或对杂草的生育阶段敏感性不同。

⑤混用的除草剂单剂应尽可能考虑速效性和缓效性相结合、持效期长和持效期短相结合、土壤中易于扩散和难于扩散的相结合、作用部位不同的除草剂品种相结合。

⑥混用除草剂的单剂选择和用药量的确定，应根据田间杂草种类、发生程度、土壤质地、土壤有机质含量、作物种类、作物生育状况等因素综合确定。

除草剂混用后的除草效果，受各方面因素的影响，在大面积应用前，应按不同比例、不同用量先进行试验、示范，或在具体的技术指导下进行。合理进行除草剂混用的方式除草剂混用，应根据除草剂特性、杂草发生特点、作物的生育阶段，灵活选择除草剂混用的施药方式。各级科研、政府和技术推广部门应抓好除草剂的应用研究、技术推广工作，避免除草剂混用的盲目性；同时，还应避免除草混剂生产的过多、过滥，以致不必要地增加农民施药成本。

2. 除草剂混用应注意的问题

在生产中除草剂的混用应区别对待，以提高除草剂混用的安全、效果和效益。其应用方式主要分为以下3个方面：

（1）正视除草混剂的生产与应用。除草剂混剂是提高除草剂混用效果、保证除草剂的质量和对作物安全性的最佳使用方式。除草混剂多是由技术人员经过大量研究工作而得到的最佳配比、最佳剂型，农民可以直接使用，它具有安全、高效、方便的特点。但是，除草混剂和其他农药混剂一样，大大提高了施药成本。除草混剂的特点相对固定，一般仅适用于个别地区或作物的某一生育阶段，从而不同程度地限制了除草剂的有效、灵活应用。目前，大多混剂生产厂家生产条件简陋、质量控制设施不健全，不少厂家为了追逐高额利润而盲目生产，致使除草混剂出现了较多问题，政府管理部门应予以科学的管理。一般说来，一些用量较少、除草谱较窄、安全性较差、农民应用中难于掌握的除草剂品种可以考虑生产加工为混剂；对于一些应用安全、施药要求简单、除草谱较广的除草剂不宜随意生产成混剂，这样会无意义地加大农民生产成本，如乙草胺＋莠去津等。

（2）抓好除草剂的现混现用。除草剂现混现用具有成本低、使用灵活的特点，农民可以根据作物栽培生长情况、杂草的发生状况，采用适宜的除草剂种类和配比，以达到高效、经济、安全的要求。但现混现用要求农民有较高的文化素质和施药技术，配比不当常常难以达到理想的除草效果、降低对作物的安全性。随着农民对除草剂的认识不断增加、我国技术推广部门的除草剂知识广泛宣传，现混现用的除草剂会逐步增多。

（3）提倡除草剂的桶混。除草剂桶混兼有以上两种除草剂混用方式的特点，同时也较好地克服了它们的缺点，应得到广泛的推广普及。要做到这些并不难，它一方面要求生产厂家生产容积相对较大的包装，商品标签或产品说明书介绍产品的理化性能、除草特点，并全面而详细地介绍该除草剂在不同条件下与其他降草剂的混用方法；另一方面，要求基层降草剂销售、技术服务部门、乡村农技站针对本地的农作物栽培情况和杂草发生规律，有目标地引进除草剂，并指导农民对除草剂进行合理的混用。

七、除草剂的药害与补救

作物受害是除草剂应用中存在的一个重要问题，因为任何作物都不能完全抵抗除草剂的药害只能忍耐一定剂量的除草剂，也就是说除草剂对作物与杂草的选择性不是绝对的，超越其选择性范围时作物就会产生药害。

（一）除草剂药害产生的原因

任何作物对除草剂都不具有绝对的耐性或抗性，而所有除草剂品种对作物与杂草的选择性也都是相对的，在具备一定的环境条件与正确的使用技术时，才能显现出选择性而不伤害作物。在除草剂大面积使用中，作物产生药害的原因多种多样，其中有的是可以避免的，有的则是难以避免的。

1. 雾滴挥发与漂移

高挥发性除草剂，如短侧链苯氧羧酸酯类、二硝基苯胺类、硫代氨基甲酸酯类、苯甲酸类等除草剂，在喷洒过程中，小于100微米的药液雾滴极易挥发与漂移，致使邻近被污染的敏感作物及树木受害。而且，喷雾器压力愈大，雾滴愈细，愈容易漂移。在这几类除草剂中，2,4-滴丁酯表现最为严重与突出，在地面喷洒时，其雾滴可漂移1 000～2 000米；而禾大壮在地面喷洒时，雾滴可漂移500米以上，若采取航空喷洒，雾滴漂移的距离更远。

2. 土壤残留

在土壤中持效期长、残留时间久的除草剂易对轮作中敏感的后茬作物造成伤害，如玉米田施用西玛津或阿特拉津，对后茬大豆、甜菜、小麦等作物有药害；大豆田施用灭灵、普施特、氟乐灵，对后茬小麦、玉米有药害；小麦田施用绿磺隆，对后茬甜菜有药害，这种现象在农业生产中易发生而造成不应有的损失。

3. 混用不当

不同除草剂品种间以及除草剂与杀虫剂、杀菌剂等其他农药混用不当，也易造成药害，如磺酰脲类除草剂与磷酸酯类杀虫剂混用，会严重伤害棉花幼苗；敌稗与2,4-滴、有机磷、氨基甲酸酯及硫代氨基甲酸酯农药混用，能使水稻受害等。此类药害，往往是由于混用后产生的加成效应或干扰与抑制作物体内对除草剂的解毒系统所造成。有机磷杀虫剂、磷代氨基甲酸杀虫剂能严重抑制水稻植株内导致敌稗水解的芳基酰胺酶的活性。因此，将其与敌稗混用或短时期内间隔使用时，均会使水稻受害。

4. 药械性能不良或作业不标准

如多喷头喷雾器喷嘴流量不一致、喷雾不匀、喷幅联结相重叠、喷嘴后滴等，造成局部喷液量过多，使作物受害。

5. 误用

过量使用以及使用时期不当，如在小麦拔节期使用百草敌或2,4-滴丁酯，直播水稻田前期应用丁草胺、甲草胺等，往往会造成严重药害。

6. 除草剂降解产生有毒物质

在通气不良的嫌气性水稻田土壤中，过量或多次使用杀虫剂形成脱氯杀草丹，严重抑制水稻生育，结果造成水稻矮化。

7. 异常不良的环境条件

在大豆田应用甲草胺、异丙甲草胺以及乙草胺时，喷药后如遇低温、多雨、寡照、土壤过湿等，会使大豆幼苗受害，严重时还会出现死苗现象。

（二）除草剂药害的症状表现与调查方法

1. 除草剂药害的症状表现

除草剂对作物造成的药害症状多种多样，这些症状与除草剂的种类、除草剂的施用方法、作物生育时期、环境条件密切相关。现将除草剂的症状表现归类总结如下：

（1）除草剂药害在茎叶上的药害症状表现。用作茎叶喷雾的除草剂需要渗透通过叶片茸毛和叶表的蜡质层进入叶肉组织才能发挥其除草效果或在作物上造成药害；用作土壤处理的除草剂，也需植物的胚芽鞘或根的吸收进入植株体内才会发生作用。当然，叶面喷雾的除草剂与经由根部吸收的降草剂，其药害症状的表现有很大差异。

茎叶上的药害症状主要有以下几种：

①退绿。退绿是叶片内叶绿体崩溃、叶绿素分解。退绿症状可以发生在吐缘、叶尖、叶脉间或叶脉及其近缘，也可全叶退绿。退绿的色调因除草剂种类和植物种类的不同而异，有完全白化苗、黄化苗，也有的仅仅是部分退绿。三氮苯类、脲类除草剂是典型的光合作用抑制剂，多数作物的根部吸收除草剂后，药剂随蒸腾作用向茎叶转移，首先是植株下部叶片表现症状，沿叶脉出现黄白化。这类除草剂用作茎叶喷雾时，在叶脉间出现退绿黄化症状，但出现症状的时间要比用作土壤处理的快。

②坏死。坏死是作物的某个部分如器官、组织或细胞的死亡。坏死的部位可以在叶缘、叶脉间或叶脉及其近缘，坏死部分的颜色差别也很大。例如，需光型除草剂草枯醚等，在水稻移栽后数天内以毒土法施入水稻田，水中的药剂沿叶鞘呈毛细管现象上升，使叶鞘表层呈现黑褐色，这种症状一般称为叶鞘变色。又如，氟磺胺草醚（虎威）应用于大豆时，在高温强光下，叶片上会出现不规则的黄褐色斑块，造成局部坏死。

③落叶。退绿和坏死严重的叶片，最后因离层形成而落叶。这种现象在果树上，特别是在柑橘上最易见到，大田作物的大豆、花生、棉花等也常发生。

④畸形叶。与正常叶相比，叶形和叶片大小都发生明显变化，呈畸形。例如，苯氧羧酸类除草剂在非禾本科作物上应用，会出现类似激素引起的柳条叶、鸡爪叶、捻曲卅等症状，部分组织异常膨大，这种情况下，常常造成生长点枯死，周缘腋芽丛生。又如，抑制蛋白质合成的除草剂应用于稻田，在过量使用情况下会出现植株矮化、叶片变宽、色浓绿、叶身和叶鞘缩短、出叶顺序错位，抽出心叶常呈蛇形扭曲。这类症状也是畸形叶的一种。

⑤植株矮化。对于禾本科作物，其叶片生长受抑制也就伴随着植株矮化。但也有仅仅是植株节间缩短而矮化的例子。例如，水稻生长中后期施用2,4-滴丁酯、二甲四氯钠盐时混用异稻瘟净，使稻株秆壁增厚，硅细胞增加，节间缩短，植株矮化。

除草剂在茎叶上的药害症状主要表现为叶色、叶形变化，落叶和叶片部分缺损以及植株矮化。

（2）除草剂药害在根部的症状表现。除草剂药害在根部的表现主要是根数变少，根变色或成畸形根。二硝基苯胺类除草剂的作用机制是抑制次生根的生长，使次生根肿大，继而停止生长；水稻田使用过量的二甲四氯丁酸后，水稻须根生长受阻，稻根呈疙瘩状。

（3）除草剂药害在花、果部位的症状表现。除草剂的使用时间一般都是在种子播种前后或在作物生长前期，在开花结实（果）期很少使用。在作物生长前期如果使用不当，也会对花果造成严重影响，有的表现为开花时间推迟或开花数量减少，甚至完全不开花。例如，麦草畏在小麦花药四分体时期应用，开始对小麦外部形态的影响不明显，但抽穗推迟，抽穗后绝大多数为空瘪粒。果园使用除草剂时，如有部分药液随风漂移到花或果实上，常常会造成落花、落果、畸形果或者果实局部枯斑，果实着色不匀，使水果品质和商品价值的下降。

上述的药害症状，在实际情况下，单独出现一种症状的情况是较少的。一般都表现出几种症状。例如，退绿和畸形叶常常是同时发生的。同一种除草剂在作物的不同生育期使用时，会产生不同的药害症状；同一种药剂，同一种作物，有时因使用方法和环境条件不同，药害症状的表现会有差异。尤其值得注意的是，药害症状的表现是有一个过程的，随着时间推移，症状表现也随之变化，因而在识别除草剂的药害时要注意药害症状的变化过程。

2. 除草剂药害的调查内容

在诊断除草剂药害时，仅凭症状还不够，应了解药害发生的原因。因此，调查、收集引起药害的因素是必要的，一般要分析如下几个方面：

（1）作物栽培和管理情况。调查了解栽培作物的播种期、发育阶段、品种情况；土壤类别、土壤墒情、土壤质地及有机质含量；温度、降水、阴晴、风向和风力；田间化肥、有机肥施用情况、除草剂种类、用量、施药方法、施用时间。

（2）药害在田间的分布情况。除草剂药害的发生数量（田间药害的发生株率）、发生程度（每株药害的比例）、发生方式（是成行药害、成片药害），了解药害的发生与施药方式、栽培方法、品种之间的关系。

（3）药害的症状及发展情况。调查药害症状的表现，如幼苗情况、植株生长情况、叶色表现、根茎叶及芽、花、果的外观症状；同时，了解药害的发生、发展、死亡过程。

3. 除草剂药害程度的调查分级

调查药害的指标应根据药害发生的特点加以选择使用。除草剂药害所表现的症状归纳起来有两类，一类是生长抑制型，如植株矮化、茎叶畸形、分蘖和分枝减少等；一类是触杀型，如叶片枯死等。对全株性药害，一般采用萌芽率、出苗数（率）、生长期提前或推迟的天数，植株等指标来表示其药害程度。对于叶片黄化、枯斑型药害，通常用枯死（黄化）面积所占全面积百分率来表示其药害程度，并计算药害指数。

$$\text{药害指数}(\%)=\frac{\sum(\text{各级级数}\times\text{株数})}{\text{调查总株数}\times\text{最高级数}}\times 100\%$$

（三）除草剂药害的预防与补救

随着除草剂的广泛应用，除草剂给农作物带来药害的问题将愈来愈多，针对不同除草剂发生的药害，应区别对待，及时采取相应的措施。

根据除草剂的作用方式、药害表现，可以分成如下三种类型，并分别采取相应的补救措施。

1. 除草剂的自身特性

在生产中，有些除草剂易对作物造成触杀性或抑制性药害，或是遇到不良环境条件对作物产生短期药害，而且这些药害短时间可以恢复。

如酰胺类除草剂、二硝基苯胺类除草剂，在适用作物、适宜剂量下施用，遇持续低温高湿时，可能产生药害，特别是大豆播后芽前施用，易产生药害。一般剂量下，这些药害在天气正常后，7～15天基本上可以恢复。

二苯醚类除草剂是最易产生药害的一类除草剂。在大豆生长期施用氟磺胺草醚、三氟羧草醚、乳氟禾草灵、乙羧氟草醚后1～5天，大豆茎叶有触杀性褐色斑点，但不影响新叶的生长，对大豆的产量一般没有影响。如大豆田用乙羧氟草醚1天后，大豆很多叶片黄化，4～6天天后多数叶片复绿，8～10天后基本正常，一般剂量下对大豆生长没有影响。在花生生长期施用三氟羧草醚、乳氟禾草灵1～5天，花生茎叶有触杀性褐色斑点，不影响新叶的生长，对花生的产量一般没有影响。乙氧氟草醚在大豆、花生、棉花田播后芽前用后，对新出真叶易出现触杀性褐色斑，暂时抑制生长，正常剂量下，短时间内即可恢复。

溴苯腈用于小麦田，在低温情况下施用，部分小麦叶片出现枯死，气温回升后逐渐恢复生长，对小麦影响不重。

快灭灵用于小麦田，易出现黄褐色斑点，在正常剂量下，对小麦生长发育和产量没有影响。

对于这类除草剂药害，生产中不应惊惶失措，对作物生长和产量没有影响。必要时，可以加以肥水管理，促进生长。

2. 速效性除草剂的误用

速效性除草剂，作用迅速，误用了这些除草剂后作物短时间内即死亡，生产中根本没有时间来抢救，应及时采取毁田补种。

如二苯醚类除草剂中的氟磺胺草醚、三氟羧草醚、乳氟禾草灵、乙羧氟草醚、乙氧氟草醚等误用于非靶标作物，1～3 天即全部死亡。这类药剂没有内吸、传导作用，如果是漂移为害，少数叶片死亡，一般作物还会恢复生长。

百草枯、溴苯腈、快灭灵误用或漂移到其他作物，短时间内即全部死亡。

对于这类除草剂造成的药害，生产上没有时间抢救，应及时毁田补种。

3. 迟效性除草剂的误用

多数除草剂品种，对作物造成的药害发展缓慢，有的甚至到作物成熟时才表现出来，而且药害带来的损失多是毁灭性的。

如误用磺酰脲类除草剂、咪唑啉酮类除草剂等，剂量较高的药害也需 5～7 天才表现出症状，7～20 天作物死亡；而磺酰脲类除草剂的残留、漂移等低剂量下发生的药害，往往 15～40 天后症状才完全表现出来，死亡速度缓慢。苯氧羧酸类除草剂、苯甲酸类除草剂引发的药害，往往不是马上表现出药害，而是到小麦抽穗、成熟时才表现出来。在生产中，对于这类除草剂造成的药害，应加强诊断、及时采取补救或补种其他作物。在补救中，不要盲目地施用补救剂，应在技术部门指导下，选用适宜的药剂，进行解毒、补偿生长。毁田补种时，应在技术部门指导下，补种对除草剂耐性强、生育期适宜的作物，避免发生第二次药害。

第二节　小麦绿色高产高效集成新技术培训宣传材料

第一部分　小麦高产栽培的基础知识

一、小麦的植物学特性及产量形成的主次因素

小麦在植物分类学上属于被子植物门、单子叶植物纲、禾本目、禾本科、小麦属、小麦种，小麦是长日照植物。禾本科的典型特征是有小穗，小穗由颖片，小花和小穗轴组成。小麦区别于其他禾本科作物的主要特点是有分蘖，分蘖成穗是小麦高产栽培的重要因素。禾本科作物的优点是比豆科、茄科等作物耐连作。

小麦高产田的长相：

(1) 千斤（500 千克/亩）小麦产量要素的构成：亩穗数＝42 万～45 万穗；穗粒数＝29～31 粒/穗；千粒重＝40～42 克。成熟时田间表现：穗层整齐，基本封垄，地皮隐约可见。

(2) 亩产 600 千克以上产量要素的构成：亩穗数＝45 万～48 万穗；穗粒数＝32～35 粒/穗；千粒重＝42～48 克。成熟时田间表现：穗层整齐，完全封

垄，不见地皮，田间行走较困难。

高产田小麦产量形成的主次因素：小麦群体自动调节有一定的顺序性。如肥水处理首先增加分蘖数，其次增加穗数，再次增加穗粒数，最后才影响千粒重。按照这一顺序，通过层层调节，肥水影响越来越小。所以，蘖数和穗数变化较大，而穗粒数和千粒重比较稳定。换句话说，生产上促进穗粒数和千粒重要比增加穗数困难，原因在此。

高产栽培，主攻亩穗数对增产比较有效，其次是穗粒数和千粒重。

(1) 亩穗数最重要，人工调控效果好。亩穗数主要来源于主茎和分蘖成穗。通过人工干预和栽培措施可以实现稳定增加，对实现高产贡献大。而且增加亩穗数时间跨度长，出苗—拔节 4 个多月，130 多天，栽培上可采取的措施多，管理上回旋余地大，容易操作。主要途径有二：一是打好播种基础，二是搞好出苗—拔节期间的管理。

(2) 穗粒数调控结果难料。穗粒数主要来源于拔节至孕穗期的穗分化（小花分化期至四分体期），与小麦个体发育是否健壮有很大关系。穗粒数形成时间跨度短，拔节—开花 1 个多月，管理上回旋余地小，易被人们忽视。穗粒数形成受倒春寒气候影响大，通过人工干预和栽培措施有时奏效，有时不奏效，不易控制，效果难料。主要途径：搞好春季肥水调控，尤其是拔节—开花期间的管理。

(3) 千粒重调控有效果但较小。千粒重主要来源于灌浆期光合产物的积累，与后期的水肥、光照、营养等条件有密切关系。受后期气候、土壤墒情、地力、病虫防治等因素影响大，通过人工干预和栽培措施可使之增加，行之有效，但效果大小难以确定。灌浆时间短，开花—成熟 1 个多月，增产措施靠前实施有效，靠后实施效果大减。主要途径：搞好开花—成熟期间的管理，搞好一喷三防，防早衰。

二、许昌小麦的生长发育特点与高产的主攻方向

1. 许昌小麦生育期间的气候特点

在许昌乃至整个河南省，小麦生育期间的气候特点是：秋季温度适宜，一般年份播种期间麦田底墒充足；冬季少严寒，雨雪稀少；春季气温回升快，光照充足，常遇春旱，间隔有倒春寒发生。入夏气温偏高，易受干热风危害。

2. 许昌小麦生长发育特点

许昌市特殊的气候条件形成了小麦生长发育具有“两长一短”的特点：即分蘖期长，幼穗分化期长，籽粒灌浆期短。

(1) 全生育期长。正常情况下，许昌市小麦从播种到成熟一般为 230 多天，比北方春小麦长 80～90 天，比南方冬小麦长 20～30 天至 70～80 天大小

不等。与北京相比，也长 60 天左右。小麦全生育期长，能有充分时间完成各个发育阶段，有利于养分积累和利用，这为充分利用光能和高产稳产创造了有利条件。

（2）幼穗分化期长。许昌市小麦一般在 10 月 10 日左右播种，11 月上旬（4 叶期）即可进入茎生长锥伸长期。幼穗分化开始早，延续时间长，到幼穗分化末期，一般经历 160～170 天，共需积温 1 000℃左右，占小麦全生育期的 2/3。比北京长 40～50 天，比南方长 60～70 天。幼穗分化时间长，有利于促穗大粒多，能充分发挥穗部增产潜力。

（3）籽粒灌浆期短。许昌市小麦抽穗以后，气温急剧上升，而且比较干旱，到 5 月下旬，正处于灌浆中后期，常遇干热风天气的侵袭。一般情况下，从抽穗开花到成熟，只有 40 天左右的时间，占总生育期的 18%～20%，灌浆时间相对较短，所以，千粒重多数在 40 克左右。而青藏高原一带，灌浆时间一般超过 2 个月，所以千粒重一般在 50 克以上。

3. 小麦增产的关键时期和主攻方向

麦收“胎里富”，冬前很重要，主要在整地播种环节。

（1）播种—起身期，主攻穗数，主要在于打好播种基础。

（2）拔节—开花期，主攻粒数，主要在于春季追肥浇水。

（3）开花—灌浆成熟，主攻粒重，主要在于后期“一喷三防”。

三、小麦的分蘖成穗规律与播期播量的关系

1. 小麦分蘖的发生及幼苗的形态认识

（1）分蘖节。是由植株地下部许多没有伸长的节、节间，以及叶、腋芽等所组成的一个节群。当小麦茎长到三叶一心时开始分蘖。许昌市小麦分蘖节中节为 5～9 个，一般 8 个。

（2）小麦分蘖的作用。

①分蘖穗是构成产量的重要组成部分。小麦单位面积上的穗数由主茎穗和分蘖穗共同构成。分蘖成穗率可反映栽培水平和地力的高低，高产田，分蘖穗可达 60%。

②分蘖是壮苗的标志。分蘖是看苗管理的重要指标。生产上可根据分蘖多少、叶蘖发生的相关性等及早区别出壮苗、弱苗、旺苗三种苗情，以便分类管理。另据研究，在亩穗数相同时，基本苗少者单株成穗数多产量高，因其个体发育好，分蘖多必然次生根多、近根叶多，苗壮，成穗率高。

③分蘖是环境与群体的调解者。小麦群体的大小，在很大程度上是通过分蘖而不是主茎来进行自动调节的。这是因为分蘖对环境的反应比主茎敏感。良好条件下分蘖发生多且生长健壮，条件不良时分蘖首先受到抑制。生产上即使

基本苗相差悬殊，但通过肥水调控，最后亩成穗数可以很接近，就是利用了分蘖的这种自调作用。

④分蘖有再生作用。遇到雹灾、冻害时可以挽救产量。在分蘖期，小麦不仅在分蘖节处发生次生根，而且还能形成许多分蘖幼芽，以适应各种不良的环境条件而保持自身的生存。当主茎和分蘖遭受雹灾、冻害等而死亡时，即使这时分蘖期已经结束，只要条件适宜仍可再生新蘖并形成产量。

2. 小麦分蘖规律

分蘖的发生顺序：主茎：小麦最初从地面长出的茎。用 0 表示。一级分蘖：当小麦主茎长到三叶一心时开始分蘖。3 叶时，从主茎上发生的分蘖叫一级分蘖，用Ⅰ，Ⅱ，Ⅲ……表示。胚芽鞘中长出的胚芽鞘蘖（C）也属于一级分蘖。二级分蘖：当小麦分蘖长到三叶一心时开始次生分蘖。从一级分蘖上发生的分蘖叫二级分蘖，用$Ⅰ_1$，$Ⅱ_2$ 或$Ⅲ_1$，$Ⅲ_2$……表示。由于每个一级分蘖的第一片叶是不完全叶，薄膜鞘状，称为蘖鞘，从中伸出的蘖叫鞘蘖，下脚注P，如C_P，$Ⅰ_P$，$Ⅱ_P$……属于二级分蘖。三级分蘖：从二级分蘖上发生的分蘖叫三级分蘖，用$Ⅰ_{P-1}$，$Ⅰ_{1-1}$，$Ⅱ_{2-1}$……表示。

3. 许昌市小麦分蘖消长与成穗规律

分蘖消长规律："两个盛期，一个高峰，越冬不停，集中死亡"。"两个盛期"：在河南中北部，一个盛期是在 10 月底到 12 月上中旬，这一阶段长出的分蘖占总分蘖的 70%左右；另一个分蘖盛期则在翌年的 2 月中下旬到 3 月上中旬，分蘖数占总分蘖的 20%左右。北方冬麦区，适播麦田，出苗后 15～20 天开始分蘖；冬前达到分蘖第一盛期；越冬期出蘖速度缓慢或停滞；返青以后，分蘖继续发生，气温达 10℃左右时出现第二盛期；起身—拔节期，达到高峰。起身—拔节期，分蘖向两极分化：晚生蘖、小蘖衰亡，变为无效蘖，而早生蘖、大蘖发育成穗，成为有效蘖。"一个高峰"：指分蘖累计高峰数值，通常出现在翌年 2 月下旬或 3 月上中旬，即起身期。"越冬不停"：指越冬期间，生长不会停止，分蘖继续发生。河南中北部地区除个别冷冬年份温度较低，一般年份越冬期间（12 下旬至次年 2 月上中旬）平均气温在 0℃以上，所以，冬季处于"下长上稍长"阶段，主茎可长一片叶，随着主茎、大分蘖长出叶片，还有新蘖发生。暖冬年份则长出更多。"集中消亡"：指无效分蘖消亡的时间比较集中。小麦起身后，分蘖逐渐停止，并出现两极分化，大的、壮的分蘖成穗；小的、弱的逐渐死亡。在一株上，无效分蘖消亡的顺序一般是由上而下、由外向内。分蘖衰亡具有"迟到早退"特点。即晚出现的分蘖先死亡。掌握这个规律，适时促控，对提高小麦成穗数至关重要。在生产实践中，拔节期间既要保证有足够的水肥供应，提高成穗率，又要防止水肥过大，推迟两极分化。

4. 影响分蘖成穗的因素

影响分蘖力的因素：小麦单株产生分蘖多少的能力称为分蘖力。

①品种特性与种子质量。小麦分蘖力高低是遗传特性的表现，不同品种分蘖力不同。冬性品种强于春性品种。

②气象条件：温度、光照、水分等。主要为温度。最适 13～18℃，最低 3℃，>18℃分蘖生长又慢。冬前温度高，单株分蘖多，反之然。北方冬麦区要培育 4～7 个分蘖的壮苗，必须有≥0℃积温 600±50，低于 400 难以培育多蘖壮苗。

③栽培技术措施：a. 播期早晚；b. 播种量与播种方式；c. 播种深度（重要措施）：深，苗弱分蘖少；浅，分蘖多但易冻死。许昌市一般为 3～5 厘米。d. 土壤水分及通气条件；e. 土壤肥力与施肥水平。地肥或施肥多，分蘖相应多，成穗率也高，反之亦然；f. 整地质量；g. 镇压、深中耕及培土。

④分蘖发生早晚。

⑤分蘖叶片数。

⑥群体大小。

⑦单株营养面积。密度越小单株分蘖越多，反之然。

5. 提高分蘖成穗率的途径

①提高整地质量，适期适量播种。

②足墒浅播，许昌市适宜播深 3～5 厘米。

③掌握适宜的基本苗数。

④培肥地力。

⑤培育冬前壮苗。

⑥两极分化期间合理促控。加强春季肥水管理：幼穗伸长期肥水，可提高单株分蘖数和穗数；二棱期肥水不增加单株分蘖数，但提高成穗率。高产田提倡二棱期（起身）水肥。

6. “分蘖缺位”现象

适播麦田，从播种到出苗需 0℃以上积温 120℃・天；从出苗到越冬，主茎每长 1 片叶需积温 65～80℃・天。

①积温条件不能满足时，就会发生分蘖缺位。

②光照不足，降水过多，田间积水等条件，也会发生分蘖缺位。

③播种过深，播种过晚，生长条件不良，营养不足等条件也会造成分蘖缺位。如在旱薄地，播种过深时，Ⅰ蘖就常缺位。

7. 未抽穗前如何判断分蘖有效或无效

①冬前判断：冬前具有三片叶以上的分蘖若越冬未死亡，且肥水条件正常就能成穗。

②春季拔节以前：具有六片叶以上的分蘖可成穗，五片叶的介于成与不成之间，四片叶以下的一般不能成穗。

半冬性品种适播时，单株分蘖一般为5～10个，单株成穗3～5个：春性品种适播时，单株分蘖数为3～8个（包括O），最后成穗数为1.5～2.5个。中高产田，半冬性品种亩最高群体90万～120万，个别超出130万，最后亩成穗35万～50万穗；春性品种，亩最高群体80万～90万穗，个别超出100万，亩成穗30万～40万。

单株成穗1个时，主茎成穗（O成穗）；

单株成穗2个时，O和Ⅰ；

单株成穗3个时，O，Ⅰ和Ⅱ；

单株成穗4个时，O，Ⅰ，Ⅱ，$Ⅰ_P$或O，Ⅰ，Ⅱ和Ⅲ；

单株成穗5个时，O，Ⅰ，Ⅱ，Ⅲ，$Ⅰ_P$。

8. 分蘖成穗是小麦产量形成的一大优势，适量播种产量高

①分蘖成穗是小麦产量形成的一大优势，也是获得高产重要途径。亩穗数主要来源于主茎成穗和分蘖成穗。在河南，适期播种（10月10日前后）的冬小麦，一般都由主茎成穗和分蘖成穗两部分组成，且高产田的分蘖成穗占亩成穗数的主要成分。高产田分蘖成穗一般是主茎成穗的1.5倍到2倍以上，是小麦产量形成的一大优势，促分蘖多成穗是实现小麦高产的重要途径之一。只有晚播或春播麦田，主要靠主茎成穗，但最终单产都不高。

②许昌市小麦分蘖时间长，可以充分利用分蘖成穗。适量播种，不但可少用种子、节约成本，而且容易获得高产。前面讲过，河南小麦的生产特点是生育期长，穗分化时间长，所以分蘖时间也长。适期播种的小麦，大约从10月底开始，到3月中旬起身拔节结束，分蘖期可持续4个多月，130多天。利用冬小麦分蘖时间长的特点，在栽培上可采取的措施较多，在管理上回旋余地大。高产栽培可以走控群体、壮个体，群体与个体协调发育，亩穗数和穗粒数均衡增长，夺高产的路子。因此，平原灌区高产栽培，一般走低播量、促多分蘖、多成穗、成大穗、提高分蘖成穗率的途径。

③小麦亩成穗数高低取决于有效分蘖的多少。小麦的分蘖不是都能抽穗结实的，凡能抽穗结实的叫有效分蘖，一般年前发生较早的分蘖多属有效分蘖；而不能抽穗结实的分蘖叫无效分蘖，一般年后生出的分蘖多属无效分蘖。实践证明，产量高的麦田与有效分蘖多有关。这就是为什么要非常重视有效分蘖的道理。

④适期播种情况下，高产栽培一般不适宜大播量。适期播种，亩基本苗应控制在20万株以下。按斤籽万苗计算，播量不应超过10千克/亩。亩播量超过10千克，分蘖成穗就会下降；亩播量超过15千克，大部分分蘖不能成穗；

亩播量超过 20 千克，几乎所有分蘖不能成穗；亩播量超过 25 千克，主茎成穗就会受到抑制；播量再大（如，40 千克/亩），主茎成穗会发生问题。大播量不仅是影响分蘖成穗的问题，它所带来的负面效应很多。这是因为，大播量不利于个体发育和分蘖生长；播量过大（亩播量超过 15 千克），往往会造成冬春群体过大，容易形成假旺苗，导致群体发育与个体发育比例失调，个体发育过弱，分蘖成穗率会大大下降，有时主茎成穗也受到抑制，每亩总成穗数不但不会增加，反而会下降；同时由于个体发育弱，穗头一般不会太大，穗粒数也下降，且易造成田间郁闭，病虫害重发生，后期倒伏威胁增加，最终产量不高。

⑤争取单株多分蘖，增加冬前大分蘖，可以有效增加亩成穗数，从而利于夺高产。播量适宜，可实现多个利好：省种、壮苗、少病、多成穗、夺高产。播量过多或过少，管理成本增加，多害，不利于夺高产。

四、小麦苗情分类及培育冬前壮苗的重要性

（一）越冬苗情分类

（1）越冬苗情。指十二月中旬前后，小麦即将进入越冬时候的苗情。

一类苗（壮苗）：群体为 65 万～80 万苗（含 65 万），单株分蘖平均数达到和超过 4 个。

二类苗（一般苗）：群体为 50 万～65 万苗（含 50 万），单株分蘖平均数为2～4个（含 2 个）。

三类苗（弱苗）：群体不足 50 万；单株分蘖平均数不足 2 个。

旺苗（包括假旺苗）：不论什么原因形成的群体达到和超过 80 万的麦田，均为旺苗。

注：①冬季苗情以群体和单株分蘖作为分类指标；

②冬季调查时间：十二月中旬，即小麦刚进入越冬的时候；

③单株分蘖（包括主茎）；

④本书所指的单株分蘖和大分蘖均包括主茎在内；

⑤当一块麦田的两个分类指标分别处在两个不同的苗类时，应根据就低不就高的原则，列入较低级的苗类；

⑥除群体和单株分蘖外，还调查主茎叶龄、单株次生根条数、单株大分蘖等。

（2）春季苗情分类。春季苗情：指 3 月中旬前后，小麦进入起身拔节期时候的苗情。

一类苗（壮苗）：群体为 75 万～90 万（不含 90 万），单株大分蘖平均数达到 3 个以上（含 3 个）。

二类苗（一般苗）：群体为60万～75万（含60万）；单株大分蘖平均数为2～3个（含2个）。

三类苗（弱苗）：群体小于60万；单株大分蘖平均数在2个以下（不含2个）。

旺苗（包含假旺苗）：不论什么原因而形成的群体达到和超过90万的麦田，均为旺苗。

注：①春季苗情以群体和单株大分蘖作为分类指标；

②调查时间：一般在3月中旬，小麦起身拔节期，即小麦群体的高峰期。

③群体包括主茎和大小分蘖；

④单株大分蘖：是指与主茎粗壮程度无明显区别的分蘖，包括主茎。

（二）培育冬前壮苗的重要性

培育冬前壮苗可以有效提高亩成穗数。达到壮苗标准的苗子，翌年秆子壮，穗头齐，穗子大，粒重高，是小麦稳产保丰收的关键。实现丰产的保障：生产实践证明：小麦生产后期发生的许多问题都出在前期。高产栽培的重要前提：高产须从培育冬前壮苗、建立合理群体着手：①打好播种基础是培育冬前壮苗的前提；②合适的基本苗数是建立合理群体的关键。小麦冬前壮苗标准是：冬前主茎达到6叶1心，单株分蘖4个以上，单株大分蘖2～3个，次生根6条以上，亩群体（亩总茎数）65万～90万（含65万）。冬前群体总茎数：一般中高产田，为来年成穗数的1.2～1.5倍；高产田或超高产田，为来年成穗数的1.5～2倍。达到叶片、根系和分蘖同步生长。

（1）影响冬前壮苗形成的因素。

①品种：冬性强的品种春化阶段时间长，分蘖多；春性强的品种分蘖较少。

②积温：出苗后至越冬前，每出生一片叶约需65～80℃的积温。要保证冬前形成壮苗（按6叶1心计算），需0℃以上积温为570～650℃。晚播小麦积温不足，叶数少，分蘖也少。越冬前积温＜350℃，一般年份冬前不会发生分蘖，群众俗称“一根针”；11月中下旬日平均温度低于3℃播种的小麦，冬前一般不出土，群众俗称“土里捂”。

③地力和水肥条件：地力高、氮磷丰富、土壤含水量在70％～80％时有利于分蘖。单株营养面积合理、肥料充足尤其是氮磷配合施用，能促进分蘖发生，利于形成壮苗。生产上，水肥常常是分蘖多少的主要制约因素，往往可通过调节水肥来达到促、控分蘖的目的。

④播种密度和深度：冬小麦宜稀播，播种深度3～5厘米。播种过密，植株拥挤，争光旺长，分蘖少。播种深度超过5厘米，分蘖就要受到制约；超过

7 厘米则苗弱，冬前很难有分蘖或者分蘖晚而少。在上述因素中，积温的影响作用最强。

（2）培育冬前壮苗的措施。充分利用冬前积温培育冬前壮苗，适期播种产量高。

①高产创建的经验证明：小麦要想夺取高产，关键在于培育冬前壮苗。而适期播种，是培育冬前壮苗的关键。

②培育冬前壮苗，必须使小麦在越冬前有足够的积温作保证。冬小麦从播种到出苗一般需要 120℃左右的积温，冬前每生长一片叶约需 75℃左右积温。据此推算，冬小麦从播种到主茎形成 6 叶 1 心的壮苗标准，约需 0℃以上的积温为 570～650℃，生长时间不少于 65～75 天时间（2 个多月）。晚播小麦，因积温不够，其叶龄、单株分蘖数、次生根条数及长度均显著减少。但播种也不能太早，受前期高温影响，麦苗易生长过快，发育进程提前，形成旺长苗，且群体过大，空耗过多养分，易受冬季冻害或早春倒春寒危害。只有适期播种，才能使麦苗在越冬前处在适宜的温度下生长最快、发育最好，并有足够的积温形成壮苗。

③许昌市小麦适播期的确定原则：以茬口（腾茬早晚）选种，以种性定播期，以播期定播量。腾茬早的，选用半冬性品种，适宜早播，腾茬晚的（超过 10 月 12 日腾茬的），选用弱春性品种，适宜晚播。

④许昌市小麦生产实践证明：暖冬年，成穗率高；冷冬年，成穗率低。凡是冬前积温高的年份，都是增产年。其道理是：暖冬年，冬前分蘖多，尤其是大分蘖多，翌年成穗率高，穗子大。

五、小麦穗分化规律与预防冻害冷害的关系

（一）穗的分化形成过程

小麦穗由茎生长锥分化形成，大约是从播后一个月左右开始形成，大致经过伸长期、单棱期、二棱期、护颖分化期、小花分化期、雌雄蕊原基分化期、药隔形成期、四分体形成期八个时期，然后开花授粉、受精，形成籽粒，进入灌浆期。春性品种大约在 3 叶 1 心时开始穗分化。冬性、半冬性品种约在 4 叶或 4 叶 1 心时开始穗分化。

伸长期：时间：11 月上中旬。生育时期：分蘖初期；生长锥伸长期，春性品种主茎叶龄为 3.3～3.4，半冬性品种 4.4～5.0，叶龄指数 30%～35%。单棱期：时间：11 月中、下旬。生育时期：分蘖期；穗轴（节片）分化期，春性品种主茎叶龄为 3.6 左右，半冬性品种 5.5 左右，叶龄指数 32%～37%。二棱期：时间：12 月中旬至翌年 2 月中下旬；生育时期：越冬始期至返青期

结束。此期抗寒性较强。（小穗原基形成期）春性品种主茎叶龄为5.8，半冬性品种7.0～7.4，叶龄指数50%～53%。护颖分化期：开始时间：2月下旬至3月上旬；生育时期：起身期；春性品种主茎叶龄为7.6～8.0，半冬性品种8.0～9.0，叶龄指数65%～69%。小花分化期：时间：3月上中旬；生育时期：拔节期。春性品种主茎叶龄为8.0左右，半冬性品种10.0左右，叶龄指数70%～72%。雌雄蕊原基分化期：时间：3月中下旬；生育时期：拔节期。春性品种主茎叶龄为9.0，半冬性品种10.0～13.0，叶龄指数80%。

药隔形成期：时间：3月下旬至4月上旬；生育时期：拔节—挑旗期。春性品种主茎叶龄为10.0，半冬性品种13.0左右，叶龄指数90%。此期易受冻害。四分体形成前期：柱头突起，柱头伸长，时间：4月中旬前后；生育时期：挑旗期。春性、半冬性品种叶片均已全部抽出，即叶龄指数100%。此期易受冷害。四分体后期：柱头羽毛伸长，时间：4月下旬，生育时期：抽穗期。

开花：一般在抽穗后3～6天开始扬花，许昌市多在4月25日前后。

许晶市小麦幼穗分化历期和进程的特点："开始早，历期长，前期慢，后期快"。不同麦区幼穗分化进程有差异：前后历时短的只有30天，长的达170～180天。小麦主产省山东、河北、山西、陕西和新疆等地，幼穗分化历期较短，为45～60天。河南长达160～170天。

（二）穗分化时期与抗寒性的关系

小麦拔节以后，小麦穗分化过了二棱期，抗寒性迅速降低。穗分化进入雌雄蕊原基分化期以后，对外界温度进入敏感期，这时24小时急剧降温在10℃以上，就有可能造成冻害或冷害，持续时间越长，冻害或冷害越重。如果气温降到0℃以下，则形成冻害，而气温在零度以上形成的危害则叫做冷害。降温持续时间越长，冻害（冷害）越重。

小麦在药隔期至四分体期对低温比较敏感，尤其四分体期最敏感，最不抗寒，这时最易遭受倒春寒危害。无论任何小麦品种，只要穗分化的药隔期至四分体期赶上急剧降温天气，且24小时降温幅度超过10℃以上，都有可能遭受冻害或冷害，但品种之间抗寒性有差异，抗寒性弱的品种，受害较重。

许昌市3月下旬至4月上旬若发生冻害或冷害，易导致籽粒败育，形成空穗或半截穗，生产上应注意天气预报，做好提前防御。

（三）倒春寒危害与小麦冻（冷）害

（1）冬小麦的冻害是累积性的，一般是伤在冬春，死在返青。三月十五日左右大体上是死活的分界期。

（2）冻害发生的原因。概括为“天、物、人”三个主要方面。即天气是条件，品种是基础，栽培是关键。三者相克互补，共同影响。

①天，即寒潮，是冻害发生的客观条件。受三个层次因素的制约，一是极端最低温度，二是低温持续的时间，三是冷暖骤变。三因素中以冷暖骤变最为主要。据试验，经过抗旱锻炼的小麦（0～5℃，持续一定时间），在－20～－25℃下持续30天，小麦不致冻死；而在－9℃ 12小时及6℃ 12小时反复8次，死苗30%，反复15次，全部死亡。说明了首、末次寒流的重要性，证明了冻害是有积累性的。总结出“结（冻）解（冻）怕剧变”“长暖防骤寒”。

②物，即品种。品种不抗寒是造成冻害发生的生物学因素。小麦品种根据抗寒力不同分为春性、弱冬性、冬性、强冬性。品种间临界半致死温度不同。

③人，即栽培。栽培是冻害发生的人为条件，也是防止冻害发生的最重要的内容。

栽培上的失误主要是“浅、干、瘦；过、晚、板；畜禽餐”。

①浅，指播种过浅，分蘖节埋土深度不足3厘米，分蘖节处冷暖骤变剧烈。据试验，在寒潮袭击下，3厘米处地温比1厘米处高4℃左右，比5厘米处降低不足1℃。温度日较差，1厘米处20℃左右，3厘米处8℃左右。这就是说，3厘米以下地温不会随气温变化而剧烈变化，而1厘米以上，小麦分蘖节难以抵御寒流的袭击。分蘖节深浅与播深、镇压、浇蒙头水、光、温、湿度有关。如二三项可加深。

②干，指分蘖接处土壤干旱。干旱不仅加剧冷暖骤变，也导致小麦生理干旱。“旱助寒威”，冻害严重。

③瘦，指地瘦苗弱，蘖节含糖量少，会导致越冬期蛋白质的不断分解，使蘖节空秕，“饥寒交迫”而死。

④过，指播种过早，苗过旺，过密。三过麦苗冬前容易进入二棱期，较早地解除了抗寒能力；越冬期营养消耗过多，容易饥寒交迫而死。但过稀也不好，因麦苗缺少相互挤盖，分蘖外张使蘖节处露风，也易冻死，戏称“翻白眼”。

⑤晚，晚麦。冬前积温不足，苗小苗弱，茎嫩鞘薄，糖分积累少，抗寒能力差。特别是三叶期进入越冬期的麦苗更易冻死。

⑥板，指板结。分为早板晚板。早板是秋浇代替了冬灌，使土壤龟裂，小麦带着干夹板过冬（蘖节处透风，易冻死）；晚板是冬灌过晚、过大（易形成凌板，闷死）或春灌过早、过大（返浆期地表汪水，经几次昼消夜冻，就会死苗）所造成的板结。

⑦畜禽餐。畜禽啃青，使小麦抗寒性降低，易形成“白枯”。

在冻害发生的诸多因素中，最重要的是浅和干两个因素，二者的关系是

“浅干相随，以浅为主”。原因是播深合适对冷暖骤变具有长效稳定的防御效果，而干湿是暂时易变的；浅带有共性，不管什么情况下，浅了就死，概莫能外，干了可通过冬灌或轧麦减轻危害；深浅是暗藏的，容易被忽视，干湿是外露的，很容易看到。所以是以浅为主。但是，强调深浅并不等于可以忽视干的问题，因为“干了等于浅，旱助寒威”，这说明了冬灌的重要性。从小麦生理角度讲也能证明这一结论，低温可使原生质脱水到细胞间隙，干旱可使水分从细胞间隙散逸到体外。只旱不寒，水分不易脱出，只寒不旱，脱出的水分散不到体外。这叫做“寒脱（水）旱散（水）”。如果再加上大风，就更易死苗了，这叫做“风长旱势，旱助寒威”。

（3）冻害的防御措施。冻害的防御，概括起来叫做“一种三适”。即在培育壮苗的基础上做到选用耐寒品种、深浅适度、冬灌适时、轧盖适情。培育壮苗的主要措施是足墒足肥，所以这套措施简称“两足保壮，三适求全”。

①选用耐寒品种：选用耐寒性强的冬性小麦品种。

②深浅适度：播种深浅是三适中最重要的一环。“半寸伤、一寸活、七分八分受折磨，超过十分地面见不着”，“浅必伤、深必弱”。为了防治小麦分蘖节处温度的冷暖骤变，应严格掌握播种深度。要做到深浅适度，要求土地平整、松软，最好采用机播。

③冬灌适时：冬灌有蓄墒防旱、稳定地温、减轻冻害的作用。3 厘米处冬灌地比不冬灌地的温度日较差减少 4～6℃，相当于把覆土深度加厚了 0.5 厘米，概括为“冬灌如盖土，加厚零点五”。冬灌的关键在于适时，“早板、晚板，适时松散”。最适宜的时间是在“昼消夜冻和上冻下渗”时，掌握在气温稳定在 3～0℃时开始，到 0～－5℃时结束。具体情况下应掌握“大（水）浇早、小（水）浇晚”、“黄苗早、旺苗晚，一般麦田小雪天”。“早苗大（水）、晚苗小（水）”。许昌地区为 11 月下旬—12 月上旬。一般麦田，特别是坷垃多的麦田必须进行冬灌。如果冬灌过早或暖冬而引起地干时，可进行二次冬灌，但应严格掌握上冻下渗原则。但是，对于底墒较足的晚麦、下湿地、重盐碱地，可不进行冬灌。冬灌较早的麦田不太干时也可采用“细挠、浅盖、重轧”措施。

④轧盖适情：冬季和早春轧麦（镇压）都有防止死苗的效果，可压碎坷垃消灭裂缝，且有提墒和防止寒流飕蚀分蘖节的作用。先耙后轧更好。但轧麦要在晴天中、下午进行，防止轧断麦苗。盖土防止死苗的效果也很显著，特别是对于未冬灌的、播种偏浅的、抢墒播种的旱地麦效果更好。时间在大雪节后至冬至前，可中耕破背或破埂盖苗，盖后镇压，厚度掌握在分蘖节上有 3 厘米厚土层。

六、小麦春化现象与选用品种的关系

小麦的感温性及春化现象：感温性：小麦在进化过程中，其幼苗生长对温度有一定要求。春化现象：小麦种子萌动后或绿色幼苗的生长点，除要求一定的适宜生长的综合条件外，还必须通过一个以低温为主导因素的影响时期，才能抽穗结实，这段低温影响时期，叫做小麦的春化阶段。这种现象叫作春化现象。

根据小麦春化阶段要求低温的程度与持续时间长短，可将小麦划分为以下三种类型（表 2-3）：

表 2-3　小麦类型

类型	春化阶段适宜温度	持续时间	对温度反应敏感程度	田间表现
冬性品种	0～3℃	30 天以上	敏感	苗期匍匐，耐寒性强；未经春化处理的种子，春播不能抽穗结实
半冬性品种	0～7℃	15～30 天	较敏感	苗期半匍匐，耐寒性较强；未经春化处理的种子，春播不能正常抽穗或延迟抽穗或抽穗极不整齐
春性品种	0～12℃	5～15 天	不敏感	苗期直立，耐寒性差；未经春化处理的种子，春播可以正常抽穗结实

小麦感温性（春化现象）在生产上的应用——品种选用

抗寒性表现：小麦在春化阶段抗寒性最强（分蘖—越冬—返青），在光照阶段（起身—拔节）抗寒性变差。起身期是抗寒性临界点，起身前抗寒性强，起身后抗寒性差。生产上应选用抗寒性强的品种，尤其是抗倒春寒能力强的品种。

（1）按品种种性选用。

①冬性、半冬性品种，抗寒性强，一般产量较高，适宜早播，适宜早中茬种植。

②春性、弱春性品种，抗寒性较弱，但生育进程快，一般产量较冬性品种稍低，适宜晚播，适宜中晚茬种植。

（2）按品种布局。

①平原灌区：早茬麦以百农 207、矮抗 58、周麦 27、众麦 1 号为主，搭配种植许科 1 号、许农 5 号、西农 979、丰德存麦 1 号、许科 168、周麦 32，

中晚茬以兰考 198、众麦 7 号为主。

②山冈旱作区：早茬麦以百农 207、许科 1 号，许农 5 号为主，搭配种植周麦 22、众麦 1 号，中晚茬以兰考 198、众麦 7 号为主。

(3) 生产上应掌握合适播期，做到适期播种。

七、深耕改土、持续培肥地力是小麦高产栽培的战略举措

(1) 深耕的作用。俗话说："麦地不深翻，麦根无处钻"。深耕对小麦生长发育的利好很多：

①可以打破犁底层，使得土壤疏松，利于根系下扎，扩大根系的吸收范围，使根系生长良好，数量多；

②可以改善土壤理化性状，增加土壤的孔隙度，形成土壤水库，有效蓄积雨水，避免产生地面径流；

③可以熟化土壤，使耕层增厚而疏松，结构良好，通气性强，使土壤中水、肥、气、热相互协调；

④可以掩埋作物秸秆和肥料，清除作物残茬杂草，消灭寄生在土壤中或残茬上的病虫，减轻土传病虫害的发生；

⑤利于种子发芽、出苗，小麦生长呈现根深苗壮，利于地上部茎叶和分蘖生长，使得小麦冬前分蘖增加，反过来促进次生根进一步增多，利于形成冬前壮苗；

⑥"深耕加一寸，顶上一遍粪"，深耕相当于施 400～500 千克有机肥的作用，且积极效应可延续 2～3 年。

⑦可以提高小麦抗旱抗寒能力。深耕后，小麦根系下扎得更深，小麦种子根可入土 1～1.3 米，最深的可达 2 米，可以吸收土壤深层水分和养分；小麦次生根主要分布在近地面耕层里，深耕打破犁底层后，扎得更深，向下分布范围更广，根系既深又发达，同时小麦根的数量（种子根和次生根）增加，抗旱抗寒能力就越强。

⑧深耕一次，壮两季。小麦播前深耕，不但利于小麦生长（一般亩增产10%以上），也利于秋作物生长，对全年夏秋两季作物增产增收都很有好处。深耕与足墒结合，可实现根深苗壮；奠定丰收基础。

秋收一张锄，麦收一张犁。

土地不深翻，麦根没处钻。

深耕加一寸，顶上一遍粪。

(2) 小麦根的主要作用。从土壤中吸取水分和养分，并运送到茎叶中，进行有机物质的合成和转化，源源不断地供给小麦生长发育的需要。小麦的根是由胚根和节根组成的。胚根也叫做种子根、初生根，通常有 3～5 条，最多可

达7条。大粒种子胚根多，小粒种子胚根少。当第1片绿叶出现以后，就不再生新的胚根了。节根也叫小麦的永久根、次生根。当麦苗生出2～3片绿叶的时候，节根就从茎基部分蘖节的节上长出来。小麦的分蘖多，次生根也多。种子根可入土100～130厘米，最深的可达2米。次生根一般在20厘米深的土层里，约占60%。深耕后打破了犁底层，利于根系下扎。根系入土越深，抗旱抗寒能力就越强。

八、依据小麦的需肥特点，科学施肥产量高

（1）小麦的需肥规律。根据测定，每生产100千克小麦籽粒，一般需从土壤中吸收纯氮2.5～3.5千克，磷（P_2O_5）0.8～1.5千克，钾（K_2O）3～5千克。综合有关资料，三要素吸收量之比为（2.3～3.1）∶1∶（2.5～5.0），其中钾的变动幅度较大。一般生产上，每生产100千克籽粒，按吸收3千克氮、1千克磷、3.5千克钾的量为计算标准。

（2）小麦吸收营养以土壤中养分为主，化肥补充为辅。利用示踪研究方法证明：小麦生长期利用营养的需求，2/3利用土壤中营养，1/3利用当年所施入土壤中的营养。考虑到土壤的基础供肥能力和许昌市土壤现有的养分含量，应合理进行化肥投入，不能死搬公式盲目进行化肥投入。

（3）现阶段推广测土施肥技术，是目前公认的科学施肥方法。其中心思想是本照缺啥补啥的原则，进行针对性施肥。但测土配方施肥技术是一个复杂的技术体系，是一项牵涉多部门参与的系统工程，一般农户操作起来很难，换句话说，作为一般农户完全按技术规程操作，现阶段实现不了。测土配方施肥通常有三大类6种方法，第一类：地力分区法；第二类：目标产量法，包括养分平衡法和地力差减法；第三类：田间试验法，包括肥料效应函数法、土壤养分丰缺指标法、氮磷钾比例法。此外，还有3414试验、氮素实时监控施肥技术、磷钾养分恒量监控施肥技术、中微量元素养分矫正施肥技术等其他多种方法。但由于技术应用体系很复杂，步骤环节多，一般农户掌握不了。

（4）现阶段务实的做法，让农户直接施用配方肥或采用农业部门提供的施肥建议卡进行施肥。在不能做到每个农户进行测土配方施肥的情况下，现阶段的做法是：专业部门分区域测土，每100～500亩采集一个土壤样品，经化验弄清土壤养分含量，根据化验结果数据设计施肥配方，再经田间试验校正，建立施肥模型，分区域、分作物制定肥料配方和施肥建议卡，由化肥生产企业生产配方肥，直接向农户推广供应配方肥，或农户按施肥建议卡施肥。

（5）农民朋友千万不要陷入配方施肥误区。凡是那种认为施用配方肥或按施肥建议卡施肥一定能增产、普遍能增产、季季能增产、年年能增产，这种观点是错误的。这里可以肯定地告诉大家：谁也不能保证。这是因为：第一，现

阶段的测土配方施肥采用的是大区取样，而要做到一家一户取样有困难，所以测得的土壤养分数据在某区域的代表性存在一定误差，换句话说就是准确性是相对的，误差是绝对存在的。由于操作流程上的局限性，所测得数据与一家一户地块的实际土壤养分存在一定误差。第二，某地的土壤养分含量数据是不断变化的，不可能测一次养分应用多年。就是说测土所得数据的效用有时间限制的，只代表近阶段，时间长了，代表性会逐年降低，农民朋友切不可死搬硬套来应用。第三，我国现阶段是以家庭经营为主的经营模式，同一年份，同个村、同个组，不同同户间，村南与村北，村东与村西，甚至同一户的不同地块间，土壤养分含量也是不同的；不同年份差异更大。不少地方不少农户在不同年份种植作物种类变化较大，今年种这，明年种那，对土壤养分的利用程度不同，这些都会引起土壤养分含量的变化，不同年份之间差别较大。第四，不少地方不少农户每年或每季施肥种类和数量随意性较大，对土壤养分含量影响较大，从而带来土壤养分含量较大变化。

九、高肥力田，氮肥后移可增产

(1) 技术简介。小麦高产优质栽培前氮后移技术是适用于高产田的强筋小麦和中筋小麦，高产、优质、高效相结合，生态效应好的一套新创栽培技术。其技术内容是：在高产田栽培、亩施纯氮总量相等的条件下，以底追比例调整、春季追氮时期后移、适宜的氮素施用量为核心，改变传统底施化肥“一炮轰”或前重后轻、冬春追肥偏早的习惯，调整一部分氮素化肥在春季追施，底、追比例调整在7∶(3～5)∶5之间，春季追肥时间后移至起身拔节期或孕穗期，建立起具有高产潜力的合理群体结构和产量结构，提高生育后期的根系活力和叶片功能，从而达到延缓衰老，提高粒重，实现产量和品质双提高的一种农艺措施。

(2) 增产机理。小麦对氮的吸收有两个高峰，一个在年前分蘖盛期，占总吸收量的13%左右，另一个在年后拔节至孕穗期，占总吸收量的37%左右。对磷、钾的吸收高峰都在拔节以后，到开花期达到最大值。氮肥后移后，可以有效地控制无效分蘖过多增生，提高分蘖成穗率，塑造旗叶和倒2叶健挺的株型，使单位土地面积容纳较多穗数；促进单株个体健壮，有利于小穗小花发育，增加穗粒数；建立开花后光合产物积累多、向籽粒分配比例大的合理群体结构；促进根系下扎，提高土壤深层根系比重和生育后期的根系活力，有利于延缓衰老，提高粒重；显著提高籽粒产量和籽粒中蛋白质含量，提高产量和品质。

(3) 因苗制宜，增产显著。众多试验和实践证明，无论何种苗情，春季追肥都增产。春季追肥量和追肥时期应因苗制宜。壮苗晚追，追肥量适当减少，一般亩追施尿素5～8千克；弱苗早追，追肥量适当增加，一般亩追施尿素7～10千克。

(4) 应变管理，不要死搬硬套。注意事项。

①氮肥后移技术适用于肥水条件较好、肥力较高的高产麦田，在土壤肥力较低的中低产田、晚茬麦田、群体不足的麦田以及土壤过于黏重、地下水位过浅、后期追肥易导致倒伏或贪晚熟的麦田不宜采用。

②综合考虑地力、播期播量、灌溉条件等因素，在合理确定施肥总量后，再确定合理的底肥与追肥比例，把施肥比重后移。

③注意配套技术应用。如精细整地、精少量播种，打好播种基础，科学管理，注意及时防治小麦病虫害，防御后期干热风，及时防除杂草等。

④在正常栽培条件下运用该技术，遭遇不利气候条件时不宜采用。

⑤在采用该技术过程中，遇到气候异常或苗情异常，要随时采取应变管理措施，不要拘于技术本身、死搬硬套。

十、合理选用品种，搞好配套技术应用是高产栽培的重要环节

1. 科学选用品种是小麦高产栽培的前提

但任何品种都有优缺点，100%完美的品种不存在。选用品种时，一定要根据自家的地力水平、水浇条件、施肥水平、管理水平、茬口早晚等因素综合考虑，趋利避害，以充分发挥品种的优点，克服或降低品种的缺点，以达到高产增收之目的。选用品种不可求全责备、更不可偏听偏信广告宣传。凡声称净优点无缺点的品种都是骗人的。吹嘘好得不得了的品种，在选择时一定要慎重。目前为止，不论任何品种，都有优缺点，不尽100%完美。只不过好的优良品种，其所含的优良基因更多，优良性状更突出，但也不可能没有一点缺点。在选用一个品种的时候，切不可高估品种优点而忽视品种的缺点，更不可偏听广告宣传。凡经省及国家品种审定委员会审定通过的品种，都明确载明该品种的典型性状，也载明有优缺点。典型性状如株高、种性、分蘖力、抗病性、抗寒性、成穗率、抗倒伏能力、熟性、熟相及产量三要素构成、品质特性、适种范围等指标，是科学合理选用品种时的重要参考依据。

2. 品种利用的科学化措施

品种特性：目前对品种特性的介绍为“半冬性偏春性”“弱春性偏冬性”“早熟、半冬性”等，抗病性、抗寒性、抗旱性、抗倒性分蘖能力等用“高、中、低”等，但究竟“偏多少”、“高多少低多少”没有明确的标准和界限，表述模糊，造成由于品种利用不合理引起冻害、倒伏、病虫害等。因此品种特性标准化和根据品种特性进行生产利用，是目前河南省解决小麦品种“多乱杂”，减少生产上不应有损失的首要条件。

3. 适应区域

受全球气候变化的影响，近年河南省小麦生长季的气候和几十年前有了较大的变化，一方面平均温度升高、积温增加，另一方面极端气候事件增多，如高低温异常、旱涝不均等。近几年连续出现几十年不遇的大旱、持续低温等灾害性天气，提醒我们品种的推广利用一定要适应气候的变化，在不断改良品种特性的同时，结合区域气候特性进行利用，减少因气候变化带来的风险和损失。

4. 播期播量

播期播量一直是讨论热烈的话题之一。播量上一方面技术部门推广精量、半精量播种，另一方面农民实际播量越来越大。播期上有些人提出推迟播期，但随之而来的是口墒不足、出苗不好、苗期抗寒抗旱性差等问题。播期播量调控应根据区域生产生态环境结合品种特性合理确定，不能因近几年的气候和生产实际就武断地提出推迟播期和减少或加大播量。

选定品种后，一定要根据品种的特征特性，采取配套栽培技术，力争发挥品种的最大潜能，提高产量。小麦是自花授粉作物，自交遗传，田间杂交率不足 1%，品种混杂退化较慢，当选得一个较好品种时，只要注意田间保纯，收获时防止混杂，并实行优中选优，利用得好，可以连续利用多年，不必年年换种，照样获得高产。

第二部分　小麦生产中常见的问题

1. 小麦科学种植不但没提高，反而在逐年弱化

随着农村劳动力外出转移，小麦生产从业者的科技种田素质整体偏低，且差距拉大，导致同年份户与户之间亩产差异较大，每年亩产最高的比亩产最低的相差 150 千克以上。

2. 抗灾能力依然偏低，产量年际间不稳定

1997—2012 年的 16 年间，小麦亩产最高年份比最低年份相差 120 千克以上。

3. 田间管理弱化，关键增产技术措施落实到位率低

一是，农村劳力大量转移，多数地方农户种麦普遍存在整地粗放、播种质量差问题，田间管理技术难以落实到位。二是，部分麦田肥水运筹不科学，重底肥轻追肥，多数施肥“一炮轰”，不追肥。三是，农民抗旱浇水积极性不高，浇底墒水、越冬水、孕穗丰产水不及时。四是，防病治虫技术落实不到位。

4. 一些地方生产管理积极性不高

一些地方受生产成本高的影响，放弃精耕细作，采取粗放管理，一种了之，生产管理积极性不高。因小麦生长时间长、投入大、耗水多，不愿多投资，生长期间不咋管理，导致单产较低。

5. 整地与播种逐年趋于粗放，整地播种质量差

主要表现在：整地不实，以旋代耕，以旋代耙，部分地块播种过深，施肥也不很科学合理，施肥不讲配比，且“一炮轰”施肥面积较大。

6. 播期掌握不准，播量偏大，且呈逐年加重趋势

不少地方农户亩播量达15千克以上，播种晚的20～25千克/亩或更多。有个别农户甚至严重超出了合理范围，走向了不良的极端。

7. 近两年麦播期干旱严重

抗旱种麦成为当前第一要务，如何在抗旱中提高整地质量和播种质量显得尤为重要。由于旱情影响，浇水方式和浇水量，整地方式和整地质量、播种方式和播种质量要有所调整，打好播种基础很重要。

8. 整地质量差带来的问题

（1）秸秆还田后不深耕，土壤板结，影响根系下扎；

（2）浅耕后播种引起烧苗；

（3）耙地不实，造成深播弱苗，种、土接触不良，影响出苗，出苗晚弱、黄、瘦，造成缺苗断垄；

（4）同时也导致播量持续增加，大播量现象愈加严重，形成恶性循环。

9. 连年旋耕带来的问题

旋耕播种的麦田表层土壤过于疏松，易造成播种过深且失墒快，出苗困难，分蘖受阻。出苗后易分蘖缺位，冬前大分蘖少，成穗少且穗子小，穗层不整齐，极易发生根倒伏或早衰，对产量影响很大。一些地方采用秸秆还田＋旋耕＋机条播的整地播种方法，使大量秸秆和肥料仍存在地表，小麦根系与土壤接触不良，从而造成播种质量差、出苗率低、缺苗断垄现象严重，麦苗生长瘦弱，冻害严重，或出现“吊死苗”现象。

10 播种存在的问题

（1）播种过深，造成深播弱苗；

（2）无谓推迟播期，早茬地拖成晚茬地，使播量增加；

（3）早茬地也用大播量，造成田间郁闭，成穗率降低；

（4）种子质量有问题，或药剂拌种有问题，播种后出苗不整齐，或出现死苗现象；

（5）欠墒播种，造成出苗不齐，缺苗断垄；

（6）播种不均匀，造成缺苗断垄；

（7）不按种性适期播种，播量过大。播量大，播期早，导致大群体，大倒伏，病害重，穗小粒少粒重降低；高产麦田播种不均匀，缺苗断垄和堌堆苗现象严重；旋耕播种和秸秆还田麦田播种过深，造成分蘖缺位和深播弱苗。

11 施肥存在的问题

（1）配方施肥技术体系比较复杂，应用环节和步骤较多，一般农户掌握不了。

（2）直接施用配方肥，或让农户按农业部门提供的施肥建议卡进行施肥，有时增产不显著。

（3）市场肥料品种繁多，让农民无从选择。

（4）市场上假冒伪劣肥料掺和其中，“偷”养分含量的厂商不在少数（主要为磷、钾养分），无证违规生产、一些小厂家、也包括一些较大规模厂家都在作假。李鬼冒充李逵现象频现。

（5）玩概念、卖噱头、傍现代、充高科、故弄玄虚、卖用新名词，糊弄老百姓的黑心厂家不在少数。

第三部分 小麦绿色高产高效栽培技术

一、小麦增产技术思路

小麦增产得靠综合技术措施，即靠增产技术集成，单一技术措施增产有限，且难奏效。据有关部门分析，各种技术措施对粮食单产提高贡献份额：优良品种，所占的贡献份额为33.8%；先进的耕作栽培技术，占34.1%（生产上出现问题多为栽培管理问题）；植物保护等防灾技术，占14.2%；土壤培肥和改良技术，占17.9%。

1. 小麦要实现绿色高产优质，种好是基础，管好是关键

栽培技术的适应性对策：“37”变“73”。在栽培技术的理念上，由原来的3分种7分管转变为7分种3分管，以适应现在小麦生产和农村劳动力实际。近几年的生产实践也证明了这一点。

早晚适期播：播期问题争论较多，温度升高使得早播容易出现旺长冻害、倒伏，晚播又出现出苗不好、寒旱交加等灾害，老百姓无所适从。笔者认为，在适期内根据品种、看墒情、看天气适期播种，而不能武断地提出早播或晚播。

精稀改适量：在精细整地和土壤墒情良好的情况下推行适量播种，严格控制大播量。但在秸秆还田和旋耕、土壤喧松翘空的地块，要根据整地质量定播量，应该在研究出苗率的基础上加“足”播量，保证足够的基本苗。

预防当为先：病虫害防治讲究以防为主，以治为辅。但真正落实预防为主的并不多，导致病虫害发生后再去防治效果不佳。另外生产上前些年发生较轻的一些次生病虫害，近几年也大面积发生，上升为主要病虫害。因此，应从土壤处理、药剂拌种和苗期药剂喷洒等预防手段着手，变被动为主动，方能减少病虫害对小麦产量造成的损失到最低限度。

避减防未然：针对干旱、冻害、冷害、冰雹、大风倒伏等自然灾害，目前生产上提得较多的是“抗灾减灾”，当其发生时，往往采取抗灾和减灾应急措施，但这样的应对策略付出了极大的代价，包括人力、物力、财力的支出。因此，如果能在小麦生产的基础阶段（整地和播种基础）也包括基础设施上，采取一定的“避灾减灾”技术措施，提高抵御灾害的能力，那么抗灾减灾就会事半功倍，运用起来也会变得主动自如。

规程要简单：随着生产、生态条件和品种的改变，一些原来的研究结果譬如苗情的诊断，“一类苗、二类苗、三类苗”和“假旺苗、旺苗、壮苗、弱苗”的概念，与现实生产情况就不十分吻合，农民搞不懂，不会用；如，生产上的旱灾是天旱、地旱还是苗旱？发生冻害的苗情状态与温度高低、温差大小、低温持续时间的关系等，含义不一样，标准不一致，农业部门的一些基层技术人员指导生产时就难以判断，农民群众就更不好应用。因此，需要重新系统研究，形成直观、简单易行的操作规程或标准。

2. 土肥水药“统一体”，农机农艺嵌合、技术集成化

土肥水药耦合：河南省的小麦研究学科门类齐全，多项研究居全国先进水平。但在土壤改良、水肥耦合、土肥水药一体化使用方面仍有很大的潜力。像病虫害的防治，不仅仅是打药的问题，包括土壤处理、秸秆处理及相应的水肥管理，都可能对病虫害的发生演变和能否彻底防治产生极大影响。因此，我们更应该强调土肥水药的耦合协作问题，把这些问题作为一个整体去看待，才会使集成的技术体系更加有效和完善。

农机农艺结合：在作为现代化农业的标志之一农业机械化迅猛发展的时候，我们的一些农艺措施没有及时调整到位，农业机械化的发展中也没有考虑到农艺的实际情况，总之是农机农艺没有充分有效的结合。造成秸秆机械化还田后的土壤耕作播种问题、耕后不能耙实问题、跨区作业后病虫害的迁徙演变等，严重威胁小麦生产的高产稳产。农艺追赶农机，农机解决农艺，农机农艺有效结合是保证河南小麦持续发展的必然要求。

技术集成化：目前的生产经营体制，已经严重影响到小麦技术和生产的可持续发展。一个品种、一项技术要推广，面临着千家万户，无法在现有土地经营体制下顺利进行。因此，必须对现有小麦增产技术和研究成果进行集成推广，实行良种、良法配套推广，探索、引导技术推广与新时期、新形势下土地经营相结合的问题，使农业先进增产技术的优势得到最大化的发挥，使抵抗灾害的能力更强，使许昌市小麦稳定持续发展势头更有保障。

3. 亩穗数调控的关键时期与途径

每亩地有足够的穗数是高产的基础。亩穗数主要来源于主茎成穗和分蘖成穗。正如前面讲述。其衡量指标是生育期间的亩群体。冬小麦的分蘖包括冬前分蘖和春季分蘖，一般说来，冬前分蘖比春季分蘖成穗率高。高产栽培，冬前总茎数（总群体）不应低于65万～80万。

亩穗数由主茎穗和分蘖穗共同组成，小麦有两个分蘖高峰，高产田应主要依靠冬前分蘖成穗，抑制春季分蘖蘖生过多，以免造成群体过大，田间郁蔽，后期倒伏、品质下降。而晚播小麦冬前分蘖少、群体不足，应促春季分蘖成穗。

调控途径：

（1）合理选用品种。

（2）适期适量播种。

（3）适时追肥浇水。对适期播种的麦田，如果冬前群体适宜（65万以上），春季返青后要适当控制春季分蘖，避免春季分蘖增生过多，造成拔节期因群体过大，田间郁闭，导致后期倒伏。对由于播种偏晚，冬前分蘖少，群体不足的麦田，早春要适当早施肥浇水，一般在返青初期即开始，以促进春季分蘖成穗。

4. 穗粒数调控的关键时期与途径

穗粒数主要来源于中后期的穗分化，即拔节至孕穗期的穗分化（小花分化初期至四分体期），与小麦个体发育是否健壮有很大关系。其衡量指标主要是个体发育素质，如主茎叶龄、大分蘖、次生根条数等。冬小麦分化的小花数180朵左右，不同花位小花能否均衡发育是小花能否成粒的重要原因。根据研究结果，小花发育分为十个时期，当一个小穗上的强势小花发育到柱头伸长期时其发育进程加快，而弱势小花发育缓慢最终停止而不能成粒。

小花退化：一般每穗能结实的小花数占分化小花数的20%左右，其余大部分小花在发育过程中退化不能结实。一个穗子从开始小花退化到小花退化结束历时较长，但大量小花退化时间比较集中（一般为5～7天）。根据我们的观察，在河南生态条件下，主茎为12片叶的春性品种，小花退化高峰期出现在主茎叶龄为11.7～11.9片，第5节间（穗下节间）开始伸长，其长度在0.8～1.3厘米，总茎高27～34厘米；主茎为14片的半冬性品种主茎叶龄为13.6～13.7片，第5或第6节间开始伸长，其长度在0.6～0.9厘米，总茎高20厘米左右。在此期间，中部小穗退化的小花占全部小花数的55%～60%，基部退化的小花全部停止正常发育。多数年份河南省中部地区小花退化高峰期出现在4月5日前后，即在小麦开花前20天左右。但半冬性品种晚于弱春性品种，早播比晚播的小麦退化高峰略早。在小花退化高峰前的7～10天，给予小麦良好的生长条件，使小花发育有充足的养分供应，对减少小花退化，提高结实率有重要作用。中高产田，实施春管后移（氮肥后移技术），在小花退化高峰前追施氮肥保证小花发育的氮素营养的需要，提高完善小花的比例，增加穗粒数，并为粒重提高打下基础。

许昌市冬小麦幼穗发育特点：分化时间长：140天左右；分化数量多，180朵左右；退化高峰早（柱头羽毛伸长期）；退化数量大（80%左右）。

穗粒数调控途径：一般说来，冬小麦决定每穗粒数的时期是从小麦穗分化开始的单棱期或二棱期开始，至小麦开花期这段时间。增加每穗粒数的途径是保证每个麦穗有较多的小花数的基础上，提高小花结实率。主要是通过肥水调控使植株营养状况良好，群体结构适宜，田间群体内光照充足。

田间管理要有促有控：高产麦田要防止肥水运用过早过多，氮代谢过旺，碳代谢过弱。中低产田和群体不足麦田要防止肥水不足、碳代谢过强而氮代谢过弱。所以，穗粒数调控的关键是因地因苗运用春季肥水。

5. 粒重的关键调控时期与途径

千粒重主要来源于灌浆期光合产物的积累，与灌浆期的水肥、光照、营养等条件有密切关系。其衡量指标主要是看群体发育与个体发育是否协调，外观看后期长相，是否有早衰迹象，个体发育是否健壮等。开花至成熟阶段是决定小麦粒重的关键时期。小麦的粒重有1/3是开花前贮存在茎和叶鞘中的光合产物，开花后转移到籽粒中的；2/3是开花后光合器官制造的，小麦灌浆高峰期，千粒重一般日增量达1～1.5克，高的达2～3克。开花和授粉受精对外界环境条件的要求：

①天气晴朗（光照良好）；

②温度适中；

③大气湿度适宜；

④土壤水分适中；籽粒形成与灌浆成熟规律：小麦从开花受精到籽粒成熟，历时30～40天，河南一般经历35～37天。

(1) 籽粒形成过程。受精后子房开始膨大，约在受精后10～12天达到“多半仁”，籽粒基本轮廓已经形成，这一期间称籽粒形成期。这时，胚和胚乳迅速发育。籽粒外观颜色乳青色。

(2) 籽粒灌浆过程。从“多半仁”开始，经“顶满仓”，到蜡熟前为止，历时18～22天。①乳熟期（“多半仁”—“顶满仓”）历时12～18天左右。②糊熟期（“顶满仓”—“蜡熟前”）又叫面团期或面筋期，历时3～4天。

(3) 籽粒成熟过程。籽粒的成熟过程历时4～8天；①蜡熟期。又叫黄熟期，历时3～7天。蜡熟末期籽粒干重达最大值，是人工带秆收割的最适时期；②完熟期。该期历时0.5～1天，联合收割机收割适期；③枯熟期。该期历时很短。

(4) 熟相与粒重。熟相指生育后期（开花至成熟期间）植株营养器官的外部形态表现。它是植株整体功能的外现，与粒重有密切关系。主要有三种类型：正常落黄型；早衰型；贪青型。

（5）影响籽粒形成与灌浆成熟的因素。①温度。干热风：14时温度高于30℃，大气相对湿度小于30%，风速3～4米/秒；②光照。一是天气条件，二是群体大小；③大气相对湿度；④土壤水分；⑤土壤养分；⑥栽培技术措施。

（6）提高粒重的途径。①增“源”（增加籽粒干物质来源）。“源”（Source）是指产品器官中所积累的干物质及能量的来源；②扩“库”（扩大籽粒容积）。“库”（Sink）是指贮存干物质及能量的器官，即籽粒。③疏“流”（疏导物质“流”和能量“流”）。“流”（Translocation）是指干物质及能量从“源”到“库”而形成的液流。疏“流”就是要延长灌浆时间和提高灌浆强度；④节“耗”（减少干物质消耗）。“耗”（Loss）是指籽粒在其干重达最大值后由于多种原因而造成的各项损耗之和。

许昌市小麦籽粒形成特点：许昌市小麦籽粒形成与灌浆成熟特点是：“时间短、速度快、变幅大”。冬小麦抽穗以后转入以生殖生长为主的阶段，除穗下节外，其余节间和根、叶等营养器官都基本停止生长，此阶段是决定粒重和品质的关键时期，且对粒数多少也有一定影响。此期（抽穗—灌浆成熟）温光条件适宜有利于形成高粒重。

（7）粒重调控的关键措施。小麦开花至成熟阶段是决定粒重的时期。保证小麦开花至成熟阶段有较长的光合高值持续期，延缓早衰是提高小麦粒重的重要途径。且此阶段也是籽粒品质形成的阶段。前期生长状况和群体质量，后期天气条件和管理对粒重和品质影响很大。保证开花后有较长时间的光合高值持续期，防止早衰，是提高粒重的重要途径。

①建立合理的群体结构。小麦起身到孕穗阶段是能否形成健壮个体的关键时期，必须使这一时期有合理的群体动态，这样可以储存较多的干物质，既可防止倒伏，又为增加粒重奠定良好的基础。

②制造良好的营养条件。小麦灌浆期间，必须保持一定的氮素营养水平。因此，小麦拔节以后，要根据气候条件、土壤肥力基础及当时苗情长势，适时适量追肥。但注意不要氮肥过多，以免延迟开花，田间郁闭，反而缩短灌浆时间，不利干物质积累和运转，容易引起病虫害和后期高温逼熟，影响粒重。

③保持适宜的土壤含水量。开花至灌浆期适时灌水是提高粒重的重要措施。但灌水的时间、次数应根据具体情况而定。孕穗至抽穗期灌水，既可减少小花退化，同时又对增加粒重有重要作用。开花后10～25天内浇水，能显著提高灌浆强度，增加千粒重。当0～30厘米的土层内，沙壤土含水量低于14%、壤土低于16%、黏土低于22%时，即可灌水；达到或超过上述指标值时，可不灌水。

④保护功能叶。后期注意防治病虫害，实施叶面喷肥，以保护功能叶。

二、小麦高产高效栽培技术

（一）及时腾茬与秸秆还田

秋收后及时腾茬，及时实施秸秆还田，增加土壤有机质含量。近年来，随着农村劳动力外出转移，青壮劳力变少，积造有机肥比较困难，各地可通过实施秸秆还田的方式以增加土壤有机质含量，培肥地力。秋作物收获后，要及时腾茬，积极实施秸秆还田。对于秋作物腾茬较晚的地块，要根据成熟情况，随收随整地，成熟一块，还田一块，整地一块，加快秋收腾茬和整地进度，以尽可能不影响小麦适期播种。

玉米秸秆还田注意事项：

（1）还田时间要尽可能早。还田越早，秸秆腐熟的时间越充分。最迟应在小麦播前半月以上，过晚不利于秸秆腐烂。

（2）秸秆翻压深度要在 25 厘米以上。并将秸秆全部覆盖严实。

（3）秸秆长度要尽可能短而细碎。一般要用玉米秸秆还田机打两遍，应注意将玉米秸秆尽量粉碎的细一些，粉碎后的秸秆要在 5～10 厘米。

（4）还田后如果缺墒，要及时灌水。可促进秸秆腐烂速度，防止秸秆在腐烂过程中与小麦争水。

（5）应注意补施氮肥。为促进秸秆腐烂速度，翻压前每亩最好补施尿素 10 千克，以防秸秆腐烂期间出现与小麦争肥现象。

（二）高标准整地

1. 整地的目的

使麦田土壤中水、肥、气、热状况协调，土壤松紧适度，保水、保肥能力强，地面平整状况良好，符合小麦播种的要求，为保证小麦苗全、苗匀、苗壮及植株良好生长发育创造适宜的土壤环境。

2. 整地质量标准要求

高产麦田，整地质量要达到“深、透、细、平、实、足”的要求，为小麦播种和出苗创造良好的条件。即应做到：深耕深翻，加深耕层；耕透耙透，不漏耕漏耙；土壤细碎，无明暗坷垃，无架空暗垡；地面平整，上虚下实，底墒充足。

3. 科学合理的整地措施

（1）秸秆还田地块，必须要深耕。耕翻深度应根据土壤质地、土层厚度和雨水等条件而异。一般认为，秸秆还田地块的耕翻深度以 25 厘米左右为宜。

前茬如果是玉米的话最好采取深松。以利于夏季蓄水保墒。

（2）所有麦田耕后必须耙实。旋耕后如果不耙实，则土壤翘空，失水快、保墒效果差，不利于种子出苗和幼苗发育。大型农耕机械耕后一定要耙实，为实施精细播种打下基础。落实高标准整地的关键是在耕后耙实。否则，将影响播种质量，导致深播弱苗，大播量，或缺苗断垄，稀稠不均；或出苗时间长，苗弱苗黄，影响冬前壮苗的形成。

“七分种、三分管”，立足于抗灾夺丰收。麦播整地应采取高质量整地技术，以深耕（松）、镇压、耙实为标准，夯实麦播基础，增强抗灾能力，力争全生育期管理主动。

整地应注意事项：

①不能连续多年以旋耕代替深耕。实施旋耕麦田，必须在旋耕 2 年后深耕翻 1 年，以破除犁底层。

②切记不能以旋耙代耙。旋耙代耙的缺点：一是耙地不实，表土过于疏松，易造成播种过深，形成深播弱苗或分蘖缺位，不利于培育冬前壮苗。二是土种接触不良，易造成出苗早晚不一致，出苗不齐，缺苗断垄，影响分蘖和群体发育。因此，严禁旋耕后直接播种。

（三）科学选用良种

选用良种的原则：①必须掌握品种特性。②必须掌握品种生产能力。③必须掌握品种抗性。

2017—2018 年度许昌市品种布局利用意见：

主推品种：百农 207、矮抗 58、周麦 27、众麦 1 号。

搭配品种：周麦 22、许科 1 号、许农 5 号、许科 316、许农 7 号、丰德存麦 1 号、中麦 895、良星 66、郑麦 379、许科 168、兰考 198、百农 418、豫农 416、众麦 7 号。

示范品种：圣源 619、许科 129、周麦 30、存麦 8 号、存麦 11、豫麦 158、中育 9307、泛麦 803、洛麦 26、豫教 6 号、百农 4199、西农 529、西农 511、昌麦 9 号、经研 8 号、郑育麦 043、许麦 318。

优质强筋品种：西农 979、新麦 26、丰德存麦 5 号、郑麦 583、郑麦 7698、丰德存麦 1 号、新麦 28（旱地岗地）。

选用和利用品种注意事项：

①赤霉病、全蚀病等发病严重地方，由于种子和土壤带菌量多，且当前无真正抗病品种，必须注意搞好土壤与种子处理。

②要注意弱春性品种不能越界种植，丘陵旱地严禁盲目种植水地高产品种等。

③主导品种要真正占据主导地位，搭配品种要科学合理，防止“多、乱、杂”。

④新品种引进种植要积极稳妥，避免盲目“求新、求异、求奇”；发展优质小麦要签好订单。

⑤购买种子要到资质门店或企业，认准品种生产企业，并索要发票。

⑥要搞好药剂拌种或采用包衣种子，严禁不合格种子和“白籽”下地，确保麦播用种安全。

（四）科学施足底肥

现状：目前，施肥不科学较普遍，存在有机肥施用不足，养分投入不合理，施肥方法不科学；重施底肥，轻追肥，且追肥偏早，多为“一炮轰”；氮肥施用与小麦吸收高峰期错位；部分麦田缺微量元素，如硫、锌、硼、锰等。过量施氮易造成前期旺长，茎秆细弱，病害加重，后期倒伏或贪青晚熟，不仅产量未增加，反而造成氮素大量损失，利用效率降低和环境污染。

施肥技术：要在秸秆还田和测土化验分析基础上，按照“氮肥实行总量控制，分期调控；磷、钾肥依据土壤丰缺状况实行恒量监控”的技术要求，做到氮、磷、钾化肥科学配施。中微量元素，本照缺啥补啥原则，有针对性地补施。

施肥量：

①亩产 500 千克左右的麦田，亩施纯氮不低于 12.5 千克，亩施磷（P_2O_5）不低于 7 千克。

②亩产 600 千克的麦田，亩施纯氮不低于 14 千克，亩施磷（P_2O_5）不低于 8 千克。

③亩产 700 千克的麦田，亩施纯氮不低于 15 千克，亩施磷（P_2O_5）不低于 9 千克。

④钾肥根据土壤养分状况适当补施，一般亩施钾（K_2O）3～8 千克。

施肥方法：以施足底肥为主，辅以追肥。高产田推广氮肥后移增产技术。

谚语说，麦收“胎里富”“三追不如一底”“年外不如年里，年里不如掩底”。说明施足底肥的重要性。现代研究证明，在施足底肥基础上，春季辅以追肥，增产显著。

许昌市耕地土壤养分现状：从表 2-4 可以看出，许昌市土壤有机质含量变化范围为 6.3～25 克/千克，平均含量为 15.6 克/千克；全氮含量变化范围为 0.688～1.602 克/千克，平均含量为 1.000 克/千克；有效磷含量变化范围为 3.5～27.4 毫克/千克，平均含量为 10.3 毫克/千克；速效钾含量变化范围为 78～227 毫克/千克，平均含量为 122 毫克/千克；缓效钾含量变化范围为

415～3 095 毫克/千克，平均含量为 703 毫克/千克；有效铁含量变化范围为 2.1～48.5 毫克/千克，平均含量为 10.4 毫克/千克；锰含量变化范围为 1.5～57.9 毫克/千克，平均含量为 14.3 毫克/千克；铜含量变化范围为 0.49～7.02 毫克/千克，平均含量为 1.31 毫克/千克；锌含量变化范围为 0.26～8.17 毫克/千克，平均含量为 1.03 毫克/千克；水溶态硼含量变化范围为 0.08～2.08 毫克/千克，平均含量为 0.49 毫克/千克；有效钼含量变化范围为 0.02～0.21 毫克/千克，平均含量为 0.09 毫克/千克；有效硫含量变化范围为 2.5～137.3 毫克/千克，平均含量为 14.9 毫克/千克；土壤 pH 介于 7.1 和 8.5 之间，平均为 8.0。根据许昌市土壤养分分级指标，目前全市土壤养分状况为：有机质、全氮、有效磷、有效铁、有效锰、有效锌、有效硫中等，速效钾、缓效钾、有效铜较高，水溶态硼缺乏，有效钼极缺乏。各项养分变异系数较大，说明不同土壤类型、区域间养分含量差异较大。

表 2-4 许昌市土壤农化性质

项目	平均值	中位数	众数	标准差	变幅（%）	变异系数
pH	8.0	8.1	8.1	0.28	7.1～8.5	3.48
有机质（克/千克）	15.6	15.6	15.6	2.18	6.3～25	13.95
全　氮（克/千克）	1.000	0.992	0.972	0.10	0.688～1.602	10.35
有效磷（毫克/千克）	10.3	10	9.2	2.91	3.5～27.4	28.21
速效钾（毫克/千克）	122	119	114	16.68	78～227	13.73
缓效钾（毫克/千克）	703	708	752	79.55	415～3 095	11.32
有效硫（毫克/千克）	14.9	12.3	9.7	7.63	2.5～137.3	51.21
有效铁（毫克/千克）	10.4	9.4	9.1	4.64	2.1～48.5	44.70
有效锰（毫克/千克）	14.3	13.3	10.6	5.05	1.5～57.9	35.29
有效铜（毫克/千克）	1.31	1.25	1.03	0.42	0.49～7.02	32.42
有效锌（毫克/千克）	1.03	0.91	0.75	0.43	0.26～8.17	42.08
水溶态硼（毫克/千克）	0.49	0.41	0.32	0.25	0.08～2.08	51.42
有效钼（毫克/千克）	0.09	0.09	0.07	0.03	0.02～0.21	29.29

也就是说，土壤养分状况由原来的“缺氮少磷钾不足”变成了今天的“氮磷仍欠，钾富裕”局面。所以，许昌市大部分土壤不缺钾。为此，许昌市小麦施肥的原则是：重点补氮、磷，酌情补施钾。因地制宜推广测土配方施肥技术：测土配方施肥技术体系较复杂，一般农户理解不了。测土配方技术是一个复杂的系统应用过程，作为一个农户或生产者（含农业公司）来说，很难采取测土配方技术给每块麦田定量分析，定量配肥。只能采用有关数据，直接

施用配方肥（高氮复合肥），最多能做到接近科学合理、大体平衡施肥就可以了。

推荐一种施肥方法："以地定产，以产定氮，因缺补施磷钾和微量元素的原则进行施肥"。土壤速效磷在10ppm以下应补磷，速效钾在100ppm以下应补钾。

（1）经济施肥法。亩产500千克左右的麦田，亩施尿素、一铵各25千克。缺钾地块，配施氯化钾5～10千克。照此配方，按2013年肥料行情，每50千克98～105元。亩施55千克，亩成本108～115元，养分含量：氮（N）：磷（P_2O_5）：钾（K_2O）＝28.5：22：6，总养分含量56.5。

亩产600千克以上的麦田，亩施尿素、一铵各30千克；缺钾地块，配施氯化钾5～10千克。照此配方，按2013年肥料行情，每50千克97～108元。亩施65千克，亩成本125～135元，养分含量：氮（N）：磷（P_2O_5）：钾（K_2O）＝34.2：26.4：6，总养分含量66.6。

照上述配方施肥，连施三年地力可提高一大截，可保稳产高产。

（2）简易施肥法。直接使用高氮复合肥或小麦配方肥每亩50～60千克，加尿素10千克。但这种施法，养分含量不能保证。因为小麦苗期需要一定的氮素营养，且玉米秸秆还田地块的秸秆氨化腐烂需要一定的氮素养分，所以要适当增施一定的尿素氮肥作底肥。

施肥注意事项：

（1）在氮磷钾三元素中，氮素是最重要的，任何作物任何时候都不能缺。缺氮比缺磷钾减产严重。

（2）磷、钾肥在土壤中的移动性小，一般全部底施。而氮肥的移动性大，一般分期使用为好。氮肥在底施的基础上，应根据苗情长势适时进行追施。

（3）许昌市大多数土壤不缺钾，属于富钾区，加之小麦籽粒从土壤中带走的钾有限，大部分钾存在于秸秆中，随着秸秆还田已返还土壤，所以钾素不需年年补，隔年补一次，每次补施钾肥5～10千克即可。特别缺钾地块，或者种植需钾较多作物时，可每年或每季补施钾肥，且施用量可酌情增加。

（五）高质量播种

1. 搞好种子处理，抓好麦播期病虫害防治

麦播期主要防治对象：纹枯病、全蚀病、黑穗病（腥黑穗病、散黑穗病）、根腐病、黄矮病、胞囊线虫、吸浆虫、地下害虫（蛴螬、蝼蛄、金针虫）等，同时压低小麦条锈病、白粉病越冬基数，减轻春季防治压力。

土壤处理：用3％甲基异柳磷或5％辛硫磷颗粒剂进行土壤处理，每亩用

2.5～3千克，犁地前均匀撒施地面，随犁地翻入土中，防治地下害虫和吸浆虫等。

种子包衣或拌种：

(1) 戊唑醇、三唑酮、咯菌腈、苯醚甲环唑等，防治对象为小麦条锈病、白粉病、纹枯病、腥黑穗病等。

(2) 全蚀净、适乐时、敌萎丹、立克秀等，防治对象为小麦全蚀病、纹枯病根腐病等。

注意事项：

(1) 各地根据苗期病虫发生种类，选用优质高效拌种剂（种衣剂），播前采取技术统一、集中连片、整村推进的专业化统防统治方式，提高防效。

(2) 小麦药剂拌种时要按农药包装袋上规定药量使用，不能随意加大用量，拌种时务必搅拌均匀。

(3) 杀虫剂和杀菌剂混拌的，要先拌杀虫剂后拌杀菌剂，先拌乳剂待吸收晾干再拌粉剂，以防产生药害。搞好麦播期病虫害防治。播前药剂拌种和土壤处理，重病区坚决杜绝“白籽”下地。

2. 适期适量播种

(1) 根据种性定播期。“晚播弱，早播旺，适时播种麦苗壮”。应根据其品种特性和当年当地气候条件，协调优质与高产的关系，合理确定适宜的播期。根据许昌市近年来的生产实践，一般来说，半冬性品种，适宜播期为10月8—15日，弱春性品种，适宜播期为10月12—25日。

(2) 根据播期定播量，避免大播量。一般10月8—15日播种的半冬性品种，每亩播种量10千克左右，最多不应超过11千克；10月10—20日播种的弱春性品种，每亩播种11～13千克，最多不应超过14千克。在掌握上述播量的基础上，超过适宜播期的下限每推迟1天，播种量每亩要增加250克。

3. 足墒下种，高质量播种

播种质量标准要求是：①合理选种，采用高质量种子；②药剂拌种或采用包衣种子；③足墒下种；④适期适量播种，避免大播量；⑤适当浅播，播种深度以3～5厘米为宜，避免播种过深；⑥播种机行走要均匀，力争一播全苗。

重点推广“两足”下种，即足肥、足墒下种，保壮苗。

足肥：提倡增施有机肥，强调氮磷配合施用。①高产田：氮磷比以1∶(0.6～0.75) 为宜，全生育期亩施纯氮13～15千克，五氧化二磷7～9千克。磷肥一次集中底施，氮肥可按底追7∶3或6∶4施用；②瘠薄地：按氮磷比1∶1，每亩纯氮和五氧化二磷各12～13千克，磷肥一次底施，氮肥底追6∶4。旱地麦：按氮磷比1∶1，每亩纯氮和五氧化二磷各6～8千克，全部一次底施。在施用方法上，强调集中底施、匀施。集中底施经济高效，匀施可保证全田麦苗生长一致，避免局部或点片氮磷失调，具有巨大的增产潜力。

足墒：同足肥同等重要，缺墒时宁可晚种也不能抢种。抢墒麦苗不齐不壮，难获高产。小麦播种出苗适宜的耕层土壤含水量：黏土20%，壤土17%～18%，沙壤土15%左右。墒情不足时，要及时造墒，方法是：①带青洇地；②前茬收后抢浇；③耕后浇塌墒水；④浇蒙头水，浇蒙头水一定要做到耙实、地平，适时早播，适当浅播（<4厘米），播后立即浇水，一次浇透。

足墒播种的优势和好处：小麦生产实践证明，足墒播种是夺取来年小麦丰收的一项重要措施。这是因为在足墒条件下：①种子发芽快；②种子发根多；③分蘖早、快。

如果麦播时有旱情，要采取适当抗旱浇水和整地方式。浇水和整地有三种方式：①先浇水后整地再播种；②先整地后浇水再播种；③先整地后播种再浇水（整地播种后浇蒙头水），三种方式中，以第一种最好，第二种次之，第三种风险最大，隐患最多，一般不提倡。凡采取第三种整地播种后浇蒙头水的方式，浇水量要控制好，播种深度要控制好，播后还要密切关注，防止板结，防治不出苗，防止回芽，根据情况及时补水，及时破除板结。

足墒播种的几点要求：

①生产实践表明，小麦要高产，培育壮苗是关键，而壮苗的形成需要足墒播种作保证。②田间调查发现，播种时土壤墒情不足，常造成田间出苗不整齐，冬前不易形成壮苗，难以形成合理的群体结构，导致田间管理被动，对小麦产量影响很大。③足墒指标：田间最大持水量80%，一般壤土含水量为18%以上。④严禁缺墒播种。

“秋分早霜降迟寒露种麦正当时”，“时到不等墒，抢墒不等时”。坚持足墒播种，坚决不种欠墒麦。若麦播时墒情不足，应按照“宁可适当晚播几天，也要确保足墒播种”原则，及时造墒。适宜出苗的土壤绝对含水量砂土18%～20%，壤土20%～22%，黏土22%～24%，若低于下限，应浇底墒水，并注意保好口墒。

足墒前提下，适当浅播：确定合适行距。高产栽培行距以20厘米等行距为好。如果实行麦垄套种，也可每隔3～4行留一宽行30厘米，以作套种用。足墒前提下，播种不要太深，播种深度以3～5厘米为宜。俗话说：“半寸伤、一寸活、七分八分受折磨，超过十分地面见不着”“一寸浅、二寸深，寸半播种正合身”“浅必伤、深必弱，适深播种保壮苗”。播种过浅，分蘖节覆土过浅，越冬期分蘖节处于“饥寒交迫”状态，抗旱、抗寒能力差、越冬期间易死苗。播种过深，则造成小麦出苗时间长，籽粒养分消耗过多，出苗晚且细弱，分蘖少，次生根少而弱，麦苗黄瘦，由于“先天不足”难以形成冬前壮苗。小麦播种应做到浅播、匀播，深浅一致，确保一播全苗。达到苗全、苗匀、苗壮的播种标准，为培育优质丰产苗架奠定基础。

推广适量匀播技术，不漏播重播：

①在高质量整地基础上，大力推广适量匀播技术，防止大播量现象继续发生；消除锢堆苗和缺苗断垄现象，以奠定高质量群体起点，为构建高质量群体，争取足够穗数打好基础；

②不漏播重播，地头地边播种整齐。

播前镇压或播后镇压：机播带环形镇压器连接作业工效高，效果好。播后镇压能增加土壤紧实度，连接土壤毛细管，促使土壤下层水分上升，利于保墒的同时，还可以促使种子和土肥进一步紧密结合，促进麦苗扎根，是提高麦播质量及夺取小麦超高产的重要一环。

（六）冬前搞好化学除草

冬前抓住有利时机，大力推广冬前化学除草。化学除草的最佳时期是秋苗期：由于杂草株龄越大，抗药耐药性就越强，就要增加药量，这样既增加了防治成本，又极易对后茬作物产生药害。在正常播种年份，11 月中旬前后麦田杂草已出苗 90%以上，这时杂草幼苗组织幼嫩，抗药性弱，而且麦田覆盖度小，喷洒的农药与杂草接触面积大，杂草易被杀死。因此，年前 11 月中下旬至 12 月上旬是麦田化学除草的最佳时期。

化学除草的方法：一是正确选用化学除草剂；二是要正确使用化学除草剂。不可随意加大药量，不能漏喷、重喷，同时要避开恶劣天气，选择无风晴朗天气进行。对猪秧秧、野油菜、米米蒿、荠菜等一般杂草，可用 72%巨星每亩 1 克，或 70%麦草净每亩 70 克进行防治；对猫眼杂草较多的田块可用 20%使它隆每亩 50 毫升加二甲四氯进行防治；对野燕麦等单子叶杂草较多田块可用 6.9%骠马每亩 60 毫升 进行防除。冬前没来得及化学除草的，在早春返青期进行化学除草。

化学除草最有利的时期是秋苗期，其次是春季拔节前，要根据不同草相选择适宜除草剂。以野燕麦、看麦娘为主的麦田可选用 15%麦极（炔草酸）可湿性粉剂 20～30 克/亩，或 6.9%骠马（精恶唑禾草灵）浓乳剂 40～50 毫升/亩，于小麦 3～5 叶期，杂草 2～3 叶期，对水 15～20 千克喷雾。以节节麦、碱茅、硬草等为主的麦田可用 3%世玛（甲基二磺隆）20～30 毫升/亩或 3.6%阔世玛（甲基二磺隆＋甲基碘磺隆）水分散粒剂 20 毫升/亩。双子叶杂草可采用 20%二甲四氯水剂每亩 200～250 毫升，10%苯磺隆可湿性粉剂每亩 10～15 克，也可采用 20%二甲四氯水剂 125 毫水/亩＋48%百草敌水剂 10～12 毫升/亩，或 22.5%溴苯腈乳油每亩用 100～170 毫升。氯氟吡氧乙酸和唑草酮混用（飞腾）对猪殃殃、泽漆、播娘蒿、宝盖草等防效较好，各地可试验使用。除草剂使用宜在主要杂草种类基本出齐苗以后，小麦 3～5 叶、杂草 2～4 叶期，选择日均温 8 度以上、晴天、4 日内无霜冻、田间无泥泞积水的日期，实施化除作业。除草剂喷施最好用大型喷秆迷雾机，在喷雾时应采用雾化均匀、效率高的专用除草剂喷头，做到均匀喷雾，防止重喷和漏喷，避免产生药害。若周围种植有油菜、瓜类、蔬菜、果树等敏感植物时，要做好安全隔离。

（七）适时浇好越冬水

及时中耕。出苗后遇雨或土壤板结，及时进行划锄，破除板结，通气、保墒，促进根系生长，培育壮苗。

高产麦田浇好冬水有利于保苗越冬，有利于年后早春保持较好墒情，避免春旱造成的不利影响，有利于早春快速返青发育。

浇冬水要把握好时间，浇得太早会导致麦苗过旺，过晚易积水结冰，不利于安全过冬。生产上，一般在日平均气温 8～7℃时开始浇水，5～4℃时结束，大约在立冬至小雪。群体适宜或偏大麦田，应晚浇；反之，早浇。

冬灌水量不宜过大，但要浇透，以灌后当天全部渗入土中为宜，切忌大水漫灌、地面积水结冰。

浇越冬水后，待地面干时，一定要适时划锄松土，防止地面龟裂透风、伤根死苗。不浇水的麦田也要进行浅中耕，达到灭草的目的。“锄头有火，锄头有墒”。各类麦田冬前都适合进行中耕划锄。

（八）因苗制宜，搞好春季麦田管理

春季管理的重点：因苗制宜，追肥浇水。根据近年来许昌市小麦高产攻关、高产创建实践经验，无论麦苗壮与弱、好与坏，春季适时追肥均有明显增产效果。春季管理的重点：因苗制宜，追肥浇水。

春季管理在小麦一生中最为关键。此期最为复杂，气温回升快，起伏不定；春季小麦营养生长与生殖生长同时并进，生长快，变化大，矛盾多，管理上一定要处理好春发与稳长的关系（“春稳”）。

高产麦田应先控后促，促麦苗稳健生长，促穗花平衡发育，培育壮秆大穗。晚弱麦田，春管以促为主，并且应早促，在返青初期就应施肥浇水。

拔节期管理尤其关键。后期出现的许多问题往往是在此期间形成的。前后期存在因果关系，后期发生的现象是果，但问题出现在前期。

（1）返青期管理。返青期肥水，对于二、三类苗麦田（包括晚茬麦田、早播脱肥麦田及各种原因造成的群体较小、苗弱的麦田）效果最好。对二、三类麦田，返青期要尽可能早追肥浇水，以促进分蘖，积累更多大蘖，促蘖成穗，

提高成穗率。冬前未进行化学除草的，可在返青期进行化学除草。旱年、土地墒情不足时可浇返青水，并中耕除草、防旱保墒。

（2）起身期管理。起身期肥水，对群体较小的壮苗麦田效果最好；这次肥水，对分蘖成穗率提高幅度大于返青期肥水处理；同时下棚穗减少，穗子较齐，且穗大粒多，还能促进顶3叶的生长和基部1～3节间的伸长。对冬前旺苗或壮苗、返青后脱肥的麦田，该期肥水决不可少；对中产田弱苗、晚茬弱苗，此期的肥水效果远不如返青期肥水的效果。

（3）拔节期肥水管理。拔节期施肥浇水，明显减少无效分蘖，促进大蘖成穗，提高分蘖成穗率，使穗子整齐；不孕小穗和退化小花数目减少，穗大粒多；旗叶、旗下叶及穗下节生长健壮，光合强度提高。

对高产田来说，此次肥水很重要，即壮苗的春季第一次肥水应在拔节期实施，而对旺苗需推迟拔节期水肥。

此外，凡在起身期追肥浇水的麦田，在拔节期控制肥水。

（4）挑旗期肥水管理。挑旗期是小麦需水的“临界期”，供水极为重要。缺水会加重小花退化，减少每穗粒数，并影响千粒重。挑旗期施肥浇水，可促进花粉粒的良好发育，提高结实率，增加穗粒数；延长后期功能叶的功能期，并提高灌浆强度，有机物质积累增多，粒重增加。对麦叶发黄、氮素不足及株型矮小的麦田，可在此期适量追施氮肥。如果拔节期已施肥浇水，此期肥水可以不用，以免后期贪青晚熟。

（5）注意预防晚霜冻害或冷害。小麦拔节以后，各部器官迅速生长，对低温的抵抗能力明显降低。然而，河南省在3月底或4月上、中旬多有寒流经过。因此，小麦常会遭受到不同程度的晚霜冻害。据研究，6～7小时的－2～－5℃低温就会引起严重的冻害。一般说来，地势低洼、土壤湿度小、拔节早的麦田受害较重。预防晚霜冻害的措施是：一是严格掌握适宜播期；二是加强田间管理，促使麦苗健壮生长，增强其抗寒能力；三是根据天气预报，在寒流袭来前（10日以内）灌水以提高土壤含水量和大气相对湿度，缓和植株附近气温，预防或减轻冻害。晚霜冻害一旦发生，要及时检查受冻情况，并采取相应的补救措施：对茎秆受冻程度较轻、幼穗未冻死的麦田，要及时浇水并追施速效氮肥；对受冻程度较重、幼穗已冻死的麦田，只要分蘖节未冻死，也不可毁掉，而应加强肥水管理，促使新蘖成长；对分蘖节也冻死的麦田，只好改种其他早秋作物。

（6）预防“倒春寒”和晚霜冻害（冷害）。春季气温变化很大，小麦拔节后抗寒能力明显下降，要密切关注天气变化，在寒流到来之前（许昌市晚霜冻发生在4月22日之前），采取普遍浇水、喷洒防冻剂等措施预防。一旦发生冻害，要及时采取浇水施肥等补救措施，促麦苗尽快恢复生长。播种早的春性和弱春性小麦品种，幼穗在越冬前就发育到小花分化期，茎秆开始拔节，小麦抗寒性下降，易遭受冻害。

（九）选好药剂、抓准时机、防好病虫

（1）春季病虫防治重点。重点防治“五病四虫”，即纹枯病、白粉病、锈病、赤霉病、全蚀病；蚜虫、吸浆虫和红蜘蛛、孢囊线虫。

（2）防病治虫要突出一个“早”字，达到标准，立即进行防治。播种时，注意用全蚀净拌种防治全蚀病。麦播整地时或冬前苗期，用克线磷等药剂土壤处理或拌种防治孢囊线虫病。返青期，主要做好纹枯病、红蜘蛛和苗蚜的防治；拔节期，主要做好白粉病、锈病的防治；齐穗期至盛花期，主要做好赤霉病的防治；孕穗期、抽穗开花期，主要做好吸浆虫的防治；抽穗后，注意穗蚜防治。

（3）“五病四虫”防治方法：全蚀病防治，即用全蚀净拌种防治。纹枯病防治：播种时用3%敌萎丹、15%三唑酮、2%立克秀等包衣或拌种；苗期或返青拔节期利用12.5%烯唑醇2 000倍、25%敌力脱2 000倍、15%三唑酮等喷雾。

白粉病防治：播种时利用三唑类杀菌剂拌种或种子包衣；春季发病初期，可用12.5%烯唑醇2 000倍或其他三唑类杀菌剂喷雾防治。

锈病防治：用粉锈宁等三唑类杀菌剂拌种，控制秋苗发病，减少越冬菌源数量。春季防治，可在抽穗前后，田间普遍率达5%～10%时喷洒15%三唑酮1 000倍、12.5%烯唑醇2 000倍、25%敌力脱2 000倍等杀菌剂进行防治。

赤霉病防治：齐穗期至盛花期利用50%多菌灵可湿粉800倍液喷雾防治。

蚜虫防治：可用10%吡虫啉药剂10～15克喷雾防治。

红蜘蛛防治：发生初期利用20%哒螨灵1 500倍、15%扫螨净1 500倍或1.8%齐螨素4 000倍液等化学杀螨剂喷雾防治。

吸浆虫防治：播种前用辛硫磷处理土壤防治幼虫，孕穗期可撒施辛硫磷毒土防治幼虫和蛹，抽穗开花期用吡虫啉或高效氯氰菊酯加敌敌畏乳喷雾防治成虫。

孢囊线虫防治：亩用5%涕灭威（神农丹）颗粒剂或灭线灵进行土壤处理，另外，杀菌剂和杀虫剂混合使用，病虫兼治。减少田间操作环节，如烯唑醇可湿性粉剂既可防治白粉病、锈病，也可兼治纹枯病、叶枯病等，吡虫啉可湿性粉剂、高效溴氰菊酯、高效氯氰菊酯等药剂既能防治小麦蚜虫、吸浆虫，也可兼治麦叶蜂。

（十）以“一喷三防”为中心，搞好穗期管理（抽穗至成熟）

穗期生育特点：主要是以籽粒形成为中心的开花受精、养分运输、籽粒灌浆、粒重形成的阶段。

穗期调控目标是：养根护叶，保持根系活力，延长叶片功能期；协调植株碳、氮营养，最大限度地促进有机物质的合成与积累；防止贪青、早衰、青干和倒伏。

（1）浇好灌浆水。浇好灌浆水，养根护叶，防早衰，增粒重；灌浆前期适宜的土壤相对含水量为70%～80%，灌浆后期为50%～65%。

灌水方法：

①掌握好灌水时间，即应及早灌水。一般在灌浆前期灌水（开花后15天左右即灌浆高峰前灌水）。因为随籽粒灌浆进程的推进，穗部重量越来越重（蜡熟前鲜重最大），气温越来越高，灌水时间过晚易发生倒伏或造成植株青枯。

②选择好灌水天气，即应在无风晴朗天气进行灌溉。

③减少灌水次数。一般浇过灌浆水后，就不必再浇麦黄水，因为尽管麦黄水对麦田间套作物的出苗和生长、对防止干热风等有一定的积极作用，但浇后土壤温度降低，导致籽粒灌浆速度减慢，成熟期推迟，植株易青干枯死，千粒重和产量降低。

④控制灌水量，既要保证浇透，但也不能让地面积水，以免土壤形成泥浆状，招致根倒伏。因为小麦生育后期由于麦穗较重，灌水后土壤松软，容易发生倒伏。所以，后期灌水时应避免大水漫灌，并注意在大风时停灌。

注意事项：小麦生育后期灌水应注意防止倒伏。因为小麦倒伏，导致粒重降低，穗数亦有减少，同时也给收割带来困难。抽穗前后倒伏减产30%～40%，灌浆前期倒伏减产30%，灌浆中、后期倒伏减产5%～10%。

（2）实施好“一喷三防”。“一喷三防”指在小麦穗期一次施药（使用杀虫剂、杀菌剂、植物生长调节剂、微肥等混配剂喷雾），达到防病虫、防干热风、防倒伏、增粒增重的目的。

小麦穗期常见病害有锈病、白粉病、赤霉病；常见的虫害有黏虫、蚜虫、吸浆虫。以穗蚜危害最重，穗期防治重点是穗蚜。4月底—5月初及时防治穗蚜以及白粉病、锈病和叶枯病，可亩用40%氧化乐果乳油50毫升+15%粉锈宁可湿性粉剂50克，对水50千克喷雾。扬花期若遇连阴雨天气，应注意亩用40%多菌灵胶悬剂100克对水50千克预防赤霉病。后期管理：后期应加强叶面喷肥，使之保持一定的营养水平，以延长光合器官的功能期和根系活力。如果该期脱肥，则绿叶面积减少，灌浆高峰来临早且峰值小，灌浆期缩短，粒重降低。

许昌市5月中、下旬干热风的发生频率多达10年7～8遇。干热风袭来，热害和干害共同作用，使植株蒸腾加剧，细胞失水，呼吸作用初期升高后渐停滞，根系吸收能力下降，叶绿素含量降低，光合产物减少，严重时植株死亡。干热风一般减10%～20%，严重者达30%以上。

叶面喷肥的方法：在氮、磷、钾供应不足的麦田，抽穗—灌浆期间当叶色转淡、旗叶含氮量低于3%、叶绿素低于0.5%时，亩可喷洒50～60千克2%～3%的尿素溶液或2%～4%的过磷酸钙液或0.3%～0.4%的磷酸二氢钾液或5倍的草木灰浸泡1天后的过滤液，以增加粒重。

（3）适时收获。小麦收获适期很短，又正值雨季来临或风、雹等自然灾害的威胁严重的季节，及时收获可防止小麦断穗落粒、穗发芽、霉变等收获损失。一般认为蜡熟中期到蜡熟末期为小麦的适宜收获期。人工收获可在蜡熟中期收割；机械收获时，以完熟初期为宜。种子田以蜡熟末期和完熟初期为宜。

小麦高产技术小结：

①持续培肥地力，奠定高产栽培基础。

②选择适宜的高产优良品种，不偏听偏信。

③及时腾茬，秸秆还田。

④深耕耙实，高标准整地。

⑤巧施底肥，别被忽悠。

⑥适期适量播种、药剂拌种，足墒浅播，浇好底墒水，播深寸至寸半，确保一播全苗。反对大播量，杜绝欠墒播种。

⑦推广冬前化学除草，浇好越冬水。

⑧因苗制宜，搞好春季管理，重点推广氮肥后移，建立符合高产要求的群体结构。

⑨采取综合措施，防治好整个生育期病虫害。抓播期（地下虫）、返青期（纹枯病、红蜘蛛）、灌浆期（蚜虫）三个关键。

⑩搞好“一喷三防”，防早衰，适时收获。

第四部分　小麦病虫草害综合防治技术

一、小麦播种期

防治重点：地下虫，其次是土传、种传病害，再次是通过土壤处理或药剂拌种可减轻危害的苗蚜、红蜘蛛等。

①严把检疫关；②加强农业防治；③药剂拌种：a. 防治地下害虫可用40%甲基异柳磷乳油或50%辛硫磷乳油等10～15毫升，加水0.8～1千克，

拌麦种8～10千克，拌后堆闷1～3小时，待药液全部吸收后播种。b. 防治病害，可用12.5%全蚀净20毫升对水500毫升拌麦种10千克或2%立克秀10～15克，加水150～200毫升稀释，拌麦种10千克。④土壤处理：每亩可用3%甲基异柳磷或3%辛硫磷颗粒剂3千克，均匀撒于地表，随犁地翻入土层。

二、小麦秋苗期化学除草

防治重点：杂草。①播娘蒿、荠菜、婆婆纳等阔叶杂草为主的，可用巨星每亩1～1.5克，或36%奔腾TM可湿性粉剂按亩用量5克，或10%赛巨可湿性粉剂按亩用量10～12克，对水25～30千克均匀喷雾。②猫儿眼等严重田块，可用20%使它隆乳油每亩30～40毫升，加13%二甲四氯水剂150毫升，对水25～30千克均匀喷雾。③猪殃殃等发生严重的田块，可用5.8%麦喜悬浮剂按亩用量10毫升进行喷雾防治。④野燕麦严重的，每亩用6.9%骠马浓乳剂50～60毫升，加水25～30千克均匀喷雾。注意事项：喷洒时要注意天气，要在晴朗无风的天气喷洒，否则可能由于药物漂移对邻近的阔叶作物田产生药害，日平均气温要在10℃以上，否则可能由于低温对小麦产生药害。要注意掌握好施用量，施药要均匀一致，不要重喷和漏喷。施药后要彻底冲洗药械，冲洗液要倒在废水沟中。

三、小麦返青拔节期

防治重点：纹枯病、红蜘蛛。2月中旬—3月底：乙酰·高氯50毫升＋烯（戊）唑醇20克。①防治小麦纹枯病：防治指标为病株率15%。每亩用12.5%禾果利（烯唑醇）20～30克或20%三唑酮60～80毫升乳油，对水50千克喷雾。注意将药液喷洒在麦株茎基部。②红蜘蛛：防治指标为600头/米单行。亩用20%扫螨净粉剂20克或1.8%虫螨克8～10毫升或乙酰·高氯50毫升，对水50千克均匀喷雾。注意在上午10点前或下午4点后进行。

四、拔节至抽穗扬花期

防治重点：锈病、白粉病、赤霉病、红蜘蛛、吸浆虫等。4月中下旬：毒死蜱40毫升＋高氯20毫升＋戊唑醇20克。

锈病、白粉病：是流行性病害，一旦发现，及时防治。每亩用12.5%禾果利（烯唑醇）20～30克或20%三唑酮60～80毫升或戊唑醇20克或志信星（丙环唑）20～30克，加水50千克喷雾。

预防赤霉病：抽穗扬花期，若天气预报，有3天以上连阴雨天气，应立即喷药预防。每亩用50%多菌灵粉剂100克加水50千克喷雾。

吸浆虫：每亩用3%甲基异硫磷颗粒剂3千克对细土20千克；若无成品

颗粒剂，每亩可用50%辛硫磷乳油或40%甲基异柳磷乳油200毫升对水5千克喷在20千克细沙土或细炉灰渣上，均匀拌成毒土顺垄洒在地表，洒毒土后结合浇水效果更好。

五、灌浆期

防治重点：穗蚜、吸浆虫、锈病、白粉病、叶枯病。5月5～10日：吡虫啉15克+功夫菊酯50毫升+丙环唑30克。

吸浆虫：当田间手扒麦垄见到1～2头成虫时（小麦露脸到扬花前），可用4.5%高效氯氰菊酯每亩50毫升加水50千克均匀喷雾防治，连喷2～3次，要求选择无风天气上午9时前或下午4时后进行（用毒死蜱、氧化乐果或敌敌畏均可控制）。

穗蚜：防治指标为百株蚜量500头，益害比1∶150。每亩可用40%蚜灭克乳油40～60毫升，或10%吡虫啉可湿性粉剂20～30克，或25%辉丰菊酯乳油30～40毫升，对水40～50千克喷雾。

综合防治用药配方：每亩地用水量最低50千克水。防治后期穗蚜可选用以下配方：①敌畏·氧乐乳油80～100毫升+吡虫啉20克。②菊酯类30～50毫升+吡虫啉20克。

小麦后期病虫防控可选农药种类：①杀虫剂：吡虫啉、啶虫脒、吡蚜酮、噻虫嗪、阿维菌素、抗蚜威、溴氰菊酯、高效氯氟氰菊酯、高效氯氰菊酯、氰戊菊酯、氧乐果、乐果等。②杀菌剂：三唑酮、烯唑醇、戊唑醇、己唑醇、丙环唑、苯醚甲环唑、咪鲜胺、氟环唑、氯啶菌酯、多菌灵、甲基硫菌灵、代森锰锌、福美双、氰烯菌酯、蜡质芽孢杆菌等。

六、病虫害防治注意事项

（1）农民在选择小麦病虫害防治时机时，要注意听取植保部门病虫预报和技术指导，避免盲目喷药，贻误最佳战机。

（2）选购农药要到正规农药销售门店购买植保部门推荐的农药品种，使用时要严格按照产品说明，不要随意加大或减少用药量。

（3）小麦病虫种类多，往往多种病虫在同一时期同时发生，重叠危害。要根据实际情况，按照防治指标有针对性地进行防治，并尽可能采取混合施药，主攻一种，兼治其他，以降低成本，提高防效。

（4）要积极扶持发展各种类型的专业化防治组织，加强对机手技术培训，强化对专业化防治组织的技术指导与服务，大力推进专业化防治。对条锈病、吸浆虫等大区域流行性病害和突发性、毁灭性害虫要实施联防联治、统防统治和应急控制，努力提高防治效果和防治效率。

第三节　玉米高产节本增效集成新技术培训宣传材料

第一部分　玉米生物学基本知识

一、植物形态

由根、茎、叶、雌花序、雄花序等组成。

(1) 根。初生根、次生根。

(2) 茎。茎由节和节间组成，每一节间着生一片叶。当前玉米杂交种一般19～22片叶，7个节间密集于地下，从5、6节间开始伸长。<2米为矮秆型，2～2.7米为中秆型，>2.7米为高秆型。近地面以上第二第三节间粗短，机械组织发达，有利抗倒。

(3) 叶。叶是由叶片、叶舌和叶鞘三部分组成。叶片着生于茎节处，各节叶片互生排列。叶片数与茎节数相等，一般19～22片，早熟品种少，中晚熟品种叶数较多。叶片表皮有气孔，每平方厘米叶面积上下表皮共有气孔器1.4万个。叶肉有叶绿素，叶片上表皮上有运动细胞，土壤水分足时，它吸水膨大，使叶片伸展；土壤水分不足时，失水缩小体积，向上卷曲成筒形，以减少蒸发。

(4) 花。雄花序、雌花序。

(5) 种子。由胚、胚根、胚乳、种皮组成。

二、玉米器官同伸关系

1. 叶与根同伸关系（表2-5）

当玉米三叶时，地下次生根出现第一层次生根，第4、5、6、7叶时相应出现第2、3、4、5层次生根，密集于地面，证明苗期以根生长为中心。

表2-5　叶与根同伸关系

轮次	着生部位	播后平均天数	可见叶片数	条数
第一轮	芽鞘节	7	3	4
第二轮	第一叶片节	11	4	5～6
第三轮	第二叶片节	15	5	7～9
第四轮	第三叶片节	19	6	10～11
第五轮	第四叶片节	23	7	12～13

2. 叶与叶同伸关系

第七叶以前各叶处于零位叶（即将展开的上位叶的叶舌与下位叶的叶舌相对应时形似零形）时，零上一叶均未定长，第七叶以后各叶处于零位叶，其零上一叶均已定长，零上二、三接近定长，当零位叶为 n 时，肥料起作用的为 n＋3以后各叶。如第七叶为零叶位时施肥，其效应呈第十二叶及以后各叶。

3. 叶与茎的同伸关系

玉米品种豫农 704，茎节多为 19～20 节，其中地下茎 5～6 节，地上 13～14 节，地上第二节最粗（全株第 7～8 节），向上依次变细，地下茎节拔节以后开始伸长。

展开叶与伸长速度最快的节间叶存在对应关系。玉米从拔节到抽雄前，伸长速度最快的节间多数为新展开叶着生的节间，新展开以下第一、第二节间接近定长，第三、第四节间已经定长（山东农学院，1 978）。因此，当第 n 展开叶追肥，只对 n 以上各节间产生促进效应。如 20 片叶的品种拔节期（6 展开叶），施肥 5 天后第 8 片叶展开对第 8 节间及以上各节间起显著作用。

4. 叶与生殖器官分化同伸关系

（1）玉米生殖器官分化时期。玉米雌雄穗幼穗分化：玉米生殖器官即为玉米雌雄穗。玉米雄穗产生于茎顶端的生长锥，雌穗产生于茎秆腋芽生长锥，进而分化成雌雄穗。雌雄穗分化过程大体相同，但雌穗分化比雄穗分化晚 10 天左右。

为说明雌雄穗幼穗分化过程，现以 19～20 片叶的玉米杂交种为例，主要经以下 4 个时期：幼穗生长锥伸长期、小穗分化期、小花分化期和性器官形成期。为科学指导田间管理，应明确穗分化与叶片生长的关系，重点掌握以下四个时期：

①雄穗生长锥伸长期：播后 25 天，有 9～10 片可见叶，6～7 片展开叶，叶龄指数达到 29％～30％时，雄穗生长锥开始显著伸长。这是施拔节肥的重要时期。

②雄穗小花分化期、雌穗生长锥伸长期：播后 35 天左右，有 11～12 片可见叶，8～9 片展开叶，叶龄指数达到 45％左右时。此期玉米正处于小喇叭口期，是第一次防治玉米螟的时期，也是施肥的好时期。

③雄穗性器官形成期和雌穗小花分化期：播后 45 天，有 17～18 片可见叶，12 片展开叶，叶龄指数达到 55％～60％。这是玉米大喇叭口期，是施肥、浇水和防治玉米螟的关键时期。

④雄穗抽雄期和雌穗果穗增长期：播后 53～55 天，可见叶 19～20 片，展开叶 16～17 片，叶龄指数 85％。这是高产田施入攻粒肥的重要时期。

（2）叶龄判断穗分化。叶龄—展开叶，每一展开叶为一个叶龄。

叶龄识别方法：

点漆法：选择有代表性的植株10株，自下而上每隔5叶用红漆标记一次，每株点3次。

叶脉确定法：展开叶主脉一侧脉数为n时，n—2为展开叶数。

叶龄指数法：

$$叶龄指数=\frac{展开叶数}{该品种叶片总数}\times 100\%$$

玉米品种不同，其叶片数也不同，用叶龄判断穗分化在品种之间有很大不同，而叶龄指数法可以应用于所有品种。

见展叶法：该法大约可以判断穗分化，即见展叶在穗分化过程展现出不同的叶差。一般可用见展叶差数2、3、4、5分别表述苗期幼穗未分化、雄穗生长锥伸长期、雌雄穗进入小花分化期和雌穗生长锥伸长期、雄穗花粉粒成熟和雌穗小花分化期（表2-6）。

表2-6 玉米见展叶差与穗分化期的关系

（许金生等，1984）

见展叶差法	穗分化期
2	苗期，穗未分化
3	雄穗生长锥伸长，并向小花分化期过渡
4	雄穗进入小花分化期，雌穗生长锥伸长和小穗分化
5	雄穗四分体和花粉粒形成，雌穗小花分化期并向性器官形成过渡
退差期（全部可见叶）	雄穗花粉粒形成，雌穗进入性器官形成期
退到1或0	雄穗抽雄开花散粉，雌穗开始吐丝

（3）用叶龄指数法判断玉米幼穗分化时期。用叶龄指数法判断玉米幼穗分化时期（表2-7），在通常情况下，现今均以叶龄指数法最为科学。依据河南玉米幼穗分化与叶片生长的关系，当叶龄指数达到30%（播后25天），幼穗分化进入雄穗伸长期（拔节期）；叶龄指数45%时（播后35天），雄穗小花分化始期与雌穗生长锥伸长期（小喇叭口期）；叶龄指数55%～60%时（播后45天），雄穗花粉粒形成与雌穗小花分化期（大喇叭口期）；叶龄指数85%时（播后53天），雄穗抽出与雌穗增长期；叶龄指数100%时（播后55天），雄穗开花与雌穗吐丝期。

表 2-7　玉米穗分化与叶片生长关系

穗分化时期				郑单 2 号		豫农 704		博单 1 号		叶龄指数（%）	播后天数
雄穗		雌穗		可见叶	展开叶	可见叶	展开叶	可见叶	展开叶		
伸长期	伸长			9～10	6.9	8～9	5.9	8～9	5.9	29±1	25
小穗期	小穗原基			11～12	7.9	9～10	6.8	9～10	6.9	35±1	28
	小穗			13～15	8.8	11～13	7.7	11～13	7.8	40±1	30
小花期	小花始期	伸长期	伸长	16～17	10.7	13～14	8.8	13～15	8.8	45±1	35
	雄长雌退	小穗期	小穗	17～18	11.9	15～17	10.7	15～17	10.8	55±1	38
性器官形成期	四分体	小花期	小花始期	18～19	12.9	17～18	11.9	18～19	11.9	69±1	42
	花粉粒形成		雌雄蕊或雌长雄退	20～21	14.6	18～19	12.9	18～19	12.9	65±1	45
	花粉粒成熟	器官形成期	花丝始期	21～22	16.7	18～19	13.9	19	13.9	75±1	49
抽穗期	抽穗		果穗增长	21～23	18.9	19～20	15.9	19～21	16.7	85±1	53
开花期	开花	吐丝期	吐丝	21～23	21～23	19～20	19～20	19～21	20～21	100	55

第二部分　玉米生长发育与环境条件

（1）温度。玉米是喜温作物，种子10℃以上发芽，生长时期25～28℃为宜，灌浆期22～24℃为宜。

（2）日照。玉米是喜温作物，每日12小时光照为宜。苗期短日照可能产生返祖现象。

（3）水分。玉米是喜水作物，夏玉米生长期内需水316方，每千克玉米需700千克水。

（4）土壤肥料。玉米市喜肥作物，对氮要求迫切；玉米对土壤要求不严，但土壤疏松、肥沃、土层厚有利于高产。

第三部分　玉米品种利用

一、玉米杂交种的种类

①品种间杂交种；②顶交种；③自交系间杂交种：单交种、三交种、双交种、综合种；④玉米杂交种优势顺序：单交种＞三交种＞双交种＞顶交种＞综合种＞品种间杂交种。

二、玉米杂交种质量

玉米杂交优势表现在第一代，第二代开始分离，植株高低、果穗大小极不整齐，生长变弱，产量一般极低，比第一代种子减产20％～30％，因而玉米繁育种子必须年年制种，年年种植一代种，不种越代种。

玉米杂交种质量好坏取决于种子纯度，净度，含水率和发芽率，玉米杂交种的纯度是指真正的杂交种子所占的比例。河南省玉米杂交种子纯度20世纪80、90年代比较低，近些年来又有很大提高。据1985—1986年，安阳、南阳等地对郑单2号和豫农704不同制种单位的种子进行对比试验结果，同一品种不同制种单位的种子，其纯度高低产量最高相差119千克以上，即纯度低的种子比纯度高的种子产量减产70％以上。一般产量减产30％～50％。

三、河南玉米品种演变

中华人民共和国成立以来60余年，河南玉米品种演变经历了七次更新。第一次更新：20世纪50年代评选与推广金皇后、英粒子、华农2号等为代表的一批农家优良品种。第二次更新：同时选育与推广了品种间杂交种百杂六号、防杂2号等。第三次更新：60年代，全国第一个双交种新双1号以及豫双号系列的选育与推广。第四次更新：70年代初，全国第一个单交种新单1号的选育与推广。第五次更新：70年代中期相继选育与推广了郑单2号、豫农704、博单1号。第六次更新：80年代选育推广了郑单8号、豫单8号和引进推广了掖单2号、12、13号，丹玉13号紧凑型单交种和平展型等单交种。第七次更新：90年代以来，先后选育与推广了郑单958、浚单20、豫玉22和引种推广了鲁单981、中科4号、11号等新的杂交种，尤其河南省农科院选育的郑单958在全国每年推广面积达6 000多万亩，为当今玉米杂交种推广面积最大的单交种，为玉米高产稳产做出了贡献，完成和正在完成河南省玉米第七次更新。

四、玉米引种规律与注意事项

从河南省玉米品种演变过程可以看出玉米引种后有十分重要的位置，从20世纪80年代到90年代，河南省成功的引种了丹玉13，推广面积1 800万亩，种植年限长达十余年之久；然后引种了掖单2号，种植时间更长。当豫玉22号和郑单958杂交种出现以后，才逐渐取代了这两个品种，说明了引种运用得当是非常容易成功的。但必须注意引种原则与方法。

一是针对生产中存在的品种更新速度慢、品种退化等情况，要适当地引进当地玉米生产急需和不同类型的品种；二是在相同和相邻生态区引种最易成功；三是按程序引种，首先要通过试验对引种品种的各种性状进行观察，科学评价，选出适应当地种植的优良品种，尤其要经过种子管理部门的认定，才能大面积推广。

第四部分　玉米光能利用与合理密植

一、玉米种植密度与产量形成

玉米产量由穗数、穗粒数和千粒重构成。

1. 密度与穗数的关系

紧凑型品种（耐密性强），穗数随种植密度的增加增长速率快。平展型品种（耐密性弱）的穗数随种植密度增加增长速率慢。国内的高产典型大都是通过紧凑型品种增加密度实现的。

玉米穗数随着种植密度的增加而增加，但密度越大，增加穗数的幅度越小。在低密度下，穗数会大于种植密度，即部分植株产生了双穗；在高密度下，穗数会小于种植密度，即部分植株产生了空株，这种现象与品种的耐密性有密切关系。所以，高产栽培应选用耐密性强的品种，以增加穗数。土壤肥力和肥水管理对增加密度和穗数有较大影响。同一品种，选择高肥力土壤种植，或者加强肥水管理，可以适当增加密度和穗数。

表 2－8 表明，紧凑型品种每亩株数由 3 500 株逐级增加到 5 500 株，空秆率由 2.87%增加到 10.77%，平均空秆率为 6.456%。在相同密度下平展型玉米空秆率平均为 28.06%，比紧凑型玉米增加了 3.4 倍。故品种具有耐密性，对提高密度效果有重要作用。

表 2－8　不同株型、不同密度产量构成因素

玉米类型	密度（株/亩）	空秆率（%）	亩穗数（株）	穗粒数（粒）	千粒重（克）
紧凑型	3 500	2.87	3 411.3	485	306.5
	4 000	4.6	3 816	479.3	299.3
	4 500	6.67	4 168.7	460.8	295.3
	5 000	7.37	4 166.7	411.0	283.5
	5 500	10.77	4 907.7	366.4	258.4
平展型	3 500	24.80	2 616	503.4	297.0
	4 000	25.02	2 633	452.0	274
	4 500	27.0	3 285	382.4	267.9
	5 000	29.2	3 540	380.8	262.0
	5 500	34.70	4 140	291.9	254.9

2. 密度与穗粒数的关系

穗粒数随着密度增加而降低，据莱阳农学院（1988）密度试验，紧凑型玉米掖单 5 号，自 3 000 株增加到 7 000 株，亩穗数由 2 937 穗增到 6 610 穗，亩穗数增加 56%；穗粒数自 505.7 粒减少到 338 粒，减少 35%。平展型中单 2 号在密度相同条件下，穗粒数自 514.9 粒减少到 311.7 粒，减少 39.5%。平展型比紧凑型玉米随着密度的增加而穗粒数的降低相差 4.5%（表 2－9）。玉米穗粒数随着密度的增加而减少。减少程度与品种特性、栽培条件等有着密切关系。紧凑型品种随着密度增加穗粒数减少程度小，平展叶型品种则减少程度大。肥水管理可以缓和穗粒数减少的幅度，但不能改变减少的趋势。

表 2-9 紧凑型玉米与平展型玉米产量构成因素比较（1989）

品种＼构成因素	密度（株/亩）	亩穗数（穗）	穗粒数（粒）	千粒重（克）	产量（千克/亩）
掖单 5 号	3 000	2 937	505.7	266.3	790.6
	4 000	3 947	472.8	237.5	886.5
	5 000	4 780	441.5	237.2	1 000.9
	6 000	5 790	378.3	231.3	1 012.5
	7 000	6 610	338.0	217.3	970.3
中单 2 号	3 000	2 570	514.9	223.4	592.3
	4 000	2 928	417.7	207.7	489.7
	5 000	3 227	375.3	215.2	523.9
	6 000	2 241	308.3	204.6	349.7
	7 000	2 460	311.7	187	284.5

从表 2-9 还可看出，紧凑型品种掖单 5 号每亩种植密度由 3 000 株增加到 6 000 株时，亩产量由 790.6 千克增加到 1 012.5 千克，但种植密度超过 6 000 株/亩，产量开始下降；平展型品种中单 2 号最高产量的密度相反是低密度，如每亩 3 000 株单产 592.3 千克，每亩 4 000 株单产为 489.7 千克，说明了紧凑型品种通过增加密度，三因子协调性较好，容易夺取高产。

3. 密度与千粒重的关系

玉米千粒重随着密度增加毫不例外地逐渐减少，但在一定范围内比穗粒数变化较少。玉米千粒重受品种特性的影响很大，不同品种，在密度逐渐增加的情况下，其千粒重降低的幅度不同。玉米千粒重受肥水管理条件影响也很大，在密度逐渐增加的情况下，加强肥水管理，可以减缓千粒重降低的幅度。

4. 密度与植株性状的关系

对根的影响。密度对玉米根层数的影响不明显，对第 1～6 层的根条数影响也不大，对 7～8 层节根影响较大。密度超过 4 285 株，这两层的根条数大大减少。

对叶片的影响。密度增加，单株叶面积减少，但单位土地上的叶面积增加。茎叶夹角变小。株间光照减弱。

对茎秆的影响。密度增加，茎秆节间长度加长，茎秆变细；株高随密度增加而增高。

对穗位高度的影响。随着密度增加，穗位逐步升高。

对植株抗倒伏能力的影响。密度增加，植株抗倒能力逐步降低。

与病虫害的关系。密度增加，株间通风透光不良，相对湿度较高株间温度降低，利于病虫害发生。所以，在增加密度情况下，要重视病虫害防治工作。

5. 密度与籽粒发育性状的关系

就同一品种而言，随着密度增加，单株穗小花数、受精花数、受精率、结实率、籽粒干重日增重等指标逐步降低。但在一定密度范围内，每亩总的穗小花数、受精花数、籽粒数在增加。就是说在穗数增加为增产主要因素情况下，单产随着密度增加而增加，当超过一定限度时，再增加密度，产量反而下降（表 2 - 10）。

表 2 - 10　不同密度条件下籽粒生长发育性状及产量变化（1986）

品种：朝 23×5003

密度（株/亩）	亩穗数（穗/亩）	穗小花数（个）	穗受精花数（个）	受精率（%）	穗有效粒数（粒）	结实率（%）	籽粒干重最大日增量（毫克/粒·日）	百粒重（克）	单株籽粒产量（克）	单产（千克/亩）
2 083.4	2 062.5	928.4	861.3	92.8	688.4	79.9	12.1	36.2	249.2	480.2
2 564.2	2 520.6	921.0	850.5	92.3	637.5	75.0	12.0	34.8	221.9	514.1
3 333.3	3 226.6	904.0	828.4	91.6	580.5	70.1	11.2	31.4	182.3	537.5
4 065.2	3 764.3	873.5	767.7	87.9	477.0	62.1	10.3	27.5	131.2	477.0
4 504.7	4 107.2	874.1	762.6	87.2	436.8	57.3	9.7	26.0	113.6	443.5

二、高产玉米产量构成的主次因素

据有关调查，夏玉米亩产 250～400 千克，亩穗数是主导因素，低产水平增加亩穗数容易提高产量；当亩产达 700 千克以上时，穗粒数和总粒数是主导因子。不同品种、不同地区产量构成因素主次关系各异。

（1）在水肥条件、栽培措施一定情况下，每一品种都有一个相对合理的种植密度。过高或过低，都不利于创高产。

（2）对同一品种而言，高水肥地比低水肥地耐密。

（3）一般而言，低水肥田适宜种植平展叶、大穗型品种，高水肥田适宜种植竖叶、紧凑型高产品种。

（4）高产栽培，在高肥力田，种植中高密度的耐密品种要比种植低密度的大穗型品种产量高。

三、确定合理密度的理论依据与种植方式

1. 合理密度的确定

合理密度的确定遵循的原则：晚熟品种宜稀，早熟品种宜密；平展型品种宜稀，紧凑型品种宜密；水肥条件差的宜稀，水肥条件好的宜密；产量水平低的宜稀，产量水平高的宜密。

2. 适宜密度确定的理论依据

每亩种植株数理论值的确定，应以品种的消光系数（K）来确定，K值的大小代表群体的光分布特性，是射入光通过每层叶面积时所减低的比例系数，其值越大，越不利于群体的光能利用。山东省农业科学院植物生理研究室测得，一般平展型玉米K值为0.7，这种株型的品种叶面积指数不能超过4。紧凑型品种，其群体消光系数为0.5，叶面积指数可达5～6。因此可以用K值计算叶面积指数的范围（表2-11）。

表2-11 K值与叶面积指数的合理范围

（黄舜阶，1984）

K值	0.8	0.7	0.6	0.5	0.4	0.3	0.2
每通过叶面积指数1时，光能递减（%）	55.1	50.4	45.1	39.3	31.0	26.0	18.0
合理叶面积指数	3.5	4.0	4.5	5.0	6.0	8.0	11.0

K值大小由群体结构决定，与光强无关。因此，在同样K值的基础上，叶面积指数的合理范围受平均光强的制约。所谓合理范围是把平均光强限定在昼夜平均2万勒克斯的基础上。由于我国幅员辽阔，太阳辐射差异大，不能利用同一标准来衡量群体的合理叶面积。

当K值和最适叶面积确定之后，合理密度按以下公式估测。即：

$$\text{每亩株数} = \frac{\text{合理叶面积指数} \times 666.7\ \text{平方米}}{\text{单株叶面积(散粉期)}}$$

3. 全国玉米不同产量水平下三因素构成

表2-12 不同产量水平下三因素构成

产量分级（千克/亩）	亩穗数	CV（%）	亩粒数（万粒）	CV（%）	千粒重（克）	CV（%）
500～550	4 078	17.19	174.8	8.32	300.7	7.08
550～600	3 977	12.30	196.8	7.17	294.0	5.64
600～650	4 256	15.60	209.1	6.05	297.0	6.30
650～700	4 272	9.08	222.6	5.40	309.7	5.40

4. 全国不同密度下的产量结构

国内21块玉米亩产超吨粮不同密度水平下的产量结构，以亩穗数500为级差，将所有高产田划分为4个不同的密度水平。各密度水平高产田的产量及主要产量构成因素见表2-13。

表2-13　不同密度水平的产量结构

亩穗数分级	高产地块		亩穗数（个）	穗粒数（粒）	千粒重（克）	单穗粒重（克）	籽粒产量（千克/亩）
	地块数（块）	百分比（%）					
4 500～5 000	3	14.3	4 683	573.6	417.9	230.5	1 079.0
5 001～5 500	4	19.0	5 185	650.8	330.9	214.8	1 121.9
5 501～6 000	7	33.3	5 628	572.8	344.3	198.0	1 113.4
6 001～6 500	7	33.3	6 190	509.6	356.3	190.4	1 156.8

从表2-13可以看出，不同密度条件下，产量相差不大，其中低密度4 500～5 000穗/亩，一是品种千粒重达到417.9克，二是穗粒数高达650粒；高密度5 500～6 000穗/亩，穗数虽高，穗粒数和千粒重均有所降低，因而，说明了玉米超吨密度增加的趋势，但以5 500穗/亩较为适宜。

5. 河南省玉米亩产800千克产量三因素

表2-14　河南省玉米亩产800千克以上的高产典型三因素分析

年份	地点	品种	面积（亩）	亩穗数（个）	穗粒数（粒）	千粒重（克）	九折亩产（千克/亩）
2008	浚县钜桥刘寨	浚单20	100	5 258	557	370	946.4
2008	温县祥云平安	郑单958	50	5 869	495.2	320	837.0
1997	温县东关	掖单22	1.1	4 800	548.3	351	924.6
1998	武陟西陶西滑丰	掖单22	1.5	5 143	579.6	351	941.9
1999	偃师翟镇二里头	安玉5号	1.06	5 150.7	584	320	865.2
1999	博爱苏家作吉庄	安玉5号	2.0	5 012.9	571.9	320	825.7

从表2-14看出，河南省各地出现的几个高产典型种植密度和亩穗数大体在4 800～5 800，三因子变化中，穗粒数随着亩穗数增加而减少，千粒重减少有限，因而，在河南省夏播条件下，每亩穗数也以5 000～5 500穗为宜，在水

肥合理运筹前提下，亩产 800 千克是容易达到的。

6. 河南省玉米不同产量不同品种密度范围

根据试验和生产实践，河南各地玉米不同产量水平和不同品种适宜的种植密度见表 2－15。

表 2－15　玉米不同产量水平不同品种种植密度推荐表

产量水平（千克/亩）	品种类型	种植密度（株/亩）	备注
350～400	紧凑型	3 500～4 000	平展叶型品种包括紧凑型大穗品种
	平展型	3 000～3 300	
450～500	紧凑型	4 000～4 500	
	平展型	3 300～3 500	
550～600	紧凑型	4 500～4 750	
	平展型	3 500～3 750	
650～700	紧凑型	4 750～5 000	
	平展型	3 750～4 000	
750～800	紧凑型	5 000～5 500	
	平展型		

从表中看出，种植密度随着产量指标提高而增加，紧凑型品种种植密度大于平展叶型品种，而且平展叶型品种对亩产 800 千克左右产量水平不太适应，因其植株叶片平展影响透光和光合效率的提高，在高产水平下，难以达到预期指标。

7. 玉米种植方式

夏玉米种植方式，中低产田以等行 60 厘米为宜，高产田以宽窄行为宜（一般 80 厘米＋40 厘米）。

第五部分　玉米科学施肥

一、科学施肥的理论依据

1. 最小养分率

玉米必需的营养元素玉米必需的营养元素：除 C、H、O 外，必需的矿物营养元素有大量元素氮、磷、钾，中量元素钙、镁、硫，微量元素锌、钼、硼、锰、铁、铜等，这些元素的作用各有不同，在作物体内含量不同，如微量元素千分之几到十万分之几，不论哪种元素缺少都会影响玉米的生长发育（最小养分率）。

玉米缺素症状：

（1）缺氮。植株下部老叶从叶尖沿叶脉呈“V”字形变黄，植株矮小、瘦弱。

（2）缺磷。植株下部老叶从叶尖沿叶缘变紫色，尤其幼苗容易出现。

（3）缺钾。植株下部老叶从叶尖沿叶缘呈焦枯状（金镶边）。

（4）缺钙。心叶抽出困难或不伸展，叶尖黏合植株黄绿色或矮化（玉米一般不缺钙）。

（5）缺镁。幼苗上部叶片黄色，脉间黄绿相间条纹。

（6）缺硫。矮化。心叶黄化如缺氮。

（7）缺锌。出土后两周内，心叶先出现淡色条纹，沿中脉两侧出现“白”带。

（8）缺铁。幼叶脉间淡绿或黄色；缺铜：幼叶一出即变黄。

（9）缺锰。叶上黄绿相间条纹（一般少有缺锰）。

（10）缺硼。幼叶脉间白色斑点，变成白色条纹（一般少有缺硼）。

（11）缺钼。老叶从叶尖沿叶缘枯死，缺钼叶卷曲。

2. 营养元素同等重要的不可替代规律

营养元素在植物体内不论数量多少都是同等重要的，即不可替代的。

（1）最小养分规律。按需要量来讲，最缺的那一种营养就是最小养分，即最小养分率，或限制因子率，往往因这一养分限制了产量的提高。

（2）养分平衡规律。养分被作物带走和投入相平衡状态——收支平衡。

（3）报酬递减率。施肥增加到一定量时产量不仅不能增加，反而要下降（递减状况），即随肥料增加效益逐渐减少。

3. 作物营养的临界期和最高效率期

（1）作物营养的临界期。当作物某一个时期某种养分缺少时造成产量的损失致使以后无法弥补，这个时期为临界期。拔节至大喇叭口期为氮的临界期。

（2）营养的最大效率期。某时期需要养分最多，肥料利用率最大，增产效果最高，为最大效率期。如玉米大喇叭口期至抽雄是玉米吸收氮最大效率期。

玉米吸收氮磷钾三要素：河南玉米高稳优低协作组研究结果：每百千克玉米吸收纯氮2.6千克，P_2O_5为0.9千克，K_2O为2.43千克。

化肥利用率经验系数：氮磷钾肥利用率分别为35%～40%，20%～25%，30%～40%。

二、配方施肥技术和基本方法

配方施肥基本方法：

配方施肥从定量施肥的不同依据来划分，有三个类型的配方方法。

第一类，地力分区（级）配方法：

地力分区（级）配方法是配方施肥的初级阶段，具有针对性。其具体做法是按土壤肥力高低分成若干个等级，或划出一个肥力均等的田片，作为一个配方区，利用土壤普查资料和过去的田间试验成果，结合群众的实践经验，估算出配方区内比较适宜的肥料种类及施用量。

第二类，目标产量方法：

该法是目前广泛采用的一种配方方法。目标产量确定后，根据作物吸收的养分数量、土壤供肥能力、化肥利用率和肥料中有效养分含量的四大参数，确定施肥量。

（1）养分平衡法。以土壤养分测定值来计算土壤供肥量。肥料需要量可按下列公式计算：

$$\text{肥料需要量}=\frac{\left(\dfrac{\text{作物单位产量}}{\text{养分吸收量}}\times\dfrac{\text{目标}}{\text{产量}}\right)-\left(\dfrac{\text{土壤测}}{\text{定值}}\times 0.15\times\text{校正系数}\right)}{\text{肥料中养分含量}\times\text{肥料当季利用率}}$$

注：①式中作物单位吸收量×目标产量=作物吸收量。

②土壤测定值×0.15×校正系数=土壤供肥量。

③土壤养分测定值以毫克/千克表示，0.15为换算系数。

（2）地力差减法。作物在不施任何肥料的情况下所得的产量称为空白田产量，其养分全部来自土壤，可以空白田产量来估量土壤供肥量，目标产量减去空白田产量，就是施肥所得的产量。按下式计算：

$$\text{肥料需要量}=\frac{\text{作物单位产量养分吸收量}\times(\text{目标产量}-\text{空白田产量})}{\text{肥料中养分含量}\times\text{肥料当季利用率}}$$

式中目标产量可通过多点田间试验结果统计建立的“定产公式”得知。也可在前三年平均产量基础上，高产区增产5%，中产区增产10%，低产区增产10%～15%作为产量目标。

第三类，田间试验法：通过简单的对比，或应用正交、回归等试验设计，进行多点田间试验，从而选出最优的处理，确定肥料的施用量，主要有以下三种方法：

（1）肥料效应函数法。此法一般采用单因素或二因素多水平试验设计为基础，将不同处理得到的产量进行数理统计，求得产量与施肥量之间的函数关系（即肥料效应方程式）。根据方程式，不仅可以直观地看出不同元素肥料的增产效应，以及其配合施用的联应效果，而且还可以分别计算出经济施肥量（最佳施肥量），作为建议施肥的依据。

（2）养分丰缺指标法。利用土壤养分测定值和作物吸收养分之间存在的关联性，对不同作物通过田间试验，把土壤测定值以一定的级分等，制成养分丰缺及应施肥料数量检索表，取得土壤测定值，就可对照检索表按级确定肥料施用量。

（3）氮、磷、钾比例法。通过一种养分的定量，然后按各种养分之间的比例关系来决定其他养分的肥料用量。例如以氮定磷、定钾，以磷定氮等。

以上三大类六种方法的综合运用，以地分级（土壤肥力分高、中、低等级），以地定产（低产田增产20%，中产田增产15%，高产田增产10%），以产定氮（全量施肥——需要多少施多少），磷、钾、锌因缺补缺，最低施肥界限P_2O_5为10毫克/千克、钾为100毫克/千克、锌为0.5毫克/千克。

玉米是一种吸肥力强，需肥量大的高产作物。据全省多点试验统计，一般每千克氮素增产玉米8～25千克，磷素增产6～10千克，钾增产3～5千克。增产效果与土壤肥力关系极大。低肥力土壤，每千克氮增产玉米可达20千克以上，中等肥力的增产效果10～20千克，高肥土壤一般增产5～8千克。

磷、钾、微素的增产效果受土壤供磷、钾、微量元素能力的影响。土壤速效磷含量在10毫克/千克以下，施磷增产幅度大，效果好；10～20毫克/千克，增产效果较好；大于30毫克/千克，基本不增产。

钾肥与氮、磷肥配合施用条件下，当土壤速效钾含量在100毫克/千克以下，施钾增产10%～20%，100～140毫克/千克，有增产效果，肥效低。

土壤有效锌低于0.5毫克/千克的土壤，施用锌肥效果显著，每亩增产幅度10～30千克。1千克硫酸锌平均增产8%～10%。

配方施肥：据研究，每生产百千克玉米需吸收N、P_2O_5、K_2O各为2.62千克、0.90千克、2.43千克，N∶P_2O_5∶K_2O比例为2.9∶1∶2.9。

化肥利用率：N 35%～40%，P_2O_5 20%～25%，K_2O 30%～40%。

根据产量水平，依据以上参数，制定不同肥力水平条件下的施肥配方如表2-16。

表2-16　夏玉米目标产量施肥推荐表

地力等级	基础产量（千克/亩）	目标产量（千克/亩）	施肥量（千克/亩）	
			N	P_2O_5
低	350	400～450	10～12	3～4
中	400	450～500	12～13	4～5
高	450	500～550	13～14	5～6

注：玉米百千克籽粒吸收纯氮为2.6千克，P_2O_5按氮磷比1∶（0.3～0.4）施入；土壤K_2O<100毫克/千克，补施K_2O为5～7千克/亩；土壤有效锌<0.5毫克/千克亩施硫酸锌1千克。

测土施用磷钾锌：

表 2-17 土壤速效磷钾锌测定值与施肥量

速效养分	测定值（毫克/千克）	施肥量（千克/亩）
P_2O_5	<10	7～8
	10～20	4～5
	20～30	3～4
	>30	免施
K_2O	<80	5～7
	80～120	3～5
$ZnSO_4$	<0.5	1

第六部分 玉米病虫害识别与防治

一、玉米病害

世界上玉米病害大约有 80 余种，我国有 30 余种，发生普遍危害严重的有大斑病、小斑病、灰斑病、弯孢菌叶斑病（眼斑病、黄斑病）、丝黑穗病、茎腐病、瘤黑粉病和几种病毒病，近几年发生加重的有玉米褐斑病、锈病、纹枯病，个别年份或某些品种上发生较重的有圆斑病、全蚀病、穗腐病、炭疽病；干腐病和霜霉病在局部地区已有发生，是需要特别警惕的检疫对象；玉米细菌性枯萎内尚未发现，是我国重要的检疫对象。

许昌市发生的几项重大病害：

（1）玉米大斑病。主要危害玉米叶片，长棱形，中宽两端渐细、黄褐或灰色。

（2）玉米小斑病。纺锤形或不规则，黄褐色、斑中灰色、边缘褐色，T 小种侵染叶鞘、苞叶、穗。

（3）丝黑穗病。是苗期侵入的系统侵染性病害。一般在穗期表现出典型症状，主要为害果穗和雄穗。

①雌穗受害：多数病株果实较短，基部粗顶端尖，近似球形，不吐花丝，除苞叶外，整个果穗变成一个大的黑粉包。初期苞叶一般不破裂，散出黑粉。黑粉一般黏结成块，不易飞散，内部夹杂有丝状寄主维管束组织，丝黑穗因此而得名。有些品种幼苗心叶牛鞭状，有些病株前期异常，节短株矮，茎基膨大，如笋，叶丛生，稍硬上举。也有少数病株，受害果穗失去原有形，果穗的颖片因受病菌刺激而过渡生长成管状长刺，长刺的基部略粗，顶端稍细，中央空松，长短不一，自穗基部向上丛生，整个果穗畸形，成刺头状。长刺状物基部有的产生少量黑粉，多数则无，没有明显的黑丝。

②雄穗受害：a. 多数情况是病穗仍保持原来的穗形，仅个别小穗受害变成黑粉包。花器变形，不能形成雄蕊，颖片因受病菌刺激变为畸形，呈多叶状。雄花基部膨大，内有黑粉。b. 也有个别整穗受害变成一个大黑粉包的，症状特征是以主梗为基础膨大成黑粉包，外面包被白膜，白膜破裂后散出黑粉。黑粉常粘结成块，不易分散。c. 管状。

（4）黑粉病。玉米 4～5 叶即发病，叶缘有小瘤，茎叶扭曲畸形，穗呈灰色，内有黑粉，叶上也呈灰色，茎基也有小瘤物。局部寄生性，孢子在土壤、病残体中越冬。

（5）青枯病。即茎基腐病，玉米乳熟期出现症状，玉米叶突然枯死，从发病到全株叶枯死需 5～7 天，有的 3 天左右，初期呈水浸状，很快失水凋萎变青灰色枯死，顶端叶先发病，后下部叶发病，茎基呈水浸状，后变褐变软腐烂，失水萎缩，易皱裂和倒折，茎中干缩中空。重株果穗下垂。病株根系发褐发软腐烂，内部呈紫色。

（6）矮花叶病。即叶条纹病，黄绿条纹相间，出苗 7 叶易感病，发病早、重病株枯死，损失 90%～100%，全生育期均能感病，苗期发病危害最重，出穗后轻，病菌最初侵染心叶基部，细脉间出现椭圆形褪绿小斑点，断续排列，呈典型的条点花叶状，渐至全叶，形成明显黄绿相间退绿条纹，叶脉呈绿色。该病以蚜虫传毒为主，越冬寄主是多年生禾本科杂草。

（7）粗缩病。病株叶浓绿，节间缩短，植株矮化称“君子兰”，重病不抽雄或无粉，雌穗小、畸形，轻病植株雄穗易抽出，而花粉少、花药少，得病早的病重，5～6 叶发病，初期叶脉间透明褪绿虚线小点，以后叶背脉上出现长短不等蜡泪状白色突起，叫脉瘤。由灰飞虱传染，寄主为禾本科植物。

（8）纹枯病。发病初期，茎基部叶鞘病斑椭圆或不规则形，斑中部淡褐色，边缘暗褐色，后多斑汇合包围叶鞘，后期由于叶鞘腐烂，叶色枯死。

（9）褐斑病。病斑圆形或近圆形，初为黄白小点，后变褐或紫褐，稍隆起，有时合并为大斑，中脉上病斑大，斑多集于叶片和叶鞘连接处。

（10）锈病。南方重于北方，叶片正反面散生或聚生，近圆形褐色夏孢子堆，后为黑色冬孢子堆，重病叶枯死。

（11）弯孢霉叶斑病。又称黄斑病。全生育期各叶均可感病，高峰期 8 月中下旬，高温高湿易发病（25～30℃）。抽雄易感病，初为褪绿，水渍状小点，后扩为卵圆、椭圆形，中白周褐色。

（12）疯顶病（丛顶病、霜霉病）。该病由霜霉病菌入侵。苗期病株淡绿色，株高 20～30 厘米时过度分蘖，抽雄后雄穗小花变为变态小叶，雌穗不抽丝，苞叶尖变为变态小叶。

（13）空气污染毒害。主要有臭氧、二氧化硫、氟化物、氯气等。其中氟化物毒害症状是沿叶缘到叶尖出现褪绿斑点，叶脉间出现小的不规则的褪绿斑并连续成褪绿条带。

二、玉米虫害

①地下害虫：蝼蛄、蛴螬、金针虫、地老虎。②苗期虫害：除地下害虫外还有蚜虫、蓟马、黏虫、瑞典麦秆蝇等。③中后期虫害：红蜘蛛、玉米螟。

三、玉米草害

玉米田杂草50多种，分属20个科，其中禾本科占40%～50%，杂草优势种有马齿苋、野苋菜、马唐、光头稗、失肋草、鸭柘草。

第七部分　玉米高产节本增效栽培技术

一、当前许昌市玉米产量的主要限制因素

（1）优质专用品种少，布局不合理，高产抗逆稳产品种缺乏；良种与良法不配套；品种单一化与多乱杂并存；不同品质品种混种混收，商品质量一致性差。

（2）土壤理化性状差，耕作技术落后。土壤耕层浅，容重高。耕层仅15～20厘米。0～20厘米1.43克/立方厘米，20～40厘米土层容重1.57克/立方厘米。大大高于适宜容重1.2～1.3克/立方厘米。根系分布浅，生长空间小。土壤渗水性差，储水能力低，易旱易涝；土壤肥力低，养分不平衡，氮素含量高，磷、钾及微量元素含量低。

（3）夏玉米播种质量差，缺苗断垄严重。机械麦收、玉米机播大面积应用后，玉米播种质量普遍下降，突出表现：缺苗断垄，整齐度降低。平均缺苗21.5%，整齐度下降30%左右。原因：机械麦收所留残茬影响播种质量；免耕硬茬机播深浅不一；小麦与玉米种植方式不配套；土壤墒情差。

（4）水肥投入不合理，肥料利用率低。肥料以氮肥为主，磷钾及微肥施用少，施入养分不平衡。氮肥利用率低，部分地区引起环境污染。水分灌溉不及时，尤其是忽略后期灌水。

（5）管理粗放，成本高，效益低。传统的精耕细作管理逐渐丧失，新型的现代玉米生产技术体系尚未建立。玉米管理日益粗放。技术到位率逐步降低：分次施肥被一炮轰所代替；化肥深施变成了表面撒施；丰产水变成了救命水；定苗晚甚至不定苗。

（6）害发生频繁，玉米稳产性差。病虫害、旱涝、阴雨寡照、风雹等灾害时有发生。初夏旱、伏旱、花期阴雨是主要自然灾害，病虫害发生日趋严重。

1986 年因旱灾河南玉米平均减产 31%，2003 年因花期阴雨平均减产 37%。2006 年因青枯病造成黄河南部地区玉米大面积倒伏。2009 年，大雨加上强风导致大面积倒伏。从历史和今后长期发展看，干旱对玉米的影响将日趋严重。

（7）玉米收获偏早一般比正常成熟提早收获 7～10 天，减产 10%左右。

二、玉米高产节本增效栽培技术

1. 改良土壤，培肥地力

改良土壤、培肥地力是玉米持续增产的战略措施。改良土壤的重要措施是进行深耕，降低土壤容重，加深耕层。培肥地力的重要措施是秸秆还田。玉米高产的土壤容重指标为 1.2～1.3 克/立方厘米。耕层和下层土壤容重对玉米产量均有显著影响。

2. 因地制宜选用耐密品种

近 80 年，世界玉米种植密度以每年 50 株/亩速度递增。美国等国家玉米种植密度已经增加到 5 000～6 000 株/亩。

农业部滑县试验：12 个 4 000 株/亩品种平均亩产 591 千克（增产 12.5%），8 个 3 500/亩株品种平均亩产 535 千克；

河南农大试验 8 个县试验：12 个 4 000 株/亩品种平均亩产 513.5 千克（增产 10.7%）；8 个 3 500/亩株品种平均亩产 479.8 千克。

重点推广的耐密型品种：浚单 20、郑单 958、伟科 702、登海 605、泛玉 6 号等。

3. 提高播种质量

由于小麦收割后所留的高麦茬及长麦秸缠绕播种机具，加上土壤表层坚硬，往往影响播种质量。因此，麦茬处理方式成了影响机播质量的重要因素。

小麦收获后，对所留的高长（20 厘米左右）麦茬切碎至 3～5 厘米并均匀抛撒，不仅可解决麦茬对播种机具的缠绕堵塞问题，同时可更好地起到覆盖保墒效果。河南农业大学试验，切碎后的平茬处理玉米产量比立茬和除茬分别提高 5.62%和 17.93%。

提高播种质量，实现一播全苗对玉米高产栽培至关重要。玉米播后，虽然可以通过移栽、补种和留双株等措施使缺苗断垄地块达到密度要求，但由于移栽、补种和留双株的玉米苗，生长发育晚，苗细弱，竞争不过周围的壮苗，结果大多变成弱苗。在密度高的情况下，这些小弱苗拼命向上长，结果秆细、叶小，不能形成果穗，或者只能形成小果穗。同时这种小弱苗到后期一遇风雨还很容易倒伏。

据有关试验调查，小弱苗中，30%以上植株易形成空秆，40%以上易发生雄穗败育，接近一半植株易发生茎折；即使结实的小弱株，其产量也只有正常株的40%左右，产量低的主要原因是发育跟不上正常株，最终导致穗粒数少（减少40%以上）、千粒重低（下降24%以上）。高产栽培，田间小弱苗必须控制在5%以下。

因此，提高播种质量，狠抓一播全苗是夺取玉米丰收、获得玉米高产的重要环节，也是前提和基础。提高播种质量最重要的抓两点：一是精选种子，选择高产优质高质量的玉米杂交种；二是精确播种，足墒下种。

小麦玉米种植方式相配套，实现玉米种植规范化。小麦15∶25厘米宽窄行，玉米在宽行播种，形成80∶40厘米宽窄行。既有利于提高玉米播种质量，又有利于两季增产。麦收前2～3天麦垄套种；麦收后机械免耕直播。种植密度：4 500～5 000株/亩。播种后及时浇蒙头水，结合喷施除草剂喷洒农药杀灭小麦秸秆上残存虫卵及幼虫。

4. 科学施肥

按照玉米产量指标确定施肥量：每生产100千克籽粒，需氮素3千克左右，有效磷1千克左右，有效钾3千克左右。

施肥量确定：氮按照产量指标全量施入，磷1/2、钾2/3施入。

亩产800千克需施纯氮23～25千克，P_2O_5 8～9千克，K_2O 12～14千克（折合尿素50～55千克，标准过磷酸钙55～65千克，硫酸钾25～29千克）。

施肥方法：种肥：10%N；苗肥：20%N、全部P、有机肥和锌肥、50%K；穗肥：50% N、50% K；粒肥：20% N。化肥一定要深施，要施入土壤10～15厘米。二要注意后期追肥，要氮肥后移。磷肥深施增产13%。氮肥后移可增产5%～8%。

磷肥下移技术：磷肥由5厘米浅施改为15厘米深施可增产13.12%。

5. 科学灌溉，重点浇好播种水和灌浆水

“蒙头水”，“蒙头水”要保证浇好、浇足，以提高出苗的整齐度和均匀度。培育壮苗。灌浆期是玉米需水的第二个关键时期，此期玉米需水量占总需水量的24.52%～28.36%，此期干旱将导致严重减产。而此时适逢黄淮海地区秋高气爽，光照充足，降水偏少，如果此期遇旱，应及时浇水以满足玉米正常灌浆需要。

6. 病虫草害防治技术

化学杂草：播种后喷施乙阿合剂，或二甲戊乐灵乳油＋都尔乳油对水50升进行封闭式喷雾。玉米出苗后，在5叶前，及时采用玉米田专用除草剂喷雾除草。土壤墒情不足或气温高时应加大水量。

苗期害虫：播后出苗前，及时喷施甲基异硫磷或辛硫磷乳油，杀死还田麦秸残留的棉铃虫、黏虫和蓟马等虫害；7天后，喷施氯氰菊酯和氧化乐果混剂防治黏虫和棉铃虫等害虫；定苗后再喷一次上述药剂。

穗期害虫：小喇叭口期（第 8～9 叶展开），用辛硫磷颗粒剂掺细砂，混匀后撒入心叶，每株 1.5～2 克，或撒施杀螟丹颗粒剂防治玉米螟等钻蛀性害虫。

7. 玉米晚收（适时收获）技术

要推广“两晚”（小麦晚播、玉米晚收）增产技术，即小麦播种和玉米收获各向后推迟 7～10 天。两晚技术可使小麦防止冻害，玉米提高粒重，从而实现全年增产。

根据 2008 年对 22 个品种的调查，以生产习惯吐丝后 40 天收获为对照（CK），45 天、50 天收获平均增产 7.5%和 16.0%。因此，在黄淮海夏玉米区，玉米收获期推迟 10 天左右，即可获得 10%左右的增产效果。

玉米适时收获的科学原理：根据玉米的生长发育规律，玉米在授粉以后，籽粒的体积开始迅速膨大和灌浆，至授粉后 28～30 天，籽粒的体积达到最大值，此时籽粒内充满着乳块状的物质，籽粒灌浆刚过 50%。而以后的灌浆，则从籽粒的顶部开始，先充实固体状的淀粉，与下部的乳块间有一条明显的固、乳界线，从籽粒的背部看，这条线非常明显，称为乳线，或叫做灌浆线。在乳线上部用指甲切时发硬，在乳线下部切时会流出乳汁。随着灌浆的进行，这条乳线逐渐下移。至授粉后 38～40 天（9 月上旬）时，乳线移至籽粒中部，这时果穗苞叶发黄，籽粒含水量下降至 35%～40%，籽粒干重仅相当于最终产量的 90%。至授粉后 48～50 天时，乳线移至籽粒的基部消失，籽粒含水量在 27%～32%之间，籽粒基部出现黑色层，灌浆结束，籽粒生理成熟。果穗苞叶由黄变白，这时收获产量最高。

根据有关部门调查，河南省北中部地区从 9 月初开始，玉米每晚收 1 天，千粒重可增加 6～8 克，亩产约增加 10 千克左右。适时收获的，约比农民习惯收获的，大体推迟 7～10 天，亩产可增加 50 千克左右，并且色泽好，容重高，品质好。

推广玉米适时收获是一项简单实用而又不需要增加投入的增产技术，是实现玉米高产、稳产、优质的一项重要措施。从许昌市生产实际来讲，也就是在玉米苞叶发黄后再适当推迟 7～10 天收获，就是比原来习惯收获时期推迟一周左右，千粒重可增加 32～51 克，可亩增产 10%左右。

8. 双品种间作稳产技术

将不同抗性的玉米品种进行间作种植，可以提高群体的抗性水平，实现玉米稳产。双品种间作是一种减灾稳产措施。间作种植时，要根据当地的灾害类型进行合理品种搭配。且生育期相近，株高基本相同。

玉米高产栽培关键技术小结

（1）改良土壤培肥地力是基础（深耕 30 厘米加秸秆全量还田）。

（2）优良品种、高质量播种是关键（选择耐密抗逆高产品种；种植方式、密度、秸秆处理、浇蒙头水结合提高播种质量）。

（3）抓好三个环节的管理是保证。苗期治虫、除草、施肥保全苗、育壮苗；中期施肥治虫别忘了；后期及时灌水、收获不能早。

（4）双品种间作等于上保险。灾害年份减少产量损失50%以上。

表2-18 郑单958、浚单20单作和间作抗性逆性比较

处理	纹枯病病指		倒伏（折）率
	（%）	最高病级株数（株）	（%）
郑单958（单作）	4.72	4	0
浚单20（单作）	13.7	19	97.69
郑单958（间作）	3.55	0	0
浚单20（间作）	7.5	0	3.24

第八部分　优质专用玉米的品质特性和栽培技术要点

一、高油玉米

（一）品质特性

高油玉米是一种籽粒含油量比普通玉米高50%以上的玉米类型。普通玉米的含油量一般4%～5%，而高油玉米含油量高达7%～10%，有的可达20%左右。玉米油的主要成分为脂肪酸甘油酯。此外，还含有少量的磷脂、糖脂、甾醇、游离氨基酸、脂溶性维生素A、维生素D、维生素E等。不饱和脂肪酸是其脂肪酸甘油酯的主要成分，占其总量的80%以上。

玉米的油分85%左右集中在籽粒的胚中，玉米胚的蛋白质含量比胚乳高1倍，赖氨酸和色氨酸含量比胚乳高2～3倍，而且高油玉米胚的蛋白质也比胚乳的玉米醇溶蛋白品质好。因此，高油玉米和普通玉米相比，具有高能、高蛋白、高赖氨酸、高色氨酸和高维生素A、维生素E等优点。作为粮食，高油玉米不仅产热值高，而且营养品质也有很大改善，适口性也好。作为配合饲料，则能提高饲料效率。用来加工，可比普通玉米增值1/3左右。

（二）栽培要点

1. 选择优良品种

选用含油量高，农艺性状好，生育期适宜的抗病、高产、优质杂交种，如农大高油115、高油202、高油298、美国高油F1等。

2. 适期早播

高油玉米生育期较长，籽粒灌浆较慢，中、后期温度偏低，不利于高油玉米正常成熟，影响产量和品质。因此，适期早播是延长生长季节，实现高产的关键措施之一。

3. 合理密植

高油玉米植株一般较高大，适宜密度应低于紧凑型普通玉米，高于平展型普通玉米，即 4 000～4 300 株/亩。

4. 合理施肥

为使植株生长健壮、提高粒重和含油量，要增施氮、磷、钾肥，最好与锌肥配合使用。施肥方法遵循“一底二追”的原则。每亩施有机肥 1 000～2 000 千克，氮素 8～10 千克，五氧化二磷 8 千克，氧化钾 10 千克，硫酸锌 15～30 千克；苗期每亩追尿素 4～5 千克；穗肥每亩施尿素 20～25 千克。

5. 化学调控

高油玉米植株偏高，通常高达 2.5～2.8 米，防倒伏是种植高油玉米的关键措施之一。玉米苗期注意使用玉米健壮素等生长调节剂控制株高防倒伏。

6. 及时防治玉米螟等病虫害。

7. 适时收获与安全储藏

以收获籽粒榨油为主的玉米在完熟期，籽粒“乳线”消失时收获。以收获玉米作青贮饲料的，可在乳熟期收获。高油玉米不耐贮藏，易生虫变质，水分要降至 13%以下，温度要低于 28 度以下贮藏，贮藏期间要多观察，勤管理。

二、糯玉米

（一）品质特性

糯玉米淀粉比普通玉米淀粉易消化，蛋白质含量比普通玉米高 3%～6%，赖氨酸、色氨酸含量较高，在淀粉水解酶的作用下，其消化率可达 85%，而普通玉米的消化率仅为 69%。鲜食糯玉米的籽粒黏软清香、皮薄无渣、内容物多，一般总含糖量为 7%～9%，干物质含量达 33%～58%，并含有大量的维生素 E、维生素 B_1、维生素 B_2、维生素 C、肌醇、胆碱、烟碱和矿质元素，比甜玉米含有更丰富的营养物质和更好的适口性。

（二）栽培要点

1. 选用良种

糯玉米品种较多，品种类型的选择上要注意市场习惯要求，且注意早、中、晚熟品种搭配，以延长供给时间，满足市场和加工厂的需要。河南省一般选用郑黑糯 1 号、郑黑糯 2 号、郑白糯、苏玉糯等。

2. 隔离种植

糯质玉米基因属于胚乳性状的隐性突变体。当糯玉米和普通玉米或其他类型玉米混交时，会因串粉而产生花粉直感现象，致使当代所结的种子失去糯性，变成普通玉米品质。因此，种植糯玉米时，必须隔离种植。空间隔离要求糯玉米田块周围 200 米不同期种植其他类型玉米。如果空间隔离有困难，也可利用高秆作物、围墙等自然屏障隔离。另外，也可利用花期隔离法，将糯玉米与其他玉米分期播种，使开花期相隔 15 天以上。

3. 分期播种

为了满足市场需要，作加工原料的，可进行春播、夏播和秋播，作鲜果穗煮食的，应该尽量能赶在水果淡季或较早地供给市场，这样可获得较高的经济效益。因此，糯玉米种植应根据市场需求，遵循分期播种、前伸后延、均衡上市的原则安排播期。

4. 合理密植

糯玉米的种植密度安排不仅要考虑高产要求，更重要的是要考虑其商品价值。种植密度与品种和用途有关。高秆、大穗品种宜稀，适于采收嫩玉米。如果是低秆、小穗紧凑品种，种植宜密，这样可确保果穗大小均匀一致，增加商品性，提高鲜果穗产量。

5. 肥水管理

糯玉米的施肥应坚持增施有机肥，均衡施用氮、磷、钾肥，早施前期肥的原则。有机肥作基施施用，追肥应以速效肥为主，追肥数量应根据不同品种和土壤肥力而定。一般每亩施纯氮 20～25 千克，五氧化二磷 10 千克，氧化钾 15～20 千克。磷、钾肥早施，速效氮采取前轻后重两次施肥法。糯玉米的需水特性与普通玉米相似。苗期可适当控水蹲苗，土壤水分应保持在田间持水量的 60%～65%，拔节后，土壤水分应保持在田间持水量的 75%～80%。

6. 病虫害防治

糯玉米的茎秆和果穗养分含量均高于普通玉米，故更容易遭受各种病虫害，而果穗的商品率是决定糯玉米经济效益的关键因素，因此必须注意及时防治病虫害。糯玉米作为直接食用品，必须严格控制化学农药的施用，要采用生物防治及综合防治措施。

7. 适期采收

不同的品种最适采收期有差别，主要由“食味”来决定，最佳食味期为最适采收期。一般春播灌浆期气温在 30℃左右，采收期以授粉后 25～28 天为宜，秋播灌浆期气温 20℃左右，采收期以授粉后 35 天左右为宜。用于磨面的籽粒，要待完全成熟后收获；利用鲜果穗的，要在乳熟末或蜡熟初期采收。过早采收糯性不够，过迟采收缺乏鲜香甜味，只有在最适采收期采收的才表现出籽粒嫩、皮薄、渣滓少、味香甜、口感好。

三、优质蛋白玉米

（一）品质特性

优质蛋白玉米，又称高赖氨酸玉米或高营养玉米，是指蛋白质组分中富含赖氨酸的特殊类型。一般来说，普通玉米的赖氨酸含量仅为0.20%，色氨酸为0.06%，而优质蛋白玉米分别达到0.48%和0.13%，比普通玉米提高1倍以上。另外，优质蛋白玉米籽粒中组氨酸、精氨酸、天门冬氨酸、甘氨酸、蛋氨酸等的含量略有增加，使氨基酸在种类、数量上更为平衡，提高了优质蛋白玉米的利用价值。优质蛋白玉米作为饲料的营养价值也很高。研究表明，用优质蛋白玉米养猪，猪平均日增重250克以上，比用普通玉米养猪提高29.7%～124.2%，饲料报酬率提高了30%。用优质蛋白玉米养鸡，鸡平均日增重比用普通玉米喂养提高14.1%～76.3%，产蛋量提高13.3%～30.0%。

（二）栽培要点

1. 品种选择

应选择与生产上推广应用的普通玉米品种保持相近的产量水平、生产适应性和农艺性状。

2. 隔离种植

优质蛋白玉米是由隐性单基因转育的，如接受普通玉米花粉，其赖氨酸的含量就会变成与普通玉米一样。因此，生产上凡是种优质蛋白玉米的地块，应与普通玉米隔开，防止串粉，这是保证优质蛋白玉米质量的关键措施。隔离的方式可采用空间隔离、时间隔离或自然屏障隔离。为了便于隔离，最好是连片种植。

3. 提高播种质量

因为目前的优质蛋白玉米多为软质或半硬质胚乳，种子顶土能力比普通玉米差。播种前应精选种子，除去破碎粒、小粒。播种期的确定一般应掌握在当地日平均气温稳定通过12℃时。因为种子发芽进行呼吸作用和酶活动时都需要氧气，优质蛋白玉米种子内含油量较多，呼吸作用强，对氧的需求量较高，若土壤水分过多，或土壤板结，或播种过深，都会影响氧气的供给，而不利发芽。因此，播前要精细整地，做到耕层土壤疏松；上虚下实，播种深度不宜过深，以3～5厘米为宜，土壤湿度不宜过大；保证出苗迅速、出苗率高、出苗整齐，以利于培育壮苗。

4. 田间管理

优质蛋白玉米田间管理的主攻目标是：促苗早发，苗齐、苗壮，穗大、粒多。主要措施为：适时中耕、追肥和灌溉。套种玉米由于幼苗受欺，苗期生长瘦弱，麦收后抢时管理至关重要。追肥分苗肥、拔节肥、穗粒肥 3 次施用。施肥时应注意氮、磷、钾肥配合，并根据土壤水分状况及时灌溉。

5. 及时防治病虫

苗期应注意防治地下害虫，做到不缺苗断垄。大喇叭口期注意防治玉米螟。要及时排出田间积水，为防病创造良好条件。玉米纹枯病发生时，应在发病初期及时剥除基部感病叶鞘，有条件的地方亦可用井冈霉素液喷洒，可使病情明显减轻。

6. 收获与贮藏

优质蛋白玉米成熟时，果穗籽粒含水量略高于普通玉米，且质地疏松，因此要注意及时收获、晾晒，果穗基本晒干后，即可脱粒，脱粒后再晒，直至水分降到 13%左右时，才可入仓贮藏。在贮藏期间，由于优质蛋白玉米适口性好，易遭受虫、鼠为害，要经常检查、翻晒，做好防治工作。

第四节　小麦抗逆应变栽培新技术培训宣传材料

第一部分　晚播小麦“四补一促”应变栽培技术

在小麦生产实践中，往往由于前茬作物，如棉花、玉米等作物成熟、收获偏晚，腾不出茬口而延期播种，或是由于小麦播种期遇到干旱或降水过多等不利天气条件的影响不得不推迟播期等原因而形成晚播小麦。在我国黄淮和北方冬麦区习惯上把从播种至越冬前的积温低于 420℃，冬前近根叶 3～4 片，基本上是单根独苗或带一个小分蘖的小麦称为晚播小麦或晚茬小麦。

一、晚茬小麦的生育特点

与正茬播种的小麦相比，晚茬小麦一般具有以下生育特点。

（一）冬前苗龄小、苗质弱，分蘖少或基本不分蘖

播种期早晚对小麦苗情的影响很大。秋播冬小麦进入越冬期的叶龄、单株分蘖数、次生根条数及长度等，基本上都是随着播期的推迟而减少。这是因为，冬小麦从播种到出苗一般需要 120℃左右的积温，冬前每生长一片叶约需 75℃左右积温。据此推算，冬小麦从播种到主茎形成 5 叶 1 心的壮苗标准约需 0℃以上的积温为 570℃左右，而晚茬小麦由于播期推迟，播种后随着气温逐

渐降低，播种至出苗的时间相对延长，养分消耗多，幼苗长势瘦弱。进入越冬期，晚茬小麦表现为苗龄小、苗质弱、次生根条数少、分蘖很少或基本不分蘖。如在黄淮冬麦区 10 月底至 11 月上旬日平均温度低于 10℃播种的小麦，越冬前积温＜350℃，一般年份冬前不会发生分蘖，群众俗称“一根针”；11 月中、下旬日平均温度低于 3℃播种的小麦，冬前一般不出土，群众俗称“土里捂”。由此可见，造成晚茬小麦冬前苗龄小、苗质弱的根本原因是冬前生育天数少，积温不足所致。

（二）幼穗分化开始晚、时间短，结实粒数减少

据观察，同一小麦品种在适期播种和晚播条件下，晚播小麦的幼穗分化开始晚、时间短，发育快，并且播种越晚，穗分化持续时间越短。根据河南农业大学崔金梅等多年连续观察结果，小麦播种至穗原基分化及单棱期的历期随播期推迟而延长；二棱中期和二棱后期历期随播期推迟呈逐渐缩短的趋势；自护颖分化期以后，各期历时天数也均随播期推迟而逐渐缩短，表明晚茬小麦春季幼穗发育进程明显加快，到幼穗分化的药隔形成期基本可赶上适期播种的小麦。而且播种越晚的小麦，其幼穗分化持续的时间越短。与适期播种的小麦相比，幼穗分化的差距主要在药隔期以前，药隔期以后逐渐趋于一致。由于晚茬小麦的幼穗分化开始晚、时间短、发育较差，其不孕小穗和小花相应增加，每穗结实粒数较适期播种的同一品种小麦有所减少。

（三）春季分蘖的成穗率高、单穗粒重低

由于晚茬小麦冬前积温不足，个体发育差，主茎叶片少，冬前分蘖期相应缩短，单株的分蘖数相对减少，有的甚至没有分蘖。但到春季小麦返青后随着气温逐步回升，分蘖增长很快，其成穗率比适期播种的小麦高。这是因为，晚茬小麦的低位分蘖所占比例较大，且两极分化开始晚、时间短，无效分蘖相对较少，分蘖的成穗率较适期播种的小麦明显提高。由于晚茬小麦早春生长发育进程快，群体生长量大，主茎与分蘖、分蘖与分蘖之间争水、争肥、争光现象较为明显，对单位面积成穗数和每穗结实粒数都有一定影响。而且，由于晚茬小麦抽穗、开花期推迟，生育期后延，致使灌浆持续期缩短，穗粒重降低。另外，由于晚茬小麦成熟期一般比适期播种的同一品种小麦晚熟 3 天左右，有的年份在籽粒灌浆期易受干旱、干热风或涝湿等自然灾害的危害，也会导致粒重降低。

二、晚茬小麦“四补一促”高产栽培技术

根据晚播小麦的生育特点，各地在生产实践中总结出了一套以促进主茎成

穗为主要内容的“四补一促”配套栽培技术，推广该技术一般比常规晚播栽培可以增产10%～20%。如2003年小麦秋播时由于降水较多，温度偏低，秋作物腾茬较晚，造成小麦大面积晚播，但由于大力推广“四补一促”技术，2004年小麦仍获得丰收。

(一) 选用良种，以种补晚

各地生产实践证明，晚播小麦播种时应选用与其生育特点相吻合的品种，即选用阶段发育较快，营养生长时间较短，灌浆速度快，耐迟播早熟和抗干热风能力强的春性、弱春性品种，以达到穗大、粒多、粒重、早熟丰产的目的。在黄淮冬麦区，郑麦9 023、鲁麦15号、济宁17、潍麦8号、豫农949、偃展4 110等弱春性小麦品种都是适宜晚播的小麦品种。

(二) 增施肥料，以肥补晚

由于晚茬小麦具有冬前苗小、苗弱、根少，分蘖很少或基本没有分蘖，以及春季起身后生长发育速度快、幼穗分化时间短等特点，同时由于晚播麦田的前茬作物，如棉花、甘薯等作物消耗地力大和因茬口紧施肥不足，且冬前和早春又因苗小不宜过早追肥浇水等原因，在播种时必须增大施肥量，并做到配方施肥，以补充土壤中有效态养分不足，促其多分蘖、多成穗、成大穗、夺高产。晚茬小麦的施肥方法要根据土壤肥力水平和目标产量要求，坚持因土施肥，合理搭配和以有机肥为主，化肥为辅的施肥原则。一般每公顷产量6 000～7 500千克的晚茬麦田，基肥以每公顷施有机肥52 500～60 000千克，尿素300千克，过磷酸钙600～750千克为宜。为及早供应苗肥，促进麦苗生长，增加单株分蘖数，晚茬小麦播种时每公顷可用37.5千克尿素作种肥，但应注意将种、肥分开，防止烧种。

(三) 加大播量，以密补晚

晚茬小麦由于播种晚，冬前积温不足，分蘖很少或基本不分蘖，虽然春季分蘖成穗率高，但单株分蘖成穗数比适期播种的小麦明显减少，如果仍采用常规播种量必然造成单位面积成穗数不足而影响产量。因此，晚茬小麦应适当加大播量，走依靠主茎成穗夺高产的路子。黄淮冬麦区南片晚茬小麦在10月20日前后播种的；每公顷播种量以120～150千克为宜；10月25日以后播种的，每公顷播种量以180～225千克为宜，在此之后每晚播2天每公顷增加播种量7.5～15千克。

（四）提高整地播种质量，以好补晚

生产实践证明，晚茬小麦要创高产，一播全苗非常重要。因此，必须在精细整地基础上，努力提高播种质量，做到以好补晚。其具体措施是：

（1）前茬作物早腾茬，抢时播种。晚茬小麦之所以苗小苗弱，主要原因是冬前积温不足。因此，在不影响前茬作物产量和品质的前提下一定要做到早收获、早腾茬、早整地、早播种，以争取冬前有效积温。如前茬作物为棉花，可于10月上旬叶面喷洒乙烯利等化学制剂进行催熟，或于霜降前后提前拔除棉花秸秆晾晒，抢时早播，争取小麦带蘖越冬。

（2）精细整地，足墒下种。前茬作物收获后，要抓紧时间深耕细耙，精细整平，对墒情不足的地块要灌水造墒，以踏实土壤，防止透风失墒，力争一播全苗。若因劳力、机械动力等原因来不及精细整地的麦田，也可采用浅耕灭茬播种，或串沟播种，待小麦出苗后再进行中耕松土，破除板结。晚茬小麦播种时适宜的土壤湿度为田间持水量的70%～80%，若达不到该指标，可在前茬作物收获前带茬浇水并及时中耕保墒，也可在前茬作物收获后抓紧造墒及时耕耙保墒播种，也可在小麦播种后立即浇“蒙头水”，待适墒时及时松土保墒，助苗出土。

（3）精细播种，适当浅播。晚播麦田应采用机械条播，确保下种均匀，播量精准，深浅一致。同时，晚茬小麦在足墒前提下，适当浅播是充分利用前期积温、减少种子养分消耗，达到早出苗、多发根、早生长、早分蘖的有效措施。一般晚茬小麦适宜的播种深度以3～4厘米为宜。

（4）浸种催芽，提早出苗。为使晚播小麦早出苗和保证出苗具有足够的水分，最好在播种前用20～30℃的温水浸种5～6小时，捞出后晾干播种。采用这种方法一般可使晚播小麦早出苗2～3天。也可在播种前用20～25℃的温水，将种子浸泡1昼夜，待种子胚部露白时，将种子摊开晾干后播种，采用这种方法比播种干种子一般可提早出苗2～3天。

（五）精细科学管理，促壮苗多成穗

与正茬播种小麦相比，晚播小麦因冬前生长时间短，具有苗龄小、分蘖少、苗质弱，抗寒性与抗旱性均较差等特点。因此，必须精细科学管理，在确保安全越冬基础上，促其早发快长，加速苗情由弱苗向壮苗转化升级。

（1）增施腊肥，划锄增温，促苗早发快长。由于晚播小麦冬前苗体小，加之气温低，生长量小，冬前一般不需要进行施肥浇水等田间管理作业。而进入越冬期之后，因苗弱抗寒能力差，易遭受低温冻害，因此，可采用普施用腊肥的方法，补充小麦在冬季和早春生长发育所需的养分供应，增强抗冻能力。

晚播小麦在返青期促早发快长的关键是提高地温，田间管理的重点是中耕划锄，增加土壤通气状况和提高地温，保持土壤墒情，促进根系发育，增加分蘖，培育壮苗。据试验，镇压划锄后5天，0～10厘米土壤含水量比不镇压划锄的提高1.5%～2.0%，5厘米地温砂壤土可提高0.5～1.0℃，壤土和黏土可提高1～1.6℃，对促根增蘖，培育壮苗有明显作用。

（2）狠抓起身期或拔节期肥水管理。晚播小麦在春季生长迅速，发育加快，生长量大，且营养生长与生殖生长同时并进，对肥水需求极为敏感。为促进晚播小麦分蘖多成穗、成大穗，增加穗粒重，一般以返青期结合浇水每公顷追施尿素225～300千克，或碳酸氢铵600千克左右为宜；对于基施磷肥不足的晚播麦田，每公顷可补施磷酸二铵150千克；对于地力水平较高、底肥施用充足的晚播麦田，可适当推迟到拔节期再追肥浇水；对于分蘖少、群体不足的晚播麦田，应在返青后期追肥浇水，以促进春季分蘖增生。

（3）加强后期管理。孕穗期是小麦需水的临界期，此期浇水对保花增粒具有明显的作用。因此，晚播小麦应浇好孕穗灌浆水，以提高光合高值持续期，促进籽粒灌浆，增加粒重，并防御干热风危害。由于晚播小麦各生育相对推迟，抽穗开花晚，灌浆开始迟，易遭受后期雨水多的涝渍害而导致减产。因此，晚播麦田还应重视降湿防渍。为提高晚茬小麦籽粒灌浆强度，可在生育后期进行叶面喷肥。对于抽穗至乳熟期叶色发黄，有脱肥早衰症状的晚播麦田，每公顷可叶面喷施1.5%～2%的尿素溶液750～1 125千克；对于叶色浓绿，有贪青晚熟症状的晚播麦田，每公顷可叶面喷施0.2%的磷酸二氢钾溶液750千克左右。此外，晚播麦田还要注意对小麦锈病、白粉病、纹枯病、赤霉病和蚜虫等病虫害的防治。

第二部分　旺长小麦应变栽培技术

一、小麦旺长的原因

（1）气候因素。温度的偏高是造成小麦旺长的主要原因。

（2）播期过早、播量过大进一步加剧了小麦的旺长现象。播期过早、播量过大，造成基本苗过多，在高肥水条件下，叶蘖生长旺盛，分蘖多，群体容易失控，造成群体过大。

二、小麦旺长的危害

小麦旺长极易带来四大危害：一是无谓消耗水分和养分。因为小麦拔节前主要是营养生长阶段，拔节后的生殖生长阶段是产量形成的关键时期。在土壤养分一定的情况下，营养生长消耗的养分多，则供给生殖生长的养分就少。二是容易产生冻害。旺长麦苗细胞内糖分及各种有机营养浓度低，尤其是幼穗分化进入二棱期以后，抗冻能力明显减弱，极易遭受冬季冻害和倒春寒危害，轻者枯叶死蘖，重者冻死幼穗。三是容易诱发病害。旺长麦田通风透光条件差，田间湿度大。加之在秋冬气温较高的条件下，病虫越冬基数大，因此极易爆发纹枯病、白粉病、根腐病等。四是不抗倒。因为群体通风透光不好，植株嫩弱，基部节间长，茎壁薄，干物质积累少，而地下根系发育差，次生根条数少，入土浅。如春季雨水较多或中后期遇暴风雨，根倒和茎倒将同时发生，损失惨重。因此，充分认识小麦旺长所带来的严重后果，了解掌握小麦旺长的原因，采取措施，控制小麦旺长，尽量避免和减轻灾害所造成的损失十分重要。

三、控制小麦旺长的措施

（1）适期播种，避免过早播种。适期播种是小麦控旺防冻、高产稳产的关键措施。若播种过早，苗期气温偏高，麦苗生长快，冬前易徒长，形成旺苗，不仅消耗了大量的土壤养分，而且植株体内积累养分少，抗冻力较弱，冬季易遭受冻害，死苗严重。近年来冬前气温普遍偏高，所以在适播期内适时播种，可以有效地控制小麦冬前旺长。

（2）划锄镇压、深耘断根。越冬前或返青期可划锄镇压。镇压和划锄可以抑制叶片和叶鞘生长，控制分蘖过多增生，同时可以破碎坷垃，弥合裂缝，保温保墒，促进根系发育。划锄可以切断部分根系，减少植株吸收养分，抑制地上部分生长。深耘断根是控制旺长的传统措施，对减少无效分蘖，改善群体结构，具有明显效果。

（3）肥水管理。对壮苗、旺苗及有旺长趋势的麦田，一般不浇冬水或延迟浇冬水。春季返青和起身均不进行追肥浇水，把追肥浇水时间推迟到拔节后，可以减少无效分蘖，提高分蘖成穗率，促穗大粒多。

（4）化学控制。目前生产上使用的主要是多效唑和壮丰安。壮丰安具有抗倒伏、抑旺长，改善后期植株养分状况，提高小麦对低温、干旱等逆境的抵抗力，增加千粒重等重要功能。研究表明，喷施壮丰安后小麦生长后期表现为穗大、粒多、粒重、抗倒伏。对旺长或有旺长趋势的麦田可于冬前或返青期每亩喷施壮丰安 50 毫升对水 25～30 千克，可改善单株生长发育状况，降低基三节长度，增加茎秆弹性和硬度，增产效果显著。

第三部分　冻害、倒春寒应变管理技术

一、冻害的概念

冻害：是指正在发育中的小麦遭受零度以下低温，使小麦的细胞组织因冰

冻而受害称为冻害。受害小麦一般减产10%～30%，重者达50%以上。

二、小麦冻害的分级

小麦冻害一般可分为四级。一级冻害为轻微冻害，主要表现为上部2～3片叶的叶尖或不足1/2叶片受冻发黄；二级冻害主要表现为叶片一半以上受冻枯黄，但冻后仍能很快恢复正常；三级冻害主要表现为植株叶片的2/3或全部受冻变黄，叶尖枯萎，后青枯，短时间难于恢复，有时伴有茎秆壁破裂；四级冻害为严重冻害，主要表现为30%以上的主茎和大分蘖受冻，已经拔节的，茎秆部分冻裂，幼穗失水萎蔫甚至死亡。据调查，河南省小麦多表现为一级冻害，其次为二、三级冻害，个别地块发生四级冻害。

三、小麦冻害的种类

小麦冻害依发生时间早晚分为：冬季冻害和春季冻害。

（一）冬季冻害

冬季冻害是指小麦在越冬期间，由于遭受寒潮降温引起的冻害。

（1）寒潮的定义。是指在24小时内温度下降10℃以上（日降温速度），最低温度在5℃以下。

（2）冬季冻害的症状。冬季冻害多为一、二、三级冻害，受冻部位主要是叶片和分蘖。在特殊年份出现旺长的麦田，也有个别茎秆或幼穗受冻的情况发生。

（二）春季冻害

春季冻害是指小麦在春季遭受寒潮降温或霜冻而引起的冻害。春季冻害按受冻时间早晚，又分为早春冻害和晚霜冻害。生产上以晚霜冻害发生较多、受害较重。

（1）早春冻害。又称倒春寒，是指过了“立春”后，小麦进入返青拔节这段时间，此时气候已逐渐转暖，又突然来寒潮，导致温度骤降，地表温度由零上突降至零下所发生的霜冻危害，故称为倒春寒。因早春冻害主要发生在返青期，所以早春冻害又称为返青期冻害。

（2）晚霜冻害。是指小麦在拔节期间由于气温突降而引起的冻害。晚霜霜冻又分为平流霜冻、辐射霜冻、混合霜冻三种。

（三）春季冻害的特点

（1）春季冻害多为三、四级冻害。受冻部位多是主茎、大分蘖和幼穗，有时伴有叶片轻度干枯。

（2）幼穗受冻死亡的顺序为先主茎，后大蘖。

（3）春季冻害，在多数情况下，外部症状表现不明显。只有特别严重的冻害，才能从外观上能看出来。许昌市 2007 年 3 月 6～7 日发生的冻害就是这样，当时外观表现不显著，过了 1 个多月，小麦抽穗以后才陆续看出来。

（4）幼穗受冻的形态特征是：受冻幼穗穗轴呈绿白色，小穗乳白色，排列松弛、失水萎蔫；以后随着时间推移，受冻幼穗逐渐黄花后死亡。

四、影响小麦冻害的因素

（1）播种过早，阶段发育提前的小麦受冻较重，适期播种的小麦冻害发生较轻。

（2）弱春性小麦品种冻害面积较大，冻害程度重。幼苗直立型冻害重，匍匐型冻害轻。冬性、半冬性品种冻害轻。

（3）种植质量及播量影响冻害程度整地质量差、播种量偏大、麦苗瘦弱的田块冻害发生重。

（4）施肥量过大且氮肥一次性作基肥施用，肥嫩旺长的田块，冻害较重。

（5）采取镇压等控旺措施，喷施植物防冻剂效果明显，冻害较轻，没采取控旺措施的田块冻害发生重，特别是冬前拔节的田块冻害普遍较重。

五、冻害影响与补救措施

由于冻害发生在早春返青前期，季节较早，而小麦又具有较强的自身调节能力，所以反馈余地较大。发生轻微冻害的田块，后期生长基本不受影响；二、三级冻害田块只要加强管理，对产量影响不大；发生四级严重冻害的田块，及时采取补救措施，仍可取得较高的产量，即使是 80%以上主茎及大分蘖被冻死，只要分蘖节没冻死，采取补救措施，加强早春及中后期管理，仍可取得较好的收成。

主要预防与补救措施有：

（1）返青至起身期，在 2 月下旬至 3 月中旬要以促为主，及早划锄铲除杂草提高地温，每亩追施 5～10 千克尿素。及时喷施植物防冻剂促使受冻小麦叶片恢复生机，防治病害，促进生长发育，早发新蘖，多成穗，成大穗。对于小麦叶尖及叶片受冻害的，于返青至起身期，及时喷施植物防冻剂，并酌情每亩补施尿素 5 千克左右，促使麦苗尽快转入正常生长。

（2）起身拔节期，喷施植物防冻剂调节生长，防止春季倒春寒造成小麦冻害。如果拔节期发生晚霜冻害，应适当加大追肥量，亩补施尿素 10～15 千克。

（3）要加强冻害麦田的纹枯病、锈病等病虫害防治，要在 3 月上旬进行一次普防，用20%粉锈宁乳油或5%井冈霉素水剂+植物防冻剂防治。控害增收，确保小麦增产。

第四部分　干热风的预防技术

一、什么是小麦“干热风”

干热风是在小麦扬花灌浆期出现的一种高温低湿并伴有一定风力的灾害性天气，是小麦主产区的主要农业气象灾害，危害的地区主要在黄、淮、海流域和新疆一带。

许昌市干热风害多发生于4月中下旬至6月初之间，即从小麦开花至灌浆结束。若发生在开花期，有可能出现开花高峰期转移、花期缩短、小花败育率增加；若发生在灌浆期，可使灌浆期缩短、灌浆量减少、芒角增大或植株失水严重，造成茎叶青枯逼熟等现象。

二、干热风的发生原因

（1）小麦生育后期，遇有高温、干旱和强风力天气，三种因素叠加在一起，是发生干热风害的主要原因。

（2）在小麦生育后期，遇有2～5天的气温高于32℃，相对湿度低于30%，风速每秒大于2～3米的天气时，就可能发生干热风危害，常造成小麦蒸发量增大，体内水分失衡，籽粒灌浆受抑或不能灌浆，使小麦提早枯熟。使收获期提早7～10天。

三、干热风的分级

（1）轻度干热风。14时气温≥30℃，大气相对湿度≤30%，风速≥3米/秒，持续时间2天以上。

（2）中度干热风。14时气温≥33℃，大气相对湿度≤25%，风速≥3米/秒，持续时间2天以上。

（3）重度干热风。14时气温≥35℃，大气相对湿度≤20%，风速≥3米/秒，持续时间3天以上。

四、干热风害的损失程度

（1）轻度干热风。一般损失5%～10%。

（2）中度干热风。一般损失10%～20%。

（3）重度干热风。一般损失20%以上，严重地块可达30%以上或超过50%。

五、抵御干热风危害的措施

（1）增施有机肥和磷肥，适当控制氮肥用量，合理平衡施肥，不仅能保证供给植株所需养分，而且对改良土壤结构，蓄水保墒，抗旱防御干热风起着很大作用。

（2）加深耕作层，熟化土壤，使根系深扎，增强抗干热风能力。

（3）选用抗逆性强、耐高温的早熟品种。据有关试验表明，一般情况下，高中秆品种比短秆品种抗干热风能力强、长芒品种比无芒或顶芒品种抗干热风能力强，穗下茎长的品种比穗下茎短的品种抗逆性强。

（4）抗旱剂拌种。

（5）适时播种，培育壮苗，提高植株抗旱能力，促小麦早抽穗。

（6）合理运筹肥水，促使植株健壮发育，提高植株抗逆能力。

（7）适时浇好灌浆水、麦黄水，补充蒸腾掉的水分，并可做到以水调肥，改善麦田小气候，延长灌浆时间，使小麦正常成熟。

（8）喷施叶面肥、抗旱剂或化学调节剂。在小麦拔节至抽穗扬花期，喷洒6%～10%的草木灰浸提液1～2次，每次每亩50～60千克；孕穗至灌浆期喷洒磷酸二氢钾1～2次，每亩用50～220克，对水50～60千克；也可喷洒抗旱剂1号，每亩50克，先对水少量，待充分溶解后再加水50～60千克；小麦拔节至灌浆期间喷洒叶面肥，隔10大1次，连续喷洒两次，可提高小麦抗旱、抗干热风能力。

第五节　夏大豆高产高效栽培新技术培训宣传材料

第一部分　大豆生产概况

大豆在植物分类学上属于豆科蝶形花亚科，大豆属。大豆的营养价值很高，是世界上最重要的油料作物和高蛋白粮食作物。在大豆籽粒所含的干物质中，蛋白质约占40%，脂肪约占20%，碳水化合物约占35%，灰分约占5%。大豆的蛋白质含量比其他豆类高出10个百分点以上，是一般谷物的3～5倍，是人类主要的蛋白来源之一。大豆不仅蛋白质含量高，而且蛋白品质好，氨基酸组成非常接近人体需要，是人类膳食中营养平衡的优质蛋白。大豆还含有较多的脂肪，且油脂品质优良。在脂肪酸组分中，不饱和脂肪酸的比例高达80%～88%，有利于降低血液中的胆固醇，预防高血压和心血管疾病。此外，大豆还含有一些微量成分，如低聚糖、异黄酮、皂苷、磷脂、维生素E等，这些物质对人体有特殊的保健作用，已经引起人们的重视。

大豆的用途十分广泛，用大豆制作的食品和化工产品已有上千种。除榨油外，大豆还用于制作豆腐、豆浆、豆芽、豆腐乳、酱油、豆瓣酱、纳豆、丹贝等多种食品。大豆油除可以食用外，还可以制作人造奶油，生产肥皂、甘油、防水剂、油漆、润滑油等。用大豆生产的分离蛋白和浓缩蛋白是食品工业的重要原料。豆粕是饲料蛋白的主要来源，对畜牧业的发展十分重要。随着人们健康观念的增强以及食品化工业的发展，大豆产品还将越来越多地出现在人们的生活中，发挥越来越重要的作用。

一、世界大豆生产概况

大豆是原产于我国的古老作物，为五谷之一。早在四、五千年前，我国先民就开始种植大豆，并将其通过蒸煮、制浆凝固、生芽、发酵等多种方法，制成美味可口、种类繁多的豆制品。后来，大豆传入朝鲜、日本，近百年来更在美洲、欧洲和世界其他地区广泛种植，成为世界上最重要的农作物之一。第二次世界大战以后，大豆在北美和南美洲的播种面积迅速扩大，单产不断提高，总产持续增加，成为国结贸易中最重要的农产品。2003 年，全球大豆总面积为 12.54 亿亩，平均亩产 151.1 千克，总产 1.89 亿吨。面积和总产量最高的 5 个国家分别是美国、巴西、阿根廷、中国和印度。这 5 个国家大豆收获面积达到 11.41 亿亩，占世界大豆种植面积的 91.0%。其中，美国大豆的收获面积为 4.39 亿亩，巴西为 2.83 亿亩，阿根廷为 1.86 亿亩，中国为 1.40 亿亩，印度为 0.97 亿亩。在大豆亩产方面，巴西最高（186.4 千克）、其次是阿根廷（183.0 千克）、第三位是美国（149.9 千克），中国和印度的大豆亩产分别为 110.2 千克和 70.3 千克。近十年来，国外大豆生产的一个重大革新是转基因大豆的推广应用。自 1994 年抗草甘膦转基因大豆获准推广以来，转基因大豆的种植面积迅速扩大。2003 年，全球转基因大豆的种植面积已达到 6.21 亿亩，占全球大豆种植面积的 55%，占当年全球转基因作物种植面积的 6.1%，生产国包括美国、阿根廷、巴西、加拿大、墨西哥、乌拉圭、南非和罗马尼亚等 8 个国家。美国是种植转基因大豆最多的国家。2003 年，美国转基因大豆种植面积达 3.6 亿亩，占该国大豆种植面积的 81%，其中有 3.3 亿亩为抗草甘膦的转基因大豆。在阿根廷种植的大豆几乎 100% 为转基因品种。2003 年 9 月，巴西政府解除了在 2003—2004 年度播种和销售转基因大豆的禁令，使巴西农民种植转基因大豆合法化，转基因大豆的种植面积正在迅速增加，发展潜力巨大。据估计，目前，巴西转基因大豆的种植面积约为其大豆播种面积的 10%。抗草甘膦转基因大豆在喷洒广谱除草剂——草甘膦后生长发育不受影响，而杂草和非转基因大豆对草甘膦敏感，喷洒草甘膦后，全部杀死。因此，种植抗草甘膦转基因大豆后，用草甘膦转除草效果非常好。抗草甘膦转基因大豆推广后，农民不用中耕等方法就可以除草了，机械、燃油和人工费用降低，密植、免耕等栽培技术更容易实施，大豆生产的效益进一步提高。事实证明，转基因抗除草大豆对人类和动物的健康是无害的，自推广销售以来从未发生过任何人畜中毒事件。

我国曾是世界上最大的大豆生产国和出口国，但第二次世界大战后，世界对植物油及饲用蛋白的需要急剧增加，世界大豆生产获得飞跃发展，20 世纪 60 年代美国大豆播种面积和总产超过我国跃居第一，70 年代巴西大豆面积总产超过我国跃居第二，21 世纪初阿根廷大豆面积超过中国跃居第三，2007 年印度大豆面积超过我国跃居世界第四。目前我国大豆种植面积居世界第五位，总产居第四位。近几年我国大豆亩产一直徘徊在 120 千克左右，较世界平均水平低 40 千克左右，较美国、巴西、阿根廷低 50 千克以上。

目前，世界大豆生产主要集中在美国、巴西、阿根廷、印度、中国四个国家，五国大豆播种面积占世界总播种面积的 80％以上，总产占 90％左右。美国目前年种植大豆面积 4 亿亩以上，为世界第一大豆生产国，同时也是第一大出口国。巴西为第二大生产国。阿根廷为第三大生产国，我国退居第四位。

从世界大豆主产国生产优势分析看，美国、巴西、阿根廷由于转基因技术的应用，单产水平总体上高于我国，从品质看，脂肪含量阿根廷＞巴西＞美国＞中国，蛋白质含量中国＞美国＞巴西＞阿根廷。

美国、巴西和阿根廷大豆单产较高，除了是因为这些国家土壤条件较好外，还有大豆育种技术力量强的原因，特别是美国，大豆科学技术研究更居世界领先水平。这些国家大豆品种产量潜力高，抗性好，能够抗各种主要病虫害，多抗性品种多，大豆化学品质好。其优势还表现在重视大豆品种资源和基础研究，重视生物技术与育种的结合，目前，抗除草剂转基因大豆大面积推广与应用，对进一步降低这些国家大豆生产成本，提高大豆生产效益发挥了重要作用。

二、中国大豆生产概况

大豆起源于中国，中国学者大多认为原产地是云贵高原一带。也有很多植物学家认为是由原产中国的乌苏里大豆衍生而来。现种植的栽培大豆是从野生大豆通过长期定向选择、改良驯化而成的。大豆在中国栽培并用作食物及药物已有 5000 年历史，于 1804 年引入美国；20 世纪中叶，在美国南部及中西部成为重要作物。大豆是豆科植物中最富有营养而又易于消化的食物，是蛋白质最丰富最廉价的来源。在今天世界上许多地方大豆是人和动物的主要食物。世界各国栽培的大豆都是直接或间接由中国传播出去的。由于它的营养价值很高，被称为“豆中之王”“田中之肉”“绿色的牛乳”等，是数百种天然食物中最受营养学家推崇的食物。

中国种植大豆面积在1.4亿亩左右，是仅次于水稻、小麦、玉米的第四大作物。在1995年以前原为大豆主要出口国之一。但由于中国人口众多，大豆年消费量增长很快，从20世纪90年代中期以后，逐步成为世界第一大豆进口国。2000年我国大豆年进口量首次突破100万吨，成为了最大的大豆进口国。此后我国大豆的进口量连连攀升，2006年我国大豆净进口2 827万吨，是国内产量的1.77倍，进口依存度高达64%，2007年我国净进口超3 000万吨大豆。

大豆在我国普遍种植，在东北、华北、陕西、四川及长江下游地区均有出产，以长江流域及西南栽培较多，以东北大豆质量最优。从区域布局来看，我国绝大多数省份都种植大豆，集中产区主要在东北四省区和黄淮海。2012年种植面积最大的三个省区是黑龙江3 996万亩、安徽1 315万亩、内蒙古925万亩，分别占全国大豆面积的37%、12%、8.6%。

东北大豆区：包括东北三省和内蒙古，是我国最大的大豆集中产区，2012年该地区大豆面积5 439万亩、总产657万吨，均占全国的一半。东北大豆区生态条件非常适宜大豆生长，特别是大豆鼓粒期昼夜温差大、光照充足，有利于油脂积累，同时具备规模种植的优势，符合加工企业对高油大豆批量大、品质一致性好的要求，是我国最大的高油大豆主产区。均为一年一熟制的春大豆，一般在4月下旬至5月上旬播种，10月1日左右收获。

黄淮海大豆区：该区包括北京、天津、河北、河南、山东、江苏和安徽等7省市，由于生态类型相似，一般把山西、陕西也列入此区域，是我国第二大大豆集中产区，2012年该地区大豆面积3 307万亩、总产366万吨，分别占全国的31%、28%。大豆开花鼓粒期正值雨季，适合蛋白质积累，是我国高蛋白大豆的主产区。该区一年两熟，大豆有春播和夏播，以夏播为主，大豆多在小麦收后的6月中旬前后播种，9月中下旬至10月上旬收获。

长江流域及南方大豆区：包括四川、重庆、湖北、浙江、江西、湖南、广西、广东和福建等9省区市。2012年该地区大豆面积1 374万亩、总产量204万吨，分别占全国的13%、16%。该区生态类型多样，耕作制度复杂，大豆多与其他作物间作套种，一年二熟或三熟，温、光、水等条件适合高蛋白大豆生长。该区同时也是我国菜用大豆的集中产区，专家估计该区域大豆1/3是菜用豆，一般从4月至11月都有新鲜菜用大豆上市，具有上市期长、品质优的特点，除满足当地消费外，还出口到日本、美国等国家和地区。

三、大豆的用途

大豆籽粒主要的营养物质是蛋白质和脂肪，两者约占干重的60%，其中，蛋白质一般含量40%，高的达50%，含油率一般18%，高的24%。大豆是种植业产品中蛋白质含量最高的作物，其蛋白质是完全蛋白质，含有18种氨基酸，8种必需氨基酸的含量比禾谷类作物高，多数氨基酸含量高于肉、蛋、奶，且各种氨基酸的组成比例与人体必需氨基酸相当，与氨基酸模式最好的鸡蛋蛋白质氨基酸相近，大豆蛋白质没有动物蛋白质食品可能产生的副作用。根据世界卫生组织蛋白质评价标准，大豆与鸡蛋相当，是人类优质蛋白质的重要来源。大豆也是世界上主要的植物油来源，大豆油不饱和脂肪酸含量占80%以上，富含维生素A和维生素D，是一种优质油脂。此外，大豆还有磷脂、异黄酮等特殊生物活性物质，具有降低胆固醇、降血脂、抗衰老、防癌等作用，是很好的保健品。将大豆和麦粒压碎，加入霉菌，加盐水发酵，经6个月至1年以上，制成的褐色液体称为酱油，在东方的烹调中普遍应用。现代工艺技术使大豆的用途更加多样化。豆油可以加工成人造黄油、人造奶酪，还可制成油漆、黏合剂、化肥、上浆剂、油毡、杀虫剂、灭火剂的成分。豆粉则是代替肉类的高蛋白食物，可制成多种食品，包括婴儿食品。大豆含有的植物型雌激素能有效地抑制人体内雌激素的产生，而雌激素过高乃是引发乳腺癌的主要原因之一。实验证明，常吃豆粉的一组老鼠患乳腺癌比例较未吃者低70%。此外，大豆含一种叫作吲哚-3-甲醇的化合物，能使体内一种重要的酶数量增加，帮助分解过多的雌激素而阻止乳癌发生。

大豆是一种重要的养地作物，是作物轮作换茬中很好的茬口。大豆根瘤有共生固氮作用，可将大气中的分子态氮转化为铵态氮供大豆生长，1亩大豆可固氮8千克左右，相当于施用18千克尿素，有三分之一左右留在土壤中，可起到改善土壤理化性状和培肥地力的作用。大豆根瘤菌分泌大量氨基酸和有机肥，可溶解土壤中的难溶性养分，有利于下茬作物吸收，是多种作物的良好前茬，在同样土壤和施肥措施时，大豆茬后作产量比水稻、小麦等禾谷类作物后作产量要高15%～20%。适当扩大大豆面积，合理安排作物茬口，是减少化肥用量，改良和培肥土壤，实现农业可持续发展的重要途径。

第二部分　大豆生长对环境的要求

1. 光照

大豆是短日照作物，同时也是对日照长度反应极为敏感的作物。大豆生长要求较长的黑暗和较短的光照时间。具备这种条件就能提早开花，否则生育期变长。大豆是喜光作物，光饱和点一般在3万～4万勒克斯。光饱和点随通风状况而变化。光补偿点为2 500～3 600勒克斯。也受通气量的影响。

2. 温度

大豆是喜温作物，夏季气温平均在24～26℃时对大豆生长发育最适宜。

大豆不耐高温，超过40℃，坐荚率减少57%～71%。大豆抵抗低温能力不如小麦、油菜。地温稳定在10℃以上时开始萌芽，低于14℃，生长停滞。大豆的补偿能力较强，苗期只要子叶未死，霜冻过后，子叶节还会出现分枝。大豆抗寒力弱，成熟期植株死亡的临界温度是－3℃。≥10℃的活动积温：晚熟品种3 200℃以上，早熟品种1 600℃左右。

3. 水分

大豆一生需水较多，发芽时，土壤含水量为田间持水量的50%～60%。开荚结荚期对水分最敏感，如果此期出现干旱易引起减产。

4. 矿质元素

大豆是需矿质营养数量多、种类全的作物。据试验，亩产100千克需N 7～10千克，P_2O_5 1.5千克，K_2O 2.5千克，除大量元素外，对锌、硼、钼等微量元素反应也比较敏感。缺锌会使大豆植株生长缓慢，同时会影响对磷元素的摄取，降低植株体内磷的浓度，直接影响大豆的产量和品质；缺硼时，大豆生长发育受到抑制，将降低产量和含油量；钼是大豆氮元素代谢的必要营养元素，并参与大豆固氮的过程，大豆缺钼时叶片发生失绿现象，有时生长点死亡。微量元素中对钼的需求量较多，所以大豆在开花结荚期喷施钼肥效果好。

5. 土壤

大豆对土壤要求不太严格和肥力要求不严，各类土壤均可种植。一般要求耕层浓厚，土壤容重1.3～1.5克/平方厘米以下，土壤孔隙度48%以上，有机质含量13克/千克以上，全氮0.6克/千克以上，碱解氮60～80毫克/千克，速效磷29～35毫克/千克；速效钾800毫克/千克以上。大豆耐酸性不如水稻、小麦等作物，耐碱性不如高粱、谷子、棉花等作物。最适宜的土壤pH为6.8～7.5，高于9.6或低于3.5，大豆均不能生长。pH低于6.0常缺钼，不利于根瘤菌繁殖发育。pH高于7.5的土壤往往缺铁、锰。

6. 耕作

大豆不耐连作，连续多年重茬或迎茬种植会导致产量不断下降。在黄淮地区只要连续2年以上夏季种植大豆就会造成减产。

连作减产原因：土壤养分的非均衡消耗，土壤中水解氮和速效钾明显减少，锌、硼成倍降低，土壤酶活性下降，病虫害加重，大豆根系分泌的毒素积累，土壤的理化性质恶化等。因此大豆种植尽可能实现轮作倒茬，避免夏季大豆连作或连续多年迎茬种植。

第三部分　大豆根系及根瘤的固氮作用

（1）大豆的根系。大豆根系由主根、支根、根毛组成。根量的80%集中在 5～20 厘米的土层内。主根入土深度可达 60～80 厘米。支根水平伸展远达 30～40 厘米。一次支根还再分生二三次支根。根毛寿命短暂，一株大豆吸收面积约 100 平方米。

（2）根瘤。根瘤菌侵入根的内皮层形成根瘤。根瘤菌在根瘤中变成类菌体。根瘤内部呈红色时开始具有固氮能力。类菌体具有固氮酶。

根瘤固氮规律：

①根瘤菌通过固氮酶的作用，把空气中的游离态氮（NH_2）转化合成为化合态氮（氨分子 NH_3）的过程，称为根瘤固氮。

②出苗 1 周后结瘤，出苗后 2～3 周开始固氮，开花期后迅速增长，开花至籽粒形成阶段固氮最多，约占总量的 80%。

③每亩根瘤菌共生固氮 6.45 千克，占大豆需氮量的 59.64%。固定的氮可供大豆一生需氮量的 1/2～3/4（有资料说为 20%～30%）。

根瘤固氮的影响因素：

①植株生长发育状况：植株生长健壮，结瘤多，固氮量高。

②光照与温度：光照不足固氮作用减弱。最适温度为 25℃左右。

③水分与养分：最适为最大持水量的 60%～80%。氮素抑制，磷钾促进。钼、硼、钴、镁有促进作用。

④植物生长调节剂：叶面喷施油菜素内酯（BR），可提高根瘤固氮活性。

提高根瘤固氮能力的措施：

①增施有机肥、磷钾肥：施有机肥 4 000 千克，大豆根瘤菌数量可增加 1.5～2.0 倍。

②调整土壤酸碱度：适宜中性或微酸性环境。

③施用根瘤菌：每亩用 25～40 克根瘤菌拌种。

④加强田间管理：及时中耕、灌水、排涝。

⑤合理补施微肥：早中期喷洒 1%～2%钼酸铵或硼砂水溶液，能增产 10%以上。

第四部分　大豆高产栽培技术知识

一、大豆的高产潜力和现实生产力

大豆单从产量上看，一般认为是低产作物，但若从营养价值上看，大豆却是高产作物。大豆的蛋白质和脂肪的含量均比玉米高 4 倍左右；亩产 500 千克玉米所能收获的蛋白质和脂肪营养，亩产 100 千克大豆就可收到。

国内外大量的高产典型说明，大豆具有高产潜力，这种潜力由于人为不重视还没有得到应有发挥。世界最高单产记录为 533 千克/亩，我国最高单产记录为400千克/亩。河南省也有亩产突破300千克的高产纪录，而目前河南省大豆平均亩产正常年份只有130千克左右，这些都说明提高大豆单产的潜力非常大。大豆栽培，只要注意采用优质高产品种和采取优良农艺栽培措施，并不断加以研究和改进，大豆单位面积产量一定会得到较大幅度的提高。

二、大豆株型与品种选用

大豆按分枝多少，分为主茎型、分枝型、中间型。

主茎型品种适宜密植，分枝型品种则应适当稀植。目前生产上的中间型品种多。

高产栽培宜选用主茎型，结荚节间多，抗倒性好的品种。

从大豆叶形看，圆、卵圆形叶有利于光线的截留，但容易造成株间郁闭，透光性差；披针形叶透光性较好。叶片狭窄的品种，一般抗旱能力较强，叶片较大的品种抗旱能力弱。从结荚习性看，无限结荚习性和亚有限结荚习性品种，下部叶片较大，上部叶片较小，而有限结荚习性品种则上部叶片较大，下部叶片较小。叶片上小下大，冠层开放，有利于光线向植株中下部照射，较易创高产。

三、大豆合理密植及基本苗数的确定

合理密植原则：

（1）与品种特性有关。植株矮小，生长势差的品种或植株虽较高，但分枝少，株型紧凑的品种以及早熟品种宜密。植株高大，分枝较多的品种或株型松散的大叶型品种以及中晚熟品种宜稀；主茎型品种，宜密，高大分枝型品种，宜稀。

（2）与肥水条件有关。同一品种在肥水条件较好时，植株生长繁茂，密度宜小；反之，肥水条件差，密度宜大。中下等肥力地块宜密，高肥力地块宜稀。肥地，施肥量大，宜稀；薄地，施肥量少，宜密。

（3）与播期有关。播种期早的，宜稀，播种期晚的，宜密。

（4）一般中等肥力，适期播种地块，极早熟或早熟品种每亩以2.0万株左右为宜，中熟品种每亩留苗以1.6万～1.8万株，晚熟品种每亩留苗1.2万～1.6万株。行距30～40厘米，株距10～15厘米。

四、大豆根系能固氮，但高产栽培须适当施肥

大豆施肥管理上存在两种误区：一是认为大豆根系着生根瘤，根瘤可以固定空气中的氮素，种植大豆可以不施氮肥；二是希望大豆要像玉米、小麦一样

高产，不计成本，盲目施肥。

大豆根瘤可以固氮，然而，单靠根瘤菌固氮远远满足不了植株对氮素的需求，适当补充氮肥才能满足高产大豆对氮素的需要。这是因为：

①从总量上看，大豆一生通过根瘤菌所固的氮，只能满足大豆生长需要的1/2～3/4，尚缺一部分。

②有几个生育时期缺氮较多，必须补氮。一是大豆生育前期，当子叶所含的氮素已耗尽，而根瘤菌的固氮作用尚未充分发挥的一段时间内，会暂时出现幼苗的“氮素饥饿”；二是开花期间是需氮量最多的时期，此期根瘤菌固氮能力虽然很强，但也难满足需要；三是鼓粒期间，根瘤活动能力已衰弱，也会出现缺氮现象，上述这些时期都要从土壤中吸收氮素。

另外，大豆整个生育期间都要求较高的磷营养水平，需钾量也较多。所以，大豆高产栽培情况下，必须适当施肥才能满足高产大豆对营养的需要，但施肥要讲科学。

大豆施氮肥应注意：

①前茬小麦多施有机肥，大豆利用前茬施肥的后效。

②合理施用种肥。土壤肥力低，不能保证大豆苗期正常生长时，需要氮素化肥做种肥，氮肥量要少。

③花期追施氮肥。大豆开花结荚期，是需氮肥量最多时期，因此，大豆花期追施氮素化肥效果较好。

④氮、磷、钾配合施用，比各自单施效果好。一般施用复合肥或大豆专用肥。

五、大豆耐旱、耐涝，但要掌握好关键时间点

在所有农作物中，大豆属比较耐旱、耐涝作物，但不很强。大豆对水分反应没有明显敏感期，不会因为生殖生长时期短时缺水导致绝收；大豆在进化过程中，形成了适应不同干旱生态环境的基因型，可以最大潜力地利用降水资源。我国北方地区降水集中于每年的7—9月，正是夏大豆生殖生长时期，雨热同步，适宜于大豆生产。因此，大豆在我国半干旱和半湿润易旱区具有巨大的分布面积。

大豆幼苗期比较耐旱。开花期植株生长旺盛，需水量大，要求土壤相对湿润。结荚鼓粒期，干物质积累加快，要求充足的土壤水分，如果墒情不好，会造成秕荚，甚至造成幼荚脱落。黄淮海夏大豆区6～9月的降水量在435毫米以上，可以满足夏大豆的需求。遇旱灌水是大豆增产的重要措施，特别是在开花结荚鼓粒期。

大豆每形成1克干物质需水580～744克。生产1千克籽粒需水2.175吨。

一株大豆的总耗水量为35千克。一亩大豆的耗水量为350吨。

据统计，在夏大豆播种期（6月上中旬），许昌市降水量多半偏少，发生干旱频率较高，是限制夏大豆适时播种的主要因素。夏大豆鼓粒最快的9月中上旬降水量多在30毫米以下，即水分保证率不高，是影响大豆产量的重要原因。以上两个时期应视旱情浇水。保证大豆关键期需水，对提高大豆产量至关重要。

六、晚熟早种夺高产

夏大豆生育短，过多强调种植早熟种，产量较低。大豆产量潜力与生育期长短关系很大。在保证大豆正常生长发育的条件下，种植中晚熟大豆，增产潜力大于种植早熟品种。由于气候变暖，小麦播种期比过去推迟7～10天。加上机械化程度的提高，小麦、大豆收获播种时间缩短，为大豆推广中晚熟品种，充分利用光、热等资源夺取高产创造了条件。在保证正常成熟的前提下，选择中晚熟品种，适期早播、适当晚收是大豆创高产的一项重要措施。

夏大豆播期、播量问题：

有群众相传，夏大豆不能播种过早，过早易拖秧，不结豆。其实，这是一种误区。俗话说："春争日、夏争时，夏播争早，越早越好"，"夏豆无早，越早越好"，"五黄六月争回耧"。据长年调查测算，从5月21日也就是小满开始，大豆每早一天增产1.5～2.5千克。

一般在6月上中旬，争取麦收后当天完成夏播，实现"零农耗"。夏播大豆由于生长季节较短，适期早播很重要。适时播种，保苗率高，出苗整齐、健壮，增加有效积温，延长有效生育期，充分利用肥、水、光、热资源，可以避免后期低温影响，实现充分成熟，增加产量。

为什么有群众相传，夏大豆播种过早易拖秧、不结豆？主要是有些品种长势强，播种早，生长旺盛，容易徒长，导致落花落荚严重。原因不是播种过早问题，而是由于徒长、化控不及时。大豆晚播，产量降低，虫害重，易倒伏。播种过晚，后期生长较快，顶部节间质地较软，结荚偏少，且容易倒伏；生育期随播期推迟而缩短，播种越晚倒伏加重，单株有效荚数、粒数减少，产量水平偏低。

早播增产增质。

①早播增产：6月10日播种比6月25日播种增产10.52%，6月15日播种比6月25日播种增产8.36%。

②早播增质：夏播6月15日前播种，脂肪含量增加1%；夏播6月15日前播种，蛋白质含量较高。

第五部分　大豆高产栽培关键技术

一、轮作模式与耕作

大豆不耐重、迎茬。重茬严重的减产20%～40%。轮作可有效减轻灰斑病、褐纹病、细菌斑点病、孢囊线虫病等土传病害和根潜蝇、二条叶甲、蓟马等虫害的发生。

大豆主要轮作方式：

小麦→夏大豆→小麦→夏玉米→小麦→夏甘薯；

小麦→夏大豆→小麦→夏玉米→小麦→芝麻；

小麦→夏大豆→小麦→夏玉米（甘薯）→小麦→夏谷子。

麦收后，进行施肥、耕作后播种，比铁茬播种增产19.3%。耙深耙透，耙深12～15厘米，增产明显。

二、科学选用良种

选用高产、稳产、优质、抗逆性强，适应性广、增产潜力大，符合品种原（良）种标准的种子。

目前在许昌市表现较好的大豆品种有：荷豆19、荷豆21、中黄39、中黄42、豫豆22、郑豆196、周豆12、许豆6号、驻豆12等。

三、抢时早播，足墒下种

适期早播：许昌市大豆适宜播期在6月上中旬，最迟不应晚于6月25日。一般中熟及中晚熟品种适宜早播，在6月5—15日播种；早熟及早中熟品种适宜相对晚播，在6月10—20日播种。但，夏豆无早，越早越好。

足墒播种：播种时，土壤墒情要好，墒情不足时，应先造墒后播种，确保一播全苗，苗齐苗壮。

麦后播种三种方式：

①贴茬免耕——麦收后直接播种。优点：有利于实现早播，减少田间作业成本；缺点：土壤密度大（硬），麦茬多，播种难度大；杂草大、多，除草困难；受麦茬影响，苗期生长较弱。

②灭茬少耕——麦收后用灭茬机灭茬，随后播种。优点：麦秸粉碎，利于播种，有利于苗期生长。缺点：工序复杂，播期要求充裕，播种时间延后1～2天。

③灭茬旋耕——麦收后旋耕擦耙，然后播种。优点：整地质量好，出苗质量好。缺点：工序复杂，播期要求充裕，播种时间延后1～2天。

四、高质量播种

①播前精选种子。

②播前晒种：播种前晒种 4～8 小时，可提高种子发芽率。

③精量匀播：采用精量机播。大粒品种一般亩播量 5～6 千克。中小粒品种一般 4 千克/亩左右。播种深度 3～4 厘米，播后平整覆土保墒。

五、科学施肥

大豆施肥应以底肥为主。追肥应以速效化肥为主。底肥：麦收后，有条件的地方最好在播前采用旋耕机亩施磷酸二铵 20～30 千克或硫酸钾复合肥（15-15-15）40～50 千克作底肥，旋耕后播种。采取铁茬抢时播种，可在生育期追肥。一般在大豆初花期或分枝期结合灭茬，每亩追施磷酸二铵或一铵 10～15 千克＋尿素 5～8 千克。单追尿素 8～10 千克/亩。提倡施用种肥。随播种亩施入复合肥或大豆专用肥 8～10 千克。

初花期追施氮、磷肥，增产、提质效果明显。

追肥对品质的影响：施用氮、磷肥均提高产量和蛋白质含量，磷肥可显著提高脂肪含量。不同品种对钾肥的反应不同。

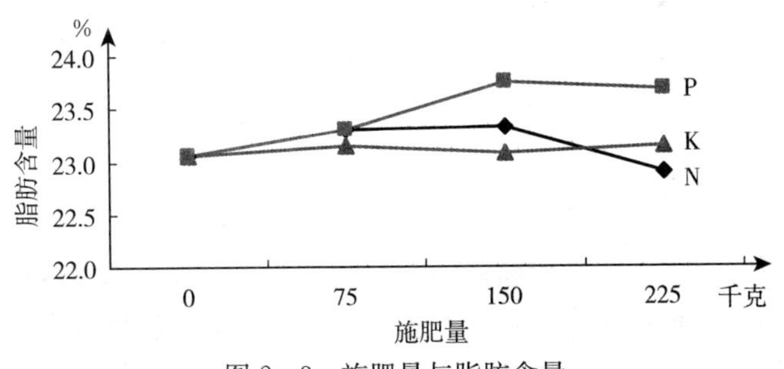

图 2-3　施肥量与脂肪含量

表 2-19　追肥与增产

处理	追施量（千克）	亩产（千克）	增产（千克）	增产（%）
不追肥		160.0	—	—
苗期尿素	10	167.5	7.5	4.8
初花期尿素	10	198.7	38.7	24.2
花后 10 天尿素	10	185.1	25.1	15.6
花后 20 天尿素	10	174.0	14.0	8.8
花后 30 天尿素	10	158.6	1.4	0.9

初花期至花后 10 天，追施尿素 10 千克产量最高

六、适时浇水

苗期适当干旱增加产量，中期干旱显著降低产量，后期干旱对产量有影响。在底墒足的情况下一般苗期不浇水；开花结荚期满足水分供应；鼓粒成熟期遇旱适量浇水。

七、化学除草

封闭除草：出苗前可趁墒及时封闭化学除草。禾本科杂草为优势种群的，可选用乙草胺（禾耐斯）、都尔、拉索等。禾本科杂草与阔叶杂草混发田块，可选择乙草胺（禾耐斯）、都尔等与赛克、广灭灵、普施特、阔草清等混用。

苗后茎叶处理：施药时期应掌握杂草基本出齐、禾本科杂草在2～4叶期，阔叶杂草在5～10厘米高进行。以禾本科杂草为主的，选用精禾草克（精盖草灵）、拿捕净、精稳杀得、高效盖草能、威霸等除草剂；以阔叶杂草为主的大豆田，可选用苯达松、虎威（氟磺胺草醚）、克莠灵、克阔乐等除草剂；禾本科杂草与阔叶杂草混发的田块，可以选择上述两类除草剂混用。如草威＋伴侣50毫升对水50千克进行化除。

八、适时化控，防止徒长

当大豆花期有旺长趋势时，及时用多效唑、缩节胺等化控剂喷洒控旺，并视情况进行第二次化控。

九、及时防除病虫害

（1）大豆病害。主要有根腐病、菌核病、霜霉病、孢囊线虫病等。

发生时期：大豆根腐病可发生在整个大豆生育期；菌核病主要发生在七月下旬；灰斑病6月上中旬开始发病，7月中旬进入发病盛期。霜霉病每年6月中下旬开始发病，7—8月是发病盛期，多雨年份常发病严重。防治方法：根腐病防治：主要用58％瑞毒霉锰锌或72％克露可湿性粉剂用种子量0.3％～0.4％拌种。菌核病防治：发病初期用50％速克灵可湿性粉1 000倍液或40％菌核净1 000倍液或50％甲托500倍液喷雾。霜霉病防治：发病初期用百菌清、多菌灵、退菌特、乙膦铝、甲霜灵等喷防。孢囊线虫病防治：对重发区可用35％乙基硫环磷或甲基硫环磷乳油，按种子重的0.5％播前3～6天拌种。对未拌种地块，可在6月中下旬，大豆叶片出现黄色症状时，采用内吸性杀虫剂氧化乐果、大豆种衣剂等叶片喷治。

（2）大豆虫害。地下害虫主要有蛴螬、金针虫、蝼蛄、地老虎等。茎叶害虫主要蓟马、二条叶甲、大豆蚜虫、红蜘蛛、豆天蛾、豆秆蝇、造桥虫、豆荚螟、食心虫等。发生时期：豆秆蝇 1 年发生 4～5 代，在大豆 2～2.5 复叶期即开始为害，大豆营养生长期和花期为其成虫产卵和幼虫侵入高峰，夏大豆播期越晚，虫量越多，虫道越多、越长。造桥虫每年发生多代，7 月上中旬到 8 月中旬为害最重。豆天蛾俗名豆虫（丈母虫），一般在 7 月中下旬至 8 月上旬为成虫产卵盛期，7 月下旬至 8 月下旬为幼虫发生盛期，1～2 龄为害顶部咬食叶缘成缺刻，一般不迁移，3～4 龄食量大增即转株为害，这时是防治适期。食心虫，一般一年发生 1 代，大豆结荚盛期如与成虫产卵盛期相吻合，则受害严重。7—8 月是治虫重点期。防治方法：播种期可用氧化乐果、高效氯氟氰菊酯等药剂防治地下虫，或用炒熟炒香的谷子或发酵豆饼与 50%辛硫磷乳油混合制成毒饵，傍晚均匀撒入田间，每亩 10 千克。苗期和分枝期可用吡虫啉、氧化乐果、40%毒死蜱、48%乐斯本等药剂防治蓟马、蚜虫、红蜘蛛、豆秆蝇等害虫。开花结荚期，可用阿维菌素、毒死蜱、高效氯氟氰菊酯、2.5%溴氰菊酯乳剂或 25%快杀灵乳油等药剂防治豆天蛾、豆秆蝇、造桥虫、豆荚螟、食心虫。

十、田间管理

幼苗期管理：幼苗期：6 月上旬至下旬，约 20 天。苗期管理的主攻目标是确保苗全苗壮。主要措施：

①查苗补种，芽苗补栽。大豆齐苗后，缺苗地段，要及时浸种补种或幼苗带土移栽，栽后浇水。

②及早间定苗。在大豆两片子叶展开后到第一对生单叶出现时，要按密度及时人工手间苗。

③培育壮苗。在苗全苗匀基础上培育壮苗——茎秆粗壮，第 1 节间短（控制在 1 厘米之内），把群体控制在预定的指标范围。土壤含水量为田间持水量的 60%以下时，要及时浇水。

分枝期管理：分枝期（7 月上旬至中旬）约 20 天。

夏大豆播种后 25 天左右就进入分枝期，是大豆营养生长转向生殖生长的转折点，从开始分枝到开花约 20 天左右。这一时期大豆生长开始旺盛，花芽开始分化，根瘤已具有固氮功能。分枝期是决定整个生育期植株健壮与否、分枝与开花多少的关键时期，与产量高低关系非常密切。为此，分枝期田间的主攻目标是：在全苗、匀苗的基础上，促进植株健壮生长，不徒长，达到株壮、分枝多、花芽分化多的目的，为多开花、多结荚打好基础。主要措施：

①深中耕除草或串沟培土。减少杂草对土壤养分的消耗，同时保墒防旱，疏松土壤促进根系发育，并有切根控制旺长的作用。

②注意防治豆秆蝇、蚜虫、红蜘蛛和霜霉病等。

③中等肥力田，可在此期适时追施少量氮肥，满足分枝与花芽分化的需要，一般亩追施尿素7～10千克。高肥力田可推迟到开花期追施。此期追肥后，一般花荚期不再追肥。

花荚期管理：花荚期（7月中下旬－8月中下旬）20～30天。是营养生长与生殖生长并进，大豆一生中生长最旺盛时期，需大量的养分和水分。主要措施：

①整个花荚期要保持足墒。适时浇水防旱可以增花保荚。此期一般要求土壤含水量不低于田间持水量的75%～80%。中午大豆叶片萎蔫就必须浇水。

②高肥力田可在初花期因植株长势酌情追施花荚肥，一般每亩追施大豆专用肥或三元复合肥10～15千克或尿素8～10千克。薄地或长势弱的田块，追肥时间可提前到分枝期进行。

③适量叶面喷洒磷、钾、钼、硼、锌等肥料。

④注意防治豆天蛾、造桥虫、甜菜夜蛾、豆荚螟和食心虫。从初花期开始就要做好预防工作。

鼓粒期管理：鼓粒期（8月中下旬—9月中下旬，35～40天）。主要任务是以水调肥。养根护叶不早衰。主要措施：

①合理灌排，要浇好丰产水。抗旱、排涝。鼓粒前期是要求土壤含水量保持在田间最大持水量的70%～80%，低于此指标及时灌溉，不能等到叶片萎蔫后才浇水。大雨、暴雨后应及时挖沟排水，防止土壤通气不良，影响正常生长发育。

②补施鼓粒肥是提高百粒重的有效措施。一般采取叶面喷肥。亩用尿素1千克，对水50千克，再加上硼、钼或硫酸锌等微肥叶面喷施。

③继续做好豆天蛾、造桥虫、斜纹夜蛾等害虫的防治，保护叶面少受损害。

十一、适时收获

成熟期（9月下旬）及时收获。一般在大豆黄熟末期至完熟期收获，此时，大部分叶片脱落，茎、荚全部变黄、籽粒变硬，荚中籽粒与荚皮脱离，摇动豆株时有响声。

收获脱粒后及时晾晒，待籽粒含水量降到12%～13%时即可入库贮藏。

大豆高产栽培技术小结：

①抢时早播——高产的关键。夏播争早，越早越好；

②贴茬免耕或灭茬少耕——抗旱节水、培肥地力、提高单产；

③合理密植——过稀过密均不宜；

④化学除草——避免草荒。把握时机，二次稀释；

⑤适期适量施肥——克服糊涂观念，小投入大产出；
⑥适时浇水——关键期浇水增产显著；
⑦因苗化控——防止徒长，避免落花落荚；
⑧防治虫害——稍纵即逝，把握机会，适期强化防治有效。

第六节　花生高产节肥高效新技术培训宣传材料

第一部分　花生的几种主要栽培方式

一、花生与其他作物轮作

花生是连作障碍比较严重的作物。与其他作物轮作，可以利用轮作作物在植物学特征、生物学特性和栽培方法上的不同，发挥作物间的互补优势。首先，可以充分发挥土壤肥力潜力。如小麦根系对土壤中难溶解的矿物质利用率很低，而花生对土壤中难溶性磷化物的利用率较高，两者轮作，能充分发挥土壤磷肥效率。又如水稻对氮、磷、钾和硅的吸收量较多，对钙的吸收量较少；而花生对土壤中的氮素吸收量较少，对钙的吸收量较多，两者轮作有利于合理利用土壤养分。其次，花生与禾本科作物轮作，有利于培肥地力。花生生育期间利用自身根瘤菌所固定的氮素，有相当一部分遗留于土壤中，可供下茬作物利用。再次，轮作换茬可以明显减轻花生和轮作作物的病害。花生叶斑病的侵染源是在植株残体上越冬的子座或菌丝团、分生孢子、未腐烂的子囊壳等，当花生与小麦、玉米、甘薯等作物实行两年以上的轮作，可以明显地减轻叶斑病危害。花生青枯病是一种土壤传播病害，可通过水旱轮作来得到有效的防治。另外，花生茎腐病、根腐病等病害，轮作换茬均有良好的防治效果。花生与小麦轮作还可防治小麦全蚀病、减轻花生线虫危害。花生与水稻轮作，可以减轻三化螟对水稻的危害，同时，也可以减轻斜纹夜蛾、蛴螬、金针虫等对花生的危害。然后，花生可与轮作作物实施一体化施肥，提高肥效。如小麦与花生轮作，可将小麦和花生两作物的用肥向小麦倾斜，花生利用其后效，既可充分满足小麦的生长发育，又有利于后作花生的生育。因此，花生与小麦、水稻等作物轮作是花生主产区的最普遍的种植方式。

花生主产区的主要轮作模式受种植区域的水热条件和作物的生态适应性影响。在安排轮作时，要考虑作物组成及轮作顺序，参加轮作的各种作物的生态适应性，要适应当地的自然条件和轮作地段的地形、土壤、水利和肥力条件，能充分利用当地的光、热、水等资源。其次，选好作物组合，要做到感病作物和抗病作物、养地作物和耗地作物间的搭配合理，前作要为后作创造良好的生态环境。然后，要考虑轮作周期，避免轮作周期过短。

二、花生的间作套种

间作是在同一地块上，同时或间隔不长时间，按一定的行比种植花生和其他作物，以充分利用地力、光能和空间，获得多种产品或增加单位面积总产量和总收益的种植方法。而套作是在前作的生长后期，于前作物的行间套种花生，以充分利用生长季节，提高复种指数，达到粮食与花生双丰收的目的。套种一般是在年平均气温较低，无霜期较短，自然热量不能满足两季作物需要的地区实行，是提高复种指数、充分利用有限的光热资源的有效措施。

花生间作套种的优势主要有四点。第一，花生与其间作作物在外部形态上差异很大，植株有高有矮，根系深浅不一，对光照、水分和土壤养分等的需求不同，其密度和叶面积系数可以超过单作的限度，从而可以更充分地利用空间，提高光能利用率。第二，合理间作可以使两种以上植株形态和生育特性有显著差异的作物在同一地块、同一季节良好生育，有利于充分利用土地资源。第三，花生与高秆作物间作，可以改善高秆作物行间的通风透光条件，改善田间小气候，改善作物的生育条件。如玉米间作花生，玉米行间距地面 50 厘米高处的光照强度比单作玉米高出 42.7%，25 厘米高处的光照强度比单作玉米高出 2.7%。第四，合理间作可以调节土壤温湿度，提高土壤养分利用效率。花生与高秆作物间作，增加了单位面积的种植密度，提高了地面覆盖度，从而减少了地表的直接散热和水分蒸发，土壤温度和湿度有一定程度的提高，这有利于土壤养分的转化、分解及微生物的活动，也有利于根系对土壤养分的吸收和利用。

选择间作套种方式时，首先必须考虑选择适宜的作物和品种。要从通风透光，肥水统筹，时间和空间的充分利用等方面全面考虑，采用高矮秆作物搭配、植株繁茂和株型收敛型作物搭配、禾本科作物与花生搭配、深根作物与浅根作物搭配、长生育期作物与短生育期作物搭配、早熟作物与晚熟作物搭配等，以充分利用生育时间和生育空间，合理利用土壤水分和养分。在品种的选择上，花生应选用耐阴性强、适当早熟的高产品种，间作套种作物则要选择株型紧凑、抗倒品种。其次，要确定合理的种植规格及密度，这是解决间作套种作物间在充分利用光热、土地与水肥资源方面一系列矛盾的关键。花生间作玉米只有采用 12 行以上花生间作 1～2 行玉米，且选用矮秆，叶片上举紧凑型玉米品种，间作才有一定的效益。此外，应根据间作套种方式及种植规格，尽量加大花生种植密度。然后，要选择相应的栽培管理技术。必须根据间作套种方式及各种种植规格，采取相应水肥管理、间作套种时期、田间管理等方面的栽培管理技术。如丘陵旱地花生间作玉米，应在冬前根据种植规格挖好玉米抗旱丰产沟，减少玉米对花生的影响。

河南花生间作套种的方式主要有以下 5 种：

①花生与玉米间作：花生玉米间作基本分为以花生为主和以玉米为主两种类型。在丘陵旱地，多以花生为主间作玉米，间作方式一般为 8～12 行花生间作 2 行玉米，种植花生株数接近单作花生，间作玉米为 1.2 万～1.5 万株/公顷。在平原砂壤土，则多以玉米为主间作花生，间作方式一般为 2～4 行玉米间作 2～4 行花生，种植玉米株数接近单作玉米，间作花生为 3 万～6 万穴/公顷。

②花生与甘薯间作：花生甘薯间作是利用甘薯扦插时间晚，前期生长缓慢，而花生播种早，收获早的特点，争取季节，充分利用地力与光能，在影响甘薯很少的情况下，增收一定数量的花生。花生间作甘薯主要有 1∶1、2∶2、4∶1、3∶1 等方式。无论采用哪种间作方式，均应选用早熟、丰产、结果集中的珍珠豆型花生品种，以便早熟早收，为甘薯后期生长发育创造良好的条件。

③花生与西瓜间作：花生间作西瓜的种植有 4∶1 和 6∶2 等规格。4∶1 的种植规格是 4 行花生间作 1 行西瓜。种植带宽 1.8～2.0 米，其中花生每公顷种植 12 万～132 万穴；西瓜沟宽 50～70 厘米，每公顷种植 12 万～14.0 万株。6∶2 的种植规格是 6 行花生间作 2 行西瓜，花生每公顷种植 8.0 万～8.5 万穴。

④果林地间作花生：这种利用果树间隙间作花生，不仅可以增产花生，增加收益，而且可以减少土壤冲刷，提高土壤保水保肥抗旱能力，促进果林丰产。

⑤小麦套种花生：小麦套种花生主要有小沟麦套花生、大沟麦套花生、大垄宽幅麦套覆膜花生、小垄宽幅麦套花生、普通畦田麦套花生等种植模式。这种套种方式在 20 世纪 90 年代前后应用面积很广，但随着小麦收割的机械化和花生早熟品种的推广，不少地区开始采用麦后直播花生的方式取而代之。

三、花生的连作

众所周知，花生连作不利于高产。但有三种农业种植背景使得这种连作方式难以避免。一是丘陵旱薄地分布区，由于种植其他作物收益极低，只有利用花生的抗旱耐瘠特性，才能够获得相对较高的收入，导致连作；二是近年来种植花生的比较经济效益相对较高，花生面积扩大，出现连作；三是在花生集中产区，花生种植面积超过耕地面积的 50%以上，势必导致连作。

花生连作会引起土壤微生物类群变化（真菌大量增加，细菌和放线菌大量减少），土壤恶化、养分失衡、花生叶斑病、线虫病等病虫害增加、有毒物质危害等连作障碍。

①随着花生连作年限的增加，土壤中的细菌数量显著减少，形成真菌型土壤。多数学者认为，真菌型土壤是地力衰竭的标志。

②花生连作使土壤中磷、钾等大量元素及铜、锰、锌等微量元素速效含量随着连作年限的增加而呈递减，氮、钙、硫、钼、镁等养分变化较少。有试验证明，连作4年，速效钾含量减少40.6%，速效磷含量减少52.9%，硼、锰、锌含量分别减少53.8%、6.7%和12.6%；连作6年，速效钾含量减少48.7%，铁减少30.3%，铜、锰、锌分别减少22.5%、36.6%和33.2%，下降幅度非常明显。

③随着花生连作年限的增加，土壤中主要水解酶如碱性磷酸酶、蔗糖酶、脲酶的活性均随着降低，尤以碱性磷酸酶降低最为显著，连作2年降低15.4%，连作3年，降低20%以上，连作4年，降低29.3%以上，连作5年，降低30%以上，使磷素供应受到很大影响。蔗糖酶活性降低，必然引起土壤中有效养分的降低。脲酶活性降低，影响尿素水解，所以连作花生即使施用较多的尿素，植株生长仍然较差。

解除花生连作障碍的对策主要有以下四条措施，即综合改治、土层翻转改良耕地、模拟轮作和施用土壤微生物改良剂。

①将冬季深耕、增施肥料、覆膜播种、选用耐重茬品种、防治线虫病和叶斑病等项技术措施组装配套，对连作花生进行综合改治，解除花生连作障碍。

②对于土层深厚、质地良好的土壤，采用土层翻转技术来改良耕地，即将耕层下7～15厘米的心土翻转于地表，并增施有机肥料和速效肥料，并接种花生根瘤菌。加厚土层，改变连作花生土壤的理化性状，为连作花生生长创造了新的微生态环境。

③模拟轮作是利用花生收获后至下茬花生播种前的空隙时间，播种秋冬作物，并适时对秋冬作物进行翻压，影响和改变连作花生土壤微生物的活动，改善连作花生土壤微生物类群的组成，使之起到轮作的作用。模拟轮作所用作物以小籽粒的禾本科作物和十字花科作物为好，如小麦、水萝卜等。

④施用有益微生物制剂或能抑制甚至消除土壤中有害微生物而促进有益微生物繁衍的制剂，使连作土壤恢复并保持良性生态环境。

四、花生与其他作物复种

在同一地块，通过间作套种等方式，形成几种作物的复合群体，达到一年三作三收或四收的目的。这种种植方式可以更充分地利用地力、时间、空间和光热资源，从而较大幅度地提高农业生产的经济效益，是目前人多地少地区发展高效农业的有效途径。有关花生与其他作物的复种模式很多，主要有以下二类。

（1）花生与粮食作物复种。①小麦、花生、玉米三作三收；②小麦、花生、甘薯分带种植三作三收；③花生、小麦、大豆三作三收。

（2）花生、蔬菜间套复种。主要种植模式有：①花生、番茄、大白菜三作三收；②花生、西瓜、大白菜三作三收；③花生、粮、菜四作四收。

进行上述间套作复种，必须采取相应的栽培技术措施，归纳起来主要包括：①选择种植规格；②整地施肥；③选择合适品种；④科学管理：重点在地膜覆盖、肥水管理方面对各种作物的田间管理，除根据各作物的生育特点进行外，要针对复合群体，尽量发挥同一技术措施的互作、互补、互用效果。

第二部分　花生高产栽培的关键管理措施

一、花生播种及苗期管理

（一）播前整地与施肥

播前整地的总体要求是土壤疏松、细碎、不板结，含水量（砂土为16%～20%，壤土为25%～30%）占田间最大持水量的50%～60%。

灌溉条件差或平原砂地宜采用平作整地方式，灌溉条件好或进行高产栽培时宜采用垄作整地，而在低洼地种植花生则采用垄作或高畦整地。对于水田种植或排灌条件好的旱地宜采用垄作或高畦整地，一般旱地多采用平作或畦作。

花生整地时应结合犁耙地施足基肥，全部的磷钾肥、农家肥和1/2的尿素可结合冬耕或早春耕地时全田铺施。为了提高磷肥肥效和减少优质农家肥的氮素损失，施肥前将过磷酸钙和农家肥一起堆沤15～20天。

（二）种子处理与播种

1. 种子处理准备

（1）播前晒果、剥壳分选。花生种在播前应带壳晒种，连晒2～3天，以降低种子含水量，并通过晒种减少种子上的病菌；采用手工剥壳，减少对种皮的损伤，剥壳后剔除有损伤的、霉变或秕小的种子。

（2）采取措施提高种子活力。花生种在生理成熟后及时收获，收获后安全干燥贮藏（<40℃下烘晒、20℃左右贮藏），以保持较高的种子活力。此外，用25%的聚乙二醇溶液处理花生种子，或用硝酸钾、钼酸铵单独处理和混合处理，均可提高花生种子的发芽率和活力指数。

（3）药剂拌种和包衣。

①药剂拌种：花生种子用杀菌剂拌种，能有效地减轻和防止烂种。常用的

有可湿性多菌灵粉剂，用量为种子量的0.3%～0.5%；可湿性菲醌，用量为种子量的0.5%～0.8%。杀虫剂拌种可防治某些苗期地下害虫，如50%辛硫磷乳剂，用量为种子重的0.2%；25%七氯乳剂，用量为种子量的0.25%～0.50%；50%氯丹乳剂，用量为种子量的0.1%～0.3%。施用时应切实注意用药安全。鼠害严重，可用灭鼠药如磷化锌适量拌种，拌种时要注意人畜安全。

②种衣剂包衣：用于花生包衣的有效成分以甲拌磷等农药为主，对防治花生蚜虫有特效，有效期可持续40～50天；对花生根结线虫病、病毒病、苗期地上地下害虫及鼠害均有一定的防治效果。种衣剂的用量，要根据种衣剂剂型和浓度确定。

③保水剂拌种：春旱严重的花生产区和旱薄地可采用该技术。使用时根据用种量及保水剂的吸水率，将相当于干种子重量2%～5%的保水剂缓慢加入水中，不断搅拌，直至成糨糊状，再把事先湿润的花生种子随倒入搅拌均匀。摊开晾干后，即可播种。

④抗旱剂拌种：目前应用较多的主要是抗旱剂1号（FA）。拌种用量为种子重的0.5%，加水量为种子重的10%。先用少量温水将抗旱剂1号调成糨糊状，再加清水至定量，搅拌使其溶解，倒入花生种子拌匀，堆闷2～4小时即可播种。

⑤微量元素拌种：钼酸铵或钼酸钠拌种，能提高种子的发芽率和出苗率，增强固氮能力，促进植株发育和果多果饱。先配制0.3%～1.0%的钼酸铵或钼酸钠溶液，用喷雾器直接喷到花生种子上，边喷边拌匀，晾干后播种。土壤缺硼地区施用硼肥的增产效果明显。按0.4克/千克花生种子的用量称取硼肥（硼酸和硼砂），溶解于水，对水30千克（每公顷的用水量），直接喷洒种子，拌匀晾干后播种。

2. 适期播种

河南省春播以4月中旬至5月上旬（谷雨至立夏）为宜；麦套和夏直播以在5月中旬至6月中旬为宜。花生在播种适期内，适当早播，可延长花生苗期，在开花之前积累较多的营养，有利于花生的开花结实。采用地膜覆盖，可比露地栽培提前一个星期左右播种。

（三）播种方法

1. 花生子仁播种

花生子仁播种按栽培方式可分为覆膜播种和露地播种，按作业方式可分为机械播种和人工点种。无论哪种播种方式，均要通过开沟、排种、覆土三道工序。开沟要按照行株距的要求，开好沟，施种肥（注意尿素、碳铵不能作种肥)，肥料与泥土拌匀。排种有随机排种（习惯种法）、两粒并放、插芽播种（胚根向下）三种方法。插芽播种要特别注意不能倒置。

每穴播种粒数因土壤肥力、种植习惯、生产需要而异。一般瘠薄地宜单粒密植，肥沃地宜双粒减穴。花生播种深度应根据土质、当时的气候、土壤含水量及栽培方式确定。总的原则是宜浅不宜深，露地栽培一般5厘米左右为宜，播种较早，地温较低，或土壤湿度大，土质紧，可适当浅播，但最浅不能浅于3厘米；反之，可适当加深，但最深不能超过7厘米。地膜覆盖栽培的播层温湿度适宜，应适当浅播，一般以3厘米左右为宜。

花生播后镇压是一项确保一播全苗的重要技术，但应根据土壤墒情、土质、栽培方式来决定是否采用。对于露地栽培，土壤水分含量低、砂性大的土壤，播后应立即镇压；土壤水分较多，土质较黏紧，播后不能立即镇压，应待水分适当散失，地表有一层干土时，掌握适宜时机镇压。对于覆膜栽培，先播种后覆膜应在覆膜前镇压，先覆膜后播种，应随覆土镇压。

露地栽培平作，如墒情好，在点种后用耢耱平即可；墒情一般时，点种后随覆土踩一下即可；墒情稍差时，点种覆土后应加力镇压，如石磙镇压，顺播种沟踏踩镇压，然后用耢耱平。露地垄作种植，可视土壤质地和湿度，于播种后当天下午或隔1～2天，用锄板或刮板镇压，或人工踩踏镇压。地膜覆盖栽培，先播种后覆膜，多采取人工顺播种沟踩踏镇压，然后用铁耙耙平垄面覆膜。先覆膜后播种则随播穴覆土用手镇压。

2. 花生带壳播种

花生带壳播种是一项早播借墒保全苗的播种技术，适于无水浇条件的丘陵旱地。带壳播主要应掌握以下几条技术。一是严格挑选荚果，保证果形一致、大小均匀、成熟度好、色泽正常的两粒荚果，为全苗、齐苗和壮苗打好基础。二是播前晒果，即凉水浸种60小时以上。三是适时早播种。露地栽培果播播种期较仁播可提早3～5天，果播覆膜播种则可比常规露地仁播提前一个月左右。四是播深与镇压，果播覆土厚度宜为7～9厘米，以增加覆土压力。在花生种拱土时，进行镇压，以弥合土壤裂缝，形成黑暗条件，促使下胚轴继续伸长，达到顺利出苗，并使土壤压力增大，让果壳留在土中。

（四）查苗补苗与清棵

1. 查苗补苗

在花生出苗后，要及时进行查苗，缺苗严重的地方要及时补苗，一般在播种后10～15天进行。补救措施主要有三种：①贴芽补苗；②育苗移栽；③催芽补种。将种子催芽后直接补种，补种时要带点化肥，既节省用工，又能促进幼苗早生快发。因此，生产上应用较广。

2. 清棵蹲苗

在花生齐苗后进行第一次中耕时，将花生幼苗周围的土向四周扒开，使两片子叶和子叶叶腋间的侧枝露出土外，以利第一对侧枝健壮发育，使幼苗生长健壮。花生清棵能促进根系生长，促进花生植株的健壮发育，但要正确掌握清棵时间。一般在齐苗后5～10天内进行。

二、花生的高产施肥管理

在较高土壤肥力的基础上，根据花生对主要营养元素的吸收利用特点，进行针对性的施肥管理。这是花生高产的关键。

1. 高产花生的施肥原则

（1）有机肥料与化学肥料相结合。为提高花生田的有效养分并改良土壤，使其形成上松下实，气水协调的土体结构，不断培肥地力，必须有机肥料与化学肥料相结合。有机肥料含多种营养元素，特别是微量营养元素的重要来源，肥效持久，施入土壤后，经微生物分解可源源不断地释放各种养分供花生吸收利用，还能不断地释放出二氧化碳，改善花生的光合作用环境。有机肥料在土壤中形成的腐殖质，具有多种较强的缓冲能力，并能改善土壤结构，增强土壤蓄水保肥能力和通透性能。有机肥料分解产生的各种有机酸和无机酸，可以促进土壤中难溶性磷酸盐的转化，提高磷的有效性。有机肥料作为土壤微生物的主要碳源，特别有利于根瘤菌的增殖。化学肥料所含营养元素单一，但肥效较快。两者配合施用，肥效互补，既能改良土壤结构，不断培肥地力，又能减少化肥中的养分流失和固定，提高肥效，同时还能促进有机养分的分解，提高花生对所施肥料的当季吸收利用率。

（2）前茬施肥与当季施肥相结合。花生对土壤养分的依存率高，也就是说高产花生所需要的矿质营养元素，绝大多数来自土壤，对当季所施肥料的吸收利用率较低。特别是对于氮肥，过多的施用会显著影响根瘤菌的固氮活动和供氮能力。因此，高产花生田施肥，要坚持前茬增施培肥地力，当季施肥补偿地力，用养结合的平衡施肥原则。将花生的前茬肥、当茬肥、后茬肥的施用数量，结合有机肥、钾肥以及中量、微量元素肥料等不同肥料类型、不同肥料品种在花生轮作制上的时效，进行综合考虑，配合起来施用，以发挥肥料的最大效益。生产实践证明，在中等以上肥力的花生田，前茬多施肥比当季多施肥增产效果更为明显，可获得前茬作物丰收，当季花生增产的效果。

（3）基肥为主，追肥为辅。基肥足则幼苗壮，花生生长稳健，这是花生高产优质多抗的坚实基础。为满足高产花生对矿质营养的需求，要把所需肥料的全部或大部分结合播前耕地作基肥及起垄作畦时作种肥施用。增加氮、钾肥基施比重可满足幼苗生根发棵的需要，防止氮肥追施比重过高引起的徒长、倒伏和病虫害等问题；肥效迟缓、利用率低的有机肥、磷肥更应以基施为主。因此，在花生生产上如能一次施好施足基肥，一般可以少追肥或不追肥。特别是地膜覆盖花生或露栽花生种在蓄水保肥能力好的地块和大面积机械化种植地块，因根际追肥困难，应做到肥料一次施足。

在漏水漏肥的砾质粗砂土地块，为避免速效化肥一次基施用量过多造成烧苗和肥料损失，可留一部分用来追肥。露地栽培花生，如基肥不足，又未施种肥的，可及早根际追肥或根外追肥，以满足高产的需要。若根据花生生长发育情况，需要追肥，则应掌握“壮苗轻施、弱苗重施，肥地少施、瘦地多施”的原则，适时适量地施用速效性肥料。

2. 施肥方法

（1）花生当季的施肥种类、数量。高产花生当季施肥仍应以有机肥料为主，化学肥料为辅，氮肥适量，重施磷钾肥，有条件和必要时应施用菌肥和叶面喷肥。有机肥料要施用土圈肥（厩肥）、堆肥等充分腐熟的优质肥料，化学肥料可施用尿素、普通过磷酸钙、重过磷酸钙、磷酸一铵、硫酸钾、花生专用肥等，菌肥有根瘤菌剂、生物钾肥等。

施用数量应根据目标产量、花生实际需肥量、有效土壤养分含量、所施肥料的养分含量及当季吸收利用率等因子综合考虑。由于根瘤菌能固定大量的空气氮素，供应花生生育所需的 1/2～2/3 的氮营养，而且据多年的实践表明，花生高产田土壤一般氮素水平高，因此在肥料数量的确定上，应按照“氮减半（根瘤菌供氮占 50%计），磷加倍（磷的吸收利用率低，易被土壤固定），钾全量”的口诀施用。也就是说，要适当控氮，提高磷、钾比率。具体用量应根据目标产量来计算。如每公顷产 7 500 千克荚果的实际需肥量，一般每公顷施氮（N）165.0～207.0 千克，磷（P_2O_5）135.0～165.0 千克、钾（K_2O）180.0～240.0 千克，相当于每公顷施优质有机肥料 6.0 万～7.5 万千克，尿素165.0～210.0 千克，普通过磷酸钙 885.0～1 080.0 千克，硫酸钾 240.0～330.0 千克。

生茬地和低肥力花生地，提倡用根瘤菌剂拌种，以扩大花生的氮素营养来源，降低化肥成本，减轻化学氮素对环境的污染。采用 0.2%～0.3%钼酸铵或 0.1%硼酸等水溶液浸种，可补充微量元素。

（2）基肥施用方法。由于氮素化肥易挥发，磷肥在土层中移动和扩散性很小，钾素化肥与钙素化肥有拮抗作用，施浅了会影响荚果对钙的吸收，并易造成烂果。加之花生根系对肥料吸收能力最强的部位是地表下 5～25 厘米的根群，因此，基肥应适当深施和分层施。具体方法是，将全部土杂肥、磷钾肥和 2/3 的氮化肥混合铺施，结合耕地施于 20 厘米左右的土层内，其余 1/3 的氮肥和钙肥，结合浅耕施于 0～15 厘米土层内。

（3）菌肥拌种或盖种。高产花生田一般是 3～5 年未种过花生，播种前最好采用根瘤菌剂拌种，菌剂用量为每公顷 300～375 克（每克含菌数 5 000 万个以上）。拌种时应注意拌匀遮光，随播随盖土。

（4）追肥施用方法。花生追肥应根据地力、基肥施用量和花生生长状况而定。

①苗期追肥：肥力低或基肥用量不足，幼苗生长不良时，应早追苗肥，尤其是麦套花生，多数不能施用基肥和种肥，幼苗又受前茬作物的影响，多生长瘦弱，更需及早追肥促苗；夏直播花生，生育期短，前作收获后，为了抢时间播种，基肥往往施用不足，及早追肥也很重要。苗肥应在始花前施用，一般每公顷用硫酸铵 75～150 千克，过磷酸钙 150～225 千克，与优质土杂肥 3 750 千克混合后施用，或追草木灰 750～1 200 千克，宜拌土撒施或开沟条施。

②花针期追肥：花生始花后，株丛迅速扩大，前期有效花大量开放，大批果针陆续入土结实，对养分的需求量急剧增加。如果基、苗肥未施足，则应根据长势长相，及时追肥。花针期追施氮肥可参照苗期追肥。由于花生根系所吸收的肥料有优先供给同列向侧枝的特点，所以追肥时要根际两边均匀追肥，不能贪图省事单追一边，以充分发挥追肥效果。追肥时，氮、磷、钾肥要深施至 10 厘米以下的土层内，钙肥要浅施在 5 厘米左右的结实层内。

③根外追肥：根外追肥要多次喷施。高产花生播种时未施钼肥的，可于始花前主茎 4～6 叶期叶面喷 0.1%～0.2%的钼肥水溶液，以促进根瘤的形成发育和根瘤菌的固氮活性；始花后 8～10 叶期，叶面喷施 0.2%～0.3%硼肥水溶液，以促进开花受精和下针结实；结荚饱果期每 10～15 天叶面喷施一次氮、磷混合液（即 1%～2%的尿素和 2%～3%的普通过磷酸钙混合水澄清液），每隔 7～10 天喷一次，连喷 2～3 次，以延长顶叶功能期，提高饱果率。

三、花生的水分管理

（一）花生不同生育阶段的需水规律

水是花生生命活动中不可缺少的物质，在花生整个生育期间的所有生理活动中，水均起着极为重要的作用。花生根系通过根压（主动吸水）和蒸腾拉力（被动吸水）吸收植株所需的水分。影响花生根系吸水的因素主要是大气和土壤状况，大气主要通过影响蒸腾速率而间接影响根系吸水，土壤则通过土壤中的可用水分、土壤通气状况、土壤温度、土壤溶液浓度等直接影响根系吸水。土壤通气状况好，花生根系吸水量增加，相反，通气不良，土壤氧气缺乏，短期内细胞呼吸减弱，影响根压，则阻碍吸水。土壤温度过低，花生呼吸作用减弱，影响主动吸水。高温则易加快根的老化，吸收面积减少，吸收速率也会下降。土壤盐碱含量较高或过量施用化肥，造成土壤溶液浓度高，水势很低，则根系吸水困难。

花生植株在整个生育期内，需要从土壤中不断吸收水分。其中只有少部分供生理生化活动利用，绝大部分（约95%）水分通过花生叶片的蒸腾作用以气体状态散失到大气中。据测定，每生产1千克干物质需耗水450千克左右（叶面蒸腾和地面蒸发），当每公顷4 500千克产量时，需水量约4 050立方米。花生需水量受不同生育阶段生育状况和环境条件的影响，以开花结荚期需水量最多，苗期和饱果期需水量较少，播种出苗阶段需水量最少。

1. 播种至出苗阶段的水分要求

播种至出苗阶段是花生一生中需水量最少的阶段，该阶段花生需水量占全生育期的3.2%～7.2%。这一时期需水量虽少，但由于种子处于土壤表层，加上种子大，吸水多（花生发芽到出苗需吸收种子重量的4倍水分），所以，此期土壤中需要有足够的水分才能保证种子顺利发芽出苗。播种至出苗阶段播种层土壤水分以土壤最大持水量的60%～70%为宜。

2. 齐苗至开花阶段的水分要求

这一阶段根系生长较快，地上部分生长比较缓慢，营养体较小，叶面蒸腾量不大，因此，齐苗至开花阶段花生需水量只占全生育期总需水量的11.9%～24.0%。中熟大花生苗期适宜水分为土壤最大持水量的50%～60%，早熟花生以土壤最大持水量50%左右为宜。夏播花生苗期土壤适宜持水量为60%～70%。

3. 开花至结荚阶段的水分要求

该阶段是花生营养与生殖生长并进期，营养生长旺盛，茎叶生长速度最快，叶面积最大，大量开花、下针、结荚，是花生一生中需水量最多的阶段，占全生育期总耗水量的一半以上。此期的土壤水分以土壤最大持水量60%～70%为宜，夏花生要求更高些，以70%～80%为宜。

4. 结荚至成熟阶段的水分要求

该阶段以生殖生长为主，植株营养生长逐渐衰退，中下部叶片大量脱落，叶面积减少，叶面蒸腾减弱，对水分的消耗减少。中、晚熟大花生耗水量占全生育期总耗水量的22%～33%，珍珠豆型早熟花生的耗水量占全生育期总耗水量的14%～25%。此期土壤水分以保持土壤最大持水量的60%～70%为宜。

（二）花生田间水分管理

花生水分管理包含灌水与排水两个内容。在干旱年份和干旱地区，为了提高花生产量，必须因地制宜地采取有效的灌水技术，制定合理的灌溉制度，及时进行灌溉，而在多雨季节，则要及时排水，保持土壤良好的通气状态。

1. 灌水定额的确定

花生的灌水定额，一般根据土壤性质、墒情好坏、灌水方式以及花生生育时期和生长状况而定，其中灌水方式对灌水定额影响较大。沟灌定额小于畦灌，滴灌小于喷灌。土地平整差的地块也会加大灌水定额。花生灌水定额通常以下列公式计算：

$$M=(W_m-W_o)\times R\times H\times 10\ 000$$

式中：W_m——以干土重百分数表示的土壤最大持水量；W_o——以干土重百分数表示的灌水前土壤湿度；H——以米为单位的土壤湿润深度；R——土壤容重（吨/立方米）；M——单位面积的灌水量，即灌水定额（立方米/公顷）。

2. 灌水时期和次数

灌水时期、次数主要根据花生生育期间降水量多少、分布情况、土壤条件以及花生各生育阶段对土壤水分的需要来确定。不同花生产区上述各项条件差别较大，因此，灌水次数、时间应视具体情况而定。

（1）灌水时期。只要播种时墒情适宜，一般年份春播花生苗期不需灌溉。适度干旱有利于蹲苗扎根，对后期生育有一定好处。但当土壤含水量低于田间持水量的40%时，可适度灌溉。花针期对水分比较敏感，遇旱时应注意及时灌溉。试验和生产实践证明，在干旱条件下，在花针期、结荚期、饱果期三次灌溉效果较好，如灌溉一次，则在结荚中后期效果最好。

（2）灌水方式。花生田间灌水方式包括地面灌溉（畦灌、沟灌、间歇灌、膜上灌等）、喷灌和微灌（滴灌、微滴灌、地下渗灌），根据不同的灌溉方法，确定合理的灌溉定额，将有限的水在花生生育期内进行最优分配，以达到最好的增产效果和最高的水分利用效率。

①沟灌：沟灌是在花生行间开沟引水，其特点是水分从沟内渗到土壤中，较畦灌省水。在缺水地区或灌溉保证率低的地区可采用隔沟灌水技术，将传统的地面灌溉全部湿润方式改为隔沟交替灌溉局部湿润方式，具有节水和增产双重优点。

②间歇灌：间歇灌就是把传统的沟、畦一次放水改为间歇放水，使水流呈波涌状推进，在用相同水量灌水时，间歇灌水流前进距离为连续灌水的1～3倍，从而大大减少了深层渗漏，提高了灌水的均匀度，田间水利用系数可达0.8～0.9。

③膜上灌：膜上灌是将地膜平铺于畦中或沟中，畦、沟全部被地膜所覆盖，从而实现利用地膜输水，并通过花生放苗孔和专业灌水孔入渗供水的灌溉方法。由于放苗孔和专业灌水孔只占田间灌溉面积的1%～5%，其他面积主要依靠旁侧渗水湿润，因而膜上灌实际上也是一种局部灌溉。地膜栽培与膜上

灌结合后具有节水保肥、提高地温、抑制杂草生长和促进花生增产增收等特点。

④喷灌：喷灌与地面灌溉相比，具有显著的省水、省工、少占耕地、不受地形限制、灌水均匀和增产等优点，属先进的田间灌水技术。由于喷灌能适时适量地满足花生对水分的要求，减少土壤团粒结构的破坏，地表不板结，保持土壤中水肥气热良好，有利于花生根系和荚果发育。但喷灌也有一定的局限性，如作业时受风影响，高温、大风天气不易喷洒均匀，喷灌过程中的蒸发损失较大，而且喷灌投资比一般地面灌水高。

⑤微灌：微灌包括滴灌、微喷灌和地下渗灌，微灌是一种新型的高效用水灌溉技术，它是根据植物的需水要求，通过低压管道系统与安装在末级管道上的特制灌水器，将植物生长中所需水分和养分以较小流量，均匀、准确地直接送到植物根部附近的土壤表面或土层中。相对于地面灌溉和喷灌而言，微灌属局部、精细灌溉，水的有效利用程度最高，比地面灌溉节水50%～60%，比喷灌节水15%～20%，但微灌工程投资大。

滴灌是利用低压管道系统，将水加压、过滤后，把灌溉水（或化肥溶液）一滴一滴地、均匀而又缓慢地滴入作物根部附近的土层中，使作物主要根区的土壤经常保持在适宜于作物生长的最佳含水量，而作物行间和株间土壤则保持相对干燥。滴灌最为突出的优点是省水。

渗灌是利用埋设于地下的管道将灌溉水引入耕作层，借助毛细管的作用，自下而上地湿润作物根系分布层的灌水方法。渗灌可使土壤水分较平稳地保持在作物需水适宜范围内，明显地减少蒸发消耗，大量水分通过作物根系吸收，提高了水分利用率，并具有省地、便于农田耕作等优点。但存在地下管道建设技术复杂，用工多，投资大，管道易堵塞，检查维修困难等缺点，推广应用尚不普遍。

⑥雾灌：雾灌是近年来由喷灌、滴灌技术发展而来的一种新的灌水技术。雾灌的特点是节水、节能，雾化程度高，适应性强，增产效益高。它与喷灌的主要区别在于：雾灌是低压运行，比喷灌节能，雾灌又多是局部灌溉，比喷灌省水。雾灌是通过高雾化喷头，水呈雾状供给作物利用，比滴灌供水快。同时能较好地调节田间小气候，在干旱高温季节的降温和增湿作用尤为突出，为花生生育创造了良好的条件。

3. 化控抗旱

利用抗旱剂和保水剂，减少植物蒸腾和农田无效蒸发，改善和调整环境水分条件，增强花生抗旱能力，提高水分生产潜力。在干旱情况下，花生喷施抗旱剂，能显著缓解植株体内水分的亏缺，增强抗旱耐旱能力，防止早衰。抗旱剂用于种子拌种，能提高出苗率，刺激根系生长和促进幼苗健壮。保水剂属高分子吸水性树脂，保水剂具有很强的吸水性能，遇旱时将吸收的水分缓慢释放，供作物生长发育需要。目前生产上应用的抗旱剂主要有：抗旱剂1号、黄腐酸、FA旱地龙、粉锈宁、多效唑、茉莉酸甲酯、氯化钙、二氧化硅有机化合物、琥珀酸等。

（1）黄腐酸类物质。黄腐酸是一种常用的抗旱剂，具有降低叶片气孔开张度、减少水分蒸发，促进根系发育、增加细胞膜透性、螯合微量元素、提高酶的活性和叶绿素含量等功效。据试验，于花生苗期、花针期喷洒，可获得很好的增产效果。具体方法是：每千克花生种用5克抗旱剂1号或0.2毫升FA旱地龙拌种，拌匀后堆闷2～4小时后播种；或每公顷花生种用750克黄腐酸粉剂浸种12小时；或每公顷用药1 125克，对水750千克，于苗期或花针期及饱果期遇旱时喷洒植株。

（2）多效唑。多效唑是一种高效植物生长延缓剂，也是一种提高花生幼苗抗旱性的药物。在幼苗5～6片真叶时，每公顷用多效唑390～499.5克对水600～750千克进行叶面喷洒，可促进根系生长，并提高根系活力，增强根系吸收、保水能力。

（3）粉锈宁（三唑酮）。粉锈宁具有广谱性杀菌功能，但也是一种抗旱药物。据华南师范大学试验，于苗期用300毫克/升粉锈宁溶液喷洒植株，可使叶片贮水细胞体积显著增大，表皮气孔开度变小，叶片蒸腾作用减小，抗旱能力提高。

（4）保水剂。保水剂是一种高分子吸水性树脂，它可吸收保持自身重量数百倍乃至数千倍的水分，形成一种在外力作用下也难以脱水的凝胶物质，缓慢地释放水分。施用保水剂可显著地增加花生根际土壤含水量，促进花生生长发育。提高出苗率和出苗整齐度，使花生开花期提早，盛花期提前，单株果数增多。保水剂的施用方法有拌种、种子涂层和盖种等。每公顷用量因施用方法和保水剂的种类而异。拌种用量一般为种子量的1%～2%，涂层为1%，盖种为2%～3%。

4. 其他措施

（1）中耕保墒。为了减少花生生长期间地表蒸发，提高早春地温、消灭杂草，多采取中耕技术。中耕时要把握适当土壤水分，既不能过干也不能过湿。

（2）地面覆盖。地面覆盖是一项降低地面水分无效蒸发、提高用水效率的重要农业措施。在生产上应用最多的是地膜覆盖和秸秆覆盖。

①地膜覆盖：一方面，花生田地膜覆盖能有效地抑制土壤水分的无效蒸发，抑蒸力可达80%以上，具有良好的保墒作用。另一方面，当天气干旱无雨、耕作层水分减少时，地膜覆盖可使土壤深层水分通过毛细管向地表移动，不断补充耕层土壤水分，起到提墒作用。地膜覆盖还可使花生在降水过多时，

降水通过垄沟顺利排出田间，不易受涝。

②秸秆覆盖：在土壤表面花生行间覆盖植物秸秆、杂草、麦糠等，可避免降水对地表的冲刷，减少地表径流，增加土壤耕层蓄水，从而达到增产效果。秸秆覆草简便易行，成本低，不仅当年增产，而且对培肥地力也有一定的作用。覆草栽培的方法是：在花生尚未封垄时，将麦糠或植物秸秆等均匀地撒于垄沟，每公顷用量 3 000～3 750 千克。

5. 花生田间排水

花生田水分过多时，土壤空气缺乏，导致根系发育不良，根瘤少，固氮能力弱，植株发黄矮小，开花节位提高，下针困难，结实率、饱果率降低，烂果增多，严重影响花生产量和品质。因此在多雨季节或年份，雨后快速排干田间渍水，增产极为显著。花生产区花生多种植在丘陵山地，7—8 月往往暴雨成灾，排水防涝工作十分重要。

花生田间排水的方法很多，如丘陵山区堰沟排水、高畦排水、平原砂丘间洼地排水、沟厢排水等，可根据当地的地势、土质、降水量、地下水位高低等具体情况进行。不论采用哪种排水方式，在花生生育期间要注意经常清理沟道，做到排水通畅，这样才能有效地防止田间积涝为害。

四、花生的化学调控

花生的生长发育，除受环境条件和营养条件的影响外，体内的内源激素系统起着重要作用，无论是种子休眠和发芽，根、茎、叶等营养器官的生长，还是花芽分化、开花、下针、荚果发育等生殖器官的生长都受着内源激素的调控。外施植物生长调节剂，可以影响花生的内源激素系统，改变内源激素的平衡，从而控制花生的生长发育进程。利用这一特性，来调控花生的生长发育，使其向着人们预期的方向发展，达到优质、高效、高产的目的，已成为花生栽培中一项重要技术。

目前应用于花生的植物生长调节剂的种类不断增加，主要有：多效唑、烯效唑、壮饱安、缩节安、ABT 生根粉、油菜素内酯、调节膦、矮壮素等，对促进花生生产发展发挥着重要的作用。下面简单介绍生产中常用植物生长调节剂的功能特点与施用方法。

1. 多效唑

多效唑（PP_{333}）是一种植物生长延缓剂，可被植物的根、茎、叶所吸收，能抑制植物体内赤霉素的生物合成，减少植物细胞分裂和伸长，有抑制茎秆纵向伸长，促进横向生长的作用，还能使叶片增厚，叶色浓绿。多效唑还有抑菌作用。多效唑在植物体内降解较快，在旱田土壤中降解较慢，因土壤质地不同，半衰期一般为 6～12 个月。多效唑对人、畜低毒，皮肤几乎不吸收，无过敏反应，对眼睛不产生明显的刺激作用，使用较安全。国内生产的多效唑为含有效成分15%的可湿性粉剂，其溶解度和稳定性好，常温条件下至少5年不减效。

多效唑适用于肥水充足，花生长势较旺或有徒长趋势，甚至有倒伏危险的地块。一般在主茎高度为35～40厘米时，每公顷用15%多效唑可湿性粉剂450～750克（具体用量视花生长势而定）对水600～750千克，叶面喷施，做到不重不漏，一次即可。春花生在结荚前期，夏花生为下针后期至结荚初期喷施，效果为佳。

花生种子萌发及幼苗出土对多效唑特别敏感，用（0.5～1.0）$\times 10^{-6}$的多效唑浸种，即可抑制发芽，使出苗期推迟3～4天。因此，在生产上不宜用多效唑处理花生种子。多效唑性质稳定，在土壤中半衰期长，残留量较大，如连茬施用会使土壤中含量增加，将对花生及其他双子叶作物种子萌发和幼苗生长造成不良影响，应引起高度重视，在生产上应谨慎使用。

2. 烯效唑

烯效唑（S_{3307}）又名优康唑、高效唑，其作用与多效唑类似。用量相同时，药效较多效唑强烈5～10倍。国内生产的烯效唑含有效成分5%（可溶性粉剂），常温条件下可保存两年。烯效唑在植物体内和土壤中降解较快，基本无土壤残留，对人、畜低毒。烯效唑用量少，作用效果明显，在生产中有逐步取代多效唑的趋势。

烯效唑适用于肥水充足，花生植株生长旺盛的田块。施用时期以花针期或结荚期为适，施用浓度以（50～70）$\times 10^{-6}$为宜，每公顷叶面喷施600～750千克药液，花针期喷施主要提高单株结果数，结荚期喷施主要增加饱果率，一般可增产10%以上。

3. 壮饱安

壮饱安是一种含多效唑成分的粉剂，由莱阳农学院作物化控研究室研制，易溶于水，性质稳定。常温下可保存至少5年。壮饱安能抑制植物体内赤霉素的生物合成，减少植物细胞的分裂和伸长，抑制地上部营养生长，使植株矮化，促进根系生长，提高根系活力，改善光合产物的运转与分配。壮饱安对人畜毒性很低，对皮肤和眼睛无明显的刺激作用，施用安全。尽管壮饱安含多效唑成分，但因含量很低，在土壤中的残留量不会对后作产生不良影响。

壮饱安适用于各类花生田，一般在花生下针后期至结荚前期，或主茎高度35～40厘米时施用。每公顷用量为300克左右，对水450～600千克后叶面喷施。对于植株明显徒长者，用量可略增加或施用两次，但总量不宜超过每公顷450克。

壮饱安药效较缓，即使用量较大也不会因抑制过头而产生副作用。该药剂性质稳定，可与杀虫剂、杀菌剂和叶面肥料混合施用。壮饱安不宜处理种子。

4. 缩节安

缩节安又名助壮素、调节啶。缩节安易被植物的绿色部分和根部吸收，抑制植物体内赤霉素的生物合成，促进根系生长，提高根系活力，增强叶片同化能力，改善光合产物运转与分配，促进开花及生殖器官发育，提高产量，改善品质。缩节安在土壤中降解很快，半衰期只有10～15天，无土壤残留。对人、畜、鱼类和蜜蜂等均无毒害，对眼和皮肤无刺激性。常温下稳定期在两年以上。

缩节安适用于各类花生田，在花生下针期至结荚初期施用效果较好，下针期和结荚初期两次施用效果更好。每公顷用缩节安原粉90～120克对水600千克，均匀喷洒于植株叶面即可。

缩节安在土壤中无残留，无任何毒副作用，施用安全。施用时可向药液中加少量黏着剂，以利药液黏着和叶片吸收。缩节安易潮解，潮解后不影响药效。其性质稳定，可与农药和叶面肥混合施用。

5. ABT生根粉

ABT生根粉是一种植物生长促进剂，由中国林业科学研究院研制，在花生上主要应用4号剂型。长期保存应避光并置于低温（4℃）条件下，否则易光解成红色而失活。

ABT生根粉可提高植物体内生长素的含量，改变体内的激素平衡并产生一系列生理生化效应，有效地促进植物根系生长，提高根系活力，改善叶片生理功能，延缓叶片衰老。

生根粉适用于各类花生田，无毒、无残留，施用安全。既可用作浸种又可用作叶面喷施。浸种和叶面喷施的适宜浓度均为（10～15）$\times10^{-6}$。生根粉不溶于水，用时需先将药粉溶于少量酒精中，再加水稀释至所需浓度。叶面喷施宜在下针期至结荚初期进行，每公顷药液用量为600～750千克。浸种处理因简便易行、用药量少而在生产上被普遍采用。

6. 油菜素内酯

油菜素内酯，又称芸薹素（BR），难溶于水，是植物生长促进剂，能促进细胞分裂和伸长，提高根系活力，促进光合作用，延缓叶片衰老，提高植物的抗逆性，特别对植物弱势器官的生长具有明显的促进作用。油菜素内酯对人畜低毒，在植物体内和土壤中均无残留，施用安全。

国产油菜素内酯的商品剂型为可溶性粉剂，适用于各类花生田，可用作浸种和叶面喷施。由于其在极低浓度（10×10^{-11}）时即能显示生理活性，用量小，效果明显。浸种适宜浓度为（0.01～0.1）$\times10^{-6}$，叶面喷施适宜浓度为（0.05～0.1）$\times10^{-6}$。叶面喷施宜苗期至结荚期进行，每公顷药液用量为600～

750 千克。

7. 矮壮素

矮壮素（CCC）又名氯化氯代胆碱，有类似鱼腥气味，易溶于水。矮壮素在 50℃下贮藏两年无变化，但极易吸潮，在碱性介质中不稳定，对铁和其他金属有腐蚀性。

矮壮素为植物生长延缓剂，可由叶片、嫩茎、芽、根和种子进入植物体，抑制赤霉素的生物合成，抑制细胞伸长但不抑制细胞分裂，抑制茎部生长而不抑制性器官发育。它能使植株矮化、茎秆增粗、叶色加深，增强抗倒伏、抗旱、抗盐能力。矮壮素在植物体内和土壤中降解均很快，进入土壤后能迅速被土壤微生物分解，用药 5 周后残留量可降至 1%以下。对人畜低毒。

矮壮素适用于肥水充足，植株生长旺盛的田地，以花生下针期至结荚初期叶面喷施效果较好。施用浓度以（1 000～3 000）$\times 10^{-6}$为宜，每公顷药液用量为 600～750 千克。

8. 调节膦

调节膦又名蔓草膦，化学名称为氨基甲酰基磷酸乙酯铵盐。调节膦极易溶于水，在中性和碱性介质中稳定，但在酸性介质中易分解。

调节膦为植物生长抑制剂，只能通过植物茎叶吸收，根部基本不吸收，它能作用于植物分生组织，抑制细胞的分裂与伸长，破坏顶端优势，矮化株高。调节膦进入土壤后，可被土壤胶粒和有机质吸附或被土壤微生物分解，很快失去活性，在土壤中的半衰期约为 10 天。对人畜低毒。

调节膦适用于肥水充足、花生植株生长旺盛的田块。以花生结荚后期喷施为宜，施用浓度 500×10^{-6}。每公顷药液用量为 600～750 千克。因使用调节膦影响后代出苗率，降低植株生长势和主茎高度，影响结实，所以花生种子田不宜喷施。

9. 其他植物生长调节剂

花生上进行过试验并且效果比较明显的植物生长调节剂种类较多，主要分植物生长促进剂、植物生长延缓剂和植物生长抑制剂三类。前者如赤霉素、增产灵、2,4-D、三十烷醇、784-1、氨基腺嘌呤等，它们均具有刺激花生生长，调节生理生化功能，增加干物质积累，增加前期有效花的数量，加快植株体内营养物质的运转，促进荚果发育，提高产量的作用。植物生长延缓剂有比久（B9）、化控灵、乙烯利、三唑酮、壮丰安和抗倒胺等，这些物质可抑制花生节间伸长，矮化株高，协调营养生长和生殖生长，控制后期无效花。植物生长抑制剂有青鲜素、三氯苯甲酸和茉莉酸甲酯等，它们均可抑制花生顶端生长，矮化株高，同时对开花有抑制作用，施用技术得当，可增加产量。

第三部分　春花生节肥高产配套栽培技术

一、高产春花生的生育特点

（一）高产春花生的植株生长特点

生育前期（出苗至始花）以营养生长为主，播种后12～15天出苗，主茎高1～2厘米，第二片真叶展开，主根深度25厘米以上。出苗至始花25天左右，主茎高6～7厘米，展开复叶7～8片，前期花芽分化完毕，主根深度60厘米以上。

生长中期（花针至结荚）以生根发棵和开花结果并行，开花下针期25天左右，主茎高20～27.0厘米，展开复叶14～16片，侧枝长26～32厘米，主根深度80厘米以上。结荚期40～50天，主茎高38～47厘米，展开复叶18～20片，第一对侧枝长44～53厘米。

生长后期（饱果至成熟）以生殖生长为主，全期30～50天，主茎高39～48厘米，保持4～6片完好顶叶；侧枝长45～54厘米，保留4～6片完好顶部叶片。

（二）高产春花生的开花结实特点

花生出苗后主茎有2片真叶展开时，第一对侧枝基部节位开始花芽分化；出苗后25～30天，第三对侧枝开始出现时，第一对侧枝基部节位开始现花。始花至终花延续2～3个月。花生出苗后50～60天为单株盛花期，盛花后开的花，一般不能结实。单产7 500千克/公顷的中熟大花生，单株总花量一般为136～160朵，结实率15.5%～18.5%，饱果率8%～10%。

在高产群体条件下，疏枝中熟大果品种单株第一次分枝可发生三对以上，中、晚熟密枝大果品种第三对侧枝上亦可发生二次分枝。一般第一对侧枝上的开花数、成针数、结果数、饱果数均占全株总数的50%～60%；第二对侧枝占20%～30%；第三对侧枝占5%～10%。第一、二对侧枝开花结实总数占全株总量的80%～90%。

（三）高产春花生的干物质积累和分配特点

1. 干物质积累

高产花生与中、低产花生相比，各生育阶段的干物质积累趋势相似，但积累的绝对量却显著不同。总干物质积累以结荚期为最高峰，占全生育期总干物质积累量的45%～50%；营养体干物质的积累以开花下针期为高峰，占全生育期总量的44%～50%；生殖体干物质和荚果干物质的积累均以结荚期为高峰，分别占各自总量的55%～62%和56%～66%。

2. 光合产物分配

随着花生的生育进程，总生物产量增长在一定范围内与荚果产量呈正相关，营养体和生殖体的比值（V/R率）呈负相关。据山东省花生研究所测定，每公顷产7 500千克以上的群体植株，从结荚期至饱果成熟期的80天中，总生物产量由每公顷7 330～8 250千克增至14 839～15 958千克，V/R率由3.0～4.5降至0.6～0.8。

二、春花生的测土配方施肥

1. 翻耕施足底肥

对于露地春花生，前茬作物收获后进行冬耕，耕深20～25厘米。结合冬耕每公顷施优质农家肥22.5～30吨，春分开始再浅耕10～13厘米，要随耕随耙保好底墒。已经冬耕的若当年冬季雨雪较少，劳畜力不足的，可以不再春耕，但要抓好顶凌耙地，以利保墒。

对于地膜覆盖花生，前茬作物收获后进行深冬耕，早春浅耕，耕后及时耙耢保墒。结合耕翻土地，每公顷施优质农家肥30～45吨、磷肥375～450千克。

2. 测土确定基追肥配方

花生对上茬残留养分的响应要比直接施肥效果好，所以，如果前茬作物施肥充足，在花生季直接施肥可能效果并不好，但在土壤肥力不高，土壤养分含量较低，需要施肥时，应该在整地期间撒施使肥料与土壤充分混合。因此，通过土壤测定决定是否施肥及施肥量无疑是明智之举。花生作为豆科作物通过根瘤菌固氮能够从大气中获得一定量的氮素，前期施用过多氮肥对根瘤菌的形成和固氮有抑制作用，因此应根据土壤测定结果确定是否施肥、施肥量及底追比例。当土壤碱解氮低于40毫克/千克时，可施用150～180千克/公顷氮肥，当土壤碱解氮在40～80毫克/千克之间时，可施用120～150千克/公顷氮肥，并均以50%基施和50%开花期施用。当土壤碱解氮高于80毫克/千克时，可不底施氮肥，而在开花期施用75～120千克/公顷氮肥。

磷、钾肥最好能施用在前茬作物，花生利用其后效，前茬作物良好的施肥管理，花生不需要施用磷、钾肥。但当土壤磷、钾含量较低时，可在花生季直接施用磷、钾肥。当土壤速效磷<10毫克/千克时，磷肥用量90～135千克/公顷；当土壤速效磷在10～30毫克/千克时，磷肥用量60～90千克/公顷；当土壤速效磷>30毫克/千克时，磷肥用量0～45千克/公顷。当土壤速效钾<70毫克/千克时，钾肥用量75～90千克/公顷；当土壤速效钾在70～120毫克/

千克时，钾肥用量60～75千克/公顷；当土壤速效钾>120毫克/千克时，钾肥用量0～60千克/公顷。花生季直接施用磷、钾肥时，应在整地期间撒施使之与根区土壤充分混合，这对钾肥施用尤其重要。花生萌发后不宜施用钾肥，同时应避免钾肥过量施用，否则，花生针区钾含量过高会阻碍钙的吸收而增加根腐病发生。通常花生叶面施肥效果不佳，除非为了纠正一些微量元素缺乏症。

3. 后期叶面喷施

由于花生叶片、果针和荚果都能吸收养分，因此，在花生大量结荚饱果期可喷施0.2%～0.3%的磷酸二氢钾或2%的过磷酸钙澄清液，具有良好的增产效果。对于长势偏弱的花生田，可在上述基础上添加1%尿素进行叶面喷洒，防止早衰。

三、春花生的高产配套栽培措施

（一）露地春花生高产配套栽培措施

1. 适时播种

宜选用中晚熟品种，以充分发挥生产潜力，当10厘米地温稳定在15～18℃时即可播种。一般情况下，河南4月下旬至5月上旬即可播种。常采用穴播、条播和机播三种方式。其中机播具有省工省时，深浅一致，密度均匀的特点，较人工点播提高工效10～15倍。播种深度的掌握应是“干不种深，湿不种浅”，一般以5厘米左右为宜。在土壤温度较低、湿度较大、土质黏重时可适当浅播，但不能浅于3厘米；在砂土稍旱的情况下，可适当深播，最深也不能超过7厘米。

2. 合理密植

各花生产区适宜的栽培密度范围，随自然条件、品种类型、栽培技术的差异而不同。普通型直立大果花生，春播每公顷适宜的密度为10.5万～13.5万穴；普通型丛生和蔓生品种，适宜密度为每公顷9.0万～10.5万穴；珍珠豆型中小粒品种，春播旱薄地每公顷15.0万～18.0万穴，中等以上肥力田块，每公顷10.5万～15.0万穴。花生的密度由单位面积穴数和穴株数两个因素构成。在单位面积穴数一定的条件下，以每穴2株的产量为最高，穴株数过多，植株拥挤，个体发育不良，而每穴1株，无效分枝和花较多，不便进行田间管理。

3. 田间管理

（1）查苗补种。一播全苗是丰产的基础，花生出苗后要及时查漏补缺。缺苗补种一般在播种后10～15天进行，可直接在缺苗穴位上补种，也可在花生地附近整理苗床育苗。待子叶顶土而未裂开（胚根长 4～6 厘米，不长侧根）时，将芽苗起出补苗。补种或补苗时，须先将原霉烂种子挖出，以避免再次受害。

(2) 科学灌排。人们在生产实践中总结出花生“两湿两润”的需水规律（湿和润土壤田间最大持水量分别约为 60%和 50%），即播种出苗期湿（播种后 20 天以内），利于种子发芽和幼苗出土，保证苗全苗齐；苗期始花期要润（播种后 20～45 天），以利根系下扎和幼苗生长，达到幼苗健壮，枝多节密；盛花期结荚期要湿（播种后 45～90 天），以促进营养体迅速生长，有利于下针、结荚和荚果膨大；成熟期要润（播种后 90～120 天），促进荚果发育，果多果饱，减少芽果、烂果。

花生灌溉的次数，依据降水的时间、雨量与花生生育期需水规律而定，一般干旱年份，春花生以灌水 2～3 次为宜。在高温、强光照季节，灌水应选择在早上或傍晚进行，应避免中午前后灌溉。主要灌溉方式有沟灌、喷灌、滴灌。

花生最怕地面积水。应注意花生田间排水。排水的方法因种植方式不同而异；起垄栽培的要把垄沟与排水沟相通，使沟内的水及时排出去；平作的花生地积水时，要挖临时排水沟，把积水引出去；畦作花生要修好畦沟、田沟和围沟，做到沟沟相连、沟沟相通，及时把水排到田外。

(3) 清棵蹲苗。花生清棵蹲苗是根据花生子叶不易出土和半出土的特性，在基本齐苗时，用小锄等工具将花生幼苗周围浮土向四周扒开，使 2 片子叶和子叶叶腋间的侧芽露出土面，接受阳光照射，促进幼苗健壮生长，使第 1 对侧枝早出土，使之多开花、多结荚，从而获得增产。

(4) 中耕培土。一般露地春花生要求在封行之前中耕除草 3 次，封行后拔大草 1～2 次，中耕除草要求“头遍深、二遍浅、三遍细”。第 1 次中耕应在花生基本齐苗后、主茎 3～4 片叶时结合施苗肥进行。要求深锄，以破除土壤板结层，促进根系下扎。平作的要深锄慢拉，以免掩埋花生幼苗。垄作的要深锄垄沟，浅刮垄背，随即清棵，做到不漏草、不漏锄。第 2 次中耕宜在清棵后 15～20 天现花时进行，这时杂草大多未扎不定根，要求浅锄，刮净杂草，尽量使花生茎枝基部少掩土，以保持蹲苗的环境。第 3 次中耕在花生单株盛花期，群体接近封行时进行，此时大批果针将入土结荚。这时中耕培土有利于果针下扎，但要注意不能碰伤入土果针和结果枝，慢慢细锄为宜。花生封行后进入伏天，高温多湿，杂草容易滋生，可进行人工拔除大草。

培土的主要作用是缩短果针入土距离，使果针及早入土，并为果针入土和荚果发育创造一个疏松的土层，同时培土后在行间形成垄沟，便于排水。培土应在田间刚封垄时或封垄前已有少数果针入土、大批果针即将入土之时进行。

培土的要求应该达到垄顶平，垄腰胖，以利中部或中部稍上的果针入土结果，切忌形成脊形，培土高度要看行距大小而定。

（5）化学调控。针对目前春花生生产普遍存在的旺长徒长、冠层郁蔽、植株瘦弱、花位高、果针入土率较低，以及由此引起的倒伏、花多不齐、针多不实、果多不饱等问题，可采用缩节胺、多效唑等植物生长调节剂进行化学调控，效果明显。

①缩节胺：在花生花针期每公顷用缩节胺25%水剂300毫升，对水750千克进行叶面喷施。土壤贫瘠、水源短缺的三类苗田不宜使用。

②多效唑：对生长繁茂和旺长的花生田块，在始花30～50天喷施多效唑有显著增产效果。在始花后40天左右，每公顷用15%多效唑可湿性粉剂450～750克（旺长田和喷洒时期较晚可走上限），对水600～750千克均匀喷雾。

4. 适时收获

花生的收获除要依据饱果指数外，还应根据当地气候和品种特性以及田间长相灵活掌握。河南春播大花生产区早熟品种一般在8月下旬至9月中旬。收获后的花生，成熟荚果含水50%左右，未成熟荚果含水60%左右，为使尽快晒干，可在收刨时将花生根、果向阳摊晒至摇动有响声后，茎叶向内，根果向外堆成小垛，继续在田间进行垛晒，这样既可使秸秆鲜绿，提高饲料质量，又便于往场上搬运。或将半干的花生运回场上垛或摘果。摘果后荚果含水量仍然较高，扬净茎叶杂质后还要晾晒1～2天，然后再堆捂1～2昼夜，让种仁内水分散失移动到荚果上，白天再摊开晒，通风散湿。如此反复2～3次，含水量可降低到8%～10%。

（二）地膜覆盖春花生高产配套栽培措施

花生地膜覆盖栽培技术是一项简单可行的栽培措施，它通过地膜的保温和增温作用，解决春花生在春季气温回升慢、花生播期过晚、生育期内积温不足的生产问题，能使花生增产10%以上。

（1）良种选择。应根据当地生产条件、产量水平和作物茬口，选择花生品种。在平原肥沃地、水浇条件好、易创高产地块，可选用中熟大果丰产性能好的中间型或普通型品种。在无霜期短、早腾茬种冬小麦的地块，丘陵地和一般肥力的地块以及稻田覆膜栽培花生，可选用早熟中果珍珠豆型品种。

（2）地膜选择。选择适宜的地膜材料，主要依据三个标准。一是地膜厚度。地膜过厚成本高，不利于果针入土；地膜过薄，厚度小于0.004毫米，保温保湿效果差，易破碎。因此，应选用厚度为0.007±0.002毫米的地膜为宜。但是，现在市场上销售的厚度为0.004±0.001 5毫米的超微膜，如果原料好，吹塑质量高、成本低、增产效果好，也可选用。二是地膜宽度。花生地膜覆盖为全覆盖，地膜宽度以垄（畦）宽而定，一般以大垄双行花生覆膜的形式为多，花生膜宽以850～900毫米为宜。垄宽为1 000毫米或2 000毫米的地区，则选用相应宽度的地膜。三是地膜颜色与质量。地膜的颜色有黑色、乳白色、银灰色、蓝色和褐色，但增温效果仍以透明膜最好，其透光率≥90%。

(3) 安全除草。花生田间既有单子叶杂草也有双子叶杂草，既有一年生的也有多年生的。由于地膜覆盖的花生垄面不能中耕，因此在花生覆膜前必须喷除草剂。目前覆膜花生施用的除草剂主要有甲草胺、乙草胺、扑草净、恶草灵、都尔和禾耐斯等。剂量选用上应特别注意，必须根据不同除草剂的有效剂量进行喷施。

(4) 足墒盖膜。足墒盖膜是地膜栽培花生苗全、苗齐、苗壮的物质基础，是发挥膜下除草剂灭草作用的先决条件。一般进入4月初以后，砂壤质土壤含水量在15%以上，即可开始盖膜，墒情不足的要浇水造墒。盖膜时地膜要拉紧伸平，紧贴地面，两头两边用土封严压实。在盖好的膜上，每隔5米左右横压一条防风土带，防止刮风揭膜，地膜破损的用土堵严。

(5) 适时播种。通常以播前5天、地表下5厘米处平均地温≥15℃为适播期。地膜覆盖栽培时，由于地膜的增温保温作用，平均地温比露栽升高2.5℃以上，因此，地膜覆盖栽培可适当提前，以播前5天、5厘米处平均地温达到12.5℃时播种。一般在4月10—25日。覆膜花生有先播后覆、先覆后播、果播覆膜、机械化覆膜播种等4种覆膜播种方式。各地根据条件自行选择。

(6) 助苗出膜。地膜花生播后10天左右出苗，要及时破膜助苗出膜，防止高温烧苗。具体方法是：当花生幼苗刚刚出土时，用铁钩或小刀按穴将膜划破，随即把幼苗扒出膜外，清除花生幼苗根际周围浮土，使2片子叶露出膜外，用土将膜孔封严压实。同时，花生盖膜后，要及时检查是否覆膜完好，防止刮风揭膜，降低增温保墒效果。

(7) 化学调控。对于水肥条件好，氮肥用量偏多的花生田块，应于始花后40天左右，按每公顷用15%多效唑可湿性粉剂450～750克，对水750千克进行喷洒，能起到控上促下作用，使营养生长与生殖生长协调发展。

(8) 防旱排涝。遇到干旱缺墒时，要及时采取小水细浇，有条件的可以进行喷灌；在土壤质地比较黏重的花生产区，如遇雨水过多时应注意田间清沟排水，防止田间积水发生烂果。

(9) 防治病虫。地膜花生地温高，湿度大，病虫害发生早而多。因此，要经常深入田间检查，发现花生蚜虫和红蜘蛛危害，每公顷喷洒1 050千克2 000倍氧化乐果稀释液；发生蛴螬危害时，用1 000倍锌硫磷液灌根或拌毒土撒在花生根边；注意人工捕杀和药物防治鼠害。其次是在6月底开始喷施

1 000 倍多菌灵，防治花生叶斑病、茎腐病、白绢病等，10～15 天防治 1 次，连续防治 2～3 次。

(10) 拣拾残膜。覆膜花生比露地栽培一般提前 7～8 天成熟，应及时收获，并拣拾残膜。否则，地膜中所含的增塑剂成分（邻苯二甲酸和二异丁酯）对作物的毒性很大，可破坏作物叶绿体的形成，使子叶失绿。在连续覆膜栽培条件下，残留农膜不仅对作物的生长发育产生严重阻碍，而且对土壤容重、土壤含水量、土壤孔隙度也有明显的负效应，直接影响下茬作物的生长、发育。

第四部分　麦套花生和夏直播花生的高产配套栽培技术

一、麦套花生和夏直播花生的生育特点

1. 麦套花生的生育特点

麦套花生苗期在小麦行间生长，由于小麦的遮阳，造成花生光照不足，生长发育受到一定影响，表现为主茎伸长快，侧枝发育慢，节间较长，叶片较少，叶色黄，生长细弱，呈现“高脚苗”的长相。小麦收获后，花生要经历叶片由黄变绿，侧枝伸长，苗势由弱转旺的“缓苗”过程。“缓苗”后生长很快，后期则因气温降低，长势迅速变慢，群体生长有前期缓升、中期突增和后期锐降的特点。

(1) 植株体主要形成在生育中期。始花 20 天后，“高脚苗”消除，茎枝同步生长，始花后 40 天茎枝叶片生长达高峰，以后缓降直至茎枝和单株叶片停止增长。始花后 20～100 天所累积的干物质量占全生育期总量的 85%以上。

(2) 荚果产量主要形成在生育后期。花生始花后 50 天进入结荚期，始花后 80 天进入饱果期，105 天荚果充实饱满达高峰，120 天再无饱满荚果形成。群体荚果产量在收获前 40 天内增加量占最终荚果产量的 68%。

2. 直播花生的生育特点

夏直播花生主要是与小麦、油菜、大蒜、马铃薯等接茬轮作，实行一年两熟制栽培。与春花生相比，夏直播花生全生育期较短，一般只有 100～115 天。生育进程表现“三短、一快、一高”的特点。所谓“三短”，一是播种至始花时间短，约短 15 天，苗期生长量不够，花芽分化少。一般从播种至出苗 6～8 天，出苗至开花 20～24 天。二是有效花期短，仅 15～20 天，若在有效花期遇干旱、低温、光照不足等不利因素，对有效花量、果针数、单株结果数和饱果数影响极大。三是饱果成熟期短，比春花生短 25 天左右，因而单株饱果数不可能很多，这是夏直播花生饱果少、果重轻、产量和品质一般低于春花生的基本原因。“一快”是指生育前期生长速度快，因所处温度高，肥水充足，株高、叶面积的增长速率、发芽分化进程和开花速度等明显快于春花生，再配合密

植，结荚初期叶面积系数可达 3 以上，能形成强大的物质生产能力。但在肥水充足、高温多雨情况下，更容易徒长倒伏。“一高”是指夏直播花生的分配系数明显高于春花生。由此可见，“三短”是夏直播花生高产的限制因素，“一快”“一高”是夏直播花生高产的突出优势。

二、麦套花生的测土配方施肥与配套栽培技术

夏直播花生生长期限定在小麦等夏茬作物收获后至小麦等秋播前。麦套花生与小麦有一段共生期，生育期略长于夏直播花生。但总体上，麦套花生和夏直播花生生长期短，有效花期短，生育进程的回旋余地小，对环境的适应性差，根瘤发育不良，耐旱耐瘠能力较差。因此麦套花生和夏直播花生宜种植在具灌溉条件的中高肥力地块上，在山岭瘠薄旱地上很难获得较高产量。

根据麦套花生和夏直播花生的生育特点，麦套花生的高产管理，应以促为主，促中有调，适时控制，确保群体壮而不旺。因此，测土配方施肥技术作为最重要的促控措施，在花生栽培中十分重要。

1. 麦套花生的测土配方施肥

麦套花生是在小麦成熟收获前点播在小麦行间的，点播前不能很好地施用底肥。期间取土分析比较困难。因此测土配方施肥工作的重点在出苗至幼苗期阶段。多数情况下可以借鉴上一年麦季土壤养分状况，结合小麦生育期施肥情况，根据目标产量所需吸收的养分数量进行配方施肥。围绕促根早发、促苗生长、促花芽分化的“壮苗早发”管理目标，在麦收后尽快灭茬施肥。根据黄淮海地区花生生产的经验，每公顷生产 4 500 千克花生果需要施用纯氮 90～150 千克、P_2O_5 105～120 千克，K_2O 90～105 千克。

（1）对于大垄宽幅麦套覆膜花生，在种子开始顶土时立即破膜，并在膜孔上盖约 5 厘米厚的土堆，以避光引苗出土，至子叶伸出膜面以上时，再破堆清棵。花生 6 叶期结合小麦浇水，促进前期花器官形成，至 8 叶期，结合浇麦黄水，促进花生侧枝发育和前期有效花开放，麦收后 9～10 叶期，要及时用犁穿沟扶垄灭茬，压住膜边，并及时轻浇匀浇花针水，如土壤肥力较低或播种前施肥不足，应结合使用上述推荐量追肥，以促进花生大批果针入土。

（2）对于小垄宽幅麦套种花生，因套种行较小，受小麦影响大，出苗后 6 叶期应立即浇麦黄水，以促进花生根系生长和花器官形成。麦收后花生 8～9 叶期，结合破麦茬穿沟培土，每公顷追施磷酸二铵 150～225 千克，并在追施后立即浇好初花水，以促进侧枝分生和前期花大量开放。

（3）对于普通畦田麦套种花生，应在麦收后 5 天左右，幼苗适应露地环境后中耕灭茬，并结合中耕灭茬及时追肥。如花生田土壤氮、磷、钾养分供应明显不足时，应在小麦收获后按每公顷追施土杂肥 15 吨，尿素 225～270 千克，

P_2O_5 105～120 千克，K_2O 90～105 千克。

花生进入结荚后期，上述三类花生田均要叶面喷施 1%的尿素和 2%～3%的过磷酸钙水溶液，或磷酸二氢钾水溶液 1～2 次，每次每公顷喷 750～1 125 千克溶液，以延长顶叶功能期，提高光合产物转换速率，增加经济产量。

2. 高产配套栽培措施

（1）选好品种。应根据当地无霜期的长短和夏直播花生的有效生长期来选择品种，一般宜选用中熟或偏早熟品种。

（2）化学调控。麦套花生生长迅速，基部节间较长，极易徒长倒伏。在花生生育中后期应注意观察，如主茎高度超过 35～40 厘米，即应进行控制。一般在有效花期刚刚结束之时（7 月底左右），用（50～100）$\times 10^{-6}$ PP_{333}水溶液叶面喷施。

（3）病害防治。一般应于始花后 10～15 天根据叶斑病、锈病发生的种类和病情及时喷药防治。花生除在播种时每公顷用 7.5 千克锌硫磷拌土盖种，防治蛴螬和其他苗期害虫外，在下针期和结荚期仍应注意防治蛴螬。另外，应注意棉铃虫及其他虫害的防治。

（4）在 7 月下旬至 8 月上旬，果针形成和入土高峰期，如遇干旱，必须及时适量浇水，满足花生对水分的需求。饱果期如遇秋旱，应立即轻浇匀灌饱果水，以增加荚果饱满度。秋季多雨，则要注意及时排水防涝。

三、夏直播花生的测土配方施肥与配套栽培技术

1. 夏直播花生的测土配方施肥

据试验，高产夏直播花生每生产 100 千克荚果，植株需吸收积累 N 6.38 千克、P_2O_5 1.32 千克、K_2O 2.3 千克，不同的产量水平无显著差异。达到 6 000 千克/公顷产量的夏花生每公顷需要吸收 N 382.5 千克、P_2O_5 579.2 千克、K_2O 138.0 千克。夏花生根瘤数量少，固氮能力弱，根瘤菌供氮量不超过需氮总量的 50%。因此，高产夏花生需肥数量多，需肥强度大，要求土壤有很强的供肥能力。必须通过前茬种麦时增施肥料，培肥地力，为花生高产打好基础。花生当季施肥应结合整地，每公顷基施有机肥 15～20 吨、硫酸铵210～300 千克、过磷酸钙 600～750 千克、硫酸钾 180～225 千克。

结荚后期及时向叶面喷施尿素和过磷酸钙水澄清液 1～2 次，以延长顶叶功能期，防止早衰，提高饱果率。饱果成熟期，如遇秋旱，应及时轻浇润灌饱果水，以保根保叶，增加荚果饱满度。

2. 夏直播花生高产配套栽培技术

夏直播花生由于具有生育期短、生长发育快特点，在高产栽培中，一切措施要从“早”字出发，按以下技术规程要求进行栽培管理。

（1）选好品种和安排好茬口。夏直播花生的品种选择，应根据当地无霜期的长短和夏直播花生的有效生长期来决定，一般中熟或偏早熟品种都可以选用。小麦是夏花生的主要前茬作物，又是后茬作物，形成小麦、花生（粮-油）的一年两熟制。所以小麦宜选用耐迟播、早熟、高产的半冬性品种，使花生有充足的生长发育时间，有利于荚果发育，提高产量。油菜、豌豆茬花生，由于茬口早，茬口肥，产量比麦茬夏花生高。

（2）晒种、选种。播种前要晒果1～2天，晒后剥壳。剥壳的时间离播种期越近越好，剥壳要结合粒选，进行分级。一般一级种子种丰产田，二级种子种大田。

（3）整地施肥，足墒下种。花生种子的顶土能力弱，前茬作物收获后贴茬播种是不能保证种子顺利发芽出土和苗壮生长的。因此，夏收后要抓紧时间整地，把土地平整好，使播种时开沟、覆土一致。如果墒情不好，要进行浇水，播种时要求土壤含水量为田间土壤持水量的60%～70%。灌溉方法应选择喷灌或小沟灌溉，灌溉时要掌握水量适中。土壤水分过多，影响及时整地；土壤水分过少，则影响整地的质量和播种后种子发芽出苗。

（4）浸种催芽，拣芽播种。浸种催芽是争取全苗的措施之一，而且催芽播种一般可以提早出苗1～2天。在足墒或抢墒的情况下，可以用浸种催芽法，以加速种子吸水和发芽的进程，待胚根尖超过种皮后，拣发芽的种子进行播种。浸种催芽的方法较多，多采用保温催芽法，即用40℃左右的温水浸泡，2小时后捞出来放到盆里，用湿布覆盖，放在25～30℃的保温处，24～30小时种仁露白，即可拣芽播种。

（5）抢时早播，增温壮苗。在无霜期短、两茬不足一茬有余的地区，要获取夏花生小麦两茬双高产，必须在播种期上早字当头，抓住农时，最大限度地使两茬作物充分利用各地的热量资源。河南省小麦播期在10月5—25日，夏花生在6月10—20日为播种适期，生育期确保115～125天。夏直播花生植株个体生育较小，为获取群体高产，应以密取胜，采用高畦覆膜宽窄双行种植。如种中熟偏早的小果型品种，畦距73厘米，畦高10～12厘米，畦面宽43厘米，每畦种两行花生。每公顷种18万～20万穴，每穴播2粒。若采用中熟大果型品种，畦宽80厘米，畦面宽50厘米，种双行花生，每穴播2粒，每公顷种15万～18.75万穴。花生播完一畦，即喷洒除草剂，覆盖地膜。

（6）加强田间管理。花生出苗后，对先播种后覆膜的地块要及时破孔放苗清棵，对打孔播种的地块要及时清除压埋播孔的土墩，抠出膜下侧枝。始花后如遇伏前旱，轻浇润灌初花水，以促进前期有效花大量开放。花生齐苗后，彻底防治蚜虫和蓟马，杜绝病毒病的传播。

始花后10天左右，根据病情每10天喷药1次，共喷3～4次，防治叶斑病、网斑病、锈病、茎腐病和白绢病。结荚初期发现蛴螬、金针虫为害，及时用药液灌穴或颗粒毒沙撒墩。伏季高温多湿，三代棉铃虫大发生时，及时用药喷杀。在始花后30～35天，如植株生长过旺，有过早封行现象，可在叶面每公顷喷施30～75毫克/千克多效唑水溶液750升，以抑制营养生长过旺，促进营养体光合产物的转移，增加荚果饱满度。

第五部分　鲜食花生节肥高产配套措施

鲜食花生营养丰富，每100克含蛋白质15.5克，脂肪31.5克，碳水化合物14.5克，纤维素1.8克，灰分2.1克，钙43.0毫克，磷181.0毫克，铁1.3毫克，钠4.0毫克，钾462.0毫克，硫胺素0.48毫克，核黄素0.08毫克，烟碱酸10.0毫克，同时含有维生素E、维生素C、维生素B等多种维生素，热量1 574.24焦。花生衣含大量的止血素，有凝血止血作用，可修复和加固受损伤的肝脏血管。因此，近年来鲜食花生在市场上日渐增多，成为居民菜篮子中的一员。另一方面，鲜食花生在花生生产中有明显的比较效益，一般产量为干果的2倍，而单价为干果的0.8～3.0倍；鲜食花生比干果花生采收期可提早30～50天，有条件的地区采收后还可抢种一茬蔬菜，经济收益成倍增长。鲜食花生比常规花生栽培提早采收，生育期缩短，有利于前作或后作茬口安排，实现一年两作，提高复种指数。对花生而言，或春播抢早上市卖鲜果，或夏播复种于下茬，拖后上市卖鲜果，打了“时间差”，解决了鲜食花生的“前淡”或“后淡”问题，既大大地提高了农民的经济收入，又解决了粮（菜）油争地矛盾。因而鲜食花生生产对于农民增收、农村致富和农业发展有重要意义。

一、鲜食花生的测土配方施肥

鲜食花生一般宜种植在城市近郊、交通方便的地区，选择地势平坦，排灌便利，土层深厚，土质疏松，肥力中等以上的砂质壤土，这类地块种植的商品性好。作为鲜食花生高产的关键技术措施，实行优化配方施肥十分重要。

由于城郊土壤肥力较高，加上鲜食花生的生育期较短。生产上多采取一次施足基肥，即在每公顷施优质农家肥30～45吨基础上，施用一定量的花生专用肥。专用肥用量视土壤和花生产量而定。首先根据土壤养分状况确定花生配方，生产花生专用肥；其次根据花生目标产量施用专用肥。一般施用总有效含量40%的专用肥600～900千克/公顷，播种前一次施入土壤。对含氮量较高的蔬菜基地，可施用同量磷、钾肥，不施或适当配施尿素，以保持养分平衡。

花生结荚期，用0.2%～0.3%的磷酸二氢钾水溶液每公顷750千克或其他叶面肥喷施2～3次，有利于促进荚果发育和膨大。

二、鲜食花生的高产配套措施

1. 选用早熟高产品种

普通品种作鲜食花生栽培有明显的缺点，即果型不理想，品质较差，鲜食口感不好，成熟期偏晚。鲜食花生除早熟外，同时还要求具有双仁饱果率高、整齐度好、网纹清晰、大小适中、外形美观、结荚集中、易收刨等特点，以提高其商品价值、市场竞争力和劳动生产率。目前较适合的品种有开农15号、鲁花11、鲁花12、鲁花9号、鲜花1号、连花2号、白沙1016等。

2. 采取地膜覆盖

春植花生适当提前播种加上地膜覆盖栽培，可以兼顾鲜果产量和市场价格的双重优势，达到高效的目的。尤其是实行双膜覆盖栽培，能有效地提高地温，保墒效果好，比常规覆膜栽培可提早10天左右播种，有利于鲜果提早上市，获得高价高效。

3. 适当增加密度

鲜食花生全生育期较短，其单株自动调节能力得不到充分的发挥，应依靠群体夺高产，其单位面积种植密度应比干果花生栽培增加10%～20%。

4. 加强田间管理

主要强调4个方面。①及时清棵放苗：对于先覆膜后播种的，当花生子叶顶土、现绿时应及时清棵退土，引苗出膜，封压膜边；先播种后覆膜的，当子叶顶土时，应及时破膜，并在其上覆盖3～4厘米厚的湿土，以防灼伤幼苗和引伸子叶节，当幼苗再次顶土、现绿时进行清棵，引苗出膜，并封压膜边；齐苗后应将伸入膜下的枝叶抠出膜外，促进其健壮生长。②早防病虫害：齐苗后用40%的氧化乐果乳剂防治蚜虫、蓟马，兼防病毒病；如发现病毒病株应及时拔除。北方产区还应注意防治7月上中旬的二代棉铃虫危害，应尽早用双灭灵等农药喷施防治；南方产区应注意防治叶斑病和锈病。③浇好花荚水：花荚期是一生中对干旱最敏感的时期，生长发育快，需水量大。当晴天中午少量叶片出现泛白现象时，应及时采取沟灌润浇或喷灌，以满足花生对水分的需要，达到增加前期有效花、提高结实率和饱满度的目的。④控制徒长：花针末期至结荚初期可用250～300毫升/升的多效唑水溶液每公顷600千克进行喷雾，矮化植株，促进早熟。

5. 适时收获上市

鲜食花生进入饱果期即可开始收刨。鲜食花生货架期较短，一般为3～5天。因此，鲜食花生以供应当地市场为宜，也可采用留头斩枝法，连枝头上市，延长鲜食花生的货架期。

第六部分　绿色花生节肥高产配套措施

绿色花生是指在无污染或良好生态条件下栽培花生，在管理过程中不施或少施化学农药和激素类化学物质，生产出农药及其他有害成分残留量不超过国家规定标准并经专门机构认定的花生。近几十年来，人们为了追求花生高产，在生产过程中大量使用化学药剂（杀虫剂、杀菌剂、除草剂、生长调节剂）、化肥、农膜等，由此带来了环境污染、农药残留、害虫天敌减少、有害生物再猖獗、产品质量下降等一系列问题，绿色花生高产栽培技术应运而生。另一方面，随着国内外对优质、安全和卫生的绿色花生的市场需求日益扩大，以及绿色食品标志的花生产品价格具有明显优势，也有力地推动了绿色花生的发展。

一、绿色花生的生产条件

绿色花生生产的生态条件必须符合农业部制定的绿色食品生态环境标准。在花生生长区域内必须没有工业企业的直接污染，水域、上游、上风口没有污染源，区域内大气、土壤质量及灌溉用水均符合绿色食品生产标准，并有确保该区在今后的生产过程中环境质量不下降的一套保证措施。

绿色花生生产基地的具体条件包括：

（1）生态环境良好，不直接受工业“三废”及农业、城镇生活、医疗废弃物污染的农业生产区域。远离公路、车站、机场、码头等交通要道，以免空气、土地、灌溉水的污染。

（2）生产基地的上风口、上水口、灌溉水源上游没有对产地环境构成威胁的污染源，包括工业“三废”、农业废弃物、医疗污水及废弃物、城市垃圾和生活污水等污染源。

（3）农田土壤重金属背景值高的地区以及与土壤水源有关的地方病高发区，不能作为无公害花生产地。

（4）选择两年以上没有种植花生，土层深厚，土质疏松，地力中等以上，通气排水良好的壤质或砂质土壤。

（5）避开病虫害高发地区和常发地区，以免病虫害为害花生。

二、绿色花生的测土配方施肥

绿色花生生产过程中以施有机肥和生物肥为主，配合施用少量化肥。施肥量的多少，根据地力和对产量水平的要求而定。首先测试土壤肥力，然后根据花生的产量目标，按100千克荚果约需氮素5.5千克、五氧化二磷1千克、氧化钾3千克，计算各种化肥的使用量。计算过程要考虑土壤的养分供应量、有机肥料供应的养分以及养分利用效率。在一般地力水平下，每公顷产量4 500

千克，应施优质有机肥 15～22 吨、尿素 150 千克、生物磷钾肥 375 千克。每公顷产量 6 000～7 500 千克，在上述基础上递增 25%～30%。如果地力水平较高，有机质含量在 1%以上，可以少施或不用化学肥料，只用各种生物肥料。另外，还要配合使用钼肥、硼肥等微量元素肥料。提倡使用根瘤菌肥，播种前每公顷按根瘤菌和根瘤促生剂各 7.5 千克数量混合均匀，随拌随播。

具体施肥方法：有机肥和化肥一般在整地前 1～2 天一次性施入。生物肥和根瘤菌肥集中撒施在播种沟内，也可在覆垄时包裹在垄中间。花生生长中后期，如植株生长不良，应叶面喷施具有无公害标志的叶面肥，一般不需要追施其他肥料。

三、绿色花生高产高效的配套栽培措施

（一）合理选择间套轮作

采用合理的轮作和间、套种方法，有效改善花生田的生态条件，减少病虫害发生。如花生水旱轮作能很好地控制或减轻花生地下害虫、真菌类病的发生。又如在花生田周围点种蓖麻，可使花生田产卵的金龟子取食蓖麻叶后不育、食量减少或中毒死亡。

（二）采用精细整地

通过匀耕细耙，使土壤耕层深度在 20～30 厘米之间，达到耕层深、厚、细、平、无坷垃的质量要求，以利花生生长发育。

（三）选用优良抗病品种

目前全国有不少优质、抗病、适应性广的新品种，在选用时要根据本地区的生态环境和花生病虫害发生特点，同时要注意抗性品种的轮换种植。此外，还要正确理解花生抗病品种的概念，抗病或耐病花生品种并不是绝对不染病，不能认为选择了高抗品种就可不用或放松对花生病虫害的防治。

（四）强化田间管理措施

（1）提高播种质量。具体采取以下 5 点措施。①做好播前准备。花生播前 10 天左右剥壳，剥壳前晒种果 2～3 天，以提高种子发芽势和消灭部分病菌。②根据地温、墒情、种植品种、土壤条件及栽培方法等确定播种密度与时间。河南春播覆膜花生一般在 4 月上中旬播种，夏播花生一般在 5 月下旬至 6 月上旬播种为宜。播种密度在每公顷 10.5 万～13.5 万穴之间，每穴 2 粒种子。③足墒浅播。花生播种时，播种层的土壤水分以田间最大持水量的 70%为宜，

天旱时应播前造墒，播种深度以3～4厘米为宜。绿色食品花生栽培密度不宜过大，应充分发挥花生个体生长优势，以减轻病虫害和减少烂果、小果。④机械化播种。把花生扶垄、浅播种、均匀喷药、集中施肥、合理密植、严格覆膜和顺垄压土7条规范化播种技术通过机械一次性完成。⑤地膜覆膜。最好选用0.004～0.005毫米乙草胺除草膜或乙草胺＋扑草净除草膜，除草效果理想，除草剂残留少。如果覆盖普通地膜，覆膜前每公顷喷50％的乙草胺乳油750～1 000毫克，或者72％乙丙甲草胺1 500～1 800毫升，或者50％扑草净可湿性粉剂750～1 000毫克，对水900～1 000千克，进行杂草防除。如果不覆膜露栽，应在播种后3天内，每公顷喷洒50％的乙草胺乳油1 000毫升＋12.5％盖草能乳油75毫升，或者5％普杀特水剂1 500～1 800毫升，对水900～1 000千克。

（2）苗期确保全苗壮苗、提早开花。花生顶土出苗时无孔膜要及时划膜，膜孔直径5厘米，然后抓两把土将花生压住，使花生植株胚轴延长。此工作要在花生刚顶土，子叶未展开之前进行，如果子叶已展开就不能再压土。破膜后将枝叶全抠出膜外，用细土将地膜封严即可。严格查苗，缺苗地方要立即浸种催芽补种。

（3）中期除草防病、施肥抗旱。在化学防除杂草的基础上，地膜覆盖的采用人工拔除的方法，裸地栽培的中耕方法除草。对于地力较低地块可适当追肥，每公顷用尿素75～112.5千克或磷酸二铵75～112.5千克，肥料施在离主根7～10厘米的地方。同时注意及时喷药，防治蚜虫危害。如遇严重干旱要实现浅灌，促下针结果。盛花期遇叶色转黄和叶尖发白，应通过叶面喷施补充养分，每公顷喷0.5％磷酸二氢钾＋1％尿素溶液1 500千克，喷2～3次。病虫害防除详见本节技术要点5。

（4）后期注意防病和叶面喷肥保果。严重伏秋旱要灌水润墒，雨量过多要及时排水早收。当花生茎叶老化，70％左右果实饱满，剥开后果壳与果仁中间海绵消失，壳内壁出现褐色斑点、斑块，说明花生成熟，应及时收获晒干。

（五）病虫草无公害防控

绿色食品花生病虫害防治的技术原则是充分保护利用自然天敌，发挥各种自然控制因子的作用，以农业防治为基础，进行综合防治。因此，不达防治指标的不治，可不用农药防治的不用。具体做法如下。

1. 做好病虫预测预报

掌握花生病害虫发生规律，对病虫的发生期、发生量、危害程度等做出预测预报，指导病虫防治。

2. 保护利用自然天敌

如保护利用瓢虫、草蛉、食虫蝽类、食蚜蝇等防治花生蚜虫，食螨小黑瓢虫、中华通草蛉等防治红蜘蛛，福腮钩土蜂防治大黑蛴螬等。

3. 通过栽培制度控制病虫害

轮、间、套作（种）等栽培制度的变化，改善生态系统，降低害虫的发生危害程度。

4. 采用物理措施控制病虫

冬耕、冬灌、中耕灭茬等传统的农田管理措施，能够有效地破坏害虫正常生长发育的生态环境。

5. 利用花生生育调控控制病虫

在花生生长期内采取合理科学的排灌施肥等改善和促进花生的农艺性状，增强花生的抗、耐病虫害的能力；施用花生生长调节剂（或微量元素）调整敏感发育期使之避害。

6. 科学合理使用安全农药

要严格执行我国有关农药使用的各种规定，严禁使用高毒剧毒和高残留的农药。选用生物农药及高效、低毒、低残留、有选择性的化学农药，采取轮换交替和隐蔽性施用，力求既能防治病虫害，又能控制花生上的农药残留量不超标。

（1）施药力求准确。

①施药时间：根据花生病虫消长规律，确定最佳防治施药时间。在病虫害田间发生发展的最薄弱的环节施药，起事半功倍之效。

②施药方式：选择适宜的剂型，针对防治目标在田间分布情况，局部用药，减少用药面和用药量。

③浓度和剂量：一般菊酯类杀虫剂使用浓度为2 000～3 000倍，有机磷为1 500～2 000倍，生物农药为500～800倍，激素类为3 000倍左右，杀菌剂通常为600～800倍，但应在药剂试验的基础上确定有效最低浓度，并制定农药安全间隔期。在使用剂量上，一般在有效的浓度范围内，每公顷药液225～300千克即可。采用低容量和小孔径喷雾技术，喷雾量少，有效利用率高。

（2）病害药物防治。

①青枯病防治：在发病前或发病初期，用30%氧氯化铜悬浮剂600～800倍、14%胶氨铜水剂300～400倍、72%农用硫酸链霉素可溶性粉剂4 000倍液喷施，连续喷施2～3次，每次间隔10～15天，每公顷喷施900～1 000千克。

②叶斑病防治：用2%农抗120生物制剂200倍液于播后70～80天再侵染源传播蔓延始期喷第一次药，隔10天喷1次，共喷2～3次，每次用药量为

每公顷 1 000 千克配液。也可将农抗 120 同乙草胺混合，于花生播种后喷洒地面，控制花生初侵染源。另外，柳树叶、水瘳、泽漆浸提液防病也有一定的效果，是防治花生叶斑病较好的补充措施之一。农乐 1 号也是一种无毒无残留，含有多种营养成分的理想无公害花生生产防病增产剂，可在播种时每公顷用 37.5 千克拌种，也可用 150 倍液灌墩或叶面喷洒（始花期开始喷施 3 次，每半月喷施 1 次，每次每公顷用药液 1 000 千克）。

③根结线虫的防治：采用物理保护剂无毒脂膜每公顷 37.5 千克和海洋生物制剂农乐 1 号 2 千克拌种，防病效果达 50%以上。也可采用爱福丁 5 000 倍液浸种或叶面喷洒，效果均较好。

（3）害虫药物防治。防治以蛴螬为主的地下害虫，可与生物肥一起顺播种沟撒施白僵菌剂（BBR）每公顷 15 千克，也可用 48%乐斯本乳油 3 000 毫升，加适量水，稀释后与 10 千克细干砂拌匀，顺播种沟施于沟内。苗期如有蚜虫发生（百墩有蚜 500 头），可每公顷施 3 750 毫升 EB－82 灭蚜菌剂，对水 750 千克或用 750 毫升植物提取液百草 1 号（苦参碱）对水 750 千克，兼治红蜘蛛。中后期如有棉铃虫、造桥虫、斜纹夜蛾等害虫发生，3 龄前用 Bt（苏云金杆菌）喷洒叶面，毒力效价 2 000 国际单位/毫克乳剂每公顷用量 3.0 千克，稀释 300 倍或者每公顷用多角体病毒奥绿 1 号 1 500 毫升，或生物制剂速得利 3 750 毫升，或高渗阿维菌素 50～60 克，对水 900～1 000 千克。化学农药施用时间应在花生收获前 1 个月以前，而且仅限施用 1 次。

（4）黄曲霉素防控。黄曲霉菌主要来源于土壤，开花期至收获期的花生容易受其侵染，在收获后的贮藏、运输和加工过程中也可能发生。荚果破损、地下害虫、生育后期受旱和高温胁迫等会加重花生收获前的黄曲霉菌感染。因此，采取以下 5 点有效措施予以防控。

①改进耕作制度，尽量做到轮作并延长轮作周期，无法轮作的旱坡地播种前应深耕多耙。

②注意防治与黄曲霉毒素污染有很大关系的地下害虫，包括螟虫、螨类、蛴螬和白蚁等。

③加强土壤水分管理，合理排灌，保证花生后期对水分的需求。

④花期以后所有中耕培土操作要尽可能避免伤及荚果。

⑤适期收获，收获时采用安全的摘果方法，避免荚果爆壳或破损；收获后及时晒干，使花生种子含水量控制在 5%以下。

主要参考文献

王荣栋，尹经章，2005. 作物栽培学［M］. 北京：高等教育出版社.

王绍中，田云峰，郭天财，等，2010. 河南小麦栽培学［M］. 北京：中国农业科学技术出版社.

赵广才，2014. 小麦高产创建［M］. 北京：中国农业出版社.

申占保，袁建生，等，2012. 河南省许昌市农作物主推技术与技术规程［M］. 北京：中国农业出版社.

任洪志，郑义，李付立，2016. 农作物生产技术实践与探索［M］. 郑州：中原农民出版社.

张福锁，2006. 测土配方施肥技术［M］. 北京：中国农业大学出版社.

慕成功，郑义，1995. 农作物配方施肥［M］. 北京：中国农业科技出版社.

马成云，张淑梅，窦瑞木，2011. 植物保护［M］. 北京：中国农业大学出版社.

杨云霄，2008. 浅谈机械化深耕深松技术［J］. 农业开发与装备（4）.

李孝勇，武际，朱宏斌，王允春，2003. 秸秆还田对作物产量及土壤养分的影响［J］. 安徽农业科学，31（5）.

王鹏文，戴俊英，赵桂坤，等，1996. 玉米种植密度对产量和品质的影响［J］. 玉米科学，4（4）.

于翠梅，谢甫绨，2016. 大豆良种区域化栽培技术［M］. 北京：中国农业出版社.

李明立，仟万明，2008. 植物保护与农产品质量安全［M］. 北京：中国农业科技出版社.

常青，关金菊，2014. 玉米高产栽培实用技术［M］. 北京：中国农业大学出版社.

农业部农产品质量安全监管局编，2010. 农业国家与行业标准概要［M］. 北京：中国农业出版社.

沈阿林，寇长林，2011. 花生测土配方施肥技术［M］. 北京：中国农业出版社.

李保明，2015. 水肥一体化实用技术［M］. 北京：中国农业出版社.

严程明，张承林，2015. 玉米水肥一体化技术图解［M］. 北京：中国农业出版社.

张洪昌，李星林，王顺利，2014. 蔬菜灌溉施肥技术手册［M］. 北京：中国农业出版社.

图书在版编目（CIP）数据

现代农业生产实用技术问答、规程与创新 / 袁建生，申占保，叶举中主编．—北京：中国农业出版社，2017.10（2018.11 重印）

ISBN 978-7-109-23415-4

Ⅰ.①现… Ⅱ.①袁… ②申… ③叶… Ⅲ.①现代农业—农业技术—介绍 Ⅳ.①S

中国版本图书馆 CIP 数据核字（2017）第 248821 号

中国农业出版社出版

（北京市朝阳区麦子店街 18 号楼）

（邮政编码 100125）

责任编辑 闫保荣 姚 红 孙鸣凤 潘洪洋

北京万友印刷有限公司印刷 新华书店北京发行所发行

2017 年 10 月第 1 版 2018 年 11 月北京第 2 次印刷

开本：700mm×1000mm 1/16 印张：41

字数：750 千字

定价：82.00 元

（凡本版图书出现印刷、装订错误，请向出版社发行部调换）